Exos *résolus*

1re S

Maths

Claudine **RENARD**
Geneviève **ROCHE**

hachette
ÉDUCATION

CONCEPTION GRAPHIQUE

Couverture : Mélissa Chalot
Intérieur : Karine Nayé

COMPOSITION, MISE EN PAGES ET SCHÉMAS

ScienTech Livre

ÉDITION

Emmanuel Meier

ISBN : 978-2-01-270812-9
www.hachette-education.com

PRÉFACE

Ce livre d'exercices traite **l'ensemble du programme 2011 de mathématiques de Première S.**

L'ouvrage est organisé en 16 chapitres :

– 13 chapitres proposent **l'essentiel du cours, puis des exercices et des interrogations écrites corrigés intégralement** dans un langage simple et rigoureux ;

– 3 chapitres sont consacrés à la résolution de **problèmes,** leurs **corrections étant entièrement détaillées.**

■ Après un **QCM d'introduction**, qui permet de faire un tour d'horizon rapide du chapitre, les **exercices** sont **regroupés par thème** et rangés par **ordre de difficulté croissante**.

■ La difficulté des exercices est signalée par des pictogrammes :

★ exercice de base,

★★ exercice nécessitant davantage de méthode et de réflexion,

★★★ exercice difficile destiné à ceux qui souhaitent approfondir des notions du chapitre.

■ Une **durée indicative de résolution** figure avant chaque exercice ; ce temps a été estimé pour un bon élève.

■ L'**utilisation de logiciels, d'outils de visualisation et de simulation,** qui favorise les démarches d'investigation, est fréquente et largement commentée.

■ L'**algorithmique et la programmation** prennent une place naturelle dans tous les chapitres.

Nous sommes persuadées que cet ouvrage vous apportera une aide précieuse dans votre travail, vous inculquera des **méthodes** durant cette année scolaire et vous préparera efficacement à la classe de terminale.

Il nous reste à vous souhaiter bon courage !

Les auteures

Sommaire

15 Probabilités

16 Loi binomiale

INDEX DES MOTS CLÉS

Les pages indiquées en bleu sont des pages de rappel de cours.

CHAPITRE 1

Mise au point sur les fonctions

LE COURS

Ensemble de définition

Définition

L'**ensemble de définition** d'une fonction f de $\mathbb{R}$ dans $\mathbb{R}$ est l'ensemble des réels qui admettent une image par f ; on note usuellement $\mathcal{D}_f$ cet ensemble.

Exemples

- L'ensemble de définition de la fonction $x \mapsto x^3$ est $\mathbb{R}$ (car tout nombre réel admet un cube).
- L'ensemble de définition de la fonction $x \mapsto \sqrt{x}$ est $\mathbb{R}_+$ (car les seuls réels qui admettent une racine carrée sont les réels positifs ou nuls).

Courbe représentative

Définition

Le plan étant rapporté à un repère, **la courbe représentative** d'une fonction f est la courbe d'équation : $y = f(x)$, c'est-à-dire l'ensemble des points de coordonnées $(x, f(x))$, x décrivant l'ensemble de définition de f.

Propriété

Si $\mathcal{C}$ est la courbe représentative d'une fonction, alors toute droite parallèle à l'axe des ordonnées coupe $\mathcal{C}$ en au plus un point.

Parité, imparité

Définitions

Soit f une fonction dont l'ensemble de définition $\mathcal{D}_f$ est symétrique par rapport à O.

- f est **paire** si, et seulement si, pour tout x de $\mathcal{D}_f$:

$$f(-x) = f(x)$$

• f est **impaire** si, et seulement si, pour tout x de $\mathcal{D}_f$:

$$f(-x) = -f(x)$$

Propriétés

• Dans un repère orthogonal, la courbe représentative d'une fonction paire est symétrique par rapport à l'axe des ordonnées et la courbe représentative d'une fonction impaire est symétrique par rapport à l'origine du repère.

Périodicité

Définition

• Soit T un réel non nul ; une fonction f est **périodique de période T** (ou T-périodique) si, et seulement si, pour tout x de $\mathcal{D}_f$:

$$x + T \in \mathcal{D}_f \text{ et } f(x+T) = f(x)$$

• Une fonction f est périodique si, et seulement s'il existe un réel T non nul tel que f soit T-périodique.

Propriété

Le plan étant rapporté à un repère $(O\ ;\ \vec{i}, \vec{j})$, la courbe représentative d'une fonction T-périodique est invariante par la translation de vecteur $T\,\vec{i}$.

Sens de variation

Définitions

Soit f une fonction définie sur un intervalle I.

• f est **croissante** sur I si, et seulement si, pour tous x et x' de I :

$$\text{si } x \leqslant x', \text{ alors } f(x) \leqslant f(x')$$

(f conserve les inégalités larges).

• f est **décroissante** sur I si, et seulement si, pour tous x et x' de I :

$$\text{si } x \leqslant x', \text{ alors } f(x) \geqslant f(x')$$

(f renverse les inégalités larges).

• f est **strictement croissante** sur I si, et seulement si, pour tous x et x' de I :

$$\text{si } x < x', \text{ alors } f(x) < f(x')$$

(f conserve les inégalités strictes).

• f est **strictement décroissante** sur I si, et seulement si, pour tous x et x' de I :

$$\text{si } x < x', \text{ alors } f(x) > f(x')$$

(f renverse les inégalités strictes).

Minorant, majorant, minimum, maximum d'une fonction

Soient f une fonction définie sur un intervalle I et x_0 un élément de I.

Définitions

- Un réel m est **un minorant** de f sur I si, et seulement si, pour tout x de I :

$$m \leqslant f(x)$$

On dit alors que f est minorée par m sur I.

- Un réel M est **un majorant** de f sur I si, et seulement si, pour tout x de I :

$$f(x) \leqslant M$$

On dit alors que f est majorée par M sur I.

- $f(x_0)$ est **le minimum** de f sur I si, et seulement si, pour tout x de I :

$$f(x) \geqslant f(x_0)$$

- $f(x_0)$ est **le maximum** de f sur I si, et seulement si, pour tout x de I :

$$f(x) \leqslant f(x_0)$$

Propriétés

- Le minimum de f sur I, s'il existe, est un minorant m de f sur I tel que l'on puisse trouver au moins un élément x_0 de I qui vérifie :

$$f(x_0) = m.$$

- Le maximum de f sur I, s'il existe, est un majorant M de f sur I tel que l'on puisse trouver au moins un élément x_0 de I qui vérifie :

$$f(x_0) = M.$$

Résolution graphique d'équations et d'inéquations

Soient f une fonction et k un réel.

- **Les solutions de l'équation $f(x) = k$ sont les abscisses des points d'intersection de la courbe $\mathscr{C}_f$ avec la droite d'équation $y = k$.**

Résoudre l'équation $f(x) = k$ revient à trouver les antécédents de k par f.

- **Les solutions de l'inéquation $f(x) \leqslant k$ sont les abscisses des points de la courbe $\mathscr{C}_f$ situés en dessous (au sens large) de la droite d'équation $y = k$**

(énoncés analogues avec $f(x) < k$, $f(x) \geqslant k$, $f(x) > k$).

cours

exercices

interro

corrigés

EXERCICES

Vrai ou faux ?

1 (corrigés p. 22)

1° L'ensemble de définition de la fonction $x \mapsto \dfrac{1}{x^2-9}$ est $\mathbb{R} \setminus \{3\}$.

2° L'ensemble de définition de la fonction $x \mapsto \dfrac{3}{\sqrt{x}}$ est $\mathbb{R}_+$.

3° L'ensemble de définition de la fonction $x \mapsto (x+5)(x-4)$ est $\mathbb{R} \setminus \{-5 ; 4\}$.

4° Le point $A(3 ; 9)$ appartient à la courbe de la fonction $x \mapsto x^2$.

5° Si le point $B(-1 ; 2)$ appartient à la courbe d'une fonction f, alors : $f(2) = -1$.

6° La fonction $x \mapsto x^2$ est paire.

7° La fonction $x \mapsto -8x$ est impaire.

8° Si f est strictement croissante sur $\mathbb{R}$, alors : $f(-2) < f(3)$.

9° Si f est strictement croissante sur $\mathbb{R}$, alors : $f(-3{,}7) < f(-3{,}8)$.

10° Si f est croissante sur $\mathbb{R}$, alors f est positive sur $\mathbb{R}$.

11° Si f n'est pas croissante sur $\mathbb{R}$, alors f est décroissante sur $\mathbb{R}$.

12° Une fonction affine non constante n'a pas de maximum.

Ensemble de définition

2 ★ 15 min (corrigés p. 22)

Déterminer l'ensemble de définition $\mathcal{D}_f$ de la fonction f proposée.

1° $x \mapsto \dfrac{2x-5}{x^2+1}$;

2° $x \mapsto \dfrac{3x-7}{x^2-9}$;

3° $x \mapsto \dfrac{x^2-2x-1}{(x^2-1)(x+5)}$;

4° $x \mapsto \sqrt{x+\pi}$;

5° $x \mapsto \sqrt{(x+1)(3x-1)}$;

6° $x \mapsto \sqrt{x^2+2x+1}$.

Courbe représentative et lecture graphique

3 ★ 5 min (corrigés p. 23)

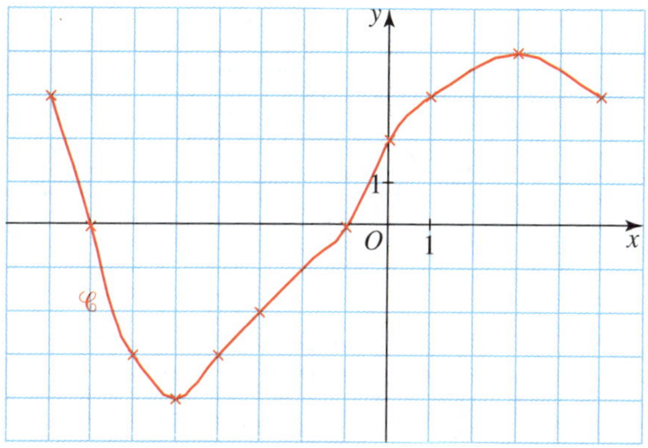

On a dessiné ci-dessus la courbe représentative 𝒞 d'une fonction f définie sur l'intervalle $[-8\,;\,5]$.

1° Donner l'image de 0 par f.

2° Que vaut $f(-3)$?

3° Donner les antécédents de 3 par la fonction f.

4° Résoudre graphiquement chacune des équations ou inéquations suivantes :

a) $f(x)=0$; **b)** $f(x)=-3$; **c)** $f(x)\leqslant -3$.

5° Trouver un nombre réel k tel que l'équation $f(x)=k$ n'a pas de solution. Justifier rapidement.

4 ★ 5 min (corrigés p. 23)

f est une fonction définie sur $[-4\,;\,4]$; sa courbe est tracée ci-contre. Résoudre graphiquement chacune des inéquations suivantes :

1° $f(x)\geqslant 1$;

2° $f(x)<0$;

3° $f(x)\leqslant -1$;

4° $f(x)>-4$.

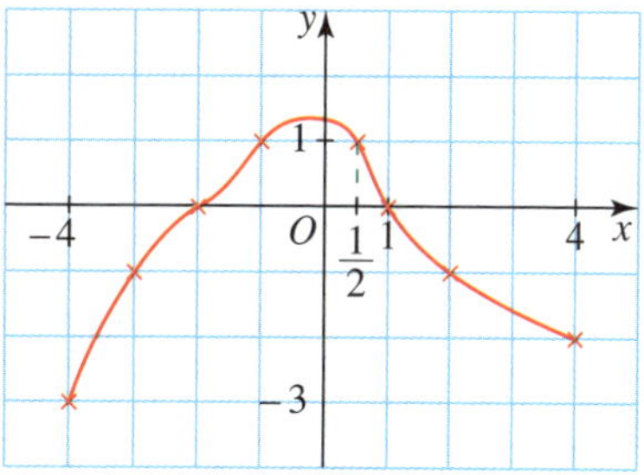

5 ★ 5 min (corrigés p. 23)

$\mathscr{C}_f$ et $\mathscr{C}_g$ sont les courbes représentatives de deux fonctions f et g définies sur $[-3\,;\,3]$. Résoudre graphiquement chacune des inéquations suivantes :

1° $f(x)\geqslant g(x)$;

2° $f(x)>g(x)$;

3° $f(x)\leqslant g(x)$;

4° $f(x)<g(x)$.

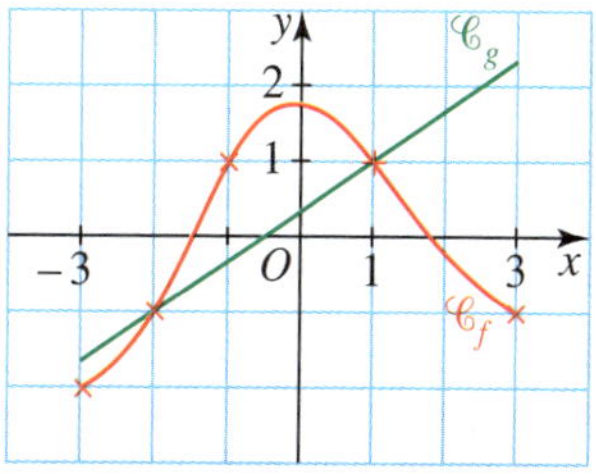

6 ★ 10 min (corrigés p. 24)

On considère la fonction f définie sur l'intervalle $[-4\ ;\ 3]$ et ayant, dans un repère $(O\ ;\ \vec{i},\ \vec{j})$, la représentation graphique suivante :

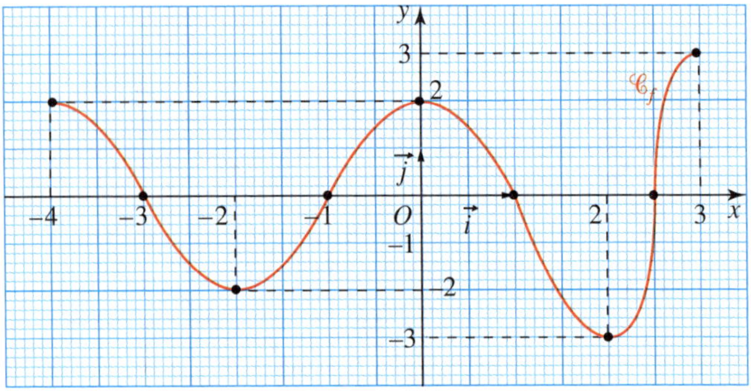

1° Déterminer graphiquement le signe de $f(x)$.
Résumer les résultats obtenus dans un tableau.
2° Dresser le tableau de variation de f.

Parité, imparité, périodicité

7 ★ 5 min (corrigés p. 24)

Soit f une fonction.
Dire pourquoi le tableau de variation de f proposé est faux dans chacun des deux cas suivants :
1°

x	0		5
$f(x)$	$\sqrt{3}$	↘	2

2° f est paire et :

x	$-\infty$		-2		0		3		$+\infty$
$f(x)$		↘		↗		↘		↗	

8 ★ 5 min (corrigés p. 24)

f est une fonction définie sur $\mathbb{R}$, paire et telle que :

$$\text{pour tout réel } x \text{ positif ou nul, } f(x) = 3x.$$

1° Construire la courbe de f.
2° Expliciter $f(x)$ si x est négatif.

9 ★ 5 min (corrigés p. 24)

On sait que la fonction inverse est la fonction f définie sur $\mathbb{R}^*$ par : $f(x) = \frac{1}{x}$.

1° Justifier que la fonction inverse est impaire.

2° Que peut-on alors affirmer pour sa courbe représentative ?

10 ★★ 10 min (corrigés p. 24)

On considère la fonction f, paire et périodique de période 4, telle que :

$$\text{pour tout } x \text{ de } [0\ ;\ 2],\quad f(x) = \frac{3}{2}x - 1.$$

1° Tracer la courbe représentative de f sur $[-2\ ;\ 6]$.

2° Calculer $f(x)$ en fonction de x lorsque $x \in [-2\ ;\ 0]$, puis $x \in [2\ ;\ 4]$; vérifier les résultats graphiquement.

11 ★★ 15 min (corrigés p. 25)

ABCD est un carré de côté 4 et de centre *O*.

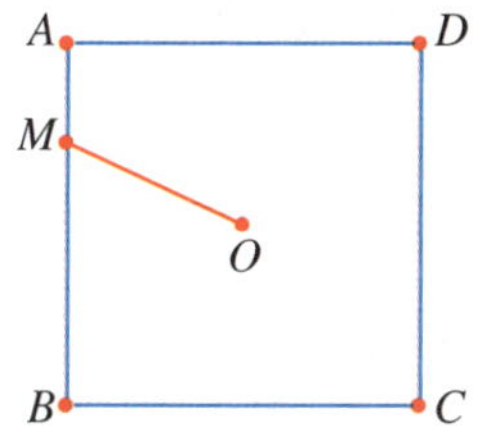

Le point M parcourt le bord du carré dans le sens $A \to B \to C \to D$, en partant de A. On appelle x la longueur du parcours du point M et f la fonction qui à x fait correspondre la longueur OM, notée $f(x)$.

1° En s'aidant de considérations géométriques, dresser le tableau de variation de f sur l'intervalle $[0\ ;\ 4]$.

2° Pourquoi la fonction f est-elle périodique de période 4 ?

3° Expliciter $f(x)$ pour $x \in [0\ ;\ 4]$.

4° En quels réels de $[0\ ;\ 16]$ f atteint-elle son maximum ?

En quels réels de $[0\ ;\ 16]$ f atteint-elle son minimum ?

Sens de variation

12 ★ 5 min (corrigés p. 26)

f est une fonction définie sur l'intervalle $[-6\ ;\ 6]$; sa courbe est tracée ci-contre.

1° Dresser le tableau de variation de f.

2° Quel est le minimum de f sur $[-3\ ;\ 6]$?

3° Quel est le maximum de f sur $[-6\ ;\ 6]$?

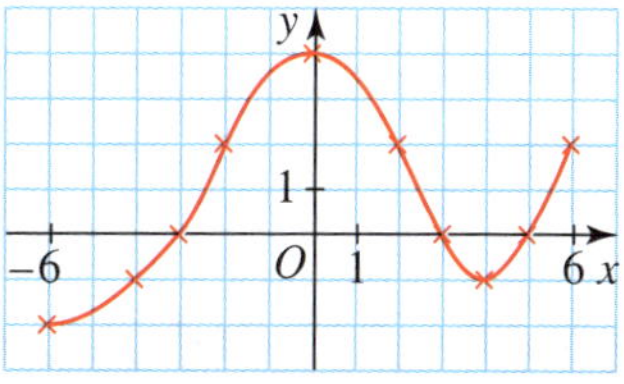

13 ★★ 10 min *(corrigés p. 26)*

Voici la courbe obtenue à l'écran d'une calculatrice pour la fonction f définie sur l'intervalle $[-3\ ;\ 3]$ par :

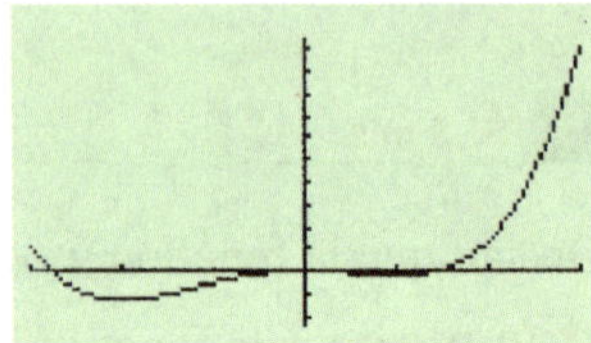

$$f(x) = \frac{1}{4}x^4 + \frac{1}{3}x^3 - x^2.$$

1° Quelle conjecture est-on amené à formuler à propos du sens de variation de f sur $[-3\ ;\ -2]$? Comment utiliser la calculatrice pour conforter cette conjecture ?

2° Que dire du sens de variation de f sur $[-2\ ;\ 3]$?

14 ★★ 10 min *(corrigés p. 26)*

f est la fonction définie sur l'intervalle $[-3\ ;\ 4]$ dont la courbe représentative est donnée ci-contre.

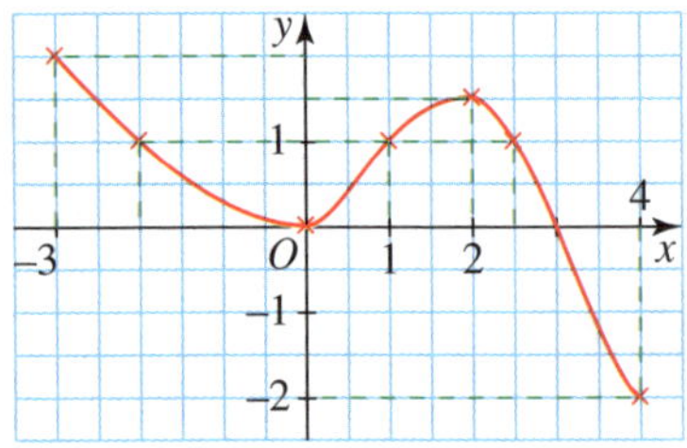

1° a) Quel est le sens de variation de f sur $[-3\ ;\ 0]$?

b) En déduire le meilleur encadrement possible de $f(x)$ sachant que $x \in [-3\ ;\ 0]$.

2° a) Quel est le sens de variation de f sur $[0\ ;\ 2]$?

b) En déduire le meilleur encadrement possible de $f(x)$ sachant que $x \in [0\ ;\ 2]$.

3° a) Quel est le sens de variation de f sur $[2\ ;\ 4]$?

b) On sait que x est un réel de $[2\ ;\ 4]$ et que l'on a : $-2 \leqslant f(x) \leqslant 1$.
Donner le meilleur encadrement de x.

4° On sait : $-3 \leqslant x \leqslant 2$, donner alors le meilleur encadrement possible de $f(x)$.

15 ★★ 10 min *(corrigés p. 26)*

En revenant à la définition, étudier le sens de variation de la fonction f :

$$x \mapsto 2x^2 + 3x$$

sur l'intervalle $[0\ ;\ +\infty[$.

16 ★★ 10 min *(corrigés p. 27)*

En revenant à la définition, étudier le sens de variation de la fonction f :

$$x \mapsto \frac{2x+1}{x-1}$$

sur l'intervalle $]-\infty\ ;\ 1[$.

17 ★★ 10 min *(corrigés p. 27)*

En revenant à la définition, étudier le sens de variation de la fonction f :

$$x \mapsto \frac{1}{\sqrt{x}}$$

sur l'intervalle $]0\ ;\ +\infty[$.

Minimum, maximum d'une fonction

18 ★ 5 min (corrigés p. 27)

Déterminer le minimum sur $\mathbb{R}$ de la fonction f :

$$x \mapsto 5 + \sqrt{x^2 + 1}.$$

19 ★ 10 min (corrigés p. 28)

Soit f la fonction :

$$x \mapsto x^2 + 4x + 5.$$

1° Pour tout réel x, factoriser $f(x) - 1$.
2° En déduire le minimum de f sur $\mathbb{R}$.

20 ★ 10 min (corrigés p. 28)

Soit f la fonction :

$$x \mapsto -x^2 - 2x + 3.$$

1° Pour tout réel x, factoriser $f(x) - 4$.
2° En déduire le maximum de f sur $\mathbb{R}$.

21 ★★ 10 min (corrigés p. 28)

Soit f la fonction :

$$x \mapsto 3 - 2x^2(x-1)^2.$$

Justifier que f admet un maximum sur $\mathbb{R}$ et préciser la valeur de ce maximum, ainsi que les réels en lesquels il est atteint.

22 ★★ 5 min (corrigés p. 28)

Soit f la fonction :

$$x \mapsto \frac{1}{x-1}.$$

Justifier que 0 est un minorant de f sur l'intervalle $]1\,;+\infty[$; est-ce le minimum de f sur $]1\,;+\infty[$?

23 ★★ 10 min (corrigés p. 29)

Soit f la fonction :

$$x \mapsto (x+1)^2 + (x-1)^4.$$

1° Justifier : pour tout x de $[0\,;+\infty[$, $1 \leqslant (x+1)^2$.
2° En déduire que 1 est un minorant de f sur $[0\,;+\infty[$.
1 est-il le minimum de f sur $[0\,;+\infty[$?

24 ★★ 10 min (corrigés p. 29)

Soit f la fonction :

$$x \mapsto x^2 - 2x\sin(x) + 3\sin^2(x).$$

1° Pour tout réel x, développer $(x - \sin(x))^2$.
2° En déduire le minimum de f sur $\mathbb{R}$.

Avec un logiciel de géométrie dynamique

25 ★★ 30 min (corrigés p. 29)

ABC est un triangle rectangle en A tel que : $AB = 6$ et $AC = 3$.
M est un point du segment $[AB]$, N et P sont des points appartenant respectivement aux segments $[BC]$ et $[AC]$ tels que le quadrilatère $AMNP$ soit un rectangle.
On pose : $AM = x$ et il s'agit de trouver la position de M telle que l'aire de $AMNP$ soit maximale.

A. Conjecture à l'aide d'un logiciel

1° Construire la figure à l'aide d'un logiciel de géométrie dynamique.

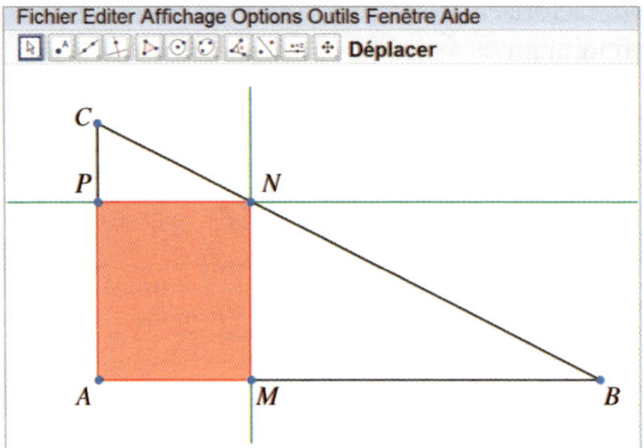

2° Pour quelle valeur de x l'aire du rectangle $AMNP$ semble-t-elle maximale ?

B. Démonstration

1° Déterminer la longueur du segment $[AP]$ en fonction de x.
2° Quelle est l'aire $a(x)$ du rectangle $AMNP$ en fonction de x ?
3° a) Démontrer que, pour tout réel x, $x^2 - 6x + 9 \geqslant 0$.
b) En déduire que, pour tout réel x, $-x^2 + 6x \leqslant 9$.
4° Quelle est la valeur maximale de l'aire du rectangle $AMNP$?
En quel réel ce maximum est-il atteint ? Pourquoi ?

Algorithme de dichotomie

26 ★★★ 30 min (corrigés p. 30)

Soit f la fonction : $x \mapsto \cos(x) - x$.
On remarque que la fonction f change de signe entre 0 et 1 :

$$\begin{cases} f(0) = 1 \\ f(1) = \cos(1) - 2 \end{cases} \quad \text{donc} \quad \begin{cases} f(0) > 0 \\ f(1) < 0. \end{cases}$$

Plus précisément, en observant la **figure 1** de la page suivante, obtenue à l'aide d'un grapheur, f s'annule en un réel (et un seul) entre 0 et 1 ; notons s ce réel.

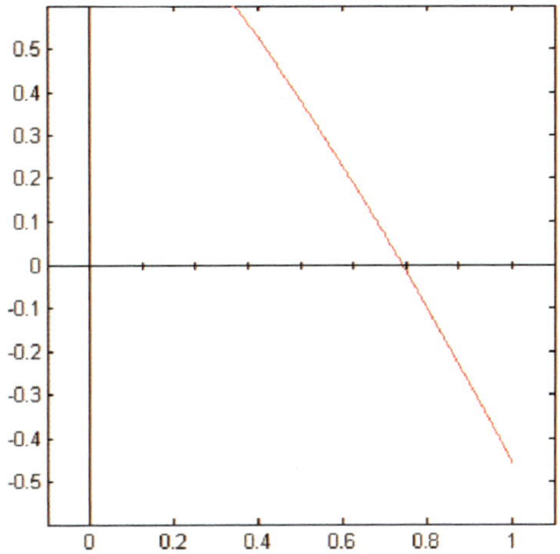

Figure 1

Pour obtenir une approximation de s, on va appliquer l'algorithme suivant :

Variables

a, b, m (*respectivement borne gauche, borne droite, centre de l'intervalle*)

Initialisation

$a \leftarrow 0$

$b \leftarrow 1$

Traitement

Pour i variant de 1 à 20, faire

$m \leftarrow (a+b)/2$

Si $f(a) \times f(m) \leqslant 0$, alors

$b \leftarrow m$

Sinon

$a \leftarrow m$

fin Si

fin Pour

Sortie

Afficher a et b.

Noter que le réel s appartient à l'intervalle initial $[0\ ;\ 1]$ et, à chaque étape du traitement, s appartient à l'intervalle courant. En effet :

• si la condition $f(a) \times f(m) \leqslant 0$ est réalisée, alors, $f(a)$ et $f(m)$ étant de signes contraires, la fonction f change de signe entre a et m, donc s appartient à l'intervalle $[a\ ;\ m]$;

• dans le cas contraire, la fonction f change de signe entre m et b, donc s appartient à l'intervalle $[m\ ;\ b]$.

1° Sur le graphique de la **figure 1**, le segment a été partagé en huit segments de même longueur.

Par lecture graphique, compléter le tableau suivant :

	$i = 1$	$i = 2$	$i = 3$
a	0			
b	1			

2° À chaque passage dans la boucle **Pour**, la longueur de l'intervalle courant est divisée par 2.

Justifier que les valeurs données en sortie par l'algorithme constituent un encadrement de s de longueur inférieure à 10^{-6}.

3° Programmer cet algorithme sur une calculatrice et donner les valeurs de a et b obtenues à l'affichage.

En déduire la troncature de s à cinq décimales.

Les interrogations écrites

27 10 min *(corrigés p. 31)*

Voici la courbe représentative de la fonction f définie sur $\mathbb{R}$ par : $f(x) = -2x^2 + 16x$.

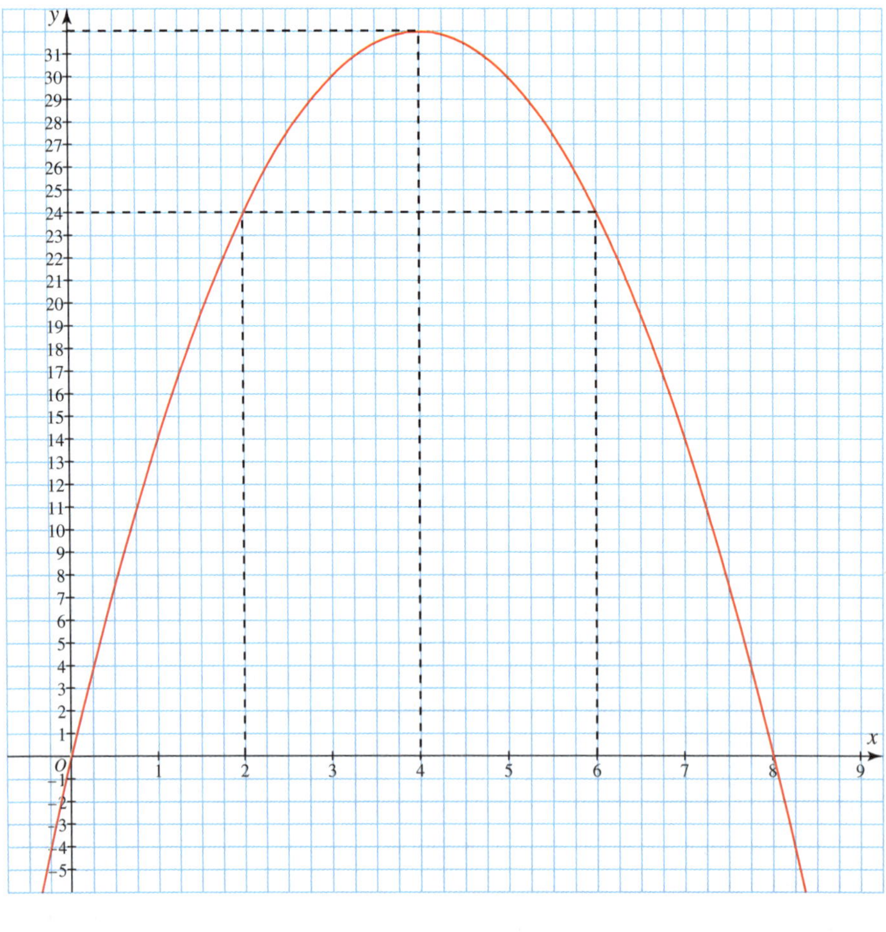

1° Dresser le tableau de variation de la fonction f sur [0 ; 6].

2° Résoudre graphiquement dans [0 ; 6] l'équation $f(x) = 24$.

3° Résoudre graphiquement dans [0 ; 6] l'inéquation $f(x) \geqslant 24$.

4° Donner le minimum de f sur [0 ; 6].

En quelle valeur est-il atteint ?

5° Donner le maximum de f sur [0 ; 6].

En quelle valeur est-il atteint ?

28 20 min *(corrigés p. 31)*

Le parallélogramme $MNPQ$ est inscrit dans le rectangle $ABCD$, de telle sorte que l'on a : $DM = DQ = BN = BP$.

On appelle x la longueur DM.

On cherche la valeur de x telle que l'aire de MNPQ soit maximale.

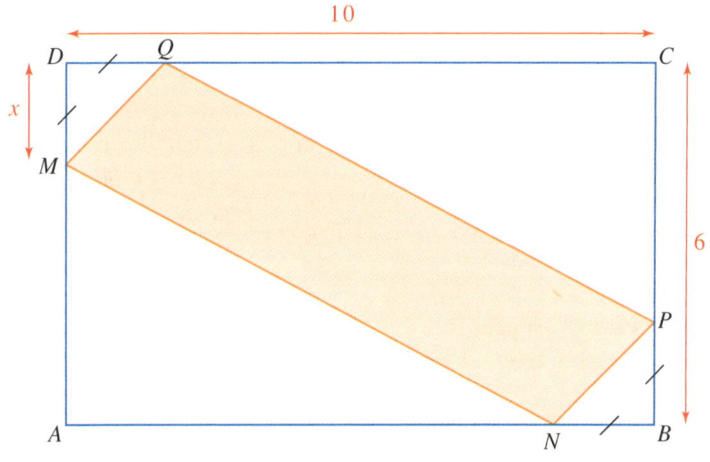

Partie A

1° Pour quelles valeurs de x la figure est-elle réalisable ?

2° Exprimer l'aire $\mathscr{A}(x)$ du parallélogramme $MNPQ$ en fonction de x.

Partie B

On considère la fonction f définie sur $\mathbb{R}$ par : $f(x) = -2x^2 + 16x$.

1° Démontrer que, pour tout réel x, $f(x) = -2(x-4)^2 + 32$.

2° Déterminer le maximum de la fonction f et préciser en quel réel il est atteint.

3° En déduire pour quelle valeur de x l'aire de $MNPQ$ est maximale.

CORRIGÉS

Vrai ou faux ?

1 1° L'ensemble de définition de la fonction $x \mapsto \frac{1}{x^2 - 9}$ est $\mathbb{R} \setminus \{3\}$.

Faux. L'ensemble de définition est $\mathbb{R} \setminus \{-3 ; 3\}$; f n'est pas définie en -3 car $(-3)^2 = 9$.

2° L'ensemble de définition de la fonction $x \mapsto \frac{3}{\sqrt{x}}$ est $\mathbb{R}_+$.

Faux. L'ensemble de définition est $\mathbb{R}_+^*$; f n'est pas définie en 0.

3° L'ensemble de définition de la fonction $x \mapsto (x+5)(x-4)$ est $\mathbb{R} \setminus \{-5 ; 4\}$.
Faux. L'ensemble de définition est $\mathbb{R}$; n'importe quel réel a une image par f.

4° Le point $A(3 ; 9)$ appartient à la courbe de la fonction $x \mapsto x^2$.
Vrai. En effet : $3^2 = 9$.

5° Si le point $B(-1 ; 2)$ appartient à la courbe d'une fonction f, alors : $f(2) = -1$.
Faux. Si $B(-1 ; 2)$ appartient à la courbe d'une fonction f, alors $f(-1) = 2$ et on ne sait rien sur $f(2)$; la courbe de f est l'ensemble des points de coordonnées $(x ; f(x))$, avec x décrivant l'ensemble de définition de f.

6° La fonction $x \mapsto x^2$ est paire.
Vrai. Pour tout réel x, x et $-x$ ont la même image par f.

7° La fonction $x \mapsto -8x$ est impaire.
Vrai. Toute fonction linéaire est impaire.

8° Si f est strictement croissante sur $\mathbb{R}$, alors : $f(-2) < f(3)$.
Vrai. Toute fonction strictement croissante sur $\mathbb{R}$ « conserve l'ordre ».
$-2 < 3$, donc $f(-2) < f(3)$.

9° Si f est strictement croissante sur $\mathbb{R}$, alors : $f(-3{,}7) < f(-3{,}8)$.
Faux. Si f est strictement croissante sur $\mathbb{R}$, alors de $-3{,}7 > -3{,}8$,
on déduit : $f(-3{,}7) > f(-3{,}8)$.

10° Si f est croissante sur $\mathbb{R}$, alors f est positive sur $\mathbb{R}$.
Faux. La fonction $f : x \mapsto x + 5$ est un exemple de fonction croissante qui prend des valeurs négatives et des valeurs positives. $f(-9) = -4$ et $f(0) = 5$.

11° Si f n'est pas croissante sur $\mathbb{R}$, alors f est décroissante sur $\mathbb{R}$.
Faux. La fonction carré est un exemple de fonction qui n'est pas monotone sur $\mathbb{R}$; elle n'est ni croissante sur $\mathbb{R}$, ni décroissante sur $\mathbb{R}$.

12° Une fonction affine non constante n'a pas de maximum.
Vrai. La courbe représentative d'une fonction affine non constante est une droite non parallèle à celle des abscisses ; elle admet des points d'ordonnée aussi grande que l'on veut.

Ensemble de définition

2 1° $f : x \mapsto \frac{2x - 5}{x^2 + 1}$.

Pour tout réel x, $x^2 + 1 \neq 0$, donc f est définie sur $\mathbb{R}$, autrement dit :

$$\mathcal{D}_f = \mathbb{R}.$$

2° $f : x \mapsto \frac{3x - 7}{x^2 - 9}$.

$\mathcal{D}_f$ est l'ensemble des réels x tels que :

$$x^2 - 9 \neq 0 ;$$

or : $x^2 - 9 = 0 \Leftrightarrow (x+3)(x-3) = 0$

$\Leftrightarrow x = -3$ ou $x = 3$,

donc : $\mathcal{D}_f = \mathbb{R} \setminus \{-3 ; 3\}$.

> Pour tous réels a et b :
> $a^2 - b^2 = (a-b)(a+b)$.

3° $f : x \mapsto \frac{x^2 - 2x - 1}{(x^2 - 1)(x + 5)}$.

$\mathcal{D}_f$ est l'ensemble des réels x tels que :

$$(x^2 - 1)(x + 5) \neq 0 ;$$

or :
$(x^2 - 1)(x + 5) = 0$
$\Leftrightarrow x^2 - 1 = 0$ ou $x + 5 = 0$
$\Leftrightarrow x = -1$ ou $x = 1$ ou $x = -5$,

donc : $\mathcal{D}_f = \mathbb{R} \setminus \{-5 ; -1 ; 1\}$.

4° $f : x \mapsto \sqrt{x+\pi}$.

$\mathscr{D}_f$ est l'ensemble des réels x tels que :

$$x + \pi \geqslant 0,$$

donc : $\mathscr{D}_f = [-\pi\ ;\ +\infty[$.

5° $f : x \mapsto \sqrt{(x+1)(3x-1)}$;

$\mathscr{D}_f$ est l'ensemble des réels x tels que :

$$(x+1)(3x-1) \geqslant 0.$$

x	$-\infty$		-1		$\frac{1}{3}$		$+\infty$
$x+1$		$-$	0	$+$	|	$+$	
$3x-1$		$-$	|	$-$	0	$+$	
$(x+1)(3x-1)$		$+$	0	$-$	0	$+$	

On déduit du tableau de signes ci-dessus :

$$\mathscr{D}_f =]-\infty\ ;\ -1] \cup \left[\frac{1}{3}\ ;\ +\infty\right[.$$

6° $f : x \mapsto \sqrt{x^2+2x+1}$.

$\mathscr{D}_f$ est l'ensemble des réels x tels que :

$$x^2 + 2x + 1 \geqslant 0,$$

or, pour tout réel x,

$$x^2 + 2x + 1 = (x+1)^2,$$

donc, pour tout réel x, $x^2 + 2x + 1 \geqslant 0$, ce qui implique que f est définie sur $\mathbb{R}$:

$$\mathscr{D}_f = \mathbb{R}.$$

Courbe représentative et lecture graphique

3 **1°** $f(0) = 2$; le point de la courbe $\mathscr{C}$ de f qui a pour abscisse 0 a pour ordonnée 2.

2° $f(-3) = -2$; le point de $\mathscr{C}$ qui a pour abscisse -3 a pour ordonnée -2.

3° Les antécédents de 3 par la fonction f sont -8, 1 et 5 ; seuls trois points de $\mathscr{C}$ ont pour ordonnée 3, ils ont pour abscisses -8, 1 et 5.

4° a) L'équation $f(x) = 0$ a deux solutions -7 et -1 (ce sont les abscisses des points d'intersection de $\mathscr{C}$ et de la droite (Ox)).

> Les solutions de l'équation $f(x) = k$ sont les abscisses des points d'intersection de la courbe $\mathscr{C}$ de f avec la droite d'équation $y = k$.

b) L'équation $f(x) = -3$ admet deux solutions : -6 et -4.

c) L'ensemble des solutions de l'inéquation $f(x) \leqslant -3$ est l'intervalle $[-6\ ;\ -4]$.

> Les solutions de l'inéquation $f(x) \leqslant k$ sont les abscisses des points de la courbe $\mathscr{C}$ de f situés au-dessous (au sens large) de la droite d'équation $y = k$.

5° On peut choisir : $k = 5$. En effet, le maximum de f est 4, donc pour tout réel k strictement supérieur à 4, l'équation $f(x) = k$ n'a pas de solution.

Le minimum de f étant -4, pour tout réel k strictement inférieur à -4, l'équation $f(x) = k$ n'a pas de solution.

4 **1°** L'ensemble des solutions de l'inéquation $f(x) \geqslant 1$ est $[-1\ ;\ 0{,}5]$; ce sont les abscisses des points de la courbe de f dont les points ont une ordonnée supérieure ou égale à 1.

2° L'ensemble des solutions de l'inéquation $f(x) < 0$ est $[-4\ ;\ -2[\cup]1\ ;\ 4]$.

3° L'ensemble des solutions de l'inéquation $f(x) \leqslant -1$ est $[-4\ ;\ -3] \cup [2\ ;\ 4]$.

4° L'ensemble des solutions de l'inéquation $f(x) > -4$ est $[-4\ ;\ 4]$.

Tous les points de la courbe ont une ordonnée strictement supérieure à -4.

5 **1°** L'ensemble des solutions de l'inéquation $f(x) \geqslant g(x)$ est $[-2\ ;\ 1]$; ce sont les abscisses des points de la courbe de f situés au-dessus (au sens large) de la courbe de g.

2° L'ensemble des solutions de l'inéquation $f(x) > g(x)$ est $]-2\ ;\ 1[$; ce sont les abscisses des points de la courbe de f situés au-dessus (au sens strict) de la courbe de g.

cours exercices interro corrigés

3° L'ensemble des solutions de l'inéquation $f(x) \leqslant g(x)$ est $[-3\,;-2] \cup [1\,;3]$.

4° L'ensemble des solutions de l'inéquation $f(x) < g(x)$ est $[-3\,;-2[\, \cup\,]1\,;3]$.

6 **1°** D'après le graphique, on a :

$f(-3) = f(-1) = f(1) = f(2{,}5) = 0\,;$

si $x \in [-4\,;-3[$, alors $f(x) > 0\,;$

si $x \in\,]-3\,;-1[$, alors $f(x) < 0\,;$

si $x \in\,]-1\,;1[$, alors $f(x) > 0\,;$

si $x \in\,]1\,;2{,}5[$, alors $f(x) < 0\,;$

si $x \in\,]2{,}5\,;3]$, alors $f(x) > 0$.

On peut résumer ces résultats dans le tableau suivant :

x	-4		-3		-1		1		$2{,}5$		3
$f(x)$		+	0	−	0	+	0	−	0	+	

2° Le tableau de variation de f est :

x	-4		-2		0		2		3
$f(x)$	2	↘	-2	↗	2	↘	-3	↗	3

Attention, le repère n'est pas orthonormé.

Parité, imparité, périodicité

7 **1°** $\sqrt{3} < 2$, donc la fonction f ne peut décroître de $\sqrt{3}$ à 2, ce qui prouve que **le tableau de variation de *f* proposé est faux**.

2° Si la fonction f est paire et si de plus elle est décroissante sur $[0\,;3]$, alors f doit être croissante sur $[-3\,;0]$, ce qui est en **contradiction avec le tableau de variation de *f* proposé**.

8 f paire et, pour tout réel x positif ou nul, $f(x) = 3x$.

1°

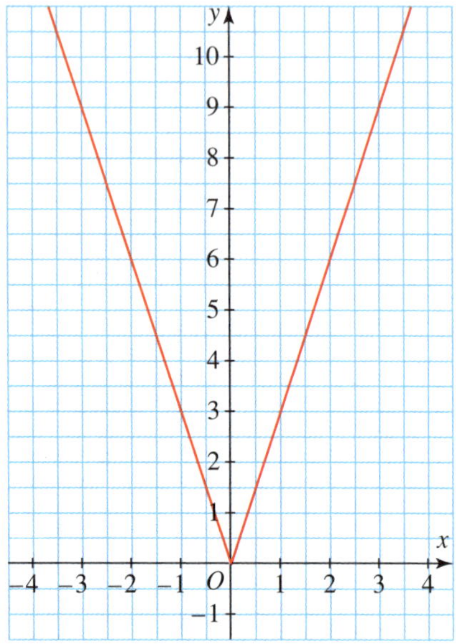

2° Si le réel x est négatif ou nul, alors $f(x) = -3x$.

En effet, pour tout réel x négatif ou nul :

$f(x) = f(-x)$ (car f est paire)

$= -3 \times (-x)$ (car $-x$ est positif ou nul)

$= 3x$.

9 Pour tout x de $\mathbb{R}^*$, $f(x) = \dfrac{1}{x}\cdot$

1° $\mathbb{R}^*$ est symétrique par rapport à zéro et, pour tout réel x non nul :

$$f(-x) = \frac{1}{-x} = -\frac{1}{x} = -f(x).$$

On en déduit que la fonction inverse est impaire.

2° La courbe représentative de la fonction inverse est symétrique par rapport à l'origine du repère (voir cours du *chapitre* 3).

10 La fonction f est paire, périodique de période 4, et vérifie :

pour tout x de $[0\,;2]$, $f(x) = \dfrac{3}{2}x - 1$.

1° • L'ensemble $\mathscr{C}_1$ des points de $\mathscr{C}_f$ dont l'abscisse appartient à $[0\,;2]$ est le segment de droite $[AB]$ où :

$A(0\,;-1)$ car : $f(0) = \dfrac{3}{2} \times 0 - 1 = -1$,

$B(2\,;2)$ car : $f(2) = \frac{3}{2} \times 2 - 1 = 2$.

• La fonction f étant paire, l'ensemble $\mathscr{C}_2$ des points de $\mathscr{C}_f$ dont l'abscisse appartient à $[-2\,;2]$ est la réunion de $\mathscr{C}_1$ et de la courbe symétrique de $\mathscr{C}_1$ par rapport à l'axe des ordonnées.

• Enfin, la fonction f étant périodique de période 4, l'ensemble $\mathscr{C}_3$ des points de $\mathscr{C}_f$ dont l'abscisse appartient à $[2\,;6]$ est l'image de $\mathscr{C}_2$ par la translation de vecteur $4\vec{i}$.

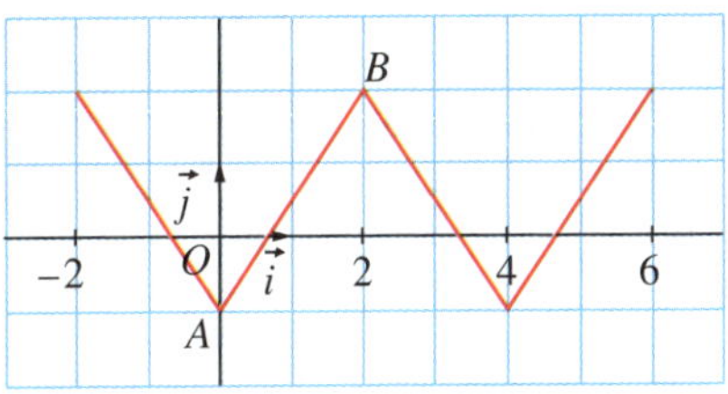

La partie de la courbe $\mathscr{C}_f$ dont les points ont une abscisse comprise au sens large entre -2 et 6 est la réunion de $\mathscr{C}_2$ et $\mathscr{C}_3$.

2° • Soit x un réel appartenant à $[-2\,;0]$; la fonction f étant paire :

$$f(x) = f(-x)\,;$$

de plus, $-x$ appartenant à $[0\,;2]$:

$$f(x) = \frac{3}{2} \times (-x) - 1 = -\frac{3}{2}x - 1.$$

Finalement :

si $x \in [-2\,;0]$, alors $f(x) = -\frac{3}{2}x - 1$.

$\mathscr{C}_2$ est un segment de la droite d'équation :

$$y = -\frac{3}{2}x - 1$$

(pente $-\frac{3}{2}$, ordonnée à l'origine -1).

• Soit x un réel appartenant à $[2\,;4]$; la fonction f étant périodique de période 4 :

$$f(x) = f(x-4)\,;$$

de plus, $x - 4$ appartenant à $[-2\,;0]$:

$$f(x) = -\frac{3}{2} \times (x-4) - 1,$$

donc $f(x) = -\frac{3}{2}x + 6 - 1 = -\frac{3}{2}x + 5$.

Finalement :

si $x \in [2\,;4]$, alors $f(x) = -\frac{3}{2}x + 5$.

L'ensemble des points de $\mathscr{C}_f$ dont l'abscisse appartient à $[2\,;4]$ est un segment de la droite d'équation :

$$y = -\frac{3}{2}x + 5$$

(pente $-\frac{3}{2}$, ordonnée à l'origine 5).

11 $ABCD$ est un carré de côté 4 et de centre O et $OM = f(x)$.

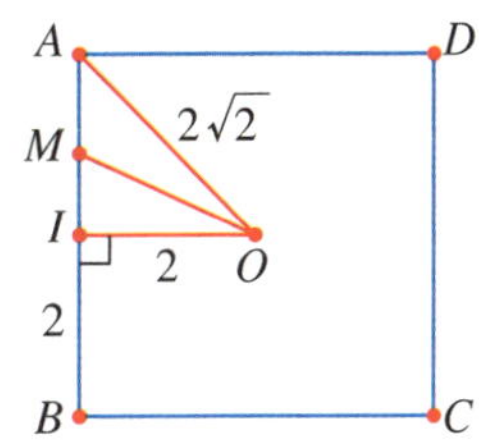

1° Voici le tableau de variation de f sur l'intervalle $[0\,;4]$.

x	0	2	4
$f(x)$	$2\sqrt{2}$ ↘	2	↗ $2\sqrt{2}$

f est d'abord décroissante, puis croissante.
$OA = OB = 2\sqrt{2}$ et $OI = 2$ si I est le milieu de $[AB]$.

2° La fonction f est périodique de période 4,
car $f(0) = f(4) = f(8) = f(12) = f(16)$
$= OA = 2\sqrt{2}$
et les triangles OAB, OBC, OCD et ODA sont isométriques.

3° Notons I le milieu du segment $[AB]$; le triangle OIM est rectangle en I
et : $OI^2 = 2^2$, $IM^2 = (2-x)^2$,
si $M \in [AI]$,
alors : $0 \leqslant x \leqslant 2$ et $IM = 2 - x$,
si $M \in [IB]$,
alors : $2 \leqslant x \leqslant 4$ et $IM = x - 2 = -(2 - x)$,
donc : $IM^2 = (2-x)^2 = (x-2)^2$.

D'après le théorème de Pythagore :

$OM^2 = 2^2 + (2-x)^2 = 4 + 4 - 4x + x^2$
$= 8 - 4x + x^2$.

Finalement : **si $x \in [0\,;4]$,**

alors $f(x) = \sqrt{x^2 - 4x + 8}$.

4° Le maximum de f sur $[0\,;16]$ est $2\sqrt{2}$, il est atteint en 0, en 4, en 8, en 12 et en 16. Le minimum de f sur $[0\,;16]$ est 2, il est atteint en 2, en 6, en 10 et en 14.

La plus grande longueur OM est obtenue pour M en A, en B, en C ou en D.

La plus petite longueur OM est obtenue pour M milieu de $[AB]$, de $[BC]$, de $[CD]$, ou de $[DA]$.

Sens de variation

12 1° Le tableau de variation de f est donné ci-dessous.

x	-6		0		4		6
$f(x)$	-2	↗	4	↘	-1	↗	2

2° Le minimum de f sur $[-3\,;6]$ est -1 et il est atteint en 4.

3° Le maximum de f sur $[-6\,;6]$ est 4 et il est atteint en 0.

13 f est définie sur $[-3\,;3]$ par :

$$f(x) = \frac{1}{4}x^4 + \frac{1}{3}x^3 - x^2.$$

1° Il semble que f soit strictement décroissante sur $[-3\,;-2]$. En affichant la table de $f(x)$ sur $[-3\,;-2]$ avec un pas de 0,1 ou même de 0,01, la conjecture peut être confortée ; mais elle reste une conjecture.

2° f peut paraître croissante sur $[-2\,;3]$, ce qui est faux puisque l'on a : $0 < 1$ et $f(0) > f(1)$ ($f(0) = 0$ et $f(1) = -\frac{5}{12}$).

Cette fonction est étudiée dans le *chapitre* 6, exercice n° 1.

14 1° a) f est strictement décroissante sur $[-3\,;0]$.

b) Si $-3 \leqslant x \leqslant 0$,
alors $f(0) \leqslant f(x) \leqslant f(-3)$,
donc :

si $-3 \leqslant x \leqslant 0$, alors $0 \leqslant f(x) \leqslant 2$;

c'est le meilleur encadrement possible ($f(0) = 0$ et $f(-3) = 2$).

2° a) f est strictement croissante sur $[0\,;2]$.

b) Si $0 \leqslant x \leqslant 2$,
alors $f(0) \leqslant f(x) \leqslant f(2)$,
donc :

si $0 \leqslant x \leqslant 2$, alors $0 \leqslant f(x) \leqslant 1{,}5$;

c'est le meilleur encadrement possible ($f(0) = 0$ et $f(2) = 1{,}5$).

3° a) f est strictement décroissante sur $[2\,;4]$.

b) Si $x \in [2\,;4]$ et si $-2 \leqslant f(x) \leqslant 1$,
alors : **$2{,}5 \leqslant x \leqslant 4$.**

En effet : si $2 \leqslant x \leqslant 2{,}5$, alors $f(x) > 1$ sur $[2{,}5\,;4]$, le minimum de f est -2, le maximum de f est 1.

4° Si $-3 \leqslant x \leqslant 2$,
alors $0 \leqslant f(x) \leqslant 2$;

Sur $[-3\,;2]$, le minimum de f est 0 et le maximum de f est 2.

15 $f : x \mapsto 2x^2 + 3x$.

Soient x et x' des réels tels que :
$0 \leqslant x < x'$; on a :

$$\begin{aligned} f(x') - f(x) &= (2x'^2 + 3x') - (2x^2 + 3x) \\ &= 2(x'^2 - x^2) + 3(x' - x) \\ &= 2(x' - x)(x' + x) \\ &\quad + 3(x' - x) \\ &= (x' - x)(2(x' + x) + 3) \\ &= (x' - x)(2x + 2x' + 3)\ ; \end{aligned}$$

Pour comparer deux nombres, penser à étudier le signe de leur différence.

or : $2x + 2x' + 3 > 0$ (car x et x' sont positifs) et $x' - x > 0$ (car $x < x'$),
donc : $f(x') - f(x) > 0$,
c'est-à-dire : $f(x) < f(x')$.

On a ainsi démontré que, pour tous réels x et x' appartenant à l'intervalle $[0\,;+\infty[$:
si $x < x'$, alors $f(x) < f(x')$,
autrement dit que la fonction

$f : x \mapsto 2x^2 + 3x$ est strictement croissante sur l'intervalle $[0\,;+\infty[$.

16 $f : x \mapsto \dfrac{2x+1}{x-1}$.

Soient x et x' des réels tels que :

$x < x' < 1$; on a :

$$f(x') - f(x)$$
$$= \frac{2x'+1}{x'-1} - \frac{2x+1}{x-1}$$
$$= \frac{(2x'+1)(x-1) - (2x+1)(x'-1)}{(x'-1)(x-1)}$$
$$= \frac{(2x'x + x - 2x' - 1)}{(x'-1)(x-1)} - \frac{(2xx' + x' - 2x - 1)}{(x'-1)(x-1)},$$
$$f(x') - f(x) = \frac{3(x-x')}{(x'-1)(x-1)} ;$$

or :

$$(x'-1)(x-1) > 0,$$

(car $x' - 1 < 0$ et $x - 1 < 0$)

et $x - x' < 0$ (car $x < x'$),

donc : $f(x') - f(x) < 0$, c'est-à-dire :

$$f(x) > f(x').$$

On a ainsi démontré que, pour tous réels x et x' appartenant à l'intervalle $]-\infty ; 1[$:

si $x < x'$, alors $f(x) > f(x')$,

autrement dit que la **fonction** **$f : x \mapsto \dfrac{2x+1}{x-1}$ est strictement décroissante sur l'intervalle $]-\infty ; 1[$.**

Copie d'écran de calculatrice obtenue :

• en entrant :

Y1=(2X+1)÷(X_1)

• avec le cadrage :

$$-4 \leqslant x \leqslant 3$$
$$-3 \leqslant y \leqslant 6.$$

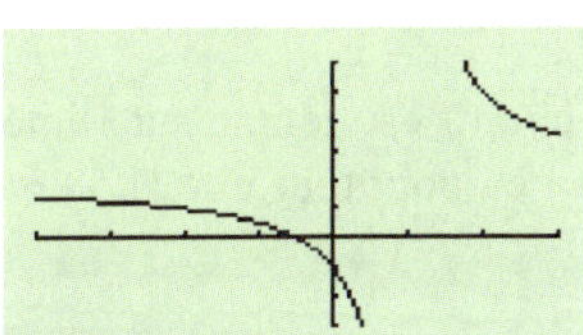

17 $f : x \mapsto \dfrac{1}{\sqrt{x}}$.

Soient x et x' des réels tels que :

$0 < x < x'$; on a :

$$f(x') - f(x) = \frac{1}{\sqrt{x'}} - \frac{1}{\sqrt{x}} = \frac{\sqrt{x} - \sqrt{x'}}{\sqrt{x'}\sqrt{x}},$$
$$f(x') - f(x) = \frac{\sqrt{x} - \sqrt{x'}}{\sqrt{x}\sqrt{x'}} \times \frac{\sqrt{x} + \sqrt{x'}}{\sqrt{x} + \sqrt{x'}}$$
$$= \frac{(\sqrt{x} - \sqrt{x'})(\sqrt{x} + \sqrt{x'})}{\sqrt{x}\sqrt{x'}(\sqrt{x} + \sqrt{x'})}$$
$$= \frac{(\sqrt{x})^2 - (\sqrt{x'})^2}{\sqrt{x}\sqrt{x'}(\sqrt{x} + \sqrt{x'})}$$
$$= \frac{x - x'}{\sqrt{x}\sqrt{x'}(\sqrt{x} + \sqrt{x'})},$$

> Pour tous réels a et b strictement positifs : $\sqrt{a} - \sqrt{b} = \dfrac{a-b}{\sqrt{a} + \sqrt{b}}$.

or : $\sqrt{x}\sqrt{x'}(\sqrt{x} + \sqrt{x'}) > 0$

et $x - x' < 0$,

donc : $f(x') - f(x) < 0$,

c'est-à-dire : $f(x) > f(x')$.

On a ainsi démontré que, pour tous réels x et x' appartenant à l'intervalle $]0 ; +\infty[$:

si $x < x'$, alors $f(x) > f(x')$,

autrement dit que **la fonction f : $x \mapsto \dfrac{1}{\sqrt{x}}$ est strictement décroissante sur l'intervalle $]0 ; +\infty[$.**

Minimum, maximum d'une fonction

18 $f : x \mapsto 5 + \sqrt{x^2+1}$.

La fonction f est définie sur $\mathbb{R}$ et, pour tout réel x :

$$x^2 \geqslant 0,$$

donc : $x^2 + 1 \geqslant 1$,

donc : $\sqrt{x^2+1} \geqslant \sqrt{1}$,

> Deux réels positifs ou nuls sont rangés comme leurs racines carrées.

donc : $\sqrt{x^2+1} \geqslant 1$,

donc : $5 + \sqrt{x^2+1} \geqslant 5 + 1$,

donc, pour tout réel x, $f(x) \geqslant 6$, autrement dit, 6 est un minorant de f. De plus, 6 est clairement une valeur prise par f :

$$f(0) = 5 + \sqrt{0^2+1} = 5 + 1 = 6.$$

En résumé :

$$\begin{cases} \text{pour tout réel } x,\ f(x) \geqslant 6, \\ f(0) = 6, \end{cases}$$

ce qui prouve que : **6 est le minimum sur ℝ de la fonction f : $x \mapsto 5 + \sqrt{x^2+1}$.**

19 $f : x \mapsto x^2 + 4x + 5$.

1° Pour tout réel x :

$$\begin{aligned} f(x) - 1 &= x^2 + 4x + 4 \\ &= x^2 + 2 \times 2 \times x + 2^2 \\ &= (x+2)^2. \end{aligned}$$

Pour tous réels a et b :
$(a+b)^2 = a^2 + 2ab + b^2$.

2° D'après 1° :

pour tout réel x, $f(x) = (x+2)^2 + 1$,

or : $(x+2)^2 \geqslant 0$,

donc, pour tout réel x, $f(x) \geqslant 1$, autrement dit, 1 est un minorant de f (sur ℝ). De plus, $f(-2) = 1$, donc 1 est une valeur prise par f.

Des relations :

$$\begin{cases} \text{pour tout réel } x,\ f(x) \geqslant 1, \\ f(-2) = 1, \end{cases}$$

on déduit que **1 est le minimum de f sur ℝ.**

20 $f : x \mapsto -x^2 - 2x + 3$.

1° Pour tout réel x,

$$\begin{aligned} f(x) - 4 &= -x^2 - 2x - 1 \\ &= -(x^2 + 2x + 1) \\ &= -(x+1)^2. \end{aligned}$$

2° D'après 1° :

pour tout réel x, $f(x) = -(x+1)^2 + 4$,

or : $-(x+1)^2 \leqslant 0$,

donc, pour tout réel x, $f(x) \leqslant 4$,

autrement dit, 4 est un majorant de f (sur ℝ).

De plus, $f(-1) = 4$, donc 4 est une valeur prise par f.

Des relations :

$$\begin{cases} \text{pour tout réel } x,\ f(x) \leqslant 4, \\ f(-1) = 4, \end{cases}$$

on déduit que **4 est le maximum de f sur ℝ.**

21 $f : x \mapsto 3 - 2x^2(x-1)^2$.

Pour tout réel x, $-2x^2(x-1)^2 \leqslant 0$,

donc : $3 - 2x^2(x-1)^2 \leqslant 3$,

donc : $f(x) \leqslant 3$,

autrement dit, 3 est un majorant de f.

De plus, pour tout réel x :

$$\begin{aligned} f(x) = 3 &\Leftrightarrow 3 - 2x^2(x-1)^2 = 3 \\ &\Leftrightarrow -2x^2(x-1)^2 = 0 \\ &\Leftrightarrow x^2 = 0 \text{ ou } (x-1)^2 = 0 \\ &\Leftrightarrow x = 0 \text{ ou } x = 1, \end{aligned}$$

ce qui prouve que 3 est non seulement un majorant de f, mais aussi le maximum de f, et que les seuls réels en lesquels f prend la valeur 3 sont 0 et 1.

Finalement, **f admet 3 pour maximum sur ℝ, et les réels en lesquels f atteint son maximum sont 0 et 1.**

Copie d'écran de calculatrice obtenue :

• en entrant :

Y1=3-2X²(X-1)²

• avec le cadrage :

$$-1 \leqslant x \leqslant 2$$
$$-1 \leqslant y \leqslant 4.$$

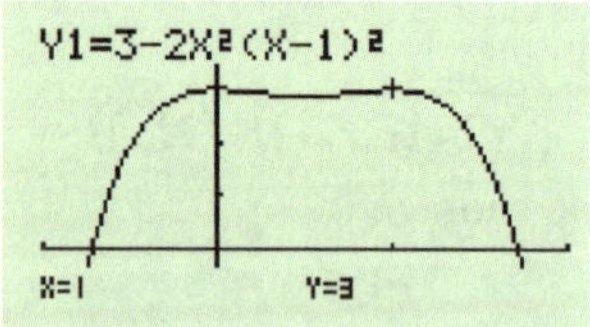

22 $f : x \mapsto \dfrac{1}{x-1}$.

La fonction f est définie sur l'intervalle $]1\,;+\infty[$ et, pour tout x de $]1\,;+\infty[$:

$$x - 1 > 0,$$

donc : $\dfrac{1}{x-1} > 0$,

autrement dit : $f(x) > 0$.

Un réel non nul et son inverse ont le même signe.

On en déduit que **0 est un minorant de *f* sur l'intervalle]1 ; +∞[.**

D'autre part, pour tout x de]1 ; +∞[: $f(x) \neq 0$, donc **0 n'est pas le minimum de *f* sur]1 ; +∞[.**

$f(x)$ est aussi proche que l'on veut de 0, pourvu que x soit suffisamment grand, ce qui s'écrit :

$$\lim_{x \to +\infty} \frac{1}{x-1} = 0,$$

mais *f* n'atteint jamais cette valeur sur]1 ; +∞[(ni sur]−∞ ; 1[).

23 $f : x \mapsto (x+1)^2 + (x-1)^4$.

1° Si x est un réel supérieur ou égal à 0, alors :

$$1 \leqslant x+1,$$

donc, des réels positifs étant rangés comme leurs carrés :

$$1 \leqslant (x+1)^2.$$

Il vient :

pour tout x de [0 ; +∞[, $1 \leqslant (x+1)^2$.

2° • Pour tout x de [0 ; +∞[,

$1 \leqslant (x+1)^2$ (d'après 1°)

et $0 \leqslant (x-1)^4$,

donc : $1 \leqslant (x+1)^2 + (x-1)^4$,

autrement dit : $1 \leqslant f(x)$,

ce qui prouve que **1 est un minorant de *f* sur [0 ; +∞[.**

• Pour tout x de [0 ; +∞[:

$$f(x) = 1 \Leftrightarrow (x+1)^2 + (x-1)^4 = 1$$
$$\Leftrightarrow ((x+1)^2 - 1) + (x-1)^4 = 0,$$

or : $(x+1)^2 - 1 \geqslant 0$ d'après 1°),

$(x-1)^4 \geqslant 0$ d'après 1°)

et une somme de réels positifs est nulle si, et seulement si, tous ses termes sont nuls, donc, si $f(x) = 1$, alors w$(x-1)^4 = 0$, c'est-à-dire $x = 1$.

De plus :

$f(1) = (1+1)^2 + (1-1)^4 = 4$,

ce qui montre que 1 n'est l'image par *f* d'aucun réel de [0 ; +∞[.

En conclusion, **1 n'est pas le minimum de *f* sur [0 ; +∞[.**

24 $f : x \mapsto x^2 - 2x\sin(x) + 3\sin^2(x)$.

Pour tout réel x :

$$\sin^2(x) = (\sin(x))^2$$

1° • Pour tout réel x,

$(x - \sin(x))^2 = x^2 - 2x\sin(x) + \sin^2(x)$.

Pour tous réels a et b :

$$(a-b)^2 = a^2 - 2ab + b^2.$$

2° La fonction *f* est définie sur ℝ, et on déduit de la question 1° que, pour tout réel x :

$$f(x) = (x - \sin(x))^2 + 2\sin^2(x),$$

or :

$$(x - \sin(x))^2 \geqslant 0 \quad \text{et} \quad 2\sin^2(x) \geqslant 0,$$

donc :

$$f(x) \geqslant 0,$$

ce qui prouve que 0 est un minorant de *f*.

Il est utile de savoir : $\sin(0) = 0$.

De plus, en utilisant que la fonction sinus s'annule en 0, on obtient :

$$f(0) = 0,$$

ce qui prouve que **0 est le minimum de *f* sur ℝ.**

Avec un logiciel de géométrie dynamique

25 **A. Conjecture à l'aide d'un logiciel**

1° On peut construire la figure à l'aide du logiciel Géoplan ; voici une édition de la figure.

Position de Roxy: Xmin: -3.34572007952, Xmax: 5.72457470506, Ymax: 5.99990510154

Objet dessinable Roxy, particularités: rouge, non dessiné

A point de coordonnées (0,0) dans le repère Roxy
B point de coordonnées (6,0) dans le repère Roxy
C point de coordonnées (0,3) dans le repère Roxy
tri polygone ABC
M point libre sur le segment [AB]
Objet libre M, paramètre : 0.49791722856
d1 droite perpendiculaire à (AB) passant par M
N point d'intersection des droites d1 et (BC)
d2 droite perpendiculaire à (AC) passant par N
P point d'intersection des droites d2 et (AC)
a = AP*AM (unité de longueur Uoxy)
rect polygone AMNP
Objet dessinable rect, particularités : rouge, hachures verticales
Hauteur de la zone des affichages : 94
Af0 affichage de la longueur du segment [AM] (unité de longueur Uoxy) (3 décimales)
Position de l'affichage Af0: (2,1)
Af1 affichage de la longueur du segment [AP] (unité de longueur Uoxy) (3 décimales)
Position de l'affichage Af1: (401,10)
Af2 affichage du scalaire a (3 décimales)
Position de l'affichage Af2: (932,2)

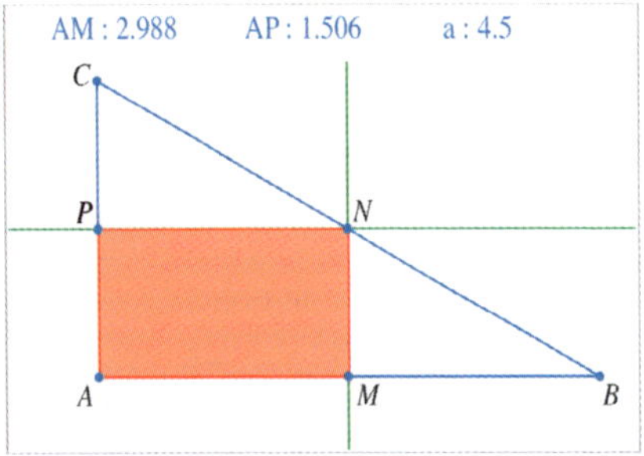

2° Il semble que l'aire du rectangle *AMNP* soit maximale pour x valant environ 3 et qu'alors, l'aire du rectangle soit environ 4,5.

B. Démonstration

1° On reconnaît une configuration de Thalès : les droites (PN) et (AB) sont parallèles et les droites (AP) et (BN) sont sécantes en C.

D'après le théorème de Thalès, on a :

$\frac{CP}{CA} = \frac{PN}{AB}$, donc : $\frac{CP}{3} = \frac{x}{6}$, d'où :

$CP = 3 \times \frac{x}{6} = \frac{1}{2}x$, et par conséquent :

$$\boldsymbol{AP = 3 - \frac{1}{2}x = 3 - 0{,}5x.}$$

2° $\boldsymbol{a(x) = x(3 - 0{,}5x) = -0{,}5x^2 + 3x.}$

L'aire d'un rectangle est le produit de sa longueur par sa largeur.

3° a) Pour tout réel x,

$$x^2 - 6x + 9 = (x-3)^2,$$

donc :

$$\boldsymbol{x^2 - 6x + 9 \geqslant 0.}$$

Un carré est toujours positif ou nul.

b) Pour tout réel x :

$$x^2 - 6x + 9 \geqslant 0,$$

donc : $\quad -x^2 + 6x - 9 \leqslant 0,$

d'où : $\quad \boldsymbol{-x^2 + 6x \leqslant 9.}$

4° La valeur maximale de l'aire du rectangle *AMNP* est 4,5 et elle est atteinte pour $x = 3$. En effet, pour tout réel x :

$$a(x) = -0{,}5x^2 + 3x = 0{,}5(-x^2 + 6x)$$

et : $\quad -x^2 + 6x \leqslant 9,$

d'où : $\quad a(x) \leqslant 4{,}5.$

De plus : $\quad a(3) = 4{,}5.$

Algorithme de dichotomie

26 $f : x \mapsto \cos(x) - x.$

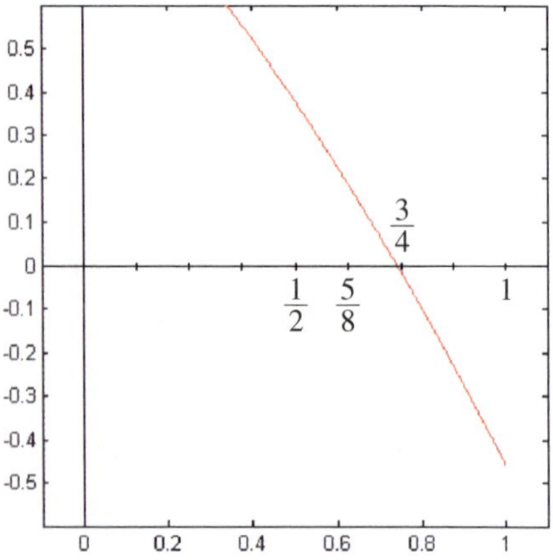

1° Par lecture graphique, s appartient à chacun des intervalles $\left[\frac{1}{2} ; 1\right]$, $\left[\frac{1}{2} ; \frac{3}{4}\right]$, $\left[\frac{5}{8} ; \frac{3}{4}\right]$, d'où le tableau suivant :

$i = 1$ $i = 2$ $i = 3$

a	0	1/2	1/2	5/8
b	1	1	3/4	3/4

2° L'intervalle initial a pour longueur 1 et, à chacun des vingt passages dans la boucle **Pour**, la longueur de l'intervalle courant est divisée par 2, donc à la fin de l'algorithme, l'intervalle courant a pour longueur $\frac{1}{2^{10}}$, or, à 10^{-8}. près :

$$\frac{1}{2^{10}} \approx 0{,}000\,000\,95,$$

donc : $$\frac{1}{2^{10}} < 10^{-6},$$

donc les valeurs ***a* et *b* en sortie fournissent un encadrement de *s* de longueur inférieure à 10^{-6}.**

3° Après avoir programmé cet algorithme sur une calculatrice, son exécution donne à l'affichage :

0,739 084 243 8

0,739 085 197 4

Ces valeurs fournissant un encadrement de s d'amplitude inférieure à 10^{-6}, on a :

$$0{,}739\,084 \leqslant s \leqslant 0{,}739\,086,$$

donc :

$$0{,}739\,08 \leqslant s < 0{,}739\,09.$$

On en déduit que **0,738 08 est la troncature de *s* à cinq décimales.**

CASIO

```
0→A↵
1→B↵
For 1→I T0 20↵
(A+B)÷2→M↵
If (cos(A)−A)×(cos(M)−M)≥0↵
Then M→A↵
Else M→B↵
IfEnd↵
Next↵
A◢
B◢
```

Les interrogations écrites

27 **1°** Le tableau de variation de la fonction f sur [0 ; 6] est le suivant :

x	0	4	6
$f(x)$	0 ↗	32	↘ 24

2° Dans [0 ; 6], l'équation $f(x) = 24$ admet deux solutions : 2 et 6.

3° Dans [0 ; 6], l'ensemble des solutions de l'inéquation $f(x) \geqslant 24$ est [2 ; 6].

4° Le minimum de f sur [0 ; 6] est 0 et il est atteint en 0.

5° Le maximum de f sur [0 ; 6] est 32 et il est atteint en 4.

28 **Partie A**

1° La figure n'est réalisable que si $0 \leqslant x \leqslant 6$.

- Si la figure est réalisable, alors

  $x \geqslant 0$ car $x = DM$

  $x \leqslant 6$ car $M \in [AD]$ et $AD = 6$,

donc : $0 \leqslant x \leqslant 6$.

- Réciproquement, il est clair que, si $0 \leqslant x \leqslant 6$, alors la figure est réalisable.

2° On a :

$\mathscr{A}(x) = \text{aire}(ABCD) - 2 \times \text{aire}(DMQ) - 2 \times \text{aire}(AMN)$

et :

$\text{aire}(ABCD) = 10 \times 6 = 60,$

$2 \times \text{aire}(DMQ) = x^2,$

$2 \times \text{aire}(AMN) = (6 - x)(10 - x) = x^2 - 16x + 60$

donc $\mathscr{A}(x) = 60 - x^2 - x^2 + 16x - 60,$

d'où : $\boldsymbol{\mathscr{A}(x) = -2x^2 + 16x}$**.**

Partie B

Pour tout réel x, $f(x) = -2x^2 + 16x$.

1° Pour tout réel x :

$-2(x-4)^2 + 32 = -2x^2 + 16x - 32 + 32$

donc : $\boldsymbol{f(x) = -2(x-4)^2 + 32}$.

2° Pour tout réel x,

$f(x) = -2(x-4)^2 + 32$

et $-2(x-4)^2 \leqslant 0,$

d'où : $f(x) \leqslant 32$

et, de plus : $f(4) = 32.$

Par conséquent, **le maximum de la fonction *f* est 32 et il est atteint en 4.** C'est un résultat que l'on a visualisé dans l'exercice 27.

3° **L'aire de *MNPQ* est maximale pour $\boldsymbol{x = 4}$.** Si $x \in [0 ; 6]$, alors $f(x) = \mathscr{A}(x)$.

CHAPITRE 2

Fonctions polynômes. Fonctions polynômes du second degré

LE COURS

Fonctions polynômes

▶ Définition

Un polynôme est une fonction définie sur $\mathbb{R}$ qui peut s'écrire sous la forme :

$$x \mapsto a_n x^n + a_{n-1} x^{n-1} + \dots + a_1 x + a_0 ,$$

où n est un entier naturel et $a_n, a_{n-1}, \dots, a_1, a_0$ sont des réels.
Si a_n est non nul, alors :

- n est le degré du polynôme,
- $a_n, a_{n-1}, \dots, a_1, a_0$ sont ses coefficients.

Le polynôme nul $x \mapsto 0$ n'a pas de degré.

▶ Égalité de deux polynômes

Deux polynômes sont égaux si et seulement s'ils ont le même degré et si les coefficients des « termes de même degré » sont égaux.

Fonctions polynômes du second degré

Soit f le polynôme du second degré : $x \mapsto ax^2 + bx + c$, où a, b et c sont des réels (avec $a \neq 0$).
Le **discriminant** de f, que l'on notera Δ, est le réel $b^2 - 4ac$.

▶ Forme canonique

Pour tout réel x, $ax^2 + bx + c = a\left[\left(x + \frac{b}{2a}\right)^2 - \frac{b^2 - 4ac}{4a^2}\right]$, donc :

pour tout réel x, $ax^2 + bx + c = a\left(x + \frac{b}{2a}\right)^2 - \frac{b^2 - 4ac}{4a}$.

Minimum, maximum

- Si $a > 0$, alors f admet un minimum, qui est atteint en $-\dfrac{b}{2a}\cdot$
- Si $a < 0$, alors f admet un maximum, qui est atteint en $-\dfrac{b}{2a}\cdot$

Racines et factorisation

On appelle racine de f toute solution de l'équation $f(x) = 0$.

- Si $\Delta > 0$, alors f admet deux racines distinctes x_1 et x_2 :

$$x_1 = \frac{-b-\sqrt{\Delta}}{2a}, \qquad x_2 = \frac{-b+\sqrt{\Delta}}{2a},$$

et : pour tout réel x, $f(x) = a(x-x_1)(x-x_2)$.

- Si $\Delta = 0$, alors f admet une seule racine x_0 :

$$x_0 = -\frac{b}{2a},$$

et : pour tout réel x, $f(x) = a(x-x_0)^2$.

- Si $\Delta < 0$, alors f n'admet pas de racine.

Allure de la courbe

La courbe représentative de f est une parabole qui admet pour axe de symétrie la droite d'équation $x = -\dfrac{b}{2a}\cdot$

Le sommet de cette parabole est son point d'abscisse $-\dfrac{b}{2a}\cdot$

1er cas : $\Delta > 0$ et $a > 0$

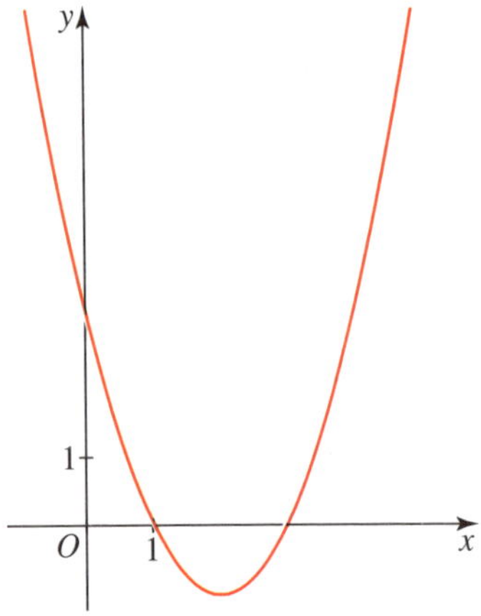

2e cas : $\Delta > 0$ et $a < 0$

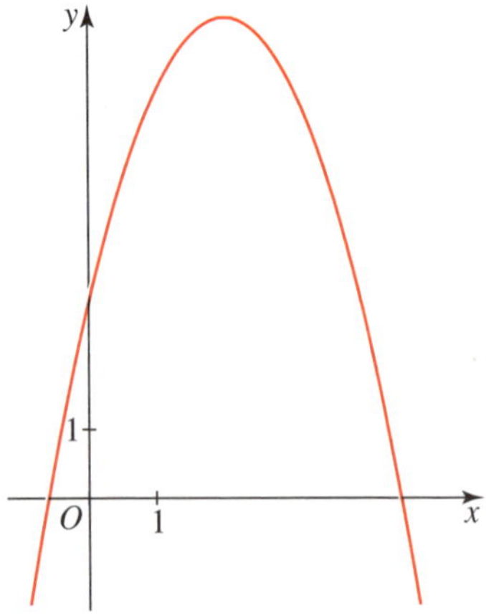

3e cas : $\Delta = 0$ et $a > 0$

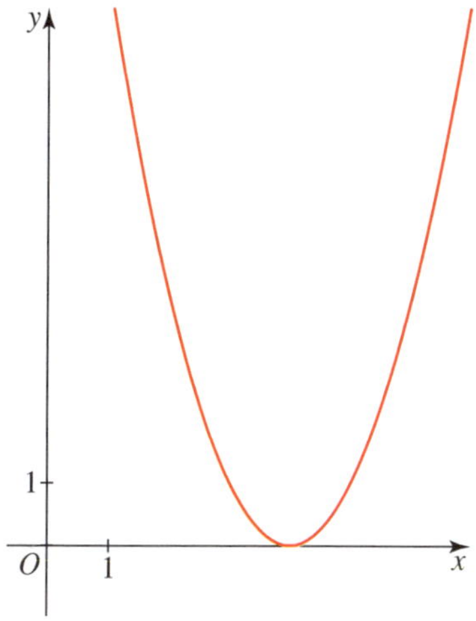

4e cas : $\Delta = 0$ et $a < 0$

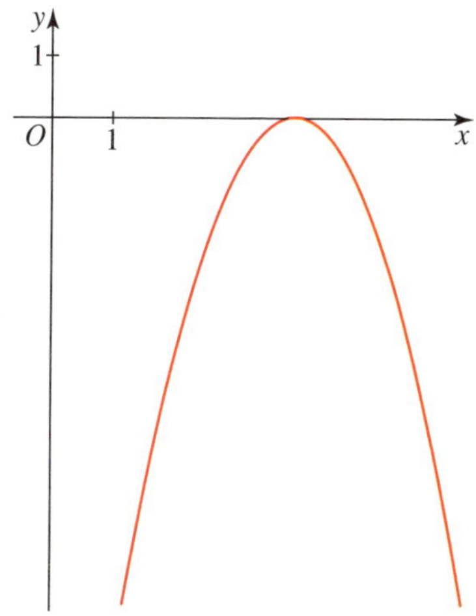

5e cas : $\Delta < 0$ et $a > 0$

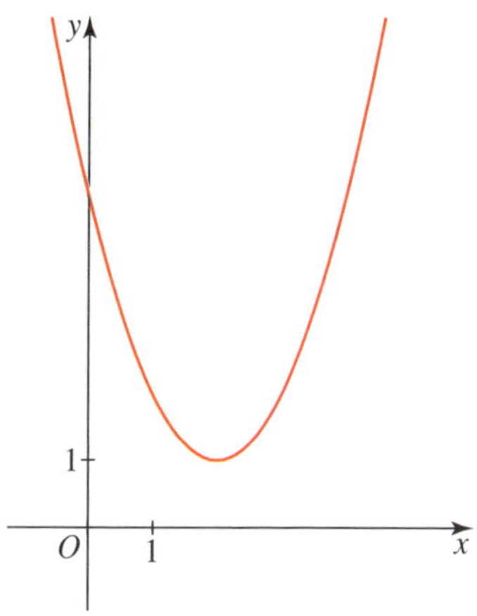

6e cas : $\Delta < 0$ et $a < 0$

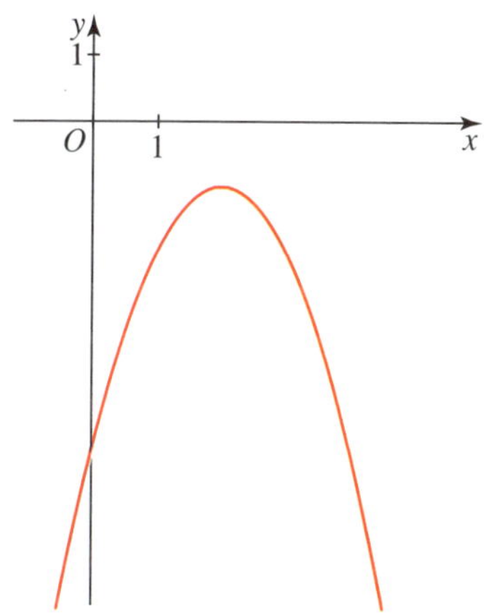

▶ Signe

Le signe de $f(x)$ est donné dans les tableaux suivants.

- Si $\Delta > 0$, alors, en notant x' et x'' les deux racines de f de sorte que $x' < x''$:

x	$-\infty$	x'		x''	$+\infty$
$f(x)$	signe de a	0	signe contraire de a	0	signe de a

• Si $\Delta = 0$, alors, x_0 étant la seule racine de f :

x	$-\infty$	x_0	$+\infty$
$f(x)$	signe de a	0	signe de a

• Si $\Delta < 0$, alors f garde un signe constant, celui de a :

x	$-\infty$ $+\infty$
$f(x)$	signe de a

▶ Somme et produit des racines

Si $\Delta > 0$, alors f admet deux racines :

• leur somme est égale à $-\frac{b}{a}$,

• leur produit est égal à $\frac{c}{a}$.

EXERCICES

Vrai ou faux ?

1 (corrigés p. 44)

1° P étant un polynôme de degré 3, le degré de $2P$ est 6.
2° La somme de deux polynômes de degré 4 est un polynôme de degré 4.
3° Il existe (au moins) un nombre x tel que : $(x+3)(2x-4) < 0$.
4° Pour tout réel x, $-x(-x-8) \leqslant 0$.
5° Pour tout réel x, $-7(x+5)^2 - 9 < 0$.
6° Il existe un seul réel x tel que $x^2 = 10$.
7° L'ensemble des solutions de l'inéquation $x^2 < 9$ est $[0\ ;\ 3[$.
8° La somme des carrés de deux nombres est le carré de la somme de ces deux nombres.
9° Le point $A(\sqrt{2}\ ;\ 2)$ appartient à la courbe de la fonction carré.
10° La fonction $x \mapsto x^2 - 5x + 9$ admet un maximum.
11° La fonction polynôme $x \mapsto (x-3)(x+5)$ a deux racines.
12° La fonction $x \mapsto x^2 + 7$ ne s'annule pas.

Fonctions polynômes

2 ★ 5 min (corrigés p. 44)

Soient les polynômes P et Q définis par :

$$P(x) = 4x^2 - x + 4,$$

$$Q(x) = -6x^3 + x - 5.$$

1° Prévoir le degré des polynômes $P+Q$, $P-Q$, $3P-2Q$ et $P \times Q$.
2° Déterminer les polynômes $P+Q$, $P-Q$, $3P-2Q$ et $P \times Q$.

3 ★ 1 min (corrigés p. 45)

P, Q et R sont des polynômes de degrés respectifs 1, 2 et 6.
Quel est le degré du polynôme $P \times Q \times R$?

4 ★ 5 min (corrigés p. 45)

Trouver le degré et le coefficient du terme de plus haut degré du polynôme P proposé.
1° $P(x) = (x^2+1)(3-x^4)$.
2° $P(x) = (x-2)^4 - 7x^2 + 13x$.
3° $P(x) = (x+1)(x^3-5) + x(7x^2-x^3)$.

5 ★ 5 min (corrigés p. 45)

Dans chacun des cas suivants, déterminer un polynôme P de degré 4 tel que :

1° P ne prend que des valeurs strictement négatives ;

2° P s'annule exactement une fois ;

3° P s'annule exactement trois fois.

6 ★★ 10 min (corrigés p. 45)

Indiquer si la fonction f proposée est un polynôme. Si oui, en préciser le degré.

1° $f : x \mapsto \sqrt{5}$.

2° $f : x \mapsto 0{,}3\sin^2(x) - 3 \times 10^{-1} + 0{,}3\cos^2(x)$.

3° $f : x \mapsto \dfrac{x^2 - 4}{x + 2}$.

4° $f : x \mapsto 0{,}5x^{10} + 3x^5 - 7x + \sqrt{x} + 2$.

5° $f : x \mapsto x^7 - 0{,}5x^6 - x^7 + 3x^5 - 2{,}7x^2 + \dfrac{1}{2}x^6 + 4$.

6° $f : x \mapsto \dfrac{x + 5}{\pi}$.

7 ★★ 5 min (corrigés p. 46)

Que peut-on dire des réels a et b si, pour tout réel x :

$$ax^2 + 4x - 3 = bx - 3 \text{ ?}$$

Sens de variation et courbe d'une fonction polynôme du second degré

8 ★ 5 min (corrigés p. 46)

Soient f et g les fonctions définies sur $\mathbb{R}$ par :

$$f(x) = 21(x - 3)^2 - 4 \quad \text{et} \quad g(x) = -6(x + 5)^2 + 47{,}2.$$

1° Donner le sens de variation de chacune des fonctions f et g.

2° Préciser si l'extremum de f est un maximum ou un minimum et en quel réel il est atteint.

3° Préciser si l'extremum de g est un maximum ou un minimum et en quel réel il est atteint.

9 ★ 5 min (corrigés p. 46)

Dans chacun des cas suivants, écrire $f(x)$ sous la forme $(x - \alpha)^2 + \beta$, puis donner les coordonnées du sommet S de la parabole représentant f dans un repère orthonormal.

1° $f(x) = x^2 - 10x + 25$.

2° $f(x) = x^2 - 10x + 26$.

3° $f(x) = x^2 - 10x + 24$.

4° $f(x) = x^2 + 8x + 16$.

5° $f(x) = x^2 + 8x + 19$.

6° $f(x) = x^2 + 8x + 14$.

10 ★ 5 min (corrigés p. 47)

On considère les fonctions $f_1 : x \mapsto x^2 - 2x + 1$,

$f_2 : x \mapsto 2x^2 - 4x + 2$,

$f : x \mapsto 2x^2 - 4x + 5$.

1° Déterminer la forme canonique de chacune des fonctions définies ci-dessus.
2° Donner le sens de variation de la fonction f.

11 ★ 10 min (corrigés p. 47)

Soit f la fonction : $x \mapsto 2x^2 + 5x - 3$.
Après avoir vérifié :

$$\text{pour tout réel } x,\ f(x) = (2x-1)(x+3) = 2\left(x + \frac{5}{4}\right)^2 - \frac{49}{8},$$

choisir la meilleure expression de $f(x)$ pour :
1° déterminer le minimum de f ;
2° étudier le signe de $f(x)$;
3° résoudre l'inéquation $f(x) < -3$.

12 ★ 15 min (corrigés p. 47)

On considère la parabole $\mathcal{P}$ représentant, dans un repère orthonormal, la fonction f définie pour tout réel x par : $f(x) = x^2 + 4x - 5$.
1° a) Déterminer la forme canonique, puis la forme factorisée de f.
b) Déterminer les coordonnées du sommet S de la parabole $\mathcal{P}$, une équation de l'axe de symétrie de $\mathcal{P}$, les coordonnées des points d'intersection de $\mathcal{P}$ et de l'axe des abscisses, les coordonnées du point d'intersection de $\mathcal{P}$ et de l'axe des ordonnées.
2° La parabole $\mathcal{P}$ est-elle superposable avec celle de la fonction carré ?
3° Tracer $\mathcal{P}$.

13 ★ 15 min (corrigés p. 48)

Soit f la fonction définie sur $\mathbb{R}$ par : $f(x) = -x^2 + 2x + 4$.
On note $\mathcal{C}$ la courbe représentative de f dans un repère orthonormal.
1° Calculer l'image de 1 et l'image de $-\frac{1}{2}$ par f.
2° Déterminer les antécédents de 4 par f.
3° Vérifier : pour tout réel x, $f(x) = -(x-1)^2 + 5$.
4° Quel est le sens de variation de f ?
Dresser le tableau de variation de f.
5° La fonction f admet-elle un extremum ? Si oui, lequel et en quelle valeur est-il atteint ?
Quelle est la nature de $\mathcal{C}$? Quels sont ses éléments caractéristiques ?
Tracer la courbe $\mathcal{C}$.

14 ★★ 20 min *(corrigés p. 49)*

ABCD est un carré de côté 4. On considère les points I, J, K, L appartenant respectivement aux segments $[AB]$, $[BC]$, $[CD]$, $[DA]$ tels que : $AI = BJ = CK = DL$.
On pose : $AI = x$.

1° Faire une figure.

2° À quel intervalle le réel x appartient-il ?

3° Déterminer l'aire de *IJKL* en fonction de x.

4° Déterminer pour quelle valeur de x l'aire de *IJKL* est minimale et préciser la valeur de l'aire minimale.

15 ★★ 20 min *(corrigés p. 49)*

On considère un carré *ABCD* de côté 10 cm et on note I le milieu de $[AD]$; de plus, M est un point de $[AB]$, N est le point de $[BC]$ qui vérifie $BN = AM$.

1° Soient x le réel tel que $AM = x$ cm, et $\mathscr{A}(x)$ l'aire du triangle *MIN* en cm^2.

a) Quel est l'ensemble des valeurs possibles de x ?

b) Calculer $\mathscr{A}(0)$ et $\mathscr{A}(10)$.

c) Exprimer $\mathscr{A}(x)$ en fonction de x.

d) Dresser le tableau de variation de $\mathscr{A}$.

2° En déduire l'aire maximale et l'aire minimale du triangle *MIN*.

Équations du second degré

16 ★ 10 min *(corrigés p. 50)*

Résoudre l'équation (E) proposée.

1° $x^2 - 4x + 7 = 0$.

2° $2x^2 + \sqrt{5}x + \dfrac{1}{2} = 0$.

3° $x^2 - 3x + 2{,}25 = 0$.

17 ★ 2 min *(corrigés p. 51)*

Quel est le discriminant de :

$$x \mapsto (1\,234\,x - 4\,321)^2\ ?$$

18 ★★ 5 min *(corrigés p. 51)*

Justifier rapidement que l'équation :

$$2\,221x^2 - 3\,332\,x - 4\,443 = 0$$

admet deux solutions de signes contraires.

19 ★★ 10 min *(corrigés p. 51)*

1° Résoudre l'équation (E) :

$$3x^2 - 5x - 2 = 0.$$

2° En déduire les solutions de l'équation (E') :

$$3x^4 - 5x^2 - 2 = 0.$$

20 ★★ 10 min *(corrigés p. 51)*

Le but de l'exercice est de calculer par deux méthodes les racines du polynôme f : $x \mapsto x^2 - (\sqrt{2} + \sqrt{3})x + \sqrt{6}$, et de comparer ces deux méthodes.

1° Développer $(x - x_1)(x - x_2)$.
En déduire une factorisation de f. Quelles sont les racines de f ?

2° Déterminer les racines de f par la méthode du discriminant.

3° Vérifier que les deux méthodes conduisent bien au même résultat.

21 ★★ 15 min *(corrigés p. 52)*

Un jardin rectangulaire a une aire de 12 ares et un périmètre de 140 mètres. Quelles sont les dimensions de ce jardin ?

22 ★★ 15 min *(corrigés p. 53)*

Deux automobilistes effectuent le même parcours de 400 km, mais le second le fait à 20 km/h de plus que le premier et en une heure de moins.
Donner la vitesse de chacun d'eux et le temps nécessaire à chacun pour parcourir le trajet.

23 ★★ 15 min *(corrigés p. 53)*

Un lycée projette un voyage pédagogique et le transporteur a fait un prix global de 1 200 €. Quatre élèves, qui n'étaient pas inscrits, se décident à participer à cette excursion ; ainsi, le prix du voyage baisse de 10 euros pour chaque élève.
Quel est le nombre d'élèves qui participent au voyage ? Quel est le montant payé par chaque élève ?

Algorithme de résolution d'une équation du second degré

24 ★★ 15 min *(corrigés p. 54)*

Proposer un algorithme qui demande les réels a, b, c (a étant non nul) et qui donne les racines, si elles existent, du polynôme f : $x \mapsto ax^2 + bx + c$.

Signe d'un polynôme du second degré

25 ★ 5 min *(corrigés p. 54)*

Déterminer (de tête !) le signe de chacune des expressions suivantes en fonction du réel x :

1° $(x + 2)(x - 3)$; **2°** $(x + 2)(2 - 3x)$; **3°** $x^2 + x + 1$.

26 ★ 10 min *(corrigés p. 55)*

Déterminer le signe de $f(x)$ selon les valeurs du réel x pour le polynôme du second degré f proposé.

1° $f : x \mapsto -3x^2 + 5x + 7$.

2° $f : x \mapsto \frac{1}{2}x^2 + x + 9$.

3° $f : x \mapsto -x^2 + 2\sqrt{3}x - 3$.

27 ★★ 5 min *(corrigés p. 55)*

Soient a, b, c des réels ($a \neq 0$) tels que le trinôme du second degré f :

$$x \mapsto ax^2 + bx + c$$

admette un discriminant Δ strictement négatif.

Peut-on affirmer que, pour tout réel x, $f(x)$ est du signe de c ?

28 ★★ 5 min *(corrigés p. 55)*

Soient a, b, c des réels ($a \neq 0$) tels que le trinôme du second degré f :

$$x \mapsto ax^2 + bx + c$$

admette deux racines x_1 et x_2.

Que peut-on dire du signe de $f\left(\frac{x_1 + 2x_2}{3}\right)$?

29 ★★ 15 min *(corrigés p. 56)*

Des études statistiques ont montré que, dans la salle de concert de 300 places de la ville de Terminalesse, le nombre de spectateurs est fonction du prix d'entrée.

Si x est le nombre de spectateurs et p le prix du billet en euros, alors x et p vérifient la relation $x = 300 - 12p$.

Les charges fixes de la salle se montent à 1 848 euros.

Déterminer le prix du billet qui permet d'amortir les dépenses et d'avoir le maximum de spectateurs.

Résolution d'équations

30 ★ 10 min *(corrigés p. 56)*

Résoudre l'équation (E) proposée.

1° $x^3 + 4x^2 + 5x = 0$.

2° $x + 2 + \frac{1}{x} = 0$.

31 ★★ 15 min *(corrigés p. 56)*

Soit f le polynôme :

$$x \mapsto x^4 - 2x^3 - 17x^2 + 4x + 30.$$

1° Démontrer qu'il existe des réels a et b, à déterminer, tels que :

pour tout réel x, $f(x) = (x^2 - 2)(x^2 + ax + b)$.

2° En déduire les racines de f.

Les interrogations écrites

32 15 min (corrigés p. 57)

Un décorateur achète de la soie pour 540 euros. Si le mètre de soie avait coûté 5 euros de moins, alors ce décorateur aurait obtenu 9 mètres en plus. Combien de mètres de soie ont été achetés par ce décorateur ?

33 10 min (corrigés p. 57)

Déterminer l'ensemble de définition $\mathcal{D}_f$ de la fonction $f : x \mapsto \sqrt{-x^2 + 9x - 8}$.

34 20 min (corrigés p. 57)

1° On considère la fonction polynôme p définie sur $\mathbb{R}$ par : $p(x) = x^3 + 4x - 16$.

a) Quel est le degré de p ? Quels en sont les coefficients ?

b) Calculer $p(2)$; que peut-on dire du réel 2 ?

c) Déterminer les réels a, b et c tels que :

pour tout x de $\mathbb{R}$, $p(x) = (x - 2)(ax^2 + bx + c)$.

2° On considère la fonction polynôme f définie sur $\mathbb{R}$ par : $f(x) = x^2 + 2x + 8$.

a) Quel est le degré de f ? Quels en sont les coefficients ?

b) Déterminer les racines de f.

3° On considère la fonction polynôme g définie sur $\mathbb{R}$ par : $g(x) = x^2 - 12x + 35$.

a) Quel est le degré de g ? Quels en sont les coefficients ?

b) Déterminer les racines de g.

4° Résoudre dans $\mathbb{R}$ l'inéquation (I) : $\dfrac{x^3 + 4x - 16}{x^2 - 12x + 35} \geqslant 0$.

CORRIGÉS

Vrai ou faux ?

1 1° P étant un polynôme de degré 3, le degré de $2P$ est 6.

Faux. Le degré de $2P$ est 3, il est égal à celui de P.

2° La somme de deux polynômes de degré 4 est un polynôme de degré 4.

Faux. Considérons, par exemple, les polynômes P et Q de degré 4 définis par : $P(x) = 5x^4$ et $Q(x) = -5x^4 + 7x$. $7x$ est de degré 1. Alors leur somme $P + Q$ est le polynôme de degré 1 : $x \mapsto 7x$.

La somme de deux polynômes de degré 4 est un polynôme de degré au plus 4.

3° Il existe (au moins) un nombre x tel que : $(x + 3)(2x - 4) < 0$.

Vrai. Il suffit de prendre : $x = 0$.

4° Pour tout réel x, $-x(-x-8) \leqslant 0$.

Faux. Il suffit de choisir : $x = 1$, alors $-x(-x-8) = 9$, donc : si $x = 1$, alors $-x(-x-8) > 0$.

$-x(-x-8) = x(x+8)$.

5° Pour tout réel x, $-7(x+5)^2 - 9 < 0$.

Vrai. Un carré étant toujours positif ou nul, pour tout réel x :

$$-7(x+5)^2 \leqslant 0,$$

donc : $-7(x+5)^2 - 9 \leqslant -9$,

d'où : $-7(x+5)^2 - 9 < 0$.

6° Il existe un seul réel x tel que $x^2 = 10$.

Faux. $-\sqrt{10}$ et $\sqrt{10}$ sont les deux réels x tels que $x^2 = 10$.

7° L'ensemble des solutions de l'inéquation $x^2 < 9$ est $[0 ; 3[$.

Faux. L'ensemble des solutions de l'inéquation $x^2 < 9$ est $]-3 ; 3[$.

8° La somme des carrés de deux nombres est le carré de la somme de ces deux nombres.

Faux. En voici un contre-exemple : $3^2 + 4^2 = 25$ et $(3 + 4)^2 = 49$.

9° Le point $A(\sqrt{2} ; 2)$ appartient à la courbe de la fonction carré.

Vrai. En effet : $(\sqrt{2})^2 = 2$.

10° La fonction $x \mapsto x^2 - 5x + 9$ admet un maximum.

Faux. La courbe de la fonction $x \mapsto x^2 - 5x + 9$ est une parabole « tournée vers le haut ».

11° La fonction polynôme $x \mapsto (x-3)(x+5)$ a deux racines.

Vrai. La fonction polynôme $x \mapsto (x-3)(x+5)$ a deux racines : -5 et 3.

12° La fonction $x \mapsto x^2 + 7$ ne s'annule pas.

Vrai. Le minimum de la fonction $x \mapsto x^2 + 7$ est 7.

Fonctions polynômes

2 $P(x) = 4x^2 - x + 4$ et $Q(x) = -6x^3 + x - 5$.

1° Les degrés des polynômes P et Q étant respectivement égaux à 2 et 3, on peut affirmer que **les polynômes $P + Q$, $P - Q$, $3P - 2Q$ seront de degré 3** (le plus grand des deux degrés) et que **$P \times Q$ sera de degré 5** (la somme des deux degrés).

2°

$$\begin{aligned}(P+Q)(x) &= P(x) + Q(x)\\ &= (4x^2 - x + 4) + (-6x^3 + x - 5)\\ &= -6x^3 + 4x^2 - 1.\end{aligned}$$

Donc $P + Q$ est le polynôme (de degré 3) **tel que :**

$$\mathbf{(P+Q)(x) = -6x^3 + 4x^2 - 1.}$$

$$\begin{aligned}(P-Q)(x) &= P(x) - Q(x)\\ &= (4x^2 - x + 4) - (-6x^3 + x - 5)\\ &= 4x^2 - x + 4 + 6x^3 - x + 5\\ &= 6x^3 + 4x^2 - 2x + 9.\end{aligned}$$

Donc $P - Q$ est le polynôme (de degré 3) **tel que :**

$$\mathbf{(P-Q)(x) = 6x^3 + 4x^2 - 2x + 9.}$$

$$\begin{aligned}&(3P - 2Q)(x)\\ &= 3(4x^2 - x + 4) - 2(-6x^3 + x - 5)\\ &= 12x^2 - 3x + 12 + 12x^3 - 2x + 10\\ &= 12x^3 + 12x^2 - 5x + 22.\end{aligned}$$

Donc $3P - 2Q$ est le polynôme (de degré 3) **tel que :**

$$(3P-2Q)(x) = 12x^3 + 12x^2 - 5x + 22.$$

$$\begin{aligned}(P \times Q)(x) &= P(x) \times Q(x)\\ &= (4x^2 - x + 4)(-6x^3 + x - 5)\\ &= -24x^5 + 6x^4 - 24x^3 + 4x^3\\ &\quad - x^2 + 4x - 20x^2 + 5x - 20\\ &= -24x^5 + 6x^4 - 20x^3 - 21x^2\\ &\quad + 9x - 20.\end{aligned}$$

Donc $P \times Q$ est le polynôme (de degré 5) **tel que :**

$$(P \times Q)(x) = -24x^5 + 6x^4 - 20x^3 - 21x^2 + 9x - 20.$$

3 P, Q et R étant des polynômes de degrés respectifs 1, 2 et 6, **le degré du polynôme $P \times Q \times R$ est** $1 + 2 + 6$, c'est-à-dire **9**.

4 **1°** $P(x) = (x^2 + 1)(3 - x^4)$.

P est le produit d'un polynôme de degré 2 par un polynôme de degré 4, donc **P est un polynôme de degré 6**.

De plus : $x^2 \times (-x^4) = -x^6$,

donc le **coefficient du terme de plus haut degré de P est -1**.

2° $P(x) = (x-2)^4 - 7x^2 + 13x$.

Le polynôme P est de degré 4 et le coefficient de son terme de plus haut degré est celui de $(x-2)^4$, c'est-à-dire **1**.

3° $P(x) = (x + 1)(x^3 - 5) + x(7x^2 - x^3)$.

On a, pour tout réel x :

$$\begin{aligned}P(x) &= x^4 + x^3 - 5x - 5 + 7x^3 - x^4\\ &= 8x^3 - 5x - 5,\end{aligned}$$

donc **le polynôme P est de degré 3 et le coefficient de son terme de plus haut degré est 8.**

P n'est pas de degré 4 car les termes en x^4 s'annulent.

5 **1°** Pour tout réel x, $-x^4 - 1 < 0$.

Le polynôme P :

$$x \mapsto -x^4 - 1$$

est de degré 4 et ne prend que des valeurs strictement négatives.

Autres exemples :

$x \mapsto -3x^4 - 2$,

$x \mapsto -x^4 - x^2 - 1$,

$x \mapsto -x^4 - 0{,}001$, etc.

2° Le polynôme P :

$$x \mapsto (x-2)^4$$

est de degré 4 et s'annule exactement une fois (en 2).

Autres exemples :

$x \mapsto -3x^4$,

$x \mapsto 5(x - 0{,}1)^4$, etc.

3° Le polynôme P :

$$x \mapsto x(x-1)(x-2)^2$$

est de degré 4 et s'annule exactement trois fois (en 0, 1 et 2).

Autres exemples :

$x \mapsto -3x^2(x+2)(x-1)$,

$x \mapsto 5(x+3)^2(x-\pi)(x-1)$,

etc.

6 **1°** $f : x \mapsto \sqrt{5}$.

La fonction f est une fonction constante non nulle, définie sur $\mathbb{R}$.

Donc **f est un polynôme de degré 0**.

2°

> Pour tout réel x :
> $$\sin^2(x) = (\sin(x))^2,$$
> $$\cos^2(x) = (\cos(x))^2.$$

$f : x \mapsto 0{,}3\sin^2(x) - 3 \times 10^{-1} + 0{,}3\cos^2(x)$.

Pour tout réel x :

$$\begin{aligned}f(x) &= 0{,}3(\sin^2(x) + \cos^2(x)) - 0{,}3\\ &= 0{,}3 \times 1 - 0{,}3\\ &= 0.\end{aligned}$$

> Pour tout réel x,
> $$\sin^2(x) + \cos^2(x) = 1.$$

Donc **f est le polynôme nul $x \mapsto 0$; il n'a pas de degré.**

3° $f : x \mapsto \dfrac{x^2 - 4}{x + 2}$.

La fonction f n'est pas définie en -2. Son ensemble de définition n'est pas $\mathbb{R}$, donc **f n'est pas un polynôme**.

4° $f : x \mapsto 0{,}5x^{10} + 3x^5 - 7x + \sqrt{x} + 2$.

L'ensemble de définition de f est $\mathbb{R}_+$, donc **f n'est pas un polynôme.**

5° $f : x \mapsto x^7 - 0{,}5x^6 - x^7 + 3x^5 - 2{,}7x^2 + \frac{1}{2}x^6 + 4.$

Pour tout réel x, $f(x) = 3x^5 - 2{,}7x^2 + 4.$

Donc **f est un polynôme de degré 5.**

6° $f : x \mapsto \dfrac{x+5}{\pi}.$

Pour tout réel x, $f(x) = \dfrac{1}{\pi}x + \dfrac{5}{\pi}.$

Donc **f est un polynôme de degré 1** ; c'est une fonction affine.

7 Si, pour tout réel x :

$$ax^2 + 4x - 3 = bx - 3,$$

alors les polynômes :

$$x \mapsto ax^2 + 4x - 3 \text{ et } x \mapsto bx - 3$$

sont égaux, donc ils ont le même degré et les mêmes coefficients, c'est-à-dire :

$$\boldsymbol{a = 0 \text{ et } b = 4}.$$

Réciproquement, si $a = 0$ et $b = 4$, alors, pour tout réel x : $ax^2 + 4x - 3 = bx - 3$.

Sens de variation et courbe d'une fonction polynôme du second degré

8 $f(x) = 21(x-3)^2 - 4$ et $g(x) = -6(x+5)^2 + 47{,}2.$

Sachant que $x \mapsto k(x-\alpha)^2 + \beta$ est la forme canonique d'une fonction polynôme f du second degré, on peut affirmer que :
- si $k > 0$, alors f est strictement décroissante sur $]-\infty ; \alpha]$ et strictement croissante sur $[\alpha ; +\infty[$;
- si $k < 0$, alors f est strictement croissante sur $]-\infty ; \alpha]$ et strictement décroissante sur $[\alpha ; +\infty[$.

1° • Le coefficient 21 étant positif, f est strictement décroissante sur $]-\infty ; 3]$ et strictement croissante sur $[3 ; +\infty[$.

• Le coefficient -6 étant négatif, g est strictement croissante sur $]-\infty ; -5]$ et strictement décroissante sur $[-5 ; +\infty[$.

2° L'extremum de f est un **minimum** ; il vaut -4 et il est atteint en **3**.

3° L'extremum de g est un **maximum** ; il vaut 47,2 et il est atteint en **-5**.

9

Sachant que $x \mapsto k(x-\alpha)^2 + \beta$ est la forme canonique d'une fonction polynôme p du second degré, on peut affirmer que le sommet de la parabole représentant p a pour coordonnées $(\alpha ; \beta)$.

1° Pour tout réel x :

$f(x) = x^2 - 10x + 25 = x^2 - 2 \times x \times 5 + 5^2$

donc : $\boldsymbol{f(x) = (x-5)^2}$ forme canonique.

Pour tous réels a et b,
$$a^2 - 2ab + b^2 = (a-b)^2.$$

Le sommet S de la parabole représentant f a pour coordonnées **(5 ; 0)**.

2° Pour tout réel x :

$f(x) = x^2 - 10x + 26 = x^2 - 10x + 25 + 1$

donc : $\boldsymbol{f(x) = (x-5)^2 + 1}$ forme canonique.

Le sommet S de la parabole représentant f a pour coordonnées **(5 ; 1)**.

3° Pour tout réel x :

$f(x) = x^2 - 10x + 24 = x^2 - 10x + 25 - 1$

donc : $\boldsymbol{f(x) = (x-5)^2 - 1}$ forme canonique.

Le sommet S de la parabole représentant f a pour coordonnées **(5 ; –1)**.

4° Pour tout réel x :

$f(x) = x^2 + 8x + 16 = x^2 + 2 \times x \times 4 + 4^2$

donc : $\boldsymbol{f(x) = (x+4)^2}$ forme canonique.

Pour tous réels a et b,
$$a^2 + 2ab + b^2 = (a+b)^2.$$

Le sommet S de la parabole représentant f a pour coordonnées **(– 4 ; 0)**.

5° Pour tout réel x :

$f(x) = x^2 + 8x + 19 = x^2 + 8x + 16 + 3,$

donc : $\boldsymbol{f(x) = (x+4)^2 + 3}$ forme canonique.

Le sommet S de la parabole représentant f a pour coordonnées **(– 4 ; 3)**.

6° Pour tout réel x :

$f(x) = x^2 + 8x + 14 = x^2 + 8x + 16 - 2$,
donc : $\boldsymbol{f(x) = (x+4)^2 - 2}$ forme canonique.

Le sommet S de la parabole représentant f a pour coordonnées **(– 4 ; –2)**.

10 $f_1 : x \mapsto x^2 - 2x + 1$,
$f_2 : x \mapsto 2x^2 - 4x + 2$,
$f : x \mapsto 2x^2 - 4x + 5$

1° • La forme canonique de f_1 est $\boldsymbol{x \mapsto (x-1)^2}$.

• Pour tout réel x :

$$f_2(x) = 2x^2 - 4x + 2 = 2(x^2 - 2x + 1) = 2(x-1)^2.$$

Par conséquent, la forme canonique de f_2 est $\boldsymbol{x \mapsto 2(x-1)^2}$.

• Pour tout réel x :
$f(x) = f_2(x) + 3 = 2(x-1)^2 + 3$.

On en déduit que la forme canonique de f est $\boldsymbol{x \mapsto 2(x-1)^2 + 3}$.

2° D'après sa forme canonique, **f est strictement décroissante sur $]-\infty ; 1]$ et strictement croissante sur $[1 ; +\infty[$.**

11 $f : x \mapsto 2x^2 + 5x - 3$.
Pour tout réel x :

• $(2x-1)(x+3) = 2x^2 + 6x - x - 3 = 2x^2 + 5x - 3$,

• $$2\left(x+\frac{5}{4}\right)^2 - \frac{49}{8} = 2\left(x^2 + 2 \times \frac{5}{4} \times x + \frac{25}{16}\right) - \frac{49}{8} = 2x^2 + 5x + \frac{25-49}{8} = 2x^2 + 5x - 3,$$

ce qui permet d'affirmer :

pour tout réel x,

$$\boldsymbol{f(x) = (2x-1)(x+3) = 2\left(x+\frac{5}{4}\right)^2 - \frac{49}{8}}.$$

1° « $\boldsymbol{f(x) = 2\left(x+\frac{5}{4}\right)^2 - \frac{49}{8}}$ » met en évidence que le minimum de f sur $\mathbb{R}$ est $-\frac{49}{8}$ (et qu'il est atteint en $-\frac{5}{4}$).

$-\frac{49}{8} = -6{,}125$.

2° « $\boldsymbol{f(x) = (2x-1)(x+3)}$ » permet d'étudier le signe de $f(x)$ (en dressant un tableau de signes ou en utilisant les résultats concernant le signe d'un trinôme du second degré).

3° « $\boldsymbol{f(x) = 2x^2 + 5x - 3}$ » met en évidence que l'inéquation $f(x) < -3$ est équivalente à $2x^2 + 5x < 0$ (que l'on sait résoudre, puisque l'on est ramené à étudier le signe de $x(2x+5)$).

Copie d'écran de calculatrice obtenue :

• en entrant :

Y1=2X²+5X-3

• avec le cadrage :

$$-4 \leqslant x \leqslant 1,$$
$$-8 \leqslant y \leqslant 2.$$

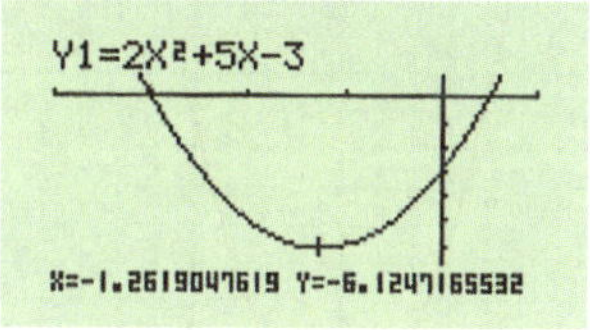

12 $\mathcal{P}$ représente la fonction f :
$x \mapsto x^2 + 4x - 5$.

1° a) • La forme canonique de f est $\boldsymbol{x \mapsto (x+2)^2 - 9}$

$(x+2)^2 = x^2 + 4x + 4$.

• La forme factorisée est
$x \mapsto (x+2+3)(x+2-3)$,
c'est-à-dire : $\boldsymbol{x \mapsto (x+5)(x-1)}$.

b) D'après la forme canonique de f :

• les coordonnées du sommet S de $\mathcal{P}$ sont donc **(–2 ; –9)**,

• et $\boldsymbol{x = -2}$ est une équation de l'axe de symétrie de $\mathcal{P}$.

D'après la forme factorisée de f :

$\mathscr{P}$ coupe l'axe des abscisses aux points de coordonnées **(– 5 ; 0)** et **(1 ; 0)**.

D'après la forme développée de f :

$\mathscr{P}$ coupe l'axe des ordonnées au point de coordonnées **(0 ; – 5)**.

2° $\mathscr{P}$ est superposable avec la parabole de la fonction carré, car le coefficient de x^2 dans l'expression développée de $f(x)$ est 1.

$\mathscr{P}$ est l'image de la parabole représentant la fonction $x \mapsto x^2$ par la translation de vecteur $-2\vec{i} - 9\vec{j}$.

3°

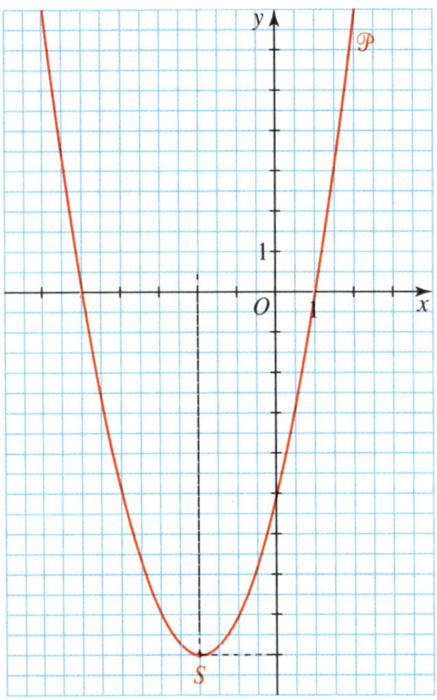

13 $f(x) = -x^2 + 2x + 4$.

1° $\boldsymbol{f(1) = 5}$ et $f\left(\frac{-1}{2}\right) = -\frac{1}{4} - 1 + 4 = \boldsymbol{\frac{11}{4}}$.

2° Les antécédents de 4 par f sont les solutions de l'équation $f(x) = 4$.

Pour tout réel x :

$$f(x) = 4 \Leftrightarrow -x^2 + 2x + 4 = 4$$
$$\Leftrightarrow -x(x-2) = 0$$
$$\Leftrightarrow x = 0 \text{ ou } x = 2,$$

donc **les antécédents de 4 par f sont 0 et 2**.

3° Pour tout réel x :

$$\boldsymbol{-(x-1)^2 + 5} = -(x^2 - 2x + 1) + 5$$
$$= -x^2 + 2x + 4$$
$$= \boldsymbol{f(x)}.$$

Autre façon.

Pour tout réel x :

$$\boldsymbol{f(x)} = -x^2 + 2x + 4$$
$$= -(x^2 - 2x - 4)$$
$$= -[(x^2 - 2x + 1) - 5]$$
$$= \boldsymbol{-(x-1)^2 + 5}.$$

On note que $x \mapsto -(x-1)^2 + 5$ est la forme canonique de f.

4° f est strictement croissante sur $]-\infty ; 1]$ et strictement décroissante sur $[1 ; +\infty[$.

Le tableau de variation de f est dressé ci-dessous.

x	$-\infty$	1	$+\infty$
$f(x)$	↗	5	↘

5° La fonction f admet un **maximum** qui vaut 5 et qui est atteint en **1**.

La courbe représentative $\mathscr{C}$ de f est une parabole de sommet $S(1 ; 5)$ et dont l'axe de symétrie est la droite d'équation $x = 1$.

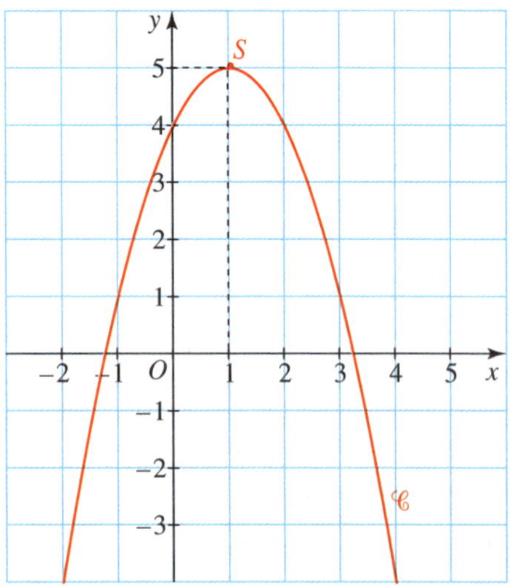

14

On peut commencer par construire la figure avec un logiciel de géométrie dynamique et afficher l'aire du carré *IJKL* suivant la valeur du réel x.

1°

x : 2.916 **a** : 9.676

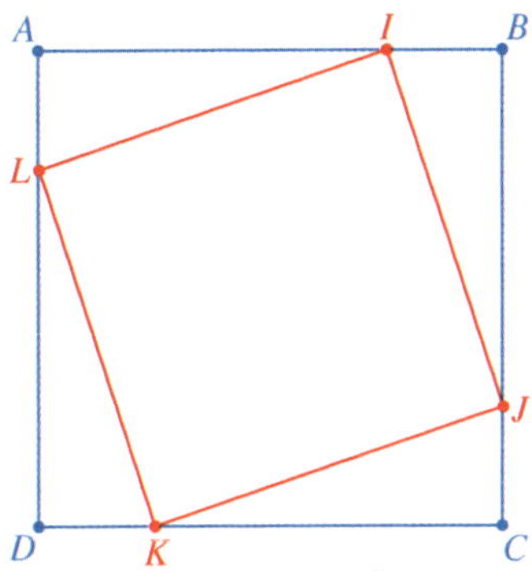

x : 2 **a** : 8

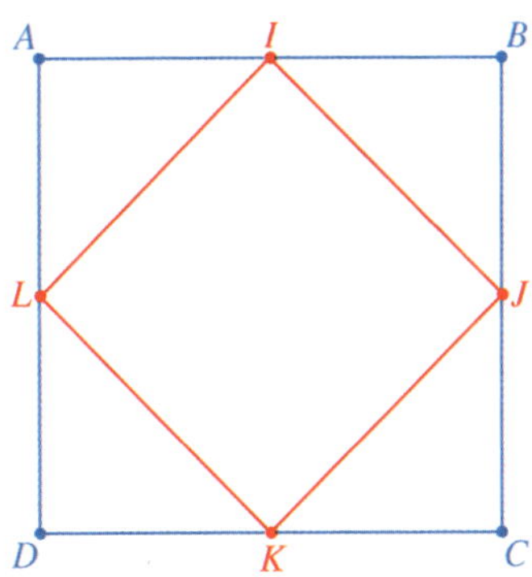

x : 3.6 **a** : 13.12

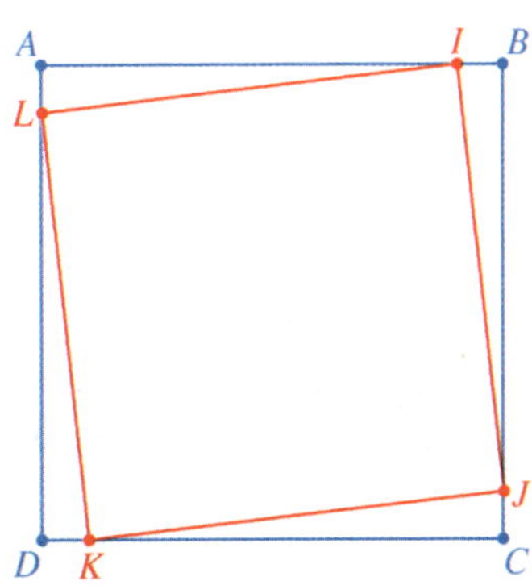

2° Le réel x appartient à **[0 ; 4]** puisque x est une mesure de longueur ($x \geqslant 0$) inférieure ou égale à celle du côté du carré *ABCD* ($x \leqslant 4$).

3°

$$\begin{aligned}\text{aire}(IJKL) &= \text{aire}(ABCD) - 4 \times \text{aire}(AIL)\\ &= 16 - 4 \times \frac{x(4-x)}{2}\\ &= 16 - 2x(4-x)\\ &= 2x^2 - 8x + 16,\end{aligned}$$

donc **l'aire de *IJKL* est $2(x^2 - 4x + 8)$**.

On démontrerait facilement que *IJKL* est un carré.

4° Pour tout réel x, posons :

$$a(x) = 2x^2 - 8x + 16\ ;$$

$$\begin{aligned}a(x) &= 2(x^2 - 4x + 8)\\ &= 2(x^2 - 4x + 4 + 4)\\ &= 2(x-2)^2 + 8.\end{aligned}$$

D'après la forme canonique de a, **l'aire de *IJKL* est minimale pour $x = 2$** (2 appartient bien à [0 ; 4]) et la **valeur minimale de l'aire de *IJKL* est 8.**

Dans ce cas, l'aire de *IJKL* vaut la moitié de celle de *ABCD* (voir 2e figure).

15

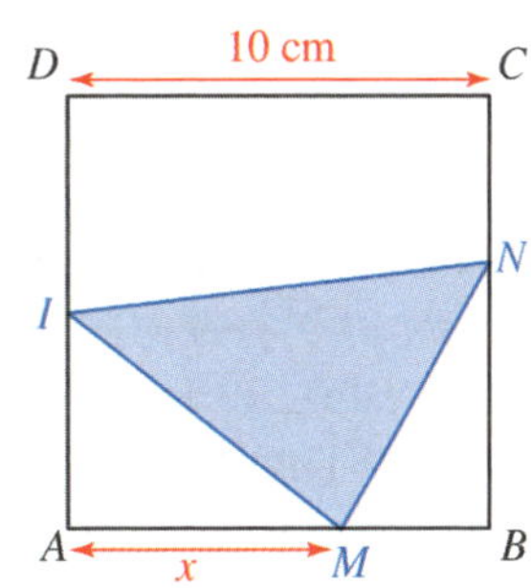

1° $\mathscr{A}(x)$ est l'aire en cm² du triangle *MIN*.

a) M est un point de $[AB]$ et $AB = 10$, donc :

$$0 \leqslant AM \leqslant 10,$$

c'est-à-dire :

$$0 \leqslant x \leqslant 10.$$

Réciproquement, pour tout x de [0 ; 10], il existe un (et un seul) point M de $[AB]$, un (et un seul) point N de $[BC]$ tels que $AM = BN = x$.

L'ensemble des valeurs possibles de x est donc [0 ; 10].

b)

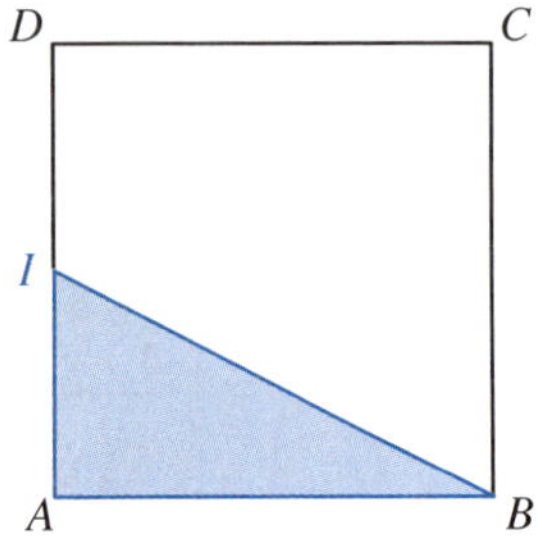

• $\mathcal{A}(0)$ est l'aire en cm^2 du triangle IAB, donc : $\mathbf{\mathcal{A}(0) = 25}$.

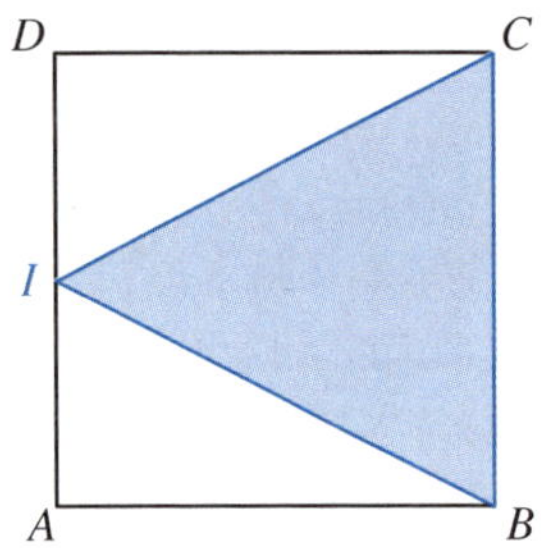

• $\mathcal{A}(10)$ est l'aire en cm^2 du triangle BIC, donc : $\mathbf{\mathcal{A}(10) = 50}$.

c) Le carré $ABCD$ a une aire de $100\ cm^2$; d'autre part, l'aire du carré $ABCD$ est égale à la somme des aires :

• du triangle MIN,

• du triangle AMI, rectangle en A, tel que :

$$AI = 5 \text{ et } AM = x,$$

• du triangle MBN, rectangle en B, tel que :

$$BM = 10 - x \text{ et } BN = x,$$

• du trapèze $DINC$, de bases $[DI]$, $[CN]$, de hauteur $[DC]$, telles que :

$$DI = 5,\ CN = 10 - x \text{ et } DC = 10,$$

donc :

$$100 = \mathcal{A}(x) + \frac{5 \times x}{2} + \frac{(10 - x) \times x}{2} + \frac{5 + (10 - x)}{2} \times 10$$

$$= \mathcal{A}(x) + \frac{5}{2}x + 5x - \frac{1}{2}x^2 + 75 - 5x$$

$$= \mathcal{A}(x) - \frac{1}{2}x^2 + \frac{5}{2}x + 75,$$

donc : $\mathcal{A}(x) = \frac{1}{2}x^2 - \frac{5}{2}x + 100 - 75$

$$= \frac{1}{2}x^2 - \frac{5}{2}x + 25.$$

Finalement : **pour tout x de [0 ; 10],**

$$\boldsymbol{\mathcal{A}(x) = \frac{1}{2}x^2 - \frac{5}{2}x + 25}.$$

d) Pour obtenir le tableau de variation de $\mathcal{A}$, déterminons la forme canonique du polynôme du second degré :

$$x \mapsto \frac{1}{2}x^2 - \frac{5}{2}x + 25.$$

Pour tout réel x :

$$\frac{1}{2}x^2 - \frac{5}{2}x + 25 = \frac{1}{2}(x^2 - 5x) + 25$$

$$= \frac{1}{2}\left(x - \frac{5}{2}\right)^2 - \frac{1}{2} \times \frac{25}{4} + 25.$$

On en déduit, pour tout x de [0 ; 10] :

$$\mathcal{A}(x) = \frac{1}{2}\left(x - \frac{5}{2}\right)^2 + \frac{175}{8},$$

et le tableau de variation de $\mathcal{A}$ sur [0 ; 10] :

x	0	$\frac{5}{2}$	10
$\mathcal{A}(x)$	25 ↘	$\frac{175}{8}$	↗ 50

$\frac{175}{8} = 21{,}875.$

2° D'après le tableau de variation de $\mathcal{A}$:

• **l'aire maximale du triangle MIN est $50\ cm^2$,**

• **l'aire minimale du triangle MIN est $21{,}875\ cm^2$.**

Équations du second degré

16 1° $(E) : x^2 - 4x + 7 = 0$.

Le discriminant Δ de l'équation du second degré (E) vérifie :

$$\Delta = (-4)^2 - 4 \times 1 \times 7 = 16 - 28 = -12.$$

$\Delta < 0$, donc (E) **n'admet pas de solution.**

2° $(E) : 2x^2 + \sqrt{5}x + \frac{1}{2} = 0$.

Soit Δ le discriminant de l'équation du second degré (E) :

$$\Delta = (\sqrt{5})^2 - 4 \times 2 \times \frac{1}{2} = 5 - 4 = 1.$$

$\Delta > 0$, donc (E) admet deux solutions x_1 et x_2 :

$$\boldsymbol{x_1} = \frac{-\sqrt{5}-\sqrt{1}}{2 \times 2} = -\frac{\mathbf{1+\sqrt{5}}}{\mathbf{4}},$$

$$\boldsymbol{x_2} = \frac{-\sqrt{5}+\sqrt{1}}{2 \times 2} = \frac{\mathbf{1-\sqrt{5}}}{\mathbf{4}}.$$

3° $(E) : x^2 - 3x + 2{,}25 = 0$.

Le discriminant Δ de l'équation du second degré (E) vérifie :

$$\Delta = (-3)^2 - 4 \times 1 \times 2{,}25 = 9 - 9 = 0.$$

$\Delta = 0$, donc (E) admet une seule solution x_0 :

$$\boldsymbol{x_0} = \frac{-(-3)}{2 \times 1} = \frac{3}{2} = \mathbf{1{,}5}.$$

On aurait aussi pu remarquer que, pour tout réel x : $x^2 - 3x + 2{,}25 = (x - 1{,}5)^2$.

17 Le polynôme du second degré :

$$x \mapsto (1\,234x - 4\,321)^2$$

admet une seule racine (qui est $\frac{4\,321}{1\,234}$), donc **le discriminant de $x \mapsto (1\,234x - 4\,321)^2$ est égal à 0.**

Il était inutile (et pénible !) de calculer le discriminant.

18 Notons (E) l'équation du second degré :

$$2\,221x^2 - 3\,332x - 4\,443 = 0.$$

Son discriminant Δ vérifie :

$$\Delta = (-3\,332)^2 - 4 \times 2\,221 \times (-4\,443)$$
$$= 3\,332^2 + 4 \times 2\,221 \times 4\,443.$$

Inutile de terminer le calcul de Δ pour connaître son signe.

Donc $\Delta > 0$, ce qui prouve que **(E) admet deux solutions distinctes x_1 et x_2** ; de plus, le produit de ces solutions est égal à $\frac{-4\,443}{2\,221}$, donc $x_1 \times x_2 < 0$, ce qui signifie que **x_1 et x_2 sont de signes contraires**.

Si deux nombres ont un produit strictement négatif, alors ils sont de signes contraires.
Plus généralement, si $ac < 0$, alors l'équation $ax^2 + bx + c = 0$ admet deux solutions de signes contraires.

19 1° $(E) : 3x^2 - 5x - 2 = 0$.

Soit Δ le discriminant de l'équation du second degré (E) :

$\Delta = (-5)^2 - 4 \times 3 \times (-2) = 25 + 24 = 49$;

$\Delta > 0$, donc (E) admet deux solutions distinctes x_1 et x_2 :

$$\boldsymbol{x_1} = \frac{-(-5)-\sqrt{49}}{2 \times 3} = \frac{5-7}{6} = -\frac{\mathbf{1}}{\mathbf{3}},$$

$$\boldsymbol{x_2} = \frac{-(-5)+\sqrt{49}}{2 \times 3} = \frac{5+7}{6} = \mathbf{2}.$$

2° $(E') : 3x^4 - 5x^2 - 2 = 0$.

x est solution de (E') si, et seulement si, x^2 est solution de (E).

Pour tout réel x :

$$\begin{aligned}3x^4 - 5x^2 - 2 = 0 &\Leftrightarrow 3(x^2)^2 - 5x^2 - 2 = 0\\ &\Leftrightarrow x^2 = -\frac{1}{3} \text{ ou } x^2 = 2\\ &\Leftrightarrow x^2 = 2\\ &\Leftrightarrow x = -\sqrt{2} \text{ ou } x = \sqrt{2}\end{aligned}$$

$-\frac{1}{3} < 0$, donc l'équation $x^2 = -\frac{1}{3}$ n'admet pas de solution.

Finalement, **les solutions de (E') sont :**

$$-\sqrt{2} \text{ et } \sqrt{2}.$$

20 $f : x \mapsto x^2 - (\sqrt{2} + \sqrt{3})x + \sqrt{6}$.

1° • Pour tout réel x :

$$\begin{aligned}(x - x_1)(x - x_2) &= x^2 - x_1x - x_2x + x_1x_2\\ &= x^2 - (x_1 + x_2)x + x_1x_2.\end{aligned}$$

• En remarquant que le polynôme f du second degré a :

– pour coefficient de x l'opposé de la somme de $\sqrt{2}$ et $\sqrt{3}$,

– pour terme constant le produit de $\sqrt{2}$ et $\sqrt{3}$,

on obtient :

pour tout réel x, $f(x) = (x - \sqrt{2})(x - \sqrt{3})$, ce qui met en évidence que les **racines de f sont $\sqrt{2}$ et $\sqrt{3}$.**

2° En notant Δ le discriminant de f :

$$\Delta = (-(\sqrt{2} + \sqrt{3}))^2 - 4 \times 1 \times \sqrt{6}$$
$$= 2 + 3 + 2\sqrt{6} - 4\sqrt{6} = 5 - 2\sqrt{6}.$$

• Déterminons le signe de Δ, c'est-à-dire comparons les nombres 5 et $2\sqrt{6}$.

$5^2 = 25$ et $(2\sqrt{6})^2 = 4 \times 6 = 24$, donc $5^2 > (2\sqrt{6})^2$, donc, deux réels positifs étant rangés comme leurs carrés :

$$5 > 2\sqrt{6},$$

ce qui prouve : $\Delta > 0$.

• $\Delta > 0$, donc f admet deux racines distinctes x_1 et x_2 :

$$x_1 = \frac{-(-(\sqrt{2} + \sqrt{3})) - \sqrt{5 - 2\sqrt{6}}}{2 \times 1}$$
$$= \frac{\sqrt{2} + \sqrt{3} - \sqrt{5 - 2\sqrt{6}}}{2},$$

$$x_2 = \frac{-(-(\sqrt{2} + \sqrt{3})) + \sqrt{5 - 2\sqrt{6}}}{2 \times 1}$$
$$= \frac{\sqrt{2} + \sqrt{3} + \sqrt{5 - 2\sqrt{6}}}{2}.$$

3° Les écritures des racines obtenues par les deux méthodes sont très différentes, car, dans la seconde, l'expression de $\sqrt{\Delta}$ n'a pas été simplifiée.

En notant que :

$(\sqrt{3} - \sqrt{2})^2 = 3 + 2 - 2\sqrt{6} = 5 - 2\sqrt{6}$ et $\sqrt{3} - \sqrt{2} > 0$, on peut écrire :

$\sqrt{5 - 2\sqrt{6}} = \sqrt{3} - \sqrt{2}$, et l'on obtient :

$$x_1 = \frac{\sqrt{2} + \sqrt{3} - (\sqrt{3} - \sqrt{2})}{2} = \sqrt{2},$$

$$x_2 = \frac{\sqrt{2} + \sqrt{3} + (\sqrt{3} - \sqrt{2})}{2} = \sqrt{3}.$$

Finalement, **les deux méthodes conduisent bien au même résultat**.

21 En premier lieu, rappelons que 1 are vaut 100 m², et donc que 12 ares valent 1 200 m². Appelons x et y les dimensions, en mètres, du jardin ; les réels positifs x et y satisfont au système d'équation (S) :

$$\begin{cases} xy = 1\,200 \\ 2(x + y) = 140, \end{cases}$$

$$(S) \Leftrightarrow \begin{cases} xy = 1\,200 \\ y = 70 - x \end{cases}$$

$$\Leftrightarrow \begin{cases} x(70 - x) = 1\,200 \\ y = 70 - x \end{cases}$$

$$\Leftrightarrow \begin{cases} x^2 - 70x + 1\,200 = 0 \\ y = 70 - x. \end{cases}$$

Soit (E) l'équation du second degré :

$$x^2 - 70x + 1\,200 = 0.$$

Son discriminant Δ vérifie :

$$\Delta = (-70)^2 - 4 \times 1 \times 1\,200$$
$$= 4\,900 - 4\,800 = 100\,;$$

$\Delta > 0$, donc (E) admet deux solutions distinctes x_1 et x_2 :

$$x_1 = \frac{-(-70) - \sqrt{100}}{2 \times 1} = \frac{70 - 10}{2} = 30,$$

$$x_2 = \frac{-(-70) + \sqrt{100}}{2 \times 1} = \frac{70 + 10}{2} = 40.$$

$x_1 > 0$, $x_2 > 0$: le problème posé a bien une solution.

Il vient :

$$(S) \Leftrightarrow \begin{cases} x = 30 \text{ ou } x = 40 \\ y = 70 - x \end{cases}$$

$$\Leftrightarrow \begin{cases} x = 30 \\ y = 70 - x \end{cases} \text{ ou } \begin{cases} x = 40 \\ y = 70 - x, \end{cases}$$

c'est-à-dire :

$$(S) \Leftrightarrow \begin{cases} x = 30 \\ y = 40 \end{cases} \text{ ou } \begin{cases} x = 40 \\ y = 30. \end{cases}$$

Finalement, **la longueur du jardin est de 40 m et la largeur de 30 m**.

22 Appelons v la vitesse en km/h du premier automobiliste et t le temps en heures qu'il met pour parcourir le trajet.

On a :

$$v \times t = 400 \quad (1).$$

(1) donne : $t = \frac{400}{v}$.

Par ailleurs, le second automobiliste effectue le même trajet avec une vitesse de $(v + 20)$ km/h et un temps de parcours de $(t - 1)$ heures.

On a donc :

$$(v + 20) \times (t - 1) = 400 \quad (2).$$

De (1) et (2), on déduit :

$$(v + 20) \times \left(\frac{400}{v} - 1\right) = 400 \quad (3)$$

$$(3) \Leftrightarrow 400 - v + \frac{8\,000}{v} - 20 - 400 = 0$$

$$(3) \Leftrightarrow v - \frac{8\,000}{v} + 20 = 0$$

$$(3) \Leftrightarrow \frac{v^2 - 8\,000 + 20v}{v} = 0$$

$$(3) \Leftrightarrow v^2 + 20v - 8\,000 = 0.$$

Soit (E) l'équation du second degré :

$$v^2 + 20v - 8\,000 = 0\,;$$

son discriminant Δ vérifie :

$$\Delta = 20^2 - 4 \times 1 \times (-8\,000)$$
$$= 400 + 32\,000 = 32\,400.$$

$\Delta > 0$, donc (E) admet deux solutions distinctes v_1 et v_2 :

$$v_1 = \frac{-20 + \sqrt{32\,400}}{2 \times 1} = \frac{-20 + 180}{2} = 80,$$

$$v_2 = \frac{-20 - \sqrt{32\,400}}{2 \times 1} = \frac{-20 - 180}{2} = -100,$$

v étant un réel positif, la seule valeur possible pour v est 80 ; il vient :

• $t = \frac{400}{80} = 5$; **le premier automobiliste roule à 80 km/h, la durée de son trajet étant de 5 h** ;

• $v + 20 = 80 + 20 = 100$, $t - 1 = 5 - 1 = 4$; **le second roule à 100 km/h, la durée de son trajet étant de 4 h.**

23 Notons x le nombre d'élèves inscrits au préalable et y le prix initial, en euros, du voyage.

On a : $xy = 1\,200$ et $(x + 4)(y - 10) = 1\,200$, c'est-à-dire :

$$y = \frac{1\,200}{x}$$

$$\text{et} \quad (x + 4)\left(\frac{1\,200}{x} - 10\right) = 1\,200,$$

donc x est solution de
$1\,200\,x - 10x^2 + 4\,800 - 40x = 1\,200x$ (1)

(1) est équivalente à :

$$-10x^2 - 40x + 4\,800 = 0,$$

et (1) est aussi équivalente à :

$$x^2 + 4x - 480 = 0$$

(on a divisé par -10 les deux membres de l'équation).

Le discriminant Δ de cette équation (E) du second degré vérifie :

$$\Delta = 4^2 - 4 \times (-480) = 16 + 1\,920$$
$$= 1\,936 = 44^2.$$

Les solutions de (E) sont donc : $\frac{-4 - 44}{2}$ et $\frac{-4 + 44}{2}$, c'est-à-dire : -24 et 20.

La seule solution positive est 20, de plus :

$$20 + 4 = 24 \text{ et } \frac{1\,200}{24} = 50.$$

On peut donc conclure que **24 élèves participent au voyage et que chaque élève paie 50 euros.** On a bien : $20 \times 60 = 1\,200$ et $(20 + 4)(60 - 10) = 24 \times 50 = 1\,200$.

cours exercices interro corrigés

Algorithme de résolution d'une équation du second degré

24 $f : x \mapsto ax^2 + bx + c$, avec a, b, c réels et a non nul.

Langage naturel	TI	Casio
Variables		
a, b, c, D, X, X' : réels		
Début algorithme	Disp « a = »	« a= »
	Input a	? → a
	Disp « b = »	« b= »
Entrer a, b, c	Input b	? → b
	Disp « c= »	« c= »
	Input c	? → c
$D \leftarrow b^2 - 4ac$	b² – 4ac → D	b² – 4ac → D
Si $D < 0$	If D<0	If D<0
alors écrire « pas de racine »	Then	Then "pas de racine"
Fin Si	Disp "pas de racine"	IfEnd
	End	
Si $D = 0$	If D=0	If D=0
alors $X \leftarrow \frac{-b}{2a}$	Then	Then –b÷(2a) → X
	–b/(2a) → X	"racine double"
Écrire « racine double : »	DISP " racine double"	X◢
Écrire X	DISP X	IfEnd
Fin Si	End	
Si $D > 0$	If D>0	If D>0
alors	Then	Then
$X \leftarrow \frac{-b-\sqrt{D}}{2a}$	(–b–√D)/(2a) → X	(–b–√D)÷(2a) → X
		(–b+√D)÷(2a) → X′
$X' \leftarrow \frac{-b+\sqrt{D}}{2a}$	(–b+√D)/(2a) → X′	
Écrire « deux racines : »	Disp « deux racines : »	« deux racines : »
Écrire X	Disp X	X◢
Écrire X'	Disp X′	X′◢
Fin Si	End	IfEnd
Fin algorithme		

Signe d'un polynôme du second degré

25 **1°** $(x+2)(x-3)$.

$x \mapsto (x+2)(x-3)$ est un polynôme du second degré, dont le coefficient de x^2 est positif, et qui a pour racines -2 et 3, donc :

x	$-\infty$		-2		3		$+\infty$
$(x+2)(x-3)$		+	0	−	0	+	

2° $(x+2)(2-3x)$.

$x \mapsto (x+2)(2-3x)$ est un polynôme du second degré dont le coefficient de x^2 est négatif (il vaut -3) ; de plus, ses racines sont -2 et $\frac{2}{3}$, donc :

x	$-\infty$		-2		$\frac{2}{3}$		$+\infty$
$(x+2)(2-3x)$		−	0	+	0	−	

3° $x^2 + x + 1$.

$x \mapsto x^2 + x + 1$ est un polynôme du second degré dont le discriminant Δ est strictement négatif ($\Delta = 1^2 - 4 \times 1 \times 1 = -3$) ; de plus, le coefficient de x^2 est positif, donc :

pour tout réel x, $x^2 + x + 1 > 0$.

26 **1°** $f : x \mapsto -3x^2 + 5x + 7$.

Soit Δ le discriminant de f :

$\Delta = 5^2 - 4 \times (-3) \times 7 = 25 + 84 = 109$.

$\Delta > 0$, donc f admet deux racines distinctes x_1 et x_2 :

$$x_1 = \frac{-5 - \sqrt{109}}{2 \times (-3)} = \frac{5 + \sqrt{109}}{6},$$

$$x_2 = \frac{-5 + \sqrt{109}}{2 \times (-3)} = \frac{5 - \sqrt{109}}{6}.$$

En remarquant que le coefficient de x^2 de f est négatif et $x_2 < x_1$, on obtient le tableau de signes suivant :

x	$-\infty$		x_2		x_1		$+\infty$
$f(x)$		$-$	0	$+$	0	$-$	

Finalement :

- **si $x \in \,]-\infty\,;x_2[\, \cup \,]x_1\,;+\infty[$, alors $f(x) < 0$,**
- **si $x \in \,]x_2\,;x_1[$, alors $f(x) > 0$,**
- **si $x = x_2$ ou $x = x_1$, alors $f(x) = 0$.**

2° $f : x \mapsto \frac{1}{2}x^2 + x + 9$.

Soit Δ le discriminant de f.

$$\Delta = 1^2 - 4 \times \frac{1}{2} \times 9 = 1 - 18 = -17.$$

$\Delta < 0$, donc f garde un signe constant et, puisque $\frac{1}{2} > 0$:

pour tout réel x, $f(x) > 0$.

3° $f : x \mapsto -x^2 + 2\sqrt{3}x - 3$.

Soit Δ le discriminant de f :

$$\Delta = (2\sqrt{3})^2 - 4 \times (-1) \times (-3) = 12 - 12 = 0.$$

$\Delta = 0$, donc f admet une seule racine x_0 :

$$x_0 = \frac{-2\sqrt{3}}{2 \times (-1)} = \sqrt{3}.$$

On pouvait également remarquer que, pour tout réel x :

$$f(x) = -(x^2 - 2\sqrt{3}x + 3) = -(x - \sqrt{3})^2.$$

Le signe de $f(x)$ est donné dans le tableau suivant :

x	$-\infty$		$\sqrt{3}$		$+\infty$
$f(x)$		$-$	0	$-$	

Finalement : **$f(\sqrt{3}) = 0$ et, pour tout réel x distinct de $\sqrt{3}$, $f(x) < 0$.**

27 Par hypothèse, le trinôme du second degré f :

$$x \mapsto ax^2 + bx + c$$

admet un discriminant Δ strictement négatif ; on sait qu'alors f garde un signe constant, qui est en particulier celui de $f(0)$, c'est-à-dire celui de c.

On a ainsi prouvé que :

pour tout réel x, $f(x)$ est du signe de c.

Attention ! Ne pas dire : « $f(x)$ n'est pas du signe de c car il est du signe de a ». Ici, pour tout réel x, $f(x)$ est du signe de a **et** du signe de c.

28 $f : x \mapsto ax^2 + bx + c$, x_1 et x_2 ses racines.

Remarquons que $\frac{x_1 + 2x_2}{3}$ est strictement compris entre x_1 et x_2 :

- dans le cas où $x_1 < x_2$:

$$x_1 + 2x_1 < x_1 + 2x_2 < x_2 + 2x_2,$$

c'est-à-dire : $3x_1 < x_1 + 2x_2 < 3x_2$,

donc : $x_1 < \frac{x_1 + 2x_2}{3} < x_2$;

- dans le cas où $x_2 < x_1$, on obtient de même :

$$x_2 < \frac{x_1 + 2x_2}{3} < x_1.$$

On en déduit que :

$f\left(\frac{x_1 + 2x_2}{3}\right)$ est du signe contraire de celui de a.

$\dfrac{x_1 + 2x_2}{3}$ est la moyenne pondérée de x_1 et x_2 affectés des coefficients 1 et 2.

29 • $p \geqslant 0$, $x = 300 - 12p$

$x \geqslant 0$, donc $12\,p \leqslant 300$, donc $p \leqslant 25$.

• En notant $R(p)$ la recette en euros :

$$\begin{aligned} R(p) &= (300 - 12\,p)\,p - 1\,848 \\ &= -12\,p^2 + 300p - 1\,848 \\ &= 12(-p^2 + 25p - 154), \end{aligned}$$

donc $R(p) = 12f(p)$, où f est le polynôme du second degré : $x \mapsto -x^2 + 25x - 154$.

• « Amortir les dépenses » se traduit par $R(p) \geqslant 0$, c'est-à-dire $f(p) \geqslant 0$.

Le discriminant Δ de f vérifie :

$\Delta = 25^2 - 4 \times 154 = 625 - 616 = 9 = 3^2$.

f admet donc deux racines x_1 et x_2 :

$x_1 = \dfrac{-25-3}{-2} = 14$ et $x_2 = \dfrac{-25+3}{-2} = 11$,

et :

$-x^2 + 25x - 154 \geqslant 0 \Leftrightarrow 11 \leqslant x \leqslant 14$.

Le trinôme $ax^2 + bx + c$ est du signe contraire de a entre ses racines.

On en déduit :

$-p^2 + 25p - 154 \geqslant 0 \Leftrightarrow 11 \leqslant p \leqslant 14$.

Enfin, pour avoir le maximum de spectateurs, il faut que le prix du billet soit minimal ($x = 300 - 12p$), donc $p = 11$.

Finalement :

le prix du billet qui permet d'amortir les dépenses et d'avoir le maximum de spectateurs s'élève à 11 euros.

$300 - 12 \times 11 = 300 - 132 = 168$; on peut donc alors compter sur 168 spectateurs.

Résolution d'équations

30 1° $(E) : x^3 + 4x^2 + 5x = 0$.

Pour tout réel x :

$$\begin{aligned} x^3 + 4x^2 + 5x = 0 &\Leftrightarrow x\,(x^2 + 4x + 5) = 0 \\ &\Leftrightarrow x = 0 \text{ ou } x^2 + 4x + 5 = 0. \end{aligned}$$

Soit (E') l'équation du second degré $x^2 + 4x + 5 = 0$; en notant Δ son discriminant :

$\Delta = 4^2 - 4 \times 1 \times 5 = 16 - 20 = -4$;

$\Delta < 0$, donc (E') n'admet pas de solution.

En conclusion :

la seule solution de l'équation (E) est 0.

2° $(E) : x + 2 + \dfrac{1}{x} = 0$.

Si un réel x est solution de (E), il est nécessairement non nul.

Pour tout réel x non nul :

$$\begin{aligned} x + 2 + \frac{1}{x} = 0 &\Leftrightarrow \frac{x^2 + 2x + 1}{x} = 0 \\ &\Leftrightarrow x^2 + 2x + 1 = 0 \\ &\Leftrightarrow (x+1)^2 = 0 \\ &\Leftrightarrow x + 1 = 0 \\ &\Leftrightarrow x = -1 \end{aligned}$$

Pour tous réels a et b :

$(a + b)^2 = a^2 + 2ab + b^2$.

On a ainsi démontré que :

-1 est la seule solution de (E).

31 $f : x \mapsto x^4 - 2x^3 - 17x^2 + 4x + 30$.

1° Pour tout réel x,

$$\begin{aligned} (x^2 - 2)(x^2 + ax + b) &= x^4 + ax^3 + bx^2 - 2x^2 - 2ax - 2b \\ &= x^4 + ax^3 + (b-2)x^2 - 2ax - 2b\,. \end{aligned}$$

Donc, dire :

pour tout réel x,

$f(x) = (x^2 - 2)(x^2 + ax + b)$

signifie que le polynôme :

$x \mapsto x^4 - 2x^3 - 17x^2 + 4x + 30$

et le polynôme :

$x \mapsto x^4 + ax^3 + (b-2)x^2 - 2ax - 2b$

sont égaux, ce qui se traduit par :

$$\begin{cases} a = -2 \\ b - 2 = -17 \\ -2a = 4 \\ -2b = 30, \end{cases}$$

c'est-à-dire : $\boldsymbol{a = -2}$ **et** $\boldsymbol{b = -15}$.

2° D'après la première question :

pour tout réel x,

$f(x) = (x^2 - 2)(x^2 - 2x - 15)$,

donc :

$f(x) = 0 \Leftrightarrow x^2 - 2 = 0$ ou $x^2 - 2x - 15 = 0$.

• Les solutions de l'équation $x^2 - 2 = 0$ sont $-\sqrt{2}$ et $\sqrt{2}$.

• Soient (E) l'équation du second degré :

$x^2 - 2x - 15 = 0$,

et Δ son discriminant :
$\Delta = (-2)^2 - 4 \times 1 \times (-15) = 4 + 60 = 64$;
$\Delta > 0$, donc (E) admet deux solutions distinctes x_1 et x_2 :

$$x_1 = \frac{-(-2) - \sqrt{64}}{2 \times 1} = \frac{2-8}{2} = -3,$$

$$x_2 = \frac{-(-2) + \sqrt{64}}{2 \times 1} = \frac{2+8}{2} = 5.$$

Finalement, **les racines de f sont $-\sqrt{2}$, $\sqrt{2}$, -3 et 5.**

L'interrogation écrite

32 Notons x le nombre de mètres de soie achetés par le décorateur et p le prix, en euros, d'un mètre de soie. Le décorateur achète de la soie pour 540 euros, donc :

$$xp = 540 \quad (1), \quad x > 0, \quad p > 0.$$

Si le mètre de soie avait coûté 5 euros de moins, alors le décorateur aurait obtenu 9 mètres de plus, donc :

$$(x+9)(p-5) = 540 \quad (2).$$

De (1), on déduit : $p = \dfrac{540}{x}$,

de (2), on déduit : $p - 5 = \dfrac{540}{x+9}$,

c'est-à-dire : $p = \dfrac{540}{x+9} + 5$.

On obtient que x vérifie la relation :

$$\frac{540}{x} = \frac{540}{x+9} + 5,$$

d'où, en multipliant par $x(x+9)$:

$$540(x+9) = 540x + 5x(x+9),$$

en divisant par 5 :

$$108(x+9) = 108x + x(x+9),$$

en réduisant et ordonnant :

$$x^2 + 9x - 972 = 0$$

$(108 \times 9 = 972)$.

Le discriminant Δ de cette équation (E) du second degré vérifie :
$\Delta = 9^2 - 4 \times (-972) = 81 + 3\,888$
$= 3\,969 = 63^2$.

Les solutions de (E) sont donc :

$$\frac{-9-63}{2} \text{ et } \frac{-9+63}{2},$$

c'est-à-dire -36 et 27.

La seule solution positive étant 27, on peut conclure que, si le problème a une solution, alors le décorateur a acheté 27 mètres de soie.

Il est facile de vérifier que le problème a bien une solution : $\dfrac{540}{27} = 20$ et

$(27+9)(20-5) = 36 \times 15 = 540$.

Conclusion : **le décorateur a acheté 27 mètres de soie.**

33 $f : x \mapsto \sqrt{-x^2 + 9x - 8}$.

Pour tout réel x :

$$x \in \mathcal{D}_f \Leftrightarrow -x^2 + 9x - 8 \geqslant 0.$$

Pour tout réel x, posons :

$$g(x) = -x^2 + 9x - 8.$$

1 est racine évidente de g et le produit des racines est 8 donc l'autre racine de g est 8.

Méthode plus classique en 1re :

$\Delta = 9^2 - 4 \times (-1) \times (-8) = 81 - 32 = 49 = 7^2$,
g admet donc deux racines :

$$\frac{-9-7}{-2} \text{ et } \frac{-9+7}{-2},$$

c'est-à-dire 8 et 1.

Le coefficient du terme de plus haut degré de g est -1 ; de plus, et $-1 < 0$, donc g est positive entre ses racines.

On en déduit :

$$x \in \mathcal{D}_f \Leftrightarrow -x^2 + 9x - 8 \geqslant 0$$
$$\Leftrightarrow 1 \leqslant x \leqslant 8$$
$$\Leftrightarrow x \in [1\,;\,8].$$

Finalement : $\mathcal{D}_f$ **= [1 ; 8].**

34 **1°** $p(x) = x^3 + 4x - 16$.

a) Le degré de p est **3** ;
les coefficients de p dans l'ordre des puissances décroissantes de x sont : **1 ; 0 ; 4 ; – 16**.

b) $p(2) = 2^3 + 4 \times 2 - 16 = 8 + 8 - 16 = \mathbf{0}$;
2 est donc une racine de p.

cours | exercices | interro | corrigés

c) Pour tout réel x, on a :

$$p(x) = x^3 + 4x - 16$$

et $(x-2)(ax^2+bx+c)$

$$= ax^3 + bx^2 + cx - 2ax^2 - 2bx - 2c$$
$$= ax^3 + (b-2a)x^2 + (c-2b)x - 2c.$$

Deux polynômes sont égaux lorsqu'ils ont les mêmes coefficients.

De plus, le système :

$a = 1, b - 2a = 0, c - 2b = 4, -2c = -16,$

équivaut à : $a = 1,\ b = 2,\ c = 8.$

Donc : pour tout réel x,

$$\boldsymbol{p(x) = (x-2)(x^2+2x+8).}$$

Remarques :

- penser à développer pour vérifier ;
- il est facile , sans calcul, de voir que $a = 1$ et $c = 8$; il suffit de regarder le coefficient de x^3 et le terme constant dans chacun des polynômes :

$x \mapsto x^3 + 4x - 16$ et

$x \mapsto (x-2)(ax^2+bx+c)$

$((x-2)(ax^2+bx+c) = ax^3 + \cdots + (-2c)).$

2° $f(x) = x^2 + 2x + 8.$

a) Le degré de f est **2** ;

les coefficients de f dans l'ordre des puissances décroissantes de x sont : **1 ; 2 ; 8.**

b) $\Delta = 4 - 32 = -28$; le discriminant de f est strictement négatif, donc ***f*** **n'a pas de racine**.

3° $g(x) = x^2 - 12x + 35.$

a) Le degré de g est **2** ;

les coefficients de g dans l'ordre des puissances décroissantes de x sont : **1 ; −12 ; 35**.

b) $\Delta = 144 - 140 = 4$; les racines de g sont donc : $\dfrac{12-2}{2}$ et $\dfrac{12+2}{2}$, c'est-à-dire : **5 et 7**.

4° $(I) : \dfrac{x^3+4x-16}{x^2-12x+35} \geqslant 0$

L'ensemble de définition de (I) est $\mathbb{R} \setminus \{5\,;7\}$.

Pour tout réel x distinct de 5 et 7 :

$$(I) \Leftrightarrow \frac{(x-2)(x^2+2x+8)}{x^2-12x+35} \geqslant 0$$

$$\Leftrightarrow \frac{(x-2)f(x)}{g(x)} \geqslant 0.$$

x	$-\infty$		2		5		7		$+\infty$
$x-2$		−	0	+		+		+	
x^2+2x+8		+		+		+		+	
$x^2-12x+35$		+		+	0	−	0	+	
$\dfrac{x^3+4x-16}{x^2-12x+35}$		−	0	+	‖	−	‖	+	

Par conséquent, **l'ensemble des solutions de l'inéquation (*I*) est :**

$$\mathbf{[2\,;5[\ \cup\ ]7\,;+\infty[}.$$

CHAPITRE 3

Fonctions usuelles, fonctions associées

LE COURS

Pour les tracés de courbes, le plan est rapporté à un repère orthonormal $(O\ ;\ \vec{i}, \vec{j})$.

Fonctions affines

▶ Définition

Une **fonction affine** est une fonction qui peut s'écrire $x \mapsto ax + b$, a et b étant des nombres réels ; elle est définie sur $\mathbb{R}$.

▶ Sens de variation

Si $a > 0$, alors $x \mapsto ax + b$ est strictement croissante sur $\mathbb{R}$.
Si $a < 0$, alors $x \mapsto ax + b$ est strictement décroissante sur $\mathbb{R}$.

▶ Courbe représentative

La courbe représentative de la fonction affine $x \mapsto ax + b$ est la droite d'équation $y = ax + b$.

Fonction carré

La **fonction carré** $x \mapsto x^2$ est définie sur $\mathbb{R}$; elle est paire, strictement décroissante sur $]-\infty\ ;\ 0]$ et strictement croissante sur $[0\ ;\ +\infty[$.

x	$-\infty$		0		$+\infty$
x^2	$+\infty$	↘	0	↗	$+\infty$

Sa courbe représentative est une parabole de sommet O, d'axe de symétrie la droite des ordonnées, et admet une tangente horizontale en O.

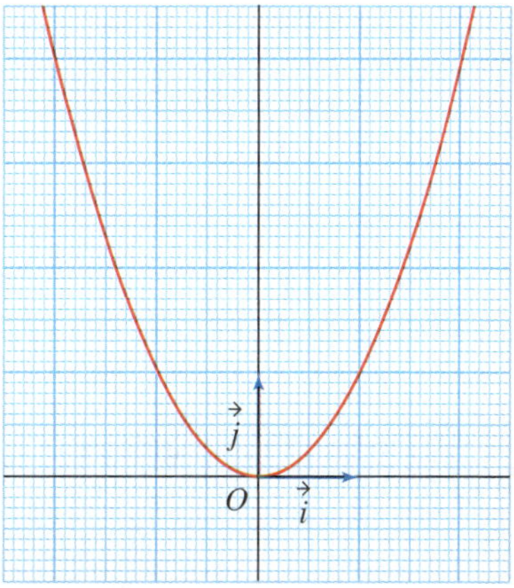

Fonction inverse

La **fonction inverse** $x \mapsto \frac{1}{x}$ a pour ensemble de définition $\mathbb{R}^*$; elle est impaire et strictement décroissante sur chacun des intervalles :

$$]-\infty\,;0[\text{ et }]0\,;+\infty[$$

x	$-\infty$	0	$+\infty$
$\frac{1}{x}$	$0 \searrow -\infty$	‖	$+\infty \searrow 0$

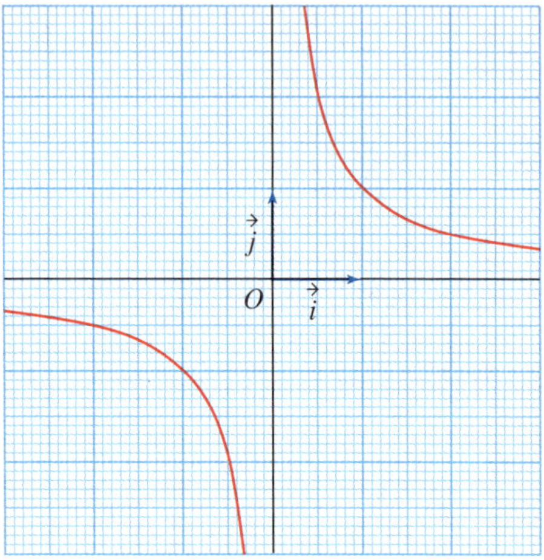

Sa courbe représentative est une hyperbole, de centre O, d'asymptotes les droites des abscisses et des ordonnées.

Fonction racine carrée

La **fonction racine carrée** $x \mapsto \sqrt{x}$ a pour ensemble de définition $[0\,;+\infty[$; elle est strictement croissante sur $[0\,;+\infty[$.

x	0	$+\infty$
$\sqrt{x}$	0 ↗	$+\infty$

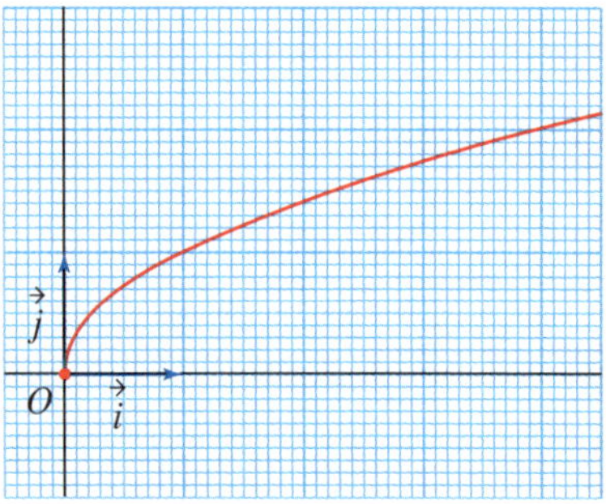

Sa courbe représentative est une demi-parabole, la droite des ordonnées est tangente à la courbe au point O.

Fonction valeur absolue

▶ Définition

La valeur absolue d'un réel x, que l'on note $|x|$, est la distance du réel x à 0.

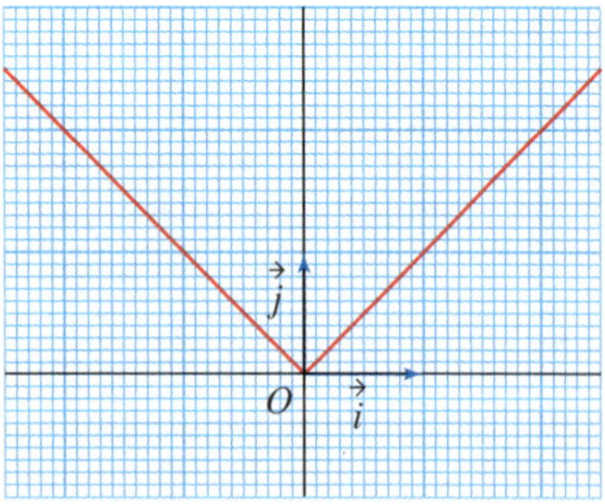

▶ Inégalité triangulaire

Pour tous réels x et x' :

$$|x + x'| \leqslant |x| + |x'|.$$

Définition

La **fonction valeur absolue** $x \mapsto |x|$ est définie sur $\mathbb{R}$ par :

$$\begin{cases} |x| = -x \text{ si } x \leqslant 0, \\ |x| = x \text{ si } x \geqslant 0. \end{cases}$$

Elle est paire et, pour tout réel x, $|x| \geqslant 0$.

Fonction cube

La **fonction cube** $x \mapsto x^3$ est définie sur $\mathbb{R}$; elle est impaire et strictement croissante sur $\mathbb{R}$.

x	$-\infty$ $\quad$ $+\infty$
x^3	$-\infty$ ↗ $+\infty$

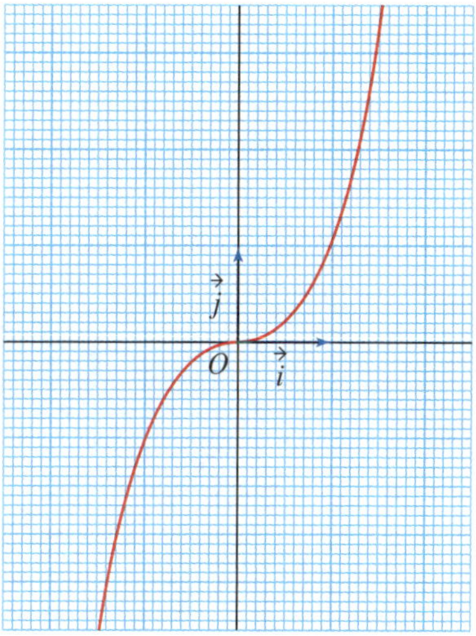

Sa courbe représentative est symétrique par rapport à O et admet une tangente horizontale en ce point.

Position relative de certaines courbes usuelles

Les courbes des fonctions racine carrée, identité, carré et cube ont deux points communs, l'origine O du repère et le point de coordonnées (1 ; 1).

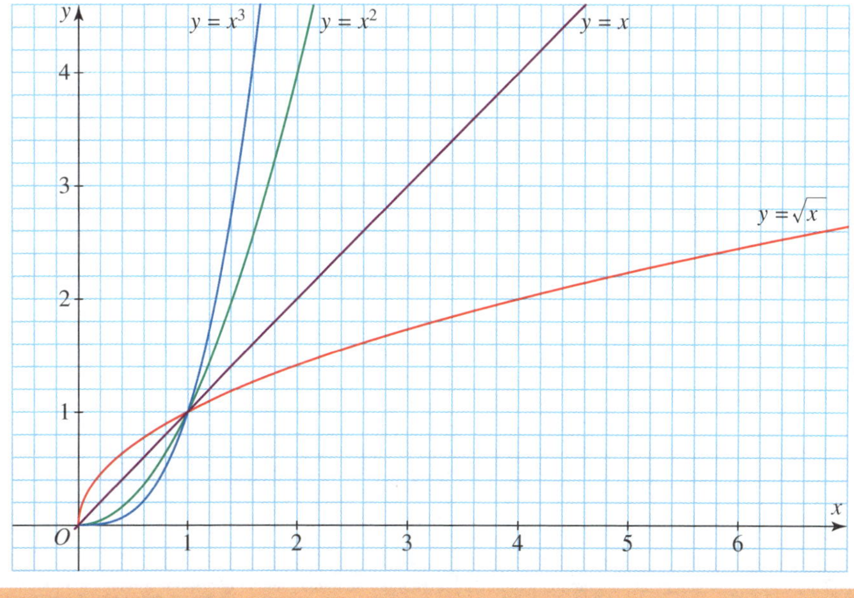

Si $0 \leqslant x \leqslant 1$, alors $x^3 \leqslant x^2 \leqslant x \leqslant \sqrt{x}$.

Si $x \geqslant 1$, alors $x^3 \geqslant x^2 \geqslant x \geqslant \sqrt{x}$.

Fonctions sinus et cosinus

Fonction sinus

La fonction sinus, notée sin, est définie sur $\mathbb{R}$, impaire et de période 2π ; elle est bornée par -1 et 1 sur $\mathbb{R}$.

Son tableau de variation sur $\left[0 ; \frac{\pi}{2}\right]$ est le suivant :

x	0	$\frac{\pi}{2}$
$\sin(x)$	0 ↗	1

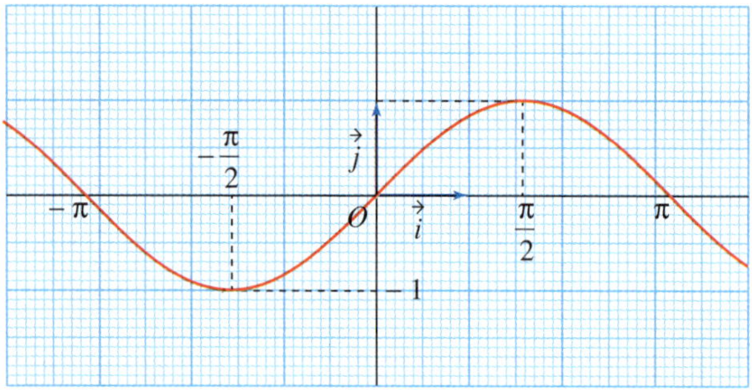

Fonction cosinus

La fonction cosinus, notée cos, est définie sur $\mathbb{R}$, paire et de période 2π ; elle est bornée par -1 et 1 sur $\mathbb{R}$.

Son tableau de variation sur $\left[0 ; \frac{\pi}{2}\right]$ est le suivant :

x	0	$\frac{\pi}{2}$
$\cos(x)$	1 ↘	0

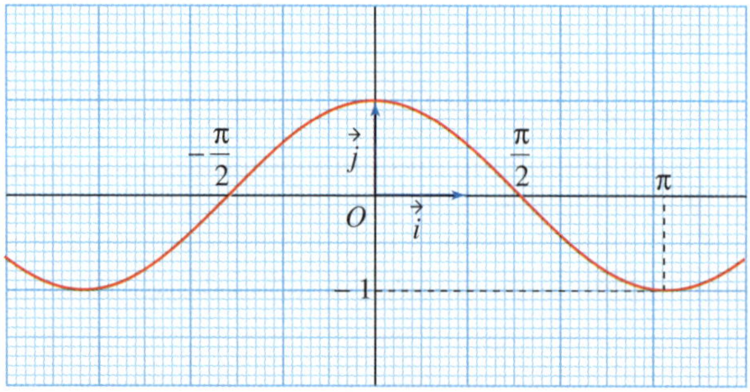

Propriétés

- Pour tout réel x, $\cos^2(x) + \sin^2(x) = 1$.
- La courbe représentative de cos se déduit de celle de sin par la translation de vecteur $-\frac{\pi}{2}\vec{i}$ car, pour tout réel x :

$$\cos(x) = \sin\left(x + \frac{\pi}{2}\right).$$

Opérations sur les fonctions

Définitions

Soient u et v des fonctions définies sur un même intervalle I, et λ un réel.

- $u + v$ est la fonction $x \mapsto u(x) + v(x)$.
- $u + \lambda$ est la fonction $x \mapsto u(x) + \lambda$.
- λu est la fonction $x \mapsto \lambda u(x)$.
- uv est la fonction $x \mapsto u(x) \times v(x)$.
- $\sqrt{u}$ est la fonction $x \mapsto \sqrt{u(x)}$.
- $\frac{1}{u}$ est la fonction $x \mapsto \frac{1}{u(x)}$.

Sens de variation

Soient u et v des fonctions définies sur un même intervalle I et λ un réel.

- Les fonctions u et $u + \lambda$ ont le même sens de variation.
- Si les fonctions u et v sont strictement croissantes sur l'intervalle I, alors la fonction $u + v$ est strictement croissante sur I.
Si les fonctions u et v sont strictement décroissantes sur l'intervalle I, alors la fonction $u + v$ est strictement décroissante sur I.
- Si $\lambda > 0$, alors la fonction λu a le même sens de variation que u.
Si $\lambda < 0$, alors les fonctions λu et u ont des sens de variation contraires.
- Si u est positive sur l'intervalle I, alors $\sqrt{u}$ a le même sens de variation sur I que la fonction u.

Remarque : de façon générale, on ne peut rien dire du sens de variation du produit de deux fonctions, ni du sens de variation de la somme d'une fonction croissante et d'une fonction décroissante.

EXERCICES

Vrai ou faux ?

1 (corrigés p. 71)

1° La fonction $x \mapsto -3x+4$ est décroissante sur $\mathbb{R}$.
2° La fonction $x \mapsto x-7$ est décroissante sur $\mathbb{R}$.
3° La courbe de la fonction carré est symétrique par rapport à la droite des ordonnées.
4° La courbe de la fonction inverse est une parabole.
5° La courbe de la fonction racine carrée est située à droite de l'axe des ordonnées et au-dessus de l'axe des abscisses.
6° La somme de deux fonctions décroissantes est une fonction décroissante.
7° $|\sqrt{2}-2| = 2-\sqrt{2}$.
8° $|\pi-4| = \pi+4$.
9° Le point de coordonnées $(-7 ; 7)$ appartient à la courbe de la fonction valeur absolue.
10° Le point de coordonnées $(18 ; 324)$ appartient à la courbe de la fonction carré.
11° La racine carrée d'un réel positif est toujours inférieure ou égale à ce nombre.
12° Les fonctions f et $3f-4$ ont le même sens de variation.

Valeur absolue

2 ★ 5 min (corrigés p. 71)

Traduire par un encadrement du réel x chacune des inégalités proposées.
1° $|x| \leqslant 2$.
2° $|x+2| \leqslant 1$.
3° $|x-1| < 2$.

3 ★ 10 min (corrigés p. 72)

Déterminer les réels x qui vérifient la relation proposée.
1° $|x| > 0$.
2° $|x| \geqslant 3$.
3° $|x-1| \geqslant 2$.

4 ★★ 15 min (corrigés p. 72)

Soit f la fonction : $x \mapsto |x| + |x-1|$.
1° Donner une écriture de $f(x)$ « sans barres de valeur absolue », en discutant selon la position du réel x par rapport à 0 et 1.
2° Tracer la courbe représentative de f dans le plan muni d'un repère orthonormé.

5 ★★★ 20 min (corrigés p. 72)

Étudier la fonction $f : x \mapsto |x| + |x^2 - x|$ et tracer $\mathscr{C}_f$.

Sens de variation des fonctions usuelles

6 ★ 5 min (corrigés p. 73)

Préciser le sens de variation de la fonction f proposée.

1° $x \mapsto \frac{3-x}{2}$. **2°** $x \mapsto -x^3$. **3°** $x \mapsto \frac{2}{x}$. **4°** $x \mapsto 2x^2 - 7$.

7 ★ 5 min (corrigés p. 74)

Déterminer le minimum et le maximum de la fonction $x \mapsto x^2$ sur chacun des intervalles $[2 ; 3]$, $[-3 ; -2]$, $[-3 ; 2]$.

8 ★ 10 min (corrigés p. 74)

Soient f la fonction définie sur $\mathbb{R}$ par : $f(x) = \sqrt{x^2+1}$, et $\mathscr{C}$ sa courbe représentative.

1° Démontrer que f est paire. Que peut-on en déduire pour la courbe $\mathscr{C}$ de f ?

2° Démontrer, en revenant à la définition, que f est strictement croissante sur $[0 ; +\infty[$.

3° Quel est le sens de variation de f sur $]-\infty ; 0]$?

9 ★★ 10 min (corrigés p. 74)

Donner un exemple de fonction f :

1° croissante sur $[0 ; +\infty[$, telle que f^2 (c'est-à-dire $f \times f$) soit croissante sur $[0 ; +\infty[$;

2° décroissante sur $[0 ; +\infty[$, telle que f^2 soit croissante sur $[0 ; +\infty[$.

10 ★★ 10 min (corrigés p. 75)

Donner un exemple de fonction f :

1° décroissante sur $]0 ; +\infty[$, telle que f^2 soit décroissante sur $]0 ; +\infty[$;

2° croissante sur $]0 ; +\infty[$, telle que f^2 soit décroissante sur $]0 ; +\infty[$.

Équations

11 ★ 15 min (corrigés p. 75)

Résoudre dans $\mathbb{R}$ l'équation proposée.

1° $x^2 = 8$.

2° $x^3 = -27$.

3° $\sqrt{x} = 2$.

4° $\frac{1}{x} = 5$.

5° $\cos(x) + \sin(x) = 3$.

12 ★ 5 min (corrigés p. 75)

Résoudre l'équation (E) : $x + x^3 + x^5 = 3$.

Encadrements

13 ★ 2 min *(corrigés p. 76)*

La fonction carré est strictement croissante sur $[0 ; +\infty[$.
On peut traduire cette propriété par : des réels positifs sont rangés comme leur carré.
Traduire sur le même modèle chacune des propriétés proposées.
1° La fonction cube est strictement croissante sur $\mathbb{R}$.
2° La fonction inverse est strictement décroissante sur $]0 ; +\infty[$.
3° La fonction carré est strictement décroissante sur $]-\infty ; 0]$.
4° La fonction racine carrée est strictement croissante sur $[0 ; +\infty[$.

14 ★ 5 min *(corrigés p. 76)*

x désignant un nombre réel vérifiant : $3 < x \leqslant 5$,

encadrer au mieux les nombres x^2, x^3, $|x|$, $\sqrt{x}$, $\frac{1}{x}$.

15 ★ 5 min *(corrigés p. 76)*

x désignant un nombre réel vérifiant : $-6 \leqslant x < -4$,

encadrer au mieux les nombres x^2, x^3, $|x|$, $\frac{1}{x}$.

16 ★★ 10 min *(corrigés p. 76)*

1° x désigne un nombre réel vérifiant : $-2 \leqslant x \leqslant 1$.
Encadrer au mieux les nombres x^2, x^3, $|x|$.
2° x désigne un réel non nul tel que : $-2 \leqslant x \leqslant 1$.

Que peut-on dire de $\frac{1}{x}$?

17 ★★ 15 min *(corrigés p. 77)*

Dans chacun des cas proposés, donner le meilleur renseignement sur le réel x.

1° $x^2 < 7$. **2°** $x^2 \geqslant 4$. **3°** $0 < \frac{1}{x} < 2$.

4° $|x| \leqslant 5$. **5°** $1 \leqslant \sqrt{x} \leqslant 2$. **6°** $\frac{1}{x} \geqslant 3$.

Sens de variation de fonctions associées

18 ★ 10 min *(corrigés p. 77)*

Une fonction f, définie sur $[-2 ; 5]$, possède le tableau de variation suivant.

x	-2		-1		0		2		3		4		5
$f(x)$	5	↘	0	↘	-3	↗	0	↗	π	↘	0	↘	-4

Dresser soigneusement les tableaux de variation des fonctions : $f+3$, $-2f$, $|f|$. Aucune justification n'est demandée.

19 ★★ 15 min (corrigés p. 78)

On considère une fonction f, définie sur l'intervalle [–3 ; 4], dont le tableau de variation est le suivant :

x	–3		0		4
$f(x)$	2	↘	–1	↗	3

1° Préciser le maximum de f sur chacun des intervalles [–3 ; 0], [–3 ; 4], [0 ; 1], [–2 ; 1].

2° Dresser le tableau de variation de chacune des fonctions $f+2$, $-3f$.

3° Justifier que la fonction $x \mapsto \dfrac{1}{\sqrt{10-3f(x)}}$ est définie sur [–3 ; 4].

Courbes de fonctions associées

20 ★ 10 min (corrigés p. 78)

Le plan étant rapporté à un repère orthonormé $(O\ ;\ \vec{i}, \vec{j})$, tracer (rapidement !) la courbe représentative de chacune des fonctions proposées.

1° $f_1 : x \mapsto |x|-1$; 2° $f_2 : x \mapsto |x-1|$; 3° $f_3 : x \mapsto 1-|x|$.

21 ★ 10 min (corrigés p. 79)

Dresser le tableau de variation et tracer la courbe représentative de chacune des fonctions suivantes :

$$f_1 : x \mapsto x^3-2, \quad f_2 : x \mapsto (x-2)^3, \quad f_3 : x \mapsto -x^3.$$

On notera $\mathscr{C}_1$, $\mathscr{C}_2$, $\mathscr{C}_3$, les courbes représentatives respectives des fonctions f_1, f_2, f_3.

22 ★ 10 min (corrigés p. 79)

Dresser le tableau de variation et tracer la courbe représentative de chacune des fonctions suivantes :

$$f_1 : x \mapsto \sqrt{x+1} \quad f_2 : x \mapsto \sqrt{x}-2, \quad f_3 : x \mapsto \sqrt{x-1}+2.$$

On notera $\mathscr{C}_1$, $\mathscr{C}_2$, $\mathscr{C}_3$, les courbes représentatives respectives des fonctions f_1, f_2, f_3.

23 ★★ 15 min (corrigés p. 80)

Soit f la fonction : $x \mapsto \sqrt{x+2}-3$.

1° Du tableau de variation de la fonction $x \mapsto \sqrt{x}$, déduire celui de f et préciser par quelle transformation géométrique on passe de la demi-parabole Γ d'équation $y=\sqrt{x}$ à $\mathscr{C}_f$.

2° On considère les fonctions :

$$g : x \mapsto -\sqrt{x+2}+3 \text{ et } h : x \mapsto \sqrt{-x+2}-3.$$

Tracer $\mathscr{C}_f$, $\mathscr{C}_g$ et $\mathscr{C}_h$ sur un même graphique.

3° On appelle $\mathscr{Q}$ le demi-plan d'inéquation $y \geqslant 0$ et $\mathscr{C}$ la courbe $(\mathscr{C}_f \cup \mathscr{C}_g) \cap \mathscr{Q}$. Mettre $\mathscr{C}$ en évidence sur un second graphique. De quelle fonction, notée u, $\mathscr{C}$ est-elle la courbe représentative ?

24 ★★ 20 min

(corrigés p. 80)

1° Donner le tableau de variation de la fonction $f : x \mapsto -\frac{4}{x}$.

2° Soit g la fonction homographique : $x \mapsto \frac{x-1}{x+3}$.

Donner sa forme canonique, c'est-à-dire déterminer des réels a et b tels que, pour tout réel x différent de -3 :

$$g(x) = \frac{a}{x+3} + b.$$

3° Déduire des questions précédentes le tableau de variation de la fonction g.

4° La courbe de f, que l'on notera $\mathscr{C}_f$, est une hyperbole dont les asymptotes sont les droites d'équations $x = 0$ et $y = 0$.

Comment passe-t-on de la courbe de f à celle de g ? Que peut-on dire de la courbe $\mathscr{C}_g$ de g ?

Tracer $\mathscr{C}_g$.

25 ★★★ 30 min

(corrigés p. 81)

Le plan est muni d'un repère orthogonal $(O\,;\,\vec{i}, \vec{j})$ tel que :

- 3 cm représentent π sur l'axe des abscisses,
- 1 cm représente 1 sur l'axe des ordonnées

(c'est-à-dire $\|\pi\vec{i}\| = 3$ et $\|\vec{i}\| = 1$, en cm).

Connaissant la courbe représentative $\mathscr{C}$ de la fonction sinus, tracer celle notée $\mathscr{C}_f$ de la fonction f proposée, puis en déduire graphiquement les propriétés éventuelles de parité, périodicité et les extrema de f.

1° $x \mapsto |\sin(x)|$. **2°** $x \mapsto \sin\left(x - \frac{\pi}{3}\right)$. **3°** $x \mapsto \sin(|x|)$.

4° $x \mapsto 2\sin(x)$. **5°** $x \mapsto \sin(2x)$. **6°** $x \mapsto -\sin\left(x + \frac{\pi}{6}\right)$.

7° $x \mapsto 1{,}5 + \sin(x)$.

Résolution graphique

26 ★ 10 min

(corrigés p. 83)

1° Résoudre graphiquement l'équation (E) : $\frac{1}{x} = 2x + 1$.

2° Soit x un réel non nul.

Démontrer que, si x est solution de (E), alors : $2x^2 + x - 1 = 0$.
Retrouver alors le résultat de la première question.

27 ★ 10 min (corrigés p. 84)

1° Résoudre graphiquement l'équation (E) : $\sqrt{x} = 6 - x$.
2° Soit x un réel positif ou nul.
Démontrer que, si x est solution de (E), alors : $x^2 - 13x + 36 = 0$.
Retrouver alors le résultat de la première question.

28 ★★ 10 min (corrigés p. 85)

Résoudre graphiquement le système Σ d'inconnue (x, y) :

$$\begin{cases} y = \dfrac{3}{x} \\ y = x - 2. \end{cases}$$

29 ★★ 15 min (corrigés p. 85)

Résoudre graphiquement l'inéquation (I) :

$$x^2 - 4x - 2 \geqslant \frac{-6}{x-1}.$$

30 ★★ 15 min (corrigés p. 85)

Déterminer graphiquement le nombre de solutions de l'équation (E) :

$$\sqrt{x+2} = x^2 - x - 2.$$

Les interrogations écrites

31 10 min (corrigés p. 86)

1° Étudier le sens de variation de la fonction $f : x \mapsto \dfrac{1}{x} - x$ sur l'intervalle $]0\,;+\infty[$.

2° Résoudre dans $]0\,;+\infty[$ l'équation $\dfrac{1}{x} - x = -\dfrac{3}{2}$.

32 30 min (corrigés p. 86)

On considère la fonction $f : x \mapsto \dfrac{2x-11}{x-3}$ et l'on note $\mathscr{C}$ sa courbe représentative dans le plan rapporté à un repère orthonormal $(O\,;\vec{i}, \vec{j})$.
1° Donner l'ensemble de définition de la fonction f.

2° Démontrer : pour tout réel x différent de 3, $f(x) = 2 - \dfrac{5}{x-3}$.

3° Dresser successivement les tableaux de variation des fonctions $f_1 : x \mapsto \dfrac{-5}{x}$, $f_2 : x \mapsto \dfrac{-5}{x-3}$ et $f_3 : x \mapsto 2 - \dfrac{5}{x-3}$.

4° Notons $\mathscr{C}_1$ la courbe représentative de la fonction f_1.

a) La courbe $\mathscr{C}_1$, comme la courbe représentative de la fonction inverse, est une hyperbole.

Pourquoi la courbe $\mathscr{C}$ est-elle une hyperbole superposable à $\mathscr{C}_1$?

b) Les asymptotes de la courbe $\mathscr{C}_1$ sont les droites d'équations $x = 0$ et $y = 0$.

Quelles sont les asymptotes de la courbe $\mathscr{C}$?

c) Tracer la courbe $\mathscr{C}$.

5° a) Résoudre, par le calcul, l'équation $f(x) = x + 5$.

b) Retrouver graphiquement les solutions de l'équation $f(x) = x + 5$.

6° a) Résoudre, par le calcul, l'inéquation $f(x) > 3$.

b) Retrouver graphiquement les solutions de l'inéquation $f(x) > 3$.

CORRIGÉS

Vrai ou faux ?

1 1° La fonction $x \mapsto -3x+4$ est décroissante sur $\mathbb{R}$.

Vrai. On a : $-3 < 0$, donc la fonction affine $x \mapsto -3x+4$ est strictement décroissante sur $\mathbb{R}$.

2° La fonction $x \mapsto x-7$ est décroissante sur $\mathbb{R}$.

Faux. On a : $1 > 0$, donc la fonction affine $x \mapsto x-7$ est strictement croissante sur $\mathbb{R}$.

$x - 7 = 1 \times x - 7.$

3° La courbe de la fonction carré est symétrique par rapport à la droite des ordonnées.

Vrai. La fonction carré est paire.

4° La courbe de la fonction inverse est une parabole.

Faux. La courbe de la fonction inverse est une hyperbole.

Une hyperbole admet un centre de symétrie, ce n'est pas le cas pour une parabole.

5° La courbe de la fonction racine carrée est située à droite de l'axe des ordonnées et au-dessus de l'axe des abscisses.

Vrai. Notons $\mathscr{C}$ la courbe représentative de la fonction racine carrée.

La fonction racine carrée a pour ensemble de définition $[0\,;+\infty[$, donc les points de $\mathscr{C}$ ont tous une abscisse positive ou nulle et $\mathscr{C}$ est située à droite (au sens large) de l'axe des ordonnées.

De plus, la racine carrée de n'importe quel réel positif ou nul est un réel positif ou nul, donc les points de $\mathscr{C}$ ont tous une ordonnée positive ou nulle et $\mathscr{C}$ est située au-dessus (au sens large) de l'axe des abscisses.

6° La somme de deux fonctions décroissantes est une fonction décroissante.

Vrai. C'est un résultat du cours.

7° $|\sqrt{2}-2| = 2-\sqrt{2}$.

Vrai. On sait : $\sqrt{2} < 2$,

donc : $\sqrt{2}-2 < 0$,

donc :

$$|\sqrt{2}-2| = -(\sqrt{2}-2) = 2-\sqrt{2}.$$

8° $|\pi-4| = \pi+4$.

Faux. On a : $\pi - 4 < 0$, donc :

$$|\pi-4| = -(\pi-4) = -\pi+4 = 4-\pi.$$

9° Le point de coordonnées $(-7\,;7)$ appartient à la courbe de la fonction valeur absolue.

Vrai. En effet : $|-7| = 7$.

10° Le point de coordonnées $(18\,;324)$ appartient à la courbe de la fonction carré.

Vrai. En effet : $18^2 = 324$.

11° La racine carrée d'un réel positif est toujours inférieure ou égale à ce nombre.

Faux. Il suffit de choisir, par exemple, le nombre 0,25. On a :

$$\sqrt{0{,}25} = \sqrt{(0{,}5)^2} = 0{,}5 \text{ et } 0{,}25 < 0{,}5.$$

Plus généralement :
- si $0 \leqslant x \leqslant 1$, alors $\sqrt{x} \geqslant x$;
- si $x \geqslant 1$, alors $\sqrt{x} \leqslant x$.

12° Les fonctions f et $3f-4$ ont le même sens de variation.

Vrai. En effet, d'après le cours :
- f et $3f$ ont le même sens de variation (car $3 > 0$) ;
- $3f$ et $3f-4$ ont le même sens de variation.

Valeur absolue

2

La valeur absolue d'un réel x est la distance de x à 0.

1° $|x| \leqslant 2$.

La distance d'un réel à 0 est inférieure ou égale à 2 si, et seulement si, ce réel est compris au sens large entre -2 et 2.

Pour tout réel x :

$$|\boldsymbol{x}| \leqslant \mathbf{2} \Leftrightarrow -\mathbf{2} \leqslant \boldsymbol{x} \leqslant \mathbf{2}.$$

2° $|x+2| \leqslant 1$.

La distance d'un réel à 0 est inférieure ou égale à 1 si, et seulement si, ce réel est compris au sens large entre −1 et 1.

Pour tout réel x :

$$|x+2| \leqslant 1 \Leftrightarrow -1 \leqslant x+2 \leqslant 1,$$

c'est-à-dire :

$$|\boldsymbol{x}+\mathbf{2}| \leqslant \mathbf{1} \Leftrightarrow -\mathbf{3} \leqslant \boldsymbol{x} \leqslant -\mathbf{1}.$$

3° $|x-1| < 2$.

Pour tout réel x :

$$|\boldsymbol{x}-\mathbf{1}| < \mathbf{2} \Leftrightarrow -\mathbf{2} < \boldsymbol{x}-\mathbf{1} < \mathbf{2} \Leftrightarrow -\mathbf{1} < \boldsymbol{x} < \mathbf{3}.$$

3 **1°** $|x| > 0$.

La valeur absolue d'un réel est un nombre positif ou nul.

Pour tout réel x :

$$|x| > 0 \Leftrightarrow |x| \neq 0 \Leftrightarrow x \neq 0.$$

Par conséquent, **les réels x tels que $|x| > 0$ sont les réels non nuls.**

2° $|x| \geqslant 3$.

Les nombres inférieurs ou égaux à −3 et les nombres supérieurs ou égaux à 3 sont ceux dont la distance à 0 est supérieure ou égale à 3.

Pour tout réel x :

$$|x| \geqslant 3 \Leftrightarrow x \leqslant -3 \text{ ou } x \geqslant 3.$$

Par conséquent, **l'ensemble des réels x tels que $|x| \geqslant 3$ est :**

$$]-\infty\,;-\mathbf{3}] \cup [\mathbf{3}\,;+\infty[.$$

3° $|x-1| \geqslant 2$.

Pour tout réel x :

$$|x-1| \geqslant 2 \Leftrightarrow x-1 \leqslant -2 \text{ ou } x-1 \geqslant 2 \Leftrightarrow x \leqslant -1 \text{ ou } x \geqslant 3.$$

On peut alors conclure que **l'ensemble des réels x tels que $|x-1| \geqslant 2$ est** :

$$]-\infty\,;-\mathbf{1}] \cup [\mathbf{3}\,;+\infty[.$$

4 $f : x \mapsto |x| + |x-1|$.

1°

La valeur absolue d'un réel est égale à :
- ce réel s'il est positif ou nul ;
- son opposé sinon.

1er cas : $x \geqslant 1$

Alors : $x \geqslant 0$ et $x-1 \geqslant 0$,
donc : $|x| = x$ et $|x-1| = x-1$,
d'où : $|x| + |x-1| = x + x - 1$,
c'est-à-dire : $\boldsymbol{f(x) = 2x - 1}$.

2e cas : $0 \leqslant x \leqslant 1$

Alors : $x \geqslant 0$ et $x-1 \leqslant 0$,
donc : $|x| = x$
et $|x-1| = -(x-1) = -x+1$,
d'où : $|x| + |x-1| = x - x + 1$,
c'est-à-dire : $\boldsymbol{f(x) = 1}$.

3e cas : $x \leqslant 0$

Alors : $x \leqslant 0$ et $x-1 \leqslant 0$,
donc : $|x| = -x$
et $|x-1| = -(x-1) = -x+1$,
d'où : $|x| + |x-1| = -x - x + 1$,
c'est-à-dire : $\boldsymbol{f(x) = -2x + 1}$.

2° f est une fonction affine par intervalles, sa représentation graphique est une réunion de parties de droites.

Voici la courbe de la fonction f.

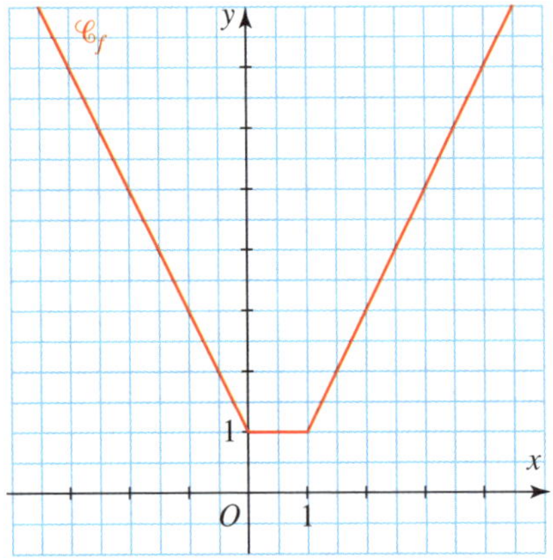

5 $f : x \mapsto |x| + |x^2 - x|$.

La fonction f est définie sur $\mathbb{R}$.

Transformons l'écriture de $f(x)$ en utilisant la définition de la valeur absolue d'un nombre réel :

pour tout réel X, $\begin{cases} |X| = -X \text{ si } X \leqslant 0 \\ |X| = X \text{ si } X \geqslant 0, \end{cases}$

et en remarquant :

pour tout réel x, $x^2 - x = x(x-1)$.

Le signe de $x^2 - x$ dépend donc de la position de x par rapport à 0 et 1.

x	$-\infty$	0		1		$+\infty$
signe de $x^2 - x$	+	0	−	0	+	
$\lvert x\rvert$	$-x$		x		x	
$\lvert x^2 - x\rvert$	$x^2 - x$		$x - x^2$		$x^2 - x$	
$f(x)$	$x^2 - 2x$		$-x^2 + 2x$		x^2	

Du tableau précédent, on déduit que, pour tout réel x :

$$f(x) = \begin{cases} x^2 - 2x \text{ si } x \leqslant 0, \\ -x^2 + 2x \text{ si } 0 \leqslant x \leqslant 1, \\ x^2 \text{ si } x \geqslant 1. \end{cases}$$

Déterminons la forme canonique du polynôme du second degré $x \mapsto x^2 - 2x$ et de son opposé $x \mapsto -x^2 + 2x$:

pour tout réel x, $x^2 - 2x = (x-1)^2 - 1$

et $-x^2 + 2x = -(x-1)^2 + 1$.

Du tableau de variation de $x \mapsto x^2$:

x	$-\infty$		0		$+\infty$
x^2	$+\infty$	↘	0	↗	$+\infty$

on déduit alors celui de $x \mapsto x^2 - 2x$ et de $x \mapsto -x^2 + 2x$:

x	$-\infty$		1		$+\infty$
$x^2 - 2x$	$+\infty$	↘	-1	↗	$+\infty$

x	$-\infty$		1		$+\infty$
$-x^2 + 2x$	$-\infty$	↗	1	↘	$-\infty$

On en extrait les tableaux de variation de $x \mapsto x^2 - 2x$ sur $]-\infty\ ;\ 0]$, de $x \mapsto -x^2 + 2x$ sur $[0\ ;\ 1]$ et de $x \mapsto x^2$ sur $[1\ ;\ +\infty[$:

x	$-\infty$		0
$x^2 - 2x$	$+\infty$	↘	0

x	0		1
$-x^2 + 2x$	0	↗	1

x	1		$+\infty$
x^2	1	↗	$+\infty$

Par recollement des trois tableaux précédents, on obtient finalement **le tableau de variation de f** :

x	$-\infty$		0		1		$+\infty$
$f(x)$	$+\infty$	↘	0	↗	1	↗	$+\infty$

La fonction f est strictement décroissante sur $]-\infty\ ;\ 0]$ et strictement croissante sur $[0\ ;\ +\infty[$.

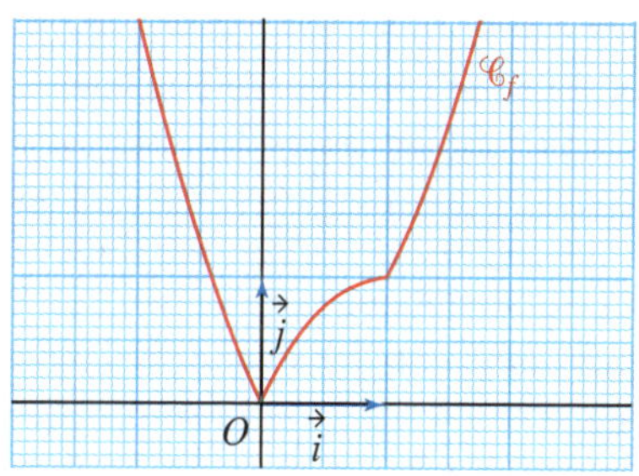

Sens de variation des fonctions usuelles

6 1° $f : x \mapsto \dfrac{3 - x}{2}$.

f est la fonction affine $x \mapsto -\dfrac{1}{2}x + \dfrac{3}{2}$, et $-\dfrac{1}{2} < 0$, donc :

f est strictement décroissante sur $\mathbb{R}$.

2° $f : x \mapsto -x^3$.

La fonction f est l'opposée de la fonction cube, celle-ci étant strictement croissante sur $\mathbb{R}$; il vient :

f est strictement décroissante sur $\mathbb{R}$.

3° $f : x \mapsto \dfrac{2}{x}$.

$\mathcal{D}_f = \mathbb{R}^*$. En notant u la fonction inverse, on peut écrire : $f = 2u$; $2 > 0$, donc f et u ont le même sens de variation, ce qui prouve que :

***f* est strictement décroissante sur chacun des intervalles $]-\infty\ ;0[$ et $]0\ ;+\infty[$.**

4° $f : x \mapsto 2x^2 - 7$.

$x \mapsto 2x^2 - 7$ a le même sens de variation que $x \mapsto 2x^2$, et $x \mapsto 2x^2$ a le même sens de variation que $x \mapsto x^2$ (car $2 > 0$), donc :

***f* est strictement décroissante sur $]-\infty\ ;0]$ et strictement croissante sur $[0\ ;+\infty[$.**

7 • La fonction carré est croissante sur $[0\ ;+\infty[$, donc sur $[2\ ;3]$; sur cet intervalle, la fonction $x \mapsto x^2$ atteint donc son minimum en 2 et son maximum en 3, ce qui implique :

le minimum et le maximum de la fonction carré sur $[2\ ;3]$ sont respectivement 4 et 9.

• La fonction carré est décroissante sur $]-\infty\ ;0]$, donc sur $[-3\ ;-2]$; sur cet intervalle, la fonction $x \mapsto x^2$ atteint donc son minimum en -2 et son maximum en -3, ce qui implique :

le minimum et le maximum de la fonction carré sur $[-3\ ;-2]$ sont respectivement 4 et 9.

> Attention !
> La fonction carré n'est pas monotone sur $[-3\ ;2]$.

• Pour tout x de $[-3\ ;0]$:
$0^2 \leqslant x^2 \leqslant (-3)^2$ (car $x \mapsto x^2$ est décroissante sur $[-3\ ;0]$),
c'est-à-dire : $0 \leqslant x^2 \leqslant 9$.

Pour tout x de $[0\ ;2]$: $0 \leqslant x^2 \leqslant (2)^2$ (car $x \mapsto x^2$ est croissante sur $[0\ ;2]$),
c'est-à-dire : $0 \leqslant x^2 \leqslant 4$.

On en déduit :

pour tout x de $[-3\ ;2]$, $0 \leqslant x^2 \leqslant 9$,

les valeurs 0 et 9 étant prises par la fonction carré respectivement en 0 et -3.

Finalement, le minimum et le maximum de la fonction carré sur $[-3\ ;2]$ sont respectivement 0 et 9.

8 $f : x \mapsto \sqrt{x^2+1}$.

1° f est définie sur $\mathbb{R}$ et, pour tout réel x :
$f(-x) = \sqrt{(-x)^2+1} = \sqrt{x^2+1} = f(x)$,
ce qui prouve que ***f* est paire.**

$\mathcal{D}_f = \mathbb{R}$, donc, évidemment, si $x \in \mathcal{D}_f$, alors $-x \in \mathcal{D}_f$.

La courbe $\mathscr{C}$ de *f* est donc **symétrique par rapport à la droite des ordonnées.**

2° Soient a et b des réels tels que $0 \leqslant a < b$. La fonction carré étant strictement croissante sur $[0\ ;+\infty[$, on a :

$$a^2 < b^2,$$

d'où :

$$a^2 + 1 < b^2 + 1,$$

donc, la fonction racine carrée étant aussi strictement croissante sur $[0\ ;+\infty[$ (et les réels a^2+1, b^2+1 étant positifs) :

$$\sqrt{a^2+1} < \sqrt{b^2+1},$$

c'est-à-dire :

$$f(a) < f(b).$$

On a ainsi démontré que :

***f* est strictement croissante sur $[0\ ;+\infty[$.**

3° f est paire et strictement croissante sur $[0\ ;+\infty[$, donc :

***f* est strictement décroissante sur $]-\infty\ ;0]$.**

Copie d'écran de calculatrice obtenue :

• en entrant :

Y1=√(X²+1)

• avec le cadrage :

$$-4 \leqslant x \leqslant 4,$$
$$0 \leqslant y \leqslant 4.$$

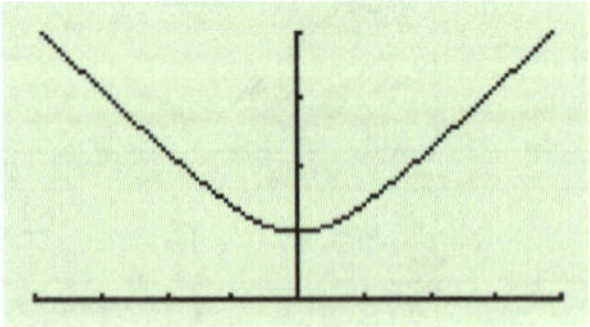

9 **1°** Prenons pour f la fonction :

$$x \mapsto x.$$

f^2 est alors la fonction carré $x \mapsto x^2$; de plus, f et f^2 sont croissantes sur $[0\ ;+\infty[$.

Autres exemples pour f :
$x \mapsto \sqrt{x}$, $x \mapsto 2x$, $x \mapsto 3x+1$, etc.

Plus généralement, si f est croissante et à valeurs positives, alors f^2 est croissante.

2° Prenons pour f la fonction :

$$x \mapsto -x.$$

f^2 est alors la fonction carré $x \mapsto x^2$; de plus, f est décroissante sur $[0\,;+\infty[$, f^2 est croissante sur $[0\,;+\infty[$.

Si g est croissante et à valeurs positives, alors $-g$ est décroissante et à valeurs négatives, et comme $(-g)^2 = g^2$, $(-g)^2$ est croissante.

10 **1°** Prenons pour f la fonction :

$$x \mapsto \frac{1}{x}.$$

f^2 est alors la fonction : $x \mapsto \frac{1}{x^2}$; de plus, f et f^2 sont décroissantes sur $]0\,;+\infty[$.

2° Prenons pour f la fonction : $x \mapsto -\frac{1}{x}$.

f^2 est alors la fonction : $x \mapsto \frac{1}{x^2}$; de plus, f est croissante sur $]0\,;+\infty[$ et f^2 est décroissante sur $]0\,;+\infty[$.

Équations

11 **1°** Pour tout réel x :

$x^2 = 8 \Leftrightarrow x = \sqrt{8}$ ou $x = -\sqrt{8}$.

L'équation $x^2 = 8$ a deux solutions : $2\sqrt{2}$ et $-2\sqrt{2}$.

$$\sqrt{8} = \sqrt{4 \times 2} = 2\sqrt{2}.$$

2° On sait : $(-3)^3 = -27$, donc -3 est une solution de l'équation $x^3 = -27$; de plus, la fonction cube étant strictement croissante sur $\mathbb{R}$:

si $x < -3$, alors $x^3 < -27$

si $x > -3$, alors $x^3 > -27$

donc -3 **est la seule solution de l'équation $x^3 = -27$.**

3°

Des réels positifs sont égaux si, et seulement si, ils ont le même carré.

Pour tout réel x positif ou nul :

$$\sqrt{x} = 2 \Leftrightarrow (\sqrt{x})^2 = 2^2 \Leftrightarrow x = 4,$$

donc **4 est la seule solution de l'équation $\sqrt{x} = 2$.**

Autre méthode

On sait : $\sqrt{4} = 2$, donc 2 est une solution de l'équation $\sqrt{x} = 2$.

De plus, la fonction racine carrée étant strictement croissante sur $[0\,;+\infty[$,

si $0 \leqslant x < 4$, alors $\sqrt{x} < 2$

si $x > 4$, alors $\sqrt{x} > 2$

donc 4 est la seule solution de l'équation $\sqrt{x} = 2$.

4° Pour tout réel x non nul :

$\frac{1}{x} = 5 \Leftrightarrow x = \frac{1}{5}$, donc $\mathbf{\frac{1}{5}}$ **est la seule solution de l'équation $\frac{1}{x} = 5$.**

5°

Pour tout réel x :

$$-1 \leqslant \cos(x) \leqslant 1,$$

et $$-1 \leqslant \sin(x) \leqslant 1.$$

Pour tout réel x :

$$\cos(x) \leqslant 1 \text{ et } \sin(x) \leqslant 1,$$

donc : $\cos(x) + \sin(x) \leqslant 2$,

ce qui permet d'affirmer que **l'équation $\cos(x) + \sin(x) = 3$ n'admet aucune solution.**

12 (E) : $x + x^3 + x^5 = 3$.

1 est une solution évidente de l'équation (E).

De plus, comme somme des fonctions $x \mapsto x$, $x \mapsto x^3$ et $x \mapsto x^5$, toutes strictement croissantes sur $\mathbb{R}$, la fonction $f : x \mapsto x + x^3 + x^5$ est strictement croissante sur $\mathbb{R}$, donc f ne prend la valeur 3 qu'en 1 ; en effet, $f(1) = 3$ et, pour tout réel x :

si $x < 1$, alors $f(x) < f(1)$,

si $x > 1$, alors $f(x) > f(1)$,

donc : si $x \neq 1$, alors $f(x) \neq 3$.

On peut donc conclure que **1 est la seule solution de (E).**

Encadrements

13 1° La propriété « la fonction cube est strictement croissante sur $\mathbb{R}$ » peut se traduire par « **des réels sont rangés comme leurs cubes** ».

2° La propriété « la fonction inverse est strictement décroissante sur $]0\ ;+\infty[$ » peut se traduire par « **des réels strictement positifs sont rangés dans l'ordre contraire de leurs inverses** ».

3° La propriété « la fonction carré est strictement décroissante sur $]-\infty\ ;0]$ » peut se traduire par « **des réels négatifs sont rangés dans l'ordre contraire de leurs carrés** ».

4° La propriété « la fonction racine carrée est strictement croissante sur $[0\ ;+\infty[$ » peut se traduire par « **des réels positifs sont rangés comme leurs racines carrées** ».

14 $3 < x \leqslant 5$.

• On a : $0 < 3 < x \leqslant 5$;
de plus, la fonction carré est strictement croissante sur $[0\ ;+\infty[$,
donc : $3^2 < x^2 \leqslant 5^2$,
c'est-à-dire : $\mathbf{9 < x^2 \leqslant 25}$.

• De même, la fonction cube étant strictement croissante sur $\mathbb{R}$, on a :
$$3^3 < x^3 \leqslant 5^3,$$
c'est-à-dire : $\mathbf{27 < x^3 \leqslant 125}$.

• La fonction valeur absolue étant strictement croissante sur $[0\ ;+\infty[$,
il vient : $|3| < |x| \leqslant |5|$,
c'est-à-dire : $\mathbf{3 < |x| \leqslant 5}$.

• La fonction racine carrée étant strictement croissante sur $[0\ ;+\infty[$,
on obtient : $\sqrt{\mathbf{3}} < \sqrt{\boldsymbol{x}} \leqslant \sqrt{\mathbf{5}}$.

• La fonction inverse étant strictement décroissante sur $]0\ ;+\infty[$,
on a : $\dfrac{\mathbf{1}}{\mathbf{5}} \leqslant \dfrac{\mathbf{1}}{\boldsymbol{x}} < \dfrac{\mathbf{1}}{\mathbf{3}}$.

15 $-6 \leqslant x < -4$.

• On a : $-6 \leqslant x < -4 < 0$;
de plus, la fonction carré est strictement décroissante sur $]-\infty\ ;0]$,
donc : $(-4)^2 < x^2 \leqslant (-6)^2$,
c'est-à-dire : $\mathbf{16 < x^2 \leqslant 36}$.

• De même, la fonction cube étant strictement croissante sur $\mathbb{R}$, on a :
$$(-6)^3 \leqslant x^3 < (-4)^3,$$
c'est-à-dire : $\mathbf{-216 \leqslant x^3 < -64}$.

• La fonction valeur absolue étant strictement décroissante sur $]-\infty\ ;0]$,
il vient : $|-4| < |x| \leqslant |-6|$,
c'est-à-dire : $\mathbf{4 < |x| \leqslant 6}$.

• La fonction inverse étant strictement décroissante sur $]-\infty\ ;0[$, on a :
$$\frac{1}{-4} < \frac{1}{x} \leqslant \frac{1}{-6},$$
c'est-à-dire : $-\dfrac{\mathbf{1}}{\mathbf{4}} < \dfrac{\mathbf{1}}{\boldsymbol{x}} \leqslant -\dfrac{\mathbf{1}}{\mathbf{6}}$.

16 1° On sait que le nombre x vérifie : $-2 \leqslant x \leqslant 1$.

• Attention, la fonction carré n'est pas monotone sur $[-2\ ;1]$.

Dressons le tableau de variation de la fonction carré sur l'intervalle $[-2\ ;1]$.

x	-2		0		1
x^2	4	↘	0	↗	1

Du tableau, on déduit : $\mathbf{0 \leqslant x^2 \leqslant 4}$.

0 est le minimum de la fonction carré sur $[-2\ ;1]$,
4 est le maximum de la fonction carré sur $[-2\ ;1]$.

• La fonction cube étant strictement croissante sur $\mathbb{R}$, on a :
$$(-2)^3 \leqslant x^3 < 1^3,$$
c'est-à-dire : $\mathbf{-8 \leqslant x^3 < 1}$.

• La fonction valeur absolue n'est pas monotone sur $[-2\ ;1]$.

Dressons le tableau de variation de la fonction valeur absolue sur $[-2\ ;1]$.

x	-2		0		1
$\|x\|$	2	↘	0	↗	1

Du tableau, on déduit : $\mathbf{0 \leqslant |x| \leqslant 2}$.

2° $x \neq 0$ et $-2 \leqslant x \leqslant 1$.

$\frac{1}{x}$ peut être rendu aussi grand que l'on veut, pourvu que x soit positif et suffisamment proche de 0.
De même, si $-2 \leqslant x < 0$, alors $\frac{1}{x} < 0$ et $\frac{1}{x}$ peut être rendu aussi loin de 0 que l'on veut, pourvu que x soit négatif et suffisamment proche de 0.
On en déduit que la fonction inverse n'est ni majorée, ni minorée sur $[-2\,;\,0[\,\cup\,]0\,;\,1]$.

17 1° Pour tout réel x :

$$\boldsymbol{x^2 < 7 \Leftrightarrow -\sqrt{7} < x < \sqrt{7}.}$$

Les points de la courbe de la fonction carré qui ont une ordonnée strictement inférieure à 7 ont une abscisse strictement comprise entre $-\sqrt{7}$ et $\sqrt{7}$.

2° Pour tout réel x :

$$\boldsymbol{x^2 \geqslant 4 \Leftrightarrow x \leqslant -2 \text{ ou } x \geqslant 2.}$$

Pour que le carré d'un réel soit supérieur ou égal à 4, il faut et il suffit que ce réel soit inférieur ou égal à -2 ou qu'il soit supérieur ou égal à 2.

3° Pour tout réel x :

$$\boldsymbol{0 < \frac{1}{x} < 2 \Leftrightarrow x > \frac{1}{2}.}$$

Les points de la courbe de la fonction inverse dont l'ordonnée est strictement comprise entre 0 et 2 sont ceux dont l'abscisse est strictement supérieure à $\frac{1}{2}$.

La fonction inverse est strictement décroissante sur $]0\,;\,+\infty[$.

4° Pour tout réel x :

$$\boldsymbol{|x| \leqslant 5 \Leftrightarrow -5 \leqslant x \leqslant 5.}$$

Voir l'*exercice* 2.

5° Pour tout réel x :

$$\boldsymbol{1 \leqslant \sqrt{x} \leqslant 2} \Leftrightarrow 1^2 \leqslant (\sqrt{x})^2 \leqslant 2^2 \Leftrightarrow \boldsymbol{1 \leqslant x \leqslant 4.}$$

La fonction carré est croissante sur $[0\,;\,+\infty[$.

6° Pour tout réel x :

$$\boldsymbol{\frac{1}{x} \geqslant 3 \Leftrightarrow 0 < x \leqslant \frac{1}{3}.}$$

La fonction inverse est décroissante sur $]0\,;\,+\infty[$.

Sens de variation de fonctions associées

18 Du tableau de variation de la fonction f :

x	-2		-1		0		2		3		4		5
$f(x)$	5	↘	0	↘	-3	↗	0	↗	π	↘	0	↘	-4

on déduit celui de la fonction $f+3$:

x	-2		-1		0		2		3		4		5
$f(x)+3$	8	↘	3	↘	0	↗	3	↗	$\pi+3$	↘	3	↘	-1

f et $f+3$ ont le même sens de variation

celui de la fonction $-2f$:

x	-2		-1		0		2		3		4		5
$-2f(x)$	-10	↗	0	↗	6	↘	0	↘	-2π	↗	0	↗	8

f et $-2f$ ont des sens de variation contraires

et, enfin, celui de la fonction $|f|$

x	-2		-1		0		2		3		4		5
$\lvert f(x)\rvert$	5	↘	0	↗	3	↘	0	↗	π	↘	0	↗	4

La valeur absolue d'un réel est égale à :
- ce réel s'il est positif ou nul ;
- son opposé sinon.

19 **1°** D'après le tableau de variation de f :
- le maximum de f sur $[-3 ; 0]$ est 2 ;
- le maximum de f sur $[-3 ; 4]$ est 3 ;
- le maximum de f sur $[0 ; 1]$ est $f(1)$;
- le maximum de f sur $[-2 ; 1]$ est le plus grand des deux nombres $f(-2)$ et $f(1)$.

2° • D'après le cours, les fonctions $f + 2$ et f ont le même sens de variation ; on obtient le tableau de variation de la fonction $f + 2$ suivant :

x	-3		0		4
$f(x)+2$	4	↘	1	↗	5

• D'après le cours, les fonctions $-3f$ et f ont des sens de variation contraires ; on obtient le tableau de variation de la fonction $-3f$ suivant :

x	-3		0		4
$-3f(x)$	-6	↗	3	↘	-9

3° D'après le tableau de variaton de $-3f$, le minimum de $-3f$ est -9, donc, pour tout x de $[-3 ; 4]$:

$$-3f(x) \geqslant -9,$$

donc : $$10 - 3f(x) \geqslant 1,$$

et *a fortiori* : $$10 - 3f(x) > 0,$$

ce qui permet d'affirmer que **la fonction** $x \mapsto \dfrac{1}{\sqrt{10 - 3f(x)}}$ **est définie sur $[-3 ; 4]$.**

Courbes de fonctions associées

20 Notons $\mathscr{C}$ la courbe représentative de la fonction : $x \mapsto |x|$.

1° $f_1 : x \mapsto |x| - 1$.

La courbe représentative $\mathscr{C}_1$ de f_1 est l'image de $\mathscr{C}$ par la translation de vecteur $-\vec{j}$.

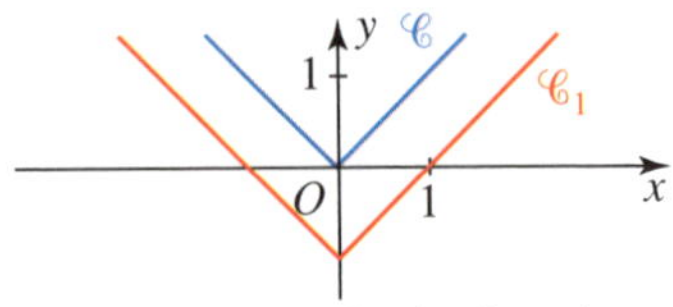

Copie d'écran de calculatrice obtenue :
- en entrant :

Y1=AbsX-1

- avec le cadrage :

$$-4 \leqslant x \leqslant 4,$$
$$-2 \leqslant y \leqslant 2.$$

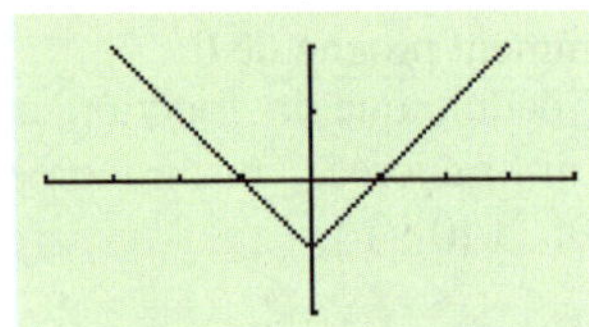

2° $f_2 : x \mapsto |x - 1|$. La courbe représentative $\mathscr{C}_2$ de f_2 est l'image de $\mathscr{C}$ par la translation de vecteur $\vec{i}$.

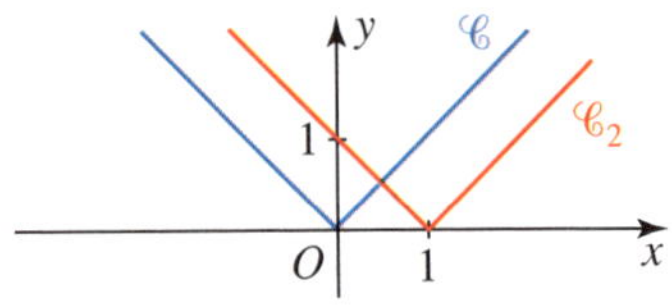

Copie d'écran de calculatrice obtenue :
- en entrant :

Y1=Abs(X-1)

- avec le cadrage :

$$-3 \leqslant x \leqslant 5,$$
$$-1 \leqslant y \leqslant 3.$$

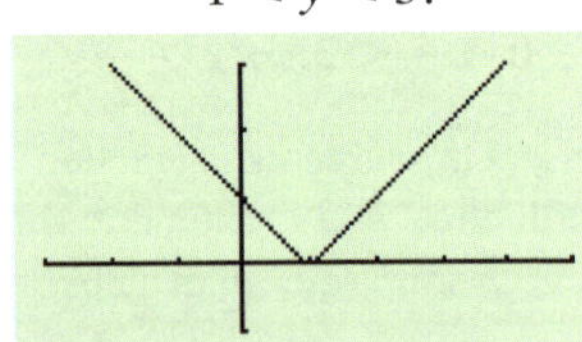

3° $f_3 : x \mapsto 1 - |x|$.

La courbe représentative $\mathscr{C}_3$ de f_3 est l'image par la translation de vecteur $\vec{j}$ de la courbe symétrique de $\mathscr{C}$ par rapport à l'axe des abscisses.

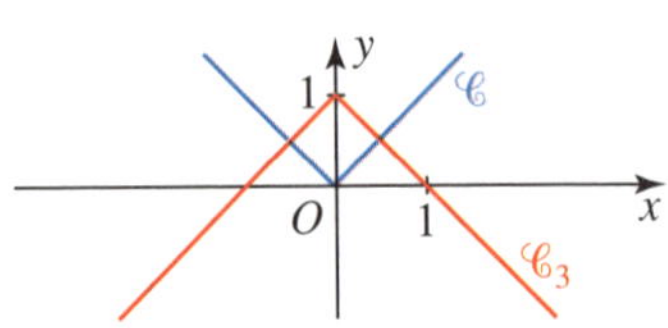

Copie d'écran de calculatrice obtenue :
- en entrant :

```
Y1=1-AbsX
```

- avec le cadrage :

$$-4 \leqslant x \leqslant 4,$$
$$-3 \leqslant y \leqslant 2.$$

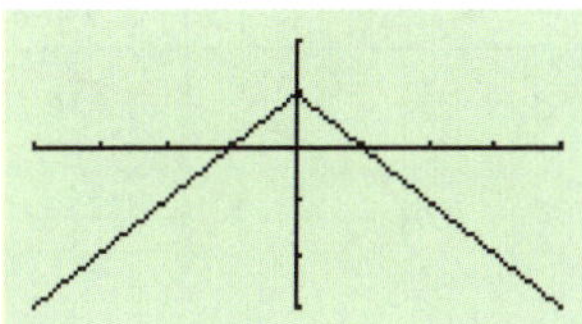

21 Notons $\mathscr{C}$ la courbe représentative de la fonction $x \mapsto x^3$.

x	$-\infty$	$+\infty$
x^3	$-\infty$ ↗	$+\infty$

Le tableau de variation de chacune des fonctions f_1, f_2, f_3 se déduit de celui de la fonction cube.

- $f_1 : x \mapsto x^3 - 2$.

x	$-\infty$	$+\infty$
$f_1(x)$	$-\infty$ ↗	$+\infty$

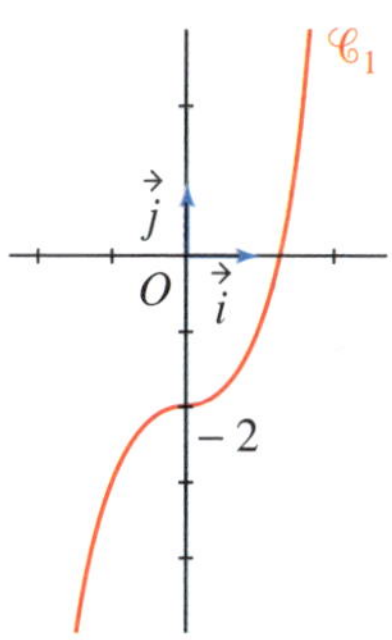

$\mathscr{C}_1$ est l'image de $\mathscr{C}$ par la translation de vecteur $-2\vec{j}$.

- $f_2 : x \mapsto (x-2)^3$.

x	$-\infty$	$+\infty$
$f_2(x)$	$-\infty$ ↗	$+\infty$

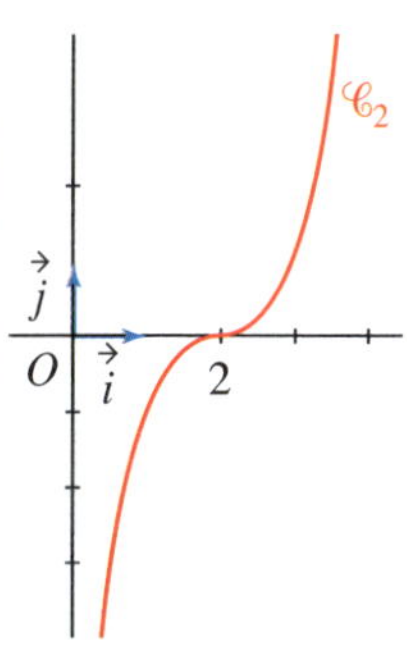

$\mathscr{C}_2$ est l'image de $\mathscr{C}$ par la translation de vecteur $2\vec{i}$.

- $f_3 : x \mapsto -x^3$.

x	$-\infty$	$+\infty$
$f_3(x)$	$+\infty$ ↘	$-\infty$

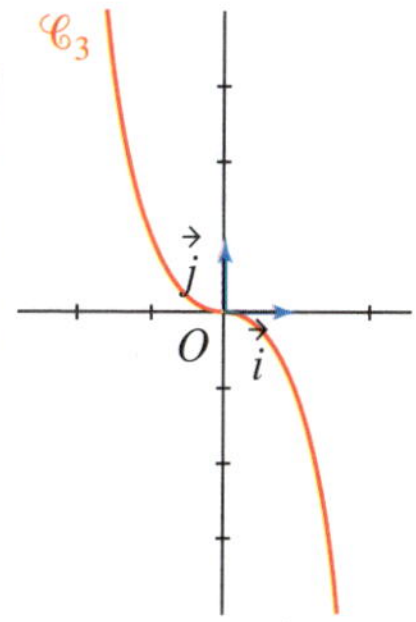

$\mathscr{C}$ et $\mathscr{C}_3$ sont symétriques par rapport à la droite des abscisses.

Une fonction f et son opposée $-f$ ont des sens de variation contraires.

22 Notons $\mathscr{C}$ la courbe représentative de la fonction $x \mapsto \sqrt{x}$.

x	0	$+\infty$
$\sqrt{x}$	0 ↗	$+\infty$

Le tableau de variation de chacune des fonctions f_1, f_2, f_3 se déduit de celui de la fonction racine carrée.

- $f_1 : x \mapsto \sqrt{x+1}$.

x	-1	$+\infty$
$f_1(x)$	0 ↗	$+\infty$

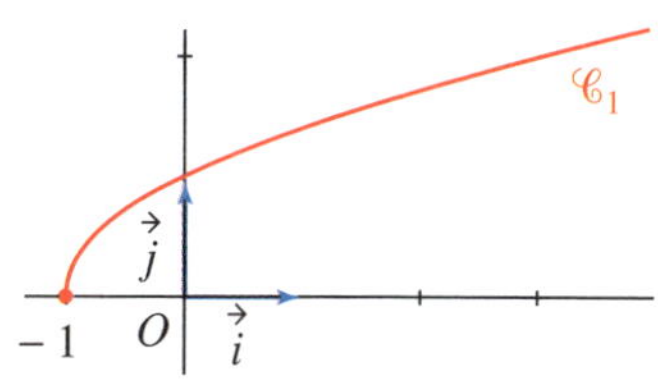

$\mathscr{C}_1$ est l'image de $\mathscr{C}$ par la translation de vecteur $-\vec{i}$.

- $f_2 : x \mapsto \sqrt{x} - 2$.

x	0	$+\infty$
$f_2(x)$	-2 ↗	$+\infty$

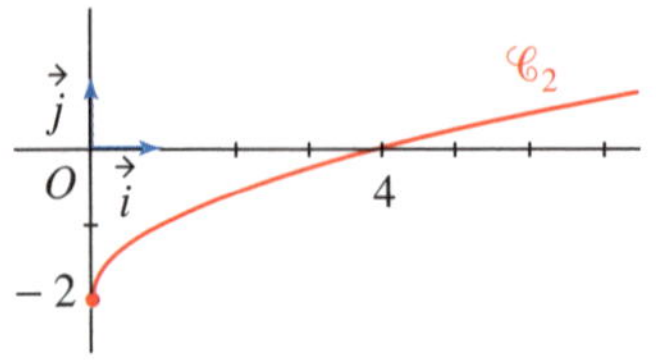

$\mathscr{C}_2$ est l'image de $\mathscr{C}$ par la translation de vecteur $-2\vec{j}$.

• $f_3 : x \mapsto \sqrt{x-1}+2$.

x	$1 \qquad\qquad +\infty$
$f_3(x)$	$2 \nearrow +\infty$

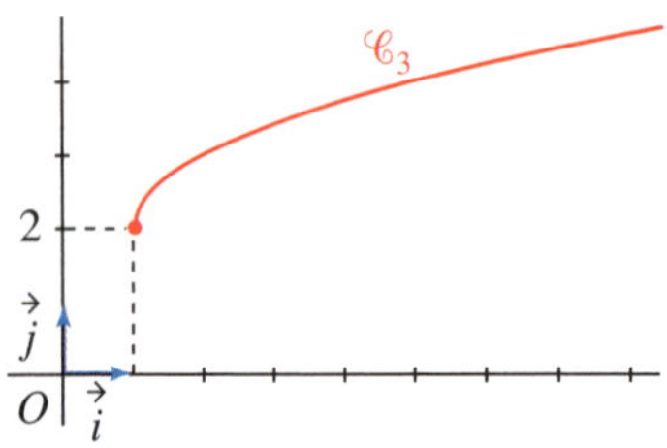

$\mathscr{C}_3$ est l'image de $\mathscr{C}$ par la translation de vecteur $\vec{i}+2\vec{j}$.

23 $f : x \mapsto \sqrt{x+2}-3$.

1° Du tableau de variation de $x \mapsto \sqrt{x}$:

x	$0 \qquad\qquad +\infty$
$\sqrt{x}$	$0 \nearrow +\infty$

on déduit celui de f :

x	$-2 \qquad\qquad +\infty$
$f(x)$	$-3 \nearrow +\infty$

et **on passe de la courbe Γ d'équation $y=\sqrt{x}$ à $\mathscr{C}_f$ par la translation de vecteur $-2\vec{i}-3\vec{j}$.**

2° $g : x \mapsto -\sqrt{x+2}+3$

et $h : x \mapsto \sqrt{-x+2}-3$.

• f et g ont toutes deux pour ensemble de définition $[-2\,;+\infty[$ et, pour tout x de cet intervalle : $g(x)=-f(x)$, donc $\mathscr{C}_f$ et $\mathscr{C}_g$ sont symétriques par rapport à l'axe des abscisses.

• L'ensemble de définition de h est le symétrique par rapport à 0 de celui de f et, pour tout x de $]-\infty\,;2]$: $h(x)=f(-x)$, donc $\mathscr{C}_f$ et $\mathscr{C}_h$ sont symétriques par rapport à l'axe des ordonnées.

$\mathscr{C}_g$ et $\mathscr{C}_h$ sont donc symétriques par rapport au point O.

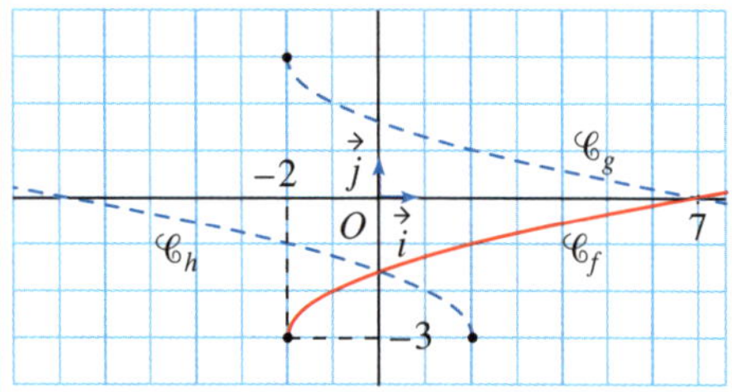

Remarquons que $\mathscr{C}_f$ et $\mathscr{C}_g$ se coupent au point d'abscisse 7 de l'axe des abscisses.

3°

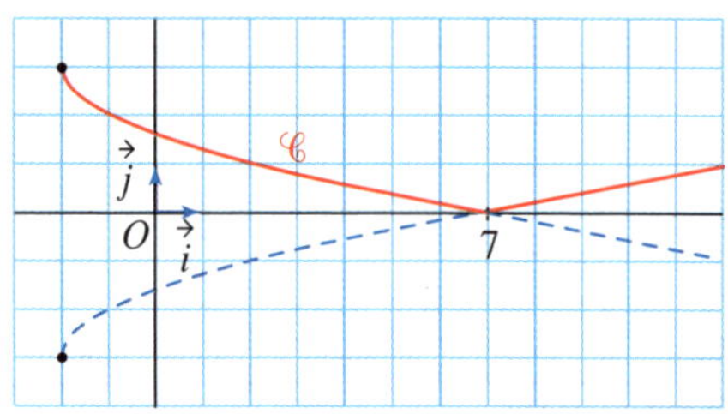

$\mathscr{C}$ est bien la courbe représentative d'une fonction u, puisque toute droite parallèle à la droite des ordonnées coupe $\mathscr{C}$ au plus en un point.

La fonction u est positive et a le même ensemble de définition $[-2\,;+\infty[$ que les fonctions f et g ; de plus, pour tout x de $[-2\,;+\infty[$:

$$\begin{cases} u(x)=f(x) \text{ si } f(x)\geqslant 0, \\ u(x)=g(x) \text{ si } g(x)\geqslant 0, \end{cases}$$

autrement dit, puisque $g=-f$:

$$u(x)=\begin{cases} f(x) \text{ si } f(x)\geqslant 0, \\ -f(x) \text{ si } f(x)\leqslant 0, \end{cases}$$

soit : $\boldsymbol{u(x)=|f(x)|}$.

24 **1°** $f : x \mapsto -\dfrac{4}{x}$.

La fonction inverse $x \mapsto \dfrac{1}{x}$ a pour tableau de variation :

x	$-\infty$	0	$+\infty$
$\frac{1}{x}$	$0 \searrow -\infty$	‖	$+\infty \searrow 0$

-4 étant un réel strictement négatif, on en déduit celui de la fonction f :

x	$-\infty$	0	$+\infty$
$f(x)$	$0 \nearrow +\infty$	‖	$-\infty \nearrow 0$

Si $\lambda < 0$, alors f et λf ont des sens de variation contraires.

2° $g : x \mapsto \dfrac{x-1}{x+3}$.

L'ensemble de définition de g est $\mathbb{R} \setminus \{-3\}$.

• Pour tout réel x différent de -3 :

$$g(x) = \frac{(x+3)-3-1}{x+3} = \frac{(x+3)-4}{x+3},$$

$$g(x) = \frac{x+3}{x+3} - \frac{4}{x+3},$$

$$g(x) = 1 - \frac{4}{x+3} = \frac{-4}{x+3} + 1.$$

Donc **la forme canonique de g est :**

$$\boldsymbol{x \mapsto \frac{-4}{x+3} + 1.}$$

En prenant $a = -4$ et $b = 1$, on peut écrire, pour tout réel x différent de -3 :

$$g(x) = \frac{a}{x+3} + b.$$

3° D'après ce qui précède, pour tout réel x différent de -3 :

$$g(x) = f(x+3) + 1.$$

• Du tableau de variation de f, on déduit alors celui de g :

x	$-\infty$	-3	$+\infty$
$g(x)$	$1 \nearrow +\infty$	‖	$-\infty \nearrow 1$

4° On passe de l'hyperbole $\mathscr{C}_f$ à la courbe $\mathscr{C}_g$ par la translation t de vecteur $-3\vec{i} + \vec{j}$, donc **la courbe $\mathscr{C}_g$ est superposable à $\mathscr{C}_f$, et $\mathscr{C}_g$ est aussi une hyperbole**.

Les asymptotes de $\mathscr{C}_g$ sont les images par t de celles de $\mathscr{C}_f$, or $\mathscr{C}_f$ et l'hyperbole d'équation $y = \dfrac{1}{x}$ ont les mêmes asymptotes : la droite des abscisses et celle des ordonnées. Il en résulte que les asymptotes de $\mathscr{C}_g$ sont les droites d'équations $x = -3$ et $y = 1$.

De même, l'origine O étant le centre de symétrie de $\mathscr{C}_f$, son image par t est le centre de symétrie de $\mathscr{C}_g$, donc le centre de symétrie de $\mathscr{C}_g$ est le point $S(-3\ ;\ 1)$.

(S est le point d'intersection des asymptotes de $\mathscr{C}_g$).

translation de vecteur $-3\vec{i} + \vec{j}$

	$\mathscr{C}_f$	$\mathscr{C}_g$
Équations des asymptotes	$x = 0$ et $y = 0$	$x = -3$ et $y = 1$
Coordonnées du centre de symétrie	$(0\ ;\ 0)$	$(-3\ ;\ 1)$

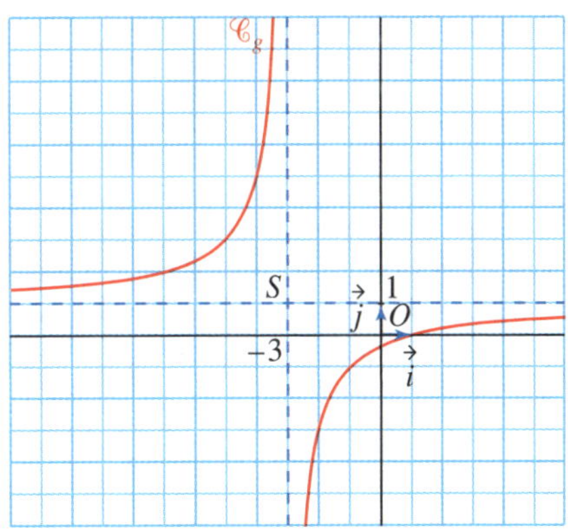

25 La légende suivante est valable pour tous les graphiques :

– – – – $\mathscr{C}$ ——— $\mathscr{C}_f$

1° $f : x \mapsto |\sin(x)|$.

Appelons Γ la réunion de $\mathscr{C}$ et de la courbe symétrique de $\mathscr{C}$ par rapport à l'axe des abscisses ; alors $\mathscr{C}_f$ est la partie de Γ dont les points ont une ordonnée positive.

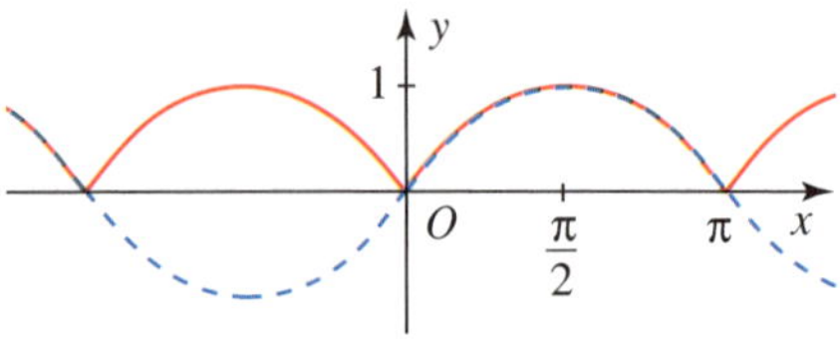

2° $f : x \mapsto \sin\left(x - \frac{\pi}{3}\right)$.

$\mathscr{C}_f$ est l'image de $\mathscr{C}$ par la translation de vecteur $\frac{\pi}{3}\vec{i}$.

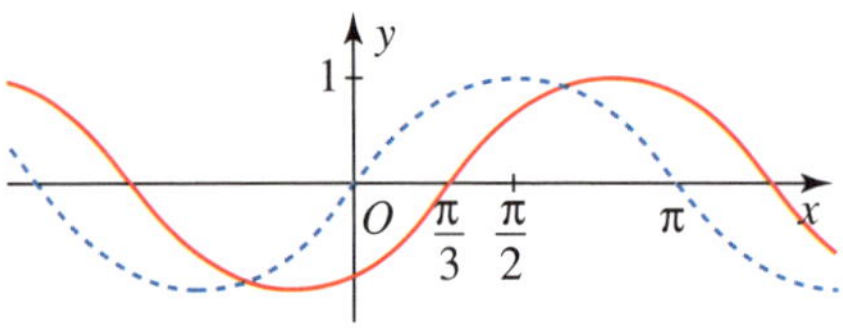

3° $f : x \mapsto \sin(|x|)$.

La fonction f est paire ; $\mathscr{C}_f$ est la réunion de la partie $\mathscr{C}_1$ de $\mathscr{C}$ dont les points ont une abscisse positive et de la courbe symétrique de $\mathscr{C}_1$ par rapport à l'axe des ordonnées.

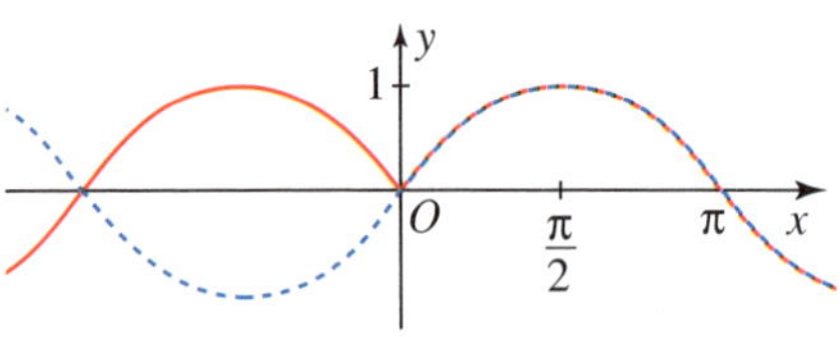

4° $f : x \mapsto 2\sin(x)$.

Si M est un point de $\mathscr{C}$ et P est celui de $\mathscr{C}_f$ de même abscisse, alors l'ordonnée de P est double de celle de M.

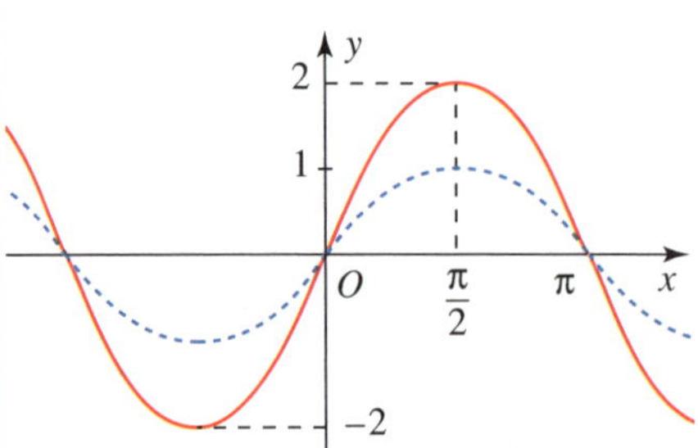

5° $f : x \mapsto \sin(2x)$.

Pour tout point de $\mathscr{C}$, le point de même ordonnée et d'abscisse moitié appartient à $\mathscr{C}_f$.

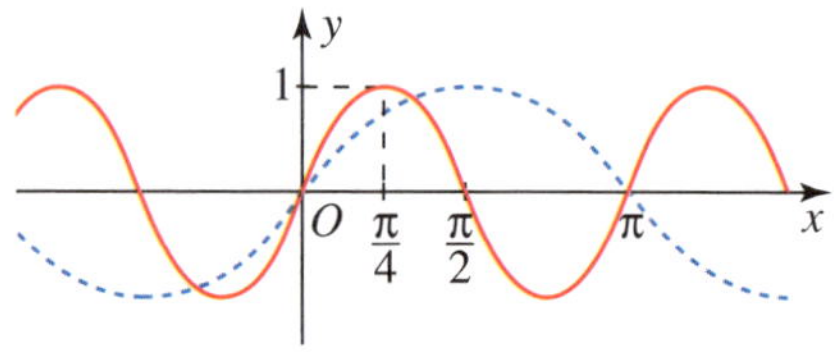

6° $f : x \mapsto -\sin\left(x + \frac{\pi}{6}\right)$.

La translation de vecteur $-\frac{\pi}{6}\vec{i}$ suivie de la symétrie orthogonale par rapport à la droite des abscisses transforme $\mathscr{C}$ en $\mathscr{C}_f$.

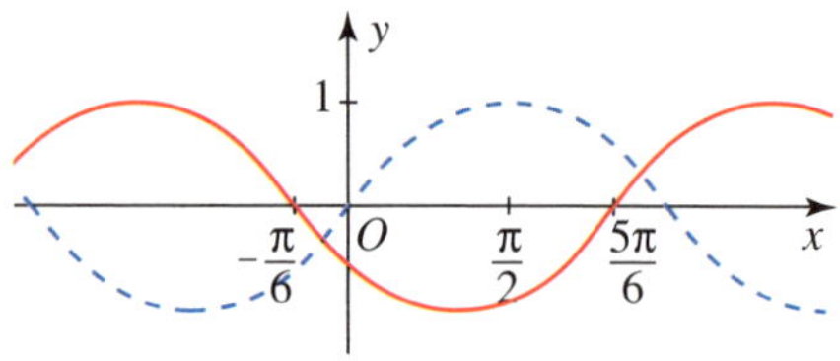

Le graphique précédent met en évidence que $\mathscr{C}_f$ est l'image de $\mathscr{C}$ par la translation de vecteur $\frac{5\pi}{6}\vec{i}$. Vérifions-le par le calcul : pour tout réel x,

$$f(x) = -\sin\left(x + \frac{\pi}{6}\right) = \sin\left(x + \frac{\pi}{6} - \pi\right)$$
$$= \sin\left(x - \frac{5\pi}{6}\right).$$

> Pour tout réel x :
> $$\sin(x - \pi) = -\sin(x).$$

7° $f : x \mapsto 1{,}5 + \sin(x)$.

$\mathscr{C}_f$ est l'image de $\mathscr{C}$ par la translation de vecteur $1{,}5\,\vec{j}$.

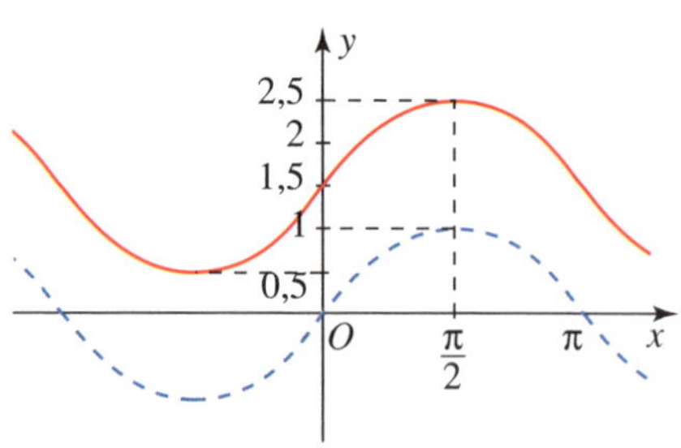

Le tableau suivant résume les propriétés des fonctions proposées que les graphiques mettent en évidence.

fonctions	parité	période	minimum	maximum
$x \mapsto \sin(x)$	impaire	2π	-1	1
$x \mapsto \lvert\sin(x)\rvert$	paire	π	0	1
$x \mapsto \sin\left(x - \frac{\pi}{3}\right)$		2π	-1	1
$x \mapsto \sin(\lvert x\rvert)$	paire		-1	1
$x \mapsto 2\sin(x)$	impaire	2π	-2	2
$x \mapsto \sin(2x)$	impaire	π	-1	1
$x \mapsto -\sin\left(x + \frac{\pi}{6}\right)$		2π	-1	1
$x \mapsto 1{,}5 + \sin(x)$		2π	$0{,}5$	$2{,}5$

Résolution graphique

26 1° (E) : $\frac{1}{x} = 2x + 1$.

Les solutions de l'équation (E) sont les abscisses des points d'intersection de la courbe $\mathscr{C}$ d'équation $y = \frac{1}{x}$ et de la droite Δ d'équation $y = 2x + 1$.

La courbe représentative de la fonction inverse est l'hyperbole d'équation $y = \frac{1}{x}$. Ses asymptotes sont la droite des abscisses et la droite des ordonnées.

Traçons la courbe $\mathscr{C}$ et la droite Δ dans un même repère.

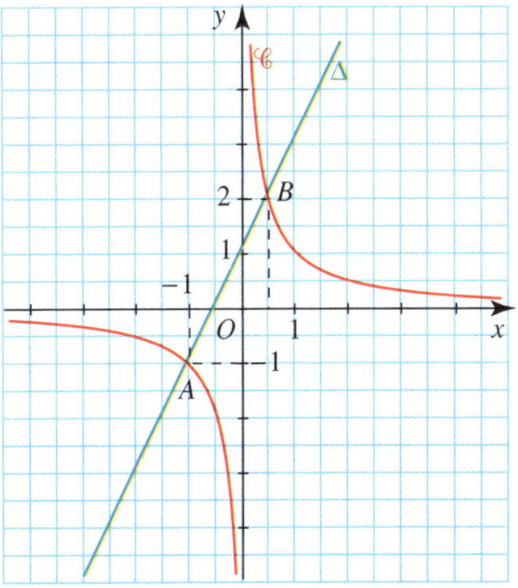

$\mathscr{C}$ et Δ ont deux points d'intersection A et B, dont les abscisses sont respectivement -1 et $\frac{1}{2}$;

on a bien :

$\frac{1}{-1} = 2 \times (-1) + 1$ et $\frac{1}{\frac{1}{2}} = 2 \times \frac{1}{2} + 1$.

Par conséquent, **les solutions de l'équation (E) : $\frac{1}{x} = 2x + 1$ sont -1 et $\frac{1}{2}$.**

2° Soit x un réel non nul.

• Supposons que x est solution de (E), alors x vérifie : $\frac{1}{x} = 2x + 1$,

donc, en multipliant par x :

$$1 = 2x^2 + x,$$

d'où : $2x^2 + x - 1 = 0$.

On a prouvé que, **si x est solution de (E), alors $2x^2 + x - 1 = 0$.**

• Résolvons l'équation du second degré $2x^2 + x - 1 = 0$.

Son discriminant Δ est tel que :

$\Delta = 1^2 - 4 \times (-1) \times 2 = 1 + 8 = 9 = 3^2$,

donc $\Delta > 0$ et l'équation $2x^2 + x - 1 = 0$ admet deux solutions : $\frac{-1-3}{2 \times 2}$ et $\frac{-1+3}{2 \times 2}$, c'est-à-dire -1 et $\frac{1}{2}$.

On en déduit que, **si x est solution de (E), alors $x = -1$ ou $x = \frac{1}{2}$.**

• Réciproquement :
si $x = -1$, alors :

$$\frac{1}{x} = -1 \quad \text{et} \quad 2x + 1 = -1,$$

si $x = \frac{1}{2}$, alors :

$$\frac{1}{x} = 2 \quad \text{et} \quad 2x + 1 = 1 + 1 = 2.$$

Donc, si $x = -1$ ou $x = \frac{1}{2}$,

alors : $$\frac{1}{x} = 2x + 1.$$

• On a prouvé que x est solution de (E) si, et seulement si : $x = -1$ ou $x = \frac{1}{2}$, autrement dit, **les solutions de l'équation (E) : $\frac{1}{x} = 2x + 1$ sont -1 et $\frac{1}{2}$.**

On retrouve bien le résultat de la première question.

27 1° (E) : $\sqrt{x} = 6 - x$.
Les solutions de l'équation (E) sont les abscisses des points d'intersection de la courbe $\mathscr{C}$ d'équation $y = \sqrt{x}$ et de la droite Δ d'équation $y = 6 - x$.

La courbe représentative de la fonction racine carrée est la demi-parabole d'équation $y = \sqrt{x}$.

Traçons la courbe $\mathscr{C}$ et la droite Δ dans un même repère.

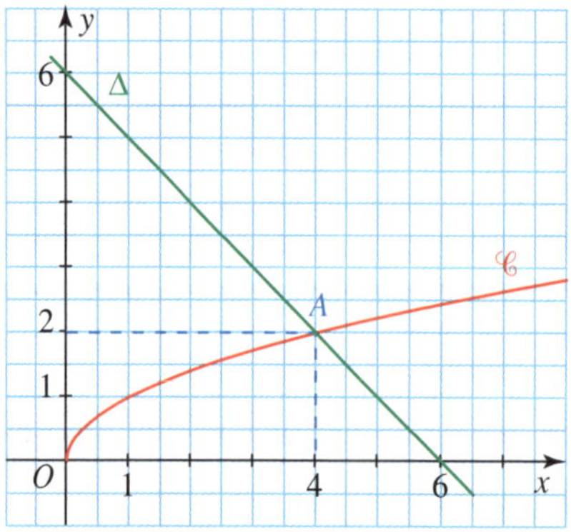

$\mathscr{C}$ et Δ ont un seul point d'intersection A dont l'abscisse est 4.

On a bien : $\sqrt{4} = 6 - 4$.

Par conséquent, **l'équation (E) : $\sqrt{x} = 6 - x$ a pour seule solution 4.**

2° • Soit x un réel positif ou nul.
Supposons que x est solution de (E) ;
alors x vérifie : $\sqrt{x} = 6 - x$,
donc :

$$(\sqrt{x})^2 = (6 - x)^2,$$

si deux nombres sont égaux, alors bien sûr leurs carrés sont égaux

d'où :

$$x = 36 - 12x + x^2,$$

et, par conséquent :

$$x^2 - 13x + 36 = 0.$$

On a prouvé que, **si x est solution de (E), alors $x^2 - 13x + 36 = 0$.**

• Résolvons l'équation du second degré $x^2 - 13x + 36 = 0$.
Son discriminant Δ est tel que :

$$\Delta = (-13)^2 - 4 \times 1 \times 36 = 169 - 144$$
$$= 25 = 5^2.$$

$\Delta > 0$ et l'équation $x^2 - 13\ x + 36 = 0$ admet deux solutions : $\frac{13 - 5}{2 \times 1}$ et $\frac{13 + 5}{2 \times 1}$,

c'est-à-dire : 4 et 9.
On en déduit que, si x est solution de (E), alors $x = 4$ ou $x = 9$.

• Réciproquement :
si $x = 4$, alors :

$$\sqrt{x} = \sqrt{4} = 2 \quad \text{et} \quad 6 - x = 6 - 4 = 2,$$

donc 4 vérifie l'équation $\sqrt{x} = 6 - x$, ce qui prouve que 4 est une solution de (E) ;
si $x = 9$, alors :

$$\sqrt{x} = \sqrt{9} = 3 \quad \text{et} \quad 6 - x = 6 - 9 = -3,$$

donc 9 n'est pas solution de l'équation $\sqrt{x} = 6 - x$.

On a ainsi prouvé que x est solution de (E) si, et seulement si, $x = 4$.
Autrement dit, **4 est la seule solution de l'équation (E) : $\sqrt{x} = 6 - x$.**

On retrouve bien le résultat de la première question.

28 $\Sigma : \begin{cases} y = \dfrac{3}{x} \\ y = x - 2. \end{cases}$

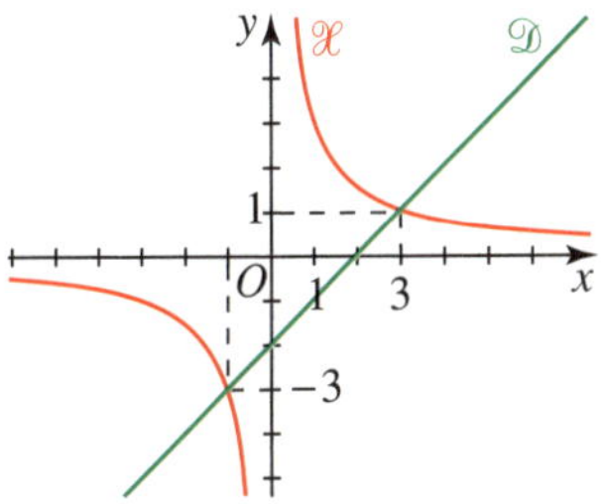

Les solutions de Σ sont les couples de coordonnées des points d'intersection de l'hyperbole ℋ d'équation :

$$y = \frac{3}{x}$$

et de la droite 𝒟 d'équation :

$$y = x - 2.$$

On lit sur la figure que **les solutions de Σ sont (3 ; 1) et (–1 ; –3).**

On contrôle facilement par le calcul que (3 ; 1) et (–1 ; –3) sont bien solutions de Σ.

29 $(I) : x^2 - 4x - 2 \geqslant \dfrac{-6}{x-1}$.

$$x^2 - 4x - 2 = (x^2 - 4x + 4) - 6$$
$$= (x-2)^2 - 6.$$

On considère :

- le polynôme du second degré f :
$$x \mapsto x^2 - 4x - 2,$$
- la fonction $g : x \mapsto \dfrac{-6}{x-1}$.

Les solutions de (I) sont les abscisses des points de la parabole $\mathscr{C}_f$ situés au-dessus (au sens large) de l'hyperbole $\mathscr{C}_g$.

La forme canonique de f étant :

$$x \mapsto (x-2)^2 - 6,$$

$\mathscr{C}_f$ est l'image de la parabole d'équation $y = x^2$ par la translation de vecteur $2\vec{i} - 6\vec{j}$.

Quant à $\mathscr{C}_g$, c'est l'image de l'hyperbole d'équation $y = \dfrac{-6}{x}$ par la translation de vecteur $\vec{i}$.

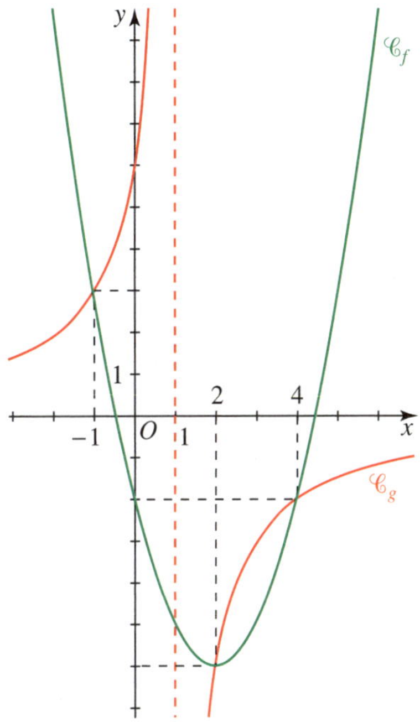

La droite des abscisses et celle d'équation $x = 1$ sont asymptotes à $\mathscr{C}_g$.

On lit sur le graphique que **l'ensemble des solutions de (*I*) est :**

$$]-\infty\ ;\ -1] \cup\ ]1\ ;\ 2] \cup [4\ ;\ +\infty[.$$

30 $(E) : \sqrt{x+2} = x^2 - x - 2$.

On considère :

- la fonction $f : x \mapsto \sqrt{x+2}$,
- le polynôme du second degré g :
$$x \mapsto x^2 - x - 2.$$

Les solutions de (E) sont les abscisses des points d'intersection des courbes $\mathscr{C}_f$ et $\mathscr{C}_g$.

$\mathscr{C}_f$ est l'image de la demi-parabole d'équation $y = \sqrt{x}$ par la translation de vecteur $-2\vec{i}$.

La forme canonique de g étant :

$$x \mapsto \left(x - \frac{1}{2}\right)^2 - \frac{9}{4},$$

$$\left(x-\frac{1}{2}\right)^2-\frac{9}{4}=x^2-x+\frac{1}{4}-\frac{9}{4}$$
$$=x^2-x-2$$

$\mathscr{C}_g$ est l'image de la parabole d'équation $y=x^2$ par la translation de vecteur $\frac{1}{2}\vec{i}-\frac{9}{4}\vec{j}$.

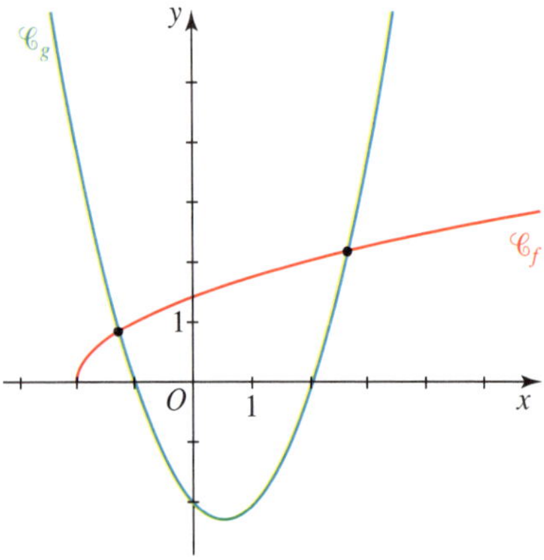

Sur le graphique, on lit que $\mathscr{C}_f$ et $\mathscr{C}_g$ ont exactement deux points d'intersection, donc :

le nombre de solutions de (E) est 2.

Les interrogations écrites

31 1° $f : x \mapsto \frac{1}{x} - x$

f est la somme des fonctions $x \mapsto \frac{1}{x}$ et $x \mapsto -x$, toutes deux strictement décroissantes sur l'intervalle $]0\,;+\infty[$, donc **f est strictement décroissante sur $]0\,;+\infty[$.**

2° Puisque la fonction $f : x \mapsto \frac{1}{x} - x$ est strictement décroissante sur $]0\,;+\infty[$, l'équation $\frac{1}{x}-x=-\frac{3}{2}$ admet au plus une solution.

En outre : $\frac{1}{2}-2=-\frac{3}{2}$, donc 2 est une solution de l'équation $\frac{1}{x}-x=-\frac{3}{2}$.

Par conséquent, **dans $]0\,;+\infty[$, l'équation $\frac{1}{x}-x=\frac{3}{2}$ admet une seule solution : 2.**

32 $f : x \mapsto \frac{2x-11}{x-3}$

1° $\mathscr{D}_f = \mathbb{R}\backslash\{3\}$, car 3 est le seul réel qui n'a pas d'image par f.

2° Pour tout réel x différent de 3,

$$2-\frac{5}{x-3}=\frac{2x-6-5}{x-3}=\frac{2x-11}{x-3},$$

donc :

$$f(x)=2-\frac{5}{x-3}.$$

3°

$x \mapsto \frac{-5}{x}$ et la fonction inverse ont des sens de variation contraires.

Tableau de variation de $f_1 : x \mapsto \frac{-5}{x}$

x	$-\infty$		0		$+\infty$
$\frac{-5}{x}$	0	↗	$+\infty$ ‖ $-\infty$	↗	0

Tableau de variation de $f_2 : x \mapsto \frac{-5}{x-3}$

x	$-\infty$		3		$+\infty$
$\frac{-5}{x-3}$	0	↗	$+\infty$ ‖ $-\infty$	↗	0

Tableau de variation de f_3 :
$x \mapsto 2-\frac{5}{x-3}$

x	$-\infty$		3		$+\infty$
$2-\frac{5}{x-3}$	2	↗	$+\infty$ ‖ $-\infty$	↗	2

4° $\mathscr{C}_1$ est la courbe représentative de la fonction f_1 et $\mathscr{C}$ est la courbe représentative de la fonction f.

a) Comme la translation de vecteur $3\vec{i}+2\vec{j}$ permet de passer de la courbe $\mathscr{C}_1$ à la courbe $\mathscr{C}$ et que toute translation conserve les distances, **la courbe $\mathscr{C}$ est une hyperbole superposable à $\mathscr{C}_1$.**

b) Les asymptotes de $\mathscr{C}$ sont les images des asymptotes de $\mathscr{C}_1$ par la translation t de vecteur $3\vec{i} + 2\vec{j}$, donc **les asymptotes de $\mathscr{C}$ sont les droites d'équations $x = 3$ et $y = 2$.**

La droite d'équation $x = 0$ a pour image par t la droite d'équation $x = 3$ et la droite d'équation $y = 0$ a pour image par t la droite d'équation $y = 2$.

$\mathscr{C}$ est une hyperbole dont le centre de symétrie est $I(3 ; 2)$ puisque ses asymptotes sont les droites d'équations $x = 3$ et $y = 2$.

c)

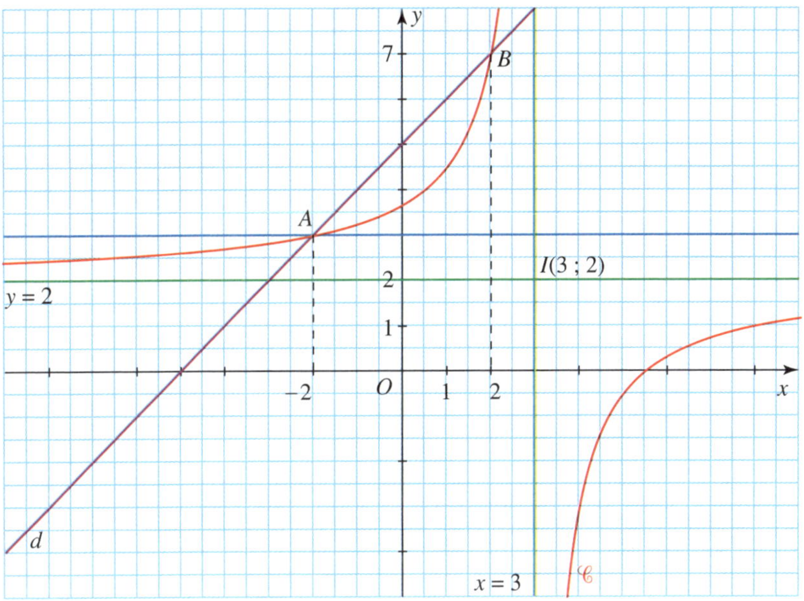

5° a) Pour tout x différent de 3 :

$$f(x) = x + 5 \Leftrightarrow \frac{2x-11}{x-3} = x + 5$$

$$\Leftrightarrow \frac{2x-11}{x-3} = \frac{x^2-3x+5x-15}{x-3}$$

$$\Leftrightarrow \frac{2x-11}{x-3} = \frac{x^2+2x-15}{x-3}$$

$$\Leftrightarrow 2x - 11 = x^2 + 2x - 15$$

$$\Leftrightarrow x^2 - 4 = 0$$

$$\Leftrightarrow x^2 = 4$$

$$\Leftrightarrow x = 2 \text{ ou } x = -2.$$

Les solutions de l'équation $f(x) = x + 5$ sont -2 et 2.

Autre façon :
pour tout x différent de 3 :

$$f(x) = x + 5 \Leftrightarrow 2 - \frac{5}{x-3} = x + 5$$

$$\Leftrightarrow -\frac{5}{x-3} = x + 3$$

$$\Leftrightarrow -5 = (x+3)(x-3)$$

$$\Leftrightarrow -5 = x^2 - 9$$

$$\Leftrightarrow x^2 = 4$$

$$\Leftrightarrow x = 2 \text{ ou } x = -2.$$

b) Les solutions de l'équation $f(x) = x + 5$ sont les abscisses des points A et B d'intersection de la courbe $\mathscr{C}$ et de la droite d d'équation $y = x + 5$.
D'après le graphique, **$f(x) = x + 5$ a deux solutions : -2 et 2.**

6° a) Pour tout réel x différent de 3 :

$$f(x) > 3 \Leftrightarrow \frac{2x-11}{x-3} > 3$$
$$\Leftrightarrow \frac{2x-11}{x-3} - 3 > 0$$
$$\Leftrightarrow \frac{2x-11-3x+9}{x-3} > 0$$
$$\Leftrightarrow \frac{-x-2}{x-3} > 0,$$

or le signe du quotient $\frac{-x-2}{x-3}$ est celui du produit $(-x-2)(x-3)$ (polynôme du second degré de racines -2 et 3 et dont le coefficient du terme de plus haut degré est strictement négatif),

donc : $f(x) > 3 \Leftrightarrow -2 < x < 3$.

x	$-\infty$		-2		3		$+\infty$
$-x-2$		$+$	0	$-$	0	$-$	
$x-3$		$-$		$-$	0	$+$	
$\frac{-x-2}{x-3}$		$-$	0	$+$	‖	$-$	

Finalement, **l'ensemble des solutions de l'inéquation $f(x) > 3$ est]–2 ; 3[.**

b) Les solutions de l'inéquation $f(x) > 3$ sont les abscisses des points de la courbe $\mathscr{C}$ qui ont une ordonnée strictement supérieure à 3.

D'après le graphique, **l'ensemble des solutions de l'inéquation $f(x) > 3$ est]–2 ; 3[.**

CHAPITRE 4

Dérivation

LE COURS

f est une fonction dont l'ensemble de définition est un intervalle I et a un réel de I.

Nombre dérivé

- Pour tout réel h tel que $a + h$ appartienne à l'intervalle I, le taux d'accroissement de f entre a et $a + h$ est le réel $\frac{f(a+h) - f(a)}{h}$.
- Dire que f est dérivable en a signifie que $\frac{f(a+h) - f(a)}{h}$ admet une limite finie ℓ quand h tend vers 0.

Le nombre ℓ est alors appelé le nombre dérivé de f en a, et noté $f'(a)$:

$$\lim_{h \to 0} \frac{f(a+h) - f(a)}{h} = \ell.$$

Interprétation graphique : tangente

- Si f est dérivable en a, alors la courbe représentative $\mathscr{C}$ de f admet, au point A d'abscisse a, une tangente non verticale de coefficient directeur $f'(a)$ et d'équation :

$$y - f(a) = f'(a)(x - a).$$

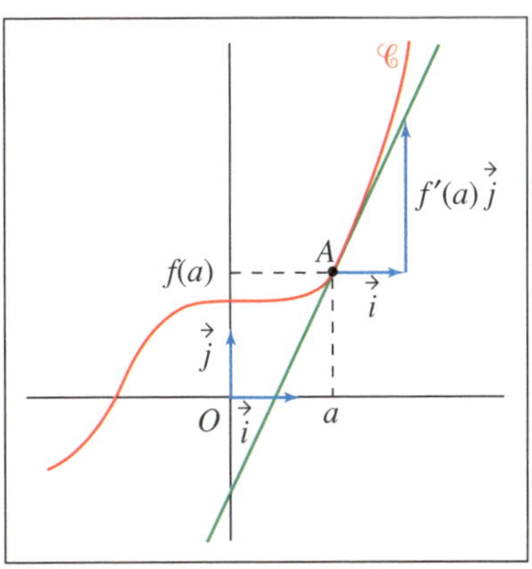

- Si l'on a : $\lim\limits_{h \to 0} \dfrac{f(a+h)-f(a)}{h} = +\infty$

ou encore : $\lim\limits_{h \to 0} \dfrac{f(a+h)-f(a)}{h} = -\infty$,

alors f n'est pas dérivable en a ;

si de plus : $\lim\limits_{x \to a} f(x) = f(a)$, alors la courbe représentative $\mathscr{C}$ de f admet, au point A d'abscisse a, une tangente verticale d'équation $x = a$.

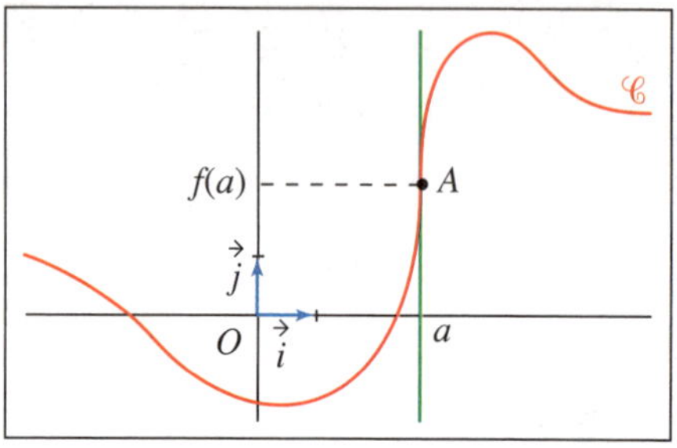

Dérivation sur un intervalle - Fonction dérivée

On dit que f est dérivable sur I lorsque f est dérivable en tout réel de I, et la fonction dérivée de f sur I est alors la fonction f' qui, à tout réel x de I, associe $f'(x)$ (c'est-à-dire le nombre dérivé de f en x).

▶ Dérivées des fonctions usuelles

f	f'	Ensemble de définition	Ensemble de dérivabilité
$x \mapsto k \ (k \in \mathbb{R})$	$x \mapsto 0$	$\mathbb{R}$	$\mathbb{R}$
$x \mapsto x^n \ (n \in \mathbb{N}^*)$	$x \mapsto nx^{n-1}$	$\mathbb{R}$	$\mathbb{R}$
$x \mapsto \dfrac{1}{x}$	$x \mapsto -\dfrac{1}{x^2}$	$]-\infty\,;0[\ \cup\ ]0\,;+\infty[$	$]-\infty\,;0[\ \cup\ ]0\,;+\infty[$
$x \mapsto \sqrt{x}$	$x \mapsto \dfrac{1}{2\sqrt{x}}$	$[0\,;+\infty[$	$]0\,;+\infty[$

- La fonction racine carrée n'est pas dérivable en 0.

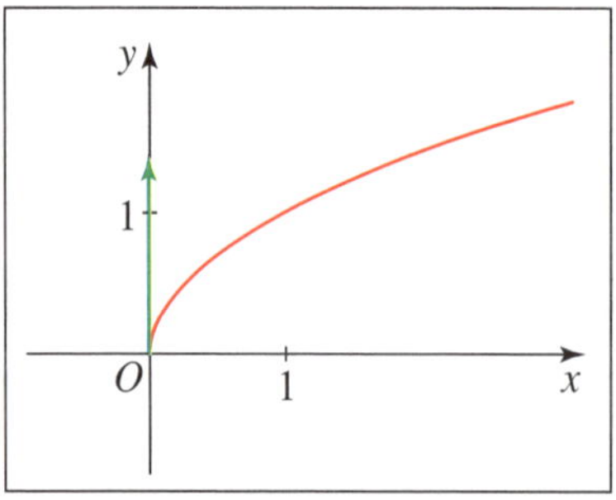

La courbe représentative de la fonction $x \mapsto \sqrt{x}$ admet une tangente verticale à l'origine O.

• La fonction valeur absolue n'est pas dérivable en 0.

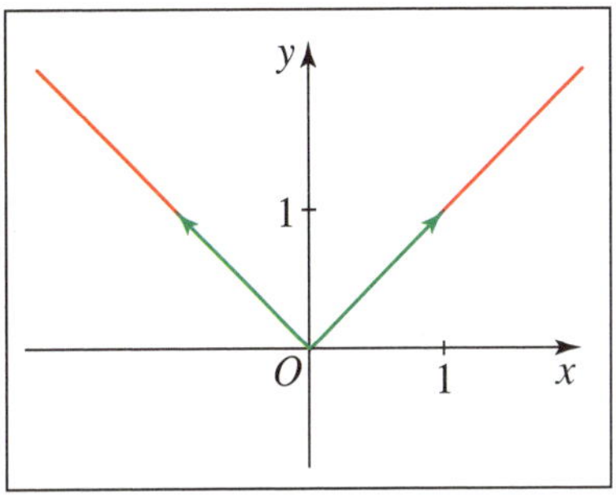

L'origine O est un point anguleux de la courbe représentative de la fonction $x \mapsto |x|$.

La courbe représentative de la fonction $x \mapsto |x|$ n'admet pas de tangente à l'origine.

Dérivées et opérations

u et v sont des fonctions dérivables sur un intervalle I ; λ est un réel.

Formule	Conditions
$(u+v)' = u' + v'$	
$(\lambda u)' = \lambda u'$	
$(uv)' = u'v + uv'$	
$\left(\dfrac{1}{u}\right)' = -\dfrac{u'}{u^2}$	u ne s'annule pas sur I
$\left(\dfrac{u}{v}\right)' = \dfrac{u'v - uv'}{v^2}$	v ne s'annule pas sur I

Polynômes et fonctions rationnelles

• Tout polynôme est dérivable sur $\mathbb{R}$.

• Toute fonction rationnelle (c'est-à-dire qui est le quotient de deux polynômes) est dérivable sur tout intervalle inclus dans son ensemble de définition.

EXERCICES

Dans tous les exercices, le plan est rapporté à un repère orthogonal $(O\,;\,\vec{i}\,,\,\vec{j}\,)$.

Vrai ou faux ?

1 (corrigés p. 97)

1° Si f est dérivable en -3, alors $f'(-3) = \lim\limits_{h \to 0} \dfrac{f(-3+h) - f(-3)}{h}$.

2° La fonction $h \mapsto h + 2h^3 - \sqrt{h}$ a pour limite 0 en 0.

3° La fonction $x \mapsto \dfrac{1}{3}x^3 + \dfrac{1}{2}x^2 + x + 1$ a pour dérivée $x \mapsto x^2 + x + 1$.

4° Les fonctions $x \mapsto (x-1)^2$ et $x \mapsto x^2 - 2x$ ont la même dérivée.

5° La fonction inverse est dérivable en tout réel de son ensemble de définition.

6° La fonction racine carrée est dérivable sur son ensemble de définition.

7° La fonction $x \mapsto \dfrac{1}{\sqrt{x}}$ est la dérivée de la fonction $x \mapsto 2\sqrt{x}$.

8° Si f est une fonction constante définie sur $\mathbb{R}$, alors $f'(3) = 0$.

9° Soit a un nombre réel fixé. La fonction : $x \mapsto x^2 - a^3$ admet pour dérivée $x \mapsto 2x - 3a^2$.

10° Si la courbe représentative d'une fonction admet une tangente en un point d'abscisse a, alors la fonction est dérivable en a.

Nombre dérivé et tangente

2 ★ 2 min (corrigés p. 98)

Sur la figure ci-contre, la courbe représentative $\mathscr{C}$ d'une fonction f a été tracée, ainsi que trois de ses tangentes.
Déterminer graphiquement $f'(-3)$, $f'(0)$, et $f'(2)$.

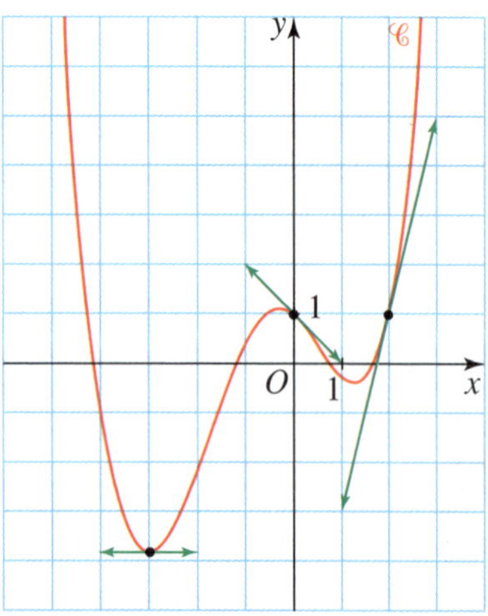

3 ★★ 10 min (corrigés p. 98)

On considère la fonction $f : x \mapsto x^2 - 3x + 5$ et on note $\mathscr{C}$ sa courbe représentative.

1° En utilisant la définition, déterminer le nombre dérivé de f en -1.

2° Déterminer une équation de la tangente $\mathscr{T}$ à $\mathscr{C}$ au point d'abscisse -1.

4 ★ 5 min (corrigés p. 98)

	A	B	C	D
1	*h*	*x*	*f(x)*	
2	1	2	2,64575131	0,64575131
3	0,1	1,1	2,05182845	0,51828453
4	0,01	1,01	2,0050187	0,50187032
5	0,001	1,001	2,00050019	0,50018745
6	0,0001	1,0001	2,00005	0,50001875
7	0,00001	1,00001	2,000005	0,50000188
8	0,000001	1,000001	2,0000005	0,50000019
9	0,0000001	1,0000001	2,00000005	0,50000002
10	0,00000001	1,00000001	2,00000001	0,5
11				

On considère la copie d'écran ci-dessus, où a été tabulée la fonction f :

$$x \mapsto \sqrt{x^2 + 3}.$$

Dans la cellule D2 a été entrée la formule :

=(C2–2)/A2

puis la poignée de recopie rapide a été tirée vers le bas à partir de la cellule D2. Quelle conjecture est-on amené à formuler ?

5 ★★ 10 min (corrigés p. 99)

On appelle f la fonction : $x \mapsto x^3 - 7x^2 + 3x - 2$.

1° Pour tout réel h, calculer $f(2 + h) - f(2)$.

2° Montrer que f est dérivable en 2. Que vaut $f'(2)$?

6 ★★★ 10 min (corrigés p. 99)

1° Démontrer que la fonction f : $x \mapsto x\sqrt{x}$ est dérivable en 0 et préciser $f'(0)$. Justifier que f est dérivable sur $[0 ; +\infty[$.

2° Soient u et v des fonctions définies sur un intervalle I.
Est-il nécessaire que u et v soient dérivables sur I pour que la fonction $u \times v$ soit dérivable sur I ?

7 ★★ 20 min (corrigés p. 100)

Soit f la fonction : $x \mapsto x^2 + 4x - 7$.

1° Montrer en utilisant la définition du nombre dérivé que f est dérivable en 1 et préciser $f'(1)$.

cours exercices interro corrigés

2° Soit $\mathscr{C}_f$ la courbe représentative de f ; donner une équation de la tangente $\mathscr{T}$ à $\mathscr{C}_f$ au point A d'abscisse 1 .

3° Tracer $\mathscr{T}$ et $\mathscr{C}_f$.

8 ★★ 20 min (corrigés p. 100)

Soit f la fonction : $x \mapsto \sqrt{x+2}$.

1° Montrer en utilisant la définition du nombre dérivé que f est dérivable en – 1, et déterminer $f'(-1)$.

2° Donner une équation de la tangente $\mathscr{T}$ au point A d'abscisse – 1 à la courbe $\mathscr{C}_f$ représentative de f.

3° Tracer $\mathscr{T}$ et $\mathscr{C}_f$.

9 ★★ 15 min (corrigés p. 101)

Démontrer que les courbes représentatives des fonctions $f : x \mapsto -x^2$ et $g : x \mapsto x^2 + 8x + 8$ ont la même tangente au point d'abscisse -2.

10 ★★ 15 min (corrigés p. 101)

On considère la courbe $\mathscr{C}$ d'équation : $y = x^3 - 3x^2 + 1$.

Déterminer les points de $\mathscr{C}$ en lesquels :

1° la tangente est parallèle à la droite des abscisses ;

2° la tangente est parallèle à la droite $\mathscr{D}$ d'équation $y = 9x - 7$.

11 ★★★ 20 min (corrigés p. 102)

Le plan est muni d'un repère orthonormal $(O ; \vec{i}, \vec{j})$.

On appelle P et P' les paraboles d'équations respectives :

$$y = x^2 \quad \text{et} \quad y = -\frac{1}{3}x^2 + 1.$$

1° Démontrer que P et P' ont exactement deux points en commun dont on déterminera les coordonnées. On appellera A celui d'abscisse négative et B celui d'abscisse positive.

2° Soient d et d' les tangentes respectives à P et P' en A .

a) Déterminer les coefficients directeurs de d et d'.

b) En déduire que d et d' sont perpendiculaires.

3° Soient Δ et Δ' les tangentes respectives à P et P' en B ; montrer que Δ et Δ' sont perpendiculaires.

4° Tracer P, P' d, d', Δ et Δ' sur un même graphique.

Calculs de dérivées

12 ★★ 20 min (corrigés p. 103)

Préciser l'ensemble de dérivabilité de la fonction f proposée et calculer $f'(x)$ pour tout x de cet ensemble.

1° $f : x \mapsto 3x^2 - 2$. 2° $f : x \mapsto \sqrt{3} - \frac{1}{3}$.

3° $f : x \mapsto 1 - 5x^2 + x^5$.

4° $f : x \mapsto (x-3)^2$.

5° $f : x \mapsto \dfrac{1}{x} + x$.

6° $f : x \mapsto \dfrac{x^3 - 1}{x}$.

7° $f : x \mapsto \dfrac{1}{x^2}$.

8° $f : x \mapsto \dfrac{1}{\sqrt{x}}$.

9° $f : x \mapsto \dfrac{1}{x^2 - 6x + 10}$.

10° $f : x \mapsto \dfrac{x^3 - 1}{x^2 + 1}$.

13 ★★ 10 min

(corrigés p. 105)

Calculer le nombre dérivé en a de la fonction f proposée.

1° $f : x \mapsto 3\sqrt{x} - \dfrac{2}{x}$, $\quad a = 1$.

2° $f : x \mapsto (x^3 - 3)(x^2 + x + 1)$, $\quad a = -1$.

3° $f : x \mapsto x^2\sqrt{x}$, $\quad a = 4$.

4° $f : x \mapsto \dfrac{2x - 1}{3x - 2}$, $\quad a = 0$.

14 ★★ 10 min

(corrigés p. 106)

Soit g une fonction dérivable sur $\mathbb{R}$.
Déterminer la dérivée de la fonction f proposée et préciser $f'(0)$.

1° $f : x \mapsto g(x) - x^3$.

2° $f : x \mapsto xg(x)$.

3° $f : x \mapsto (g(x))^2$.

4° $f : x \mapsto (x^3 - x)g(x)$.

5° $f : x \mapsto \dfrac{g(x)}{x^2 + 1}$.

15 ★★ 10 min

(corrigés p. 106)

On admet que les fonctions $x \mapsto \cos(x)$ et $x \mapsto \sin(x)$ sont dérivables sur $\mathbb{R}$ et, pour tout réel x :

$$\cos'(x) = -\sin(x), \quad \sin'(x) = \cos(x).$$

Déterminer la dérivée de la fonction f proposée et préciser $f'\left(\dfrac{\pi}{2}\right)$.

1° $f : x \mapsto x + \cos(x)$.

2° $f : x \mapsto x\sin(x)$.

3° $f : x \mapsto \sin(x)\cos(x)$.

4° $f : x \mapsto (\cos(x))^2$.

16 ★★ 10 min (corrigés p. 107)

On considère la fonction $f : x \mapsto x^2 + 5x - 1$ et on note $\mathscr{C}$ sa courbe représentative.

1° En utilisant la définition, déterminer le nombre dérivé de f en 1.

2° Déterminer une équation de la tangente $\mathscr{T}$ à $\mathscr{C}$ au point d'abscisse 1.

17 ★★ 10 min (corrigés p. 107)

On considère la courbe $\mathscr{C}$ d'équation : $y = 2\sqrt{x} - x$.

Déterminer le point de $\mathscr{C}$ en lequel la tangente a pour ordonnée à l'origine 2.

18 ★★ 10 min (corrigés p. 108)

Préciser l'ensemble de dérivabilité de la fonction f proposée et calculer $f'(x)$ pour tout x de cet ensemble.

1° $f : x \mapsto 3x^2 - 5x + 2$.

2° $f : x \mapsto \dfrac{1}{x^3}$.

3° $f : x \mapsto (2x + 3)(3x - 5)$.

4° $f : x \mapsto \dfrac{2x + 7}{x - 2}$.

CORRIGÉS

Vrai ou faux ?

1 **1°** Si f est dérivable en -3, alors $f'(-3) = \lim\limits_{h \to 0} \dfrac{f(-3+h) - f(-3)}{h}$.

Vrai. Car si f est dérivable en -3, alors elle admet un nombre dérivé en -3, noté $f'(-3)$, et $f'(-3)$ est la limite du taux d'accroissement de f entre -3 et $-3+h$ quand h tend vers 0.

2° La fonction $h \mapsto h + 2h^3 - \sqrt{h}$ a pour limite 0 en 0.

Vrai. En effet, chacune des fonctions $h \mapsto h$, $h \mapsto h^3$, $h \mapsto \sqrt{h}$ a pour limite 0 en 0, la valeur qu'elle prend en 0.

3° La fonction $x \mapsto \frac{1}{3}x^3 + \frac{1}{2}x^2 + x + 1$ a pour dérivée $x \mapsto x^2 + x + 1$.

Vrai. En notant f la fonction polynôme $x \mapsto \frac{1}{3}x^3 + \frac{1}{2}x^2 + x + 1$, dérivable sur $\mathbb{R}$, on a, pour tout réel x :

$$f'(x) = \frac{1}{3} \times 3x^2 + \frac{1}{2} \times 2x + 1 = x^2 + x + 1.$$

4° Les fonctions $x \mapsto (x-1)^2$ et $x \mapsto x^2 - 2x$ ont la même dérivée.

Vrai. On peut écrire, pour tout réel x :

$$(x-1)^2 = x^2 - 2x + 1.$$

Les fonctions $x \mapsto (x-1)^2$ et $x \mapsto x^2 - 2x$ ont toutes deux pour dérivée la fonction $x \mapsto 2x - 2$.

On dit que les fonctions $x \mapsto (x-1)^2$ et $x \mapsto x^2 - 2x$ diffèrent d'une constante.

5° La fonction inverse est dérivable en tout réel de son ensemble de définition.

Vrai. La fonction $x \mapsto x$ est dérivable et ne s'annule pas sur chacun des intervalles $]-\infty\,;0[$, $]0\,;+\infty[$ donc la fonction $x \mapsto \frac{1}{x}$ est dérivable sur $]-\infty\,;0[$ et $]0\,;+\infty[$, autrement dit la fonction inverse est dérivable en tout réel de son ensemble de définition $\mathbb{R}^*$.

On pouvait aussi dire que, f étant une fonction rationnelle, elle est dérivable en tout réel de son ensemble de définition $\mathbb{R}^*$.

6° La fonction racine carrée est dérivable sur son ensemble de définition.

Faux.

En effet, d'après le cours, la fonction racine carrée :

- a pour ensemble de définition $[0\,;+\infty[$,
- est dérivable sur $]0\,;+\infty[$, non dérivable en 0.

Montrons que $x \mapsto \sqrt{x}$ n'est pas dérivable en 0.

On a, pour tout réel h strictement positif :

$$\frac{\sqrt{0+h} - \sqrt{0}}{h} = \frac{\sqrt{h}}{h} = \frac{1}{\sqrt{h}},$$

et $\frac{1}{\sqrt{h}}$ peut être rendu aussi grand que l'on veut pourvu que le réel strictement positif h soit suffisamment proche de 0, donc le taux d'accroissement entre 0 et h n'admet pas une limite finie quand h tend vers 0.

B3 | f_x =1/RACINE(A3)

	A	B	C
1	h	$1/\sqrt{h}$	
2	1	1	
3	0,1	3,162278	
4	0,01	10,000000	
5	0,001	31,622777	
6	0,0001	100,000000	
7	0,00001	316,227766	
8	0,000001	1000,000000	
9	0,0000001	3162,277660	
10	0,00000001	10000,000000	
11			

7° La fonction $x \mapsto \frac{1}{\sqrt{x}}$ est la dérivée de la fonction $x \mapsto 2\sqrt{x}$.

Vrai. La fonction $x \mapsto \sqrt{x}$ admet pour dérivée $x \mapsto \dfrac{1}{2\sqrt{x}}$, donc la fonction $x \mapsto 2\sqrt{x}$ admet pour dérivée $x \mapsto 2 \times \dfrac{1}{2\sqrt{x}}$, c'est-à-dire $x \mapsto \dfrac{1}{\sqrt{x}}$.

8° Si f est une fonction constante définie sur $\mathbb{R}$, alors $f'(3) = 0$.

Vrai. Toute fonction constante dont l'ensemble de définition est un intervalle I est dérivable sur I et admet pour dérivée la fonction nulle sur I.

9° Soit a un nombre réel fixé. La fonction : $x \mapsto x^2 - a^3$ admet pour dérivée $x \mapsto 2x - 3a^2$.

Faux. La dérivée de $x \mapsto x^2 - a^3$ est $x \mapsto 2x$.

La fonction $x \mapsto x^2 - a^3$ est la somme de la fonction carré et de la fonction constante $x \mapsto -a^3$, et cette fonction constante sur $\mathbb{R}$ admet pour dérivée la fonction nulle $x \mapsto 0$.

10° Si la courbe représentative d'une fonction admet une tangente en un point d'abscisse a, alors la fonction est dérivable en a.

Faux. Par exemple, la courbe représentative de la fonction racine carrée admet une tangente en son point d'abscisse 0, et la fonction racine carrée n'est pas dérivable en 0.

En revanche, la réciproque est vraie : « si une fonction est dérivable en un réel a, alors sa courbe représentative admet une tangente en son point d'abscisse a », et on peut préciser que cette tangente n'est pas verticale.

Nombre dérivé et tangente

2 Voir le chapitre 10 pour la notion de coefficient directeur d'une droite.

• La tangente à $\mathscr{C}$ au point d'abscisse -3 est parallèle à la droite des abscisses, donc admet 0 pour coefficient directeur.

On en déduit :

$$f'(-3) = 0.$$

• La tangente à $\mathscr{C}$ au point d'abscisse 0 admet -1 pour coefficient directeur, donc :

$$f'(0) = -1.$$

La tangente passe par les points $A(-1\,;2)$, $B(1\,;0)$ et :

$$\frac{y_B - y_A}{x_B - x_A} = \frac{0-2}{1-(-1)} = \frac{-2}{2} = -1.$$

• De même, la tangente à $\mathscr{C}$ au point d'abscisse 2 admet 4 pour coefficient directeur, donc :

$$f'(2) = 4.$$

3 $f : x \mapsto x^2 - 3x + 5$.

1° La fonction f étant une fonction polynôme, elle est définie sur $\mathbb{R}$.

Pour tout réel h non nul, on a :

$$\frac{f(-1+h) - f(-1)}{h} = \frac{(-1+h)^2 - 3(-1+h) + 5 - 9}{h} = \frac{1 - 2h + h^2 + 3 - 3h - 4}{h} = \frac{h^2 - 5h}{h} = h - 5,$$

de plus : $\lim\limits_{h \to 0} (h - 5) = -5$,

donc : $\lim\limits_{h \to 0} \dfrac{f(-1+h) - f(-1)}{h} = -5$.

Cela prouve que f **est dérivable en -1 et $f'(-1) = -5$.**

2° Voir le chapitre 10 pour la notion d'équation de droite.

La tangente $\mathscr{T}$ à $\mathscr{C}$ au point d'abscisse -1 admet pour équation :

$$y - f(-1) = f'(-1)(x - (-1)).$$

Or : $f'(-1) = -5$,

$f(-1) = 1 + 3 + 5 = 9$,

donc $\mathscr{T}$ **admet pour équation :**

$$y - 9 = -5(x + 1),$$

ou encore : $\boldsymbol{y = -5x + 4}$.

On peut obtenir une équation de la tangente $\mathscr{T}$ sans utiliser la « formule». Le coefficient directeur de $\mathscr{T}$ est $f'(-1)$, c'est-à-dire -5, donc une équation de $\mathscr{T}$ est du type $y = -5x + b$; de plus, le point de coordonnées $(-1\,;9)$ appartient à $\mathscr{T}$, donc : $9 = -5 \times (-1) + b$, d'où : $b = 4$.

4

	A	B	C	D
1	h	x	f(x)	
2	1	2	2,64575131	0,64575131
3	0,1	1,1	2,05182845	0,51828453
4	0,01	1,01	2,0050187	0,50187032
5	0,001	1,001	2,00050019	0,50018745
6	0,0001	1,0001	2,00005	0,50001875
7	0,00001	1,00001	2,000005	0,50000188
8	0,000001	1,000001	2,0000005	0,50000019
9	0,0000001	1,0000001	2,00000005	0,50000002
10	0,00000001	1,00000001	2,00000001	0,5

$f: x \mapsto \sqrt{x^2+3}$.

La formule =(C2-2)/A2 entrée dans la cellule D2 correspond au calcul de $\dfrac{f(1+h)-f(1)}{h}$ (car $f(1)=\sqrt{4}=2$), c'est-à-dire au taux d'accroissement de la fonction f entre 1 et $1+h$.

Les valeurs de la colonne D montrent que, lorsque h se rapproche de 0, $\dfrac{f(1+h)-f(1)}{h}$ est de plus en plus proche de 0,5 ; lorsque $h = 10^{-8}$, la précision du tableur ne permet plus de distinguer $\dfrac{f(1+h)-f(1)}{h}$ de 0,5.

On est donc amené à conjecturer que f **admet un nombre dérivé en 1, égal à 0,5.**

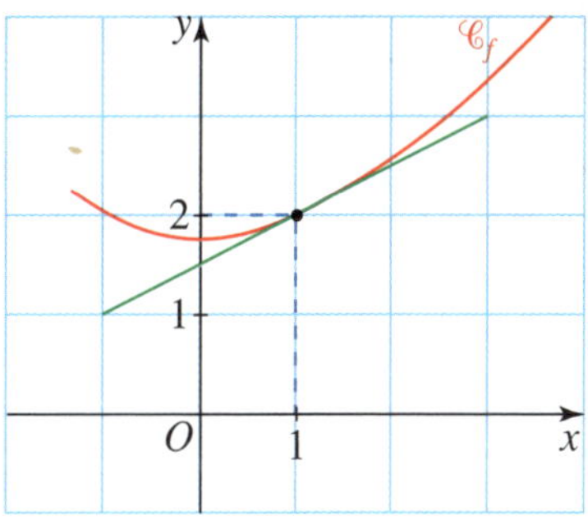

5 $f: x \mapsto x^3 - 7x^2 + 3x - 2$.

La fonction f étant une fonction polynôme, elle est définie sur $\mathbb{R}$.

1° Pour tout réel h, on a :

$$f(2+h)-f(2) = (2+h)^3 - 7(2+h)^2 + 3(2+h) - 2 - (-16)$$
$$= 8 + 12h + 6h^2 + h^3 - 28 - 28h - 7h^2 + 6 + 3h + 14$$

donc :

$$\boldsymbol{f(2+h)-f(2) = -13h - h^2 + h^3}.$$

$(a+b)^3 = a^3 + 3a^2b + 3ab^2 + b^3$

2° Pour tout réel h non nul, on a :

$$\frac{f(2+h)-f(2)}{h} = -13 - h + h^2,$$

et : $\lim\limits_{h\to 0}(-h+h^2) = 0$

donc : $\lim\limits_{h\to 0}\dfrac{f(2+h)-f(2)}{h} = -13$.

Cela prouve que **f est dérivable en 2 et que $f'(2)$ est égal à -13.**

6 1° $f: x \mapsto x\sqrt{x}$.

• L'ensemble de définition de f est $[0\,;+\infty[$.

La fonction f est le produit de la fonction $x \mapsto x$, dérivable sur $\mathbb{R}$, et de la fonction $x \mapsto \sqrt{x}$, dérivable seulement sur $]0\,;+\infty[$.

Comme produit de deux fonctions dérivables sur $]0\,;+\infty[$, f est dérivable sur $]0\,;+\infty[$ (au moins).

Pour étudier la dérivabilité de f en 0, intéressons-nous au taux d'accroissement de f entre 0 et h.

Pour tout réel h strictement positif :

$$\frac{f(0+h)-f(0)}{h} = \frac{h\sqrt{h}}{h} = \sqrt{h},$$

et $\lim\limits_{h\to 0}\sqrt{h} = 0$,

donc $\lim\limits_{h\to 0}\dfrac{f(0+h)-f(0)}{h} = 0$,

ce qui prouve que **f est dérivable en 0 et $f'(0) = 0$.**

• La fonction f est dérivable en 0 et sur $]0\,;+\infty[$, donc f est dérivable en tout réel de $[0\,;+\infty[$, autrement dit **f est dérivable sur son ensemble de définition $[0\,;+\infty[$.**

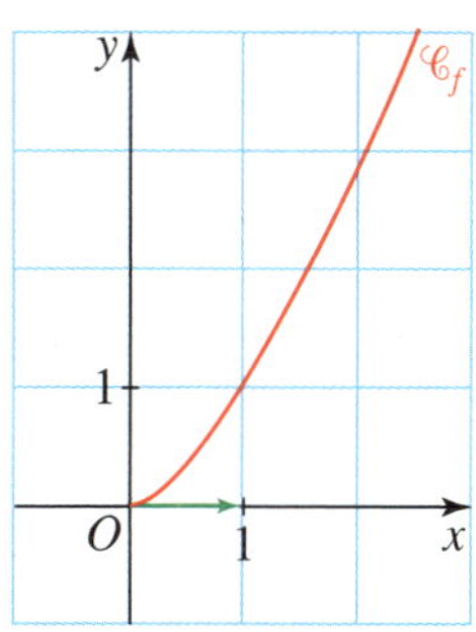

2° Notons u la fonction $x \mapsto x$, v la fonction racine carrée et I l'intervalle $[0\,;+\infty[$. D'après la question précédente, la fonction $u \times v$ est dérivable sur I sans que la fonction v soit dérivable sur cet intervalle.

Donc **« u et v sont dérivables sur I » n'est pas une condition nécessaire pour que $u \times v$ soit dérivable sur I.**

En revanche, d'après le cours :
si u et v sont dérivables sur I, alors $u \times v$ est dérivable sur I,
donc « u et v sont dérivables sur I » est une condition suffisante pour que $u \times v$ soit dérivable sur I.

7 $f : x \mapsto x^2 + 4x - 7$.

1° La fonction f étant un polynôme, elle est définie sur $\mathbb{R}$.

Pour tout réel h, on a :

$$\frac{f(1+h)-f(1)}{h} = \frac{(1+h)^2 + 4(1+h) - 7 - (-2)}{h} = \frac{1 + 2h + h^2 + 4 + 4h - 5}{h} = \frac{h^2 + 6h}{h} = h + 6,$$

et : $\lim\limits_{h \to 0} (h+6) = 6$

donc : $\lim\limits_{h \to 0} \frac{f(1+h)-f(1)}{h} = 6$.

Donc f est dérivable en 1 et le nombre dérivé de f en 1, c'est-à-dire $f'(1)$, est 6.

2° Le coefficient directeur de $\mathcal{T}$ est $f'(1)$, c'est-à-dire 6.

A est un point de $\mathcal{T}$; il a pour abscisse 1 et donc pour ordonnée $f(1)$, soit -2.

$\mathcal{T}$ admet donc une équation de la forme :

$$y = 6x + q.$$

Déterminons le réel q :

A est un point de $\mathcal{T}$, donc :

$$y_A = 6x_A + q,$$

soit : $-2 = 6 \times 1 + q$,

d'où : $q = -8$.

Donc $\mathcal{T}$ **admet pour équation :**

$$\mathbf{y = 6x - 8.}$$

On peut aussi utiliser le fait que $y - f(1) = f'(1)(x-1)$ est une équation de $\mathcal{T}$.

3° Pour tout réel x,

$$f(x) = (x+2)^2 - 11.$$

Donc $\mathcal{C}_f$ est la parabole déduite de celle d'équation $y = x^2$ par la translation de vecteur $-2\vec{i} - 11\vec{j}$.

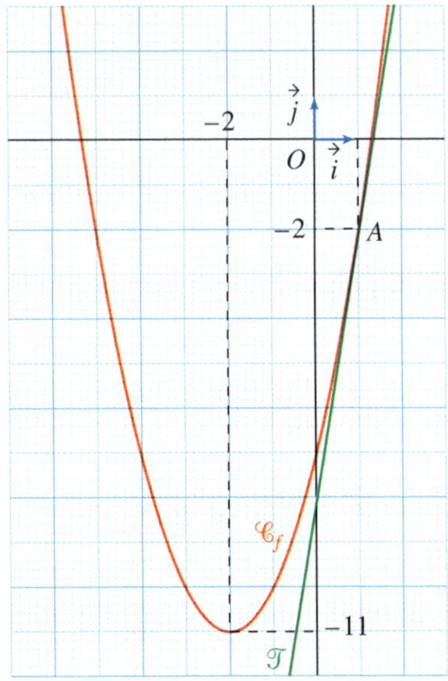

8 $f : x \mapsto \sqrt{x+2}$.

1° L'ensemble de définition de f est $[-2 ; +\infty[$.

Pour tout réel h non nul, tel que $-1 + h \geqslant -2$ (c'est-à-dire $h \in [-1 ; 0[\cup]0 ; +\infty[$), calculons le taux de variation $t(h)$ de f entre -1 et $-1+h$:

$$t(h) = \frac{f(-1+h) - f(-1)}{h} = \frac{\sqrt{1+h} - \sqrt{1}}{h} = \frac{(\sqrt{1+h}-1)(\sqrt{1+h}+1)}{h(\sqrt{1+h}+1)}$$

Technique de l'expression conjuguée.

$$= \frac{1+h-1}{h(\sqrt{1+h}+1)} = \frac{1}{\sqrt{1+h}+1}.$$

La limite de t en 0 est $\frac{1}{2}$, car $\sqrt{1+h}$ tend vers 1 quand h tend vers 0.

La limite, quand h tend vers 0, du taux de variation $t(h)$ de f entre -1 et $-1+h$ est $\frac{1}{2}$, ce qui signifie :

f est dérivable en -1 et $f'(-1) = \frac{1}{2}$.

2° $\mathcal{T}$ est la droite :

• de coefficient directeur $f'(-1)$, soit $\frac{1}{2}$,

• qui passe par le point $A(-1\ ;\ f(-1))$, avec $f(-1)=1$.
Donc $\mathcal{T}$ admet pour équation :

$$y-1=\frac{1}{2}[x-(-1)],$$

ou encore : $\boldsymbol{y=\frac{1}{2}x+\frac{3}{2}}$.

3° $\mathscr{C}_f$ se déduit de la demi-parabole d'équation $y=\sqrt{x}$ par la translation de vecteur $-2\vec{i}$.

$\mathcal{T}\ :\ y=\frac{1}{2}x+\frac{3}{2}$.

$\mathcal{T}$ a donc pour coefficient directeur $\frac{1}{2}$ et pour ordonnée à l'origine $\frac{3}{2}$.

$\mathcal{T}$ coupe la droite $(O\ ;\ \vec{j})$ au point d'ordonnée $\frac{3}{2}$.

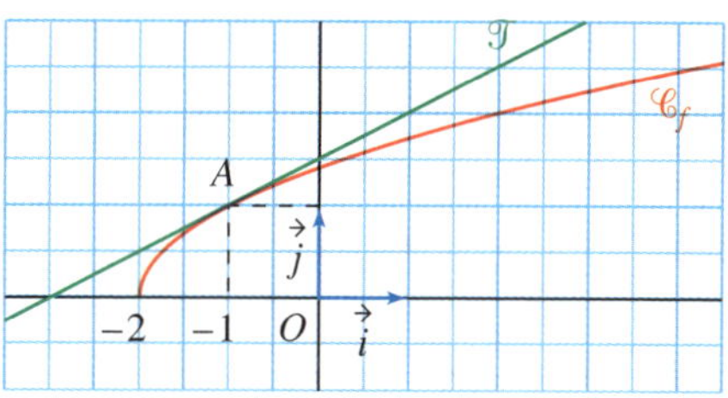

9 $f : x \mapsto -x^2$ et $g : x \mapsto x^2+8x+8$ ont la même tangente au point d'abscisse -2.
D'une part :

$$f(-2)=-(-2)^2=-4,$$
$$g(-2)=4-16+8=-4.$$

D'autre part, en tant que polynômes, les fonctions f et g sont toutes deux dérivables sur $\mathbb{R}$, et pour tout réel x :

$$f'(x)=-2x \text{ et } g'(x)=2x+8,$$

donc :

$$f'(-2)=4,\ \ g'(-2)=-4+8=4.$$

On en déduit que **la droite $\mathcal{T}$ passant par le point de coordonnées $(-2\ ;-4)$ et de coefficient directeur 4 est la tangente à chacune des courbes représentatives de f et g en leur point d'abscisse -2.**

La droite $\mathcal{T}$ admet pour équation :

$$y-(-4)=4(x-(-2)),$$

c'est-à-dire :

$$y+4=4(x+2),$$

ou encore, plus simplement :

$$y=4x+4.$$

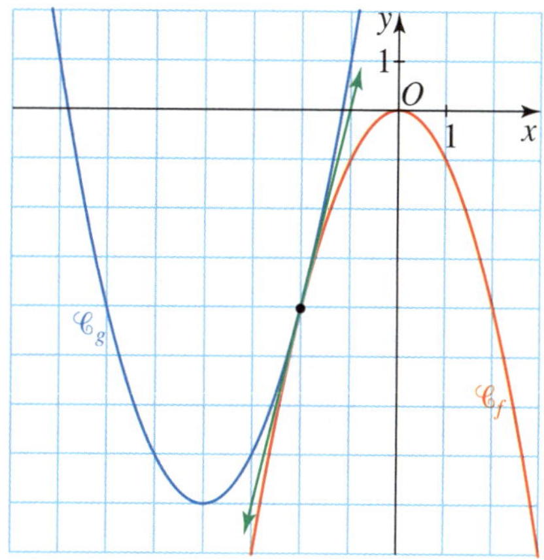

10 $\mathscr{C} : y=x^3-3x^2+1$.
$\mathscr{C}$ est la courbe représentative du polynôme $f : x \mapsto x^3-3x^2+1$, dérivable sur $\mathbb{R}$.
D'une part, on sait que, pour tout réel a, $f'(a)$ est le coefficient directeur de la tangente à $\mathscr{C}$ au point d'abscisse a.
D'autre part, pour tout réel x :

$$f'(x)=3x^2-6x=3x(x-2).$$

1° La tangente à $\mathscr{C}$ au point d'abscisse a est parallèle à la droite des abscisses si, et seulement si, son coefficient directeur $f'(a)$ est nul, or :

$$f'(a)=0 \Leftrightarrow 3a(a-2)=0$$
$$\Leftrightarrow a=0 \text{ ou } a=2.$$

De plus :

$$f(0)=1 \text{ et } f(2)=8-12+1=-3.$$

On en déduit que **les points de $\mathscr{C}$ en lesquels la tangente est parallèle à la droite des abscisses sont $A(0\ ;\ 1)$ et $B(2\ ;-3)$.**

2° La tangente à $\mathscr{C}$ au point d'abscisse a est parallèle à la droite $\mathscr{D}$ d'équation $y=9x-7$ si, et seulement si, son coefficient directeur $f'(a)$ est égal à 9, or :

$$f'(a)=9 \Leftrightarrow 3a^2-6a=9$$
$$\Leftrightarrow a^2-2a-3=0.$$

L'équation du second degré $x^2 - 2x - 3 = 0$ admet pour discriminant le réel Δ tel que :

$\Delta = (-2)^2 - 4 \times 1 \times (-3) = 4 + 12 = 16$.

$\Delta > 0$, donc les solutions de cette équation sont les réels x_1 et x_2 définis par :

$$x_1 = \frac{-(-2) - \sqrt{\Delta}}{2} = \frac{2-4}{2} = -1,$$

$$x_2 = \frac{-(-2) + \sqrt{\Delta}}{2} = \frac{2+4}{2} = 3.$$

On pouvait aussi ne pas mettre en œuvre la méthode standard basée sur le discriminant en observant que -1 est solution de l'équation. L'autre solution α vérifie alors : $-1 \times \alpha = \frac{-3}{1}$ (le produit des solutions est égal au quotient du coefficient constant par le coefficient du terme de degré 2), donc $\alpha = 3$.

On peut donc écrire :

$$f'(a) = 9 \Leftrightarrow a = -1 \text{ ou } a = 3.$$

De plus, $f(-1) = -1 - 3 + 1 = -3$

et $f(3) = 27 - 27 + 1 = 1$.

On en déduit que **les points de $\mathscr{C}$ en lesquels la tangente est parallèle à la droite $\mathscr{D}$ d'équation $y = 9x - 7$ sont $C(-1\,;-3)$ et $D(3\,;1)$.**

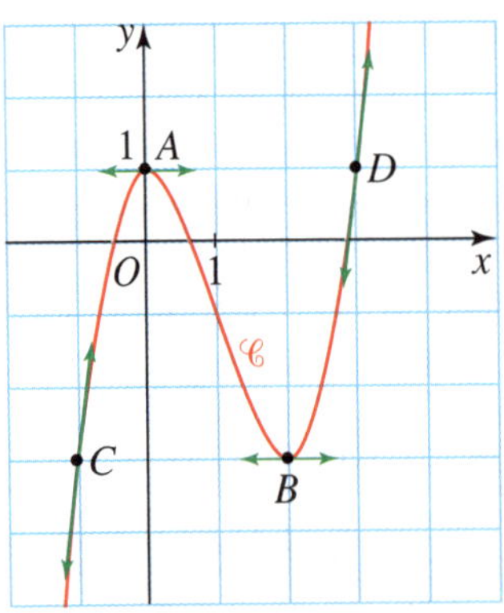

11 $P : y = x^2$ et $P' : y = -\frac{1}{3}x^2 + 1$.

1° Les abscisses des points d'intersection de P et P' sont les solutions, dans $\mathbb{R}$, de l'équation :

$$x^2 = -\frac{1}{3}x^2 + 1,$$

qui est équivalente à : $x^2 = \frac{3}{4}$.

$$x^2 = -\frac{1}{3}x^2 + 1 \Leftrightarrow \frac{4}{3}x^2 = 1$$
$$\Leftrightarrow x^2 = \frac{3}{4}$$
$$\Leftrightarrow x = -\frac{\sqrt{3}}{2} \text{ ou } x = \frac{\sqrt{3}}{2}.$$

Donc **les points d'intersection de P et P' sont :**

$$A\left(-\frac{\sqrt{3}}{2}\,;\frac{3}{4}\right) \text{ et } B\left(\frac{\sqrt{3}}{2}\,;\frac{3}{4}\right).$$

A et B sont symétriques par rapport à la droite des ordonnées, résultat que l'on pouvait prévoir puisque chacune des courbes P et P' admet la droite des ordonnées pour axe de symétrie.

2° a) P et P' sont les courbes représentatives respectives des fonctions :

$$f : x \mapsto x^2 \text{ et } g : x \mapsto -\frac{1}{3}x^2 + 1.$$

f et g étant des polynômes, elles sont dérivables sur $\mathbb{R}$.

Leurs fonctions dérivées respectives sont :

$$f' : x \mapsto 2x \text{ et } g' : x \mapsto -\frac{2}{3}x.$$

Le coefficient directeur de la tangente à P en A est $f'\left(-\frac{\sqrt{3}}{2}\right)$, soit $-\sqrt{3}$;

celui de la tangente à P' en A est $g'\left(-\frac{\sqrt{3}}{2}\right)$, soit $\frac{1}{\sqrt{3}}$.

Finalement, **d et d' ont respectivement pour coefficient directeur $-\sqrt{3}$ et $\frac{1}{\sqrt{3}}$.**

b) $-\sqrt{3} \times \frac{1}{\sqrt{3}} = -1$; le produit des coefficients directeurs de d et d' est égal à -1, ce qui prouve que d et d' sont perpendiculaires.

$\vec{i} - \sqrt{3}\vec{j}$ et $\vec{i} + \frac{1}{\sqrt{3}}\vec{j}$ sont des vecteurs directeurs respectivement de d et d' ; leur produit scalaire est :

$$1 \times 1 - \sqrt{3} \times \frac{1}{\sqrt{3}},$$

c'est-à-dire 0.

3° De la même façon, on démontre :

$$f'\left(\frac{\sqrt{3}}{2}\right) \times g'\left(\frac{\sqrt{3}}{2}\right) = -1,$$

donc Δ et Δ' sont perpendiculaires.

Δ et Δ′ sont les images respectives de *d* et *d*′ par la symétrie orthogonale d'axe la droite des ordonnées ; or, toute symétrie orthogonale conserve l'orthogonalité ; on retrouve ainsi géométriquement que Δ et Δ′ sont perpendiculaires.

4°

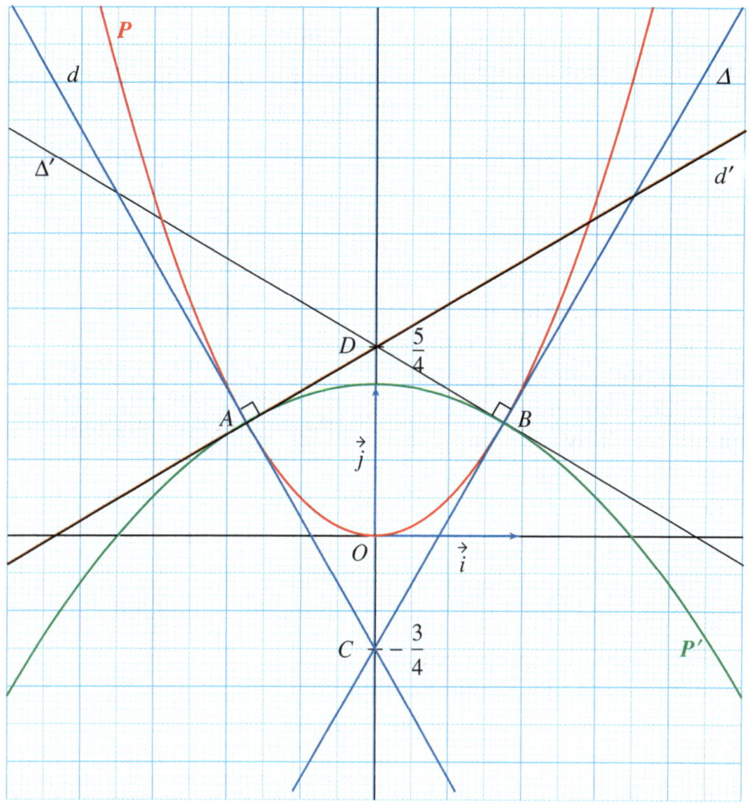

Pour tracer *d*, il est bon de noter que *d* admet pour équation $y - \frac{3}{4} = -\sqrt{3}\left(x + \frac{\sqrt{3}}{2}\right)$, ou encore $y = -\sqrt{3}x - \frac{3}{4}$.

d est donc la droite (*AC*), où *C* est le point de coordonnées $\left(0\ ;-\frac{3}{4}\right)$. De la même façon, on obtient que *d*′ est la droite (*AD*), où *D* est le point de coordonnées $\left(0\ ;\ \frac{5}{4}\right)$.

On a alors également : Δ = (*BC*) et Δ′ = (*BD*).

Calculs de dérivées

12 **1°** $f : x \mapsto 3x^2 - 2$.

• La fonction *f* est un polynôme, donc ***f* est dérivable sur ℝ**.

• **Pour tout réel *x*,**

$$f'(x) = 3 \times 2x = \mathbf{6x}.$$

On a utilisé les résultats du cours suivants : les formules $(u+v)' = u' + v'$ et $(\lambda u)' = \lambda u'$,

la dérivée de $x \mapsto x^n$ est $x \mapsto nx^{n-1}$ ($n \in \mathbb{N}^*$), la dérivée d'une fonction constante est la fonction nulle.

2° $f : x \mapsto \sqrt{3} - \frac{1}{3}$.

f est une fonction constante définie sur ℝ, donc ***f* est dérivable sur ℝ** et sa dérivée est la fonction nulle $x \mapsto 0$, autrement dit :

pour tout réel *x*, $f'(x) = 0$.

3° $f : x \mapsto 1 - 5x^2 + x^5$.

• La fonction *f* est un polynôme, donc ***f* est dérivable sur ℝ**.

• **Pour tout réel x :**

$$f'(x) = -5 \times 2x + 5x^4$$
$$= -10x + 5x^4 = \mathbf{5x(x^3 - 2).}$$

4° $f : x \mapsto (x-3)^2$.

• La fonction f est un polynôme, donc f **est dérivable sur $\mathbb{R}$.**

• **Pour tout réel x :**

$$f(x) = x^2 - 6x + 9,$$
$$f'(x) = 2x - 6 = \mathbf{2(x-3).}$$

On pouvait aussi écrire, pour tout réel x :

$$f(x) = (x-3) \times (x-3),$$

d'où, en utilisant la formule $(uv)' = u'v + uv'$:

$f'(x) = 1 \times (x-3) + (x-3) \times 1 = 2(x-3)$.

5° $f : x \mapsto \dfrac{1}{x} + x$.

• La fonction f est la somme de la fonction inverse, dérivable en tout réel non nul, et de la fonction $x \mapsto x$, dérivable sur $\mathbb{R}$, donc f est dérivable sur chacun des intervalles $]-\infty\,;0[$, $]0\,;+\infty[$.

L'ensemble de dérivabilité de f est égal à son ensemble de définition $\mathbb{R}^*$.

• **Pour tout réel x non nul :**

$$f'(x) = -\frac{1}{x^2} + 1 = \mathbf{\frac{x^2-1}{x^2}}.$$

6° $f : x \mapsto \dfrac{x^3-1}{x}$.

• La fonction f est une fonction rationnelle dont l'ensemble de définition est $\mathbb{R}^*$, donc **l'ensemble de dérivabilité de f est $\mathbb{R}^*$.**

L'ensemble de dérivabilité d'une fonction rationnelle est égal à son ensemble de définition.

• **Pour tout réel x non nul :**

$$f'(x) = \frac{3x^2 \times x - (x^3-1) \times 1}{x^2}$$
$$= \mathbf{\frac{2x^3+1}{x^2}}.$$

On a utilisé la formule du cours :

$$\left(\frac{u}{v}\right)' = \frac{u'v - uv'}{v^2}.$$

On pouvait aussi mener le calcul en écrivant que, pour tout réel x non nul :

$$f(x) = x^2 - \frac{1}{x},$$

d'où : $f'(x) = 2x - \dfrac{-1}{x^2} = 2x + \dfrac{1}{x^2}$.

7° $f : x \mapsto \dfrac{1}{x^2}$.

• La fonction f est une fonction rationnelle dont l'ensemble de définition est $\mathbb{R}^*$, donc **l'ensemble de dérivabilité de f est $\mathbb{R}^*$.**

f est dérivable sur chacun des intervalles $]-\infty\,;0[$, $]0\,;+\infty[$.

• **Pour tout réel x non nul :**

$$f'(x) = -\frac{2x}{(x^2)^2} = -\frac{2x}{x^4} = -\mathbf{\frac{2}{x^3}}.$$

On a utilisé la formule du cours : $\left(\dfrac{1}{u}\right)' = -\dfrac{u'}{u^2}$.

8° $f : x \mapsto \dfrac{1}{\sqrt{x}}$.

• La fonction f a pour ensemble de définition $]0\,;+\infty[$. De plus, f est l'inverse de la fonction racine carrée, dérivable et ne s'annulant pas sur $]0\,;+\infty[$, donc **l'ensemble de dérivabilité de f est $]0\,;+\infty[$.**

• **Pour tout réel x strictement positif :**

$$f'(x) = -\frac{\frac{1}{2\sqrt{x}}}{(\sqrt{x})^2} = -\frac{1}{2\sqrt{x}} \times \frac{1}{x} = -\mathbf{\frac{1}{2x\sqrt{x}}}.$$

On a utilisé les résultats du cours suivants :

la formule $\left(\dfrac{1}{u}\right)' = -\dfrac{u'}{u^2}$,

la dérivée de $x \mapsto \sqrt{x}$ est $x \mapsto \dfrac{1}{2\sqrt{x}}$.

9° $f : x \mapsto \dfrac{1}{x^2 - 6x + 10}$.

• Le polynôme du second degré $x \mapsto x^2 - 6x + 10$ admet pour discriminant le réel Δ défini par :

$$\Delta = (-6)^2 - 4 \times 10 = 36 - 40 = -4.$$

$\Delta < 0$, donc le polynôme ne s'annule pas sur $\mathbb{R}$.

On pouvait aussi écrire que, pour tout réel x :

$$x^2 - 6x + 10 = (x-3)^2 + 1,$$

ce qui prouve : $x^2 - 6x + 10 > 0$.

Comme inverse du polynôme $x \mapsto x^2 - 6x + 10$, dérivable et ne s'annulant pas sur $\mathbb{R}$, **la fonction f est dérivable sur $\mathbb{R}$.**

• **Pour tout réel x :**

$$f'(x) = -\frac{2x-6}{(x^2-6x+10)^2}$$
$$= \mathbf{\frac{2(3-x)}{(x^2-6x+10)^2}}.$$

10° $f : x \mapsto \dfrac{x^3-1}{x^2+1}$.

• La fonction rationnelle f est définie sur $\mathbb{R}$, donc **f est dérivable sur $\mathbb{R}$**.

Pour tout réel x :

$$x^2+1>0,$$

donc :

$$x^2+1\neq 0.$$

• **Pour tout réel x :**

$$f'(x)=\frac{3x^2\times(x^2+1)-(x^3-1)\times 2x}{(x^2+1)^2}$$

$$=\frac{3x^4+3x^2-2x^4+2x}{(x^2+1)^2},$$

$$f'(x)=\frac{x^4+3x^2+2x}{(x^2+1)^2}=\mathbf{\frac{x(x^3+3x+2)}{(x^2+1)^2}}.$$

13 **1°** $f : x \mapsto 3\sqrt{x}-\dfrac{2}{x}$, $a=1$.

La fonction f a pour ensemble de définition $]0\,;+\infty[$, et f est dérivable sur cet intervalle car $x\mapsto\sqrt{x}$ et $x\mapsto\dfrac{1}{x}$ sont toutes deux dérivables sur $]0\,;+\infty[$.

Pour tout réel x strictement positif :

$$f'(x)=3\times\frac{1}{2\sqrt{x}}-2\times\frac{-1}{x^2}=\frac{3}{2\sqrt{x}}+\frac{2}{x^2},$$

donc : $\quad \mathbf{f'(1)}=\dfrac{3}{2}+2=\mathbf{\dfrac{7}{2}}.$

2° $f : x\mapsto (x^3-3)(x^2+x+1)$, $a=-1$.

La fonction f est le produit de deux polynômes, donc f est un polynôme et est dérivable sur $\mathbb{R}$.

Pour tout réel x :

$$f'(x)=3x^2\times(x^2+x+1)+(x^3-3)\times(2x+1),$$

donc :

$$\mathbf{f'(-1)}=3\times 1+(-4)\times(-1)=\mathbf{7}.$$

En développant le produit définissant $f(x)$, on obtient, pour tout réel x :

$$f(x)=x^3(x^2+x+1)-3(x^2+x+1)$$

$$=x^5+x^4+x^3-3x^2-3x-3,$$

d'où : $\quad f'(x)=5x^4+4x^3+3x^2-6x-3,$

et : $\quad f'(-1)=5-4+3+6-3=7.$

3° $f : x\mapsto x^2\sqrt{x}$, $a=4$.

La fonction f est le produit de la fonction carré, dérivable sur $\mathbb{R}$, par la fonction racine carrée, dérivable sur $]0\,;+\infty[$, donc f est dérivable sur $]0\,;+\infty[$.

Pour tout réel x strictement positif :

$$f'(x)=2x\times\sqrt{x}+x^2\times\frac{1}{2\sqrt{x}}$$

$$=2x\sqrt{x}+\frac{x^2}{2\sqrt{x}},$$

donc : $\quad \mathbf{f'(4)}=2\times4\times2+\dfrac{16}{2\times2}=\mathbf{20}.$

La fonction f a pour ensemble de définition $[0\,;+\infty[$ et, avec les théorèmes généraux, on a démontré que f est dérivable sur l'intervalle $]0\,;+\infty[$.

Il est facile de prouver que f est aussi dérivable en 0 et que $f'(0)=0$; en effet, pour tout réel h strictement positif :

$$\frac{f(0+h)-f(0)}{h}=\frac{h^2\sqrt{h}}{h}=h\sqrt{h},$$

or : $\quad \lim\limits_{h\to 0} h\sqrt{h}=0\times\sqrt{0}=0,$

donc : $\quad \lim\limits_{h\to 0}\dfrac{f(0+h)-f(0)}{h}=0.$

4° $f : x\mapsto \dfrac{2x-1}{3x-2}$, $a=0$.

La fonction homographique f a pour ensemble de définition $\mathbb{R}\setminus\left\{\dfrac{2}{3}\right\}$,

donc f est dérivable sur chacun des intervalles $\left]-\infty\,;\dfrac{2}{3}\right[$ et $\left]\dfrac{2}{3}\,;+\infty\right[$.

Toute fonction homographique est le quotient de deux fonctions affines. Toute fonction affine étant un polynôme, une fonction homographique est aussi une fonction rationnelle.

Pour tout réel x distinct de $\dfrac{2}{3}$:

$$f'(x)=\frac{2\times(3x-2)-(2x-1)\times3}{(3x-2)^2}$$

$$=\frac{6x-4-6x+3}{(3x-2)^2}$$

$$=\frac{-1}{(3x-2)^2},$$

donc : $f'(0) = \frac{-1}{(-2)^2} = \frac{-1}{4}$.

14 g est une fonction dérivable sur $\mathbb{R}$.

1° $f : x \mapsto g(x) - x^3$.

• Comme différence des fonctions g et $x \mapsto x^3$, toutes deux dérivables sur $\mathbb{R}$, f est dérivable sur $\mathbb{R}$.

• **Pour tout réel x :**

$$f'(x) = g'(x) - 3x^2,$$

donc : $f'(0) = g'(0)$.

2° $f : x \mapsto xg(x)$.

• Comme produit des fonctions g et $x \mapsto x$, toutes deux dérivables sur $\mathbb{R}$, f est dérivable sur $\mathbb{R}$.

• **Pour tout réel x :**

$$\begin{aligned} f'(x) &= 1 \times g(x) + x \times g'(x) \\ &= g(x) + xg'(x), \end{aligned}$$

donc : $f'(0) = g(0)$.

Ici, il était facile de déterminer $f'(0)$ sans calculer au préalable $f'(x)$ pour tout réel x.
En effet, pour tout réel h non nul :

$$\frac{f(0+h) - f(0)}{h} = \frac{hg(h)}{h} = g(h),$$

or : $\lim\limits_{h \to 0} g(h) = g(0)$,

donc : $\lim\limits_{h \to 0} \frac{f(0+h) - f(0)}{h} = g(0)$.

3° $f : x \mapsto (g(x))^2$.

• La fonction f est le produit de la fonction g par elle-même. Or, g est dérivable sur $\mathbb{R}$, donc f est dérivable sur $\mathbb{R}$.

• **Pour tout réel x :**

$$f(x) = g(x) \times g(x),$$

$$\begin{aligned} f'(x) &= g'(x) \times g(x) + g(x) \times g'(x) \\ &= 2g'(x)g(x), \end{aligned}$$

donc : $f'(0) = 2g'(0)g(0)$.

4° $f : x \mapsto (x^3 - x)g(x)$.

• Comme produit des fonctions g et $x \mapsto x^3 - x$, toutes deux dérivables sur $\mathbb{R}$, f est dérivable sur $\mathbb{R}$.

• **Pour tout réel x :**

$$f'(x) = (3x^2 - 1) \times g(x) + (x^3 - x) \times g'(x),$$

donc : $f'(0) = -g(0)$.

5° $f : x \mapsto \frac{g(x)}{x^2 + 1}$.

• La fonction f est le quotient de la fonction g, dérivable sur $\mathbb{R}$, par la fonction $x \mapsto x^2 + 1$, dérivable et ne s'annulant pas sur $\mathbb{R}$, donc f est dérivable sur $\mathbb{R}$.

• **Pour tout réel x :**

$$\begin{aligned} f'(x) &= \frac{g'(x) \times (x^2+1) - g(x) \times 2x}{(x^2+1)^2} \\ &= \frac{(x^2+1)g'(x) - 2xg(x)}{(x^2+1)^2}, \end{aligned}$$

donc : $f'(0) = g'(0)$.

15 Pour tout réel x, $\cos'(x) = -\sin(x)$ et $\sin'(x) = \cos(x)$.

1° $f : x \mapsto x + \cos(x)$.

Étant la somme des fonctions $x \mapsto x$ et $x \mapsto \cos(x)$, toutes deux dérivables sur $\mathbb{R}$, f est dérivable sur $\mathbb{R}$.

On a, **pour tout réel x :**

$$f'(x) = 1 - \sin(x),$$

donc : $f'\left(\frac{\pi}{2}\right) = 1 - \sin\left(\frac{\pi}{2}\right) = 1 - 1 = 0$.

2° $f : x \mapsto x\sin(x)$.

Étant le produit des fonctions $x \mapsto x$ et $x \mapsto \sin(x)$, toutes deux dérivables sur $\mathbb{R}$, f est dérivable sur $\mathbb{R}$.

On a, **pour tout réel x :**

$$\begin{aligned} f'(x) &= 1 \times \sin(x) + x \times \cos(x) \\ &= \sin(x) + x\cos(x), \end{aligned}$$

donc :

$$\begin{aligned} f'\left(\frac{\pi}{2}\right) &= \sin\left(\frac{\pi}{2}\right) + \frac{\pi}{2}\cos\left(\frac{\pi}{2}\right) \\ &= 1 + \frac{\pi}{2} \times 0 = 1. \end{aligned}$$

3° $f : x \mapsto \sin(x)\cos(x)$.

Étant le produit des fonctions $x \mapsto \cos(x)$ et $x \mapsto \sin(x)$, toutes deux dérivables sur $\mathbb{R}$, f est dérivable sur $\mathbb{R}$.

On a, **pour tout réel x :**

$$\begin{aligned} f'(x) &= \cos(x) \times \cos(x) + \sin(x) \times (-\sin(x)) \\ &= (\cos(x))^2 - (\sin(x))^2. \end{aligned}$$

On écrira souvent $\cos^2(x)$ pour $(\cos(x))^2$ et $\sin^2(x)$ pour $(\sin(x))^2$.
Ainsi, pour tout réel x :

$$f'(x) = \cos^2(x) - \sin^2(x),$$

et comme $\cos^2(x) + \sin^2(x) = 1$, on a les égalités :

$$f'(x) = 2\cos^2(x) - 1 = 1 - 2\sin^2(x).$$

On en déduit :

$$f'\left(\frac{\pi}{2}\right)=\cos^2\left(\frac{\pi}{2}\right)-\sin^2\left(\frac{\pi}{2}\right)=0-1=\mathbf{-1}.$$

4° $f : x \mapsto (\cos(x))^2$.

La fonction $x \mapsto \cos(x)$ est dérivable sur $\mathbb{R}$ et f est le produit de la fonction $x \mapsto \cos(x)$ par elle-même, donc f est dérivable sur $\mathbb{R}$.

On a, **pour tout réel x :**

$$f(x)=\cos(x)\times\cos(x),$$

$$f'(x)=-\sin(x)\times\cos(x)+\cos(x)\times(-\sin(x))$$

$$=\mathbf{-2\sin(x)\cos(x)}.$$

D'après la formule de duplication du sinus :

$$f'(x)=-\sin(2x).$$

On en déduit :

$$f'\left(\frac{\pi}{2}\right)=-2\sin\left(\frac{\pi}{2}\right)\cos\left(\frac{\pi}{2}\right)$$

$$=-2\times1\times0=\mathbf{0}.$$

$$f'\left(\frac{\pi}{2}\right)=-\sin\left(2\times\frac{\pi}{2}\right)=-\sin(\pi)=0.$$

Les interrogations écrites

16 $f : x \mapsto x^2+5x-1$.

1° On a, pour tout réel h non nul :

$$\frac{f(1+h)-f(1)}{h}=\frac{(1+h)^2+5(1+h)-1-5}{h}=\frac{1+2h+h^2+5+5h-6}{h},$$

$$\frac{f(1+h)-f(1)}{h}=\frac{h^2+7h}{h}=h+7,$$

or : $\lim\limits_{h\to0}(h+7)=7$,

donc $\lim\limits_{h\to0}\dfrac{f(1+h)-f(1)}{h}=7$,

ce qui prouve que f est dérivable en 1 et $\mathbf{f'(1)=7}$.

Noter que, f étant un polynôme, on savait dès le départ que f était dérivable en tout réel, et en particulier en 1.

2° **La tangente $\mathcal{T}$ à $\mathcal{C}$ au point d'abscisse 1 admet pour équation :**

$$y-f(1)=f'(1)(x-1),$$

c'est-à-dire : $y-5=7(x-1)$,

ou encore : $\mathbf{y=7x-2}$.

17 $\mathcal{C} : y=2\sqrt{x}-x$.

$\mathcal{C}$ est la courbe représentative de la fonction $f : x \mapsto 2\sqrt{x}-x$, définie sur $[0\,;+\infty[$ et dérivable sur $]0\,;+\infty[$.

On démontrerait facilement que f n'est pas dérivable en 0, car :

$$\lim_{h\to0}\frac{f(0+h)-f(0)}{h}=+\infty.$$

Comme de plus $f(0)=0$ et $\lim\limits_{x\to0}f(x)=0$, on sait qu'alors la droite d'équation $x=0$, c'est-à-dire l'axe des ordonnées, est la tangente à $\mathcal{C}$ en l'origine O.

On a, pour tout réel x strictement positif :

$$f'(x)=2\times\frac{1}{2\sqrt{x}}-1=\frac{1}{\sqrt{x}}-1.$$

Soit a un réel strictement positif. La tangente à $\mathcal{C}$ au point d'abscisse a admet pour équation :

$$y-f(a)=f'(a)(x-a),$$

c'est-à-dire :

$$y-2\sqrt{a}+a=\left(\frac{1}{\sqrt{a}}-1\right)(x-a),$$

soit : $y=\left(\dfrac{1}{\sqrt{a}}-1\right)x-\dfrac{a}{\sqrt{a}}+a+2\sqrt{a}-a$,

$$\frac{a}{\sqrt{a}}=\sqrt{a}$$

ou encore : $y=\left(\dfrac{1}{\sqrt{a}}-1\right)x+\sqrt{a}$.

On en déduit que la tangente à $\mathcal{C}$ au point d'abscisse a admet 2 pour ordonnée à l'origine si, et seulement si, $\sqrt{a}=2$, c'est-à-dire si, et seulement si, $a=4$.

De plus : $f(4)=2\sqrt{4}-4=0$, donc **le point de $\mathcal{C}$ en lequel la tangente a pour ordonnée à l'origine 2 est $A(4\,;0)$.**

La tangente à $\mathcal{C}$ en $A(4\,;0)$ admet pour équation $y=-\dfrac{1}{2}x+2$.

cours exercices interro corrigés

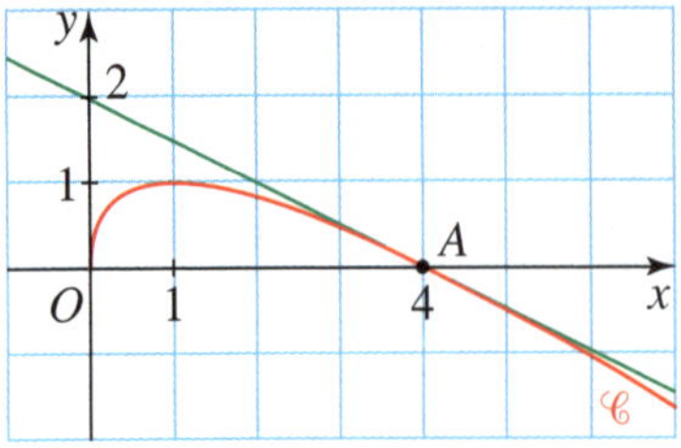

18 1° $f : x \mapsto 3x^2 - 5x + 2$.

• La fonction f est un polynôme, donc f **est dérivable sur $\mathbb{R}$.**

• **Pour tout réel x :**

$$f'(x) = 3 \times 2x - 5 = \mathbf{6x - 5}.$$

2° $f : x \mapsto \dfrac{1}{x^3}$.

• La fonction f est une fonction rationnelle dont l'ensemble de définition est $\mathbb{R}^*$, donc **l'ensemble de dérivabilité de f est $\mathbb{R}^*$.**

• **Pour tout réel x non nul :**

$$f'(x) = -\frac{3x^2}{(x^3)^2} = -\frac{3x^2}{x^6} = -\frac{\mathbf{3}}{\mathbf{x^4}}.$$

3° $f : x \mapsto (2x + 3)(3x - 5)$.

• La fonction f est le produit de deux fonctions affines, donc f est un polynôme, ce qui prouve que **f est dérivable sur $\mathbb{R}$.**

• Pour tout réel x :

$$f'(x) = 2 \times (3x - 5) + (2x + 3) \times 3$$
$$= 6x - 10 + 6x + 9$$
$$= \mathbf{12x - 1}.$$

On pouvait aussi commencer par développer $f(x)$:

$f(x) = 6x^2 - 10x + 9x - 15 = 6x^2 - x - 15$,

on obtient alors :

$$f'(x) = 6 \times 2x - 1 = 12x - 1.$$

4° $f : x \mapsto \dfrac{2x + 7}{x - 2}$.

• f est une fonction rationnelle, donc **l'ensemble de dérivabilité de f est son ensemble de définition $\mathbb{R} \backslash \{2\}$.**

• **Pour tout réel x distinct de 2 :**

$$f'(x) = \frac{2 \times (x - 2) - (2x + 7) \times 1}{(x - 2)^2}$$
$$= \frac{2x - 4 - 2x - 7}{(x - 2)^2},$$
$$\mathbf{f'(x) = \frac{-11}{(x - 2)^2}}.$$

CHAPITRE 5

Applications de la dérivation

LE COURS

Les théorèmes suivants précisent le lien entre le signe de la dérivée et le sens de variation d'une fonction sur un intervalle.

Théorèmes de monotonie

f désigne une fonction dérivable sur un intervalle I.

- Si f' est positive sur I, c'est-à-dire si : pour tout x de I, $f'(x) \geqslant 0$, alors f est croissante sur I.
- Si f' est négative sur I, c'est-à-dire si : pour tout x de I, $f'(x) \leqslant 0$, alors f est décroissante sur I.
- Si f' est nulle sur I, c'est-à-dire si : pour tout x de I, $f'(x) = 0$, alors f est constante sur I.

Théorèmes de stricte monotonie

f désigne une fonction dérivable sur un intervalle I.

- Si, pour tout x de I : $f'(x) > 0$, alors f est strictement croissante sur I.
- Si, pour tout x de I : $f'(x) < 0$, alors f est strictement décroissante sur I.

Plus généralement :

- Si f' est positive sur I et si f' ne s'annule éventuellement qu'en un nombre fini de réels de I, alors f est strictement croissante sur I.
- Si f' est négative sur I et si f' ne s'annule éventuellement qu'en un nombre fini de réels de I, alors f est strictement décroissante sur I.

EXERCICES

Dans tous les exercices, le plan est rapporté à un repère orthogonal $(O ; \vec{i}, \vec{j})$.

Vrai ou faux ?

1 (corrigés p. 116)

1° Soit f la fonction : $x \mapsto 2x^3 - 6x + 1$.

a) Pour tout réel x, $f'(x) = 6(x^2 - 1)$.

b) La fonction f est croissante sur $]-\infty ; -1] \cup [1 ; +\infty[$.

c) Le maximum de f sur $]-\infty ; 3]$ est 5.

d) La fonction f n'admet ni maximum, ni minimum sur $\mathbb{R}$.

2° Soit f une fonction dérivable sur $[-1 ; 1]$.

a) Si, pour tout x appartenant à $[-1 ; 1]$, $f'(x) > 0$, alors f est strictement croissante sur $[-1 ; 1]$.

b) Si f est strictement croissante sur $[-1 ; 1]$, alors, pour tout x appartenant à $[-1 ; 1]$, $f'(x) > 0$.

c) Si $f'(0) = 0$, alors f admet un extremum en 0.

d) Si f admet un extremum en 0, alors $f'(0) = 0$.

Sens de variation

2 ★ 5 min (corrigés p. 116)

Dans chacun des deux cas suivants, comparer les nombres $f(a)$ et $f(b)$ sachant que $\mathscr{C}'$ est la représentation graphique de la dérivée f' d'une fonction f, dérivable sur le segment $[a ; b]$.

1°

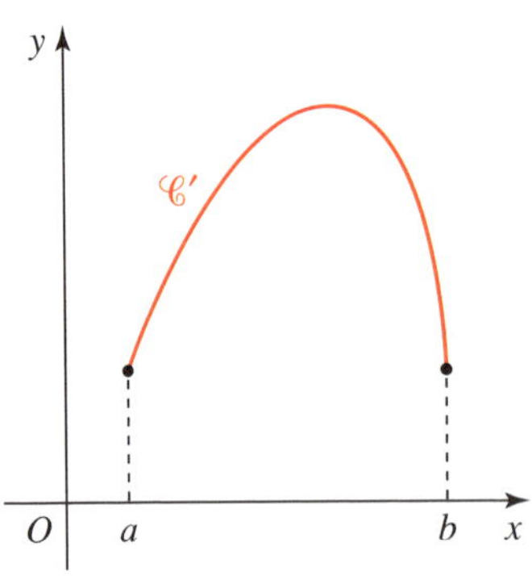

2°

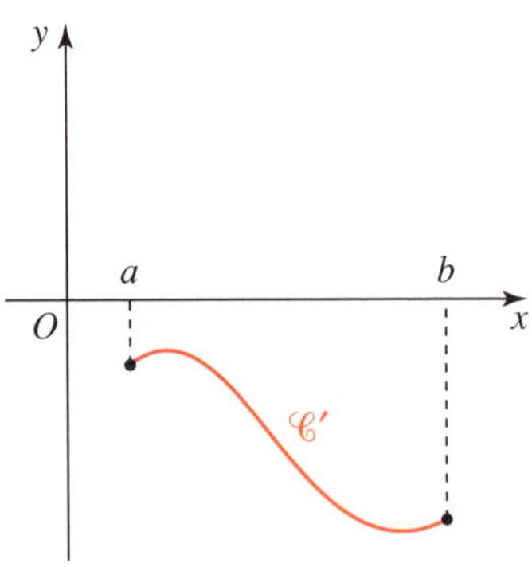

3 ★ 5 min (corrigés p. 117)

Les courbes $\mathscr{C}_1$, $\mathscr{C}_2$, $\mathscr{C}_3$ (première colonne) sont les courbes représentatives respectives de trois fonctions f_1, f_2, f_3 ; pour chacune de ces fonctions, déterminer la courbe représentative de sa fonction dérivée, à choisir parmi les courbes $\mathscr{E}$, $\mathscr{F}$, $\mathscr{G}$ de la seconde colonne.

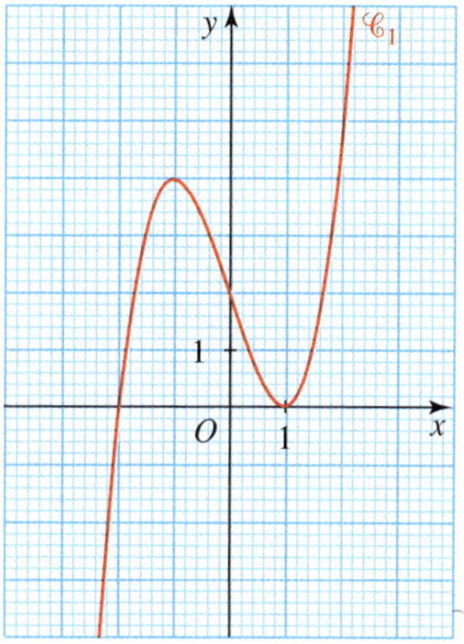
$\mathscr{C}_1$
y
1
O
1
x

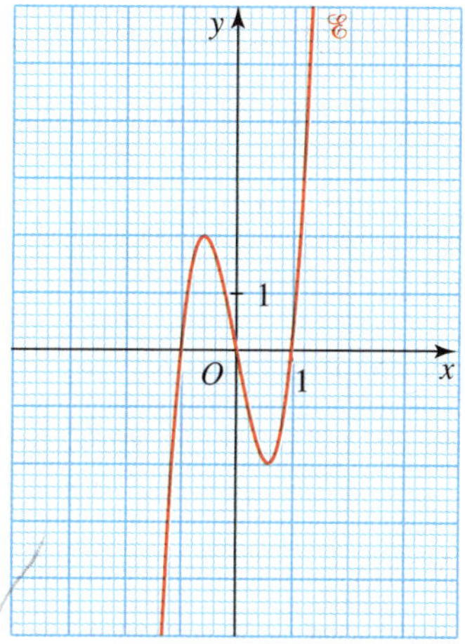
$\mathscr{E}$
y
1
O
1
x

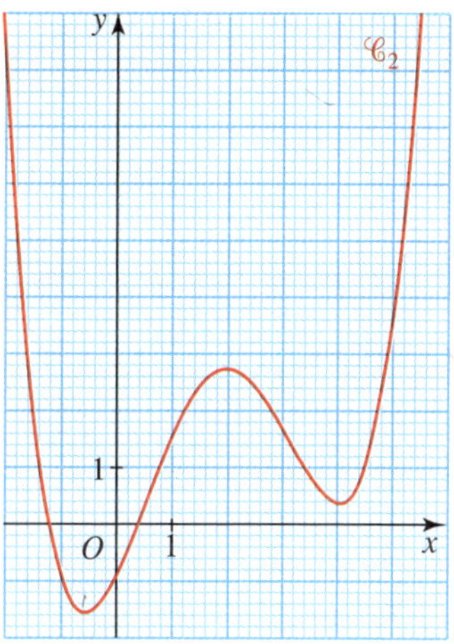
$\mathscr{C}_2$
y
1
O
1
x

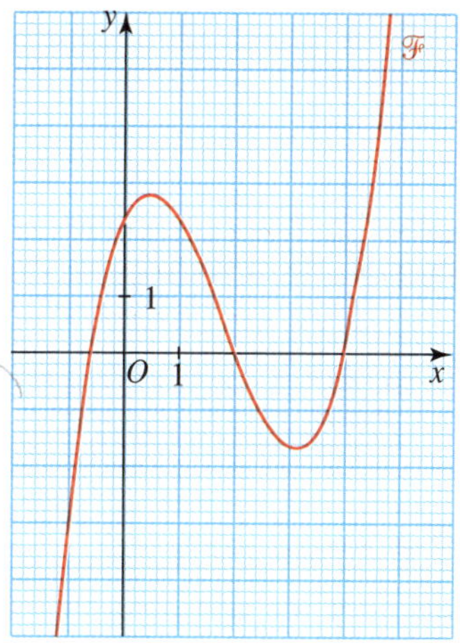
$\mathscr{F}$
y
1
O
1
x

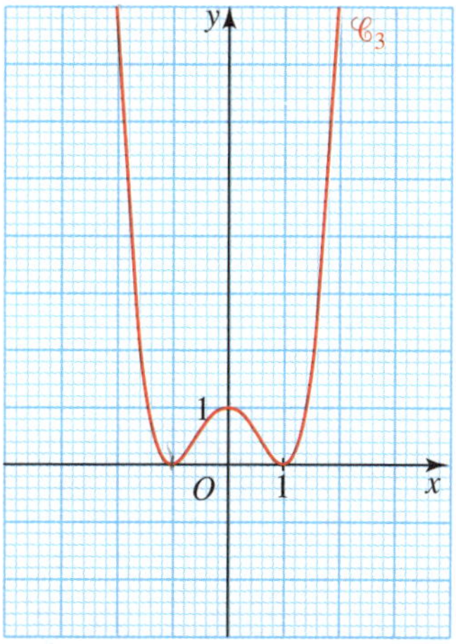
$\mathscr{C}_3$
y
1
O
1
x

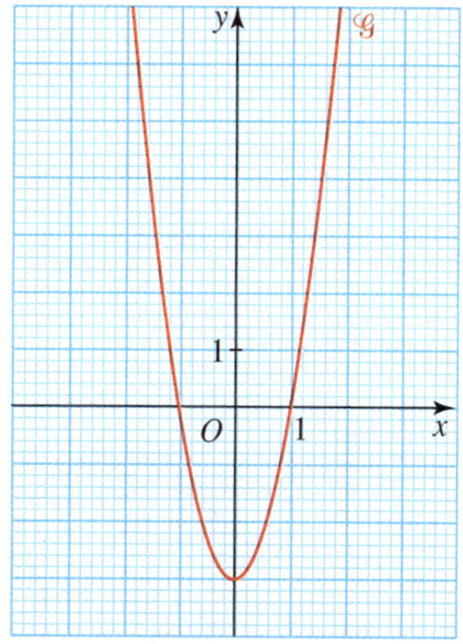
$\mathscr{G}$
y
1
O
1
x

4 ★ 30 min *(corrigés p. 117)*

Déterminer la dérivée de la fonction f proposée, puis étudier le sens de variation de f.

1° Fonction polynôme.

a) $x \mapsto -3x^2 + 4x + 5.$

b) $x \mapsto \frac{1}{8}x^2 + x - 1.$

c) $x \mapsto \frac{4}{3}x^3 - 10x^2 + 25x - 20.$

2° Fonction rationnelle.

a) $x \mapsto 5 - \frac{3}{2x-1}.$

b) $x \mapsto \frac{2x+0{,}7}{3x+1}.$

3° Fonction irrationnelle.

a) f définie sur $]0\,;+\infty[$ par $f(x) = (x-3)\sqrt{x}.$

b) $x \mapsto \frac{4}{x} + \sqrt{x}.$

5 ★ 10 min *(corrigés p. 119)*

Étudier le sens de variation de la fonction f :

$$x \mapsto \frac{x^2+1}{x^2-4x+3}.$$

6 ★ 15 min *(corrigés p. 120)*

Comparer les réels A et B définis par :

$$A = \frac{(5{,}012013014015016)^2+3}{3{,}012013014015016},$$

$$B = \frac{(5{,}012013014015017)^2+3}{3{,}012013014015017}.$$

7 ★★ 20 min *(corrigés p. 121)*

f est une fonction dérivable sur $[-3\,;5]$.

$\mathscr{C}'$ est la courbe représentative de la fonction dérivée f' de f.

1° Étudier le sens de variation de f.

2° Déterminer l'allure de la courbe représentative $\mathscr{C}$ de f sachant qu'elle passe par les points A, B, C.

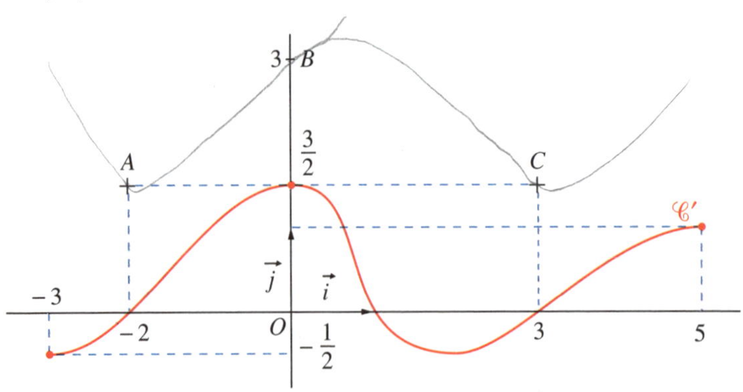

Minimum, maximum, extremum

8 ★ 10 min (corrigés p. 122)

Soit f la fonction : $x \mapsto x^4 - 4x + 2$.

Démontrer que f admet un minimum sur $\mathbb{R}$; préciser la valeur de ce minimum.

9 ★★ 15 min (corrigés p. 122)

Déterminer le maximum sur l'intervalle $[-1\ ;\ 1]$ de la fonction f :

$$x \mapsto 2x^3 - \frac{1}{2}x^2 - 2x + 1.$$

10 ★★ 15 min (corrigés p. 123)

Soit f la fonction : $x \mapsto x^3 - x^2 - x$.

1° Dresser le tableau de variation de la fonction f.

2° Encadrer au mieux $f(x)$ lorsque x appartient à :

a) $[0\ ;\ 1]$; **b)** $[-1\ ;\ 0]$; **c)** $[-2\ ;\ 2]$.

11 ★★★ 20 min (corrigés p. 124)

Le but de l'exercice est d'obtenir un encadrement de $a^3 - 8a^2$ sachant que le réel a appartient au segment $[5{,}2\ ;\ 5{,}3]$.

1° Donner un encadrement de a^3, puis de $-8a^2$.

En déduire un encadrement de $a^3 - 8a^2$.

2° Démontrer que la fonction f : $x \mapsto x^3 - 8x^2$ est décroissante sur $\left[0\ ;\ \frac{16}{3}\right]$.

En déduire un nouvel encadrement de $a^3 - 8a^2$.

3° Comparer les amplitudes des deux encadrements obtenus.

Quelle est ici la méthode la plus efficace ?

Comparaison de fonctions

12 ★★★ 20 min (corrigés p. 125)

Le but de l'exercice est de démontrer l'inégalité de Bernoulli :

pour tout entier naturel n non nul et pour tout réel x positif ou nul,

$$x^n - 1 \geqslant n(x-1).$$

1° a) Étudier le cas où n est égal à 1.

b) On suppose, dans cette question, l'entier n supérieur ou égal à 2.

Déterminer le tableau de variation de la fonction f : $x \mapsto x^n - 1 - n(x-1)$ sur $[0\ ;\ +\infty[$.

En déduire le signe de f sur $[0\ ;\ +\infty[$, puis conclure.

2° Interprétation graphique

Soit n un entier naturel supérieur ou égal à 2.

On note g la fonction définie sur $[0\,;+\infty[$ par $g(x)=x^n$ et $\mathscr{C}$ sa courbe représentative.

a) Déterminer une équation de la tangente $\mathscr{T}$ à la courbe $\mathscr{C}$ en son point d'abscisse 1.

b) Interpréter alors graphiquement le résultat de la question **1° b)**.

13 ★★ 10 min *(corrigés p. 126)*

On admet que la fonction $x \mapsto \sin(x)$ est dérivable sur $\mathbb{R}$ et :

$$\text{pour tout réel } x,\ \sin'(x)=\cos(x).$$

1° Démontrer que la fonction $f : x \mapsto x-\sin(x)$ est croissante sur $\mathbb{R}$.

En déduire :

$$\text{pour tout } x \text{ de }]-\infty\,;0[,\ \sin(x)\geqslant x,$$

$$\text{pour tout } x \text{ de } [0\,;+\infty[,\ \sin(x)\leqslant x.$$

2° Déterminer une équation de la tangente Δ à la courbe représentative $\mathscr{C}$ de la fonction sinus en son point d'abscisse 0.

Interpréter alors les résultats de la question **1°**.

14 ★★ 15 min *(corrigés p. 126)*

On considère la fonction $f : x \mapsto \frac{1}{6}x^3-x^2+x+\frac{5}{3}$ et on note $\mathscr{C}$ sa courbe représentative.

1° Déterminer une équation de la tangente $\mathscr{T}$ à la courbe $\mathscr{C}$ en son point d'abscisse 2.

2° Soit g la fonction : $x \mapsto f(x)+x-3$.

a) Déterminer le sens de variation de g sur $\mathbb{R}$.

Quel est le signe de la fonction g sur $\mathbb{R}$?

b) En déduire la position de la courbe $\mathscr{C}$ par rapport à la droite $\mathscr{T}$.

Les interrogations écrites

15 10 min *(corrigés p. 127)*

Étudier le sens de variation de la fonction $f : x \mapsto x-2\sqrt{x}$ sur l'intervalle $]0\,;+\infty[$.

16 10 min *(corrigés p. 127)*

On pose :

$$A=0{,}999\,998+\frac{1}{0{,}999\,998} \quad \text{et} \quad B=0{,}999\,999+\frac{1}{0{,}999\,999}.$$

Comparer les nombres A et B.

17 20 min (corrigés p. 128)

Soit f la fonction : $x \mapsto \dfrac{6x^2 - 9x + 4}{x^3}$.

1° Préciser l'ensemble de dérivabilité de f, calculer $f'(x)$ pour tout x de cet ensemble et démontrer que $f'(x)$ est du signe de $-x^2 + 3x - 2$.

2° Déterminer le sens de variation de f sur $]0\,;+\infty[$, puis dresser le tableau de variation de f sur $]0\,;+\infty[$.

3° Déterminer le minimum et le maximum de f sur l'intervalle $[1\,;4]$.

CORRIGÉS

Vrai ou faux ?

1 1° $f : x \mapsto 2x^3 - 6x + 1$.

a) Pour tout réel x, $f'(x) = 6(x^2 - 1)$.

Vrai. Pour tout réel x :

$$f'(x) = 2 \times 3x^2 - 6 = 6x^2 - 6 = 6(x^2 - 1).$$

b) La fonction f est croissante sur $]-\infty ; -1] \cup [1 ; +\infty[$.

Faux.

Dressons le tableau de variation de f.

x	$-\infty$		-1		1		$+\infty$
$f'(x)$		+	0	−	0	+	
$f(x)$		↗	5	↘	−3	↗	

La fonction f est croissante sur chacun des intervalles $]-\infty ; -1]$, $[1 ; +\infty[$, mais pas sur leur réunion, comme le prouve les relations :

$$-1 < 1 \text{ et } f(-1) > f(1).$$

$f(-1)$ et $f(1)$ ne sont pas rangés dans le même ordre que -1 et 1.

c) Le maximum de f sur $]-\infty ; 3]$ est 5.

Faux.

D'après le tableau de variation de f :

• le maximum de f sur $]-\infty ; 1]$ est 5,

• le maximum de f sur $[1 ; 3]$ est $f(3)$,

or : $f(3) = 2 \times 27 - 18 + 1 = 37$,

donc le maximum de f sur $]-\infty ; 3]$ est 37.

d) La fonction f n'admet ni maximum, ni minimum sur $\mathbb{R}$.

Vrai.

• La fonction f n'est pas majorée, car $f(x)$ peut être rendu aussi grand que l'on veut, pourvu que x soit suffisamment grand.

On notera alors : $\lim\limits_{x \to +\infty} f(x) = +\infty$.

On peut vérifier que, pour tout réel A supérieur ou égal à 2, il suffit que $x \geqslant A$ pour que $f(x) \geqslant A$.

• Pour des raisons analogues, f n'est pas minorée.

$$\lim_{x \to -\infty} f(x) = -\infty.$$

2° Soit f une fonction dérivable sur $[-1 ; 1]$.

a) Si, pour tout x appartenant à $[-1 ; 1]$, $f'(x) > 0$, alors f est strictement croissante sur $[-1 ; 1]$.

Vrai. C'est un résultat du cours.

b) Si f est strictement croissante sur $[-1 ; 1]$, alors, pour tout x appartenant à $[-1 ; 1]$, $f'(x) > 0$.

Faux.

Considérer, par exemple, la fonction $x \mapsto x^3$.

Elle est strictement croissante, dérivable sur $[-1 ; 1]$ et sa dérivée $x \mapsto 3x^2$ s'annule en 0.

c) Si $f'(0) = 0$, alors f admet un extremum en 0.

Faux.

Un extremum est un minimum ou un maximum.

Reprenons l'exemple de la fonction $x \mapsto x^3$.

Elle est dérivable sur $[-1 ; 1]$ et sa dérivée s'annule en 0 ; de plus, étant strictement croissante, la fonction $x \mapsto x^3$ n'admet pas d'extremum en 0.

Étant strictement croissante sur $\mathbb{R}$, la fonction $x \mapsto x^3$ n'admet aucun extremum.

d) Si f admet un extremum en 0, alors $f'(0) = 0$.

Vrai. Mais il manque encore quelques outils en analyse pour le démontrer en classe de Première.

Sens de variation

2 1° La fonction dérivée f' de f est strictement positive sur l'intervalle $[a ; b]$, donc la fonction f est strictement croissante sur cet intervalle. Comme, de plus, $a < b$, il vient : $\boldsymbol{f(a) < f(b)}$.

2° La fonction f' étant strictement négative sur $[a ; b]$, la fonction f est strictement décroissante sur cet intervalle.

Comme, de plus, $a < b$,
on peut conclure : $\boldsymbol{f(a) > f(b)}$.

3 • Fonction f_1

f_1 est décroissante sur $[-1 ; 1]$, sa dérivée est donc négative sur $[-1 ; 1]$. **La seule courbe qui puisse être celle de la dérivée de f_1 est $\mathscr{G}$.**

• Fonction f_2

f_2 n'est pas monotone sur $[1 ; 5]$, donc sa dérivée n'est pas de signe constant sur cet intervalle. Or, seule $\mathscr{F}$ possède des points dont l'abscisse est comprise entre 1 et 5 et dont l'ordonnée n'est pas de signe constant.

On en déduit que la courbe de la dérivée de f_2 est $\mathscr{F}$.

• Fonction f_3

D'après ce qui précède, **la courbe de la dérivée de f_3 ne peut être que $\mathscr{E}$**, ce qui est confirmé par la cohérence du tableau suivant :

x	$-\infty$		-1		0		1		$+\infty$
$f'(x)$		$-$	0	$+$	0	$-$	0	$+$	
$f(x)$		↘		↗		↘		↗	

4 1° a) $f : x \mapsto -3x^2 + 4x + 5$.

La fonction f étant un polynôme, elle est définie et dérivable sur $\mathbb{R}$.

Pour tout réel x :

$$\boldsymbol{f'(x) = -6x + 4 = 2(-3x + 2)},$$

donc : • $f'\left(\frac{2}{3}\right) = 0$,

• si $x < \frac{2}{3}$, alors $f'(x) > 0$,

• si $x > \frac{2}{3}$, alors $f'(x) < 0$.

On en déduit que **f est strictement croissante sur $\left]-\infty ; \frac{2}{3}\right]$ et strictement décroissante sur $\left[\frac{2}{3} ; +\infty\right[$.**

On retrouve le sens de variation de f en écrivant que, pour tout réel x :

$$f(x) = -3\left(x - \frac{2}{3}\right)^2 + \frac{19}{3}.$$

b) $f : x \mapsto \frac{1}{8}x^2 + x - 1$.

La fonction f est un polynôme ; elle est donc définie et dérivable sur $\mathbb{R}$.

Pour tout réel x :

$$\boldsymbol{f'(x) = \frac{1}{4}x + 1 = \frac{1}{4}(x + 4)},$$

donc : • $f'(-4) = 0$,

• si $x < -4$, alors $f'(x) < 0$,

• si $x > -4$, alors $f'(x) > 0$.

On en déduit que **f est strictement décroissante sur $]-\infty ; -4]$ et strictement croissante sur $[-4 ; +\infty[$.**

On retrouve le sens de variation de f en écrivant que, pour tout réel x :

$$f(x) = \frac{1}{8}(x + 4)^2 - 3.$$

c) $f : x \mapsto \frac{4}{3}x^3 - 10x^2 + 25x - 20$.

La fonction f est un polynôme ; elle est donc définie et dérivable sur $\mathbb{R}$.

Pour tout réel x :

$$\boldsymbol{f'(x) = 4x^2 - 20x + 25 = (2x - 5)^2},$$

donc : • $f'\left(\frac{5}{2}\right) = 0$,

• si $x \neq \frac{5}{2}$, alors $f'(x) > 0$.

On en déduit que **f est strictement croissante sur $\mathbb{R}$.**

cours exercices interro corrigés

Copie d'écran de calculatrice obtenue :

• en entrant :

Y1=4X^3÷3−10X²+25X−20

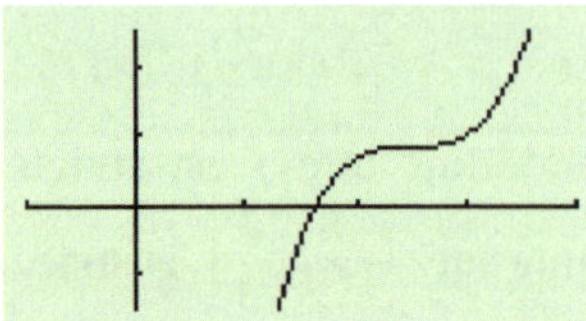

• avec le cadrage :

$$-1 \leqslant x \leqslant 4,$$
$$-1{,}5 \leqslant y \leqslant 2{,}5.$$

2° a) $f : x \mapsto 5 - \dfrac{3}{2x-1}$.

La fonction f a pour ensemble de définition $\left]-\infty\,;\frac{1}{2}\right[\cup \left]\frac{1}{2}\,;+\infty\right[$.

f étant une fonction rationnelle, elle est dérivable en tout réel de son ensemble de définition.

Pour tout réel x différent de $\frac{1}{2}$:

$$f'(x) = \frac{\mathbf{6}}{(\mathbf{2x-1})^2},$$

$$\left(\frac{1}{u}\right)' = -\frac{u'}{u^2}$$

donc : $f'(x) > 0$.

Il en résulte que f **est strictement croissante sur chacun des intervalles**

$$\left]-\infty\,;\frac{1}{2}\right[\text{ et } \left]\frac{1}{2}\,;+\infty\right[.$$

Attention !

f n'est pas croissante sur la réunion de ces deux intervalles ; considérer, par exemple :

$$f(-1) = 6\,,\ f(1) = 2.$$

b) $f : x \mapsto \dfrac{2x+0{,}7}{3x+1}$.

f est une fonction rationnelle dont l'ensemble de définition est $\mathbb{R}\setminus\left\{-\frac{1}{3}\right\}$, donc f est dérivable sur chacun des intervalles $\left]-\infty\,;-\frac{1}{3}\right[$ et $\left]-\frac{1}{3}\,;+\infty\right[$.

Pour tout réel x différent de $-\frac{1}{3}$:

$$f'(x) = \frac{2(3x+1) - 3(2x+0{,}7)}{(3x+1)^2}$$
$$= \frac{\mathbf{-0{,}1}}{(\mathbf{3x+1})^2},$$

$$\left(\frac{u}{v}\right)' = \frac{u'v - uv'}{v^2}$$

donc : $f'(x) < 0$.

Il en résulte que f **est strictement décroissante sur chacun des intervalles**

$$\left]-\infty\,;-\frac{1}{3}\right[\text{ et } \left]-\frac{1}{3}\,;+\infty\right[.$$

Copie d'écran de calculatrice obtenue :

• en entrant :

Y1=(2X+.7)÷(3X+1)

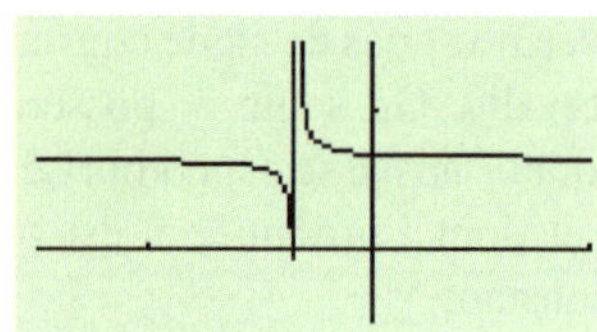

• avec le cadrage :

$$-1{,}5 \leqslant x \leqslant 1,$$
$$-0{,}5 \leqslant y \leqslant 1{,}5.$$

Le graphique fait apparaître un trait vertical ; c'est en fait un segment qui joint deux points dont les abscisses sont proches de $-1/3$, l'une étant strictement inférieure à $-1/3$ et l'autre strictement supérieure à $-1/3$. C'est le mode de tracé en points connectés qui donne ce résultat (en mode « points séparés », le trait vertical disparaît). Noter que ce trait vertical matérialise une asymptote à la courbe représentative de la fonction f (la droite d'équation $x = -1/3$) ; en effet, on pourrait démontrer que :

• $f(x)$ tend vers $-\infty$ quand x tend vers $-1/3$ par valeurs inférieures,

• $f(x)$ tend vers $+\infty$ quand x tend vers $-1/3$ par valeurs supérieures.

3° Fonction irrationnelle

a) Pour tout x de $]0\,;+\infty[$,

$$f(x) = (x-3)\sqrt{x}.$$

Comme produit des fonctions $x \mapsto x-3$ et $x \mapsto \sqrt{x}$, toutes deux dérivables sur $]0\,;+\infty[$, f est dérivable sur $]0\,;+\infty[$.

Pour tout réel x strictement positif :

$$f'(x) = 1 \times \sqrt{x} + (x-3) \times \frac{1}{2\sqrt{x}}$$
$$= \frac{2\sqrt{x} \times \sqrt{x} + x - 3}{2\sqrt{x}}$$
$$= \frac{2x + x - 3}{2\sqrt{x}},$$

$(uv)' = u'v + uv'$

$$\boldsymbol{f'(x) = \frac{3(x-1)}{2\sqrt{x}}},$$

et $f'(x)$ est du signe de $x - 1$,

donc :

- $f'(1) = 0$,
- si $0 < x < 1$, alors $f'(x) < 0$,
- si $x > 1$, alors $f'(x) > 0$.

On en déduit que f **est strictement décroissante sur]0 ; 1] et strictement croissante sur [1 ; +∞[.**

b) $f : x \mapsto \frac{4}{x} + \sqrt{x}$.

Un réel x appartient à l'ensemble de définition $\mathcal{D}_f$ de f si, et seulement si :

$$x \neq 0 \quad \text{et} \quad x \geqslant 0,$$

donc : $\mathcal{D}_f =]0 ; +\infty[$.

f est la somme des fonctions $x \mapsto \frac{4}{x}$ et $x \mapsto \sqrt{x}$, toutes deux dérivables sur $]0 ; +\infty[$, donc f est dérivable sur $]0 ; +\infty[$.

Pour tout réel x strictement positif :

$$f'(x) = -\frac{4}{x^2} + \frac{1}{2\sqrt{x}} = \frac{-8\sqrt{x} + x^2}{2x^2\sqrt{x}},$$

et, en utilisant : $x^2 = x \times x = x\sqrt{x} \times \sqrt{x}$, on obtient :

$$\boldsymbol{f'(x)} = \frac{(-8 + x\sqrt{x})\sqrt{x}}{2x^2\sqrt{x}} = \frac{-8 + x\sqrt{x}}{2x^2}$$
$$= \boldsymbol{\frac{x\sqrt{x} - 8}{2x^2}},$$

ce qui met en évidence que le signe de $f'(x)$ est celui de $x\sqrt{x} - 8$.

Il vient, pour tout x de $]0 ; +\infty[$:

$$f'(x) > 0 \Leftrightarrow x\sqrt{x} - 8 > 0$$
$$\Leftrightarrow (\sqrt{x})^3 > 2^3,$$

donc, la fonction cube $x \mapsto x^3$ étant strictement croissante sur $\mathbb{R}$:

$$f'(x) > 0 \Leftrightarrow \sqrt{x} > 2,$$

c'est-à-dire, des réels positifs étant rangés comme leurs carrés :

$$f'(x) > 0 \Leftrightarrow x > 4 ;$$

on obtient de manière analogue :

$$f'(x) = 0 \Leftrightarrow x = 4.$$

Finalement : $\begin{cases} f'(4) = 0, \\ f'(x) < 0 \text{ si } 0 < x < 4, \\ f'(x) > 0 \text{ si } x > 4, \end{cases}$

ce qui prouve que f **est strictement décroissante sur]0 ; 4] et strictement croissante sur [4 ; +∞[.**

Copie d'écran de calculatrice obtenue :

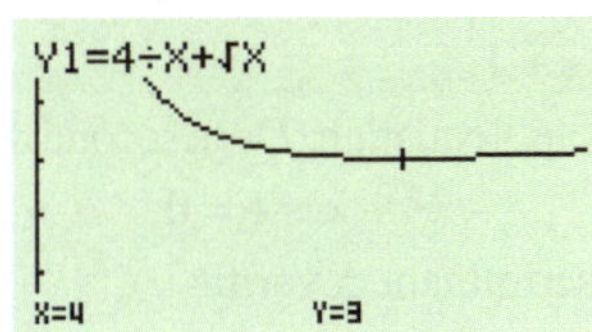

- en entrant :

$$Y1=4\div X+\sqrt{X}$$

- avec le cadrage :

$$0 \leqslant x \leqslant 6,$$
$$0 \leqslant y \leqslant 5.$$

5 $f : x \mapsto \frac{x^2 + 1}{x^2 - 4x + 3}$.

- L'ensemble de définition de f est l'ensemble des réels x tels que :

$$x^2 - 4x + 3 \neq 0.$$

Soit (E) l'équation du second degré :

$$x^2 - 4x + 3 = 0.$$

Son discriminant Δ vérifie :

$\Delta = (-4)^2 - 4 \times 1 \times 3 = 16 - 12 = 4.$

$\Delta > 0$, donc les solutions de (E) sont les réels x_1 et x_2 définis par :

$$x_1 = \frac{-(-4) - \sqrt{4}}{2 \times 1} = \frac{4-2}{2} = 1,$$

$$x_2 = \frac{-(-4)+\sqrt{4}}{2\times 1} = \frac{4+2}{2} = 3.$$

On pouvait éviter ces calculs en remarquant que 1 est solution de (E) ; or le produit des solutions d'une équation du second degré $ax^2 + bx + c = 0$ est égal à $\frac{c}{a}$, donc l'autre solution, notée α, vérifie : $\alpha \times 1 = \frac{3}{1}$, autrement dit $\alpha = 3$.

On en déduit que la fonction f a pour ensemble de définition $\mathbb{R}\setminus\{1\ ;\ 3\}$, c'est-à-dire $]-\infty\ ;\ 1[\ \cup\ ]1\ ;\ 3[\ \cup\ ]3\ ;\ +\infty[$.

• f étant une fonction rationnelle, elle est dérivable en tout réel de son ensemble de définition.

Pour tout réel x différent de 1 et de 3 :

$$f'(x) = \frac{2x(x^2-4x+3)-(x^2+1)(2x-4)}{(x^2-4x+3)^2}$$

$$= \frac{2x^3-8x^2+6x-2x^3-2x+4x^2+4}{(x^2-4x+3)^2}$$

$$= \frac{4(-x^2+x+1)}{(x^2-4x+3)^2},$$

donc le signe de $f'(x)$ est celui de $-x^2+x+1$.

Résolvons l'équation (E) du second degré :

$$-x^2+x+1=0.$$

Son discriminant Δ vérifie :

$$\Delta = 1^2 - 4\times(-1)\times 1 = 5\ ;$$

$\Delta > 0$, donc (E) admet deux solutions x_1 et x_2 :

$$x_1 = \frac{-1+\sqrt{5}}{2\times(-1)} = \frac{1-\sqrt{5}}{2},$$

$$x_2 = \frac{-1-\sqrt{5}}{2\times(-1)} = \frac{1+\sqrt{5}}{2}.$$

$\frac{1-\sqrt{5}}{2} \approx -0{,}62$, $\frac{1+\sqrt{5}}{2} \approx 1{,}62$.

Après avoir remarqué :

$$\frac{1-\sqrt{5}}{2} < 1 < \frac{1+\sqrt{5}}{2} < 3,$$

dressons le tableau de signes de $f'(x)$:

x	$-\infty$		$\frac{1-\sqrt{5}}{2}$		1		$\frac{1+\sqrt{5}}{2}$		3		$+\infty$
$f'(x)$		$-$	0	$+$	‖	$+$	0	$-$	‖	$-$	

On en déduit que f **est strictement décroissante sur chacun des intervalles** $\left]-\infty\ ;\ \frac{1-\sqrt{5}}{2}\right]$, $\left[\frac{1+\sqrt{5}}{2}\ ;\ 3\right[$ **et** $]3\ ;\ +\infty[$**, et strictement croissante sur chacun des intervalles** $\left[\frac{1-\sqrt{5}}{2}\ ;\ 1\right[$ **et** $\left]1\ ;\ \frac{1+\sqrt{5}}{2}\right]$.

Copie d'écran de calculatrice obtenue :

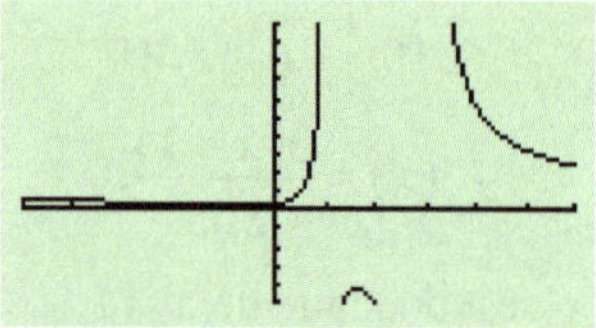

• en entrant :

Y1=(X²+1)÷(X²−4X+3)

• avec le cadrage :

$$-5 \leqslant x \leqslant 6,$$
$$-5 \leqslant y \leqslant 10.$$

6 $A = \frac{(5{,}012013014015016)^2+3}{3{,}012013014015016}$,

$$B = \frac{(5{,}012013014015017)^2+3}{3{,}012013014015017}.$$

La plupart des calculatrices utilisées dans une classe de 1re n'ont pas une précision suffisante pour comparer A et B.

Posons : $a = 5{,}012013014015016$ et $b = 5{,}012013014015017$;

alors A et B sont les images respectives de a et b par la fonction f :

$$x \mapsto \frac{x^2+3}{x-2}.$$

Étudions le sens de variation de la fonction f.

f est dérivable sur son ensemble de définition $]-\infty\ ;\ 2[\ \cup\ ]2\ ;\ +\infty[$ et, pour tout réel x différent de 2 :

$$f'(x) = \frac{2x(x-2)-(x^2+3)\times 1}{(x-2)^2}$$

$$= \frac{2x^2-4x-x^2-3}{(x-2)^2}$$

$$= \frac{x^2-4x-3}{(x-2)^2},$$

donc $f'(x)$ est du signe de x^2-4x-3.

Résolvons l'équation (E) du second degré : $x^2 - 4x - 3 = 0$.
Son discriminant Δ vérifie :

$$\Delta = (-4)^2 - 4 \times 1 \times (-3) = 28 ;$$

$\Delta > 0$, donc (E) admet deux solutions x_1 et x_2 :

$$x_1 = \frac{4 - \sqrt{28}}{2 \times 1} = \frac{4 - 2\sqrt{7}}{2} = 2 - \sqrt{7},$$

$$x_2 = \frac{4 + \sqrt{28}}{2 \times 1} = \frac{4 + 2\sqrt{7}}{2} = 2 + \sqrt{7}.$$

$2 - \sqrt{7} \approx -0{,}65$, $2 + \sqrt{7} \approx 4{,}65$.

Dressons le tableau de signes de $f'(x)$:

x	$-\infty$		$2-\sqrt{7}$		2		$2+\sqrt{7}$		$+\infty$
$f'(x)$		$+$	0	$-$	‖	$-$	0	$+$	

Les réels a et b appartiennent tous les deux à l'intervalle $[2 + \sqrt{7} ; +\infty[$ sur lequel f est strictement croissante, d'après le tableau précédent.
Comme, de plus : $a < b$, on peut affirmer :

$$f(a) < f(b),$$

c'est-à-dire : $\boldsymbol{A < B}$.
On a pu comparer $f(a)$ et $f(b)$ par cette méthode, car a et b appartiennent à un même intervalle de stricte monotonie de f.

7 1° Nous constatons sur le graphique que :

- $f'(-2) = f'(1) = f'(3) = 0$;
- pour tout x de $[-3 ; 5]$:
  si $x < -2$, alors $f'(x) < 0$,
  si $-2 < x < 1$, alors $f'(x) > 0$,
  si $1 < x < 3$, alors $f'(x) < 0$,
  si $x > 3$, alors $f'(x) > 0$.

On en déduit :

- **f est strictement décroissante sur chacun des intervalles $[-3 ; -2]$ et $[1 ; 3]$,**
- **f est strictement croissante sur chacun des intervalles $[-2 ; 1]$ et $[3 ; 5]$.**

2° f est dérivable sur $[-3 ; 5]$, donc $\mathscr{C}$ est « bien régulière », c'est-à-dire qu'elle admet une tangente en chacun de ses points ; pour tout x de $[-3 ; 5]$, $f'(x)$ est la pente de la tangente à $\mathscr{C}$ au point d'abscisse x.

En particulier :

- $f'(-2) = f'(1) = f'(3) = 0$, donc $\mathscr{C}$ admet une tangente horizontale en A, C et au point d'abscisse 1.
- $f'(0) = \frac{3}{2}$, donc la pente de la tangente en B est $\frac{3}{2}$.
- $f'(-3) = -\frac{1}{2}$ et $f'(5) = 1$, donc les tangentes à $\mathscr{C}$ aux points d'abscisses -3 et 5 ont respectivement pour pente $-\frac{1}{2}$ et 1.

Résumons tous ces renseignements dans un tableau :

x	-3		-2		0		1		3		5
$f'(x)$	$-\frac{1}{2}$	$-$	0	$+$	$\frac{3}{2}$	$+$	0	$-$	0	$+$	1
f		↘	$\frac{3}{2}$	↗	3	↗		↘	$\frac{3}{2}$	↗	

On constate que le minimum de f sur $[-3 ; 5]$ est $\frac{3}{2}$,

il est atteint en -2 et 3 :

$$f(-2) = f(3) = \frac{3}{2}.$$

Utilisons tous les résultats obtenus pour tracer l'allure de $\mathscr{C}$:

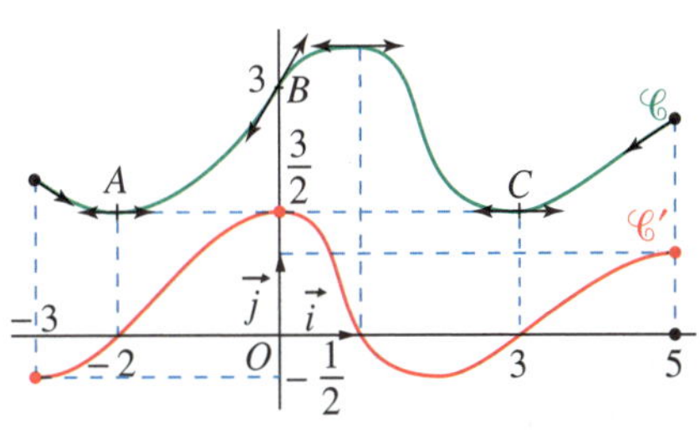

Minimum, maximum, extremum

8 $f : x \mapsto x^4 - 4x + 2$.

f est une fonction polynôme, elle est définie et dérivable sur $\mathbb{R}$.

Pour tout réel x :

$$f'(x) = 4x^3 - 4 = 4(x^3 - 1),$$

donc le signe de $f'(x)$ est celui de $x^3 - 1$;

or la fonction $x \mapsto x^3 - 1$ est strictement croissante sur $\mathbb{R}$ et s'annule en 1,

donc $x^3 - 1$ et $x - 1$ ont le même signe ;

on en déduit le tableau suivant :

x	$-\infty$		1		$+\infty$
$f'(x)$		$-$	0	$+$	

Par conséquent, f est strictement décroissante sur $]-\infty\,;1]$ et strictement croissante sur $[1\,;+\infty[$, ce qui implique que f admet $f(1)$ pour minimum sur $\mathbb{R}$ (et que 1 est le seul réel en lequel f atteint ce minimum).

$f(1) = -1$, donc, finalement :

f admet -1 pour minimum sur $\mathbb{R}$.

-1 est le minimum (absolu) de f sur $\mathbb{R}$; on peut remarquer que -1 est également le seul minimum relatif de f sur $\mathbb{R}$.

Copie d'écran de calculatrice obtenue :

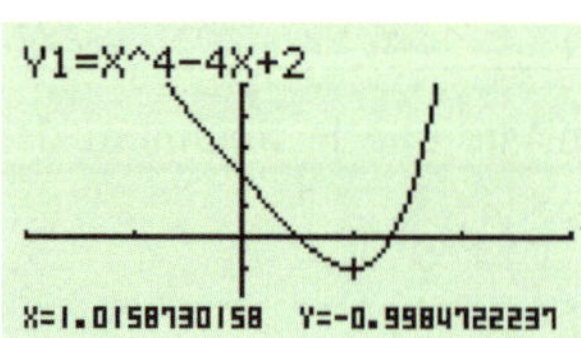

• en entrant :

Y1=X^4-4X+2

• avec le cadrage :

$$-2 \leqslant x \leqslant 3,$$
$$-3 \leqslant y \leqslant 6.$$

9 $f : x \mapsto 2x^3 - \frac{1}{2}x^2 - 2x + 1$.

En tant que polynôme, la fonction f est définie, dérivable sur $\mathbb{R}$.

Pour tout réel x : $f'(x) = 6x^2 - x - 2$.

Soit Δ le discriminant du polynôme du second degré f' :

$\Delta = (-1)^2 - 4 \times 6 \times (-2) = 1 + 48 = 49$;

$\Delta > 0$, donc f' admet deux racines distinctes x_1 et x_2 :

$$x_1 = \frac{-(-1) - \sqrt{49}}{2 \times 6} = \frac{1-7}{2 \times 6} = -\frac{1}{2},$$

$$x_2 = \frac{-(-1) + \sqrt{49}}{2 \times 6} = \frac{1+7}{2 \times 6} = \frac{2}{3}.$$

Pour tout réel x :

$$f'(x) = 6\left(x + \frac{1}{2}\right)\left(x - \frac{2}{3}\right).$$

Nous sommes en mesure de dresser le tableau de variation de f sur $[-1\,;1]$ (en n'y consignant que les renseignements utiles pour répondre à la question posée) :

x	-1		$-\frac{1}{2}$		$\frac{2}{3}$		1
$f'(x)$		$+$	0	$-$	0	$+$	
f		↗		↘		↗	

Penser à vérifier :

$$-1 < -\frac{1}{2} < \frac{2}{3} < 1.$$

On en déduit que le maximum de f sur $[-1\,;1]$ est le plus grand des deux nombres $f\left(-\frac{1}{2}\right)$ et $f(1)$, or :

• $f\left(-\frac{1}{2}\right) = 2 \times \left(-\frac{1}{2}\right)^3 - \frac{1}{2} \times \left(-\frac{1}{2}\right)^2 - 2 \times \left(-\frac{1}{2}\right) + 1$

$$= -\frac{1}{4} - \frac{1}{8} + 2$$

$$= \frac{13}{8},$$

• $f(1) = 2 - \frac{1}{2} - 2 + 1 = \frac{1}{2},$

• $\frac{13}{8} > \frac{1}{2},$

donc le maximum de f sur $[-1\,;1]$ est $\frac{13}{8}$.

Copie d'écran de calculatrice obtenue :

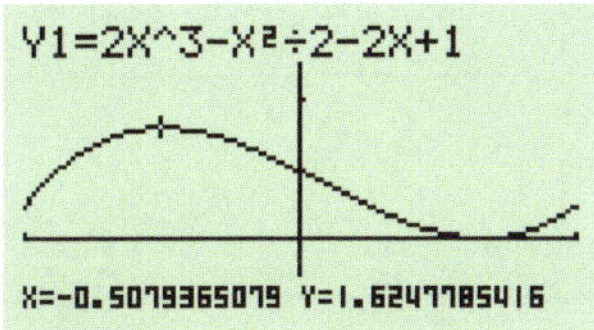

• en entrant :

Y1=2X^3-X²÷2-2X+1

• avec le cadrage :

$$-1 \leqslant x \leqslant 1,$$
$$-1 \leqslant y \leqslant 3.$$

10 $f : x \mapsto x^3 - x^2 - x.$

1° La fonction f est un polynôme, donc f est dérivable sur $\mathbb{R}$.

Pour tout réel x :

$$f'(x) = 3x^2 - 2x - 1.$$

Le polynôme du second degré f' admet pour discriminant le réel Δ tel que :

$\Delta = (-2)^2 - 4 \times 3 \times (-1) = 4 + 12 = 16.$

$\Delta > 0$, donc les racines de f' sont les réels x_1 et x_2 définis par :

$$x_1 = \frac{-(-2) - \sqrt{16}}{2 \times 3} = \frac{2-4}{2 \times 3} = -\frac{1}{3},$$

$$x_2 = \frac{-(-2) + \sqrt{16}}{2 \times 3} = \frac{2+4}{2 \times 3} = 1.$$

On pouvait aussi ne pas mettre en œuvre la méthode standard basée sur le discriminant en observant que 1 est solution de l'équation. L'autre solution α vérifie alors : $1 \times \alpha = \frac{-1}{3}$ (le produit des racines d'un polynôme du second degré est égal au quotient du coefficient constant par le coefficient du terme de degré 2), donc $\alpha = -\frac{1}{3}$.

On en déduit, pour tout réel x :

$$f'(x) = 3\left(x + \frac{1}{3}\right)(x-1)$$

donc :

• $f'\left(-\frac{1}{3}\right) = f'(1) = 0,$

• si $x < -\frac{1}{3}$ ou $x > 1$, alors $f'(x) > 0$,

• si $-\frac{1}{3} < x < 1$, alors $f'(x) < 0$.

De plus :

$$f\left(-\frac{1}{3}\right) = -\frac{1}{27} - \frac{1}{9} + \frac{1}{3} = \frac{-1-3+9}{27} = \frac{5}{27},$$

$$f\left(-\frac{1}{3}\right) \approx 0{,}185 \text{ à } 10^{-3} \text{ près},$$

$$f(1) = -1.$$

On obtient le tableau de variation suivant :

x	$-\infty$		$-\frac{1}{3}$		1		$+\infty$
$f'(x)$		$+$	0	$-$	0	$+$	
$f(x)$		↗	$\frac{5}{27}$	↘	-1	↗	

2° a) x appartient à $[0 ; 1]$.

$-\frac{1}{3} \leqslant 0 \leqslant 1$ et f est décroissante sur $\left[-\frac{1}{3} ; 1\right]$,

$[0 ; 1]$ est inclus dans $\left[-\frac{1}{3} ; 1\right]$, ce qui se note :

$$[0 ; 1] \subset \left[-\frac{1}{3} ; 1\right]$$

donc f admet sur $[0 ; 1]$ pour minimum $f(1)$ et pour maximum $f(0)$, c'est-à-dire pour minimum -1 et pour maximum 0.

Pour bien visualiser la situation, on peut s'aider du tableau suivant :

x	$-\frac{1}{3}$		0		1
$f(x)$	$\frac{5}{27}$	↘	0	↘	-1

Sachant que x appartient à $[0 ; 1]$, le meilleur encadrement de $f(x)$ est donc le suivant :

$$-1 \leqslant f(x) \leqslant 0.$$

On parle de « meilleur encadrement » au sens où il n'existe pas d'encadrement d'amplitude plus petite, puisque $f(1) = -1$ et $f(0) = 0$.

b) x appartient à $[-1\ ;\ 0]$.

On a les inégalités : $-1 \leqslant -\dfrac{1}{3} \leqslant 0 \leqslant 1$.

La fonction f n'est pas monotone sur $[-1\ ;\ 0]$.

• La fonction f est croissante sur $\left[-1\ ;\ -\dfrac{1}{3}\right]$,

$$\left[-1\ ;\ -\frac{1}{3}\right] \subset \left]-\infty\ ;\ -\frac{1}{3}\right]$$

et : $f(-1) = -1 - 1 + 1 = -1$,

$$f\left(-\frac{1}{3}\right) = \frac{5}{27},$$

donc, sur $\left[-1\ ;\ -\dfrac{1}{3}\right]$, f admet pour minimum -1 et pour maximum $\dfrac{5}{27}$.

• La fonction f est décroissante sur $\left[-\dfrac{1}{3}\ ;\ 0\right]$ et :

$$f\left(-\frac{1}{3}\right) = \frac{5}{27},\quad f(0) = 0,$$

donc, sur $\left[-\dfrac{1}{3}\ ;\ 0\right]$, f admet pour minimum 0 et pour maximum $\dfrac{5}{27}$.

On en déduit que f admet sur $[-1\ ;\ 0]$ pour minimum -1 et pour maximum $\dfrac{5}{27}$. Donc, **sachant que x appartient à $[-1\ ;\ 0]$, le meilleur encadrement de $f(x)$ est le suivant :**

$$\mathbf{-1 \leqslant f(x) \leqslant \frac{5}{27}}.$$

c) x appartient à $[-2\ ;\ 2]$.

La fonction f n'est pas monotone sur $[-2\ ;\ 2]$.

On a les égalités :

$$f(-2) = (-2)^3 - (-2)^2 + 2$$
$$= -8 - 4 + 2$$
$$= -10,$$
$$f(2) = 2^3 - 2^2 - 2 = 8 - 4 - 2 = 2,$$

d'où les inégalités :

$$f(-2) < -1 < \frac{5}{27} < 2.$$

Par un raisonnement analogue à celui mené dans la question précédente, on obtient que f admet sur $[-2\ ;\ 2]$ pour minimum -10 et pour maximum 2.

Pour bien visualiser la situation, on peut s'aider du tableau suivant :

x	-2		$-\frac{1}{3}$		1		2
$f'(x)$		$+$	0	$-$	0	$+$	
$f(x)$	-10	↗	$\frac{5}{27}$	↘	-1	↗	2

Donc, **sachant que x appartient à $[-2\ ;\ 2]$, le meilleur encadrement de $f(x)$ est le suivant :**

$$\mathbf{-10 \leqslant f(x) \leqslant 2.}$$

11 $a \in [5{,}2\ ;\ 5{,}3]$.

1° • $5{,}2 \leqslant a \leqslant 5{,}3$ et la fonction $x \mapsto x^3$ est croissante,

($x \mapsto x^3$ est dérivable sur $\mathbb{R}$, sa dérivée $x \mapsto 3x^2$ est positive sur $\mathbb{R}$)

donc : $(5{,}2)^3 \leqslant a^3 \leqslant (5{,}3)^3$,

c'est-à-dire : $\mathbf{140{,}608 \leqslant a^3 \leqslant 148{,}877.}$

• $5{,}2 \leqslant a \leqslant 5{,}3$ et la fonction $x \mapsto -8x^2$ est décroissante sur $[0\ ;\ +\infty[$,

(car $x \mapsto x^2$ est croissante sur $[0\ ;\ +\infty[$ et $-8 < 0$)

donc :

$$-8 \times (5{,}3)^2 \leqslant -8a^2 \leqslant -8 \times (5{,}2)^2,$$

c'est-à-dire :

$$\mathbf{-224{,}72 \leqslant -8a^2 \leqslant -216{,}32.}$$

En additionnant membre à membre les deux encadrements précédents, on obtient :

$$\mathbf{-84{,}112 \leqslant a^3 - 8a^2 \leqslant -67{,}443.}$$

2° $f : x \mapsto x^3 - 8x^2$

• La fonction f étant un polynôme, elle est dérivable sur $\mathbb{R}$.

Pour tout réel x :

$$f'(x) = 3x^2 - 8 \times 2x = 3x^2 - 16x$$
$$= x(3x - 16).$$

f' est un polynôme du second degré qui admet pour racines 0 et $\dfrac{16}{3}$.

x	$-\infty$		0		$\frac{16}{3}$		$+\infty$
$f'(x)$		$+$	0	$-$	0	$+$	

On en déduit :
pour tout x appartenant à $\left[0\ ;\ \frac{16}{3}\right]$, $f'(x) \leqslant 0$,
ce qui prouve que **f est décroissante sur $\left[0\ ;\ \frac{16}{3}\right]$**.

• $\frac{16}{3} \approx 5{,}333$ à 10^{-3} près, donc on peut écrire :

$$0 \leqslant 5{,}2 \leqslant a \leqslant 5{,}3 \leqslant \frac{16}{3},$$

d'où, la fonction f étant décroissante sur $\left[0\ ;\ \frac{16}{3}\right]$:

$$f(5{,}3) \leqslant f(a) \leqslant f(5{,}2),$$

c'est-à-dire, après calculs :

$$\mathbf{-75{,}843 \leqslant a^3 - 8a^2 \leqslant -75{,}712.}$$

Penser à éditer la fonction f dans la calculatrice pour obtenir les images par f de 5,2 et 5,3.

3° • $-67{,}443 - (-84{,}112)$
$= 84{,}112 - 67{,}443 = 16{,}669$,
donc **l'encadrement obtenu à la question 1° a pour amplitude 16,669**.
• $-75{,}712 - (-75{,}843)$
$= 75{,}843 - 75{,}712 = 0{,}131$,
donc **l'encadrement obtenu à la question 2° a pour amplitude 0,131**.
L'amplitude du second encadrement obtenu est inférieure à celle du premier, donc la seconde méthode s'est révélée plus efficace.

La méthode algébrique est moins performante, car les fonctions $x \mapsto x^3$ et $x \mapsto -8x^2$ ont des sens de variation contraires sur [5,2 ; 5,3].

Comparaison de fonctions

12 1° a) **Si n est égal à 1, alors, pour tout réel x positif ou nul :**

$$x^n - 1 = x^1 - 1 = x - 1,$$
$$n(x-1) = 1 \times (x-1) = x - 1,$$

donc on a bien : $\mathbf{x^n - 1 \geqslant n(x-1)}$.

b) $\mathbf{n \geqslant 2}$, $f : x \mapsto x^n - 1 - n(x-1)$.
• La fonction f est un polynôme, donc f est dérivable sur $\mathbb{R}$.
Pour tout réel x :

$$f'(x) = nx^{n-1} - n \times 1 = n(x^{n-1} - 1).$$

De plus, la fonction $x \mapsto x^{n-1} - 1$ est strictement croissante sur $[0\ ;+\infty[$ et s'annule en 1.

Si $n = 2$, alors $x \mapsto x^{n-1} - 1$ est la fonction affine $x \mapsto x - 1$,
si $n \geqslant 3$, alors $x \mapsto x^{n-1} - 1$ a pour dérivée $x \mapsto (n-1)x^{n-2}$, qui est positive sur $[0\ ;+\infty[$ et ne s'annule qu'en 0.

On en déduit :
si $0 \leqslant x < 1$, alors $f'(x) < 0$,
si $x = 1$, alors $f'(x) = 0$,
si $x > 1$, alors $f'(x) > 0$.

Enfin :
$f(0) = 0^n - 1 - n \times (-1) = -1 + n = n - 1$,
$f(1) = 1^n - 1 - n \times (1-1) = 1 - 1 = 0$.

x	0		1		$+\infty$
$f'(x)$		$-$	0	$+$	
$f(x)$	$n-1$	↘	0	↗	

• D'après le tableau de variation précédent, la fonction f admet pour minimum 0 sur $[0\ ;+\infty[$, ce qui permet de conclure : **pour tout x de $[0\ ;+\infty[$, $f(x) \geqslant 0$.**
• Cette dernière relation peut s'écrire :
pour tout x de $[0\ ;+\infty[$,

$$x^n - 1 - n(x-1) \geqslant 0,$$

ce qui équivaut à :
pour tout x de $[0\ ;+\infty[$,

$$\mathbf{x^n - 1 \geqslant n(x-1).}$$

2° $n \geqslant 2$, g définie sur $[0\ ;+\infty[$ par $g(x) = x^n$.

a) La fonction g est dérivable sur $[0\ ;+\infty[$ et, pour tout x de cet intervalle :

$$g'(x) = nx^{n-1}.$$

On a : $g(1) = 1$, $g'(1) = n \times 1^{n-1} = n$,
et **la tangente $\mathcal{T}$ à la courbe représentative $\mathcal{C}$ de g en son point d'abscisse 1 admet pour équation :**

$$y - g(1) = g'(1)(x-1)$$

c'est-à-dire : $y - 1 = n(x-1)$,
ou encore : $\mathbf{y = n(x-1) + 1}$.

b) D'après la question **1° b)** :

pour tout x de $[0\,;+\infty[$, $x^n \geqslant n(x-1)+1$,

c'est-à-dire :

pour tout x de $[0\,;+\infty[$,

$$g(x) \geqslant n(x-1)+1.$$

On en déduit que **la courbe $\mathscr{C}$ est située au-dessus de sa tangente $\mathscr{T}$.**

13 **1°** $f : x \mapsto x - \sin(x)$.

La fonction f est définie et dérivable sur $\mathbb{R}$ et, pour tout réel x :

$$f'(x) = 1 - \cos(x),$$

donc : $$f'(x) \geqslant 0,$$

ce qui prouve que **f est croissante sur $\mathbb{R}$.**

D'autre part : $f(0) = -\sin(0) = 0$.

x	$-\infty$	0	$+\infty$
$f(x)$	↗	0	↗

f est croissante sur $\mathbb{R}$ et s'annule en 0, donc f est négative sur $]-\infty\,;0]$ et positive sur $[0\,;+\infty[$:

pour tout x de $]-\infty\,;0]$, $x - \sin(x) \leqslant 0$,

pour tout x de $[0\,;+\infty[$, $x - \sin(x) \geqslant 0$,

autrement dit :

pour tout x de $]-\infty\,;0]$, $\sin(x) \geqslant x$,

pour tout x de $[0\,;+\infty[$, $\sin(x) \leqslant x$.

2° $\mathscr{C}$: $y = \sin(x)$.

• Une des équations de la tangente Δ à la courbe représentative $\mathscr{C}$ de la fonction sinus en son point d'abscisse 0 est :

$$y = \sin'(0)(x-0) + \sin(0),$$

or : $\sin(0) = 0$, $\sin'(0) = \cos(0) = 1$,

donc le point de $\mathscr{C}$ d'abscisse 0 est l'origine O du repère et **Δ admet pour equation : $y = x$.**

• D'après les résultats de la question **1°** :

$\mathscr{C}$ est située au-dessus de Δ dans le demi-plan d'inéquation $x \leqslant 0$;

$\mathscr{C}$ est située en dessous de Δ dans le demi-plan d'inéquation $x \geqslant 0$.

On dit que la courbe $\mathscr{C}$ « traverse sa tangente » à l'origine O.

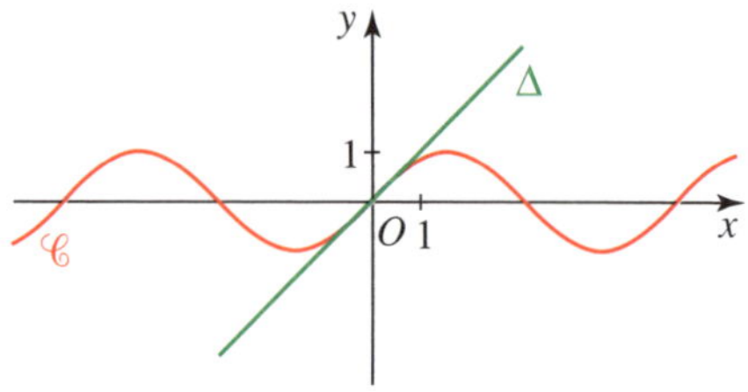

14 $f : x \mapsto \dfrac{1}{6}x^3 - x^2 + x + \dfrac{5}{3}$.

1° La fonction f est un polynôme, donc f est dérivable sur $\mathbb{R}$.

Pour tout réel x :

$$f'(x) = \frac{1}{6} \times 3x^2 - 2x + 1 = \frac{1}{2}x^2 - 2x + 1.$$

On a :

$$f(2) = \frac{8}{6} - 4 + 2 + \frac{5}{3} = 1,$$

$$f'(2) = \frac{4}{2} - 4 + 1 = -1,$$

donc **la tangente $\mathscr{T}$ à la courbe représentative $\mathscr{C}$ de f en son point d'abscisse 2 admet pour équation :**

$$y - 1 = (-1) \times (x-2),$$

> formule du cours :
> $$y - f(a) = f'(a)(x-a)$$

ou encore : $\boldsymbol{y = -x + 3}$.

2° $g : x \mapsto f(x) + x - 3$.

a) • La fonction g est dérivable sur $\mathbb{R}$ et, pour tout réel x :

$$g'(x) = f'(x) + 1$$
$$= \frac{1}{2}x^2 - 2x + 2$$
$$= \frac{1}{2}(x^2 - 4x + 4),$$

donc : $$g'(x) = \frac{1}{2}(x-2)^2.$$

> Pour tous réels a et b,
> $$a^2 - 2ab + b^2 = (a-b)^2$$

On en déduit :

$$g'(2) = 0,$$

pour tout réel x distinct de 2, $g'(x) > 0$, ce qui prouve que **g est strictement croissante sur $\mathbb{R}$.**

• Comme, de plus :

$$g(2) = f(2) + 2 - 3 = 1 - 1 = 0,$$

on obtient :

$$\begin{cases} \textbf{pour tout } x \textbf{ de }]-\infty\ ;\ 2[,\ g(x) < 0, \\ g(2) = 0, \\ \textbf{pour tout } x \textbf{ de }]2\ ;\ +\infty[,\ g(x) > 0. \end{cases}$$

x	$-\infty$	2	$+\infty$
$g(x)$	↗	0	↗

b) $\mathscr{C}$ est la courbe d'équation $y = f(x)$, $\mathscr{T}$ la droite d'équation $y = -x + 3$; de plus, d'après la question précédente :

$$\begin{cases} \text{si } x < 2, \text{ alors } f(x) < -x + 3, \\ \text{si } x = 2, \text{ alors } f(x) = -x + 3, \\ \text{si } x > 2, \text{ alors } f(x) > -x + 3. \end{cases}$$

On en déduit que $\mathscr{C}$ **et** $\mathscr{T}$ **ont un seul point commun, le point** $A(2\ ;\ 1)$**,** et que $\mathscr{C}$ **est située en dessous de** $\mathscr{T}$ **dans le demi-plan d'inéquation** $x < 2$**, au-dessus dans le demi-plan d'inéquation** $x > 2$**.**

On dit que $\mathscr{C}$ traverse sa tangente au point A.

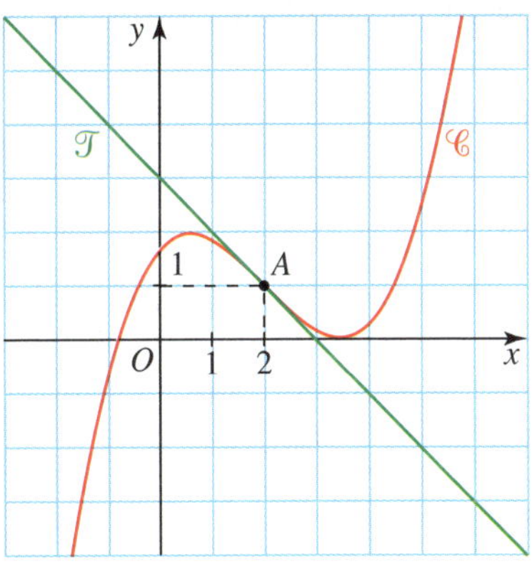

Les interrogations écrites

15 $f : x \mapsto x - 2\sqrt{x}$.

La fonction f est la différence des fonctions $x \mapsto x$ et $x \mapsto 2\sqrt{x}$, toutes deux dérivables sur $]0\ ;+\infty[$, donc f est dérivable sur $]0\ ;+\infty[$.

Pour tout réel x strictement positif :

$$f'(x) = 1 - 2 \times \frac{1}{2\sqrt{x}} = 1 - \frac{1}{\sqrt{x}} = \frac{\sqrt{x} - 1}{\sqrt{x}},$$

donc $f'(x)$ est du signe de $\sqrt{x} - 1$, c'est-à-dire :

$$\begin{cases} f'(1) = 0, \\ \text{si } 0 < x < 1, \text{ alors } f'(x) < 0, \\ \text{si } x > 1, \text{ alors } f'(x) > 0. \end{cases}$$

$x \mapsto \sqrt{x} - 1$ est une fonction strictement croissante qui s'annule en 1.

On en déduit que **la fonction f est strictement décroissante sur $]0\ ;1]$ et strictement croissante sur $[1\ ;+\infty[$.**

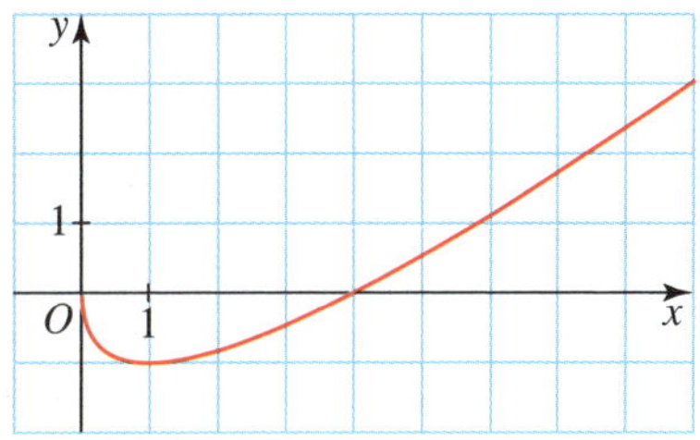

On n'a étudié le sens de variation de f que sur $]0\ ;+\infty[$, alors que f définie sur $[0\ ;+\infty[$. On pourrait prouver que f est strictement décroissante sur $[0\ ;1]$.

16 $A = 0{,}999\,998 + \dfrac{1}{0{,}999\,998}$

et $B = 0{,}999\,999 + \dfrac{1}{0{,}999\,999}$.

Lorsque l'on édite le calcul de A et B sur une calculatrice de niveau Lycée, on obtient 2 à l'affichage…

Posons :

$$a = 0{,}999\,998 \quad \text{et} \quad b = 0{,}999\,999.$$

Alors : $A = f(a)$, $B = f(b)$, où f est la fonction $x \mapsto x + \dfrac{1}{x}$.

La fonction f est définie sur chacun des intervalles $]-\infty\ ;0[$, $]0\ ;+\infty[$.

L'idée est d'étudier le sens de variation de f sur $]0\ ;+\infty[$, intervalle où se trouvent a et b.

Comme somme des fonctions $x \mapsto x$ et $x \mapsto \dfrac{1}{x}$, toutes deux dérivables sur $]0\ ;+\infty[$, f est dérivable sur $]0\ ;+\infty[$.

Pour tout réel x strictement positif :

$$f'(x) = 1 - \frac{1}{x^2} = \frac{x^2-1}{x^2} = \frac{x+1}{x^2}(x-1),$$

$x+1>0$ et $x^2>0$

donc $f'(x)$ est du signe de $x-1$, et en particulier :

$f'(1)=0$

si $0<x<1$, alors $f'(x)<0$,

ce qui prouve que f est strictement décroissante sur $]0\,;\,1]$.

Des inégalités : $0<a<b<1$, on déduit : $f(a)>f(b)$, autrement dit :

$$\boldsymbol{A > B}.$$

À 10^{-12} près :

$A \approx 2{,}000\,000\,000\,004$,

$B \approx 2{,}000\,000\,000\,001$.

17 $f : x \mapsto \dfrac{6x^2-9x+4}{x^3}$.

1° La fonction f est une fonction rationnelle, donc **l'ensemble de dérivabilité de f est son ensemble de définition $\mathbb{R}^*$.**

Pour tout réel x non nul :

$$f'(x)$$

$$= \frac{(12x-9)\times x^3 - (6x^2-9x+4)\times 3x^2}{(x^3)^2}$$

$$= \frac{3x^2((4x-3)\times x - (6x^2-9x+4))}{x^6}$$

$$= \frac{3(4x^2-3x-6x^2+9x-4)}{x^4}$$

$$= \frac{3(-2x^2+6x-4)}{x^4},$$

et finalement :

$$\boldsymbol{f'(x) = \frac{6(-x^2+3x-2)}{x^4}},$$

ce qui met en évidence que **$f'(x)$ est du signe de $-x^2+3x-2$.**

Pour tout réel x non nul, $x^4>0$.

2° Le polynôme du second degré $x \mapsto -x^2+3x-2$ admet pour discriminant le réel Δ tel que :

$$\Delta = 3^2 - 4\times(-1)\times(-2) = 9-8 = 1.$$

$\Delta>0$, donc les racines de ce polynôme sont les réels x_1 et x_2 définis par :

$$x_1 = \frac{-3-\sqrt{1}}{2\times(-1)} = \frac{-3-1}{-2} = 2,$$

$$x_2 = \frac{-3+\sqrt{1}}{2\times(-1)} = \frac{-3+1}{-2} = 1.$$

On pouvait aussi ne pas mettre en œuvre la méthode standard basée sur le discriminant en observant que 1 est racine du polynôme.

L'autre racine α vérifie alors : $1\times\alpha = \dfrac{-2}{-1}$

(le produit des racines est égal au quotient du coefficient constant par le coefficient du terme de degré 2), donc $\alpha = 2$.

On en déduit, pour tout réel x :

- si $x=1$ ou $x=2$, alors
  $-x^2+3x-2=0$,
- si $x<1$ ou $x>2$, alors
  $-x^2+3x-2<0$,
- si $1<x<2$, alors
  $-x^2+3x-2>0$,

le coefficient du terme de degré 2 du polynôme $x \mapsto -x^2+3x-2$ est strictement négatif, donc ce polynôme prend des valeurs positives entre ses racines 1 et 2

ce qui permet de donner le signe de f' sur $]0\,;+\infty[$:

- si $x=1$ ou $x=2$, alors $f'(x)=0$,
- si $0<x<1$ ou $x>2$, alors $f'(x)<0$,
- si $1<x<2$, alors $f'(x)>0$.

On peut donc affirmer que **f est strictement croissante sur $[1\,;\,2]$ et strictement décroissante sur chacun des intervalles $]0\,;\,1]$, $[2\,;+\infty[$.**

On a : $f(1) = \dfrac{6-9+4}{1} = 1$,

$$f(2) = \frac{6\times4-18+4}{8} = \frac{10}{8} = \frac{5}{4} = 1{,}25.$$

On est en mesure de dresser le tableau de variation de f sur $]0\,;+\infty[$:

x	0		1		2		$+\infty$
$f'(x)$	‖	$-$	0	$+$	0	$-$	
$f(x)$	‖	↘	1	↗	$\frac{5}{4}$	↘	

3° La fonction f n'est pas monotone sur $[1\,;4]$.

• La fonction f est croissante sur $[1\,;2]$,

et : $f(1)=1,\quad f(2)=\dfrac{5}{4}$,

donc, sur $[1\,;2]$, f admet pour minimum 1 et pour maximum $\dfrac{5}{4}$.

• La fonction f est décroissante sur $[2\,;4]$, et :

$$f(2)=\frac{5}{4},$$

$$f(4)=\frac{6\times16-9\times4+4}{4^3}$$

$$=\frac{6\times4-9+1}{4^2}$$

$$=\frac{6-2}{4}$$

$$=1,$$

donc, sur $[2\,;4]$, f admet aussi pour minimum 1 et pour maximum $\dfrac{5}{4}$.

Pour bien visualiser la situation, on peut s'aider du tableau suivant :

x	1	2	4
$f(x)$	1 ↗	$\frac{5}{4}$	↘ 1

On en déduit que **le minimum de f sur $[1\,;4]$ est 1 et que le maximum est $\dfrac{5}{4}$.**

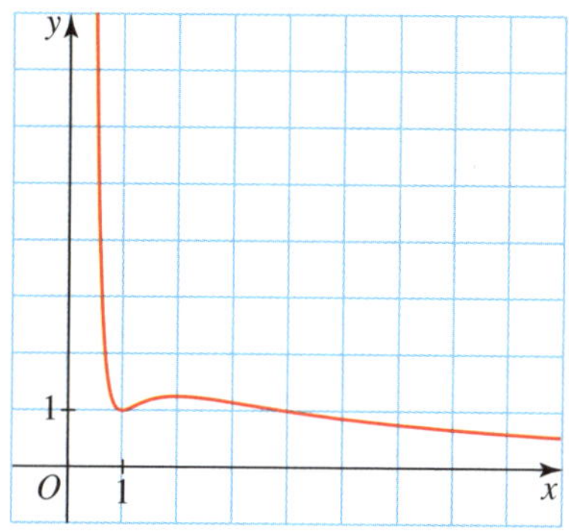

CHAPITRE 6

Fonctions et problèmes

EXERCICES

Étude de fonctions

1 ★ 10 min *(corrigés p. 139)*

On considère la fonction f définie sur $[-3\ ;\ 3]$ par $f(x) = \frac{1}{4}x^4 + \frac{1}{3}x^3 - x^2$.

1° Étudier le sens de variation de f.

2° Reprendre l'*exercice* 13 du *chapitre* 1 et répondre à la question **2°** de cet exercice.

2 ★★ 20 min *(corrigés p. 139)*

On considère la fonction f définie sur $[1\ ;\ +\infty[$ par $f(x) = \frac{x}{2} - 1 + \frac{2}{x}$.

On note $\mathscr{C}$ la courbe représentative de f et Δ la droite d'équation $y = \frac{x}{2} - 1$.

1° Étudier le sens de variation de f.

2° Soit x un réel quelconque de $[1\ ;\ +\infty[$.

On note M le point de $\mathscr{C}$ et P le point de Δ tous deux de même abscisse x.

a) Calculer $y_M - y_P$.

b) Quel est le signe de $y_M - y_P$?

Comment peut-on interpréter graphiquement ce résultat ?

c) Que devient $y_M - y_P$ lorsque x prend de très grandes valeurs ?

Tracer Δ et $\mathscr{C}$.

3 ★★ 20 min *(corrigés p. 140)*

On considère la fonction f définie sur $\mathbb{R}^*$ par $f(x) = x + \frac{4}{x}$.

On note $\mathscr{C}$ la courbe représentative de f et Δ la droite d'équation $y = x$.

1° Démontrer que f est impaire.

Interpréter graphiquement ce résultat.

2° Étudier le sens de variation de f.

3° Soit x un réel non nul quelconque.

On note M le point de $\mathscr{C}$ d'abscisse x et P le point de Δ de même abscisse x.

a) Calculer $y_M - y_P$.

b) Quel est le signe de $y_M - y_P$?
Comment peut-on interpréter graphiquement ce résultat ?
c) Que devient $y_M - y_P$ lorsque x prend de très grandes valeurs ?
4° Tracer Δ et $\mathscr{C}$.

4 ★★ 30 min

(corrigés p. 141)

Soit f la fonction : $[-3\ ;\ 4] \to \mathbb{R}$

$$x \mapsto \frac{3(2x-1)}{2x^2-2x+5}.$$

1° Vérifier que f est définie sur $[-3\ ;\ 4]$ et justifier que, pour tout x de $[-3\ ;\ 4]$, $f(x)$ est du signe de $2x-1$.
2° Déterminer le sens de variation de f, puis dresser son tableau de variation.
3° Démontrer que le point $A\left(\frac{1}{2}\ ;\ 0\right)$ est centre de symétrie de $\mathscr{C}_f$.
4° Tracer $\mathscr{C}_f$ en prenant pour unités graphiques 1 cm sur (Ox), 4 cm sur (Oy).

5 ★★ 30 min

(corrigés p. 143)

Soit f la fonction : $x \mapsto 3x^3 - 4x - 1$.
1° Étudier le sens de variation de f.
2° a) Déterminer une équation de la tangente T à $\mathscr{C}_f$ en son point I d'abscisse 0.
b) Étudier la position de $\mathscr{C}_f$ par rapport à T.
c) Démontrer que I est centre de symétrie de $\mathscr{C}_f$.
3° a) Pour tout réel x, développer le produit $(x+1)(3x^2-3x-1)$.
b) En déduire les abscisses des points d'intersection de $\mathscr{C}_f$ et de la droite des abscisses.
4° Tracer T et $\mathscr{C}_f$.
5° Déterminer graphiquement le nombre $N(m)$ de solutions de l'équation $f(x) = m$ suivant les valeurs du réel m (présenter les résultats dans un tableau).

6 ★★★ 30 min

(corrigés p. 145)

Soit f la fonction : $x \mapsto \sqrt{x} + \sqrt{4-x}$.
1° Déterminer l'ensemble de définition de f.
2° Démontrer que la droite Δ d'équation $x = 2$ est un axe de symétrie de $\mathscr{C}_f$.
3° a) Démontrer que, pour tout h de $]0\ ;\ 4[$, le taux de variation de f entre 0 et h est égal à :

$$\frac{1}{\sqrt{h}} - \frac{1}{\sqrt{4-h}+2}.$$

En déduire que f n'est pas dérivable en 0. La courbe $\mathscr{C}_f$ admet-elle une tangente en son point d'abscisse 0 ?
b) Justifier que f n'est pas dérivable en 4 et que $\mathscr{C}_f$ admet une tangente verticale en son point d'abscisse 4.
4° On admet que, si pour tout x de $]0\ ;\ 4[$:

$$u(x) = \sqrt{4-x}$$

alors

$$u'(x) = \frac{-1}{2\sqrt{4-x}}.$$

Pour tout x de $]0\ ;\ 4[$, déterminer $f'(x)$.
5° Déterminer le sens de variation de f, dresser son tableau de variation.
6° Tracer $\mathscr{C}_f$.

Demi-cercle

7 ★★ 20 min (corrigés p. 147)

On rappelle que le cercle de centre I et de rayon R $(R \geqslant 0)$ admet pour équation :

$$(x - x_I)^2 + (y - y_I)^2 = R^2.$$

1° Justifier que le demi-cercle sur la figure ci-dessous est la courbe représentative de la fonction f :

$$x \mapsto \sqrt{1 - x^2}.$$

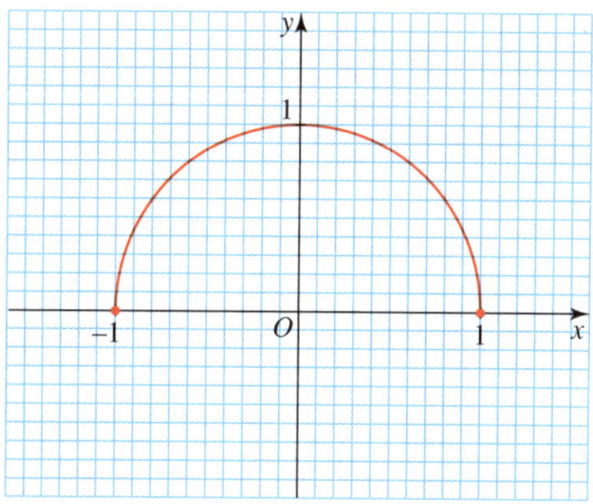

2° Tracer la courbe représentative de chacune des fonctions proposées :

$$f_1 : x \mapsto -\sqrt{1 - x^2},$$

$$f_2 : x \mapsto -\sqrt{4 - x^2},$$

$$f_3 : x \mapsto \sqrt{2x - x^2}.$$

Optimisation

8 ★★ 20 min (corrigés p. 148)

Un livre doit contenir, par page, 500 cm^2 de texte imprimé.

Chaque page est rectangulaire et possède des marges gauche et droite de 4 cm, des marges inférieure et supérieure de 5 cm.

Quelles sont les dimensions d'une page du livre si l'on veut que la consommation de papier soit minimale ?

9 ★ 15 min (corrigés p. 149)

Dans chacun des cas suivants, trouver une solution de l'équation (E) proposée, puis démontrer que c'est la seule.

1° (E) : $x + 2x^3 + 4x^5 = -7$.

2° (E) : $\frac{1}{\sqrt{x}} + \frac{1}{x^2} = 2$.

3° (E) : $x^2\sqrt{x} = 32$.

4° (E) : $2x - \cos(x) = \pi$.

10 ★★ 15 min (corrigés p. 151)

f est la fonction étudiée dans l'*exercice* 17 du *chapitre* 5.

1° Résoudre l'équation (E_1) :

$$f(x) = 1.$$

2° Calculer $f\left(\frac{1}{2}\right)$,

puis résoudre l'équation (E_2) :

$$f(x) = 8.$$

3° Combien l'équation (E_3) :

$$f(x) = 1,25$$

admet-elle de solutions ?

11 ★★★ 30 min (corrigés p. 151)

On dispose d'un récipient cylindrique de diamètre 80 cm contenant de l'eau dont la hauteur est 20 cm. On y plonge une bille sphérique de diamètre d cm. On constate que le niveau de l'eau est tangent à la bille. Le but de cet exercice est de calculer le diamètre d de la bille.

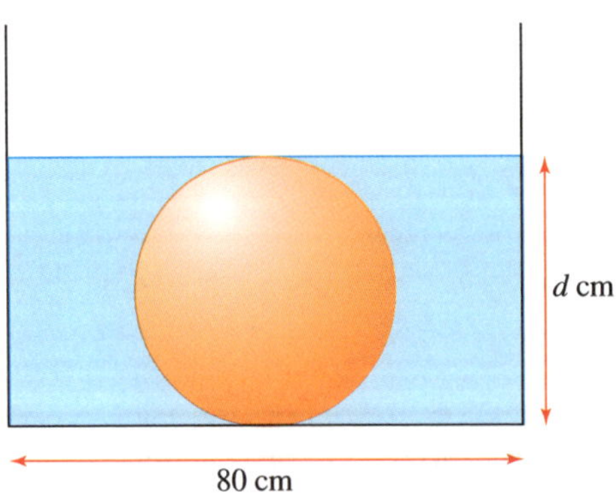

1° Justifier que d appartient à l'intervalle [0 ; 80].

2° Démontrer que d vérifie la relation :

$$d^3 - 9\,600d + 192\,000 = 0.$$

3° Soit f la fonction définie sur [0 ; 80] par :

$$f(x) = x^3 - 9\,600x + 192\,000.$$

a) Étudier le sens de variation de f.

b) Pourquoi l'équation $f(x) = 0$ admet-elle une seule solution dans [0 ; 80] ?

4° À l'aide de la calculatrice, déterminer un encadrement de d d'amplitude 0,01.

Avec un logiciel de géométrie dynamique

12 ★★★ 30 min

(corrigés p. 152)

Le plan est rapporté à un repère orthonormé.

Soient le point A de coordonnées (1 ; 2) et B le point de coordonnées (1 ; 0).

À chaque point P de la demi-droite $]Bx)$, on associe le point Q de la demi-droite (Oy) de façon que A, P et Q soient alignés. Il s'agit de déterminer la position du point P pour que le triangle OPQ ait l'aire la plus petite possible. On note x l'abscisse de P.

1° À l'aide d'un logiciel de géométrie dynamique, établir une conjecture sur la position du point P pour que le triangle OPQ ait l'aire la plus petite possible.

2° Démontrer que l'ordonnée du point Q est $\dfrac{2x}{x-1}$.

En déduire l'aire du triangle OPQ en fonction de x.

3° Soit la fonction f :

$$x \mapsto \frac{x^2}{x-1}.$$

Étudier le sens de variation de f sur $]1 ; +\infty[$.

4° Conclure.

13 ★★★ 30 min

(corrigés p. 154)

$ABCD$ est un carré de côté 1.

$\mathscr{C}$ est le cercle de centre D et de rayon 1.

E est un point de l'arc $\overset{\frown}{AC}$, intérieur au carré, distinct de A et C.

La tangente au cercle $\mathscr{C}$ en E coupe le segment $[AB]$ en M et le segment $[BC]$ en N.

Le but de ce problème est de déterminer la (ou les) position(s) de M pour laquelle (ou lesquelles) la distance MN est minimale.

On pose : $AM = x$ et $MN = y$.

1° À l'aide d'un logiciel de géométrie, établir une conjecture sur la position du point M pour que la distance MN soit la plus petite possible.

2° Justifier : $AM = ME$ et $EN = CN$.

En déduire : $BN = 1 + x - y$.

3° Démontrer la relation : $y^2 = (1 - x)^2 + (1 + x - y)^2$.

4° Exprimer MN en fonction de x.

5° Dresser le tableau de variation de la fonction f définie sur [0 ; 1] par : $f(x) = \dfrac{x^2+1}{x+1}$.

6° Répondre au problème posé.

Cinématique

14 ★★ 15 min (corrigés p. 155)

On lance une balle verticalement, vers le haut, à partir du sol, et à un instant pris comme origine.

On admet que la hauteur $x(t)$ mètres de la balle, à l'instant t secondes, est donnée par :

$$x(t) = -5t^2 + 60t.$$

1° Démontrer que la hauteur maximale atteinte par la balle est 180 mètres.

À quel instant la balle est-elle au point le plus haut ?

2° On admet que la vitesse $v(t)$ de la balle est $x'(t)$.

Quelle est la vitesse de la balle à son point le plus haut ?

15 ★★ 15 min (corrigés p. 155)

À l'instant $t = 0$, on abandonne sans vitesse initiale une bille à une hauteur de 122,50 mètres. La distance (en mètres) $x(t)$ parcourue à l'instant t (en secondes), entre le lâcher et l'arrivée au sol, est $4{,}9t^2$.

1° À quel instant la bille arrive-t-elle au sol ?

2° On admet que la vitesse $v(t)$ de la balle est $x'(t)$.

Quelle est la vitesse de la balle à son arrivée au sol ?

Économie

16 ★★ 15 min (corrigés p. 156)

En économie, on constate souvent que le nombre n d'objets vendus diminue quand le prix de vente p de cet objet augmente. Une des lois formulées est : $n = a - ep$, où a et e sont des constantes réelles ($e > 0$).

Un magasin met en vente des bouteilles de champagne au prix de 18 € l'unité, chacune ayant été achetée 12 € chez le grossiste ; au bout d'une semaine, 200 bouteilles sont vendues. Le directeur décide alors de baisser le prix de la bouteille de 0,50 € ; il constate qu'à la fin de la deuxième semaine, la vente hebdomadaire a augmenté de 50 bouteilles.

1° En supposant que la loi $n = a - ep$ s'applique dans cet exemple, quelles sont les valeurs des coefficients a et e ?

2° Exprimer alors le bénéfice b en fonction de p, puis calculer le prix de vente d'une bouteille de champagne assurant un bénéfice maximal (on néglige les frais de tous ordres).

17 ★★ 15 min (corrigés p. 156)

Dans une usine qui fabrique des pièces mécaniques, le coût en euros pour produire n ($n \in \mathbb{N}^*$) pièces vérifie :

$$C(n) = n^2 - 6n + 144.$$

1° Quel est le coût moyen $C_M(n)$ de fabrication d'une pièce mécanique en fonction de n ?

2° Étudier le sens de variation de la fonction f définie sur $[0\ ;+\infty[$ par :

$$f(x) = x - 6 + \frac{144}{x}.$$

3° Pour quelle valeur de n le coût moyen de fabrication d'une pièce est-il minimal ?

18 ★★ 15 min (corrigés p. 157)

On admet que le coût total de production $C(q)$ d'une quantité q ($q > 0$) d'un produit industriel vérifie :

$$C(q) = q^3 - 24q^2 + 144q + 1\,169.$$

1° Calculer le coût marginal $C(q + 1) - C(q)$.

2° Étudier le sens de variation de la fonction C sur $]0\,;+\infty[$.

3° Pour quel entier q le coût total de fabrication $C(q)$ est-il minimal ?

Les interrogations écrites

19 20 min (corrigés p. 157)

On considère la fonction f définie sur $\mathbb{R}^*$ par $f(x) = x^2 + \dfrac{16}{x}$.

On note $\mathscr{C}$ la courbe représentative de f et $\mathscr{P}$ la parabole d'équation $y = x^2$.

1° Étudier le sens de variation de f.

2° Soit x un réel quelconque non nul.

On note M le point de $\mathscr{C}$ et P le point de Δ ayant tous deux pour abscisse x.

a) Calculer $y_M - y_P$.

Quel est le signe de $y_M - y_P$?

Comment peut-on interpréter graphiquement ce résultat ?

b) Que devient $y_M - y_P$ lorsque x prend de très grandes valeurs ?

3° Tracer Δ et $\mathscr{C}$.

20 15 min (corrigés p. 158)

Pendant les mois d'été, la commune de Viltenis propose pour la location d'un court de tennis la formule suivante : un abonnement mensuel de 30 €, puis une location de 2 € par heure.

On note f la fonction qui, au nombre x ($x > 0$) d'heures de location, associe le prix moyen horaire en euros.

1° Déterminer $f(x)$ en fonction de x.

2° Étudier le sens de variation sur $]0\,;+\infty[$ de la fonction :

$$x \mapsto \frac{30}{x} + 2.$$

3° Pour quel nombre d'heures de tennis le coût horaire est-il inférieur à 4 € ?

21 45 min (corrigés p. 159)

Une usine achète des feuilles cartonnées carrées de 30 cm de côté et fabrique dans chacune une boîte qui a la forme d'un pavé droit ; une de ses dimensions est égale à x cm, avec x un réel strictement positif (voir les schémas page suivante).

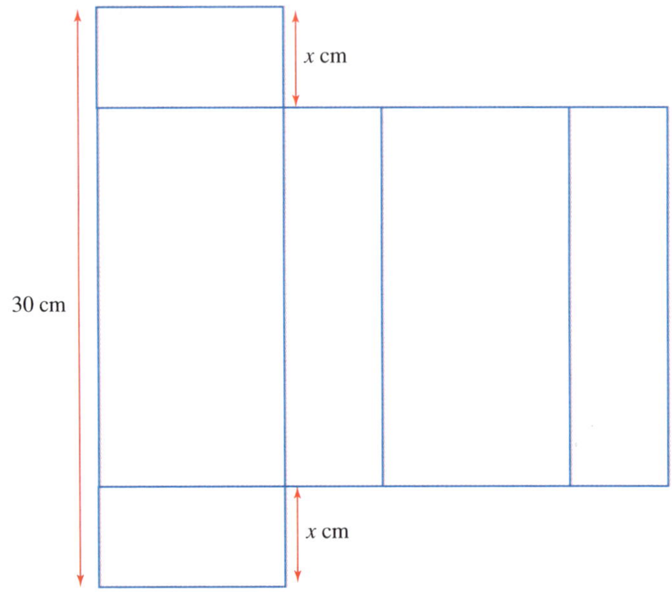

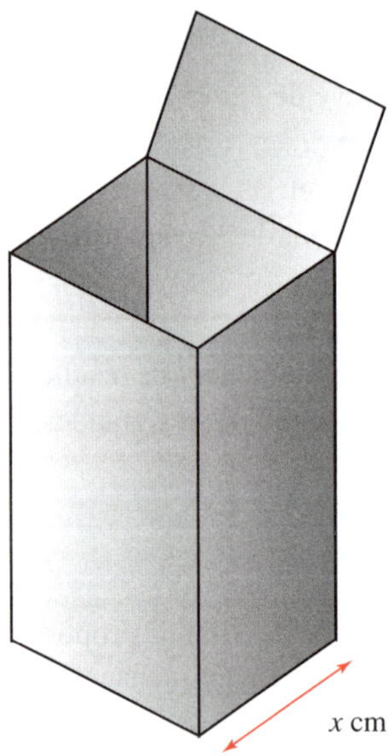

1° Justifier que x appartient à $[0 ; 15]$.

2° Exprimer le volume $v(x)$ de la boîte (en cm^3) en fonction de x.

3° Dresser le tableau de variation de la fonction v sur $[0 ; 15]$.

4° Quel est le volume maximal ? Pour quelle valeur de x est-il atteint ?

5° Le but de cette question est de déterminer les valeurs de x pour lesquelles la boîte a un volume de 0,5 litre.

a) Quels renseignements donne le tableau de variation de v ?

b) À l'aide de la calculatrice ou d'un tableur, préciser la réponse formulée à la question précédente.

c) On pose, pour tout réel x :

$$f(x) = (x - 10)(x^2 - 20x + 25).$$

Développer $f(x)$, puis donner la valeur exacte des solutions au problème posé.

CORRIGÉS

Étude de fonctions

1 Pour tout x de $[-3 ; 3]$,

$f(x) = \frac{1}{4}x^4 + \frac{1}{3}x^3 - x^2$.

1° f est dérivable sur $[-3 ; 3]$, et pour tout x de $[-3 ; 3]$:

$$f'(x) = \frac{1}{4} \times 4x^3 + \frac{1}{3} \times 3x^2 - 2x$$
$$= x(x^2 + x - 2),$$

et $f'(x) = 0 \Leftrightarrow x = 0$ ou $x^2 + x - 2 = 0$.

Le discriminant Δ de $x^2 + x - 2 = 0$ est tel que :

$\Delta = 1^2 - 4 \times 1 \times (-2) = 1 + 8 = 9 = 3^2$,

donc les solutions de $x^2 + x - 2 = 0$ sont $\frac{-1+3}{2}$ et $\frac{-1-3}{2}$ c'est-à-dire 1 et -2.

1 est une solution évidente de $x^2 + x - 2 = 0$, le produit des solutions vaut -2, donc l'autre est -2.

On peut alors déterminer le signe de $f'(x)$:

x	-3		-2		0		1		3
x		$-$		$-$	0	$+$		$+$	
$x^2 + x - 2$		$+$	0	$-$		$-$	0	$+$	
$f'(x)$		$-$	0	$+$	0	$-$	0	$+$	

On en déduit que ***f*** **est strictement décroissante sur [–3 ; –2], strictement croissante sur [–2 ; 0], strictement décroissante sur [0 ; 1] et strictement croissante sur [1 ; 3].**

2° Contrairement à ce que laisse penser la copie d'écran de la calculatrice de l'*exercice* 13 du *chapitre* 1, **la fonction *f* n'est pas monotone sur [–2 ; 3].**

2 Pour tout x de $[1 ; +\infty[$,

$f(x) = \frac{x}{2} - 1 + \frac{2}{x}$.

$\mathscr{C}$ courbe représentative de f et Δ droite d'équation $y = \frac{x}{2} - 1$.

1° f est dérivable sur $[1 ; +\infty[$, et pour tout x de $[1 ; +\infty[$:

$$f'(x) = \frac{1}{2} - \frac{2}{x^2} = \frac{x^2 - 4}{2x^2} = \frac{(x-2)(x+2)}{2x^2},$$

or $2x^2 > 0$ et $x + 2 > 0$,

donc le signe de $f'(x)$ est celui de $x - 2$.

Par conséquent :

- si $x < 2$, alors $f'(x) < 0$,
- $f'(2) = 0$,
- si $x > 2$, alors $f'(x) > 0$.

On en déduit que ***f*** **est strictement décroissante sur [1 ; 2] et strictement croissante sur [2 ; +∞[.**

$f(1) = \frac{1}{2} - 1 + 2 = 1{,}5$;

$f(2) = 1 - 1 + 1 = 1$;

$f'(1) = -1{,}5$.

Le coefficient directeur de la tangente à $\mathscr{C}_f$ au point d'abscisse 1 est égale à $-1{,}5$.

Le tableau de variation de f est :

x	1		2		$+\infty$
$f'(x)$	$-1{,}5$	$-$	0	$+$	
$f(x)$	$1{,}5$	↘	1	↗	

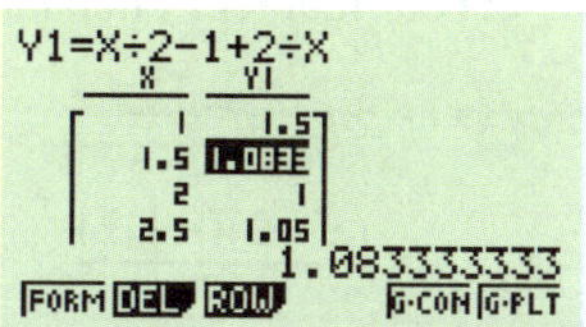

2° $M \in \mathscr{C}$, $P \in \Delta$ et M et P d'abscisse $x\ (x \geqslant 1)$.

a) $\boldsymbol{y_M - y_P} = f(x) - \left(\frac{x}{2} - 1\right)$

$$= \frac{x}{2} - 1 + \frac{2}{x} - \frac{x}{2} + 1$$

$$= \boldsymbol{\frac{2}{x}}.$$

b) $y_M - y_p > 0$, donc $y_M > y_P$, ce qui permet d'affirmer que **la courbe $\mathscr{C}$ est au-dessus de Δ.**

c) Lorsque x prend de très grandes valeurs, $\frac{2}{x}$ devient très proche de zéro, donc $\boldsymbol{y_M - y_P}$ **se rapproche de zéro**.

On dit que, lorsque x tend vers $+\infty$, $\frac{2}{x}$ tend vers 0.
Les points de $\mathscr{C}$ et Δ de même abscisse x sont aussi proches que l'on veut pourvu que x soit suffisamment grand.
On dit que la droite Δ est asymptote à la courbe $\mathscr{C}$ au voisinage de $+\infty$.

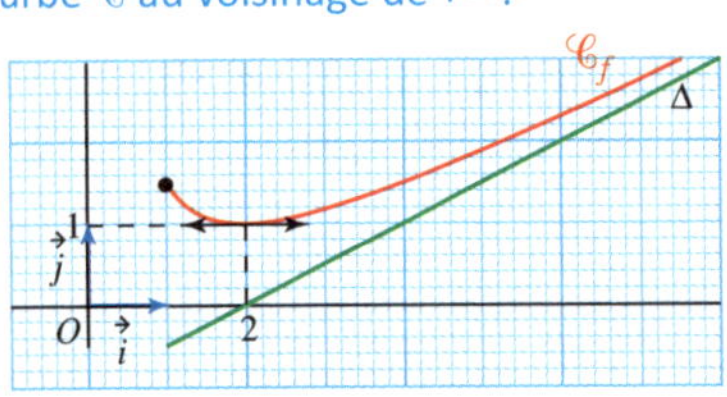

Mieux vaut commencer par tracer Δ, le tracé de $\mathscr{C}$ en est facilité.

3 Pour tout x de $\mathbb{R}^*$, $f(x) = x + \frac{4}{x}$.

$\mathscr{C}$ courbe représentative de f et Δ droite d'équation $y = x$.

1° Pour tout x de $\mathbb{R}^*$:

- $-x \in \mathbb{R}^*$,
- $f(-x) = -x + \frac{4}{-x} = -\left(x + \frac{4}{x}\right) = -f(x)$.

Donc, ***f* est une fonction impaire**.

On en déduit que la courbe $\mathscr{C}$ représentative de f est symétrique par rapport à l'origine O du repère.

2° f est une fonction rationnelle, donc f est dérivable sur son ensemble de définition $\mathbb{R}^*$, et pour tout réel x non nul :

$$f'(x) = 1 - \frac{4}{x^2} = \frac{x^2 - 4}{x^2}$$

$$= \frac{(x-2)(x+2)}{x^2},$$

or $x^2 > 0$,

donc le signe de $f'(x)$ est celui de $(x-2)(x+2)$.

Par conséquent :

- $f'(-2) = f'(2) = 0$,
- si $x < -2$, alors $f'(x) > 0$,
- si $-2 < x < 0$ ou $0 < x < 2$, alors $f'(x) < 0$,
- si $x > 2$, alors $f'(x) > 0$.

On en déduit que ***f* est strictement croissante sur $]-\infty\ ;\ -2]$ et strictement décroissante sur $[-2\ ;\ 0[$, strictement décroissante sur $]0\ ;\ 2]$ et strictement croissante sur $[2\ ;\ +\infty[$.**

f n'est pas définie en 0, donc n'est pas dérivable en 0.

Le tableau de variation de f sur $\mathbb{R}_+^*$ est le suivant :

x	0		2		$+\infty$
$f'(x)$	‖	$-$	0	$+$	
f	‖	↘	4	↗	

3° x est un réel non nul.

a) $\boldsymbol{y_M - y_P} = x + \frac{4}{x} - x = \boldsymbol{\frac{4}{x}}$.

b) 1er cas : $\boldsymbol{x > 0}$

Alors $\frac{4}{x} > 0$,

donc $y_M - y_P > 0$,

d'où $y_M > y_P$,

ce qui permet d'affirmer que **la courbe $\mathscr{C}$ est au-dessus de Δ dans le demi-plan d'inéquation $\boldsymbol{x > 0}$.**

2e cas : $\boldsymbol{x < 0}$

Alors $\frac{4}{x} < 0$,

donc $y_M - y_P < 0$,

d'où $y_M < y_P$,

ce qui permet d'affirmer que **la courbe $\mathscr{C}$ est en dessous de Δ dans le demi-plan d'inéquation $\boldsymbol{x < 0}$.**

c) Lorsque x prend des valeurs infiniment grandes, $\frac{4}{x}$ devient très proche de zéro, donc $\boldsymbol{y_M - y_P}$ **se rapproche de zéro**.

On dit que, lorsque x tend vers $+\infty$, $\frac{4}{x}$ tend vers 0.

Les points de $\mathscr{C}$ et Δ de même abscisse x sont aussi proches que l'on veut pourvu que x soit suffisamment grand.

On dit que la droite Δ est asymptote à la courbe $\mathscr{C}$ au voisinage de $+\infty$.

4°

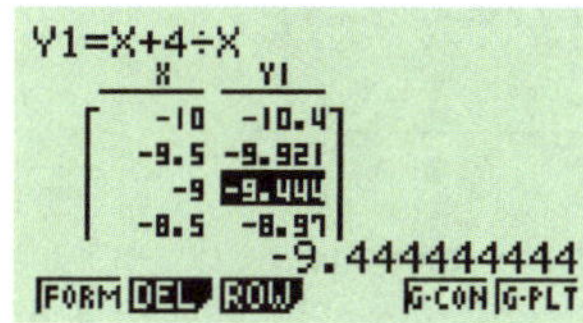

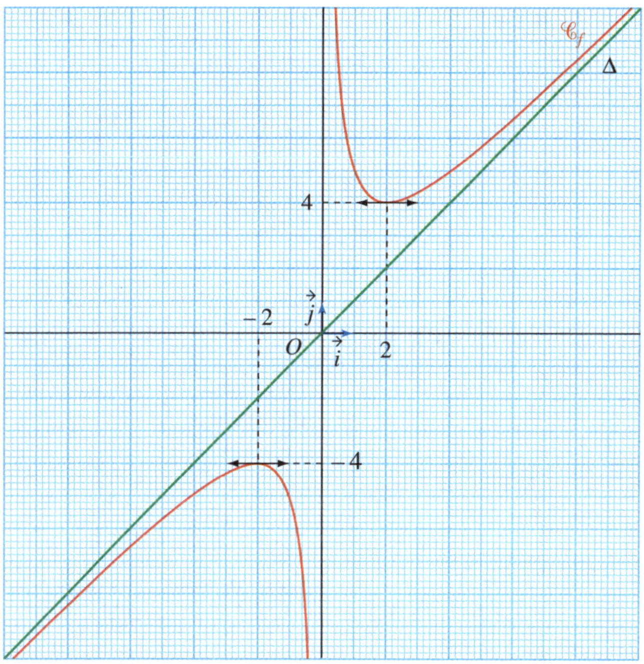

4 $f : [-3\ ;\ 4] \to \mathbb{R}$

$$x \mapsto \frac{3(2x-1)}{2x^2-2x+5}$$

1° L'ensemble de définition de f est l'ensemble des réels x de $[-3\ ;\ 4]$ tels que :

$$2x^2 - 2x + 5 \neq 0.$$

Soit (E) l'équation du second degré :

$$2x^2 - 2x + 5 = 0\ ;$$

son discriminant Δ vérifie :

$$\Delta = (-2)^2 - 4 \times 2 \times 5$$
$$= 4 - 40$$
$$= -36.$$

$\Delta < 0$, donc (E) n'admet pas de solution et :

pour tout réel x, $2x^2 - 2x + 5 > 0$.

$2x^2 - 2x + 5$ est du signe du coefficient de x^2.

On en déduit que :

l'ensemble de définition de f est $[-3\ ;\ 4]$ et que, pour tout x de $[-3\ ;\ 4]$, $f(x)$ est du signe de $2x - 1$.

2° f est la restriction à $[-3\ ;\ 4]$ d'une fonction rationnelle définie sur $\mathbb{R}$, donc f est dérivable sur $[-3\ ;\ 4]$.

$$\left(\frac{u}{v}\right)' = \frac{u'v - uv'}{v^2}.$$

Pour tout x de [–3 ; 4] :

$f'(x) =$

$$3 \times \frac{2(2x^2 - 2x + 5) - (2x - 1)(4x - 2)}{(2x^2 - 2x + 5)^2}$$

$$= 3 \times \frac{4x^2 - 4x + 10 - 8x^2 + 4x + 4x - 2}{(2x^2 - 2x + 5)^2}$$

$$= 3 \times \frac{-4x^2 + 4x + 8}{(2x^2 - 2x + 5)^2}$$

$$= \frac{12(-x^2 + x + 2)}{(2x^2 - 2x + 5)^2},$$

donc $f'(x)$ est du signe de $-x^2 + x + 2$.

Soit g le polynôme du second degré :

$$x \mapsto -x^2 + x + 2,$$

–1 étant une racine de g, son autre racine, notée α, vérifie :

$$\alpha \times (-1) = \frac{2}{-1},$$

donc :

$$\alpha = 2.$$

On peut aussi calculer le discriminant pour calculer les racines de g.

On en déduit le tableau de signes de $g(x)$:

x	$-\infty$		-1		2		$+\infty$
$g(x)$		$-$	0	$+$	0	$-$	

puis :

- $f'(-1) = f'(2) = 0$,
- pour tout x de $[-3 ; -1[\cup]2 ; 4]$,

$$f'(x) < 0,$$

- pour tout x de $]-1 ; 2[$,

$$f'(x) > 0,$$

ce qui implique que f **est strictement croissante sur [–1 ; 2] et strictement décroissante sur chacun des intervalles [–3 ; –1] et [2 ; 4].**

$f(-3) = \frac{-21}{29} \approx -0{,}72,$

$f'(-3) = \frac{-120}{841} \approx -0{,}14,$

$f(4) = -f(-3),$

$f'(4) = f'(-3).$

x	-3		-1		2		4
$f'(x)$		$-$	0	$+$	0	$-$	
$f(x)$	$\frac{-21}{29}$	↘	-1	↗	1	↘	$\frac{21}{29}$

3° $A\left(\frac{1}{2} ; 0\right)$

Soient M un point du plan, (x, y) ses coordonnées dans le repère $(O ; \vec{i}, \vec{j})$ et (X, Y) ses coordonnées dans le repère $(A ; \vec{i}, \vec{j})$.

$$\overrightarrow{OM} = \overrightarrow{OA} + \overrightarrow{AM},$$

$$\overrightarrow{OM} = x\vec{i} + y\vec{j}$$

$$\overrightarrow{OA} = \frac{1}{2}\vec{i} + 0\vec{j}$$

$$\overrightarrow{AM} = X\vec{i} + Y\vec{j}$$

donc $x\vec{i} + y\vec{j} = \left(\frac{1}{2} + X\right)\vec{i} + Y\vec{j}$;

on en déduit les formules de changement de repère :

$$\begin{cases} x = X + \frac{1}{2} \\ y = Y. \end{cases}$$

Une des équations de $\mathscr{C}_f$ dans le repère $(O ; \vec{i}, \vec{j})$ est $y = f(x)$, donc une des équations de $\mathscr{C}_f$ dans le repère $(A ; \vec{i}, \vec{j})$ est

$$Y = f\left(X + \frac{1}{2}\right).$$

Or, pour tout réel X tel que $X + \frac{1}{2}$ appartienne à [–3 ; 4], c'est-à-dire tel que X appartienne à $\left[-\frac{7}{2} ; \frac{7}{2}\right]$:

$$f\left(X + \frac{1}{2}\right) = \frac{3\left[2\left(X + \frac{1}{2}\right) - 1\right]}{2\left(X + \frac{1}{2}\right)^2 - 2\left(X + \frac{1}{2}\right) + 5}$$

$$f\left(X+\frac{1}{2}\right)=\frac{3(2X+1-1)}{2X^2+2X+\frac{1}{2}-2X-1+5}$$

$$=\frac{6X}{2X^2+\frac{9}{2}}$$

$$=\frac{12X}{4X^2+9}.$$

La fonction F définie sur $\left[-\frac{7}{2}\,;\,\frac{7}{2}\right]$ par :

$$F(X)=\frac{12X}{4X^2+9}\ \text{ est impaire.}$$

En effet, pour tout X de $\left[-\frac{7}{2}\,;\,\frac{7}{2}\right]$:

$-X$ appartient à $\left[-\frac{7}{2}\,;\,\frac{7}{2}\right]$,

et $F(-X)=\dfrac{12(-X)}{4(-X)^2+9}$

$$=\frac{-12X}{4X^2+9}$$

$$=-F(X).$$

On a ainsi prouvé que **le point $A\left(\frac{1}{2}\,;\,0\right)$ est centre de symétrie de $\mathscr{C}_f$.**

En résumé, démontrer que le point $A\left(\frac{1}{2}\,;\,0\right)$ est un centre de symétrie de $\mathscr{C}_f$, c'est démontrer que la fonction :

$$x\mapsto f\left(x+\frac{1}{2}\right)\ \text{est impaire.}$$

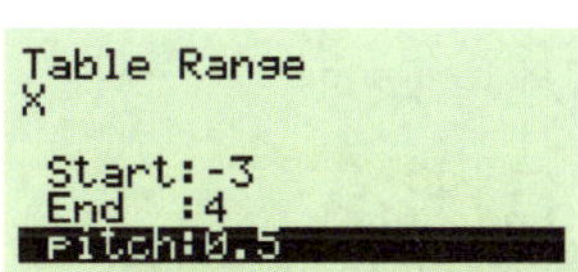

Pour tracer $\mathscr{C}_f$ en prenant pour unités graphiques 1 cm sur (Ox), 4 cm sur (Oy), il est avantageux de programmer $4f$ plutôt que f.

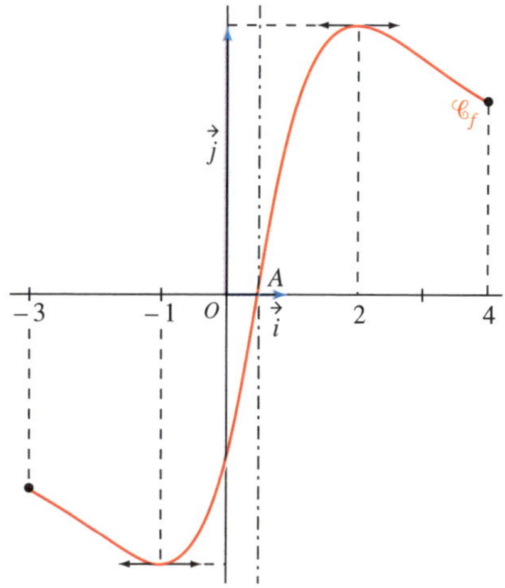

5 $f : x \mapsto 3x^3-4x-1.$

La fonction f est définie sur $\mathbb{R}$ car f est un polynôme.

1° f est dérivable sur $\mathbb{R}$ (f est un polynôme), et, pour tout réel x :

$$f'(x)=9x^2-4=(3x+2)(3x-2).$$

On en déduit le tableau de variation de la fonction f :

x	$-\infty$		$-\frac{2}{3}$		$\frac{2}{3}$		$+\infty$
$f'(x)$		$+$	0	$-$	0	$+$	
$f(x)$		↗	$\frac{7}{9}$	↘	$-\frac{25}{9}$	↗	

2° a) L'équation réduite de la tangente T à $\mathscr{C}_f$ au point I d'abscisse 0 est :

$$y=f'(0)(x-0)+f(0),$$

or :

$$f(0)=-1,\ f'(0)=-4.$$

donc I a pour ordonnée -1 et $\boldsymbol{T}$ a pour équation $\boldsymbol{y=-4x-1}$.

b) Soient x un réel, M le point de $\mathscr{C}_f$ d'abscisse x et P celui de T de même abscisse :

$$y_M - y_P = f(x) - (-4x - 1)$$
$$= 3x^3 - 4x - 1 - (-4x - 1)$$
$$= 3x^3,$$

x et x^3 sont de même signe,

donc $y_M - y_P$ est du signe de x, ce qui prouve que **la courbe $\mathscr{C}_f$ est au-dessus de T dans le demi-plan d'inéquation $x \geqslant 0$, et en dessous dans le demi-plan d'inéquation $x \leqslant 0$; de plus, I est leur seul point d'intersection**.

c) $I(0\,;-1)$.

Déterminons une équation de $\mathscr{C}_f$ dans le repère $(I\,;\vec{i},\vec{j})$.

Soient M un point du plan, (x, y) ses coordonnées dans le repère $(O\,;\vec{i},\vec{j})$ et (X, Y) ses coordonnées dans le repère $(I\,;\vec{i},\vec{j})$.

$\overrightarrow{OM} = \overrightarrow{OI} + \overrightarrow{IM}$, donc

$$x\vec{i} + y\vec{j} = -\vec{j} + X\vec{i} + Y\vec{j}$$
$$= X\vec{i} + (Y-1)\vec{j}.$$

On en déduit les formules de changement de repère :

$$\begin{cases} x = X \\ y = Y - 1. \end{cases}$$

$\mathscr{C}_f$ a pour équation dans le repère $(O\,;\vec{i},\vec{j})$:

$$y = 3x^3 - 4x - 1,$$

donc $\mathscr{C}_f$ a pour équation dans le repère $(I\,;\vec{i},\vec{j})$:

$$Y - 1 = 3X^3 - 4X - 1,$$

ou encore : $\quad Y = 3X^3 - 4X.$

La fonction $F : X \mapsto 3X^3 - 4X$ est impaire.

En effet :

pour tout réel X,

$$F(-X) = 3(-X)^3 - 4(-X)$$
$$= -3X^3 + 4X$$
$$= -F(X).$$

On en déduit :

I est centre de symétrie de $\mathscr{C}_f$.

En résumé, démontrer que le point $I(0\,;-1)$ est un centre de symétrie de $\mathscr{C}_f$, c'est démontrer que la fonction $x \mapsto f(x) + 1$ est impaire.

3° a) Pour tout réel x :

$(x+1)(3x^2 - 3x - 1)$

$$= 3x^3 + 3x^2 - 3x^2 - 3x - x - 1$$
$$\mathbf{= 3x^3 - 4x - 1.}$$

b) Les abscisses des points d'intersection de $\mathscr{C}_f$ et de la droite des abscisses sont les solutions de l'équation $f(x) = 0$, et :

$$f(x) = 0 \Leftrightarrow 3x^2 - 4x - 1 = 0,$$

donc, d'après la question **3° a)** :

$$f(x) = 0 \Leftrightarrow (x+1)(3x^2 - 3x - 1) = 0$$
$$\Leftrightarrow x + 1 = 0 \text{ ou } 3x^2 - 3x - 1 = 0$$
$$\Leftrightarrow x = -1 \text{ ou } 3x^2 - 3x - 1 = 0.$$

Résolvons l'équation (E) du second degré :

$$3x^2 - 3x - 1 = 0.$$

Son discriminant Δ vérifie :

$$\Delta = (-3)^2 - 4 \times 3 \times (-1)$$
$$= 9 + 12$$
$$= 21\,;$$

$\Delta > 0$, donc (E) admet deux solutions x_1 et x_2 :

$$x_1 = \frac{-(-3) - \sqrt{21}}{2 \times 3} = \frac{3 - \sqrt{21}}{6},$$

$$x_2 = \frac{-(-3) + \sqrt{21}}{2 \times 3} = \frac{3 + \sqrt{21}}{6}.$$

$\dfrac{3 - \sqrt{21}}{6} \approx -0{,}26$, $\dfrac{3 + \sqrt{21}}{6} \approx 1{,}26.$

Finalement, **les points d'intersection de $\mathscr{C}_f$ et de la droite des abscisses sont les trois points A, B, C d'abscisses respectives :**

$$\mathbf{-1,\ \frac{3 - \sqrt{21}}{6} \text{ et } \frac{3 + \sqrt{21}}{6}.}$$

4°

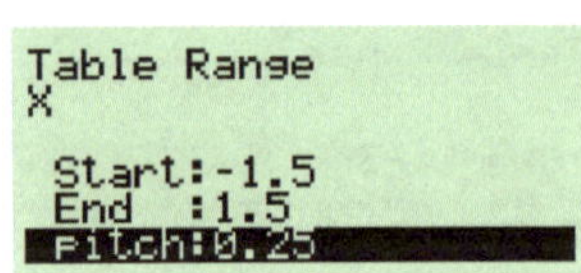

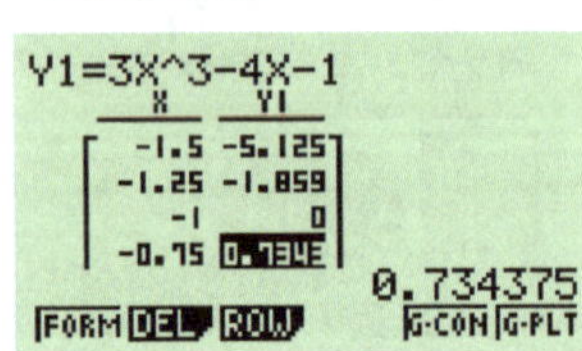

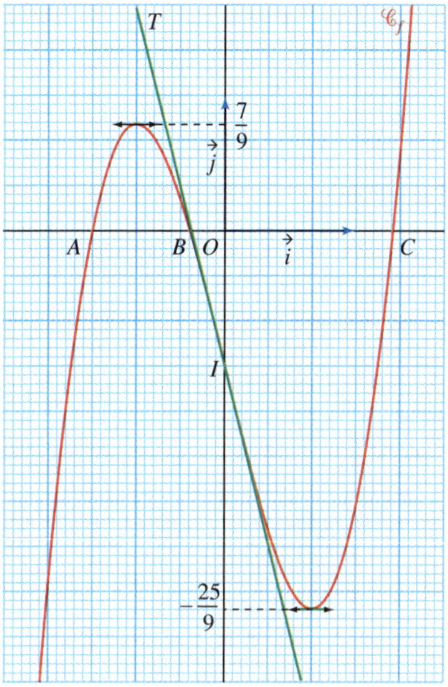

5° Le nombre $N(m)$ de solutions de l'équation $f(x) = m$ est le nombre de points d'intersection de $\mathscr{C}_f$ et de la droite d'équation $y = m$ **(qui est parallèle à la droite des abscisses).**

Par conséquent :

m	$-\infty$		$-\frac{25}{9}$		$\frac{7}{9}$		$+\infty$
$N(m)$		1	2	3	2	1	

6 $f : x \mapsto \sqrt{x} + \sqrt{4 - x}$.

1° Un réel x appartient à l'ensemble de définition $\mathscr{D}_f$ de f si, et seulement si :

$$x \geqslant 0 \text{ et } 4 - x \geqslant 0,$$

$4 - x \geqslant 0 \Leftrightarrow 4 \geqslant x \Leftrightarrow x \leqslant 4$

c'est-à-dire si, et seulement si :

$$0 \leqslant x \leqslant 4,$$

donc : $\mathscr{D}_f = \mathbf{[0 ; 4]}$

2° $\Delta : x = 2$.

Notons A le point de coordonnées $(2 ; 0)$.

Soient M un point du plan, (x, y) ses coordonnées dans le repère $(O ; \vec{i}, \vec{j})$ et (X, Y) ses coordonnées dans le repère $(A ; \vec{i}, \vec{j})$.

$\overrightarrow{OM} = \overrightarrow{OA} + \overrightarrow{AM}$,

donc $x\vec{i} + y\vec{j} = (2 + X)\vec{i} + Y\vec{j}$;

on en déduit les formules de changement de repère :

$$\begin{cases} x = X + 2 \\ y = Y \end{cases}$$

Dans le repère $(O ; \vec{i}, \vec{j})$, $\mathscr{C}_f$ a pour équation $y = f(x)$, donc dans le repère $(A ; \vec{i}, \vec{j})$, $\mathscr{C}_f$ a pour équation $Y = f(X + 2)$.

Or, pour tout réel X tel que $X + 2$ appartienne à $[0 ; 4]$, c'est-à-dire tel que X appartienne à $[-2 ; 2]$:

$$f(X + 2) = \sqrt{X + 2} + \sqrt{4 - (X + 2)}$$
$$= \sqrt{X + 2} + \sqrt{2 - X}.$$

La fonction F définie sur $[-2 ; 2]$ par :

$$F(X) = \sqrt{X + 2} + \sqrt{2 - X}$$

est paire ; en effet, pour tout X de $[-2 ; 2]$: $-X$ appartient à $[-2 ; 2]$,

et :

$$F(-X) = \sqrt{-X + 2} + \sqrt{2 + X}$$
$$= \sqrt{X + 2} + \sqrt{2 - X}$$
$$= F(X).$$

On a ainsi prouvé :

la droite Δ d'équation $x = 2$ est axe de symétrie de $\mathscr{C}_f$.

En résumé, démontrer que la droite d'équation $x = 2$ est un axe de symétrie de $\mathscr{C}_f$, c'est démontrer que la fonction : $x \mapsto f(x + 2)$ est paire.

3° a) • Pour tout h de $]0 ; 4[$:

$$\frac{f(h) - f(0)}{h} = \frac{\sqrt{h} + \sqrt{4 - h} - 2}{h}$$
$$= \frac{\sqrt{h}}{h} + \frac{\sqrt{4 - h} - 2}{h},$$

or : $\dfrac{\sqrt{h}}{h} = \dfrac{\sqrt{h}}{\sqrt{h} \times \sqrt{h}} = \dfrac{1}{\sqrt{h}}$,

et, en multipliant le numérateur et le dénominateur de $\dfrac{\sqrt{4-h}-2}{h}$ par le réel strictement positif $\sqrt{4-h}+2$:

$$\frac{\sqrt{4-h}-2}{h} = \frac{(\sqrt{4-h})^2 - 2^2}{h(\sqrt{4-h}+2)}$$

$$= \frac{4-h-4}{h(\sqrt{4-h}+2)}$$

$$= \frac{-1}{\sqrt{4-h}+2},$$

donc, finalement :

$$\boldsymbol{\frac{f(h)-f(0)}{h} = \frac{1}{\sqrt{h}} - \frac{1}{\sqrt{4-h}+2}}.$$

• $\lim\limits_{h \to 0} \dfrac{1}{\sqrt{h}} = +\infty$.

$\lim\limits_{h \to 0} \dfrac{1}{\sqrt{4-h}+2} = \dfrac{1}{4}$,

donc : $\lim\limits_{h \to 0} \dfrac{f(h)-f(0)}{h} = +\infty$,

ce qui prouve que :

***f* n'est pas dérivable en 0 et que la courbe $\mathscr{C}_f$ admet une tangente verticale en son point d'abscisse 0.**

Noter que, *f* étant la somme de $x \mapsto \sqrt{x}$, non dérivable en 0, et de $x \mapsto \sqrt{4-x}$, dérivable en 0, *f* n'est pas dérivable en 0 .

b) $\mathscr{C}_f$ admet une tangente verticale en son point d'abscisse 0 et est symétrique par rapport à la droite Δ d'équation $x = 2$, donc **$\mathscr{C}_f$ admet une tangente verticale en son point d'abscisse 4,** ce qui prouve que ***f* n'est pas dérivable en 4**.

Si *f* était dérivable en 4, alors $\mathscr{C}_f$ admettrait une tangente non verticale en son point d'abscisse 4.

4° • Pour tout *x* de]0 ; 4[:

$$f'(x) = \frac{1}{2\sqrt{x}} - \frac{1}{2\sqrt{4-x}}$$

$$= \frac{\sqrt{4-x}-\sqrt{x}}{2\sqrt{x}\sqrt{4-x}},$$

donc, en multipliant numérateur et dénominateur par le réel strictement positif $\sqrt{4-x}+\sqrt{x}$:

$$f'(x) = \frac{(\sqrt{4-x})^2 - (\sqrt{x})^2}{2\sqrt{x}\sqrt{4-x}(\sqrt{x}+\sqrt{4-x})}$$

$$= \frac{4-2x}{2\sqrt{x}\sqrt{4-x}(\sqrt{x}+\sqrt{4-x})},$$

et finalement :

$$f'(x) = \frac{2-x}{\sqrt{x}\sqrt{4-x}(\sqrt{x}+\sqrt{4-x})}.$$

Ne pas perdre de vue que l'on calcule $f'(x)$ pour en étudier le signe ; la dernière écriture de $f'(x)$ proposée met bien ce signe en évidence.

5° Pour tout *x* de]0 ; 4[,

$f'(x)$ est du signe de $2 - x$, donc :

$$\begin{cases} f'(x) > 0 \text{ si } 0 < x < 2, \\ f'(2) = 0, \\ f'(x) < 0 \text{ si } 2 < x < 4. \end{cases}$$

ce qui implique que ***f* est strictement croissante sur]0 ; 2] et strictement décroissante sur [2 ; 4[.**

Ces résultats sont bien en accord avec le fait que la droite Δ d'équation $x = 2$ est axe de symétrie de $\mathscr{C}_f$.

On aurait d'ailleurs pu se limiter à étudier le sens de variation de *f* sur [0 ; 2].

$f(2) = \sqrt{2} + \sqrt{4-2} = 2\sqrt{2}$

x	0		2		4
$f'(x)$	‖	+	0	−	‖
$f(x)$	2	↗	$2\sqrt{2}$	↘	2

6°

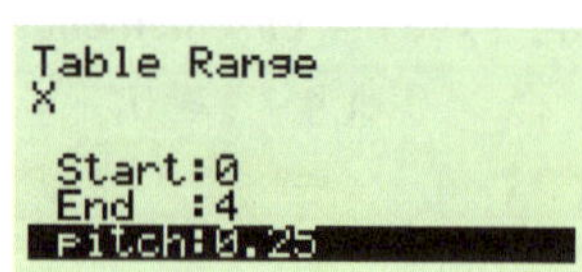

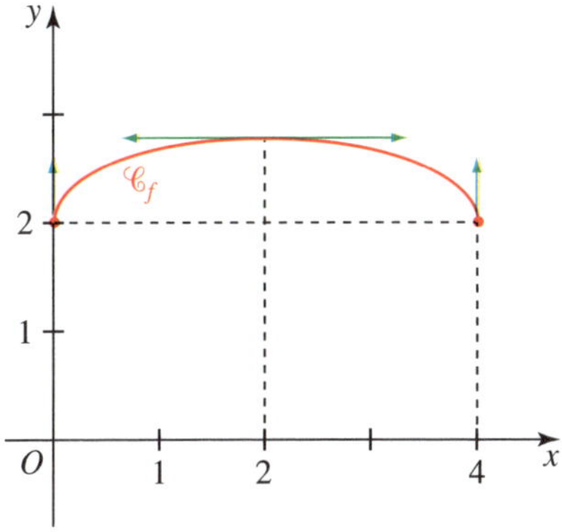

Demi-cercle

7 **1°** $f : x \mapsto \sqrt{1-x^2}$.

L'ensemble de définition de f est l'ensemble des réels x tels que : $1-x^2 \geqslant 0$, or :

$$1-x^2 \geqslant 0 \Leftrightarrow x^2 \leqslant 1 \Leftrightarrow -1 \leqslant x \leqslant 1,$$

donc l'ensemble de définition de f est l'intervalle $[-1\ ;\ 1]$.

Dire qu'un point $M(x, y)$ appartient à la courbe $\mathscr{C}_f$ signifie que son abscisse x appartient à $[-1\ ;\ 1]$ et que son ordonnée y vérifie :

$$y = f(x),$$

c'est-à-dire $\quad y = \sqrt{1-x^2}$.

De plus, pour tout x de $[-1\ ;\ 1]$, pour tout réel y :

$$y = \sqrt{1-x^2} \Leftrightarrow y^2 = 1-x^2 \text{ et } y \geqslant 0,$$

Des réels sont égaux si, et seulement s'ils ont le même carré et le même signe.

donc :

$$y = \sqrt{1-x^2} \Leftrightarrow x^2+y^2 = 1 \text{ et } y \geqslant 0.$$

De plus, on reconnaît en $x^2+y^2=1$ une équation du cercle de centre O et de rayon 1.

$x^2+y^2=1 \Leftrightarrow (x-x_O)^2+(y-y_O)^2=1^2$.

On en déduit que $\mathscr{C}_f$ **est l'ensemble des points d'ordonnée positive ou nulle du cercle de centre O et de rayon 1, c'est-à-dire le demi-cercle (fermé) dessiné ci-dessous.**

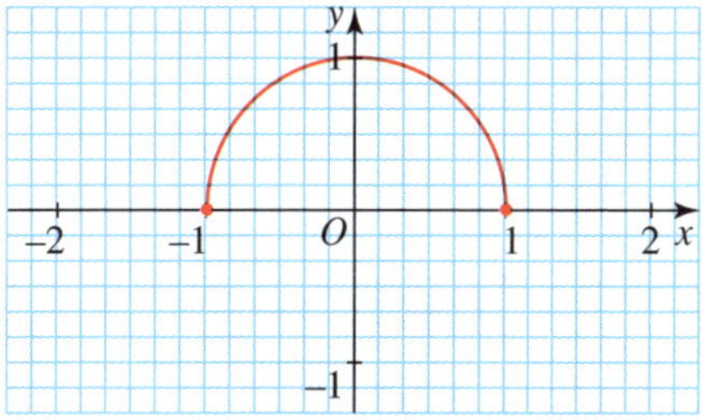

2° $f_1 : x \mapsto -\sqrt{1-x^2}$.

On a : $f_1 = -f$, donc la courbe de f_1 est l'image de celle de f par la symétrie orthogonale d'axe la droite des abscisses.

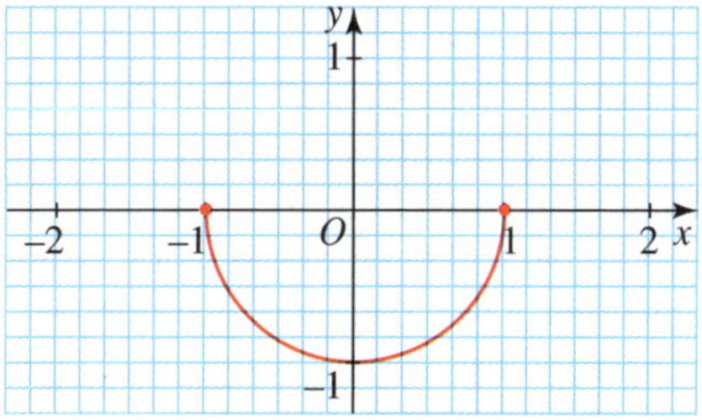

$f_2 : x \mapsto -\sqrt{4-x^2}$.

L'ensemble de définition de f_2 est l'ensemble des réels x tels que : $4-x^2 \geqslant 0$,

or :

$$4-x^2 \geqslant 0 \Leftrightarrow x^2 \leqslant 4 \Leftrightarrow -2 \leqslant x \leqslant 2,$$

donc l'ensemble de définition de f_2 est l'intervalle $[-2\ ;\ 2]$.

Dire qu'un point $M(x\ ;\ y)$ appartient à la courbe de f_2 signifie que son abscisse x appartient à $[-2\ ;\ 2]$ et que son ordonnée y vérifie :

$$y = -\sqrt{4-x^2}.$$

De plus, pour tout x de $[-2\ ;\ 2]$:

$$y = -\sqrt{4-x^2} \Leftrightarrow (y^2 = 4-x^2 \text{ et } y \leqslant 0),$$
$$\Leftrightarrow (x^2+y^2 = 4 \text{ et } y \leqslant 0),$$
$$\Leftrightarrow (x^2+y^2 = 2^2 \text{ et } y \leqslant 0).$$

Par conséquent, **la courbe de f_2 est l'ensemble des points d'ordonnée négative ou nulle du cercle de centre O et de rayon 2, c'est-à-dire le demi-cercle (fermé) dessiné ci-dessous.**

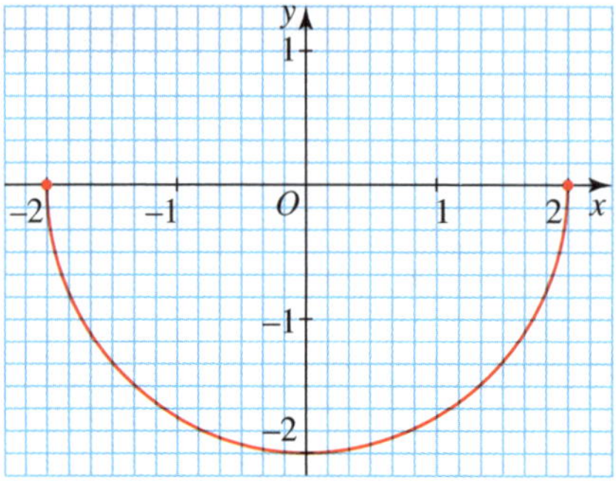

$f_3 : x \mapsto \sqrt{2x - x^2}$.

L'ensemble de définition de f_3 est l'ensemble des réels x tels que :

$$2x - x^2 \geqslant 0,$$

or :

$$2x - x^2 \geqslant 0 \Leftrightarrow x(2 - x) \geqslant 0$$
$$\Leftrightarrow 0 \leqslant x \leqslant 2,$$

donc l'ensemble de définition de f_3 est l'intervalle [0 ; 2].

Dire qu'un point $M(x\ ;\ y)$ appartient à la courbe de f_3 signifie que son abscisse x appartient à [0 ; 2] et que son ordonnée y vérifie :

$$y = f_3(x),$$

c'est-à-dire :

$$y = \sqrt{2x - x^2}.$$

De plus, pour tout x de [0 ; 2] :

$$y = \sqrt{2x - x^2}$$
$$\Leftrightarrow (y^2 = 2x - x^2 \text{ et } y \geqslant 0),$$
$$\Leftrightarrow (x^2 - 2x + y^2 = 0 \text{ et } y \geqslant 0),$$
$$\Leftrightarrow (x^2 - 2x + 1 + y^2 = 1 \text{ et } y \geqslant 0),$$
$$\Leftrightarrow ((x - 1)^2 + y^2 = 1 \text{ et } y \geqslant 0).$$

Finalement, **la courbe de f_3 est l'ensemble des points d'ordonnée positive ou nulle du cercle de centre $I(1\ ;\ 0)$ et de rayon 1, c'est-à-dire le demi-cercle (fermé) dessiné ci-dessous.**

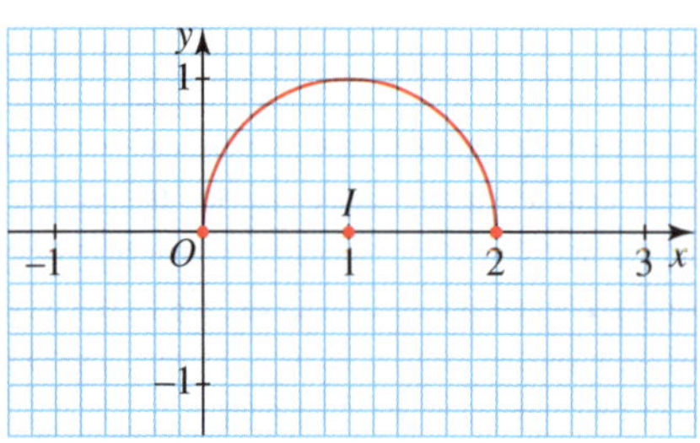

Optimisation

8 Soit y la dimension, en cm, des bords inférieur et supérieur de la partie imprimée d'une page ; soit x celle, en cm, des bords gauche et droit.

L'aire, en cm², de cette partie de page vaut 500,

d'où : $xy = 500$,

c'est-à-dire $y = \dfrac{500}{x}$,

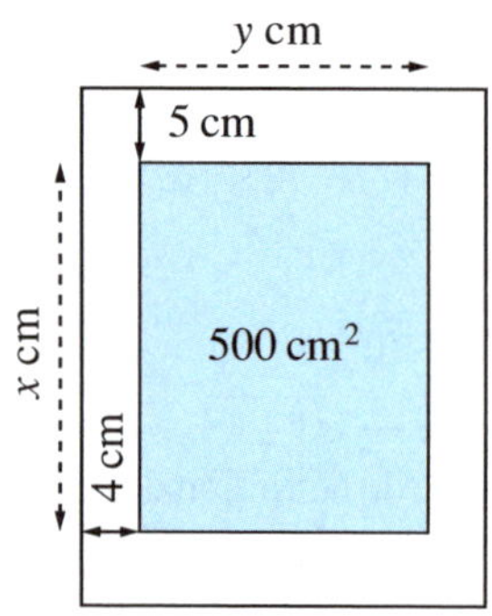

Les dimensions de la page entière, en cm, sont alors :

$$x + (2 \times 5) \text{ et } y + (2 \times 4),$$

c'est-à-dire $x + 10$ et $\dfrac{500}{x} + 8$.

Appelons f la fonction (définie seulement sur $\mathbb{R}_+^*$) qui, au réel x, associe l'aire, en cm², de la page entière. Alors :

$$f(x) = (x + 10)\left(\frac{500}{x} + 8\right)$$
$$= 500 + \frac{5\,000}{x} + 8x + 80,$$
$$f(x) = 8x + \frac{5\,000}{x} + 580.$$

Étudions le sens de variation de f sur $\mathbb{R}_+^*$.

f est dérivable sur $\mathbb{R}_+^*$ et, pour tout x de $\mathbb{R}_+^*$,

$$f'(x) = 8 - \frac{5\,000}{x^2}$$
$$= \frac{8x^2 - 5\,000}{x^2}$$
$$= \frac{8(x^2 - 625)}{x^2}$$
$$= \frac{8(x + 25)(x - 25)}{x^2}.$$

Si $x > 0$, alors : $x + 25 > 0$ et $x^2 > 0$.

Le signe de $f'(x)$ est donc celui de $x - 25$.

Le sens de variation de f sur $\mathbb{R}_+^*$ est donné par le tableau suivant :

x	0		25		$+\infty$
$f'(x)$	‖	$-$	0	$+$	
$f(x)$	‖	↘	980	↗	

Le minimum de f sur $\mathbb{R}_+^*$ est atteint en 25. Les dimensions recherchées sont obtenues pour $x = 25$. On a alors :

$$x + 10 = 35,$$

$$y + 8 = \frac{500}{25} + 8 = 20 + 8 = 28.$$

Si $x = 25$, alors $y = \frac{500}{25} = 20$.

On en déduit que **les bords inférieur et supérieur d'une page du livre doivent mesurer 28 cm et les bords gauche et droit, 35 cm.**

Résolution d'équations

9 1° $(E) : x + 2x^3 + 4x^5 = -7$.

L'ensemble de définition de (E) est $\mathbb{R}$.

Tout d'abord, -1 est une solution évidente de (E).

En effet :

$-1 + 2 \times (-1)^3 + 4 \times (-1)^5 = -1 - 2 - 4 = -7$.

De plus, la fonction f :

$$x \mapsto x + 2x^3 + 4x^5$$

est strictement croissante sur $\mathbb{R}$, car elle est la somme des fonctions

$$x \mapsto x, \quad x \mapsto 2x^3, \quad x \mapsto 4x^5$$

toutes strictement croissantes sur $\mathbb{R}$.

On pouvait aussi écrire que, pour tout réel x :

$$f'(x) = 1 + 2 \times 3x^2 + 4 \times 5x^4$$
$$= 1 + 6x^2 + 20x^4,$$

donc : $f'(x) > 0$,

ce qui prouve que f est strictement croissante sur $\mathbb{R}$.

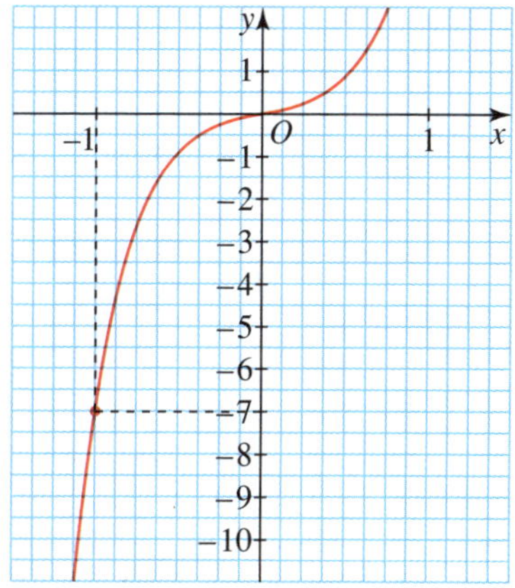

x	$-\infty$	-1	$+\infty$
$f(x)$	↗	-7	↗

Donc f ne prend qu'une seule fois la valeur -7.

On peut alors conclure que **-1 est la seule solution de (E) : $x + 2x^3 + 4x^5 = -7$.**

Une fonction strictement croissante ne prend pas deux fois la même valeur.

2° $(E) : \frac{1}{\sqrt{x}} + \frac{1}{x^2} = 2$.

L'ensemble de définition de (E) est $]0 ; +\infty[$.

1 est une solution évidente de (E).

En effet : $\frac{1}{\sqrt{1}} + \frac{1}{1^2} = 1 + 1 = 2$.

De plus, la fonction f :

$$x \mapsto \frac{1}{\sqrt{x}} + \frac{1}{x^2}$$

est strictement décroissante sur $]0 ; +\infty[$, car elle est la somme de deux fonctions

$$x \mapsto \frac{1}{\sqrt{x}} \quad \text{et} \quad x \mapsto \frac{1}{x^2}$$

toutes deux strictement décroissantes sur $]0 ; +\infty[$.

cours exercices interro corrigés

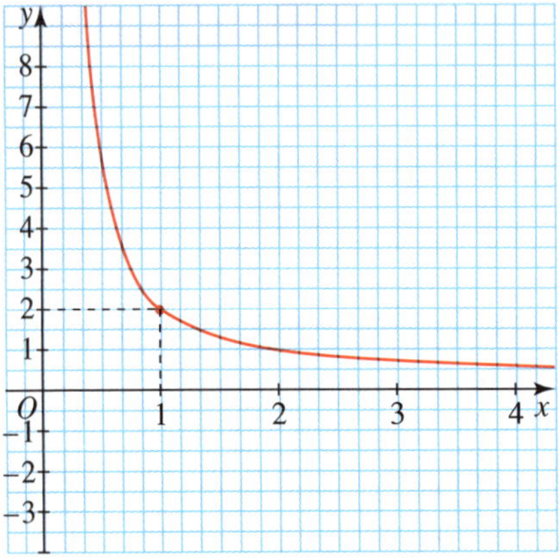

x	0	1	$+\infty$
$f(x)$	‖ ↘	2	↘

Donc, sur $]0\,;+\infty[$, f ne prend qu'une fois la valeur 2.

On en déduit que **1 est la seule solution de (*E*) :** $\mathbf{\dfrac{1}{\sqrt{x}} + \dfrac{1}{x^2} = 2.}$

3° (E) : $x^2\sqrt{x} = 32$.

L'ensemble de définition de (E) est $[0\,;+\infty[$.

Il est clair que 4 est une solution de (E).

En effet :

$$4^2\sqrt{4} = 16 \times 2 = 32.$$

Étudions le sens de variation de la fonction f :

$$x \mapsto x^2\sqrt{x}.$$

Soient a et b des réels positifs ou nuls.

Supposons : $0 \leqslant a < b$,

alors : $0 \leqslant a^2 < b^2$

et : $0 \leqslant \sqrt{a} < \sqrt{b}$,

donc, en multipliant membre à membre ces inégalités qui portent sur des réels positifs :

$$0 \leqslant a^2\sqrt{a} < b^2\sqrt{b},$$

ce qui prouve que la fonction f :

$$x \mapsto x^2\sqrt{x}$$

est strictement croissante sur $[0\,;+\infty[$.

On pouvait aussi écrire que la fonction f :

$$x \mapsto x^2\sqrt{x}$$

est strictement croissante sur $[0\,;+\infty[$, car elle est le produit de deux fonctions strictement croissantes et positives sur $[0\,;+\infty[$.

x	0	4	$+\infty$
$f(x)$	‖ ↗	32	↗

Finalement, **4 est la seule solution de l'équation :**

$$\mathbf{(E) : x^2\sqrt{x} = 32.}$$

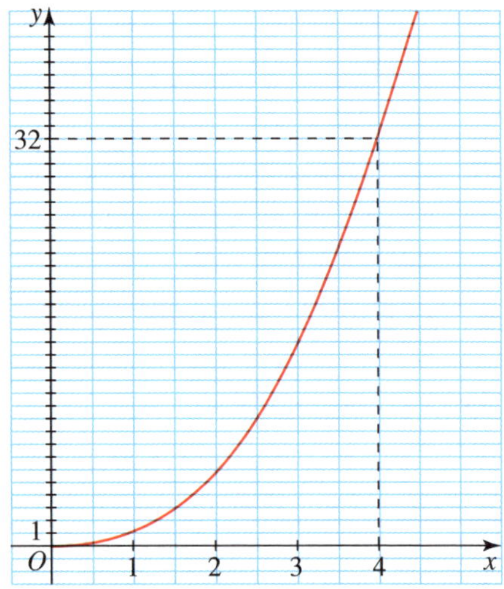

4° (E) : $2x - \cos(x) = \pi$.

L'ensemble de définition de (E) est $\mathbb{R}$.

Tout d'abord, $\dfrac{\pi}{2}$ est une solution de (E).

En effet :

$$2 \times \frac{\pi}{2} - \cos\left(\frac{\pi}{2}\right) = \pi - 0 = \pi.$$

La fonction f :

$$x \mapsto 2x - \cos(x)$$

est dérivable sur $\mathbb{R}$ et sa dérivée f' :

$$x \mapsto 2 + \sin(x)$$

est à valeurs strictement positives sur $\mathbb{R}$, donc f est strictement croissante sur $\mathbb{R}$.

Pour tout x de $\mathbb{R}$, $-1 \leqslant \sin(x) \leqslant 1$.

x	$-\infty$	$\dfrac{\pi}{2}$	$+\infty$
$f(x)$	‖ ↗	π	↗

Comme f ne prend qu'une seule fois la valeur π, on peut alors conclure que $\frac{\pi}{2}$ **est la seule solution de l'équation :**

$$(E) : 2x - \cos(x) = \pi.$$

10 f définie sur $]0 ; +\infty[$ par :

$$f(x) = \frac{6x^2 - 9x + 4}{x^3}$$

et son tableau de variation a été dressé dans l'*exercice* 17 du *chapitre* 5.

x	0		1		2		4		$+\infty$
$f'(x)$	‖	−	0	+	0	−		−	
$f(x)$	‖	↘	1	↗	$\frac{5}{4}$	↘	1	↘	

1° $(E_1) : f(x) = 1$

D'après le tableau de variation de f, **l'équation $f(x) = 1$ admet exactement deux solutions 1 et 4.**

Le minimum de f sur $]0 ; 1]$ est 1 et il est atteint seulement en 1 ; le maximum de f sur $[4 ; +\infty[$ est 1 et il est atteint seulement en 4 ; enfin, pour tout x de $]1 ; 4[$, $f(x) > 1$.

2° $(E_2) : f(x) = 8$

$$f(0{,}5) = \frac{6 \times 0{,}5^2 - 9 \times 0{,}5 + 4}{0{,}5^3}$$
$$= \frac{6 \times 0{,}25 - 4{,}5 + 4}{0{,}125}$$
$$= \frac{1{,}5 - 4{,}5 + 4}{0{,}125}$$
$$= \frac{1}{0{,}125},$$

donc **$f(0{,}5) = 8$.**

On en déduit que 0,5 est une solution de (E_2).

Puisque, de plus, f est strictement décroissante sur $]0 ; 1]$, 0,5 est la seule solution de (E_2) sur $]0 ; 1]$.

D'après le tableau de variation de f, l'équation (E_2) n'admet pas de solution dans $[1 ; +\infty[$ (le maximum de f sur cet intervalle est $\frac{5}{4}$, c'est-à-dire 1,25).

Finalement : **0,5 est la seule solution de (E_2).**

3° $(E_3) : f(x) = 1{,}25$

x	0		0,5		1		2		4		$+\infty$
$f'(x)$	‖	−		−	0	+	0	−		−	
$f(x)$	‖	↘	8	↘	1	↗	1,25	↘	1	↘	

D'après le tableau de variation de f, on peut alors affirmer que **l'équation (E_3) admet exactement deux solutions** (l'une est 2, l'autre appartient à $]0{,}5 ; 1[$).

11

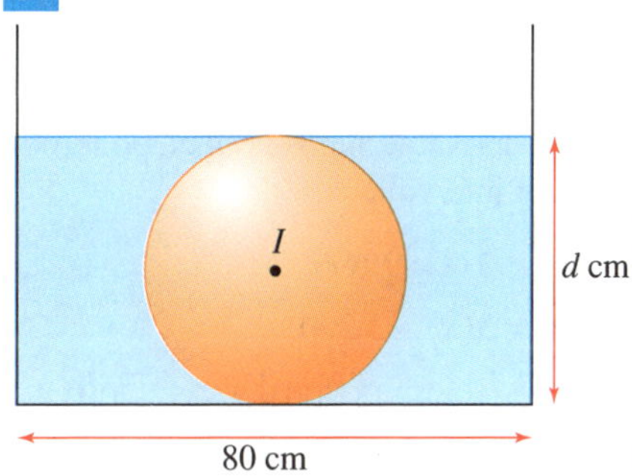

1° • d est un réel positif car d est une mesure de longueur,

• d est inférieur ou égal à 80, car le diamètre du récipient est 80 cm.

Par conséquent :

$$\boldsymbol{d \in [0 ; 80]}.$$

2° Cylindre de rayon 40 cm contenant de l'eau dont la hauteur est 20 cm.

Le volume d'un cylindre de rayon R et de hauteur h est $\pi R^2 h$.

En notant V_1 le volume, en cm^3, de l'eau dans le cylindre avant l'arrivée de la bille :

$$V_1 = \pi \times 40^2 \times 20 = 32\,000\pi.$$

Le volume d'une boule de rayon R est $\frac{4}{3}\pi R^3$.

En notant V_2 le volume, en cm^3, de la bille :

$$V_2 = \frac{4}{3}\pi\left(\frac{d}{2}\right)^3 = \frac{4}{3}\pi \times \frac{d^3}{8} = \frac{\pi \times d^3}{6}.$$

Comme le niveau d'eau est tangent à la bille, $V_1 + V_2$ est le volume, en cm^3, d'un cylindre de hauteur d,

donc :

$$V_1 + V_2 = \pi \times 40^2 \times d = 1\,600\pi d,$$

d'où : $32\,000\pi + \dfrac{\pi \times d^3}{6} = 1\,600\pi d$,

d'où : $192\,000 + d^3 = 9\,600d$,

on a multiplié les deux membres de l'égalité par 6 et on les a divisés par π.

On en déduit que ***d* vérifie :**

$$\mathbf{d^3 - 9\,600d + 192\,000 = 0.}$$

3° f est la fonction définie sur $[0 ; 80]$ par :

$$f(x) = x^3 - 9\,600x + 192\,000.$$

a) f est dérivable sur $[0 ; 80]$ et, pour tout x de cet intervalle :

$$\begin{aligned} f'(x) &= 3x^2 - 9\,600 \\ &= 3(x^2 - 3\,200) \\ &= 3(x + \sqrt{3\,200})(x - \sqrt{3\,200}) \\ &= 3(x + 40\sqrt{2})(x - 40\sqrt{2}), \end{aligned}$$

or : $3(x + 40\sqrt{2}) > 0$,

donc le signe de $f'(x)$ est celui de $x - 40\sqrt{2}$.

x	0		$40\sqrt{2}$		80
$f'(x)$		$-$	0	$+$	
$f(x)$	$192\,000$	↘	$f(40\sqrt{2})$	↗	$f(80)$

b) • f est à valeurs strictement négatives sur $[40\sqrt{2} ; 80]$,

on a : $f(40\sqrt{2}) \approx -170\,040$ à 10 près

et $f(80) = -64\,000$,

donc l'équation $f(x) = 0$ n'admet pas de solution dans $[40\sqrt{2} ; 80]$.

• De plus, f est dérivable et strictement décroissante sur $[0 ; 40\sqrt{2}]$,

et f change de signe entre 0 et $40\sqrt{2}$,

$f(0) = 192\,000$ et $f(40\sqrt{2}) \approx -170\,040$ à 10 près,

donc : $f(0) > 0$ et $f(40\sqrt{2}) < 0$.

Par conséquent, f s'annule une seule fois sur $[0 ; 40\sqrt{2}]$;

autrement dit, l'équation $f(x) = 0$ admet une seule solution dans $[0 ; 40\sqrt{2}]$.

Finalement, **l'équation $f(x) = 0$ admet une seule solution dans $[0 ; 80]$.**

4° • d est la seule solution de **l'équation $f(x) = 0$ dans $[0 ; 80]$.**

En effet, d'après la première question :

$$d \in [0 ; 80]$$

et d vérifie :

$$d^3 - 9\,600d + 192\,000 = 0.$$

• De plus, à l'aide de la calculatrice, on obtient :

$$f(20) = 8\,000 \quad \text{et} \quad f(21) = -339$$

donc : $\quad 20 < d < 21.$

f s'annule entre 20 et 21.

De même :

$$f(20{,}95) = 75{,}007375$$
$$\text{et} \quad f(20{,}96) = -7{,}819264$$

donc :

$$\mathbf{20{,}95 < d < 20{,}96.}$$

f s'annule entre 20,95 et 20,96.

La bille a un diamètre de 20,95 cm à 1 mm près.

Avec un logiciel de géométrie dynamique

12 1° À l'aide d'un logiciel tel que Geoplan ou Geogebra, **on peut conjecturer que 2 est l'abscisse de *P* pour que le triangle *OPQ* ait l'aire la plus petite possible.**

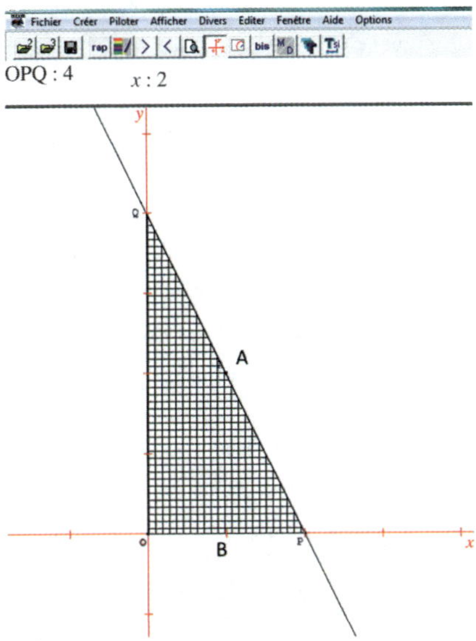

2° Notons y l'ordonnée de Q.

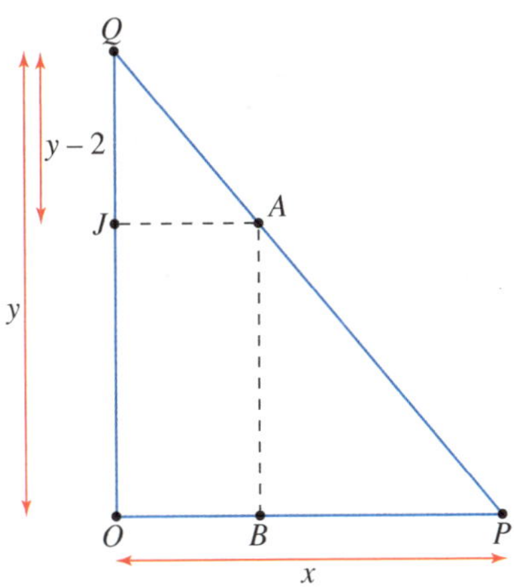

D'après le théorème de Thalès :

$$\frac{y-2}{y} = \frac{1}{x}$$

$JA = 1$,

donc : $yx - 2x = y$,

d'où : $y(x - 1) = 2x$,

et par conséquent :

$$y = \frac{2x}{x-1}.$$

Finalement, **l'ordonnée du point Q est $\frac{2x}{x-1}$.**

x est bien différent de 1, car le point P appartient à la demi-droite ouverte $]Bx)$.

> L'aire d'un triangle est le demi-produit d'une de ses bases par la hauteur associée.

L'aire du triangle OPQ est $\frac{1}{2} \times \frac{2x}{x-1} \times x$, c'est-à-dire $\frac{x^2}{x-1}$.

3° La fonction f définie par $f(x) = \frac{x^2}{x-1}$, est dérivable sur $]1\ ;+\infty[$ et, pour tout x de cet intervalle :

$$f'(x) = \frac{2x(x-1) - 1 \times x^2}{(x-1)^2}$$
$$= \frac{2x^2 - 2x - x^2}{(x-1)^2}$$
$$= \frac{x(x-2)}{(x-1)^2},$$

or $(x-1)^2 > 0$ et $x > 0$,

donc le signe de $f'(x)$ est celui de $x - 2$.

Par conséquent :

- $f'(2) = 0$,
- si $1 < x < 2$, alors $f'(x) < 0$,
- si $x > 2$, alors $f'(x) > 0$.

On en déduit que **f est strictement décroissante sur $]1\ ;2]$ et strictement croissante sur $[2\ ;+\infty[$.**

x	1		2		$+\infty$
$f'(x)$	‖	$-$	0	$+$	
$f(x)$	‖	↘	4	↗	

$$f(2) = \frac{2^2}{2-1} = 4.$$

Le minimun de f est atteint en 2 et il vaut 4.

4° L'aire du triangle OPQ est :

$$\frac{1}{2} \times \frac{2x}{x-1} \times x,$$

c'est-à-dire $f(x)$.

Par conséquent **: l'aire du triangle OPQ est minimale lorsque P a pour abscisse 2 et le minimum de cette aire est 4.**

13 *ABCD* carré de côté 1.

$AM = x$ et $MN = y$.

1° Il semble que la distance *MN* est la plus petite possible pour *AM* proche de 0,4 ; le point *E* semble alors appartenir à la diagonale [*DB*] du carré.

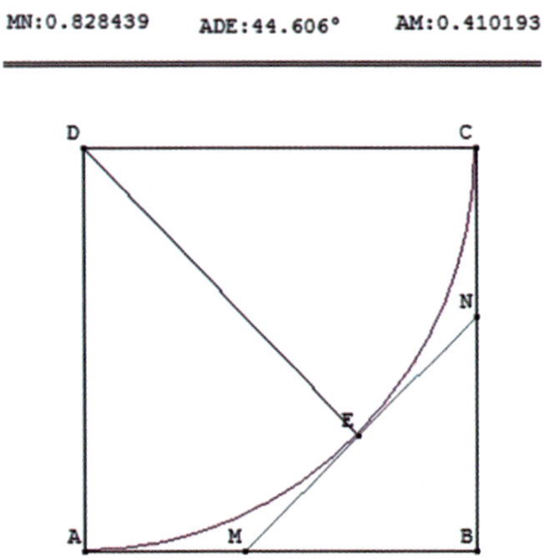

2° Les triangles *DAM* et *DEM* rectangles respectivement en *A* et en *E* ont la même hypoténuse [*DM*], de plus : $DE = DA$, donc les triangles *DAM* et *DEM* sont symétriques par rapport à la droite (*DM*), d'où :

$$\boldsymbol{AM = ME = x.}$$

On pouvait aussi utiliser le théorème de Pythagore dans les triangles *DAM* et *DEM* rectangles et prouver $AM^2 = DM^2 - 1$ et $ME^2 = DM^2 - 1$ et en déduire : $AM = ME$.

De même, les triangles *DCN* et *DEN* rectangles respectivement en *C* et en *E* ont la même hypoténuse [*DN*] et l'on a : $DE = DC$, donc les triangles *DCN* et *DEN* sont symétriques par rapport à la droite (*DN*).

Par conséquent :

$$\boldsymbol{NE = CN}.$$

De plus, on a : $MN = ME + EN$,

en effet, *E* est un point du segment [*MN*],

donc : $MN = x + CN$,

d'où : $y = x + 1 - BN$,

et par conséquent : $\boldsymbol{BN = 1 + x - y}$.

3° Le triangle *BMN* est rectangle en *B*, donc, d'après le théorème de Pythagore :

$$MN^2 = BM^2 + BN^2,$$

d'où :

$$\boldsymbol{y^2 = (1 - x)^2 + (1 + x - y)^2.}$$

On a : $BM = AB - AM = 1 - x$.

4° De l'égalité : $y^2 = (1 - x)^2 + (1 + x - y)^2$, on déduit :

$$y^2 = 1 - 2x + x^2 + 1 + 2x + x^2 - 2y - 2xy + y^2$$
$$= 2 + 2x^2 - 2y + y^2 - 2xy,$$

pour calculer $(1 + x - y)^2$, on peut écrire :

$$(1 + x - y)^2 = ((1 + x) - y)^2$$
$$= (1 + x)^2 - 2(1 + x)y + y^2$$
$$= 1 + 2x + x^2 - 2y - 2xy + y^2,$$

donc : $2xy + 2y = 2x^2 + 2$,

d'où : $y(x + 1) = x^2 + 1$,

$$y = \frac{x^2 + 1}{x + 1}.$$

$x + 1$ n'est pas nul, car $x > 0$.

Finalement,

$$\boldsymbol{MN = \frac{x^2 + 1}{x + 1}}.$$

5° La fonction *f* définie sur [0 ; 1] par : $f(x) = \dfrac{x^2 + 1}{x + 1}$ est dérivable sur [0 ; 1] et, pour tout *x* de cet intervalle :

$$f'(x) = \frac{2x(x + 1) - (x^2 + 1) \times 1}{(x + 1)^2}$$
$$= \frac{2x^2 + 2x - x^2 - 1}{(x + 1)^2}$$
$$= \frac{x^2 + 2x - 1}{(x + 1)^2}$$
$$= \frac{x^2 + 2x + 1 - 2}{(x + 1)^2}$$
$$= \frac{(x + 1)^2 - (\sqrt{2})^2}{(x + 1)^2}$$
$$= \frac{(x + 1 + \sqrt{2})(x + 1 - \sqrt{2})}{(x + 1)^2}$$

or :

$$x + 1 + \sqrt{2} > 0 \text{ et } (x + 1)^2 > 0,$$

donc le signe de $f'(x)$ est celui de

$$x + 1 - \sqrt{2}.$$

On déduit le tableau de variation de f sur $[0\ ;1]$:

x	0	$\sqrt{2}-1$	1
$f'(x)$	$-$	0	$+$
$f(x)$	1 ↘	$f(\sqrt{2}-1)$	↗ 1

Le minimum de f est atteint en $\sqrt{2}-1$.

$$f(\sqrt{2}-1)=\frac{(\sqrt{2}-1)^2+1}{\sqrt{2}-1+1}=\frac{1+2-2\sqrt{2}+1}{\sqrt{2}}=\frac{4-2\sqrt{2}}{\sqrt{2}}=\frac{4}{\sqrt{2}}-2=2\sqrt{2}-2=2(\sqrt{2}-1).$$

6° On a : $MN=\dfrac{x^2+1}{x+1}=f(x)$; de plus, le minimum de f est atteint en $\sqrt{2}-1$, donc **la distance MN est minimale pour**

$$\boldsymbol{x=(\sqrt{2}-1).}$$

Dans ce cas, on peut aussi remarquer :

$BM=AB-AM=1-(\sqrt{2}-1)=2-\sqrt{2}$,

$BN=1+(\sqrt{2}-1)-2(\sqrt{2}-1)=2-\sqrt{2}$.

donc le triangle BMN est isocèle (et rectangle en B).

La droite (BE) qui est la hauteur de ce triangle issue de son sommet principal B est bissectrice de l'angle droit $\widehat{ABC}$, donc l'angle $\widehat{ABE}$ est égal à 45°, ce qui justifie que le point E est sur la diagonale $[BD]$.

Le tableau de variation met en évidence que la valeur minimale n'est atteinte que pour une seule valeur de x. Pour des raisons de symétrie du problème, le point E correspondant ne pouvait qu'appartenir à $[DB]$.

Cinématique

14 **1°** On a :

$$\begin{aligned}x(t)&=-5t^2+60t\\&=-5(t^2-12t)\\&=-5[(t-6)^2-36]\\&=-5(t-6)^2+180,\end{aligned}$$

or : $-5(t-6)^2\leqslant 0$,

donc : $x(t)\leqslant 180$.

De plus :

$$\begin{aligned}x(t)=180&\Leftrightarrow -5(t-6)^2+180=180\\&\Leftrightarrow -5(t-6)^2=0\\&\Leftrightarrow (t-6)^2=0\\&\Leftrightarrow t=6.\end{aligned}$$

On peut aussi résoudre l'inéquation :

$$-5t^2+60t\leqslant 180.$$

On peut alors affirmer :

la hauteur maximale atteinte par la balle est 180 mètres et la balle est au point le plus haut au bout de 6 secondes.

2° Pour $t\geqslant 0$:

$x(t)=-5t^2+60t$,

donc $x'(t)=-10t+60$,

c'est-à-dire $v(t)=-10t+60$.

On en déduit :

$$v(6)=-10\times 6+60=0.$$

Finalement, **la vitesse de la balle à son point le plus haut est nulle.**

15 **1°** La bille sera au sol quand elle aura parcouru une distance de 122,5 mètres. L'équation $122{,}5=4{,}9t^2$ a une seule solution positive qui est 5.

$$122{,}5=4{,}9t^2\Leftrightarrow t^2=\frac{122{,}5}{4{,}9}$$
$$\Leftrightarrow t^2=25$$

Donc **la bille arrive au sol au bout de 5 secondes.**

2° Pour $t\geqslant 0$,

$x(t)=4{,}9t^2$,

donc $x'(t)=4{,}9\times 2t=9{,}8t$,

d'où $v(t)=9{,}8t$.

On en déduit :

$$v(5) = 9{,}8 \times 5 = 49.$$

Finalement, la bille arrive au sol avec une vitesse de 49 m/s, c'est-à-dire de 176,4 km/h.

Bien se rappeler :

$$1 \text{ km/h} = 3{,}6 \text{ m/s}$$

car 1 km = 1 000 m et 1 h = 3 600 s.

Économie

16 1° Le nombre n de bouteilles vendues en une semaine et le prix à l'unité de ces bouteilles sont supposés liés par la loi :

$$n = a - ep.$$

La première semaine, 200 bouteilles sont vendues au prix de 18 € l'unité, donc :

$$200 = a - 18e.$$

La deuxième semaine, 250 bouteilles sont vendues au prix de 17,5 € l'unité, donc :

$$250 = a - 17{,}5e.$$

Les constantes a et e satisfont donc au système : $\begin{cases} a - 18e = 200 \\ a - 17{,}5e = 250. \end{cases}$

En soustrayant membre à membre la première égalité à la seconde, on obtient :

$$0{,}5e = 50,$$

d'où : $\boldsymbol{e = 100}$;

puis, en substituant la valeur de e dans la première égalité, il vient :

$$a = 200 + 1\,800,$$

soit : $\boldsymbol{a = 2\,000}$.

2° Si n bouteilles sont vendues, au prix d'achat de 12 € et de vente de p € chacune, alors le bénéfice b € vérifie :

$$b = np - n \times 12 = n(p - 12),$$

or : $n = a - ep$,

et : $a = 2\,000, \; e = 100$,

donc : $b = (2\,000 - 100p)(p - 12)$

$= 100(20 - p)(p - 12)$.

Soit f la fonction :

$$x \mapsto 100(20 - x)(x - 12).$$

f est un polynôme (du second degré), donc est dérivable sur $\mathbb{R}$.

Pour tout réel x :

$$f(x) = 100(-x^2 + 32x - 240),$$

$$f'(x) = 100(-2x + 32) = -200(x - 16),$$

donc le sens de variation de f est donné par le tableau suivant :

x	$-\infty$		16		$+\infty$
$f'(x)$		+	0	−	
f		↗		↘	

Le maximum de f sur $\mathbb{R}$ est donc atteint en 16.

Si $p = 16$, alors :

$$n = 2\,000 - 100 \times 16 = 400,$$

$$b = 400 \times (16 - 12) = 1\,600.$$

Concrètement, **le bénéfice maximal est donc assuré lorsque la bouteille de champagne est vendue 16 €** (le nombre de bouteilles vendues est alors 400, et le bénéfice s'élève à 1 600 €).

17 $C(n) = n^2 - 6n + 144.$

1° On a : $C_M(n) = \dfrac{C(n)}{n}$

$$= \frac{n^2 - 6n + 144}{n},$$

donc : $\boldsymbol{C_M(n) = n - 6 + \dfrac{144}{n}}$.

Le coût moyen de fabrication d'une pièce est le quotient du coût total par le nombre n de pièces.

2° La fonction f définie sur $]0 \,;\, +\infty[$ par : $f(x) = x - 6 + \dfrac{144}{x}$ est dérivable sur $]0 \,;\, +\infty[$ et, pour tout x de cet intervalle :

$$f'(x) = 1 - \frac{144}{x^2}$$

$$= \frac{x^2 - 144}{x^2}$$

$$= \frac{(x + 12)(x - 12)}{x^2},$$

or : $x + 12 > 0$ et $x^2 > 0$,

donc le signe de $f'(x)$ est celui de $x - 12$.

On déduit le tableau de variation de f sur $]0\ ;+\infty[$:

x	0		12		$+\infty$
$f'(x)$	‖	$-$	0	$+$	
f	‖	↘	$f(12)$	↗	

3° Pour tout entier naturel n non nul :

$$C_M(n) = f(n),$$

En utilisant le tableau de variation de f, **on déduit que le coût moyen de fabrication est minimal pour $n = 12$.**

$C_M(12) = 12 - 6 + \dfrac{144}{12} = 6 + 12 = 18$, donc le coût moyen minimal de fabrication s'élève à 18 €.

18 $C(q) = q^3 - 24q^2 + 144q + 1\,169.$

1° $C(q+1) = (q+1)^3 - 24(q+1)^2 + 144(q+1) + 1\,169$

$= (q+1)(q^2+2q+1) - 24(q^2+2q+1) + 144q + 144 + 1\,169$

$= q^3 + 2q^2 + q + q^2 + 2q + 1 - 24q^2 - 48q - 24 + 144q + 144 + 1\,169$

$= q^3 - 21q^2 + 99q + 1\,290$

donc :

$\boldsymbol{C(q+1) - C(q)} = q^3 - 21q^2 + 99q + 1\,290 - q^3 + 24q^2 - 144q - 1\,169$

$= \boldsymbol{3q^2 - 45q + 121}.$

Le coût marginal est le coût additionnel engendré par la fabrication d'une unité supplémentaire.

2° La fonction C est dérivable sur $]0\ ;+\infty[$ et pour tout x de cet intervalle :

$C'(x) = 3x^2 - 48x + 144$

$= 3(x^2 - 16x + 48).$

En économie, le coût marginal est souvent assimilé à la dérivée de la fonction coût total.

Ici : $C'(q) = 3q^2 - 48q + 144$ et $C(q+1) - C(q) = 3q^2 - 45q + 121$

Déterminons les racines du polynôme du second degré $x^2 - 16x + 48$; son discriminant Δ vérifie :

$\Delta = 16^2 - 4 \times 48 = 256 - 192 = 64 = 8^2$,

$\Delta > 0$, donc le polynôme $x^2 - 16x + 48$ admet deux racines $\dfrac{16-8}{2}$ et $\dfrac{16+8}{2}$, c'est-à-dire : 4 et 12.

x	0		4		12		$+\infty$
$C'(x)$	‖	$+$	0	$-$	0	$+$	
$C(x)$	‖ 1 169	↗		↘	1 169	↗	

La fonction C n'est pas définie en 0, mais lorsque x tend vers 0, $C(x)$ tend vers 1 169.

3° D'après son tableau de variation, la fonction C admet un minimum absolu en 12.

$C(0)$ n'existe pas.

Par conséquent, **le coût total de fabrication des objets est minimal lorsque l'entier q est égal à 12.**

Les interrogations écrites

19 Pour tout x de $\mathbb{R}^*$, $f(x) = x^2 + \dfrac{16}{x}$.

$\mathscr{C}$ la courbe représentative de f et $\mathscr{P}$ la parabole d'équation $y = x^2$.

1° f est une fonction rationnelle, donc f est dérivable sur son ensemble de définition $\mathbb{R}^*$, et pour tout réel x non nul :

$$f'(x) = 2x - \frac{16}{x^2} = \frac{2x^3 - 16}{x^2} = \frac{2(x^3 - 8)}{x^2} = \frac{2(x^3 - 2^3)}{x^2},$$

or $x^2 > 0$,

donc le signe de $f'(x)$ est celui de $x^3 - 2^3$, c'est-à-dire celui de $x - 2$.

La fonction cube est strictement croissante sur $\mathbb{R}$.

Par conséquent :
- $f'(2) = 0$,
- si $x < 0$ ou $0 < x < 2$, alors $f'(x) < 0$,
- si $x > 2$, alors $f'(x) > 0$.

On en déduit que f **est strictement décroissante sur $]-\infty\ ;0[$, strictement décroissante sur $]0\ ;2]$ et strictement croissante sur $[2\ ;+\infty[$.**

La fonction f n'étant pas définie en 0, elle n'est pas dérivable en 0.

x	$-\infty$	0		2		$+\infty$
$f'(x)$	$-$	||	$-$	0	$+$	
f	↘	||	↘	12	↗	

2° x est un réel non nul quelconque.

a) On a :

$$\boldsymbol{y_M - y_p} = x^2 + \frac{16}{x} - x^2 = \boldsymbol{\frac{16}{x}},$$

donc le signe de $y_M - y_P$ est celui de x.

On en déduit :

$$\boldsymbol{y_M - y_P < 0 \text{ si } x < 0,}$$
$$\boldsymbol{y_M - y_P > 0 \text{ si } x > 0,}$$

c'est-à-dire :

$$y_M < y_P \text{ si } x < 0,$$
$$y_M > y_P \text{ si } x > 0.$$

Cela permet d'affirmer que **la courbe $\mathscr{C}$ est au-dessus de la parabole $\mathscr{P}$ dans le demi-plan d'inéquation $x > 0$ et que $\mathscr{C}$ est en dessous de $\mathscr{P}$ dans le demi-plan d'inéquation $x < 0$.**

b) Lorsque x prend de très grandes valeurs, $\dfrac{16}{x}$ devient très proche de zéro, donc **$y_M - y_P$ se rapproche de zéro**.

On dit que, lorsque x tend vers $+\infty$, $\dfrac{16}{x}$ tend vers 0.

Les points de $\mathscr{C}$ et $\mathscr{P}$ de même abscisse x sont aussi proches de 0 que l'on veut, pourvu que x soit suffisamment grand. On dit que $\mathscr{C}$ et $\mathscr{P}$ sont asymptotes, au voisinage de $+\infty$.

3°

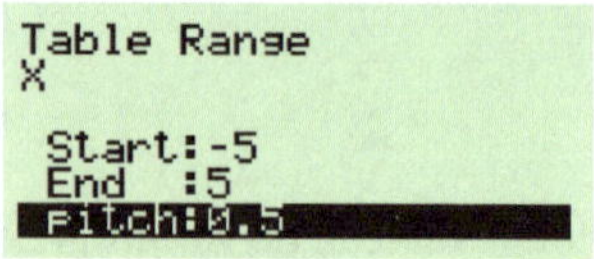

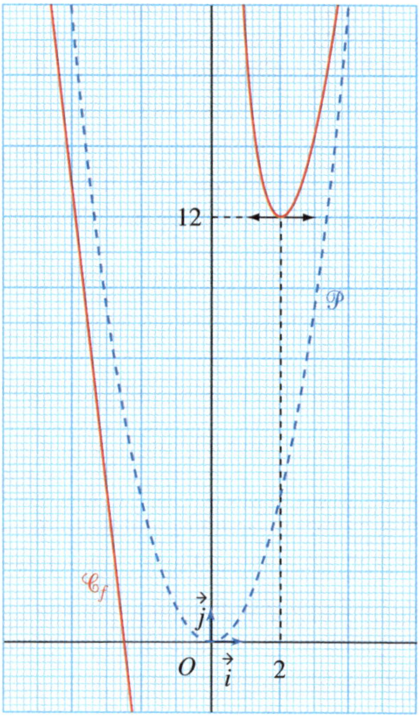

20 **1°** x désigne le nombre d'heures de location, donc la dépense mensuelle en euros pour la location des courts de tennis est $2x + 30$. Par conséquent, le prix moyen $f(x)$ en euros vérifie :

$$f(x) = \frac{2x + 30}{x} = 2 + \frac{30}{x}.$$

2°

Si f est une fonction, k une fonction constante et a un réel strictement positif, alors :
- f et $f + k$ ont le même sens de variation ;
- f et af ont le même sens de variation.

Sur $]0\ ;+\infty[$, les fonctions

$$f : x \mapsto \frac{30}{x} + 2,\ x \mapsto \frac{30}{x},\ x \mapsto \frac{1}{x}$$

ont le même sens de variation :
elles sont toutes trois strictement décroissantes sur $]0\,;+\infty[$.

La fonction inverse est strictement décroissante sur $]0\,;+\infty[$.

On a prouvé que **f est strictement décroissante sur $]0\,;+\infty[$.**

3° Observons (habilement) que $f(15) = 4$.

$\left(f(15) = \frac{30}{15} + 2 = 2 + 2 = 4\right)$.

Comme, de plus, f est strictement décroissante sur $]0\,;+\infty[$, **le coût horaire est inférieur à 4 € pour un nombre d'heures de tennis supérieur à 15**.

On peut aussi résoudre, par le calcul, l'inéquation $f(x) < 4$.

Pour tout x de $]0\,;+\infty[$:

$$\begin{aligned} f(x) < 4 &\Leftrightarrow \frac{30}{x} + 2 < 4 \\ &\Leftrightarrow \frac{30}{x} < 2 \\ &\Leftrightarrow 30 < 2x \text{ car } x > 0 \\ &\Leftrightarrow 15 < x \\ &\Leftrightarrow x > 15. \end{aligned}$$

21

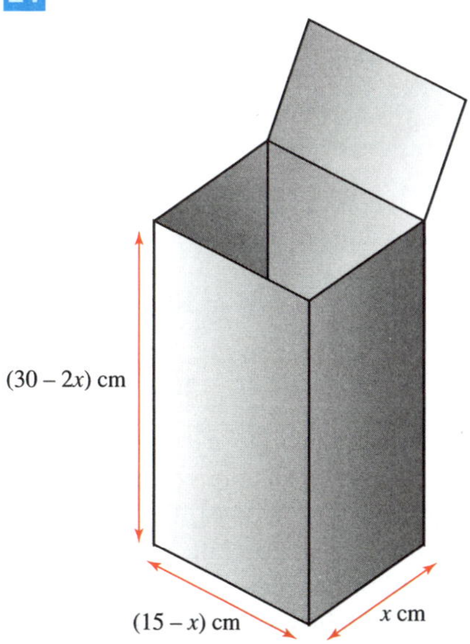

1° Les dimensions, en cm, de la boîte sont x, $15 - x$ et $30 - 2x$.
x est une mesure de longueur, donc x est un réel positif ou nul.
$30 - 2x$ est aussi une mesure de longueur, donc $30 - 2x \geqslant 0$, d'où : $x \leqslant 15$.
Enfin $15 - x$ est une mesure de longueur, donc $15 - x \geqslant 0$, d'où : $x \leqslant 15$.
On en déduit que **x appartient à l'intervalle $[0\,;15]$.**

Il est facile de vérifier que, si x appartient à l'intervalle $[0\,;15]$, alors la fabrication d'une telle boîte est possible.
On note que, si x vaut 0 ou 15, le volume de la boîte est nul.

2° Pour tout x de $[0\,;15]$:

$$\begin{aligned} v(x) &= x(30 - 2x)(15 - x) \\ &= x \times 2(15 - x)(15 - x) \\ &= 2x(15 - x)^2 \\ &= 2x(x^2 - 30x + 225) \\ &= \mathbf{2x^3 - 60x^2 + 450x}. \end{aligned}$$

On a :
$(15 - x)^2 = (x - 15)^2 = x^2 - 2 \times 15 \times x + 15^2$.

3° La fonction v est dérivable sur $[0\,;15]$ et, pour tout x de cet intervalle :

$$\begin{aligned} v'(x) &= 6x^2 - 120x + 450 \\ &= 6(x^2 - 20x + 75) \\ &= 6(x^2 - 20x + 100 - 25) \\ &= 6[(x - 10)^2 - 5^2] \\ &= 6(x - 15)(x - 5). \end{aligned}$$

On obtient le tableau de variation de la fonction v sur $[0\,;15]$:

x	0		5		15
$v'(x)$		+	0	–	0
$v(x)$	0	↗	1 000	↘	0

$$\begin{aligned} v(5) &= 2 \times 5 \times (15 - 5)^2 \\ &= 10 \times 100 \\ &= 1\,000 \end{aligned}$$

4° Le maximum de la fonction v sur [0 ; 15] est atteint en 5 et il vaut 1 000, donc **le volume maximal de la boîte est 1 000 cm^3 et il est obtenu pour $x = 5$.**

5° 1 litre = 1 dm^3 = 1 000 cm^3.

0,5 litre = 500 cm^3, il s'agit donc de résoudre l'équation $v(x) = 500$.

a) D'après le tableau de variation de v, **l'équation $v(x) = 500$ admet deux solutions, l'une a entre 0 et 5 et l'autre b entre 5 et 15.**

b) **Un tableur ou une calculatrice nous donne :**

$$a \approx 1{,}34 \text{ à } 0{,}01 \text{ près et } b = 10.$$

Pour fabriquer une boîte de 0,5 litre, on choisira $x = 10$.

Une boîte ayant une de ses dimensions inférieure à 2 cm semble inutilisable !

B2 | fx | =2*A2^3-60*A2^2+450*A2

x	v(x)
0	0
1	392
2	676
3	864
4	968
5	1000
6	972
7	896
8	784
9	648
10	500
11	352
12	216
13	104
14	28
15	0

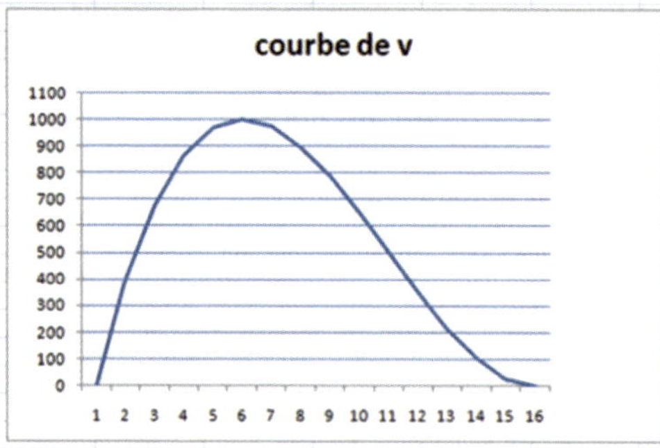

x	v(x)
1	392
1,1	425,062
1,2	457,056
1,3	487,994
1,4	517,888

x	v(x)
1,3	487,994
1,31	491,030182
1,32	494,055936
1,33	497,071274
1,34	500,076208

c) $f(x) = (x - 10)(x^2 - 20x + 25)$

• Pour tout réel x :

$f(x) =$

$$x \times (x^2 - 20x + 25) - 10 \times (x^2 - 20x + 25)$$
$$= x^3 - 20x^2 + 25x - 10x^2 + 200x - 250$$
$$= x^3 - 30x^2 + 225x - 250.$$

• Pour tout x de [0 ; 15] :

$v(x) = 500$

$$\Leftrightarrow 2x^3 - 60x^2 + 450x - 500 = 0$$
$$\Leftrightarrow 2f(x) = 0$$
$$\Leftrightarrow 2(x - 10)(x^2 - 20x + 25) = 0$$
$$\Leftrightarrow x = 10 \text{ ou } x^2 - 20x + 25 = 0.$$

Soit Δ le discriminant du polynôme du second degré g :

$$x \mapsto x^2 - 20x + 25.$$

On a :

$$\Delta = (-20)^2 - 4 \times 1 \times 25$$
$$= 400 - 100$$
$$= 300$$
$$= (10\sqrt{3})^2,$$

donc g admet deux racines x_1 et x_2 :

$$x_1 = \frac{20 - 10\sqrt{3}}{2} = 10 - 5\sqrt{3},$$

$$x_2 = \frac{20 + 10\sqrt{3}}{2} = 10 + 5\sqrt{3}.$$

En remarquant que $x_2 > 15$, on peut affirmer que les solutions dans [0 ; 15] de l'équation $v(x) = 500$ sont 10 et $10 - 5\sqrt{3}$, ce qui permet de conclure que **les valeurs de x pour lesquelles la boîte a pour volume 0,5 litre sont 10 et $10 - 5\sqrt{3}$.**

CHAPITRE 7

Mode de génération d'une suite

LE COURS

Vocabulaire

▶ Définition

Une suite définie sur $\mathbb{N}$ est une fonction de $\mathbb{N}$ dans $\mathbb{R}$.

▶ Notations

Une suite peut se noter comme une fonction.
Par exemple, on dit :

$$\text{la suite } u : n \mapsto -\sqrt{n} + 2 \text{ est définie sur } \mathbb{N}.$$

- L'image d'un entier naturel n par la suite u, appelée aussi **terme d'indice n** ou **terme de rang n**, est notée u_n.
- La suite u se note aussi (u_n), $(u_n)_{n \geqslant 0}$, $(u_n)_{n \in \mathbb{N}}$.

Propriétés

Soit u une suite définie sur $\mathbb{N}$.

▶ Suite majorée, minorée, bornée

- Dire que u est **majorée** signifie qu'il existe un réel M tel que :
$$\text{pour tout entier naturel } n,\ u_n \leqslant M.$$
- Dire que u est **minorée** signifie qu'il existe un réel m tel que :
$$\text{pour tout entier naturel } n,\ m \leqslant u_n.$$
- Dire que u est **bornée** signifie que u est à la fois majorée et minorée.

▶ Sens de variation

- Dire que u est **croissante** signifie :
$$\text{pour tout entier naturel } n,\ u_n \leqslant u_{n+1}.$$
- Dire que u est **décroissante** signifie :
$$\text{pour tout entier naturel } n,\ u_n \geqslant u_{n+1}.$$
- Dire que u est **monotone** signifie que u est croissante ou que u est décroissante.

Représentation graphique

▶ Suite définie par une formule du type $u_n = f(n)$

Considérons, par exemple, la suite (u_n) définie sur $\mathbb{N}$ par :

$$u_n = \frac{2n + 10}{n + 1}.$$

f est ici la fonction : $x \mapsto \dfrac{2x + 10}{x + 1}$.

Utilisation d'un tableur

B2 =(2*A2+10)/(A2+1)

	A	B	C	D
1	n	un		
2	0	10		
3	1	6		
4	2	4,66666667		
5	3	4		
6	4	3,6		
7	5	3,33333333		
8	6	3,14285714		
9	7	3		
10	8	2,88888889		
11	9	2,8		
12	10	2,72727273		
13	11	2,66666667		
14	12	2,61538462		
15	13	2,57142857		
16	14	2,53333333		
17	15	2,5		
18	16	2,47058824		
19	17	2,44444444		
20	18	2,42105263		
21	19	2,4		
22	20	2,38095238		

En sélectionnant la plage de cellules **A2:B22**, on obtient avec l'assistant graphique (option **Nuage de points**) :

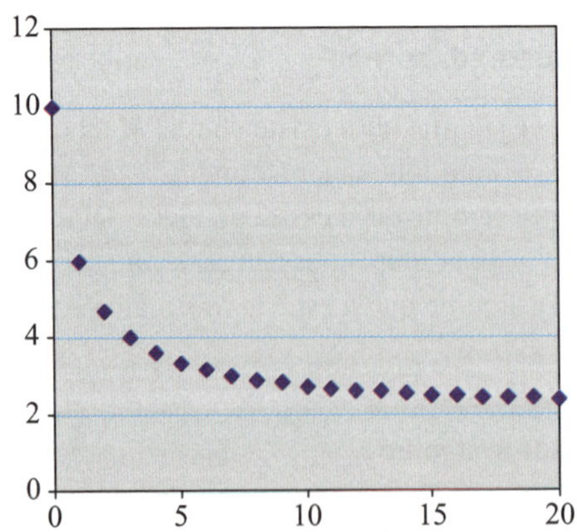

Ce nuage de points représente les termes $u_0, u_1, \ldots, u_{20}$ de la suite (u_n).
Il est constitué des points de coordonnées $(0, u_0)$, $(1, u_1)$, …, $(20, u_{20})$.

► Suite définie par son premier terme u_0 et une formule du type $u_{n+1} = f(u_n)$

Considérons, par exemple, la suite (u_n) définie par $u_0 = 1$ et la relation de récurrence :

$$u_{n+1} = \frac{1}{4}(u_n - 2)^2.$$

f est ici la fonction : $x \mapsto \frac{1}{4}(x-2)^2$.

- **Utilisation d'un tableur**

B3 ▾ f_x =(B2-2)^2/4

	A	B	C	D
1	n	un		
2	0	1		
3	1	0,25		
4	2	0,765625		
5	3	0,38092041		
6	4	0,65535468		
7	5	0,45201776		
8	6	0,59906225		
9	7	0,49065664		
10	8	0,56952934		
11	9	0,51156157		
12	10	0,55386224		
13	11	0,52282861		
14	12	0,54550883		
15	13	0,52888614		
16	14	0,541044		
17	15	0,53213815		
18	16	0,5386546		
19	17	0,5338826		
20	18	0,53737506		
21	19	0,53481793		
22	20	0,53668963		

En sélectionnant la plage de cellules **A2:B22**, on obtient avec l'assistant graphique (option **Nuage de points reliés par une courbe**) :

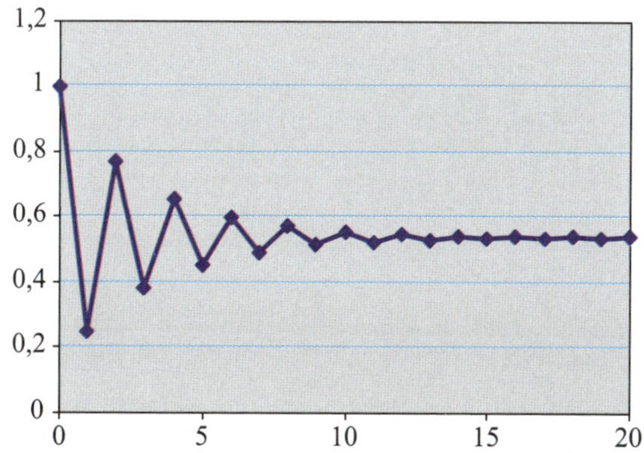

- **Utilisation de la courbe représentative de f**

On note $\mathscr{C}$ la courbe représentative de la fonction f et Δ la droite d'équation $y = x$.

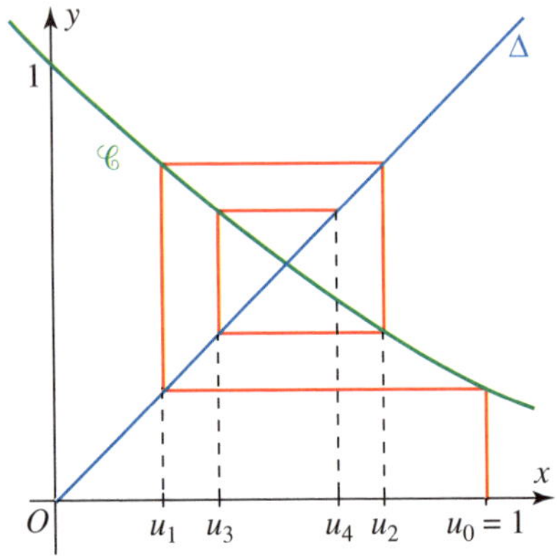

On a construit la ligne polygonale (en rouge sur le graphique) dont les sommets successifs ont pour coordonnées :

$(u_0, 0)$,

(u_0, u_1), (u_1, u_1), $\quad$ **$u_1 = f(u_0)$**

(u_1, u_2), (u_2, u_2), $\quad$ **$u_2 = f(u_1)$**

(u_2, u_3), (u_3, u_3), $\quad$ **$u_3 = f(u_2)$**

(u_3, u_4) et (u_4, u_4). $\quad$ **$u_4 = f(u_3)$**

Les termes $u_0, u_1, \dots, u_4$ sont représentés sur l'axe des abscisses.

EXERCICES

Dans tous les exercices, le plan est rapporté à un repère orthogonal $(O\,;\,\vec{i},\,\vec{j})$.

Vrai ou faux ?

1 (corrigés p. 174)

1° Soit (u_n) une suite définie sur $\mathbb{N}$.

a) Le centième terme de la suite (u_n) est u_{100}.

b) Si, pour tout n de $\mathbb{N}$, u_n est inférieur ou égal à n, alors (u_n) est majorée.

c) Si la suite (u_n) est croissante, alors $u_2 \leqslant u_{10}$.

2° Soit u la suite : $n \mapsto \dfrac{1}{\sqrt{n}}$.

a) La suite u est définie sur $\mathbb{R}_+^*$.

b) La suite u est décroissante.

c) La suite u est bornée.

3° Soit (u_n) la suite définie sur $\mathbb{N}$ dont les termes successifs sont 1, 2, 3, 1, 2, 3, etc.

a) $u_{100} = 3$.

b) La somme des termes de la suite (u_n) de u_0 à u_{20} est égale à 42.

c) Le produit des termes de la suite (u_n) de u_0 à u_{21} est égal à 6^7.

4° Soit (u_n) la suite définie sur $\mathbb{N}$ par : $u_n = \left(-\dfrac{1}{2}\right)^n$.

a) Pour tout n de $\mathbb{N}$, $u_{2n} = \dfrac{1}{4^n}$.

b) La suite (u_n) est bornée.

c) La suite (u_n) est décroissante.

5° Soit (u_n) la suite définie sur $\mathbb{N}$ par : $u_n = 2n - 3$.

a) La suite (u_n) est croissante.

b) La suite (u_n) est minorée.

c) Pour tout entier naturel n, $u_{2n+1} = 4n - 1$.

6° Soit (u_n) la suite définie sur $\mathbb{N}$ par $u_0 = 2$ et la relation de récurrence :

$$u_{n+1} = 2u_n - 3.$$

a) La suite (u_n) est croissante.

b) $u_5 = -29$.

c) Pour tout entier naturel n, $u_{n+2} = 4u_n - 9$.

cours exercices interro corrigés

Calculs de termes

2 ★ 5 min (corrigés p. 176)

Calculer u_1, u_2, u_3, u_4 et u_5 dans chacun des cas suivants.

1° (u_n) est définie sur $\mathbb{N}$ par : $u_n = 5 \times 10^n + 2$.

2° (u_n) est définie sur $\mathbb{N}$ par : $u_0 = 1$ et $u_{n+1} = \dfrac{1}{1 + u_n}$.

3° (u_n) est la somme des inverses des n premiers entiers naturels non nuls.

3 ★ 5 min (corrigés p. 177)

Calculer u_5 lorsque la suite (u_n) est définie sur $\mathbb{N}$ par :

$$u_0 = 1 \text{ et } u_{n+1} = \frac{u_n}{\sqrt{1 + (u_n)^2}}.$$

4 ★ 5 min (corrigés p. 177)

1° Soit la suite $u : n \mapsto 3n - 7$.
Exprimer u_{n+1} en fonction de u_n.

2° Soit la suite $v : n \mapsto 5^n$.
Exprimer v_{n+1}, puis v_{2n} en fonction de v_n.

5 ★ 5 min (corrigés p. 177)

Soit (u_n) la suite définie sur $\mathbb{N}$ par :

$$u_0 = 1 \text{ et } u_{n+1} = \frac{3}{(u_n)^2}.$$

Exprimer u_{n+2} en fonction de u_n.

6 ★ 5 min (corrigés p. 177)

Trouver le plus petit indice à partir duquel la suite (u_n) est définie.

1° $u_n = \dfrac{1}{n^2}$.

2° $u_n = \dfrac{1}{n - \sqrt{2}}$.

3° $u_n = \sqrt{2n - 15}$.

4° $u_n = \dfrac{1}{3^n - 1}$.

5° $u_n = \dfrac{1}{n^2 + n + 1}$.

7 ★★ 15 min (corrigés p. 178)

1° Soit (u_n) la suite définie sur $\mathbb{N}$ par $u_0 = 2$ et la relation de récurrence :

$$u_{n+1} = 3u_n - 2.$$

Écrire un algorithme de calcul de u_n, l'entier naturel n étant le paramètre d'entrée.
Utiliser la calculatrice pour donner la valeur de u_{15}.

2° Soit (v_n) la suite définie sur $\mathbb{N}$ par :

$$v_n = 1 + 3^n.$$

Pour tout entier naturel n, exprimer v_{n+1} en fonction de v_n.
Que peut-on dire des suites (u_n) et (v_n) ?

8 ★★ 5 min (corrigés p. 178)

On considère l'algorithme suivant, qui prend en entrée n et donne en sortie u_n, la suite (u_n) étant définie sur $\mathbb{N}$.

Variables
n, k : entiers
u : réel
Entrée
Saisir n
Initialisation
u prend la valeur -1
Traitement
Pour k variant de 1 à n, faire
u prend la valeur $\frac{u^2}{2} - u$
fin Pour
Sortie
Afficher u

1° Que vaut u_0 ?
Par quelle formule de récurrence la suite (u_n) est-elle construite ?

2°

	A	B
1	n	un
2	0	-1
3	1	1,5
4	2	-0,375
5	3	0,4453125
6	4	-0,34616089
7	5	0,40607457
8	6	-0,32362629
9	7	0,37599328
10	8	-0,30530781
11	9	0,35191423
12	10	-0,28999242

Après avoir saisi une formule dans la cellule **B3** de la feuille de calcul ci-dessus, la poignée de recopie rapide a été tirée vers le bas.
Quelle formule a été saisie en **B3** ?

9 ★★ 5 min (corrigés p. 178)

On considère l'algorithme suivant, qui prend en entrée n et donne en sortie u_n, la suite (u_n) étant définie sur $\mathbb{N}^*$.

```
Variables
    n, k : entiers
    u : réel
Entrée
    Saisir n
Initialisation
    u prend la valeur 0
Traitement
    Pour k variant de 1 à n, faire
    |  u prend la valeur u + n^3
    |_ fin Pour
Sortie
    Afficher u
```

Comment peut-on définir d'une phrase le nombre u_n ?

10 ★★ 15 min (corrigés p. 178)

Programmer sur la calculatrice le calcul de u_n, l'entier naturel n non nul étant entré par l'utilisateur, dans chacun des cas suivants.

1° u_n est la somme des entiers de 1 à n.

2° u_n est le produit des entiers de 1 à n.

11 ★★★ 15 min (corrigés p. 179)

Soit (u_n) la suite définie sur $\mathbb{N}^*$ par $u_1 = \dfrac{1}{2}$ et la relation de récurrence :

$$u_n = u_{n-1} + \frac{1}{n(n+1)}.$$

1° Calculer u_2, u_3, u_4 et u_5.

2° Écrire un algorithme qui prend en entrée un entier naturel n non nul et donne en sortie les termes de u_2 à u_n de la suite (u_n).

3° a) Justifier que, pour tout entier naturel n non nul, on a :

$$u_n = \frac{1}{1 \times 2} + \frac{1}{2 \times 3} + \cdots + \frac{1}{n(n+1)}.$$

b) Démontrer que, pour tout entier naturel k non nul, on a :

$$\frac{1}{k(k+1)} = \frac{1}{k} - \frac{1}{k+1}.$$

c) En déduire une expression explicite de u_n en fonction de l'entier naturel n non nul.

Représentation graphique

12 ★ 5 min (corrigés p. 180)

Dans chacun des deux cas suivants, on donne la représentation graphique $\mathscr{C}$ d'une fonction f ; Δ est la droite d'équation $y = x$.

La suite (u_n) est définie sur $\mathbb{N}$ par son premier terme u_0 et $u_{n+1} = f(u_n)$.

Quelles conjectures peut-on formuler sur le sens de variation, les bornes éventuelles de (u_n) ?

De quel nombre semble se rapprocher u_n quand n devient grand ?

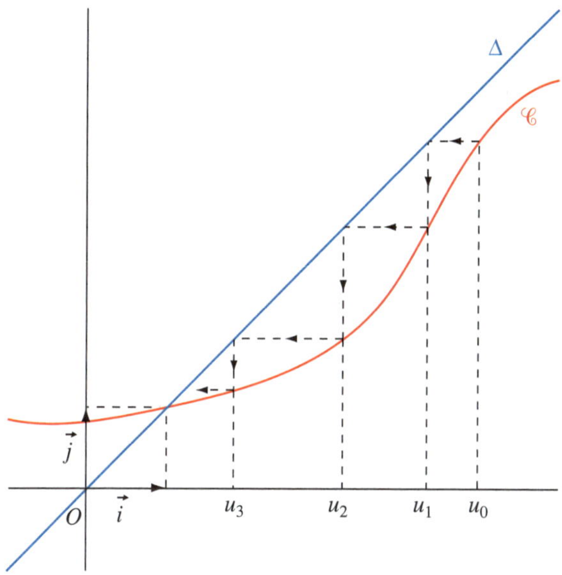

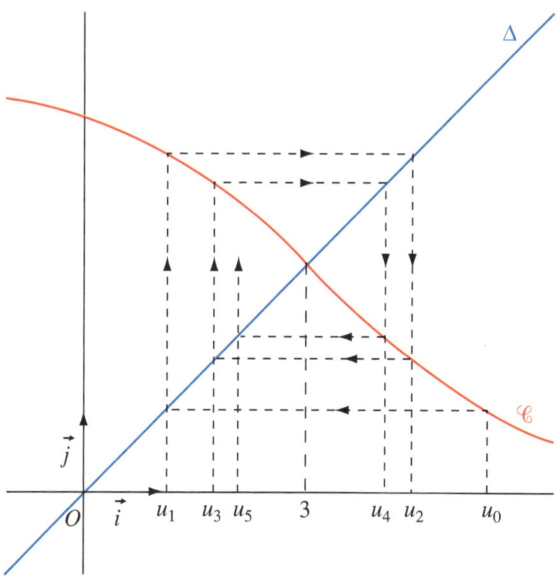

13 ★★ 15 min (corrigés p. 180)

On considère deux suites (u_n) et (v_n) définies sur $\mathbb{N}$, la première par :

$$u_0 = 5 \text{ et la relation de récurrence } u_{n+1} = \frac{u_n}{2} + \frac{1}{6u_n},$$

la seconde par :

$v_0 = 2$ et la relation de récurrence $v_{n+1} = \sqrt{(v_n)^2 + 1} - v_n$.

1°

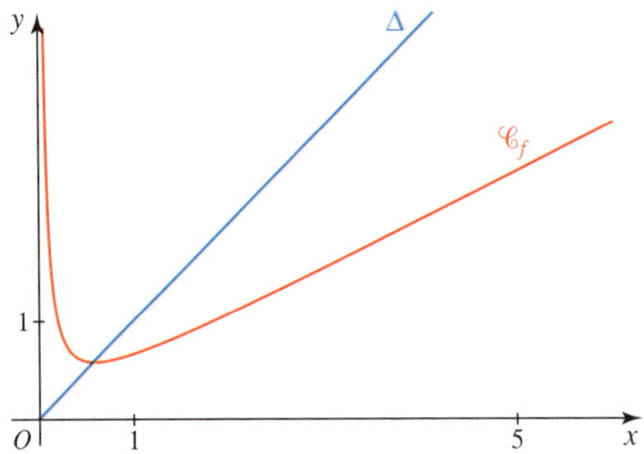

Sur le graphique ci-dessus figurent la droite Δ d'équation $y = x$ et la courbe représentative $\mathscr{C}_f$ de la fonction f définie sur $]0\,;+\infty[$ par :

$$f(x) = \frac{x}{2} + \frac{1}{6x}.$$

En utilisant $\mathscr{C}_f$ et Δ, représenter sur l'axe des abscisses u_1, u_2, u_3.

De quel nombre se rapproche u_n quand n devient grand ?

2°

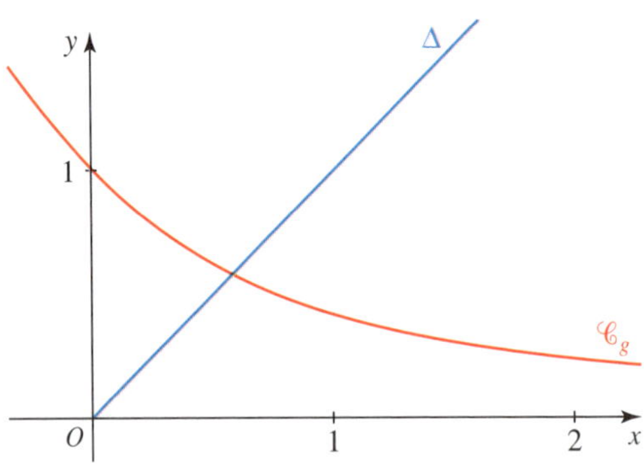

Sur le graphique ci-dessus figurent la courbe représentative $\mathscr{C}_g$ de la fonction $g : x \mapsto \sqrt{x^2 + 1} - x$ et la droite Δ d'équation $y = x$.

En utilisant $\mathscr{C}_g$ et Δ, représenter sur l'axe des abscisses v_1, v_2, v_3, v_4.

De quel nombre se rapproche v_n quand n devient grand ?

3° Quel est celui des trois nuages de points du graphique de la page suivante qui représente les termes $u_4, u_5, \ldots, u_{12}$?

Et quel est celui des trois nuages de points qui représente les termes $v_4, v_5, \ldots, v_{12}$?

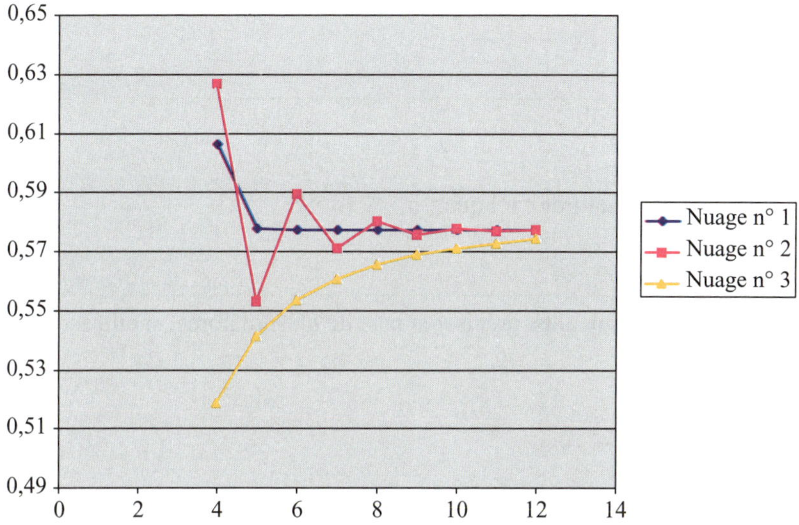

14 ★★ 10 min (corrigés p. 181)

Soit (u_n) la suite définie sur $\mathbb{N}$ par :

$$u_0 = -5 \text{ et } u_{n+1} = \sqrt{6 + u_n}.$$

Construire dans un même repère orthonormé la droite Δ d'équation $y = x$ et la courbe représentative $\mathscr{C}$ de la fonction $f : x \mapsto \sqrt{6 + x}$.

Utiliser $\mathscr{C}$ et Δ pour représenter graphiquement les premiers termes de la suite sur l'axe des abscisses.

Faire une conjecture sur le sens de variation de (u_n), ses bornes éventuelles.

De quel nombre semble se rapprocher u_n quand n devient grand ?

Sens de variation, majorant, minorant

15 ★ 15 min (corrigés p. 181)

1° Déterminer le sens de variation de la suite (u_n) définie sur $\mathbb{N}$ par son premier terme u_0 et $u_{n+1} = u_n - 3$.

2° Déterminer le sens de variation de la suite (v_n) définie sur $\mathbb{N}$ par son premier terme v_0 et $v_{n+1} = v_n + (v_n)^4$.

16 ★ 15 min (corrigés p. 181)

Étudier le sens de variation de la suite u proposée :

1° $n \mapsto n^3 - 4n^2 - 5n - 1$.

2° $n \mapsto (-5)^n$.

3° $n \mapsto \dfrac{3^n}{n+1}$.

4° $n \mapsto n^2 + n - 5$.

5° $u_0 = 4$ et, pour tout n de $\mathbb{N}$, $u_{n+1} = u_n - 0{,}71$.

17 ★ 5 min (corrigés p. 182)

Soit u la suite $n \mapsto \dfrac{1}{n^2}$.

Quel est le plus petit naturel n tel que : $u_n \leqslant 10^{-3}$?

18 ★★ 15 min (corrigés p. 183)

Dans chacun des cas suivants, préciser si la suite u est majorée, si elle est minorée.

1° $u : n \mapsto n^2$.

2° $u : n \mapsto -n^4$.

3° $u : n \mapsto \dfrac{1}{2^n}$.

4° $u : n \mapsto (-2)^n$.

5° $u : n \mapsto \cos(n)$.

19 ★★ 10 min (corrigés p. 183)

Les suites proposées sont-elles bornées ?

$$u : n \mapsto \frac{1}{\sqrt{n}} + 2, \quad v : n \mapsto (-1)^n, \quad w : n \mapsto \frac{\sqrt{n}}{n+2}.$$

20 ★★ 10 min (corrigés p. 184)

Pour tout n de $\mathbb{N}^*$, on note u_n la somme des inverses des entiers de 1 à n.
Trouver un entier naturel n_0 tel que :

$$\text{si } n \geqslant n_0, \text{ alors } u_n \geqslant 2.$$

Les interrogations écrites

21 10 min (corrigés p. 184)

Pour tout entier naturel n non nul, on note S_n la somme des carrés des entiers de 1 à n.
Écrire un algorithme de calcul de S_n, n étant le paramètre d'entrée.

22 10 min (corrigés p. 184)

Soit u la suite telle que $u_0 = 4$ et, pour tout entier naturel n :

$$u_{n+1} = u_n - (u_n)^2.$$

Existe-t-il un entier naturel n tel que $u_n \geqslant 4{,}1$?

23 10 min (corrigés p. 184)

Minorer et majorer au mieux la suite $u : n \mapsto \frac{1}{n}$.

24 10 min (corrigés p. 185)

Soit (u_n) la suite définie sur $\mathbb{N}$ par $u_0 = 8$ et la relation de récurrence :

$$u_{n+1} = \frac{1}{2}u_n + 1.$$

1° Tracer les droites $\mathcal{D}$ et Δ d'équations respectives $y = \frac{1}{2}x + 1$ et $y = x$.

En utilisant $\mathcal{D}$ et Δ, représenter sur l'axe des abscisses u_1, u_2, u_3, u_4.

2° En déduire des conjectures sur le sens de variation de la suite (u_n) et le nombre duquel se rapproche u_n quand n devient grand.

CORRIGÉS

Vrai ou faux ?

1 1° Soit (u_n) une suite définie sur $\mathbb{N}$.

a) Le centième terme de la suite (u_n) est u_{100}.

Faux.

Le premier terme est u_0, le deuxième u_1, …, le centième u_{99}.

b) Si, pour tout n de $\mathbb{N}$, u_n est inférieur ou égal à n, alors (u_n) est majorée.

Faux.

Considérons, par exemple, la suite (u_n) définie sur $\mathbb{N}$ par : $u_n = n$.

Bien évidemment, pour tout n de $\mathbb{N}$:

$$u_n \leqslant n.$$

De plus, il n'existe pas de réel plus grand que tous les entiers naturels, autrement dit, aucun réel n'est un majorant de la suite (u_n), ce qui signifie que la suite (u_n) n'est pas majorée.

c) Si la suite (u_n) est croissante, alors $u_2 \leqslant u_{10}$.

Vrai.

En effet : $u_2 \leqslant u_3 \leqslant \ldots \leqslant u_9 \leqslant u_{10}$.

Plus généralement, pour tous entiers naturels n et p :

$$\text{si } n \leqslant p, \text{ alors } u_n \leqslant u_p.$$

2° Soit u la suite : $n \mapsto \dfrac{1}{\sqrt{n}}$.

a) La suite u est définie sur $\mathbb{R}_+^*$.

Faux.

La suite u a pour ensemble de définition $\mathbb{N}^*$.

Elle n'est pas définie en 0 et elle est définie en tout entier naturel n non nul.

> L'ensemble de définition d'une suite est inclus dans $\mathbb{N}$.

b) La suite u est décroissante.

Vrai.

En effet, pour tout entier naturel n non nul :

$$0 < \sqrt{n} < \sqrt{n+1},$$

donc, des réels strictement positifs étant rangés dans l'ordre contraire de leurs inverses :

$$\frac{1}{\sqrt{n+1}} < \frac{1}{\sqrt{n}},$$

c'est-à-dire : $u_{n+1} < u_n$.

• Noter que la suite u est définie sur $\mathbb{N}^*$ par :

$$u_n = f(n),$$

où f est la fonction $x \mapsto \dfrac{1}{\sqrt{x}}$, qui est strictement décroissante sur $]0\,;+\infty[$.

Par conséquent, pour tout n de $\mathbb{N}^*$:

$$f(n+1) < f(n),$$

c'est-à-dire :

$$u_{n+1} < u_n.$$

• Déterminer le sens de variation de la suite (u_n) revient à étudier le signe de $u_{n+1} - u_n$ ($n \in \mathbb{N}^*$) ; cette méthode est exposée ci-dessous.

Pour tout entier naturel n non nul :

$$u_{n+1} - u_n = \frac{1}{\sqrt{n+1}} - \frac{1}{\sqrt{n}} = \frac{\sqrt{n} - \sqrt{n+1}}{\sqrt{n}\sqrt{n+1}},$$

or, d'une part : $\sqrt{n} < \sqrt{n+1}$,

donc : $\sqrt{n} - \sqrt{n+1} < 0$,

d'autre part : $\sqrt{n}\sqrt{n+1} > 0$,

d'où : $u_{n+1} - u_n < 0$,

c'est-à-dire : $u_{n+1} < u_n$.

c) La suite u est bornée.

Vrai.

On a évidemment, pour tout n de $\mathbb{N}^*$:

$$u_n > 0,$$

donc la suite u est minorée par 0.

De plus, pour tout n de $\mathbb{N}^*$: $\sqrt{n} \geqslant 1$, donc : $u_n \leqslant 1$, ce qui prouve que la suite u est majorée par 1.

> Toute suite décroissante est majorée par son premier terme.

On pourrait démontrer que 0 est le plus grand minorant de la suite u (aucun réel strictement positif n'est un minorant de la suite u).

3° Soit (u_n) la suite définie sur $\mathbb{N}$ dont les termes successifs sont 1, 2, 3, 1, 2, 3, etc.

a) $u_{100} = 3$.
Faux.
Tous les termes de la suite (u_n) d'indice multiple de 3 sont égaux à 1, tous ceux d'indice de la forme $3k+1$ $(k \in \mathbb{N})$ sont égaux à 2, enfin, tous ceux d'indice de la forme $3k+2$ $(k \in \mathbb{N})$ sont égaux à 3.
De plus : $100 = 3 \times 33 + 1$,
donc $u_{100} = 2$.

$100 = 3 \times k + 1$, avec $k = 33$.

b) La somme des termes de la suite (u_n) de u_0 à u_{20} est égale à 42.
Vrai.
Posons : $S = u_0 + u_1 + \cdots + u_{20}$.
On a :

$$S = \underbrace{(u_0 + u_1 + u_2)}_{0 \times 3} + \underbrace{(u_3 + u_4 + u_5)}_{1 \times 3} + \cdots + \underbrace{(u_{18} + u_{19} + u_{20})}_{6 \times 3},$$

donc :

$$S = \underbrace{6 + 6 + \cdots + 6}_{\text{sept termes}} = 7 \times 6 = 42.$$

$u_0 + u_1 + u_2 = u_3 + u_4 + u_5 = \ldots$
$= u_{18} + u_{19} + u_{20} = 6.$

c) Le produit des termes de la suite (u_n) de u_0 à u_{21} est égal à 6^7.
Vrai.
Posons : $P = u_0 \times u_1 \times \ldots \times u_{21}$.
On a :

$$P = (u_0 \times u_1 \times u_2) \times (u_3 \times u_4 \times u_5) \times \ldots \times (u_{18} \times u_{19} \times u_{20}) \times u_{21},$$

donc : $P = \underbrace{6 \times 6 \times \ldots \times 6}_{\text{sept facteurs}} \times 1 = 6^7$.

4° Soit (u_n) la suite définie sur $\mathbb{N}$ par :

$$u_n = \left(-\frac{1}{2}\right)^n.$$

a) Pour tout n de $\mathbb{N}$, $u_{2n} = \dfrac{1}{4^n}$.
Vrai.
On a, pour tout entier naturel n :

$$u_{2n} = \left(-\frac{1}{2}\right)^{2n} = \left(\left(-\frac{1}{2}\right)^2\right)^n = \left(\frac{1}{4}\right)^n = \frac{1}{4^n}.$$

b) La suite (u_n) est bornée.
Vrai.
$-\dfrac{1}{2}$ étant compris entre -1 et 1, on a :

pour tout n de $\mathbb{N}$, $-1 \leqslant u_n \leqslant 1$.

Plus précisément, on peut montrer que le minimum de la suite u est $-\dfrac{1}{2}$ et que le maximum est 1.

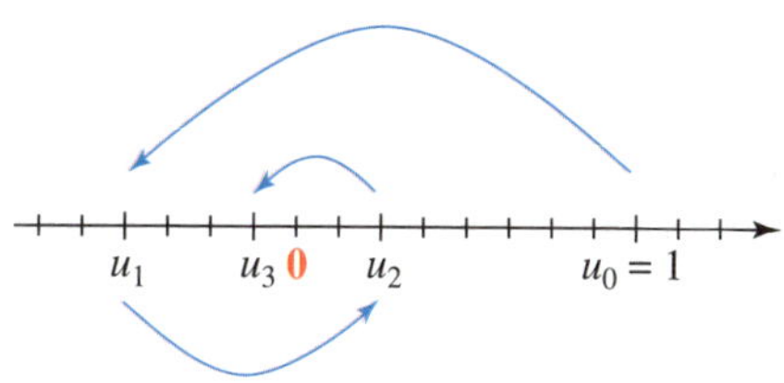

c) La suite (u_n) est décroissante.
Faux.

$u_1 = -\dfrac{1}{2}$ et $u_2 = \dfrac{1}{4}$, donc : $u_1 < u_2$.

La suite n'est pas non plus croissante :

$u_0 = 1$ et $u_1 = -\dfrac{1}{2}$, donc : $u_1 < u_0$.

Plus généralement, tous les termes de la suite (u_n) d'indice pair sont strictement positifs, tous ceux d'indice impair sont strictement négatifs, donc, pour tout entier naturel n :

$u_n > u_{n+1}$ si n est pair,
$u_n < u_{n+1}$ si n est impair.

5° Soit (u_n) la suite définie sur $\mathbb{N}$ par :

$$u_n = 2n - 3.$$

a) La suite (u_n) est croissante.
Vrai.
On a, pour tout entier naturel n :

$$u_{n+1} - u_n = (2(n+1) - 3) - (2n - 3) = 2,$$
$$u_{n+1} - u_n > 0,$$

d'où : $u_{n+1} > u_n$,
donc la suite (u_n) est strictement croissante.

b) La suite (u_n) est minorée.

Vrai.

Pour tout entier naturel n :

$$2n \geqslant 0,$$

donc : $2n - 3 \geqslant -3$,

c'est-à-dire : $u_n \geqslant -3$.

Toute suite croissante est minorée par son premier terme.

c) Pour tout entier naturel n :

$$u_{2n+1} = 4n - 1.$$

Vrai.

Pour tout entier naturel n :

$$u_{2n+1} = 2 \times (2n + 1) - 3 = 4n - 1.$$

6° Soit (u_n) la suite définie sur $\mathbb{N}$ par $u_0 = 2$ et la relation de récurrence :

$$u_{n+1} = 2u_n - 3.$$

a) La suite (u_n) est croissante.

Faux.

$u_0 = 2$ et $u_1 = 2u_0 - 3 = 2 \times 2 - 3 = 1$,

donc : $u_1 < u_0$.

Non seulement la suite (u_n) n'est pas croissante, mais on pourrait même démontrer qu'elle est décroissante.

b) $u_5 = -29$.

Vrai.

On obtient, de proche en proche :

$$u_1 = 2u_0 - 3 = 2 \times 2 - 3 = 1,$$

$$u_2 = 2u_1 - 3 = 2 \times 1 - 3 = -1,$$

$$u_3 = 2u_2 - 3 = 2 \times (-1) - 3 = -5,$$

$$u_4 = 2u_3 - 3 = 2 \times (-5) - 3 = -13,$$

$$u_5 = 2u_4 - 3 = 2 \times (-13) - 3 = -29.$$

c) Pour tout entier naturel n :

$$u_{n+2} = 4u_n - 9.$$

Vrai.

Pour tout entier naturel n :

$$u_{n+2} = u_{(n+1)+1} = 2u_{n+1} - 3$$
$$= 2 \times (2u_n - 3) - 3 = 4u_n - 6 - 3,$$

donc : $u_{n+2} = 4u_n - 9$.

Calculs de termes

2 **1°** $u_n = 5 \times 10^n + 2$.

On a :

$$u_1 = 5 \times 10^1 + 2 = 50 + 2 = 52,$$

puis :

$$u_2 = 502, \quad u_3 = 5\,002,$$
$$u_4 = 50\,002 \text{ et } u_5 = 500\,002.$$

2° $u_0 = 1$ et $u_{n+1} = \dfrac{1}{1 + u_n}$.

On obtient successivement :

$$u_1 = \frac{1}{1+1} = \frac{1}{2}, \quad u_2 = \frac{1}{1 + \frac{1}{2}} = \frac{1}{\frac{3}{2}} = \frac{2}{3},$$

$$u_3 = \frac{1}{1 + \frac{2}{3}} = \frac{3}{5}, \quad u_4 = \frac{1}{1 + \frac{3}{5}} = \frac{5}{8},$$

$$u_5 = \frac{1}{1 + \frac{5}{8}} = \frac{8}{13}.$$

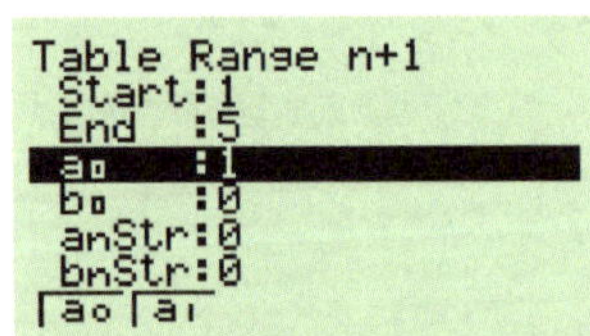

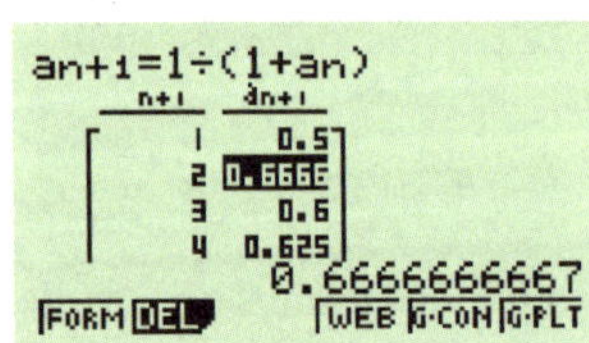

3° u_n est la somme des inverses des n premiers naturels non nuls.

On a :

$$u_1 = \frac{1}{1} = 1,$$

$$u_2 = \frac{1}{1} + \frac{1}{2} = \frac{3}{2},$$

$$u_3 = \left(\frac{1}{1} + \frac{1}{2}\right) + \frac{1}{3} = \frac{3}{2} + \frac{1}{3} = \frac{11}{6},$$

$$u_4 = \left(\frac{1}{1} + \frac{1}{2} + \frac{1}{3}\right) + \frac{1}{4} = \frac{11}{6} + \frac{1}{4} = \frac{25}{12},$$

$$u_5 = \left(\frac{1}{1} + \frac{1}{2} + \frac{1}{3} + \frac{1}{4}\right) + \frac{1}{5} = \frac{25}{12} + \frac{1}{5} = \frac{137}{60}.$$

On peut noter que, pour tout entier naturel n non nul :

$$u_{n+1} = u_n + \frac{1}{n+1}.$$

3 $u_0 = 1$ et $u_{n+1} = \dfrac{u_n}{\sqrt{1+(u_n)^2}}$.

On obtient de proche en proche :

$$u_1 = \frac{u_0}{\sqrt{1+(u_0)^2}} = \frac{1}{\sqrt{1+1^2}} = \frac{1}{\sqrt{2}},$$

$$u_2 = \frac{u_1}{\sqrt{1+(u_1)^2}} = \frac{\frac{1}{\sqrt{2}}}{\sqrt{1+\frac{1}{2}}} = \frac{\frac{1}{\sqrt{2}}}{\sqrt{\frac{3}{2}}} = \frac{1}{\sqrt{3}},$$

et de la même manière :

$$u_3 = \frac{1}{\sqrt{4}} = \frac{1}{2}, \quad u_4 = \frac{1}{\sqrt{5}}, \quad u_5 = \frac{1}{\sqrt{6}}.$$

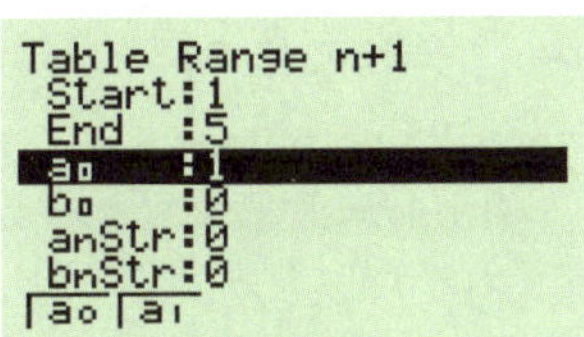

Plus généralement, on peut établir que :

pour tout n de $\mathbb{N}$, $u_n = \dfrac{1}{\sqrt{n+1}}$.

4 **1°** $u : n \mapsto 3n - 7$.

Pour tout entier naturel n, on a :

$$\begin{aligned} u_{n+1} &= 3(n+1) - 7 \\ &= 3n + 3 - 7 \\ &= 3n - 7 + 3, \end{aligned}$$

donc :

$$\boldsymbol{u_{n+1} = u_n + 3.}$$

« $u_{n+1} = u_n + 3$ » est une relation de récurrence.

2° $v : n \mapsto 5^n$.

Pour tout entier naturel n, on a :

$$v_{n+1} = 5^{n+1} = 5 \times 5^n,$$

donc :

$$v_{n+1} = 5v_n\ ;$$

de même :

$$v_{2n} = 5^{2n} = (5^n)^2,$$

d'où :

$$\boldsymbol{v_{2n} = (v_n)^2.}$$

Pour tout réel a non nul et tous entiers m et p :

$$(a^m)^p = a^{mp}.$$

5 $u_0 = 1$ et $u_{n+1} = \dfrac{3}{(u_n)^2}$.

Pour tout n de $\mathbb{N}$, on a :

$$u_{n+2} = \frac{3}{(u_{n+1})^2} = \frac{3}{\frac{9}{(u_n)^4}} = \frac{3}{9} \times (u_n)^4,$$

donc :

$$\boldsymbol{u_{n+2} = \frac{1}{3}(u_n)^4.}$$

6 **1°** $u_n = \dfrac{1}{n^2}$.

u_n n'est défini que si $n \geqslant 1$.

On dit que la suite (u_n) est définie à partir de l'indice 1.

On peut écrire :

$$\mathcal{D}_u = \mathbb{N}^*.$$

2° $u_n = \dfrac{1}{n - \sqrt{2}}$.

Pour tout n de $\mathbb{N}$, $n - \sqrt{2} \neq 0$; **par conséquent, la suite (u_n) est définie à partir de l'indice 0, c'est-à-dire sur $\mathbb{N}$.**

$\sqrt{2}$ n'est pas un entier naturel.

3° $u_n = \sqrt{2n - 15}$.

L'entier naturel n vérifie $2n - 15 \geqslant 0$ si, et seulement si : $n \geqslant 7{,}5$; on en déduit que la suite (u_n) **est définie à partir de l'indice 8**.

8 est le plus petit entier supérieur ou égal à 7,5.

4° $u_n = \dfrac{1}{3^n - 1}$.

Pour tout n de $\mathbb{N}$, on a :

$$3^n - 1 = 0 \Leftrightarrow 3^n = 1 \Leftrightarrow n = 0,$$

donc la suite (u_n) est définie à partir de l'indice 1.

(u_n) a pour ensemble de définition $\mathbb{N}^*$.

5° $u_n = \dfrac{1}{n^2 + n + 1}$.

Pour tout entier naturel n, $n^2 + n + 1 \neq 0$,

(en effet, $n \geqslant 0$, donc $n^2 + n + 1 \geqslant 1$)

donc la suite (u_n) est définie sur $\mathbb{N}$, c'est-à-dire à partir de l'indice 0.

7 1° $u_0 = 2$, $u_{n+1} = 3u_n - 2$.

• Algorithme de calcul de u_n :

```
Variables
    n, k : entiers
    u : réel
Entrée
    Saisir n
Initialisation
    u prend la valeur 2
Traitement
    Pour k variant de 1 à n, faire
    |  u prend la valeur 3u – 2
    └─ fin Pour
Sortie
    Afficher u
```

• En utilisant le menu spécial de la calculatrice pour les suites vérifiant une relation de récurrence, ou en éditant un programme transcrivant l'algorithme précédent, on obtient à l'affichage :

$$\boldsymbol{u_{15} = 1\,434\,908.}$$

Noter que tous les termes de la suite (u_n) sont des entiers naturels. Ici, la calculatrice donne la valeur exacte de u_{15}.

2° $v_n = 1 + 3^n$.

• On a, **pour tout entier naturel n :**

$$\begin{aligned} v_{n+1} &= 1 + 3^{n+1} \\ &= 1 + 3 \times 3^n \\ &= 1 + 3 \times (1 + 3^n) - 3 \\ &= 3 \times (1 + 3^n) - 2, \end{aligned}$$

donc : $\boldsymbol{v_{n+1} = 3v_n - 2.}$

• De plus : $v_0 = 1 + 3^0 = 1 + 1 = 2$.

On en déduit que, pour tout n de $\mathbb{N}$:

$$u_n = v_n,$$

autrement dit, **les suites (u_n) et (v_n) sont égales.**

Des suites qui ont le même premier terme et qui vérifient la même relation de récurrence liant deux termes successifs sont égales.

8 1° D'après l'initialisation :

$$\boldsymbol{u_0 = -1.}$$

D'après l'instruction « u prend la valeur $\dfrac{u^2}{2} - u$ » dans la boucle Pour, **la suite (u_n) vérifie la formule de récurrence :**

$$\boldsymbol{u_{n+1} = \frac{(u_n)^2}{2} - u_n.}$$

2°

B3 =B2^2/2-B2

	A	B	C
1	n	un	
2	0	-1	
3	1	1,5	
4	2	-0,375	
5	3	0,4453125	
6	4	-0,346160889	
7	5	0,406074569	

En **B3** a été saisie la formule :

=B2^2/2–B2

9 D'après l'algorithme :

$u_1 = 0 + 1^3 = 1^3$,

$u_2 = u_1 + 2^3 = 1^3 + 2^3$,

$\vdots$

$u_n = 1^3 + 2^3 + \ldots + n^3$,

autrement dit, **pour tout entier naturel n non nul, u_n est la somme des cubes des entiers de 1 à n.**

10 1° u_n est la somme des entiers de 1 à n.

TI

```
: Prompt N
: 1 →U
: For (I,2,N)
: U+I →U
: End
: Disp U
```

CASIO

```
"N=" ? →N ↵
1 →U ↵
For 2 →I To N ↵
U+I →U ↵
Next ↵
U
```

Au chapitre suivant, sera établi que, pour tout entier naturel n non nul :

$$1+2+\ldots+n=\frac{n(n+1)}{2},$$

ce qui peut aussi se noter : $\sum_{k=1}^{n} k=\frac{n(n+1)}{2}$.

2° u_n est le produit des entiers de 1 à n.

Pour tout entier naturel n non nul, le produit des entiers de 1 à n se note $n!$ et se lit « factorielle n » :

$$n!=1\times 2\times\cdots\times n.$$

TI

```
: Prompt N
: 1 →U
: For (I,2,N)
: U×I →U
: End
: Disp U
```

CASIO

```
"N=" ? →N ↵
1 →U ↵
For 2 →I To N ↵
U×I →U ↵
Next ↵
U
```

11 $u_1=\frac{1}{2},\ u_n=u_{n-1}+\frac{1}{n(n+1)}$.

1° On obtient de proche en proche :

$$\boldsymbol{u_2}=u_1+\frac{1}{2\times 3}=\frac{1}{2}+\frac{1}{2\times 3}=\frac{4}{2\times 3}=\boldsymbol{\frac{2}{3}},$$

$$\boldsymbol{u_3}=u_2+\frac{1}{3\times 4}=\frac{2}{3}+\frac{1}{3\times 4}=\frac{9}{3\times 4}=\boldsymbol{\frac{3}{4}},$$

$$\boldsymbol{u_4}=u_3+\frac{1}{4\times 5}=\frac{3}{4}+\frac{1}{4\times 5}=\frac{16}{4\times 5}=\boldsymbol{\frac{4}{5}},$$

$$\boldsymbol{u_5}=u_4+\frac{1}{5\times 6}=\frac{4}{5}+\frac{1}{5\times 6}=\frac{25}{5\times 6}=\boldsymbol{\frac{5}{6}}.$$

Ces résultats amènent à conjecturer que, pour tout entier naturel n non nul :

$$u_n=\frac{n}{n+1}.$$

2° Algorithme de calcul de $u_2, \ldots, u_n$:

Variables
  n, k, entiers
Entrée
  Saisir n
Initialisation
  u prend la valeur $\frac{1}{2}$
Traitement et sortie
  Pour k variant de 2 à n, faire
    u prend la valeur $u+\frac{1}{k(k+1)}$
    Afficher u
  fin Pour

3° a) On a, **pour tout entier naturel n non nul :**

$$u_1=\frac{1}{1\times 2},$$

$$u_2=u_1+\frac{1}{2\times 3}=\frac{1}{1\times 2}+\frac{1}{2\times 3},$$

$$u_3=u_2+\frac{1}{3\times 4}=\frac{1}{1\times 2}+\frac{1}{2\times 3}+\frac{1}{3\times 4},$$

et, de proche en proche :

$$\boldsymbol{u_n=\frac{1}{1\times 2}+\frac{1}{2\times 3}+\cdots+\frac{1}{n(n+1)}}.$$

b) On a, **pour tout entier naturel k non nul :**

$$\frac{1}{k}-\frac{1}{k+1}=\frac{(k+1)-k}{k(k+1)}=\frac{1}{k(k+1)},$$

c'est-à-dire :

$$\boldsymbol{\frac{1}{k(k+1)}=\frac{1}{k}-\frac{1}{k+1}}.$$

c) D'après les questions **3° a)** et **3° b)**, on peut écrire, **pour tout entier naturel n non nul :**

$$u_n=\left(1-\frac{1}{2}\right)+\left(\frac{1}{2}-\frac{1}{3}\right)+\left(\frac{1}{3}-\frac{1}{4}\right)+\ldots+\left(\frac{1}{n}-\frac{1}{n+1}\right)$$

$$=1+\left(-\frac{1}{2}+\frac{1}{2}\right)+\left(-\frac{1}{3}+\frac{1}{3}\right)+\ldots+\left(-\frac{1}{n}+\frac{1}{n}\right)-\frac{1}{n+1}$$

donc, par télescopage additif, il ne reste plus, dans l'expression définissant u_n, que le premier terme et le dernier :

$$\boldsymbol{u_n} = 1 - \frac{1}{n+1} = \frac{(n+1)-1}{n+1} = \boldsymbol{\frac{n}{n+1}}.$$

Représentation graphique

12 L'observation des graphiques nous invite à formuler les conjectures suivantes.

1er graphique :

La suite (u_n) semble décroissante donc majorée par son premier terme u_0 ; elle semble minorée par 1, nombre duquel u_n « se rapproche » quand n devient grand.

2nd graphique :

La suite (u_n) semble majorée par son premier terme u_0 et minorée par u_1.

La suite ne semble pas monotone ; plus précisément, les termes successifs de la suite sont alternativement supérieurs et inférieurs à 3, et la distance qui les en sépare ne cesse de diminuer et u_n est aussi proche que l'on veut de 3 pourvu que n soit suffisamment grand.

On peut encore affiner l'analyse en conjecturant que :

la suite (u_{2n}) des termes d'indice pair de (u_n) est décroissante,

la suite (u_{2n+1}) des termes d'indice impair de (u_n) est croissante.

13 $u_0 = 5,\ u_{n+1} = \dfrac{u_n}{2} + \dfrac{1}{6u_n}$;

$v_0 = 2,\ v_{n+1} = \sqrt{(v_n)^2 + 1} - v_n$.

1°

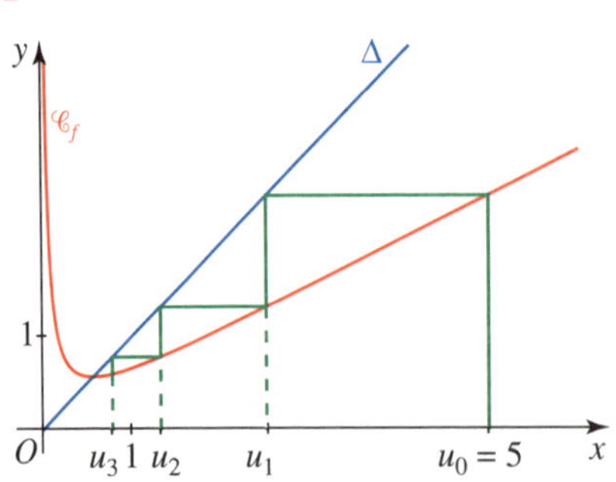

Le graphique met en évidence que, quand n devient grand, u_n semble se rapprocher de l'abscisse ℓ du point d'intersection de $\mathscr{C}_f$ et Δ.

Ce réel vérifie : $\ell > 0$ et $\dfrac{\ell}{2} + \dfrac{1}{6\ell} = \ell$.

Or, pour tout réel x non nul, on a les équivalences :

$$\frac{x}{2} + \frac{1}{6x} = x \Leftrightarrow \frac{x}{2} = \frac{1}{6x} \Leftrightarrow x^2 = \frac{1}{3},$$

donc :

$$\frac{x}{2} + \frac{1}{6x} = x \Leftrightarrow x = \frac{1}{\sqrt{3}} \text{ ou } x = -\frac{1}{\sqrt{3}}.$$

Le réel ℓ étant positif, on en déduit que, **quand n devient grand, u_n se rapproche de $\dfrac{1}{\sqrt{3}}$.**

On dit que la suite (u_n) admet pour limite $\dfrac{1}{\sqrt{3}}$, et on écrit :

$$\lim_{n \to +\infty} u_n = \frac{1}{\sqrt{3}}.$$

2°

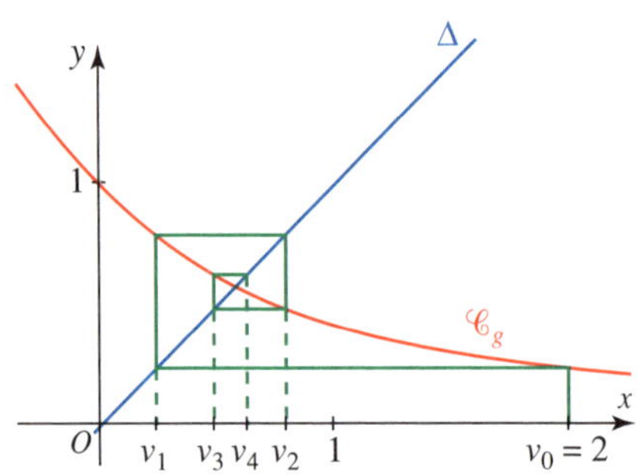

Le graphique met en évidence que, quand n devient grand, v_n semble se rapprocher de l'abscisse ℓ du point d'intersection de $\mathscr{C}_g$ et Δ.

Ce réel vérifie :

$$\ell > 0 \text{ et } \sqrt{\ell^2+1} - \ell = \ell.$$

Or, pour tout réel x positif, on a les équivalences :

$$\sqrt{x^2+1} - x = x \Leftrightarrow \sqrt{x^2+1} = 2x$$
$$\Leftrightarrow x^2 + 1 = 4x^2$$
$$\Leftrightarrow x^2 = \frac{1}{3},$$

Pour tous réels positifs a et b :

$$a = b \Leftrightarrow a^2 = b^2$$

donc :

$$\sqrt{x^2+1} - x = x \Leftrightarrow x = \frac{1}{\sqrt{3}}.$$

On en déduit que, **quand n devient grand, v_n se rapproche de $\frac{1}{\sqrt{3}}$**.

Noter que toutes les conclusions tirées de l'observation des graphiques ne sont, en fait, que des conjectures. Il faut attendre quelques outils supplémentaires en analyse pour pouvoir les démontrer…

3° Les graphiques des questions **1°** et **2°** mettent respectivement en évidence que la suite (u_n) est décroissante et que la suite (v_n) prend des valeurs qui oscillent autour de $\frac{1}{\sqrt{3}}$ (elles sont alternativement supérieures et inférieures à $\frac{1}{\sqrt{3}}$).

Seul le nuage n° 1 peut représenter des termes de la suite (u_n) et seul le nuage n° 2 peut représenter des termes de la suite (v_n).

14

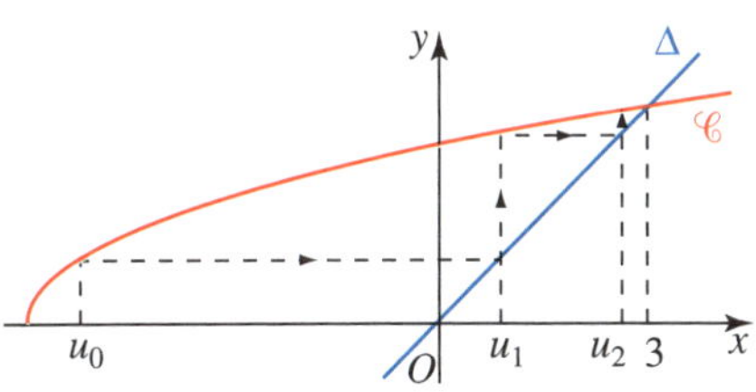

Il semble que la suite (u_n) soit croissante, donc minorée par son premier terme u_0 qui vaut -5.

De plus, il est raisonnable de penser qu'elle est majorée par 3, et que u_n ne cesse de se rapprocher de 3 quand n grandit ; plus précisément : u_n est aussi proche de 3 que l'on veut dès que n est suffisamment grand.

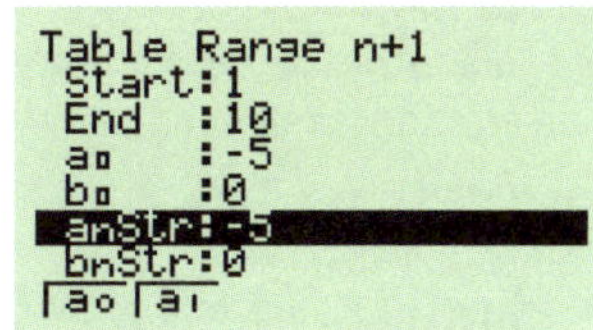

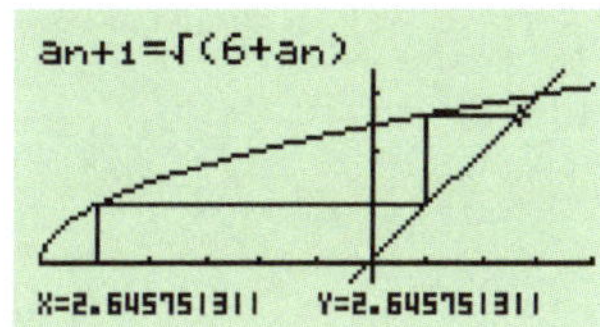

Sens de variation, majorant, minorant

15 **1°** Pour tout n de $\mathbb{N}$, on a :

$$u_{n+1} = u_n - 3,$$

or : $u_n - 3 < u_n$,

donc : $u_{n+1} < u_n$.

On en déduit que **la suite (u_n) est strictement décroissante** (sur $\mathbb{N}$).

2° Pour tout n de $\mathbb{N}$, on a :

$$v_{n+1} = v_n + (v_n)^4,$$

or : $(v_n)^4 \geqslant 0$,

donc : $v_n + (v_n)^4 \geqslant v_n$

d'où : $v_{n+1} \geqslant v_n$.

Cela prouve que **la suite (v_n) est croissante** (sur $\mathbb{N}$).

Dans ces deux cas, le sens de variation ne dépend pas du premier terme.

16 **1°** $u : n \mapsto n^3 - 4n^2 - 5n - 1$

Étudier le sens de variation de la suite u revient à étudier le signe de $u_{n+1} - u_n$.

Pour tout entier naturel n :

$$u_{n+1} - u_n = (n+1)^3 - 4(n+1)^2 - 5(n+1) - 1 - n^3 + 4n^2 + 5n + 1,$$

or :

$$(n+1)^3 = n^3 + 3n^2 + 3n + 1,$$
$$(n+1)^2 = n^2 + 2n + 1,$$

donc, après simplifications :

$$u_{n+1} - u_n = 3n^2 - 5n - 8.$$

-1 est une racine du polynôme du second degré $f : x \mapsto 3x^3 - 5x - 8$, son autre racine est donc $\frac{8}{3}$.

En notant α la racine de f autre que -1, on dispose en effet de la relation :

$$-1 \times \alpha = \frac{-8}{3}.$$

On pouvait aussi calculer le discriminant Δ de f :

$$\Delta = 25 + 96 = 121 = 11^2,$$

pour en déduire les racines de f :

$$\frac{5-11}{6} \text{ et } \frac{5+11}{6},$$

c'est-à-dire :

$$-1 \text{ et } \frac{8}{3}.$$

Et l'on sait : $2 < \frac{8}{3} < 3$.

On en déduit que, pour tout entier naturel n :

- si $n \leqslant 2$, alors $u_{n+1} - u_n < 0$,
- si $n \geqslant 3$, alors $u_{n+1} - u_n > 0$,

autrement dit :

- si $n \leqslant 2$, alors $u_{n+1} < u_n$,
- si $n \geqslant 3$, alors $u_{n+1} > u_n$.

En conclusion, **la suite u est strictement croissante à partir de l'indice 3.**

On dit aussi que la suite u est strictement croissante à partir de l'indice 3.

2° $u : n \mapsto (-5)^n$.

La suite u est définie sur $\mathbb{N}$, et, pour tout entier naturel n,

- si n est pair, alors $u_n > 0$;
- si n est impair, alors $u_n < 0$.

u n'est donc pas monotone, même à partir d'un certain rang.

3° $u : n \mapsto \frac{3^n}{n+1}$.

La suite u est définie sur $\mathbb{N}$ et à termes strictement positifs.

Pour tout entier naturel n,

$$\frac{u_{n+1}}{u_n} = \frac{3^{n+1}}{n+2} \times \frac{n+1}{3^n} = \frac{3(n+1)}{n+2} = \frac{3n+3}{n+2},$$

or :

$$\frac{3n+3}{n+2} > 1,$$

(car $3n + 3 > n + 2 > 0$)

donc, pour tout entier naturel n :

$$\frac{u_{n+1}}{u_n} > 1,$$

soit : $u_{n+1} > u_n$ (car $u_n > 0$).

Cela prouve que u est strictement croissante.

Il peut être avantageux de calculer $\frac{u_{n+1}}{u_n}$ et de le comparer à 1 lorsque la suite u est à termes strictement positifs.
Cette méthode est exclue si la suite n'est pas à termes de signe constant.

4° $u : n \mapsto n^2 + n - 5$.

La suite u est définie sur $\mathbb{N}$.

D'autre part, les fonctions $x \mapsto x^2$ et $x \mapsto x - 5$ sont strictement croissantes sur $\mathbb{R}^+$, donc il en est de même de leur somme $x \mapsto x^2 + x - 5$.

Il en résulte que u est strictement croissante.

On peut aussi écrire, pour tout n de $\mathbb{N}$:

$$(n+1)^2 > n^2$$
$$(n+1) - 5 > n - 5$$

et, en additionnant membre à membre ces deux inégalités de même sens :

$$u_{n+1} > u_n.$$

5° $u_0 = 4$ et $u_{n+1} = u_n - 0{,}71$.

La suite u est définie sur $\mathbb{N}$ et, pour tout entier naturel n :

$$u_n - 0{,}71 < u_n$$

donc :

$$u_{n+1} < u_n.$$

Par conséquent, u est strictement décroissante.

17 $u : n \mapsto \frac{1}{n^2}$.

u est définie sur $\mathbb{N}^*$.

Pour tout entier naturel n non nul :

$$u_n \leqslant 10^{-3} \Leftrightarrow \frac{1}{n^2} \leqslant 10^{-3}$$
$$\Leftrightarrow n^2 \geqslant 10^3 ;$$

or : $31^2 = 961$ et $32^2 = 1\,024$,

donc le plus petit entier naturel n tel que $u_n \leqslant 10^{-3}$ est 32.

18 1° $u : n \mapsto n^2$.

Pour tout n de $\mathbb{N}$, on a :

$$u_n = n^2, \text{ donc } u_n \geqslant 0.$$

En revanche, u_n peut être plus grand que n'importe quel réel A (si $A \geqslant 0$, il suffit de choisir n supérieur à $\sqrt{A}$).

La suite u est minorée par 0, mais n'est pas majorée.

La suite u est la restriction de la fonction carré à $\mathbb{N}$.

2° $u : n \mapsto -n^4$.

Pour tout n de $\mathbb{N}$, on a :

$$u_n = -n^4,$$

donc :

$$u_n \leqslant 0.$$

En revanche, u_n peut être plus petit que n'importe quel réel A, pourvu que n soit suffisamment grand (si $A \leqslant -1$, il suffit de choisir n supérieur à $-A$).

La suite u est majorée par 0, mais n'est pas minorée.

3° $u : n \mapsto \dfrac{1}{2^n}$.

Pour tout n de $\mathbb{N}$, on a : $u_n = \dfrac{1}{2^n}$,

donc : $u_n > 0$ et $u_n \leqslant 1$,

d'où : $0 \leqslant u_n \leqslant 1$.

Cela prouve que la suite u est minorée par 0 et majorée par 1.

1 est un majorant de la suite u, donc tout nombre supérieur à 1 est aussi un majorant de u.

0 est un minorant de la suite u, donc tout nombre négatif est aussi un minorant de u.

4° $u : n \mapsto (-2)^n$.

• Si n est un entier pair, on peut écrire $n = 2p$ (où bien sûr $p \in \mathbb{N}$) et :

$$u_n = (-2)^{2p} = ((-2)^2)^p = 4^p.$$

Comme 4^p peut être rendu aussi grand que l'on veut, pourvu que l'entier naturel p soit choisi suffisamment grand, **la suite u n'est pas majorée**.

• Si n est un entier naturel impair, on peut écrire $n = 2p + 1$ (où bien sûr $p \in \mathbb{N}$) et :

$$u_n = (-2)^{2p+1} = -2 \times (-2)^{2p} = -2 \times 4^p.$$

Comme -2×4^p est négatif et peut être rendu aussi loin de 0 que l'on veut, pourvu que l'entier naturel p soit choisi suffisamment grand, **la suite u n'est pas minorée.**

5° $u : n \mapsto \cos(n)$.

Pour tout n de $\mathbb{N}$, on a :

$$u_n = \cos(n),$$

or pour tout réel x :

$$-1 \leqslant \cos(x) \leqslant 1,$$

donc pour tout entier naturel n :

$$-1 \leqslant u_n \leqslant 1.$$

On a prouvé **que la suite u est minorée par -1 et majorée par 1.**

La fonction sinus, comme la fonction cosinus, est bornée par -1 et 1 sur $\mathbb{R}$.

19 • $u : n \mapsto \dfrac{1}{\sqrt{n}} + 2$.

u est définie sur $\mathbb{N}^*$.

Pour tout n de $\mathbb{N}^*$, on a :

$$0 < \frac{1}{\sqrt{n}} \leqslant 1,$$

donc : $2 < u_n \leqslant 3$.

On en déduit que la **suite u est bornée par 2 et 3**.

La valeur 3 est atteinte pour $n = 1$, et u_n est aussi proche de 2 que l'on veut (sans jamais l'atteindre), pourvu que n soit suffisamment grand.

• $v : n \mapsto (-1)^n$.

v est définie sur $\mathbb{N}$.

Pour tout n de $\mathbb{N}$, on a :

$$\begin{cases} \text{si } n \text{ est impair, alors } v_n = -1, \\ \text{si } n \text{ est pair, alors } v_n = 1. \end{cases}$$

Donc la suite v est bornée par -1 et 1.

• $w : n \mapsto \dfrac{\sqrt{n}}{n+2}$.

w est définie sur $\mathbb{N}$.

Pour tout n de $\mathbb{N}$, on a :

$$\frac{\sqrt{n}}{n+2} \geqslant 0,$$

cours · exercices · interro · corrigés

c'est-à-dire : $w_n \geqslant 0$;
de plus : $\sqrt{n} \leqslant n + 2$,
(pour tout entier naturel n, $\sqrt{n} \leqslant n$)
donc : $w_n \leqslant 1$.
Donc la suite w est bornée par 0 et 1.

20 u_n : somme des inverses des entiers de 1 à n.
Dans l'exercice 2, on a calculé les premiers termes de la suite (u_n) et observé que, pour tout entier naturel n non nul :

$$u_{n+1} = u_n + \frac{1}{n+1},$$

or : $\frac{1}{n+1} > 0$,

d'où : $u_n + \frac{1}{n+1} > u_n$,

donc :

$$u_{n+1} > u_n,$$

ce qui prouve que la suite (u_n) est strictement croissante (sur $\mathbb{N}^*$).
De plus, on avait obtenu : $u_4 = \frac{25}{12}$
et on a : $\frac{25}{12} \geqslant 2$.
On peut donc affirmer :

Si $n \geqslant 4$, alors $u_n \geqslant 2$.

On a : $u_3 = \frac{11}{6}$, donc : $u_3 < 2$;
par conséquent, 4 est le plus petit entier naturel n_0 tel que : si $n \geqslant n_0$, alors $u_n \geqslant 2$.

Les interrogations écrites

21 Algorithme de calcul de la somme S_n des carrés des entiers de 1 à n :

```
Variables
    n, k : entiers
    S : réel
Entrée
    Saisir n
Initialisation
    S prend la valeur 0
Traitement
    Pour k variant de 1 à n, faire
        S prend la valeur S + n²
    Fin Pour
Sortie
    Afficher S
```

On peut aussi initialiser S à 1, et, dans ce cas, il faut faire varier le compteur de boucle k de 2 à n.

22 Pour tout entier naturel n :

$$u_{n+1} = u_n - (u_n)^2,$$

or : $-(u_n)^2 \leqslant 0$,

donc : $u_n - (u_n)^2 \leqslant u_n$,

d'où : $u_{n+1} \leqslant u_n$,

ce qui prouve que la suite (u_n) est décroissante.
De plus : $u_0 = 4$, donc :
pour tout entier naturel n, $u_n \leqslant 4$,
ce qui implique :
pour tout entier naturel n, $u_n < 4{,}1$.
Finalement, il n'existe pas d'entier naturel n tel que $u_n \geqslant 4{,}1$.

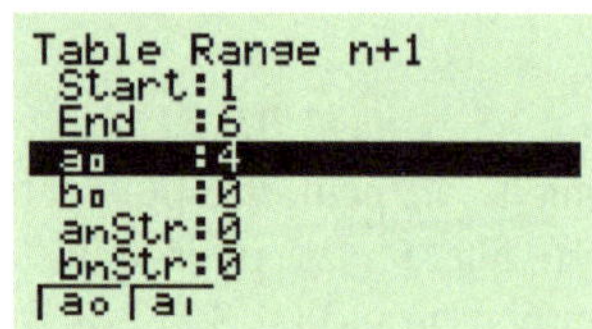

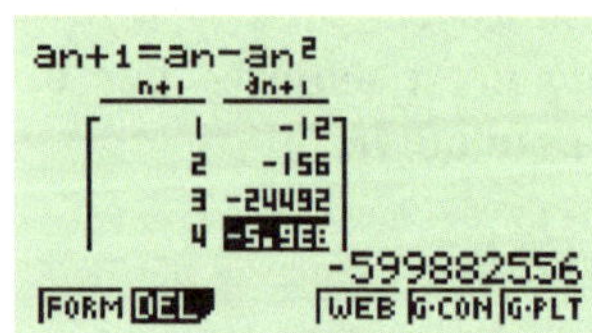

23 $u : n \mapsto \frac{1}{n}$.

u est définie sur $\mathbb{N}^*$.
Pour tout n de $\mathbb{N}^*$, on a :

$$0 < \frac{1}{n} \leqslant 1,$$

c'est-à-dire : $0 < u_n \leqslant 1$.
Donc la suite u est minorée par 0 et majorée par 1.
La suite u, étant décroissante, est majorée par son premier terme :

$$u_1 = 1.$$

L'encadrement obtenu est le meilleur possible :
- on ne peut pas améliorer la majoration, car $u_1 = 1$;
- on ne peut pas améliorer la minoration, car u_n est aussi proche de 0 que l'on veut, pourvu que n soit suffisamment grand.

24 $u_0 = 8,\ u_{n+1} = \frac{1}{2}u_n + 1.$

1° $\mathcal{D} : y = \frac{1}{2}x + 1, \quad \Delta : y = x.$

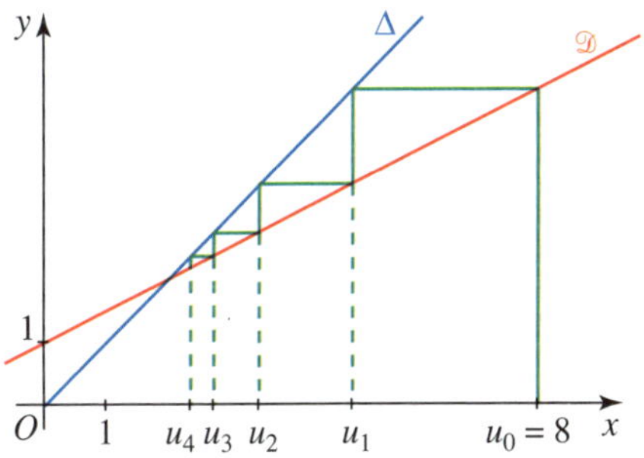

2° Le graphique ci-dessus met en évidence que **la suite (u_n) semble décroissante** et que, quand n devient grand, u_n semble se rapprocher de l'abscisse du point d'intersection des droites $\mathcal{D}$ et Δ.

De plus, pour tout réel x, on a :

$$\frac{1}{2}x + 1 = x \Leftrightarrow x - \frac{1}{2}x = 1$$

$$\Leftrightarrow \frac{1}{2}x = 1 \Leftrightarrow x = 2,$$

donc, **quand n devient grand, u_n semble se rapprocher de 2 d'aussi près que l'on veut**.

cours

exercices

interro

corrigés

CHAPITRE 8

Suites arithmétiques Suites géométriques

LE COURS

Suites arithmétiques

Définition

Dire qu'une suite u définie sur $\mathbb{N}$ est arithmétique signifie qu'il existe un réel r tel que, pour tout entier naturel n :

$$u_{n+1} = u_n + r$$

Le réel r est appelé la raison de la suite arithmétique u.

Expression explicite de u_n

Si une suite u définie sur $\mathbb{N}$ est arithmétique de raison r, alors, pour tout entier naturel n :

$$u_n = u_0 + nr$$

Somme de termes consécutifs

- Si S est une somme de termes consécutifs d'une suite arithmétique, alors :

$$S = \frac{\text{nombre de termes } \times (1^{\text{er}} \text{ terme} + \text{dernier terme})}{2}.$$

- En particulier, pour tout entier naturel n non nul :

$$1 + 2 + \ldots + n = \frac{n(n+1)}{2}.$$

Représentation graphique

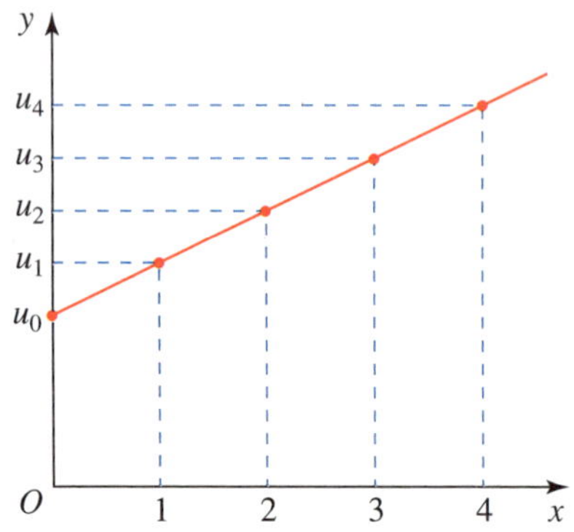

Les points de la représentation graphique d'une suite arithmétique de raison r définie sur $\mathbb{N}$ sont alignés sur la droite d'équation $y = rx + u_0$.

Suites géométriques

Définition

Dire qu'une suite u définie sur $\mathbb{N}$ est géométrique signifie qu'il existe un réel q tel que, pour tout entier naturel n :

$$u_{n+1} = u_n \times q$$

Le réel q est appelé la raison de la suite géométrique u.

Expression explicite de u_n

Si une suite u définie sur $\mathbb{N}$ est géométrique de raison non nulle q, alors, pour tout entier naturel n :

$$u_n = u_0 \times q^n$$

Somme de termes consécutifs

- Si S est une somme de termes consécutifs d'une suite géométrique de raison q différente de 1, alors :

$$S = \frac{1^{\text{er}} \text{ terme} \times (1 - q^{\text{nombre de termes}})}{1-q}.$$

- En particulier, pour tout réel q différent de 1 et tout entier naturel n non nul :

$$1 + q + \ldots + q^n = \frac{1-q^{n+1}}{1-q}.$$

▶ Représentation graphique

- Graphique obtenu avec un tableur pour la suite $n \mapsto (1{,}3)^n$ (en bleu) et la suite $n \mapsto (1{,}5)^n$ (en rouge)

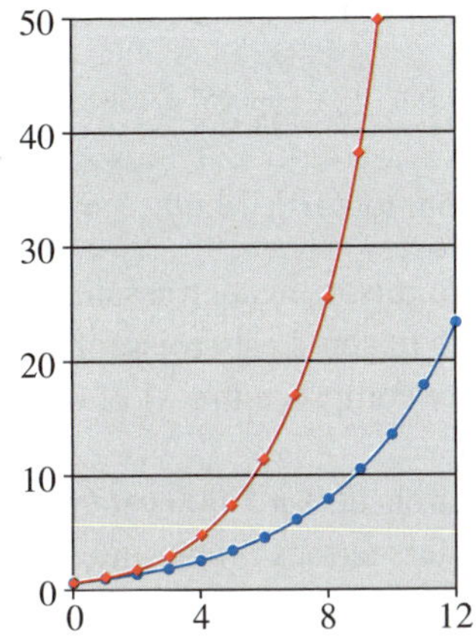

- Graphique obtenu avec un tableur pour la suite $n \mapsto (0{,}8)^n$.

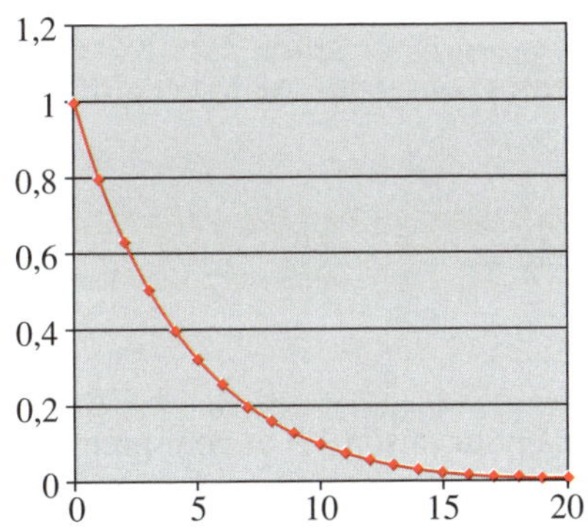

cours
exercices
interro
corrigés

EXERCICES

Vrai ou faux ?

1 (corrigés p. 198)

1° La suite $u : n \mapsto 2 - 3n$ est arithmétique de raison 2.

2° La suite (u_n) définie sur $\mathbb{N}$ par $u_n = \frac{2}{3^n}$ est géométrique de raison $\frac{2}{3}$.

3° Toute suite (u_n) telle que, pour tout n de $\mathbb{N}$, $u_{n+1} = \frac{3u_n}{7}$ est une suite géométrique.

4° Toute suite arithmétique de raison 2 est croissante.

5° Toute suite géométrique de raison 2 est croissante.

6° Pour tout réel q strictement compris entre –1 et 0, la suite géométrique (q^n) est bornée par 1 et q.

7° La somme des entiers naturels de 1 à 1 000 est égale à 500 500.

8° La somme des 1 000 premiers termes d'une suite géométrique de premier terme $\frac{1}{20}$ et de raison 1 est égale à 50.

9° Si a, b, c sont trois termes consécutifs, dans cet ordre, d'une suite arithmétique, alors $b = \frac{a+c}{2}$.

10° Si a, b, c sont trois termes consécutifs, dans cet ordre, d'une suite géométrique, alors $b^2 = ac$.

Suites arithmétiques

2 ★ 5 min (corrigés p. 199)

Une suite arithmétique u a pour raison 1,5 et pour premier terme u_0 avec :

$$u_0 = -4.$$

Quels sont ses six premiers termes ?

3 ★ 5 min (corrigés p. 199)

Soient a et b des nombres réels, (u_n) la suite arithmétique définie sur $\mathbb{N}$, de premier terme a et de raison b.

1° Définir la suite (u_n) par récurrence.

2° Écrire un algorithme de calcul de u_n, les réels a, b et l'entier naturel n étant les paramètres d'entrée.

4 ★ 5 min (corrigés p. 200)

Chacun des trois nuages de points représente les termes d'indice 0 à 8 d'une suite définie sur $\mathbb{N}$.

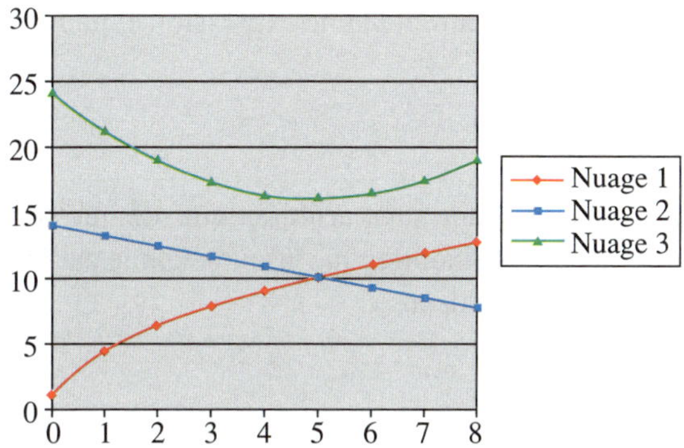

Un seul de ces nuages de points correspond à une suite arithmétique. Lequel ?

5 ★ 10 min *(corrigés p. 200)*

Démontrer que la suite (u_n) définie sur $\mathbb{N}$ par la relation proposée est arithmétique. Préciser sa raison.

1° $u_0 = 3$ et $u_{n+1} = 6 + u_n$.

2° $u_n = 5n - 3$.

3° $u_n = \dfrac{4-n}{3}$.

4° $u_n = (n+3)^2 - n^2$.

6 ★ 5 min *(corrigés p. 200)*

Soit (u_n) la suite arithmétique définie sur $\mathbb{N}^*$, de premier terme -2 et de raison 3. Pour tout entier naturel n non nul, exprimer u_n en fonction de n.

Dans les trois exercices suivants, u désigne une suite arithmétique de raison r $(r \in \mathbb{R})$.

7 ★ 5 min *(corrigés p. 200)*

Sachant que $u_7 = 3\,000$ et $r = -50$, calculer le terme u_1.

8 ★ 5 min *(corrigés p. 201)*

Sachant que $u_0 = 100$ et $u_{100} = 50$, calculer la raison r.

9 ★ 5 min *(corrigés p. 201)*

Sachant que $u_{10} = 9$ et $u_{17} = 17{,}4$ calculer u_{21}.

10 ★★ 10 min *(corrigés p. 201)*

Soit (u_n) la suite définie sur $\mathbb{N}$ par $u_0 = 1$ et la relation de récurrence :

$$u_{n+1} = \sqrt{3 + (u_n)^2}.$$

1° On pose, pour tout entier naturel n :

$$v_n = (u_n)^2.$$

Démontrer que la suite (v_n) est arithmétique.

2° En déduire, pour tout entier naturel n, une expression explicite de u_n en fonction de n.

11 ★★ 10 min *(corrigés p. 201)*

Soient r un nombre réel et (u_n) une suite arithmétique, définie sur $\mathbb{N}$ et de raison r. Dans chacun des cas suivants, démontrer que la suite définie par la relation proposée est arithmétique, et préciser sa raison.

1° $v_n = 7u_n - 3$.

2° $w_n = u_{2n}$.

3° $t_n = (u_n)^2 - r^2n^2$.

12 ★★ 10 min *(corrigés p. 202)*

Soient a, r, r' des nombres réels, (u_n) et (v_n) des suites arithmétiques définies sur $\mathbb{N}$ et de raisons respectives r et r'.

Que peut-on dire :

1° de la suite (au_n) ?

2° de la suite $(u_n + v_n)$?

Suites géométriques

13 ★ 5 min *(corrigés p. 202)*

Une suite géométrique u a pour raison $-\frac{1}{2}$ et pour premier terme u_0 avec $u_0 = 16$.

Quels sont ses huit premiers termes ?

14 ★ 10 min *(corrigés p. 202)*

1° Soient q un réel strictement positif et (u_n) la suite définie sur $\mathbb{N}$ par :

$$u_n = q^n.$$

Étudier le sens de variation de la suite (u_n).

2° En déduire le sens de variation de la suite (v_n) proposée.

a) (v_n) est définie sur $\mathbb{N}$ par : $v_n = 3 \times (0{,}7)^n$.

b) (v_n) est la suite géométrique définie sur $\mathbb{N}$ de premier terme -2 et de raison 1,6.

15 ★★ 10 min *(corrigés p. 203)*

Soit (u_n) la suite géométrique définie sur $\mathbb{N}$ de premier terme 2 et de raison $-0{,}9$.

1° On pose, pour tout n de $\mathbb{N}$:

$$v_n = u_{2n}, \quad w_n = u_{2n+1}.$$

Déterminer le sens de variation de chacune des suites (v_n) et (w_n).

2° On pose, pour tout n de $\mathbb{N}$:

$$t_n = |u_n|.$$

Démontrer que la suite (t_n) est géométrique et préciser sa raison.

16 ★★ 5 min (corrigés p. 203)

1° Sachant que $2^{10} = 1\,024$, trouver un entier naturel n_0 tel que $2^{n_0} > 10^6$.

À l'aide de la calculatrice, déterminer le plus petit entier naturel n tel que $2^n > 10^6$.

2° Trouver de même un entier naturel n_1 tel que $2^{n_1} > 10^{15}$.

L'entier n_1 ainsi obtenu est-il le plus petit entier naturel n tel que $2^n > 10^{15}$?

3° Que peut-on dire, si n est un entier supérieur ou égal à n_1 :

a) de 2^n ?

b) de $\left(\frac{1}{2}\right)^n$?

c) de $\left(-\frac{1}{2}\right)^n$?

17 ★★ 5 min (corrigés p. 204)

Chacun des quatre nuages de points du graphique ci-dessous représente les termes d'indice 0 à 8 d'une suite géométrique définie sur $\mathbb{N}$.

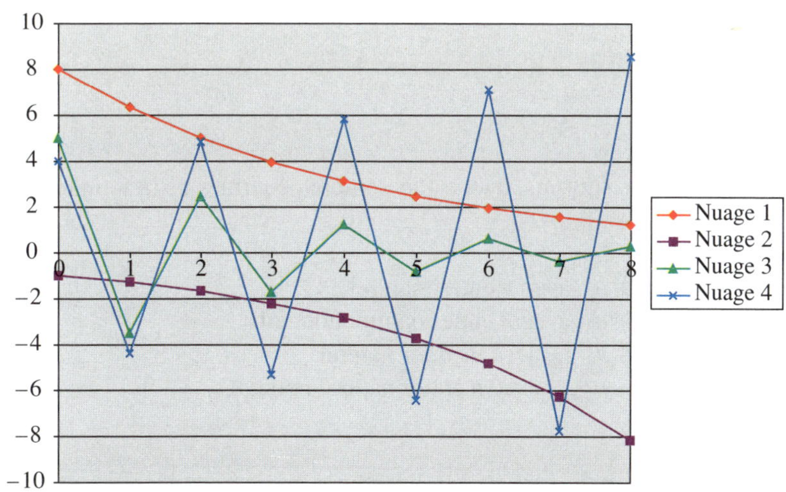

Préciser pour chacun d'eux la position par rapport à −1, 0 et 1 de la raison de la suite géométrique représentée.

Dans les trois exercices suivants, u désigne une suite géométrique de raison q ($q \in \mathbb{R}$).

18 ★ 5 min (corrigés p. 205)

Sachant que $u_5 = 729$ et $q = -3$, calculer les termes u_{10} et u_0.

19 ★ 5 min (corrigés p. 205)

Sachant que $u_0 = 1$ et $u_7 = 128$, calculer la raison q.

20 ★ 5 min (corrigés p. 205)

Sachant que $u_4 = 44$, $u_{10} = 352$ et que la raison q est positive, calculer u_{13}.

21 ★ 15 min (corrigés p. 205)

Démontrer que la suite (u_n) définie sur $\mathbb{N}$ par la relation proposée est géométrique. Préciser sa raison.

1° $u_0 = 3$ et $u_{n+1} = \dfrac{u_n}{6}$.

2° $u_n = 3^{n-1}$.

3° $u_n = 3^n \times 5^n$.

4° $u_n = -3 \times 5^{-n}$.

5° $u_n = 5^{2n+1}$.

6° $u_n = \dfrac{(-1)^n}{3^{n+1}}$.

7° $u_n = 3$.

8° $u_n = 3 \times 2^n + 2^{n+1}$.

22 ★★ 10 min (corrigés p. 206)

Soient a, q, q' des nombres réels, (u_n) et (v_n) des suites géométriques définies sur $\mathbb{N}$ et de raisons respectives q et q'.

Que peut-on dire :

1° de la suite (au_n) ?

2° de la suite $(u_n v_n)$?

Calcul de sommes

23 ★ 5 min (corrigés p. 206)

Dans chacun des cas suivants, quel est le nombre de termes de la somme S ?

1° $S = u_0 + u_1 + \ldots + u_{10}$.

2° $S = u_1 + u_2 + \ldots + u_{17}$.

3° $S = u_0 + u_1 + \ldots + u_n$, avec n entier naturel.

4° $S = u_1 + u_2 + \ldots + u_n$, avec n entier naturel non nul.

5° $S = u_0 + u_1 + \ldots + u_{n+1}$, avec n entier naturel.

6° $S = u_2 + u_3 + \ldots + u_{n+1}$, avec n entier naturel non nul.

24 ★ 5 min (corrigés p. 207)

Soit n un entier naturel non nul.

On pose : $S_n = 1 + 2 + \cdots + 3n$.

Exprimer S_n en fonction de n (sans utiliser de pointillés !).

25 ★ 5 min (corrigés p. 207)

Calculer (de tête !) :

1° la somme S des neuf premiers termes de la suite géométrique (u_n) définie sur $\mathbb{N}$ par $u_0 = 2$ et la relation de récurrence :

$$u_{n+1} = 10u_n\,;$$

2° la somme T des sept premiers termes d'une suite géométrique de premier terme 3 et de raison $\dfrac{1}{10}$.

26 ★ 5 min (corrigés p. 207)

	A	B	C
1	n	un	Sn
2	0	0,7	0,7
3	1	1,9	2,6
4	2	3,1	5,7
5	3	4,3	10
6	4	5,5	15,5
7	5	6,7	22,2
8	6	7,9	30,1

Soit (u_n) la suite arithmétique définie sur $\mathbb{N}$, de premier terme 0,7 et de raison 1,2. Pour tout entier naturel n, on note S_n la somme des termes de la suite (u_n) d'indice 0 à n.

1° Dans la feuille de calcul ci-dessus, une formule a été éditée dans la cellule B3, puis étirée vers le bas, de façon à obtenir dans la colonne B les termes successifs de la suite (u_n).

Quelle est cette formule ?

2° De même, une formule a été éditée en C2, puis étirée vers le bas, de façon à obtenir dans la colonne C les termes successifs de la suite (S_n).

Quelle est cette formule ?

27 ★ 10 min (corrigés p. 207)

Soit u la suite arithmétique définie sur $\mathbb{N}$, de premier terme -5 et de raison 3.

Calculer chacune des deux sommes proposées.

1° S est la somme des cent premiers termes de la suite u.

2° $T = u_{20} + u_{21} + \cdots + u_{59}$.

28 ★ 10 min (corrigés p. 208)

On pose, pour tout entier naturel n non nul :

$$S_n = 1 + 2 + 2^2 + \cdots + 2^n,$$

c'est-à-dire :

$$S_n = \sum_{k=0}^{n} 2^k.$$

1° Exprimer S_n en fonction de n (sans utiliser de pointillés !).
2° En déduire, pour tout n de $\mathbb{N}$, l'expression en fonction de n de chacune des sommes U_n et V_n suivantes :

a) $U_n = 1 + 2 + 2^2 + \cdots + 2^{2n+1}$;

b) $V_n = 1 + \frac{1}{2} + \frac{1}{2^2} + \cdots + \frac{1}{2^n}$.

29 ★ 5 min (corrigés p. 208)

Soit u la suite géométrique définie sur $\mathbb{N}$, de premier terme -2 et de raison $\sqrt{2}$. Calculer la somme S des six premiers termes de la suite u.

30 ★★ 10 min (corrigés p. 208)

Pour tout entier naturel n non nul, on pose :

$$u_n = 0,\underbrace{6\ldots6}_{n \text{ chiffres } 6}.$$

1° Montrer que u_n est la somme de n termes consécutifs d'une suite géométrique de premier terme 0,6.
2° En déduire que, pour tout n de $\mathbb{N}^*$, on a :

$$u_n = \frac{2}{3}\left(1 - \frac{1}{10^n}\right).$$

31 ★★ 15 min (corrigés p. 208)

Soit la suite u définie par $u_0 = 1$ et, pour tout entier naturel n :

$$u_{n+1} = 2u_n + 1,$$

et soit la suite v telle que, pour tout entier naturel n :

$$v_n = u_n + 1.$$

1° Prouver que la suite u n'est ni arithmétique, ni géométrique.
2° Démontrer que la suite v est géométrique.
En déduire l'expression de v_n, puis celle de u_n en fonction de l'entier naturel n.
3° Déterminer, en fonction de l'entier naturel n, les sommes S et S' telles que :

$$S = v_0 + v_1 + \cdots + v_n$$

et

$$S' = u_0 + u_1 + \cdots + u_n.$$

Les interrogations écrites

32 10 min (corrigés p. 209)

Soient a et b des nombres réels, (u_n) la suite géométrique définie sur $\mathbb{N}$, de premier terme a et de raison b.
On pose $S_0 = u_0$ et, pour tout entier naturel n non nul :

$$S_n = u_0 + u_1 + \cdots + u_n.$$

1° Définir la suite (u_n) par récurrence.
2° Écrire un algorithme de calcul de u_n et S_n, les réels a, b et l'entier naturel n étant les paramètres d'entrée.

33 10 min (corrigés p. 209)

Soit u la suite arithmétique définie sur $\mathbb{N}$ telle que :

$$u_4 + u_6 + u_8 + u_{10} = -8 \text{ et } u_1 + u_{11} = -3 .$$

Déterminer sa raison r et son premier terme u_0.

34 10 min (corrigés p. 210)

Soit u la suite géométrique de raison $-\frac{2}{3}$ et de premier terme u_0 tel que : $u_0 = 9$.

Calculer S, où $S = u_3 + u_4 + \cdots + u_{10}$.

35 10 min (corrigés p. 210)

1° v est la suite : $n \mapsto (-2)^n$, w est la suite : $n \mapsto 3n - 5$.

Démontrer que v est géométrique, puis que w est arithmétique.

2° u est la suite : $n \mapsto (-2)^n + 3n - 5$.

Calculer le réel S tel que :

$$S = u_2 + u_3 + \cdots + u_{10}.$$

cours exercices interro corrigés

CORRIGÉS

Vrai ou faux ?

1 1° La suite $u : n \mapsto 2 - 3n$ est arithmétique de raison 2.

Faux.

Pour tout entier naturel n :

$$u_{n+1} = 2 - 3(n+1) = 2 - 3n - 3,$$

donc : $u_{n+1} = u_n - 3$,
ce qui prouve que la suite u est bien arithmétique, mais de raison -3.

Pour tous réels a et b, la suite $n \mapsto an + b$ est arithmétique de raison a.

2° La suite (u_n) définie sur $\mathbb{N}$ par $u_n = \dfrac{2}{3^n}$ est géométrique de raison $\dfrac{2}{3}$.

Faux.

En écrivant que, pour tout entier naturel n :

$$u_n = 2 \times \left(\frac{1}{3}\right)^n,$$

on reconnaît le terme général d'une suite géométrique de raison $\dfrac{1}{3}$.

3° Toute suite (u_n) telle que, pour tout n de $\mathbb{N}$, $u_{n+1} = \dfrac{3u_n}{7}$ est une suite géométrique.

Vrai.

En effet, pour tout entier naturel n :

$$u_{n+1} = \frac{3}{7} \times u_n,$$

ce qui prouve que (u_n) est une suite géométrique de raison $\dfrac{3}{7}$.

4° Toute suite arithmétique de raison 2 est croissante.

Vrai.

Si (u_n) est une suite arithmétique de raison 2, alors, pour tout entier naturel n, on a : $u_{n+1} = u_n + 2$, or $u_n + 2 > u_n$, donc $u_{n+1} > u_n$.

Toute suite arithmétique de raison positive est croissante.

5° Toute suite géométrique de raison 2 est croissante.

Faux.

Par exemple, la suite $n \mapsto -2^n$ est géométrique de raison 2, et elle est strictement décroissante.

Ne pas confondre -2^n et $(-2)^n$.

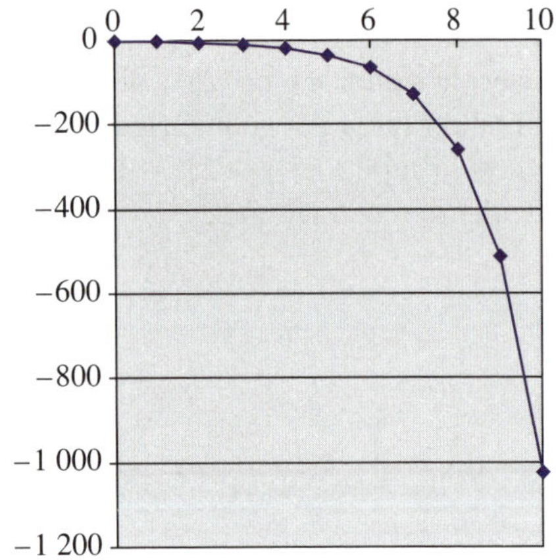

6° Pour tout réel q strictement compris entre -1 et 0, la suite géométrique (q^n) est bornée par 1 et q.

Vrai.

Si q est un réel tel que $-1 < q < 0$, alors, pour tout entier naturel n :

$$q \leqslant q^n \leqslant 1.$$

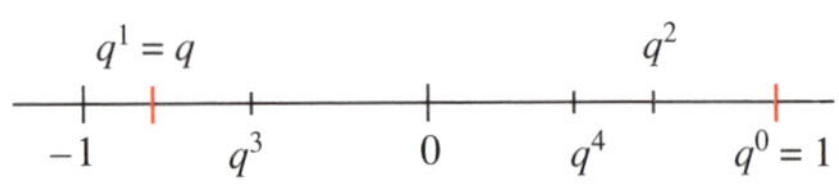

7° La somme des entiers naturels de 1 à 1 000 est égale à 500 500.

Vrai.

$$\begin{aligned}1 + 2 + \cdots + 1\,000 &= \frac{1\,000 \times (1 + 1\,000)}{2} \\ &= 500 \times 1\,001 \\ &= 500\,500.\end{aligned}$$

Pour tout entier naturel n non nul :

$$1 + 2 + \cdots + n = \frac{n(n+1)}{2}.$$

8° La somme des 1 000 premiers termes d'une suite géométrique de premier terme $\frac{1}{20}$ et de raison 1 est égale à 50.

Vrai.

Une suite géométrique de raison 1 étant constante, la somme à calculer est égale à $1\,000 \times \frac{1}{20}$, c'est-à-dire 50.

9° Si a, b, c sont trois termes consécutifs, dans cet ordre, d'une suite arithmétique, alors $b = \frac{a+c}{2}$.

Vrai.

En notant r la raison de la suite arithmétique, on a :

- $a = b - r$ (car $b = a + r$)
- $c = b + r$,

d'où, en additionnant membre à membre ces deux égalités :

$$a + c = 2b,$$

c'est-à-dire : $b = \frac{a+c}{2}$.

10° Si a, b, c sont trois termes consécutifs, dans cet ordre, d'une suite géométrique, alors $b^2 = ac$.

Vrai.

En notant q la raison de la suite géométrique, on a :

$$b = qa \quad \text{et} \quad c = qb.$$

On peut alors écrire :

- $b^2 = b \times b = b \times qa = qab$,
- $ac = a \times qb = qab$,

d'où : $b^2 = ac$.

Suites arithmétiques

2 Les six premiers termes de la suite u sont : u_0, u_1, u_2, u_3, u_4, u_5 avec :

$u_0 = -4$; $u_1 = -2{,}5$; $u_2 = -1$;
$u_3 = 0{,}5$; $u_4 = 2$; $u_5 = 3{,}5$.

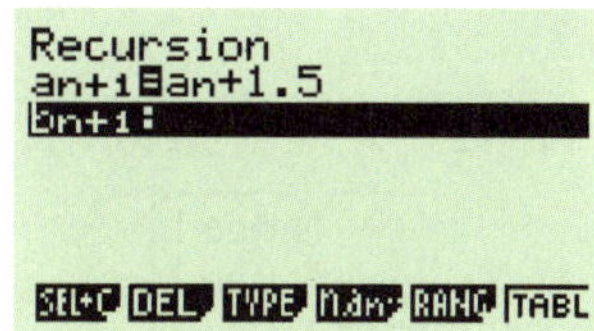

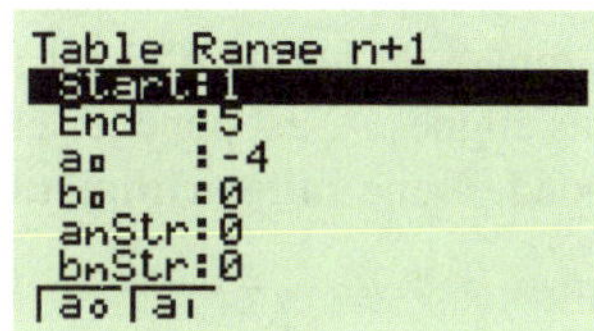

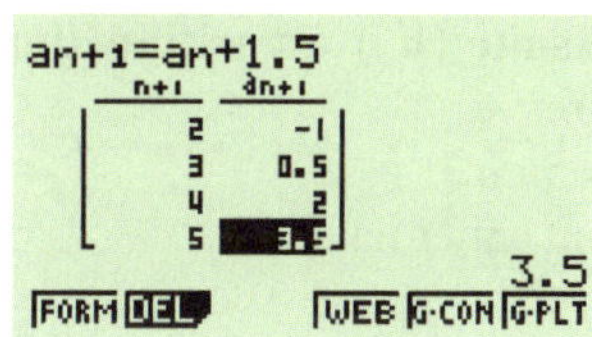

3 (u_n) : suite arithmétique définie sur $\mathbb{N}$, de premier terme a et de raison b.

1° La suite (u_n) est définie sur $\mathbb{N}$ par $u_0 = a$ et la relation de récurrence :

$$u_{n+1} = u_n + b.$$

2° Algorithme de calcul de u_n :

Variables
  n, k : entiers
  a, b, u : réels
Entrée
  Saisir a, b, n
Initialisation
  u prend la valeur a
Traitement
  Pour k variant de 1 à n faire
    u prend la valeur $u + b$
  fin Pour
Sortie
  Afficher u

4

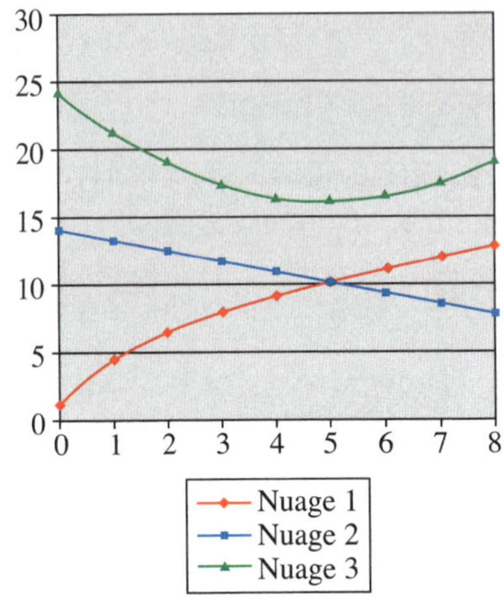

Seul **le nuage de points n° 2** est formé de points alignés. C'est donc le seul qui corresponde à une **suite arithmétique**.

5 **1°** $u_0 = 3$ et $u_{n+1} = 6 + u_n$.
Pour tout entier naturel n, $u_{n+1} = u_n + 6$, donc **la suite (u_n) est arithmétique de raison 6**.

2° $u_n = 5n - 3$.
Pour tout entier naturel n :

$$u_{n+1} = 5(n+1) - 3 = 5n + 5 - 3 = (5n - 3) + 5,$$

donc : $$u_{n+1} = u_n + 5,$$
ce qui prouve que **la suite (u_n) est arithmétique de raison 5**.

Pour tous réels a et b, la suite $n \mapsto an + b$ est arithmétique de raison a.

On pouvait aussi écrire que, pour tout entier naturel n,

$$u_{n+1} - u_n = (5(n+1) - 3) - (5n - 3) = 5n + 5 - 3 - 5n + 3 = 5.$$

3° $u_n = \dfrac{4 - n}{3}$.
Pour tout entier naturel n :

$$u_n = -\frac{1}{3}n + \frac{4}{3},$$

ce qui met en évidence que **la suite (u_n) est arithmétique de raison $-\dfrac{1}{3}$.**

On a, pour tout entier naturel n :

$$u_{n+1} - u_n = \left(-\frac{1}{3}(n+1) + \frac{4}{3}\right) - \left(-\frac{1}{3}n + \frac{4}{3}\right) = -\frac{1}{3}n - \frac{1}{3} + \frac{4}{3} + \frac{1}{3}n - \frac{4}{3} = -\frac{1}{3}.$$

Démontrer qu'une suite (v_n) est arithmétique, c'est démontrer que la suite $(v_{n+1} - v_n)$ est constante.

4° $u_n = (n+3)^2 - n^2$.
Pour tout entier naturel n :

$$u_n = n^2 + 6n + 9 - n^2 = 6n + 9,$$

ce qui met en évidence que **la suite (u_n) est arithmétique de raison 6**.

On a, pour tout entier naturel n :

$$\begin{aligned} u_{n+1} - u_n &= ((n+4)^2 - (n+1)^2) - ((n+3)^2 - n^2) \\ &= ((n+4) - (n+1))((n+4) + (n+1)) \\ &\quad - (n + 3 - n)(n + 3 + n) \\ &= 3(2n+5) - 3(2n+3) \\ &= 6n + 15 - 6n - 9 \\ &= 6. \end{aligned}$$

6 (u_n) : suite arithmétique définie sur $\mathbb{N}^*$, de premier terme -2 et de raison 3.

On a : $u_1 = -2 = -2 + \mathbf{0} \times 3$,
$u_2 = u_1 + 3 = -2 + \mathbf{1} \times 3$,
$u_3 = u_2 + 3 = -2 + \mathbf{2} \times 3$.

Pour tout entier naturel n non nul :

$$u_n = u_1 + (n-1) \times 3,$$

d'où :

$$u_n = -2 + (n-1) \times 3 = -2 + 3n - 3,$$

et finalement :

$$\mathbf{u_n = 3n - 5.}$$

Si (u_n) est une suite arithmétique de raison r définie sur $\mathbb{N}^*$, alors, pour tout entier naturel n non nul :

$$u_n = u_1 + (n-1)r.$$

7 $u_7 = 3\,000$ et $r = -50$.
On a : $u_7 = u_1 + 6r$,
d'où : $u_1 = u_7 - 6r = 3\,000 - 6 \times (-50)$,
donc : $\mathbf{u_1 = 3\,300}$.

8 $u_0 = 100$ et $u_{100} = 50$.
On a : $u_{100} = u_0 + 100r$,

d'où : $r = \dfrac{u_{100} - u_0}{100} = \dfrac{50 - 100}{100}$,

donc : $\boldsymbol{r = -0{,}5}$.

9 $u_{10} = 9$ et $u_{17} = 17{,}4$.
• On a l'égalité : $u_{17} = u_{10} + 7r$,
donc : $17{,}4 = 9 + 7r$,

d'où : $r = \dfrac{17{,}4 - 9}{7} = \dfrac{8{,}4}{7} = 1{,}2$.

• On peut écrire : $u_{21} = u_{17} + 4r$,
donc :

$$u_{21} = 17{,}4 + 4 \times 1{,}2 = 17{,}4 + 4{,}8,$$

et finalement : $\boldsymbol{u_{21} = 22{,}2}$.

10 (u_n) : suite définie sur $\mathbb{N}$ par $u_0 = 1$ et la relation de récurrence :

$$u_{n+1} = \sqrt{3 + (u_n)^2}.$$

1° $v_n = (u_n)^2$.
Pour tout entier naturel n :

$$\begin{aligned} v_{n+1} &= (u_{n+1})^2 \\ &= \left(\sqrt{3 + (u_n)^2}\right)^2 \\ &= 3 + (u_n)^2 \\ &= 3 + v_n \\ &= v_n + 3, \end{aligned}$$

donc **la suite (v_n) est arithmétique** de raison 3.

2° $v_0 = (u_0)^2 = 1^2 = 1$ et la suite (v_n) est arithmétique de raison 3, donc, **pour tout entier naturel n** :

$$v_n = v_0 + n \times 3 = 1 + n \times 3 = 3n + 1,$$

or, d'après la définition des suites (u_n) et (v_n) :

$$u_n \geqslant 0 \text{ et } v_n = (u_n)^2,$$

donc : $u_n = \sqrt{v_n}$,

et finalement : $\boldsymbol{u_n = \sqrt{3n+1}}$.

11 (u_n) : suite arithmétique de raison r.

1° $v_n = 7u_n - 3$.
Pour tout entier naturel n :

$$\begin{aligned} v_{n+1} - v_n &= (7u_{n+1} - 3) - (7u_n - 3) \\ &= 7(u_{n+1} - u_n), \end{aligned}$$

or la suite (u_n) est arithmétique de raison r, donc :

$$u_{n+1} - u_n = r,$$

ce qui implique :

$$v_{n+1} - v_n = 7r.$$

On a ainsi prouvé que **la suite (v_n) est arithmétique de raison $7r$**.

On peut aussi écrire que, pour tout entier naturel n :

$$u_n = u_0 + nr,$$

d'où :

$$v_n = 7(u_0 + nr) - 3 = 7u_0 - 3 + n \times (7r),$$

et on reconnaît le terme général d'une suite arithmétique de raison $7r$.

2° $w_n = u_{2n}$.
Pour tout entier naturel n :

$$\begin{aligned} w_{n+1} - w_n &= u_{2(n+1)} - u_{2n} \\ &= u_{2n+2} - u_{2n} \\ &= u_{2n} + 2r - u_{2n} \\ &= 2r, \end{aligned}$$

$$\begin{aligned} u_{2n+2} &= u_{2n+1} + r \\ &= u_{2n} + r + r \\ &= u_{2n} + 2r. \end{aligned}$$

On en déduit que **la suite (w_n) est arithmétique de raison $2r$**.

On peut aussi écrire que, pour tout entier naturel n :

$$u_n = u_0 + nr,$$

d'où :

$$w_n = u_0 + 2nr = u_0 + n \times (2r),$$

et on reconnaît le terme général d'une suite arithmétique de raison $2r$.

3° $t_n = (u_n)^2 - r^2n^2$.
Pour tout entier naturel n :

$$\begin{aligned} t_n &= (u_n)^2 - r^2n^2 \\ &= (u_0 + nr)^2 - r^2n^2 \\ &= (u_0)^2 + 2 \times u_0 \times nr + (nr)^2 - r^2n^2 \\ &= (u_0)^2 + n \times (2ru_0). \end{aligned}$$

On pouvait aussi écrire :

$$t_n = (u_n)^2 - (rn)^2$$
$$= (u_n - rn)(u_n + rn)$$
$$= u_0(u_0 + 2rn)$$
$$= (u_0)^2 + n(2ru_0).$$

On en déduit que **la suite (t_n) est arithmétique de raison $2ru_0$.**

12 (u_n), (v_n) : suites arithmétiques définies sur $\mathbb{N}$, de raisons respectives r et r'.

1° Posons, pour tout n de $\mathbb{N}$:

$$t_n = au_n.$$

Ainsi, la suite (t_n) est égale à la suite (au_n).

Alors :

$$t_0 = au_0,$$

et, pour tout n de $\mathbb{N}$:

$$t_{n+1} = au_{n+1} = a(u_n + r) = au_n + ar,$$

donc :

$$t_{n+1} = t_n + ar.$$

On en déduit que **la suite (au_n) est arithmétique de raison ar et de premier terme au_0.**

2° Posons, pour tout n de $\mathbb{N}$:

$$w_n = u_n + v_n.$$

Ainsi, la suite (w_n) est égale à la suite $(u_n + v_n)$.

Alors :

$$w_0 = u_0 + v_0,$$

et, pour tout n de $\mathbb{N}$:

$$w_{n+1} = u_{n+1} + v_{n+1}$$
$$= (u_n + r) + (v_n + r')$$
$$= (u_n + v_n) + (r + r'),$$

donc :

$$w_{n+1} = w_n + (r + r').$$

On en déduit que **la suite $(u_n + v_n)$ est arithmétique de raison $r + r'$ et de premier terme $u_0 + v_0$.**

Suites géométriques

13 Les huit premiers termes de la suite u sont : $u_0, u_1, u_2, u_3, u_4, u_5, u_6, u_7$, avec :

$u_0 = 16$; $u_1 = -8$; $u_2 = 4$; $u_3 = -2$;

$u_4 = 1$; $u_5 = -\frac{1}{2}$; $u_6 = \frac{1}{4}$; $u_7 = -\frac{1}{8}$.

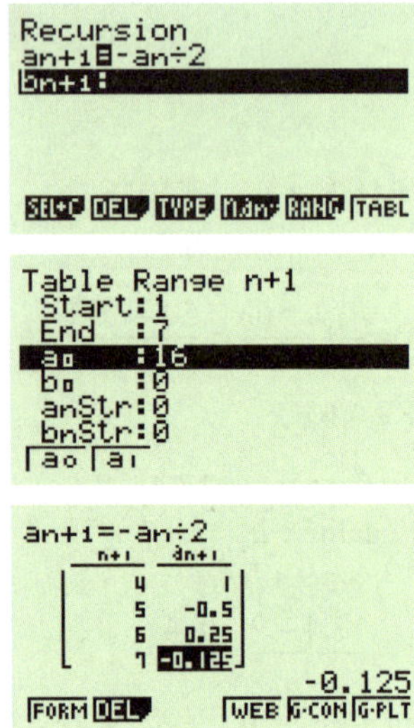

14 **1°** $q > 0$ et, pour tout n de $\mathbb{N}$:

$$u_n = q^n.$$

On a, pour tout entier naturel n :

$$u_{n+1} - u_n = q^{n+1} - q^n = q \times q^n - q^n,$$

donc :

$$u_{n+1} - u_n = (q-1)q^n,$$

or $q > 0$, donc $q^n > 0$ et le signe de $u_{n+1} - u_n$ est celui de $q - 1$.

On en déduit que, pour tout entier naturel n :

$$u_{n+1} - u_n < 0 \text{ si } 0 < q < 1,$$
$$u_{n+1} - u_n = 0 \text{ si } q = 1,$$
$$u_{n+1} - u_n > 0 \text{ si } q > 1,$$

c'est-à-dire :

$$u_{n+1} < u_n \text{ si } 0 < q < 1,$$
$$u_{n+1} = u_n \text{ si } q = 1,$$
$$u_{n+1} > u_n \text{ si } q > 1.$$

En conclusion, **la suite (u_n)**, c'est-à-dire la suite (q^n), **est :**

- **strictement décroissante si $0 < q < 1$,**
- **constante si $q = 1$,**
- **strictement croissante si $q > 1$.**

Si $q = 1$, alors la suite $n \mapsto q^n$ est la suite constante $n \mapsto 1$.

2° a) (v_n) est définie sur $\mathbb{N}$ par :

$$v_n = 3 \times (0{,}7)^n.$$

$0 < 0{,}7 < 1$, donc la suite géométrique $n \mapsto (0{,}7)^n$ est strictement décroissante. De plus, $3 > 0$, donc (v_n) a le même sens de variation que $n \mapsto (0{,}7)^n$, c'est-à-dire :

(v_n) est strictement décroissante.

b) (v_n) est la suite géométrique définie sur $\mathbb{N}$ de premier terme -2 et de raison 1,6, donc on peut écrire, pour tout n de $\mathbb{N}$:

$$v_n = -2 \times (1{,}6)^n.$$

$1{,}6 > 1$, donc la suite géométrique $n \mapsto (1{,}6)^n$ est strictement croissante. De plus, $-2 < 0$ donc (v_n) et $n \mapsto (1{,}6)^n$ ont des sens de variation contraires, c'est-à-dire :

(v_n) est strictement décroissante.

15 **1°** (u_n) étant la suite géométrique définie sur $\mathbb{N}$ de premier terme 2 et de raison $-0{,}9$, on peut écrire, pour tout n de $\mathbb{N}$:

$$u_n = 2 \times (-0{,}9)^n.$$

• On a, pour tout n de $\mathbb{N}$:

$$v_n = u_{2n},$$

donc :

$$v_n = 2 \times (-0{,}9)^{2n} = 2 \times ((-0{,}9)^2)^n,$$

c'est-à-dire : $v_n = 2 \times (0{,}81)^n$.

> Pour tout réel a non nul et tous entiers n et p :
> $$a^{np} = (a^n)^p.$$

Or $0 < 0{,}81 < 1$, donc la suite géométrique $n \mapsto (0{,}81)^n$ est strictement décroissante (voir l'exercice 14). De plus : $2 > 0$, donc (v_n) et $n \mapsto (0{,}81)^n$ ont le même sens de variation.

Finalement, **la suite (v_n) est strictement décroissante**.

• On a, pour tout n de $\mathbb{N}$:

$$w_n = u_{2n+1},$$

donc : $w_n = 2 \times (-0{,}9)^{2n+1}$

$$= 2 \times (-0{,}9)^{2n} \times (-0{,}9),$$

d'où :

$$w_n = -1{,}8 \times ((-0{,}9)^2)^n = -1{,}8 \times (0{,}81)^n.$$

Or $-1{,}8 < 0$, donc (w_n) et la suite géométrique $n \mapsto (0{,}81)^n$ sont de sens de variation contraires, ce qui permet de conclure que **la suite (w_n) est strictement croissante**.

2° $t_n = |u_n|$.

On a, pour tout n de $\mathbb{N}$:

$$t_n = |u_n| = |2 \times (-0{,}9)^n| = 2 \times |-0{,}9|^n,$$

> Pour tous réels a et b :
> $$|ab| = |a| \times |b|.$$
> Pour tout réel non nul a et tout entier n :
> $$|a^n| = |a|^n,$$

donc : $t_n = 2 \times (0{,}9)^n$,

ce qui prouve que **la suite (t_n) est géométrique de raison 0,9.**

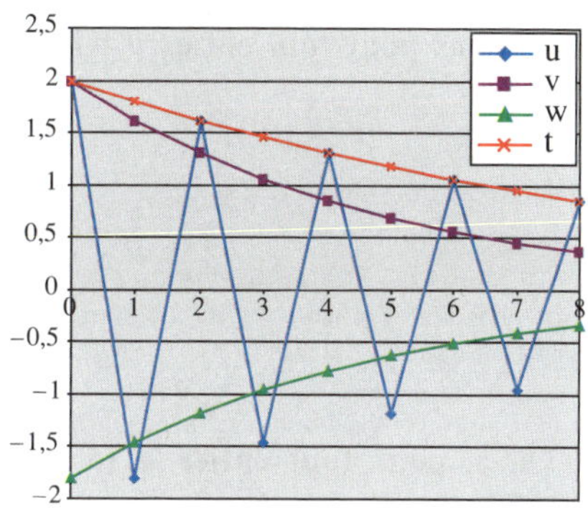

16 **1°** • On a : $2^{10} = 1\,024$, ainsi : $2^{10} > 10^3$, donc, la fonction carré étant strictement croissante sur $[0\,;+\infty[$: $(2^{10})^2 > (10^3)^2$, c'est-à-dire :

$$2^{20} \geqslant 10^6.$$

> Pour tout réel a non nul et tous entiers n et p :
> $$(a^n)^p = a^{np}.$$

Donc, en posant $\boldsymbol{n_0 = 20}$, on a :

$$\boldsymbol{2^{n_0} > 10^6}.$$

• À l'aide de la calculatrice :

$$2^{19} = 524\,288,\ 2^{20} = 1\,048\,576,$$

donc : $2^{19} < 10^6$ et $2^{20} > 10^6$.

Comme, de plus, la suite $n \mapsto 2^n$ est strictement croissante, on peut affirmer que **le plus petit entier naturel n tel que $2^n > 10^6$ est 20**.

> Pour tout réel q tel que $q > 1$, la suite géométrique $n \mapsto q^n$ est strictement croissante.

2° • De même, de l'inégalité $2^{10} > 10^3$, on déduit : $(2^{10})^5 > (10^3)^5$,

c'est-à-dire : $2^{50} > 10^{15}$.

Donc, en posant $\boldsymbol{n_1 = 50}$, on a :

$$\boldsymbol{2^{n_1} > 10^{15}}.$$

• À l'aide de la calculatrice :

$$2^{49} = 562\,949\,953\,421\,312,$$

$$2^{50} = 1\,125\,899\,906\,842\,624,$$

donc : $2^{49} < 10^{15}$ et $2^{50} > 10^{15}$,

ce qui prouve que **50 est le plus petit entier naturel $\boldsymbol{n}$ tel que $\boldsymbol{2^n \geqslant 10^{15}}$.**

3° a) La suite $n \mapsto 2^n$ étant strictement croissante, de l'inégalité $2^{50} > 10^{15}$, on déduit que, **pour tout entier $\boldsymbol{n}$ tel que $\boldsymbol{n \geqslant 50}$:**

$$\boldsymbol{2^n > 10^{15}}.$$

Si $n \geqslant 50$, alors $2^n > 2^{15}$.
Plus généralement, 2^n peut être rendu aussi grand que l'on veut, pourvu que l'entier naturel n soit suffisamment grand, ce qui s'écrit :

$$\lim_{n \to +\infty} 2^n = +\infty.$$

b) On a, **pour tout entier $\boldsymbol{n}$ tel que $\boldsymbol{n \geqslant 50}$:**

$$2^n > 10^{15} > 0,$$

donc : $$0 < \frac{1}{2^n} < \frac{1}{10^{15}},$$

c'est-à-dire : $\boldsymbol{0 < \left(\frac{1}{2}\right)^n < 10^{-15}}$.

Un réel non nul et son inverse sont de même signe.
Des réels strictement positifs sont rangés dans l'ordre contraire de leurs inverses.

Plus généralement, $\left(\frac{1}{2}\right)^n$ peut être rendu aussi proche de 0 que l'on veut, pourvu que l'entier naturel n soit suffisamment grand, ce qui s'écrit :

$$\lim_{n \to +\infty} \left(\frac{1}{2}\right)^n = 0.$$

c) Pour tout entier naturel n :

$$\left(-\frac{1}{2}\right)^n = (-1)^n \left(\frac{1}{2}\right)^n,$$

Pour tous réels a et b non nuls, tout entier n :

$$(ab)^n = a^n b^n.$$

de plus : $-1 \leqslant (-1)^n \leqslant 1$,

$$(-1)^n = \begin{cases} 1 & \text{si } n \text{ est pair,} \\ -1 & \text{si } n \text{ est impair.} \end{cases}$$

donc : $-\left(\frac{1}{2}\right)^n \leqslant \left(-\frac{1}{2}\right)^n \leqslant \left(\frac{1}{2}\right)^n$,

donc, d'après la question précédente, **si de plus $\boldsymbol{n \geqslant 50}$:**

$$\boldsymbol{-10^{-15} < \left(-\frac{1}{2}\right)^n \leqslant 10^{-15}}.$$

Plus généralement, $\left(-\frac{1}{2}\right)^n$ peut être rendu aussi proche de 0 que l'on veut, pourvu que l'entier naturel n soit suffisamment grand, ce qui s'écrit :

$$\lim_{n \to +\infty} \left(-\frac{1}{2}\right)^n = 0.$$

17

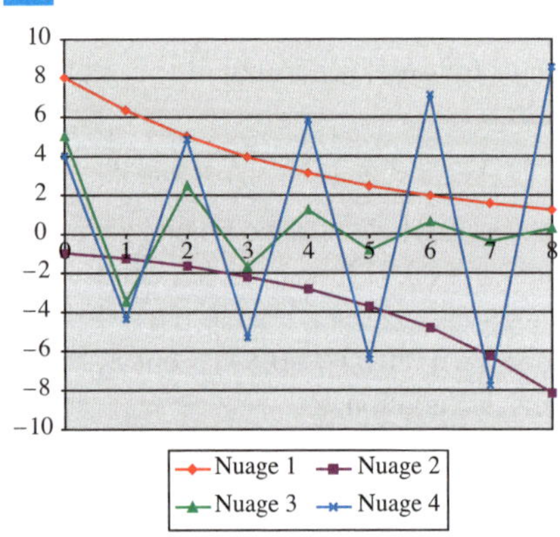

• La suite géométrique représentée par le **nuage de points n° 1** est strictement décroissante, de premier terme positif, donc **sa raison est strictement comprise entre 0 et 1.**

• La suite géométrique représentée par le **nuage de points n° 2** est strictement décroissante, de premier terme négatif, donc **sa raison est strictement supérieure à 1.**

• La suite géométrique représentée par le **nuage de points n° 3** n'est pas monotone et ses termes successifs se rapprochent de 0, donc **sa raison est strictement comprise entre –1 et 0.**

• La suite géométrique représentée par le **nuage de points n° 4** n'est pas monotone et ses termes successifs s'éloignent de 0, donc **sa raison est strictement inférieure à – 1.**

Au lieu de s'intéresser au comportement de la suite (monotonie, rapprochement ou éloignement des termes successifs de 0), on pouvait aussi considérer les deux premiers termes de la suite étudiée, et utiliser que la raison de la suite est le réel par lequel multiplier le premier terme pour obtenir le second.

Par exemple, pour le nuage n° 3, le premier terme de la suite est strictement compris entre 4 et 6, le deuxième terme entre – 4 et – 2, donc la raison est nécessairement strictement négative et strictement plus grande que –1.

18 $u_5 = 729$ et $q = -3$.

On a : $u_{10} = u_5 \times q^5 = 729 \times (-3)^5$,

donc : $\boldsymbol{u_{10} = -177\,147}$.

D'autre part :

$$u_5 = u_0 \times q^5 = u_0 \times (-3)^5,$$

donc : $u_0 = \dfrac{u_5}{(-3)^5} = \dfrac{729}{-243}$,

d'où : $\boldsymbol{u_0 = -3}$.

19 $u_0 = 1$ et $u_7 = 128$.

On a : $u_7 = u_0 \times q^7$,

donc : $q^7 = \dfrac{u_7}{u_0} = 128$,

or : $2^7 = 128$,

donc : $\boldsymbol{q = 2}$.

Pour avoir la racine 7e de 128, taper :

7×√128

ou :

128^(1÷7)

20 $u_4 = 44$ et $u_{10} = 352$.

On a : $u_{10} = u_4 q^6$,

donc : $q^6 = \dfrac{u_{10}}{u_4} = \dfrac{352}{44} = 8$.

D'autre part : $u_{13} = u_{10} q^3 = 352 q^3$.

On a : $q^6 = 8$,

c'est-à-dire : $(q^3)^2 = 8$,

de plus : $q \geqslant 0$,

donc : $q^3 \geqslant 0$.

On en déduit : $q^3 = \sqrt{8} = 2\sqrt{2}$.

Finalement :

$$\boldsymbol{u_{13} = 352 \times 2\sqrt{2} = 704\sqrt{2}}.$$

21 1° $u_0 = 3$ et $u_{n+1} = \dfrac{u_n}{6}$.

Pour tout n de $\mathbb{N}$:

$$u_{n+1} = \frac{1}{6} u_n,$$

donc **(u_n) est une suite géométrique de raison $\boldsymbol{\frac{1}{6}}$.**

2° $u_n = 3^{n-1}$.

Pour tout n de $\mathbb{N}$:

$$u_n = 3^n \times 3^{-1} = \frac{1}{3} \times 3^n.$$

On reconnaît le terme général de la suite géométrique définie sur $\mathbb{N}$, de premier terme $\frac{1}{3}$ et de raison 3.

Donc **(u_n) est une suite géométrique de raison 3**.

Pour tout réel a non nul, tous entiers n et p :

$$a^{n+p} = a^n \times a^p.$$

3° $u_n = 3^n \times 5^n$.

Pour tout n de $\mathbb{N}$:

$$u_n = (3 \times 5)^n = 15^n,$$

donc **(u_n) est une suite géométrique de raison 15**.

Pour tous réels a et b non nuls, tout entier n :

$$a^n b^n = (ab)^n.$$

cours exercices interro corrigés

4° $u_n = -3 \times 5^{-n}$.

Pour tout n de $\mathbb{N}$:

$$u_n = -3 \times \left(\frac{1}{5}\right)^n,$$

donc **(u_n) est une suite géométrique de raison $\frac{1}{5}$.**

Pour tout réel a non nul et tout entier n :

$$a^{-n} = \frac{1}{a^n} = \left(\frac{1}{a}\right)^n.$$

5° $u_n = 5^{2n+1}$.

Pour tout n de $\mathbb{N}$:

$$u_n = 5^{2n} \times 5 = 5 \times (5^2)^n = 5 \times 25^n,$$

donc **(u_n) est une suite géométrique de raison 25**.

Pour tout réel a non nul et tous entiers n et p :

$$a^{np} = (a^n)^p = (a^p)^n.$$

6° $u_n = \frac{(-1)^n}{3^{n+1}}$.

Pour tout n de $\mathbb{N}$:

$$u_n = \frac{(-1)^n}{3^n \times 3} = \frac{1}{3} \times \frac{(-1)^n}{3^n} = \frac{1}{3} \times \left(-\frac{1}{3}\right)^n,$$

donc **(u_n) est une suite géométrique de raison $-\frac{1}{3}$.**

7° $u_n = 3$.

En écrivant que, pour tout n de $\mathbb{N}$:

$$u_{n+1} = u_n \times 1,$$

ou bien :

$$u_n = 3 \times 1^n,$$

on met en évidence que **(u_n) est une suite géométrique de raison 1.**

Toute suite constante est une suite géométrique de raison 1.

8° $u_n = 3 \times 2^n + 2^{n+1}$.

Pour tout n de $\mathbb{N}$:

$$u_n = 3 \times 2^n + 2 \times 2^n = (3 + 2) \times 2^n,$$

donc :

$$u_n = 5 \times 2^n,$$

ce qui prouve que **(u_n) est une suite géométrique de raison 2**.

22 (u_n), (v_n) : suites géométriques définies sur $\mathbb{N}$, de raisons respectives q et q'.

1° Posons, pour tout n de $\mathbb{N}$:

$$t_n = au_n.$$

Ainsi, la suite (t_n) est égale à la suite (au_n).

Alors :

$$t_0 = au_0,$$

et, pour tout n de $\mathbb{N}$:

$$t_{n+1} = au_{n+1} = a(qu_n) = q(au_n),$$

donc :

$$t_{n+1} = qt_n.$$

On en déduit que **la suite (au_n) est géométrique de raison q et de premier terme au_0.**

2° Posons, pour tout n de $\mathbb{N}$:

$$w_n = u_n v_n.$$

Ainsi, la suite (w_n) est égale à la suite $(u_n v_n)$.

Alors :

$$w_0 = u_0 v_0,$$

et, pour tout n de $\mathbb{N}$:

$$\begin{aligned} w_{n+1} &= u_{n+1} \times v_{n+1} \\ &= (qu_n) \times (q'v_n) \\ &= (qq')(u_n v_n), \end{aligned}$$

donc :

$$w_{n+1} = (qq')w_n.$$

On en déduit que **la suite $(u_n v_n)$ est géométrique de raison qq' et de premier terme $u_0 v_0$.**

Calcul de sommes

23 **1°** $S = u_0 + u_1 + \cdots + u_{10}$.

S est la somme de **11 termes**.

2° $S = u_1 + u_2 + \cdots + u_{17}$.

S est la somme de **17 termes**.

3° $S = u_0 + u_1 + \cdots + u_n$.

S est la somme de **$(n + 1)$ termes**.

4° $S = u_1 + u_2 + \cdots + u_n$.

S est la somme de **n termes**.

5° $S = u_0 + u_1 + \cdots + u_{n+1}$.

S est la somme de **$(n + 2)$ termes**.

6° $S = u_2 + u_3 + \cdots + u_{n+1}$.

S est la somme de **n termes**.

Plus généralement, p et n étant des entiers naturels tels que $p \leqslant n$, $u_p + \cdots + u_n$ est la somme de $(n - p + 1)$ termes.

24 $S_n = 1 + 2 + \cdots + 3n$.

On sait que, pour tout entier naturel N non nul :

$$1 + 2 + \cdots + N = \frac{N(N+1)}{2},$$

ce qui peut s'écrire : $\sum_{k=1}^{N} k = \frac{N(N+1)}{2}$,

donc, **pour tout entier naturel n non nul :**

$$\boldsymbol{S_n = \frac{3n(3n+1)}{2}},$$

$$S_n = \sum_{k=1}^{3n} k = \frac{3n(3n+1)}{2}$$

25 **1°** S étant la somme des nombres 2 ; 20 ; 200 ; … ; 200 000 000, on obtient :

S = 222 222 222.

2° T étant la somme des nombres 3 ; 0,3 ; 0,03 ; … ; 0,000 003, on obtient :

T = 3, 333 333.

26

	A	B	C
1	n	un	Sn
2	0	0,7	0,7
3	1	1,9	2,6
4	2	3,1	5,7
5	3	4,3	10
6	4	5,5	15,5
7	5	6,7	22,2
8	6	7,9	30,1

(u_n) : suite arithmétique définie sur $\mathbb{N}$, de premier terme 0,7 et de raison 1,2.

1° La suite (u_n) vérifiant la relation de récurrence :

$$u_{n+1} = u_n + 1{,}2,$$

on entre dans la cellule B3 la formule :

=B2+1.2

2° Pour tout entier naturel n :

$$S_n = u_0 + \ldots + u_n,$$

donc on entre dans la cellule C2 la formule :

=SOMME(B$2:B2)

Noter la présence du symbole **$** (référence absolue).

Ainsi, après recopie vers le bas de la formule dans C2, c'est par exemple la formule :

=SOMME(B$2:B8)

qui est éditée dans la cellule C8.

27 u : suite arithmétique définie sur $\mathbb{N}$, de premier terme -5 et de raison 3.

1° La suite u est définie sur $\mathbb{N}$, donc son premier terme se note u_0 et son centième u_{99} ; de plus, u est arithmétique de raison 3 et de premier terme -5, donc :

$$u_{99} = -5 + 99 \times 3 = -5 + 297 = 292.$$

S étant la somme des cent premiers termes de la suite u, on obtient :

$$\begin{aligned} S &= 100 \times \frac{u_0 + u_{99}}{2} \\ &= 50 \times (-5 + 292) \\ &= 50 \times 287, \end{aligned}$$

c'est-à-dire :

S = 14 350.

$$S = \sum_{k=0}^{99} u_k.$$

2° $T = u_{20} + u_{59} + \cdots + u_{59} = \sum_{k=20}^{59} u_k.$

T est la somme des termes de u_{20} à u_{59} de la suite arithmétique u, et cette somme comporte 40 termes,

$59 - 20 + 1 = 40$

donc :

$$T = 40 \times \frac{u_{20} + u_{59}}{2} = 20 \times (u_{20} + u_{59}).$$

De plus :

$u_{20} = -5 + 20 \times 3 = -5 + 60 = 55,$

$u_{59} = -5 + 59 \times 3 = -5 + 177 = 172,$

donc : $S = 20 \times (55 + 172) = 20 \times 227,$

et finalement :

T = 4 540.

28 $S_n = 1 + 2 + 2^2 + \dots + 2^n = \sum_{k=0}^{n} 2^k$.

1° Pour tout entier naturel n non nul :

$$S_n = \frac{1-2^{n+1}}{1-2} = \mathbf{2^{n+1} - 1}.$$

Pour tout réel q différent de 1 et tout entier naturel n non nul :

$$1 + q + \dots + q^n = \frac{1-q^{n+1}}{1-q}.$$

2° a) $U_n = 1 + 2 + 2^2 + \dots + 2^{2n+1} = \sum_{k=0}^{2n+1} 2^k$.

Pour tout entier naturel n non nul :

$$U_n = S_{2n+1} = 2^{(2n+1)+1} - 1,$$

donc : $\mathbf{U_n = 2^{2n+2} - 1}$.

On peut aussi écrire :

$U_n = 2^{2\times(n+1)} - 1 = (2^2)^{n+1} - 1 = 4^{n+1} - 1.$

b) $V_n = 1 + \frac{1}{2} + \frac{1}{2^2} + \dots + \frac{1}{2^n} = \sum_{k=0}^{n} \frac{1}{2^k}$.

Pour tout entier naturel n non nul :

$$V_n = \frac{1}{2^n}(2^n + 2^{n-1} + \dots + 1)$$

$$= \frac{1}{2^n}(1 + 2 + 2^2 + \dots + 2^n)$$

$$= \frac{1}{2^n} \times S_n,$$

donc : $V_n = \frac{1}{2^n}(2^{n+1} - 1)$,

c'est-à-dire : $\mathbf{V_n = 2 - \frac{1}{2^n}}$.

En écrivant :

$$V_n = 1 + \frac{1}{2} + \left(\frac{1}{2}\right)^2 + \dots + \left(\frac{1}{2}\right)^n$$

$$= \frac{1-\left(\frac{1}{2}\right)^{n+1}}{1-\frac{1}{2}}$$

$$= 2\left(1-\left(\frac{1}{2}\right)^{n+1}\right),$$

on retrouve : $V_n = 2 - \frac{1}{2^n}$.

29 u : suite géométrique de raison $\sqrt{2}$, $u_0 = -2$.

$$S = u_0 + u_1 + \dots + u_5 = \sum_{k=0}^{5} u_k.$$

On a : $S = \frac{u_0(1-(\sqrt{2})^6)}{1-\sqrt{2}} = \frac{-2(1-8)}{1-\sqrt{2}}$,

or : $(\sqrt{2})^6 = ((\sqrt{2})^2)^3 = 2^3 = 8$,

donc :

$$\mathbf{S} = \frac{-2(1-8)}{1-\sqrt{2}} = \frac{14}{1-\sqrt{2}} = \mathbf{\frac{-14}{\sqrt{2}-1}}.$$

On peut aussi écrire :

$$S = \frac{-14}{\sqrt{2}-1} \times \frac{\sqrt{2}+1}{\sqrt{2}+1} = -14(1+\sqrt{2}).$$

30 $u_n = 0,\underbrace{6\dots6}_{n \text{ chiffres } 6}$.

1° On a, pour tout n de $\mathbb{N}$:

$$u_n = 0{,}6 + 0{,}06 + 0{,}006 + \dots + 0,\underbrace{0\dots06}_{n \text{ chiffres}}$$

$$= 0{,}6 + \frac{6}{100} + \frac{6}{1\,000} + \dots + \frac{6}{10^n}$$

$$= 0{,}6 + 0{,}6 \times \frac{1}{10} + 0{,}6 \times \left(\frac{1}{10}\right)^2 + \dots + 0{,}6 \times \left(\frac{1}{10}\right)^{n-1},$$

ce qui met en évidence que **u_n est la somme des n premiers termes de la suite géométrique de premier terme 0,6 et de raison $\frac{1}{10}$.**

2° On en déduit, **pour tout n de $\mathbb{N}^*$:**

$$u_n = \frac{0{,}6 \times \left(1-\left(\frac{1}{10}\right)^n\right)}{1-\frac{1}{10}},$$

donc :

$$u_n = 0{,}6 \times \frac{1-\left(\frac{1}{10}\right)^n}{0{,}9} = \frac{0{,}6}{0{,}9} \times \left(1-\left(\frac{1}{10}\right)^n\right),$$

c'est-à-dire :

$$\mathbf{u_n = \frac{2}{3}\left(1-\frac{1}{10^n}\right)}.$$

Comme l'on pouvait s'y attendre, u_n peut être rendu aussi proche de $\frac{2}{3}$ que l'on veut, pourvu que n soit suffisamment grand, ce qui s'écrit :

$$\lim_{n \to +\infty} u_n = \frac{2}{3}.$$

31 Les suites u et v sont définies sur $\mathbb{N}$.

1° $u_0 = 1$,
$u_1 = 2u_0 + 1 = 3$,
$u_2 = 2u_1 + 1 = 7$;

• $u_2 - u_1 \neq u_1 - u_0$,
donc **u n'est pas une suite arithmétique.**

• $\frac{u_2}{u_1} \neq \frac{u_1}{u_0}$,
donc **u n'est pas une suite géométrique.**

L'égalité $u_2 - u_1 = u_1 - u_0$ ne permettrait pas d'affirmer que la suite u est arithmétique. De même, l'égalité $\frac{u_2}{u_1} = \frac{u_1}{u_0}$ ne permettrait pas d'affirmer que la suite u est géométrique.

2° • Pour tout entier naturel n :
$v_{n+1} = u_{n+1} + 1 = 2u_n + 1 + 1 = 2(u_n + 1)$,
donc $v_{n+1} = 2v_n$,
donc **v est une suite géométrique** de raison 2, son premier terme v_0 est tel que :

$$v_0 = u_0 + 1 = 2.$$

• Pour tout entier naturel n :
$\boldsymbol{v_n} = v_0 \times 2^n = 2 \times 2^n = \boldsymbol{2^{n+1}}$,
$\boldsymbol{u_n} = v_n - 1 = \boldsymbol{2^{n+1} - 1}$.

3° S est la somme de $n + 1$ termes consécutifs de la suite géométrique v de raison 2, et dont le premier terme est v_0, donc :

$$S = \frac{v_0(1 - 2^{n+1})}{1 - 2} = \frac{2(1 - 2^{n+1})}{-1},$$

d'où : $\boldsymbol{S = 2(2^{n+1} - 1)}$.

D'autre part :

$$S' = u_0 + u_1 + \dots + u_n,$$

$S' = v_0 + v_1 + \dots + v_n + (n + 1) \times (-1)$,
$S' = 2(2^{n+1} - 1) - n - 1$,
donc : $\boldsymbol{S' = 2^{n+2} - n - 3}$.

Les interrogations écrites

32 (u_n) : suite géométrique définie sur $\mathbb{N}$, de premier terme a et de raison b.

$$S_n = \sum_{k=0}^{n} u_k.$$

1° La suite (u_n) est définie sur $\mathbb{N}$ par $u_0 = a$ et la relation de récurrence :

$$\boldsymbol{u_{n+1} = b \times u_n}.$$

2° Algorithme de calcul de u_n et S_n :

Variables
  n, k : entiers
  a, b, u, S : réels
Entrée
  Saisir a, b, n
Initialisation
  u prend la valeur a
  S prend la valeur a
Traitement
  Pour k variant de 1 à n faire
    u prend la valeur $b \times u$
    S prend la valeur $S + u$
  fin Pour
Sortie
  Afficher u
  Afficher S

33 u est une suite arithmétique de raison r et de premier terme u_0, donc, pour tout entier naturel n : $u_n = u_0 + nr$.

On en déduit :

$$u_4 + u_6 + u_8 + u_{10} = 4u_0 + (4+6+8+10)r = 4u_0 + 28r,$$

$$u_1 + u_{11} = 2u_0 + (1 + 11)r = 2u_0 + 12r.$$

Or : $u_4 + u_6 + u_8 + u_{10} = -8$
et $u_1 + u_{11} = -3$,

donc : $\begin{cases} 4u_0 + 28r = -8 \\ 2u_0 + 12r = -3. \end{cases}$

Le système est équivalent à :

$$\begin{cases} u_0 + 7r = -2 \\ -u_0 - 6r = 1{,}5. \end{cases}$$

En ajoutant membre à membre les deux égalités, on obtient : $r = -0{,}5$; puis, d'après la première égalité :

$$u_0 = -2 - 7 \times (-0{,}5) = 1{,}5.$$

Finalement : $\boldsymbol{u_0 = \frac{3}{2}}$ et $\boldsymbol{r = -\frac{1}{2}}$.

34 u : suite géométrique de raison $-\frac{2}{3}$, $u_0 = 9$.

$$S = u_3 + u_4 + \cdots + u_{10} = \sum_{k=3}^{10} u_k.$$

S est la somme de huit termes consécutifs d'une suite géométrique de raison $-\frac{2}{3}$, le premier des huit termes étant u_3, donc on peut écrire :

$$S = u_3 \frac{1 - \left(-\frac{2}{3}\right)^8}{1 - \left(-\frac{2}{3}\right)},$$

c'est-à-dire :

$$S = u_3 \frac{1 - \left(\frac{2}{3}\right)^8}{1 + \frac{2}{3}} = u_3 \frac{1 - \left(\frac{2}{3}\right)^8}{\frac{5}{3}},$$

$$S = \frac{3}{5} u_3 \left(1 - \left(\frac{2}{3}\right)^8\right).$$

De plus :

$$u_3 = u_0 \times \left(-\frac{2}{3}\right)^3 = -u_0 \times \left(\frac{2}{3}\right)^3,$$

et comme $u_0 = 9$:

$$u_3 = -9 \times \left(\frac{2}{3}\right)^3 = -9 \times \frac{8}{3 \times 9} = -\frac{8}{3}.$$

On en déduit :

$$S = -\frac{8}{5}\left(1 - \left(\frac{2}{3}\right)^8\right) = -\frac{8}{5} \times \frac{3^8 - 2^8}{3^8},$$

c'est-à-dire, tous calculs effectués :

$$\boldsymbol{S = -\frac{10\,088}{6\,561}}.$$

$S \approx -1{,}538.$

35 **1°** $v : n \mapsto (-2)^n$, $w : n \mapsto 3n - 5$.

• Pour tout entier naturel n,

$$v_{n+1} = (-2)^{n+1} = (-2) \times (-2)^n,$$

donc : $v_{n+1} = -2v_n$.

Cela prouve que **v est une suite géométrique.**

Sa raison est -2, son premier terme v_0 est égal à 1.

Bien savoir manipuler les exposants :

$$(-2)^{n+1} = (-2)^n \times (-2)^1 = (-2)^n \times (-2) = (-2) \times (-2)^n.$$

• Pour tout entier naturel n :

$$w_{n+1} = 3(n+1) - 5 = 3n + 3 - 5 = 3n - 5 + 3,$$

donc : $w_{n+1} = w_n + 3$.

Cela prouve que **w est une suite arithmétique.**

Sa raison est 3, son premier terme w_0 est tel que : $w_0 = -5$.

2° $u : n \mapsto (-2)^n + 3n - 5$, $S = \sum_{k=2}^{10} u_k$.

La suite u est la somme :

• de la suite géométrique v :

$$n \mapsto (-2)^n,$$

de raison -2, avec $v_0 = 1$,

• et de la suite arithmétique w :

$$n \mapsto 3n - 5,$$

de raison 3, avec $w_0 = -5$.

On en déduit :

$$S = V + W,$$

où :

$$V = v_2 + v_3 + \cdots + v_{10} = v_2 \times \frac{1 - (-2)^9}{1 - (-2)} = 4 \times \frac{1 + 2^9}{3} = 684,$$

$$W = w_2 + w_3 + \ldots + w_{10} = 9 \times \frac{w_2 + w_{10}}{2} = \frac{9}{2} \times 26 = 117.$$

On obtient donc : $S = 684 + 117$,

c'est-à-dire : $\boldsymbol{S = 801}$.

CHAPITRE 9

Suites et problèmes

EXERCICES

Récréations

1 ★★ 15 min (corrigés p. 219)

1° On organise un tournoi individuel de tennis avec 128 participants.

Sachant que chaque joueur ayant perdu une partie est éliminé, quel est le nombre de parties du 1er tour, du 2e tour, du 3e tour ?

Quel est le nombre total de parties à prévoir ?

2° Reprendre l'énoncé du **1°** en remplaçant les 128 participants par 2^n participants, où n est un entier naturel non nul.

2 ★★ 20 min (corrigés p. 219)

Un jeu télévisé est organisé de la façon suivante :

• si le candidat répond correctement à la première question, il gagne 60 € ;

• ensuite, chaque bonne réponse lui rapporte 35 € de plus que la précédente, et le jeu s'arrête à la première réponse fausse.

On note u_n le gain en euros pour une réponse correcte à la n-ième question.

1° Définir la suite (u_n) par récurrence.

En déduire l'expression explicite de u_n en fonction de n.

2° Quel est le nombre minimal de bonnes réponses que doit donner le candidat pour que le total de ses gains s'élève au moins à 1 000 € ?

3 ★★ 20 min (corrigés p. 220)

Une balle en caoutchouc est lâchée d'une hauteur de 1 m au-dessus du sol. À chaque rebond, la balle remonte au $\frac{7}{10}$ de la hauteur atteinte précédemment.

Pour tout entier naturel n non nul, on note h_n la hauteur en cm du n-ième rebond.

1° Définir la suite (h_n) par récurrence.

En déduire l'expression explicite de h_n en fonction de n.

2° Déterminer le numéro du dernier rebond après lequel la balle s'élève au moins à 10 cm du sol.

Démontrer que la balle parcourt plus de 4,99 m entre le lâcher et le moment où elle atteint sa hauteur maximale après ce rebond.

Économie

4 ★★ 15 min (corrigés p. 220)

On effectue un placement de 100 000 € au taux annuel de 7 % à intérêts composés.

1° De combien dispose-t-on au bout de quatre ans ? au bout de dix ans ?

2° Combien d'années sont nécessaires pour voir le capital doubler ? pour voir le capital tripler ?

5 ★★ 20 min (corrigés p. 221)

Une jeune diplômée, Mademoiselle N, se voit proposer par le directeur des ressources humaines d'une entreprise deux contrats différents :

avec le contrat A, le salaire mensuel net d'embauche est de 2 100 €, il est ensuite augmenté tous les ans de 130 € ;

avec le contrat B, le salaire mensuel net d'embauche est de 2 100 €, il est ensuite augmenté tous les ans de 6 %.

On notera u_n le salaire mensuel net en euros de Mademoiselle N la n-ième année de travail si elle choisit le contrat A, et v_n le salaire mensuel net en euros de Mademoiselle N la n-ième année de travail si elle choisit le contrat B.

1° Expliciter u_n en fonction de l'entier naturel non nul n, puis déterminer le montant total S_n en euros des salaires perçus par Mademoiselle N au cours de n années de travail dans l'entreprise si elle choisit le contrat A.

2° Expliciter v_n en fonction de l'entier naturel non nul n, puis déterminer le montant total T_n des salaires en euros perçus par Mademoiselle N au cours de n années de travail dans l'entreprise si elle choisit le contrat B.

3°

	A	B	C	D	E
1	n	u(n)	v(n)	S(n)	T(n)
2	1	2100	2100	25200	25200
3	2	2230	2226	51960	51912
4	3	2360	2360	80280	80227
5	4	2490	2501	110160	110240
6	5	2620	2651	141600	142055
7	6	2750	2810	174600	175778
8	7	2880	2979	209160	211525
9	8	3010	3158	245280	249416
10	9	3140	3347	282960	289581

Dans la feuille de calcul ci-dessus, les valeurs des salaires et des salaires cumulés affichées ont été arrondies à l'euro.

a) Après avoir entré en B2 et C2 la valeur 2 100, on a édité une formule dans chacune des cellules B3 et C3, puis étiré ces formules vers le bas.
Quelles formules ont été entrées respectivement en B3 et C3 ?
b) De même, une formule a été entrée en D2, puis étirée vers le bas, vers la droite. Quelle peut être cette formule ?
c) Quel est le contrat le plus avantageux pour Mademoiselle N si elle compte rester trois ans dans l'entreprise ? quatre ans ? cinq ans ?

Géométrie

6 ★★ 30 min *(corrigés p. 222)*

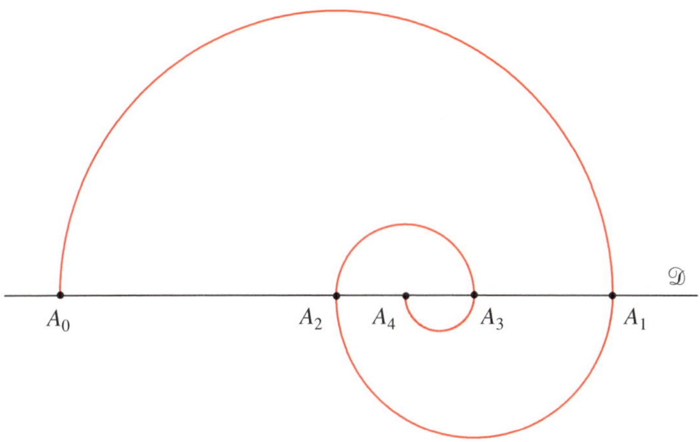

On construit une spirale en mettant bout à bout des demi-cercles, le premier ayant un rayon de 8 cm et chacun des suivants ayant un rayon deux fois plus petit que le précédent.
1° Pour tout entier naturel n non nul, on note $\mathscr{S}_n$ la spirale constituée des n premiers demi-cercles et L_n la longueur de $\mathscr{S}_n$ en cm.
Pour tout n de $\mathbb{N}^*$, expliciter L_n en fonction de n et comparer les longueurs de $\mathscr{S}_n$ et du cercle de diamètre $[A_0A_1]$ (voir la figure).
2° Les demi-cercles successifs ont pour points d'intersection avec la droite $\mathscr{D}$ les points A_0 et A_1, A_1 et A_2, A_2 et A_3 … (voir la figure).
On munit la droite $\mathscr{D}$ du repère $\left(A_0\,;\,\frac{1}{16}\overrightarrow{A_0A_1}\right)$ et, pour tout entier naturel n, on note x_n l'abscisse du point A_n.
a) Préciser la valeur de x_0, x_1, x_2, x_3 et x_4.
b) Soit n un entier naturel.
Que peut-on dire du point A_{n+2} pour le segment $[A_nA_{n+1}]$?
En déduire une expression de x_{n+2} en fonction de x_n et x_{n+1}.
c) On pose, pour tout n de $\mathbb{N}^*$:

$$a_n = x_n - x_{n-1}.$$

Démontrer que la suite (a_n) est géométrique.

En déduire l'expression explicite de a_n en fonction de n.

d) Soit n un entier naturel non nul.

Que vaut la somme $a_1 + a_2 + \cdots + a_n$?

En déduire l'expression explicite de x_n en fonction de n.

3° On observe que la spirale « converge » vers un point A de la droite $\mathcal{D}$.

a) Préciser la position du point A.

b) À partir de quelle valeur de l'entier naturel non nul n la distance de A_n à A est-elle inférieure à 1 mm ?

7 ★★★ 30 min (corrigés p. 225)

• Les points $A_0, A_1, \ldots, A_{11}$ de la figure ci-dessous sont les douze sommets d'un dodécagone régulier de centre O.

• A_0 et O sont distants de 3 cm.

• $P_0 = A_0$.

• P_1 est le projeté orthogonal de P_0 sur la droite (OA_1).

• P_2 est le projeté orthogonal de P_1 sur la droite (OA_2), et ainsi de suite.

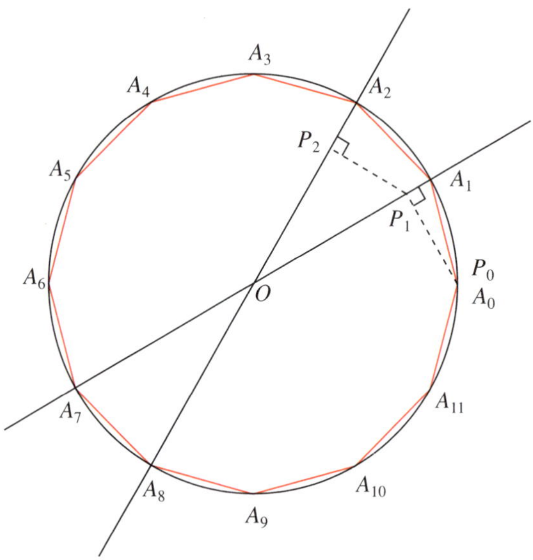

Calculer la longueur L, en cm, de la ligne brisée ainsi construite de P_0 à P_{10}.

Systèmes dynamiques

8 ★★ 20 min (corrigés p. 225)

1° Un laboratoire de biologie animale a mené une étude pendant dix années sur un insecte qui ne vit que trois ans et se reproduit la troisième année ; cette étude a montré que, d'une année sur l'autre :

• ne survit que la moitié des insectes de premier âge ;

• ne survit que le tiers des insectes de deuxième âge ;

• le groupe des insectes de troisième âge donne naissance à une nouvelle génération d'insectes, dont l'effectif est égal à six fois celui des insectes de troisième âge.

On note a_n, b_n, c_n les effectifs des groupes respectivement des premier, deuxième et troisième âges à la fin de la n-ième année.

a) Pour tout entier naturel n inférieur ou égal à 9, exprimer a_{n+1}, b_{n+1}, c_{n+1} en fonction de a_n, b_n, c_n.

b) Initialement, chacun des groupes d'insectes des premier, deuxième et troisième âges est composé de 3 000 individus :

$$a_0 = b_0 = c_0 = 3\,000.$$

Donner l'effectif de chacun des trois groupes d'insectes à la fin des première, deuxième et troisième années.

Quel est l'effectif de chacun des trois groupes d'insectes à la fin de la neuvième année ? à la fin de la dixième année ?

2° Dans un cadre plus général, on considère des suites (u_n), (v_n), (w_n) définies sur $\mathbb{N}$ et qui vérifient les relations de récurrence :

$$u_{n+1} = 6w_n, \qquad v_{n+1} = \frac{1}{2}u_n, \qquad w_{n+1} = \frac{1}{3}v_n.$$

a) Pour tout n de $\mathbb{N}$, exprimer u_{n+3}, v_{n+3}, w_{n+3} en fonction de u_n, v_n, w_n.

b) En déduire l'expression explicite de u_n, v_n, w_n en fonction de u_0, v_0, w_0 et de l'entier naturel n.

9 ★★★ 30 min

(corrigés p. 227)

On considère trois suites (u_n), (v_n), (w_n) définies sur $\mathbb{N}$ par leurs premiers termes u_0, v_0, w_0 (u_0, v_0, w_0 réels) et les relations de récurrence :

$$u_{n+1} = \frac{1}{2}u_n + \frac{1}{2}w_n, \qquad v_{n+1} = \frac{1}{2}v_n + \frac{1}{2}w_n, \qquad w_{n+1} = \frac{1}{2}u_n + \frac{1}{2}v_n.$$

1° a) Écrire un algorithme :

- qui prend en entrée u_0, v_0, w_0 et un entier naturel n,
- calcule et affiche k, u_k, v_k, w_k, l'entier naturel k variant de 1 à n.

b) Transcrire l'algorithme précédent sur la calculatrice.

Exécuter le programme en prenant $n = 10$ et diverses valeurs « simples » de u_0, v_0, w_0, par exemple :

$$u_0 = 1, \quad v_0 = 10, \quad w_0 = 49\,;$$
$$u_0 = -100, \quad v_0 = 50, \quad w_0 = 200.$$

Qu'observe-t-on ?

2° On pose, pour tout entier naturel n :

$$U_n = u_n + v_n + w_n,$$
$$V_n = u_n + v_n - 2w_n.$$

a) Démontrer que la suite (U_n) est constante.

b) Démontrer que la suite (V_n) est géométrique.

c) Démontrer que, pour tout n de $\mathbb{N}$:

$$U_n - V_n = 3w_n.$$

En déduire l'expression explicite de w_n en fonction de l'entier naturel n. Ce résultat est-il cohérent avec les observations formulées à la question **1° b)** ?

10 ★★★ 30 min *(corrigés p. 228)*

Initialement, des pièces sont réparties entre trois boîtes A, B et C :

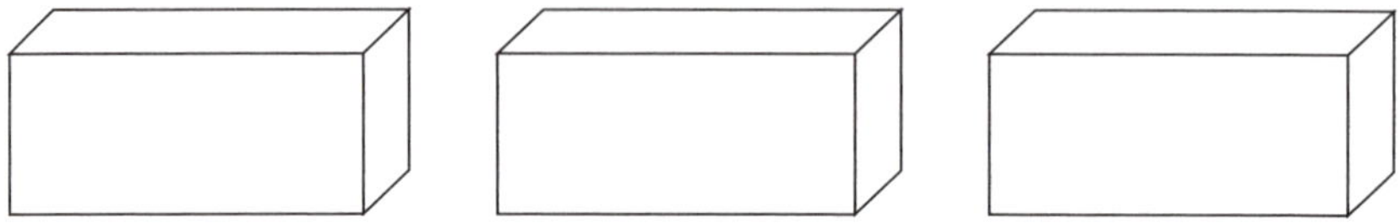

boîte A : 512 pièces boîte B : 1 024 pièces boîte C : 1 536 pièces

On considère la manipulation suivante :

- première étape : retirer toutes les pièces de la boîte C ;
- deuxième étape : placer la moitié des pièces de la boîte A dans la boîte C (l'autre moitié reste dans A) et la moitié des pièces de la boîte B dans la boîte C (l'autre moitié reste dans B) ;
- troisième étape : partager équitablement les pièces retirées de la boîte C lors de la première étape entre les boîtes A et B.

On répète cette manipulation jusqu'à ce qu'un partage soit impossible (une boîte contient un nombre impair de pièces).

1° Que contient chacune des trois boîtes A, B, C à l'issue de la première manipulation ? à l'issue de la deuxième ?

2° Pour tout n de $\mathbb{N}^*$ tel que la n-ième manipulation est réalisable, on note a_n, b_n, c_n le nombre de pièces respectivement dans les boîtes A, B et C à l'issue de la n-ième manipulation.

En supposant les n premières manipulations réalisables, à quelle condition sur a_n, b_n, c_n la $(n+1)$-ième manipulation est-elle encore réalisable ?

En supposant la $(n+1)$-ième manipulation réalisable, exprimer a_{n+1}, b_{n+1}, c_{n+1} en fonction de a_n, b_n, c_n.

3° Utiliser le programme de l'*exercice* **9** édité sur la calculatrice pour déterminer à quelle étape le processus s'arrête.

Une relation de récurrence

11 ★★★ 40 min *(corrigés p. 229)*

On note (u_n) la suite définie par son premier terme u_0 ($u_0 \in \mathbb{R}$) et qui vérifie la relation :

$$u_{n+1} = \frac{1}{2 - u_n}.$$

1° On suppose, dans cette question : $u_0 = 0$.

a) Calculer u_1, u_2, u_3.

Qu'est-on conduit à conjecturer sur l'expression explicite de u_n en fonction de l'entier naturel n ?

b) Programmer le calcul de u_n sur la calculatrice, l'entier naturel n étant fourni en entrée. La valeur de u_{99} obtenue à l'affichage est-elle en accord avec la conjecture précédente ?

2° Que peut-on dire de la suite (u_n) si :

a) $u_0 = 1$?

b) $u_0 = \frac{5}{4}$?

3° On suppose, dans cette question, que $0 \leqslant u_0 < 1$.

a) Démontrer que $0 \leqslant u_1 < 1$.

Il est facile de comprendre que, de l'encadrement $0 \leqslant u_1 < 1$, on déduit de même $0 \leqslant u_2 < 1$, qui lui-même entraîne $0 \leqslant u_3 < 1$, etc.

On admettra qu'effectivement on peut écrire que, pour tout entier naturel n, $0 \leqslant u_n < 1$.

b) Pour tout entier naturel n, exprimer $u_{n+1} - u_n$ en fonction de u_n.

En déduire le sens de variation de la suite (u_n).

c) On pose, pour tout entier naturel n :

$$v_n = \frac{1}{u_n - 1}.$$

Pour tout entier naturel n, exprimer v_{n+1} en fonction de u_n, puis prouver que la suite (v_n) est arithmétique.

En déduire l'expression explicite de u_n en fonction de u_0 et de n.

Le résultat est-il en accord avec celui de la question **1°** ?

4° Dans cette dernière question : $u_0 = \frac{1}{2}$.

a) De quel nombre se rapproche u_n quand n devient grand ?

b) Déterminer un entier naturel N tel que $1 - u_N < 10^{-3}$.

Que peut-on dire des termes de la suite (u_n) dont l'indice est supérieur ou égal à N ?

Les interrogations écrites

12 20 min *(corrigés p. 232)*

u est la suite définie par $u_0 = 3$ et, pour tout entier naturel n,

$$u_{n+1} = \sqrt{6 - u_n}.$$

On admettra que u est définie sur $\mathbb{N}$.

1° Dans le plan muni d'un repère orthogonal $(O\ ;\ \vec{i}, \vec{j})$, placer les points de la droite $(O\ ;\ \vec{i})$ d'abscisses u_0, u_1, u_2.

L'observation du graphique amène à conjecturer que u_n se rapproche d'une valeur fixe l pour de grandes valeurs de n.

Quelle est cette valeur l ?

2° a) Démontrer que, pour tout entier naturel n non nul :

$$u_n - 2 = \frac{2 - u_{n-1}}{\sqrt{6 - u_{n-1}} + 2},$$

$$|u_n - 2| \leqslant \frac{|u_{n-1} - 2|}{2}.$$

b) En déduire que, pour tout entier naturel n :

$$|u_n - 2| \leqslant \frac{1}{2^n}.$$

Ce résultat est-il en accord avec la conjecture de la question **1°** ?

13 20 min *(corrigés p. 233)*

Pendant douze années consécutives, Monsieur Dupont place une somme de 10 000 euros le 1er janvier de chaque année au taux d'intérêt annuel de 6 %.

Monsieur Durand place une somme de 30 000 euros le 1er janvier des 1re, 4e, 7e et 10e années au même taux d'intérêt annuel de 6 %.

De combien dispose chacun au bout des douze années ?

CORRIGÉS

Récréations

1 1° Il y aura :

- 64 parties au 1er tour,
- 32 parties au 2e tour (pour 64 joueurs),
- 16 parties au 3e tour (pour 32 joueurs),

et ainsi de suite jusqu'au 7e tour où les deux finalistes se rencontrent.

Or :

$$64 + 32 + 16 + 8 + 4 + 2 + 1 = 127$$

donc, **le nombre total de parties à prévoir est 127**.

2° Il y aura $\frac{2^n}{2}$ parties, c'est-à-dire 2^{n-1} parties au 1er tour.

D'un tour au tour suivant, le nombre de parties est divisé par 2.

Le nombre total de parties est :

$$2^{n-1} + 2^{n-2} + \cdots + 2^1 + 2^0.$$

Il s'agit de calculer la somme S_n des n premiers termes consécutifs de la suite géométrique de raison 2 et de premier terme 1 :

$$S_n = 1 \times \left(\frac{1 - 2^n}{1 - 2}\right) = 2^n - 1.$$

Il faudra prévoir $2^n - 1$ parties.

Qui a été suffisamment astucieux pour s'apercevoir qu'il y a autant de parties à prévoir que de joueurs à éliminer, c'est-à-dire $2^n - 1$?

2 u_n : gain en euros pour une réponse correcte à la n-ième question.

1° • **(u_n) est la suite arithmétique définie sur $\mathbb{N}^*$ par :**

$$u_1 = 60$$

(le candidat gagne 60 € s'il répond correctement à la première question)

et la relation de récurrence :

$$u_{n+1} = u_n + 35,$$

(chaque bonne réponse rapporte au candidat 35 € de plus que la précédente).

• On en déduit que (u_n) est la suite arithmétique, définie sur $\mathbb{N}^*$, de premier terme 60 et de raison 35, donc, **pour tout n de $\mathbb{N}^*$:**

$$\begin{aligned} u_n &= u_1 + (n-1) \times 35 \\ &= 60 + (n-1) \times 35 \\ &= 60 + n \times 35 - 35, \end{aligned}$$

c'est-à-dire :

$$\mathbf{u_n = 35n + 25.}$$

2° Pour tout entier naturel n non nul, notons S_n le gain en euros du candidat lorsqu'il donne n bonnes réponses. S_n est la somme des n premiers termes de la suite (u_n), donc :

$$S_n = n \times \frac{u_1 + u_n}{2},$$

d'où :

$$S_n = n \times \frac{60 + 35n + 25}{2} = \frac{n}{2}(35n + 85).$$

Déterminons le plus petit entier naturel n non nul tel que $S_n \geqslant 1\,000$.

La suite (S_n) est croissante,

Pour tout n de $\mathbb{N}^*$,

$$S_{n+1} = S_n + u_{n+1} \quad \text{et} \quad u_{n+1} > 0,$$

de plus, à l'aide de la calculatrice ou du tableur :

$$S_6 = 885 \quad \text{et} \quad S_7 = 1\,155,$$

$$S_6 < 1\,000 \quad \text{et} \quad S_7 \geqslant 1\,000$$

ce qui permet de conclure que, **pour gagner au moins 1 000 €, le candidat doit donner au minimum 7 bonnes réponses.**

C2 | fx =SOMME(B$2:B2)

	A	B	C	D
1	n	u(n)	S(n)	
2	1	60	60	
3	2	95	155	
4	3	130	285	
5	4	165	450	
6	5	200	650	
7	6	235	885	
8	7	270	1155	
9	8	305	1460	
10	9	340	1800	
11	10	375	2175	

3 h_n : hauteur en cm du n-ième rebond.

1° • La balle est lâchée d'une hauteur de 100 cm au-dessus du sol et remonte au $\frac{7}{10}$ de cette hauteur, donc :

$$h_1 = \frac{7}{10} \times 100 = 70.$$

À chaque rebond, la balle remonte au $\frac{7}{10}$ de la hauteur atteinte précédemment, donc, pour tout entier naturel n non nul :

$$h_{n+1} = \frac{7}{10} \times h_n.$$

On peut ainsi affirmer **que la suite (h_n) est définie sur $\mathbb{N}^*$ par $h_1 = 70$ et la relation de récurrence :**

$$\boldsymbol{h_{n+1} = \frac{7}{10} \times h_n}.$$

(h_n) est la suite géométrique de premier terme h_1 égal à 70 et de raison $\frac{7}{10}$.

• On en déduit que, **pour tout entier naturel n non nul :**

$$h_n = 70 \times \left(\frac{7}{10}\right)^{n-1},$$

ce que l'on peut encore écrire, puisque $h_1 = 100 \times \frac{7}{10}$:

$$\boldsymbol{h_n = 100 \times \left(\frac{7}{10}\right)^n}.$$

2° • Le numéro du dernier rebond après lequel la balle s'élève au moins à 10 cm du sol est le plus grand entier naturel n non nul tel que :

$$h_n \geqslant 10,$$

et on a :

$$h_n \geqslant 10 \Leftrightarrow 100 \times \left(\frac{7}{10}\right)^n \geqslant 10$$

$$\Leftrightarrow \left(\frac{7}{10}\right)^n \geqslant \frac{1}{10}$$

$$\Leftrightarrow (0{,}7)^n \geqslant 0{,}1.$$

À l'aide de la calculatrice, on obtient à 10^{-3} près :

$$(0{,}7)^6 \approx 0{,}118 \quad \text{et} \quad (0{,}7)^7 \approx 0{,}082,$$

donc :

$$(0{,}7)^6 \geqslant 0{,}1 \quad \text{et} \quad (0{,}7)^7 < 0{,}1,$$

ce qui permet de conclure que **le dernier rebond après lequel la balle s'élève au moins à 10 cm du sol est le sixième**.

La suite (h_n) est décroissante, donc, si l'un de ses termes est inférieur à 0,1, alors il en est de même pour tous les suivants.

• Notons d la distance en cm parcourue par la balle entre le lâcher et le moment où elle atteint sa hauteur maximale après le sixième rebond.

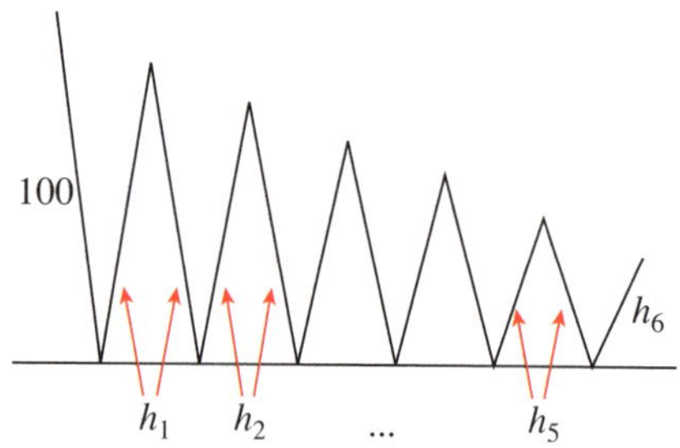

On a l'égalité :

$$d = 100 + 2h_1 + 2h_2 + \cdots + 2h_5 + h_6,$$

donc :

$$d = 100 + 2(h_1 + h_2 + \cdots + h_5) + h_6$$

$$= 100 + 2 \times h_1 \times \frac{1 - \left(\frac{7}{10}\right)^5}{1 - \frac{7}{10}} + 100 \times \left(\frac{7}{10}\right)^6$$

$$= 100 \times \left(1 + 2 \times 0{,}7 \times \frac{1 - (0{,}7)^5}{0{,}3} + (0{,}7)^6\right)$$

$$= 100 \times \left(1 + 14 \times \frac{1 - (0{,}7)^5}{3} + (0{,}7)^6\right).$$

À l'aide de la calculatrice, on obtient à 10^{-4} près :

$$d \approx 499{,}998\,9$$

donc **la balle parcourt plus de 4,99 m entre le lâcher et le moment où elle atteint sa hauteur maximale après le sixième rebond**.

Économie

4 Placement de 100 000 € au taux annuel de 7 % à intérêts composés.

1° Notons u_n le capital en euros au bout de n années.

On a donc : $u_0 = 100\,000$,

$$u_1 = u_0 + \frac{7}{100}u_0 = 1{,}07u_0,$$

$$u_2 = u_1 + \frac{7}{100}u_1 = 1{,}07u_1,$$

et, pour tout entier naturel n :

$$u_{n+1} = u_n + \frac{7}{100}u_n,$$

soit :

$$u_{n+1} = 1{,}07u_n.$$

Augmenter de 7 % revient à multiplier par 1,07.

Cela prouve que la suite $n \mapsto u_n$, définie sur $\mathbb{N}$, est géométrique ; sa raison est 1,07 et son premier terme est 100 000.

On a donc, pour tout entier naturel n :

$$u_n = (1{,}07)^n \times u_0,$$

soit :

$$u_n = (1{,}07)^n \times 100\,000.$$

On en déduit :

$$u_4 = (1{,}07)^4 \times 100\,000 = 131\,079{,}601$$

et :

$$u_{10} = (1{,}07)^{10} \times 100\,000,$$

d'où :

$$u_{10} \approx 196\,715{,}1357 \text{ à } 10^{-4} \text{ près.}$$

Par conséquent, **le capital, au centime près, est de 131 079,60 euros au bout de quatre ans, et de 196 715,14 euros au bout de dix ans.**

2° • Le capital aura doublé au bout de la n-ième année dès que l'on aura :

$$\frac{u_n}{u_0} \geqslant 2,$$

c'est-à-dire :

$$(1{,}07)^n \geqslant 2.$$

À l'aide de la calculatrice, on obtient :

$$(1{,}07)^{10} \approx 1{,}97 \text{ à } 10^{-2} \text{ près,}$$

$$(1{,}07)^{11} \approx 2{,}10 \text{ à } 10^{-2} \text{ près.}$$

On en déduit que **le capital doublera au bout de la 11e année.**

La suite géométrique $n \mapsto (1{,}07)^n$ est croissante car : $1{,}07 > 1$.

• Suivons la même démarche.

Cherchons le plus petit entier naturel n tel que :

$$(1{,}07)^n \geqslant 3.$$

À l'aide de la calculatrice, on obtient :

$$(1{,}07)^{16} \approx 2{,}95 \text{ à } 10^{-2} \text{ près,}$$

$$(1{,}07)^{17} \approx 3{,}16 \text{ à } 10^{-2} \text{ près.}$$

Finalement, **le capital triplera au bout de la 17e année.**

5 1° **Contrat A :** salaire mensuel net d'embauche de 2 100 €, augmenté tous les ans de 130 €.

• u_n : salaire mensuel net en euros la n-ième année de travail.

(u_n) est la suite arithmétique de raison 130 et de premier terme u_1 égal à 2 100, donc, pour tout n de $\mathbb{N}^*$:

$$u_n = u_1 + (n-1) \times 130$$

$$= 2\,100 + 130n - 130,$$

c'est-à-dire :

$$\mathbf{u_n = 130n + 1\,970.}$$

• Pour tout n de $\mathbb{N}^*$, le montant total en euros des salaires perçus par Mademoiselle N la n-ième année de travail est $12u_n$.

$$12u_n = 12 \times (u_1 + (n-1) \times 130)$$

$$= 12 \times u_1 + (n-1) \times (12 \times 130)$$

$(12u_n)$ est une suite arithmétique définie sur $\mathbb{N}^*$, de premier terme $12u_1$ et de raison 12×130, donc le montant total S_n en euros des salaires perçus par Mademoiselle N au cours de n années de travail vérifie :

$$S_n = n \times \frac{12u_1 + 12u_n}{2},$$

d'où :

$$S_n = 6n \times (2\,100 + 130n + 1\,970)$$

$$= 6n \times (130n + 4\,070)$$

$$= 60n(13n + 407),$$

donc $\mathbf{S_n = 60(13n^2 + 407n).}$

2° **Contrat B :** salaire mensuel net d'embauche de 2 100 €, augmenté tous les ans de 6 %.

• v_n : salaire mensuel net en euros la n-ième année de travail.

(v_n) est la suite géométrique de raison 1,06 et de premier terme v_1 égal à 2 100, donc, pour tout n de $\mathbb{N}^*$:

$$v_n = v_1 \times (1{,}06)^n,$$

c'est-à-dire :

$$\mathbf{v_n = 2\,100 \times (1{,}06)^n.}$$

• Pour tout n de $\mathbb{N}^*$, le montant total en euros des salaires perçus par Mademoiselle N la n-ième année de travail est $12v_n$.

$$12v_n = 12 \times v_1 \times (1{,}06)^n.$$

$(12v_n)$ est une suite géométrique définie sur $\mathbb{N}^*$, de premier terme $12v_1$ et de raison 1,06, donc le montant total T_n en euros des salaires perçus par Mademoiselle N au cours de n années de travail vérifie :

$$T_n = 12v_1 \times \frac{1-(1{,}06)^n}{1-1{,}06},$$

d'où :

$$T_n = 12 \times 2\,100 \times \frac{(1{,}06)^n - 1}{0{,}06}$$

et finalement :

$$\boldsymbol{T_n = 420\,000 \times ((1{,}06)^n - 1).}$$

3°

E5 | f_x =12*SOMME(C$2:C5)

	A	B	C	D	E
1	n	u(n)	v(n)	S(n)	T(n)
2	1	2100	2100	25200	25200
3	2	2230	2226	51960	51912
4	3	2360	2360	80280	80227
5	4	2490	2501	110160	110240
6	5	2620	2651	141600	142055
7	6	2750	2810	174600	175778
8	7	2880	2979	209160	211525
9	8	3010	3158	245280	249416
10	9	3140	3347	282960	289581
11	10	3270	3548	322200	332156

a) Sachant que, pour tout n de $\mathbb{N}^*$, $u_{n+1} = u_n + 130$, on peut entrer en B3 la formule :

=B2+130

De même, sachant que, pour tout n de $\mathbb{N}^*$, $v_{n+1} = 1{,}06 \times u_n$, on peut entrer en C3 la formule :

=C2*1,06

b) On peut entrer en D2 la formule :

=12*SOMME(B$2:B2)

En étirant cette formule vers la droite, la formule entrée en E2 est :

=12*SOMME(C$2:C2)

Grâce au symbole $ (référence absolue), en étirant ensuite les formules de la plage D2:E2 vers le bas, la formule entrée par exemple dans la cellule E5 est la suivante :

=12*SOMME(C$2:C5)

c) On lit dans la feuille de calcul :

- si $n \leqslant 3$, alors $S_n > T_n$,
- si $4 \leqslant n \leqslant 10$, alors $S_n < T_n$.

Il est possible d'établir, pour tout entier n supérieur ou égal à 4 :

$$S_n < T_n.$$

On en déduit que **le contrat A est plus avantageux pour Mademoiselle N si elle compte rester trois ans dans l'entreprise, et que c'est le contrat B si elle compte y rester quatre ou cinq ans**.

En utilisant les formules donnant S_n et T_n obtenues aux questions **1°** et **2°**, on retrouve à l'aide de la calculatrice :

$$S_3 = 80\,280$$
$$S_4 = 110\,160$$

et, plus précisément :

$$T_3 \approx 80\,226{,}72$$
$$T_4 \approx 110\,240{,}32.$$

Géométrie

6

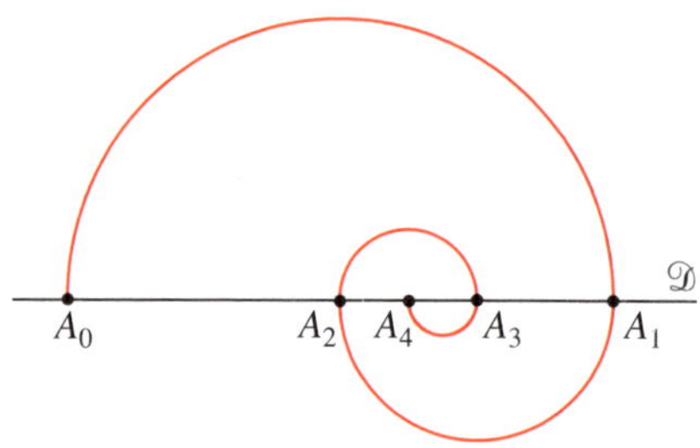

1° $\mathcal{S}_n$: spirale constituée des n premiers demi-cercles,

L_n : longueur en cm de $\mathcal{S}_n$.

• Pour tout entier naturel n non nul, en notant respectivement r_n et c_n le rayon et la longueur en cm du n-ième demi-cercle :

$$r_1 = 8 \text{ et } r_{n+1} = \frac{1}{2} r_n,$$

(r_n) est la suite géométrique de premier terme r_1 égal à 8 et de raison $\frac{1}{2}$,

donc :

$$r_n = 8 \times \left(\frac{1}{2}\right)^{n-1},$$

or :

$$c_n = \pi r_n,$$

La longueur d'un cercle de rayon R est égale à $2\pi R$.

donc : $$c_n = 8\pi \times \left(\frac{1}{2}\right)^{n-1}.$$

(c_n) est la suite géométrique de premier terme c_1 égal à 8π et de raison $\frac{1}{2}$.

• **Pour tout n de $\mathbb{N}^*$**, par définition de L_n :

$$L_n = c_1 + c_2 + \cdots + c_n,$$

on peut aussi écrire :

$$L_n = \sum_{k=1}^{n} c_k,$$

donc :

$$L_n = c_1 \times \frac{1-\left(\frac{1}{2}\right)^n}{1-\frac{1}{2}}$$
$$= 8\pi \times \frac{1-\left(\frac{1}{2}\right)^n}{1-\frac{1}{2}},$$

c'est-à-dire :

$$\mathbf{L_n = 16\pi \times \left(1-\left(\frac{1}{2}\right)^n\right).}$$

• En notant **L la longueur en cm du cercle de diamètre $[A_0A_1]$** :

$$L = 2\pi \times 8 = 16\pi,$$

et, **pour tout n de $\mathbb{N}^*$:**

$$L - L_n = 16\pi - 16\pi \times \left(1-\left(\frac{1}{2}\right)^n\right),$$

c'est-à-dire :

$$L - L_n = 16\pi \times \left(\frac{1}{2}\right)^n,$$

or : $16\pi \times \left(\frac{1}{2}\right)^n > 0$,

donc : $L - L_n > 0$,

ce qui prouve :

$$\mathbf{L > L_n}$$

et met en évidence que L_n peut être rendu aussi proche de L que l'on veut pourvu que n soit suffisamment grand.

2° $\mathcal{D}$ munie du repère $\left(A_0 ; \frac{1}{16}\overrightarrow{A_0A_1}\right)$,

x_n : abscisse du point A_n.

a) Le repère a pour origine A_0, donc :

$$\mathbf{x_0 = 0.}$$

De plus, par construction, en posant $\vec{i} = \frac{1}{16}\overrightarrow{A_0A_1}$:

$$\overrightarrow{A_0A_1} = 16\,\vec{i}, \quad \overrightarrow{A_0A_2} = 8\,\vec{i},$$
$$\overrightarrow{A_0A_3} = 12\,\vec{i}, \quad \overrightarrow{A_0A_4} = 10\,\vec{i},$$

donc :

$$\mathbf{x_1 = 16, \quad x_2 = 8,}$$
$$\mathbf{x_3 = 12 \quad et \quad x_4 = 10.}$$

b) Soit n un entier naturel.

Par construction, le point **A_{n+2} est le milieu du segment $[A_nA_{n+1}]$**, donc :

$$\mathbf{x_{n+2} = \frac{x_n + x_{n+1}}{2}.}$$

L'abscisse du milieu d'un segment est la demi-somme des abscisses des extrémités de ce segment.

c) $a_n = x_n - x_{n-1}$.

Pour tout n de $\mathbb{N}^*$:

$$a_{n+1} = x_{n+1} - x_n,$$

donc, d'après la question précédente :

$$a_{n+1} = \frac{x_{n-1} + x_n}{2} - x_n$$
$$= \frac{x_{n-1} + x_n - 2x_n}{2}$$
$$= \frac{x_{n-1} - x_n}{2}$$
$$= -\frac{1}{2}(x_n - x_{n-1}),$$

autrement dit :

$$a_{n+1} = -\frac{1}{2}a_n.$$

On a ainsi démontré que **la suite (a_n) est géométrique de raison $-\frac{1}{2}$.**

On en déduit, **pour tout n de $\mathbb{N}^*$:**

$$a_n = a_1 \times \left(-\frac{1}{2}\right)^{n-1},$$

or : $$a_1 = x_1 - x_0 = 16,$$

donc : $\boldsymbol{a_n = 16\left(-\frac{1}{2}\right)^{n-1}}$.

d) Soit n un entier naturel non nul.

• On a :

$$a_1 + a_2 + \ldots + a_n = (x_1 - x_0) + (x_2 - x_1) + \ldots + (x_n - x_{n-1}),$$

ce qui peut aussi s'écrire en réorganisant le calcul dans le second membre :

$$a_1 + a_2 + \ldots + a_n = -x_0 + (x_1 - x_1) + \ldots + (x_{n-1} - x_{n-1}) + x_n,$$

donc, par télescopage additif, ne subsistent dans la somme que $-x_0$ et x_n, c'est-à-dire :

$$a_1 + a_2 + \ldots + a_n = x_n - x_0,$$

soit (puisque $x_0 = 0$) :

$$\boldsymbol{a_1 + a_2 + \ldots + a_n = x_n}.$$

• On en déduit, la suite $(a_n)_{n \geqslant 1}$ étant géométrique de raison $-\frac{1}{2}$:

$$x_n = a_1 \times \frac{1 - \left(-\frac{1}{2}\right)^n}{1 - \left(-\frac{1}{2}\right)}$$

$$= 16 \times \frac{1 - \left(-\frac{1}{2}\right)^n}{\frac{3}{2}},$$

c'est-à-dire :

$$\boldsymbol{x_n = \frac{32}{3} \times \left(1 - \left(-\frac{1}{2}\right)^n\right)}.$$

3° a) Pourvu que l'entier naturel n soit suffisamment grand, $\left(-\frac{1}{2}\right)^n$ peut être aussi proche de 0 que l'on veut, et x_n peut être aussi proche de $\frac{32}{3}$ que l'on veut.

$$\lim_{n \to +\infty} x_n = \frac{32}{3}$$

On peut donc dire que la spirale « converge » vers le point A de la droite $\mathscr{D}$ d'abscisse $\frac{32}{3}$ dans le repère de l'énoncé.

A est le point du segment $[A_0A_1]$ tel que :

$$\boldsymbol{A_0A = \frac{2}{3}A_0A_1}.$$

b) Pour tout entier naturel n non nul, en notant AA_n la distance en cm du point A au point A_n :

$$AA_n = |x_n - x_A|$$
$$= \left|\frac{32}{3} - \frac{32}{3} \times \left(1 - \left(-\frac{1}{2}\right)^n\right)\right|$$
$$= \left|\frac{32}{3}\left(-\frac{1}{2}\right)^n\right|$$
$$= \frac{32}{3}\left(\frac{1}{2}\right)^n,$$

donc :

$$AA_n = \frac{32}{3 \times 2^n}.$$

Dire que la distance de A_n à A est inférieure à 1 mm signifie :

$$AA_n < 0{,}1$$

1 mm = 0,1 cm

et on a l'équivalence :

$$AA_n < 0{,}1 \Leftrightarrow \frac{32}{3 \times 2^n} < 0{,}1.$$

À l'aide de la calculatrice, on obtient, à 10^{-3} près :

$$\frac{32}{3 \times 2^6} > 0{,}167,$$
$$\frac{32}{3 \times 2^7} < 0{,}083$$

donc :

$$\frac{32}{3 \times 2^6} > 0{,}1,$$
$$\frac{32}{3 \times 2^7} < 0{,}1.$$

Comme la suite $n \mapsto \frac{32}{3 \times 2^n}$ est décroissante, on a ainsi établi, pour tout entier naturel n non nul :

$$AA_n < 0{,}1 \Leftrightarrow n \geqslant 7,$$

ce qui permet de conclure que **la distance de A_n à A est inférieure à 1 mm si, et seulement si, $n \geqslant 7$.**

Si $n \leqslant 6$, alors $AA_n > 0{,}1$.

Si $n \geqslant 7$, alors $AA_n < 0{,}1$.

7 Pour tout entier naturel n, les triangles OP_nP_{n+1} et $OP_{n+1}P_{n+2}$ sont rectangles et leurs angles de sommet O mesurent $\frac{\pi}{6}$ radians.

Les longueurs de leurs côtés sont donc deux à deux proportionnelles (triangles de même forme).
On obtient :

$$\frac{P_{n+1}P_{n+2}}{P_nP_{n+1}} = \frac{OP_{n+1}}{OP_n} = \cos\left(\frac{\pi}{6}\right) = \frac{\sqrt{3}}{2}.$$

Soit u la suite $n \mapsto P_nP_{n+1}$.
Pour tout entier naturel n :

$$\frac{u_{n+1}}{u_n} = \frac{\sqrt{3}}{2}.$$

u est donc une suite géométrique ; sa raison est $\frac{\sqrt{3}}{2}$ et son premier terme est u_0 tel que :

$$u_0 = P_0P_1 = OP_0\sin\left(\frac{\pi}{6}\right) = 3 \times \frac{1}{2},$$

c'est-à-dire : $\quad u_0 = \frac{3}{2}.$

La longueur L, en cm, de la ligne brisée joignant P_0 à P_{10} est la somme des dix premiers termes de la suite u, donc :

$$L = u_0 \times \frac{1 - \left(\frac{\sqrt{3}}{2}\right)^{10}}{1 - \frac{\sqrt{3}}{2}}$$

$(\sqrt{3})^{10}$ se simplifie en 3^5 en utilisant :
$(\sqrt{3})^{10} = (\sqrt{3})^{2\times 5} = (\sqrt{3}^2)^5 = 3^5$.

$$L = \frac{3}{2} \times \frac{\frac{2^{10} - 3^5}{2^{10}}}{\frac{2 - \sqrt{3}}{2}}$$

$$L = \frac{3}{2^{10}} \times \frac{2^{10} - 3^5}{2 - \sqrt{3}},$$

$$L = \frac{3}{2^{10}}(2^{10} - 3^5)(2 + \sqrt{3}).$$

Finalement, $\boldsymbol{L = \frac{2\,343}{1\,024}(2 + \sqrt{3})}$.

8,5 est une approximation de L à 10^{-1} près.

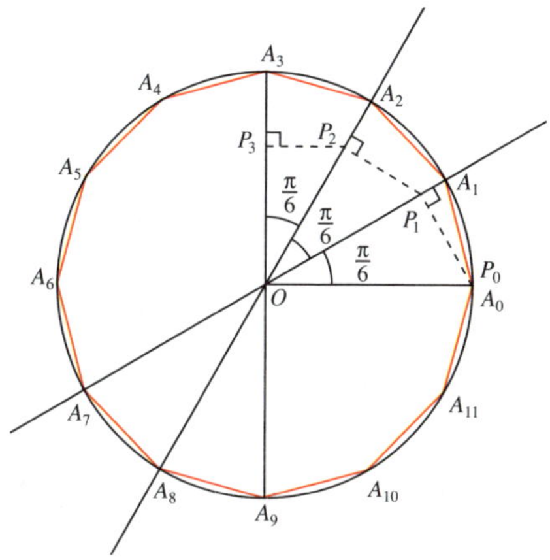

Systèmes dynamiques

8 **1°** a_n, b_n, c_n : effectifs des groupes respectivement des premier, deuxième et troisième âges à la fin de la n-ième année.

a) D'après l'énoncé, pour tout entier naturel n inférieur ou égal à 9 :

$$\boldsymbol{a_{n+1} = 6c_n}$$

(d'une année sur l'autre, le groupe des insectes de troisième âge donne naissance à une nouvelle génération d'insectes, dont l'effectif est égal à six fois celui des insectes de troisième âge),

$$\boldsymbol{b_{n+1} = \frac{1}{2}a_n}$$

(d'une année sur l'autre, ne survit que la moitié des insectes de premier âge),

$$\boldsymbol{c_{n+1} = \frac{1}{3}b_n}$$

(d'une année sur l'autre, ne survit que le tiers des insectes de deuxième âge).

b) $a_0 = b_0 = c_0 = 3\,000$.

• Sans difficulté, on obtient pour les effectifs des trois groupes d'insectes à la fin de la première année :

$$\boldsymbol{a_1} = 6c_0 = 6 \times 3\,000 = \boldsymbol{18\,000},$$

$$\boldsymbol{b_1} = \frac{1}{2}a_0 = \frac{1}{2} \times 3\,000 = \boldsymbol{1\,500},$$

$$\boldsymbol{c_1} = \frac{1}{3}b_0 = \frac{1}{2} \times 3\,000 = \boldsymbol{1\,000},$$

à la fin de la deuxième année :

$$\boldsymbol{a_2} = 6c_1 = 6 \times 1\,000 = \mathbf{6\,000},$$

$$\boldsymbol{b_2} = \frac{1}{2}a_1 = \frac{1}{2} \times 18\,000 = \mathbf{9\,000},$$

$$\boldsymbol{c_2} = \frac{1}{3}b_1 = \frac{1}{3} \times 1\,500 = \mathbf{500},$$

et à la fin de la troisième année :

$$\boldsymbol{a_3} = 6c_2 = 6 \times 500 = \mathbf{3\,000},$$

$$\boldsymbol{b_3} = \frac{1}{2}a_2 = \frac{1}{2} \times 6\,000 = \mathbf{3\,000},$$

$$\boldsymbol{c_3} = \frac{1}{3}b_2 = \frac{1}{3} \times 9\,000 = \mathbf{3\,000}.$$

• On constate que :

$$a_3 = a_0,\ b_3 = b_0,\ c_3 = c_0,$$

autrement dit, les effectifs de chacun des trois groupes d'insectes à la fin de la troisième année sont ceux de départ : il y a réinitialisation du processus.

Le phénomène est cyclique.

On en déduit d'une part :

$$a_0 = a_3 = a_6 = a_9,$$

donc :

$$\boldsymbol{a_9} = \mathbf{3\,000},$$

de même :

$$\boldsymbol{b_9} = \boldsymbol{c_9} = \mathbf{3\,000},$$

d'autre part :

$$a_1 = a_4 = a_7 = a_{10},$$

donc :

$$\boldsymbol{a_{10}} = \mathbf{18\,000},$$

de même :

$$\boldsymbol{b_{10}} = b_1 = \mathbf{1\,500},$$

$$\boldsymbol{c_{10}} = c_1 = \mathbf{1\,000}.$$

2° $u_{n+1} = 6w_n,\ v_{n+1} = \frac{1}{2}u_n,$

$w_{n+1} = \frac{1}{3}v_n.$

a) Pour tout n de $\mathbb{N}$:

$$u_{n+3} = 6w_{n+2} = 6 \times \frac{1}{3}v_{n+1} = 6 \times \frac{1}{3} \times \frac{1}{2}u_n,$$

donc :

$$\boldsymbol{u_{n+3}} = \boldsymbol{u_n},$$

et on obtient de façon analogue :

$$v_{n+3} = \frac{1}{2}u_{n+2} = \frac{1}{2} \times 6w_{n+1} = \frac{1}{2} \times 6 \times \frac{1}{3}v_n,$$

donc :

$$\boldsymbol{v_{n+3}} = \boldsymbol{v_n},$$

$$w_{n+3} = \frac{1}{3}v_{n+2} = \frac{1}{3} \times \frac{1}{2}u_{n+1} = \frac{1}{3} \times \frac{1}{2} \times 6w_n,$$

donc :

$$\boldsymbol{w_{n+3}} = \boldsymbol{w_n}.$$

Les suites (u_n), (v_n) et (w_n) sont périodiques de période 3.

b) On en déduit que, pour tout entier naturel n :

• **si n est multiple de 3,** c'est-à-dire si n est de la forme $3p$ ($p \in \mathbb{N}$), **alors :**

$$\boldsymbol{u_n} = \boldsymbol{u_0},$$

$u_0 = u_3 = u_6 = u_9 = \dots$

$$\boldsymbol{v_n} = \boldsymbol{v_0},$$

$$\boldsymbol{w_n} = \boldsymbol{w_0}\ ;$$

• **si n est de la forme $3p + 1$ ($p \in \mathbb{N}$), alors :**

$$\boldsymbol{u_n} = \boldsymbol{u_1} = \boldsymbol{6w_0},$$

$u_1 = u_4 = u_7 = u_{10} = \dots$

$$\boldsymbol{v_n} = v_1 = \frac{\mathbf{1}}{\mathbf{2}}\boldsymbol{u_0},$$

$$\boldsymbol{w_n} = w_1 = \frac{\mathbf{1}}{\mathbf{3}}\boldsymbol{v_0}\ ;$$

• enfin, **si n est de la forme $3p + 2$ ($p \in \mathbb{N}$), alors :**

$$\boldsymbol{u_n} = u_2 = 6w_1 = 6 \times \frac{1}{3}v_0 = \boldsymbol{2v_0},$$

$u_2 = u_5 = u_8 = u_{11} = \dots$

$$\boldsymbol{v_n} = v_2 = \frac{1}{2}u_1 = \frac{1}{2} \times 6w_0 = \boldsymbol{3w_0},$$

$$\boldsymbol{w_n} = w_2 = \frac{1}{3}v_1 = \frac{1}{3} \times \frac{1}{2}u_0 = \frac{\mathbf{1}}{\mathbf{6}}\boldsymbol{u_0}.$$

9 $u_{n+1} = \frac{1}{2}u_n + \frac{1}{2}w_n$,

$v_{n+1} = \frac{1}{2}v_n + \frac{1}{2}w_n$,

$w_{n+1} = \frac{1}{2}u_n + \frac{1}{2}v_n$.

1° a) Algorithme de calcul de u_k, v_k, w_k, l'entier k variant de 1 à n :

Variables
  n, k : entiers
  u, v, w, a, b, c : réels
Entrées
  Saisir u_0, v_0, w_0, n
Initialisation
  u prend la valeur u_0
  v prend la valeur v_0
  w prend la valeur w_0
Traitement et sorties
  Pour k variant de 1 à n faire
    a prend la valeur $\frac{1}{2}u + \frac{1}{2}w$
    b prend la valeur $\frac{1}{2}v + \frac{1}{2}w$
    c prend la valeur $\frac{1}{2}u + \frac{1}{2}v$
    u prend la valeur a
    v prend la valeur b
    w prend la valeur c
    afficher k, u, v, w
  fin Pour

Noter le rôle des variables a, b, c, appelées variables « tampon ».
À l'entrée du k-ième passage dans la boucle, les variables u, v, w contiennent respectivement u_{k-1}, v_{k-1}, w_{k-1}. La valeur u_{k-1}, par exemple, intervient dans le calcul non seulement de u_k mais aussi de w_k.
Sans ces variables « tampon », l'instruction :

u prend la valeur $\frac{1}{2}u + \frac{1}{2}w$

affecterait à u la valeur u_k, et ne permettrait plus de faire le calcul de w_k avec l'instruction :

w prend la valeur $\frac{1}{2}u + \frac{1}{2}v$

b) • Transcription de l'algorithme sur la calculatrice.

TI

```
: Prompt N
: 1 →U
: 10 →V
: 49 →W
: For (K,1,N)
: (U+W) / 2 →A
: (V+W)/ 2 →B
: (U+V)/ 2 →C
: A →U
: B →V
: C →W
: Disp "K=", K
: Pause
: Disp "U=", U
: Disp "V=", V
: Disp "W=", W
: Pause
: END
```

CASIO

```
"N=" ? →N ↵
1 →U ↵
10 →V ↵
49 →W ↵
For 1 →K To N ↵
(U+W) ÷ 2 →A ↵
(V+W) ÷ 2 →B ↵
(U+V) ÷ 2 →C ↵
A →U ↵
B →V ↵
C →W ↵
"K=" : K ◢
"U=" : U◢
"V=" : V◢
"W=" : W◢
Next ↵
"FIN"
```

• En exécutant le programme avec $u_0 = 1$, $v_0 = 10$, $w_0 = 49$, on obtient à l'affichage pour $n = 10$:

$$u_{10} \approx 19{,}981\,445\,31,$$
$$v_{10} \approx 19{,}990\,234\,38,$$
$$w_{10} \approx 20{,}028\,320\,31,$$

et on constate que u_{10}, v_{10}, w_{10} se sont « rapprochés » de 20, qui est la moyenne de u_0, v_0, w_0.

L'écart entre 20 et chacun des trois nombres u_{10}, v_{10}, w_{10} est inférieur à 10^{-1}.

On obtient pour $n = 20$:

$$u_{20} \approx 19{,}999\,981\,88,$$
$$v_{20} \approx 19{,}999\,990\,46,$$
$$w_{20} \approx 20{,}000\,027\,66,$$

et l'écart entre 20 et chacun des trois nombres u_{20}, v_{20}, w_{20} est inférieur à 10^{-4}. De plus, à partir de $n = 33$, l'affichage se stabilise sur 20.

En prenant d'autres valeurs de u_0, v_0, w_0, on observe que le phénomène se répète : **lorsque n augmente, u_n, v_n, w_n semblent se rapprocher de la moyenne $\dfrac{u_0 + v_0 + w_0}{3}$ de u_0, v_0, w_0.**

Pour de grandes valeurs de n, la précision de la calculatrice ne permet pas de distinguer u_n, v_n, w_n de $\dfrac{u_0 + v_0 + w_0}{3}$.

2° $U_n = u_n + v_n + w_n$,

$V_n = u_n + v_n - 2w_n$.

a) Pour tout n de $\mathbb{N}$:

$$\begin{aligned} U_{n+1} &= u_{n+1} + v_{n+1} + w_{n+1} \\ &= \left(\frac{1}{2}u_n + \frac{1}{2}w_n\right) + \left(\frac{1}{2}v_n + \frac{1}{2}w_n\right) + \left(\frac{1}{2}u_n + \frac{1}{2}v_n\right) \\ &= \left(\frac{1}{2}u_n + \frac{1}{2}u_n\right) + \left(\frac{1}{2}v_n + \frac{1}{2}v_n\right) + \left(\frac{1}{2}w_n + \frac{1}{2}w_n\right) \\ &= u_n + v_n + w_n \\ &= U_n, \end{aligned}$$

ce qui prouve que **la suite (U_n) est constante.**

b) Pour tout n de $\mathbb{N}$:

$$\begin{aligned} V_{n+1} &= u_{n+1} + v_{n+1} - 2w_{n+1} \\ &= \left(\frac{1}{2}u_n + \frac{1}{2}w_n\right) + \left(\frac{1}{2}v_n + \frac{1}{2}w_n\right) - 2\left(\frac{1}{2}u_n + \frac{1}{2}v_n\right) \\ &= \left(\frac{1}{2}u_n - u_n\right) + \left(\frac{1}{2}v_n - v_n\right) + \left(\frac{1}{2}w_n + \frac{1}{2}w_n\right) \\ &= -\frac{1}{2}u_n - \frac{1}{2}v_n + w_n \\ &= -\frac{1}{2}(u_n + v_n - 2w_n) \\ &= -\frac{1}{2}V_n, \end{aligned}$$

ce qui prouve que **la suite (V_n) est géométrique de raison $-\dfrac{1}{2}$.**

c) Pour tout n de $\mathbb{N}$:

$$\begin{aligned} U_n - V_n &= (u_n + v_n + w_n) - (u_n + v_n - 2w_n) \\ &= u_n + v_n + w_n - u_n - v_n + 2w_n, \end{aligned}$$

donc on a bien :

$$\boldsymbol{U_n - V_n = 3w_n},$$

autrement dit :

$$w_n = \frac{1}{3}U_n - \frac{1}{3}V_n.$$

On a, **pour tout n de $\mathbb{N}$,**

• d'après la question **2° a)** :

$$U_n = U_0 = u_0 + v_0 + c_0,$$

• d'après la question **2° b)** :

$$\begin{aligned} V_n &= \left(-\frac{1}{2}\right)^n V_0 \\ &= \left(-\frac{1}{2}\right)^n (u_0 + v_0 - 2w_0), \end{aligned}$$

donc :

$$\boldsymbol{w_n = \frac{u_0 + v_0 + w_0}{3} + \left(-\frac{1}{2}\right)^n \frac{u_0 + v_0 - 2w_0}{3}}.$$

On sait que $\left(-\dfrac{1}{2}\right)^n$ est aussi proche de 0 que l'on veut, pourvu que l'entier naturel n soit suffisamment grand ; il est alors facile de se convaincre que w_n est aussi proche de $\dfrac{u_0 + v_0 + w_0}{3}$ que l'on veut, pourvu que n soit suffisamment grand, **ce qui est cohérent avec les observations formulées à la question 1° b) .**

On dit que la suite (w_n) a pour limite $\dfrac{u_0 + v_0 + w_0}{3}$ et on écrit :

$$\lim_{n \to +\infty} w_n = \frac{u_0 + v_0 + w_0}{3}.$$

On pourrait démontrer qu'il en est de même pour les suites (u_n) et (v_n).

10 **Boîte *A* : 512 pièces,**
boîte *B* : 1 024 pièces,
boîte *C* : 1 536 pièces.

1° • **Après la première manipulation, les boîtes A, B, C contiennent respectivement un nombre de pièces égal à :**

$$\frac{512}{2}+\frac{1\,536}{2},\quad \frac{1\,024}{2}+\frac{1\,536}{2}$$
$$\text{et}\quad \frac{512}{2}+\frac{1\,024}{2},$$

c'est-à-dire :

1 024, 1 280 et 768.

• **Après la deuxième manipulation, les boîtes A, B, C contiennent respectivement un nombre de pièces égal à :**

$$\frac{1\,024}{2}+\frac{768}{2},\quad \frac{1\,280}{2}+\frac{768}{2}$$
$$\text{et}\quad \frac{1\,024}{2}+\frac{1\,280}{2},$$

c'est-à-dire :

896, 1 024 et 1 152.

2° a_n, b_n, c_n : nombre de pièces respectivement dans les boîtes A, B et C à l'issue de la n-ième manipulation.

• **En supposant les n premières manipulations réalisables, la $(n+1)$-ième manipulation n'est réalisable** qu'à la condition que chacune des trois boîtes contienne un nombre pair de pièces, c'est-à-dire **qu'à la condition que les entiers naturels a_n, b_n, c_n soient pairs**.

• D'après la description de la manipulation, **en supposant la $(n+1)$-ième manipulation réalisable :**

$$\boldsymbol{a_{n+1}=\frac{1}{2}a_n+\frac{1}{2}c_n,}$$

$$\boldsymbol{b_{n+1}=\frac{1}{2}b_n+\frac{1}{2}c_n,}$$

$$\boldsymbol{c_{n+1}=\frac{1}{2}a_n+\frac{1}{2}b_n.}$$

3° Utilisons le programme de l'*exercice* 9 édité sur la calculatrice en prenant $n = 10$ et :

$$u_0 = 512,\ v_0 = 1\,024,\ w_0 = 1\,536.$$

On lit à l'affichage :

$$u_1 = 1\,024,\ v_1 = 1\,280,\ w_1 = 768,$$
$$\vdots$$
$$u_9 = 1\,024,\ v_9 = 1\,025,\ w_9 = 1\,023,$$
$$u_{10} = 1\,023{,}5,\ v_{10} = 1\,024,\ w_{10} = 1\,024{,}5.$$

Tous les nombres $u_1, v_1, w_1, \ldots, u_9, v_9, w_9$ sont des entiers (positifs) ; ils sont donc respectivement égaux aux nombres a_1, $b_1, c_1, \ldots, a_9, b_9, c_9$, et les neuf premières manipulations sont réalisables.

En revanche, il n'est pas possible de réaliser une dixième manipulation, car les entiers a_9, b_9, c_9 ne sont pas tous pairs.

b_9 et c_9 sont impairs.

On en déduit que **le processus s'arrête à l'issue de la neuvième manipulation**.

Comme on pouvait s'y attendre, u_9, v_9 et w_9 sont « proches » de 1 024, moyenne arithmétique de 512, 1 024 et 1 536.

$$\frac{512+1\,024+1\,536}{3}=1\,024.$$

11 $u_{n+1}=\dfrac{1}{2-u_n}.$

1° $u_0 = 0$.

a) On obtient successivement :

$$\boldsymbol{u_1}=\frac{1}{2-u_0}=\frac{1}{2-0}=\boldsymbol{\frac{1}{2}},$$

$$\boldsymbol{u_2}=\frac{1}{2-u_1}=\frac{1}{2-\frac{1}{2}}=\frac{1}{\frac{3}{2}}=\boldsymbol{\frac{2}{3}},$$

$$\boldsymbol{u_3}=\frac{1}{2-u_2}=\frac{1}{2-\frac{2}{3}}=\frac{1}{\frac{4}{3}}=\boldsymbol{\frac{3}{4}},$$

ce qui conduit à conjecturer que, pour tout entier naturel n :

$$\boldsymbol{u_n=\frac{n}{n+1}}.$$

b) Programme de calcul de u_n :

TI

```
: Prompt N
: 0 →U
: For (I,1,N)
: 1/(2-U) →U
: End
: Disp U
```

CASIO

```
"N=" ? →N ↵
0 →U ↵
For 1 →I To N ↵
1/(2-U) →U ↵
Next ↵
U
```

En demandant le calcul de u_{99}, on obtient 0,99 à l'affichage de la calculatrice, ce qui est en accord avec la conjecture précédente.

$0{,}99 = \frac{99}{100}$

2° a) $u_0 = 1$.
Alors :

$$u_1 = \frac{1}{2-u_0} = \frac{1}{2-1} = \frac{1}{1} = 1,$$

$$u_2 = \frac{1}{2-u_1} = \frac{1}{2-1} = \frac{1}{1} = 1,$$

etc.

et il n'est pas difficile de se convaincre que tous les termes suivants de la suite (u_n) restent égaux à 1, autrement dit que **(u_n) est la suite constante $n \mapsto 1$.**

b) $u_0 = \frac{5}{4}$.

Alors, de proche en proche :

$$u_1 = \frac{1}{2-u_0} = \frac{1}{2-\frac{5}{4}} = \frac{1}{\frac{3}{4}} = \frac{4}{3},$$

$$u_2 = \frac{1}{2-u_1} = \frac{1}{2-\frac{4}{3}} = \frac{1}{\frac{2}{3}} = \frac{3}{2},$$

$$u_3 = \frac{1}{2-u_2} = \frac{1}{2-\frac{3}{2}} = \frac{1}{\frac{1}{2}} = 2.$$

u_3 valant 2, cela interdit de pouvoir calculer u_4. u_4 n'existe pas, ni aucun terme u_n d'indice supérieur à 4.

On en déduit que **la suite (u_n) n'est définie que sur $\{0 ; 1 ; 2 ; 3\}$.**

3° $0 \leqslant u_0 < 1$.

a) Des inégalités $0 \leqslant u_0 < 1$, on déduit successivement :

$$-1 < -u_0 \leqslant 0,$$
$$1 < 2 - u_0 \leqslant 2,$$

et, des réels strictement positifs étant rangés dans l'ordre contraire de leurs inverses :

$$\frac{1}{2} \leqslant \frac{1}{2-u_0} < 1,$$

c'est-à-dire :

$$\frac{1}{2} \leqslant u_1 < 1,$$

d'où, *a fortiori* :

$$\mathbf{0 \leqslant u_1 \leqslant 1.}$$

b) • **Pour tout entier naturel n :**

$$u_{n+1} - u_n = \frac{1}{2-u_n} - u_n$$
$$= \frac{1-(2-u_n)u_n}{2-u_n}$$
$$= \frac{1-2u_n+(u_n)^2}{2-u_n},$$

d'où :

$$\mathbf{u_{n+1} - u_n = \frac{(1-u_n)^2}{2-u_n}}.$$

Pour tout entier naturel n :

$$(1-u_n)^2 \geqslant 0,$$
$$2-u_n > 0 \quad (\text{car } u_n < 1),$$

donc :

$$u_{n+1} - u_n \geqslant 0,$$

c'est-à-dire :

$$u_{n+1} \geqslant u_n,$$

ce qui prouve que **la suite (u_n) est croissante**.

c) $v_n = \frac{1}{u_n - 1}$.

Noter que la suite (v_n) est définie sur $\mathbb{N}$, car, pour n de $\mathbb{N}$, $u_n \neq 1$.

• **Pour tout entier naturel n :**

$$v_{n+1} = \frac{1}{u_{n+1}-1} = \frac{1}{\frac{1}{2-u_n} - 1},$$

$$v_{n+1} = \frac{1}{\frac{1-2+u_n}{2-u_n}} = \frac{1}{\frac{u_n-1}{2-u_n}},$$

$$\mathbf{v_{n+1} = \frac{2-u_n}{u_n-1}},$$

d'où :

$$v_{n+1} - v_n = \frac{2 - u_n}{u_n - 1} - \frac{1}{u_n - 1}$$
$$= \frac{2 - u_n - 1}{u_n - 1}$$
$$= \frac{1 - u_n}{u_n - 1},$$

c'est-à-dire :

$$v_{n+1} - v_n = -1,$$

et finalement :

$$v_{n+1} = v_n - 1,$$

ce qui prouve que (v_n) **est une suite arithmétique de raison –1**.

• On en déduit que, pour tout entier naturel n :

$$v_n = v_0 + n \times (-1) = \frac{1}{u_0 - 1} - n,$$

c'est-à-dire :

$$v_n = \frac{1 - n(u_0 - 1)}{u_0 - 1} = \frac{n + 1 - nu_0}{u_0 - 1},$$

or :

$$v_n = \frac{1}{u_n - 1} \Leftrightarrow \frac{1}{v_n} = u_n - 1$$
$$\Leftrightarrow u_n = 1 + \frac{1}{v_n},$$

($\frac{1}{u_n - 1}$ étant non nul, il en est de même de v_n, ce qui justifie le passage à l'inverse)

donc :

$$u_n = 1 + \frac{u_0 - 1}{n + 1 - nu_0}$$
$$= \frac{n + 1 - nu_0 + u_0 - 1}{n + 1 - nu_0}.$$

En conclusion,
pour tout entier naturel n :

$$\boldsymbol{u_n = \frac{n - (n-1)u_0}{n + 1 - nu_0}}.$$

• Dans le cas où $u_0 = 0$, les conditions d'application du résultat précédent sont satisfaites $(0 \leqslant u_0 < 1)$ et on obtient que, pour tout entier naturel n :

$$u_n = \frac{n}{n+1},$$

la conjecture énoncée dans la question 1° est ainsi démontrée.

4° $u_0 = \frac{1}{2}$.

a) Les conditions d'application du résultat de la question précédente sont satisfaites $(0 \leqslant u_0 < 1)$ et l'on obtient que, pour tout entier naturel n :

$$u_n = \frac{n - (n-1) \times \frac{1}{2}}{n + 1 - n \times \frac{1}{2}},$$

c'est-à-dire, en multipliant numérateur et dénominateur par 2 :

$$u_n = \frac{2n - (n-1)}{2n + 2 - n} = \frac{n+1}{n+2},$$

ce qui peut encore s'écrire :

$$u_n = \frac{(n+2) - 1}{n+2} = 1 - \frac{1}{n+2},$$

et met en évidence que **u_n se rapproche de 1 quand n devient grand.**

Plus précisément, u_n est aussi proche de 1 que l'on veut, pourvu que n soit suffisamment grand, car $\frac{1}{n+2}$ est aussi proche de 0 que l'on veut, pourvu que n soit suffisamment grand. On peut écrire :

$$\lim_{n \mapsto +\infty} \frac{1}{n+2} = 0, \quad \lim_{n \mapsto +\infty} u_n = 1.$$

b) Pour tout n de $\mathbb{N}$:

$$1 - u_n < 10^{-3} \Leftrightarrow 1 - \left(1 - \frac{1}{n+2}\right) < 10^{-3}$$
$$\Leftrightarrow \frac{1}{n+2} < 10^{-3}$$
$$\Leftrightarrow n + 2 > 10^3$$
$$\Leftrightarrow n > 998.$$

Donc, **en posant $N = 998$, on a :**

$$\boldsymbol{1 - u_N < 10^{-3}}.$$

Les équivalences, vérifiées pour tout n de $\mathbb{N}$:

$$1 - u_n < 10^{-3} \Leftrightarrow n \geqslant 1\,000$$

prouvent que, **pour tout entier naturel n supérieur ou égal à N, on a :**

$$1 - u_n < 10^{-3}$$

et, comme tous les termes de la suite (u_n) sont strictement inférieurs à 1 :

$$\mathbf{0 < 1 - u_n < 10^{-3}}.$$

On pourrait démontrer que u_n est aussi proche que l'on veut de 1, pourvu que n soit suffisamment grand, ce qui signifie que la suite (u_n) a pour limite 1 et s'écrit :

$$\lim_{n \to +\infty} u_n = 1.$$

On établirait plus généralement que, pour tout u_0 tel que $0 \leqslant u_0 < 1$, la suite (u_n) a pour limite 1, ce qui se conçoit bien en observant que, pour tout entier naturel n :

$$u_n = \frac{1 - u_0 + \dfrac{u_0}{n}}{1 - u_0 + \dfrac{1}{n}}.$$

Les interrogations écrites

12 $u_0 = 3$ et, pour tout entier naturel n, $u_{n+1} = \sqrt{6 - u_n}$.

1° On trace la demi-parabole représentative de la fonction :

$$x \mapsto \sqrt{6 - x}$$

et la droite d'équation :

$$y = x.$$

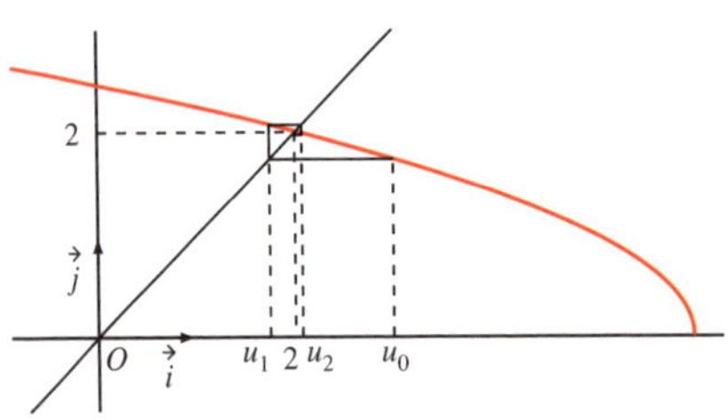

L'observation du graphique amène à conjecturer que, pour de grandes valeurs de n, u_n se rapproche de 2 et u_n semble aussi proche de 2 que l'on veut, pourvu que n soit assez grand.

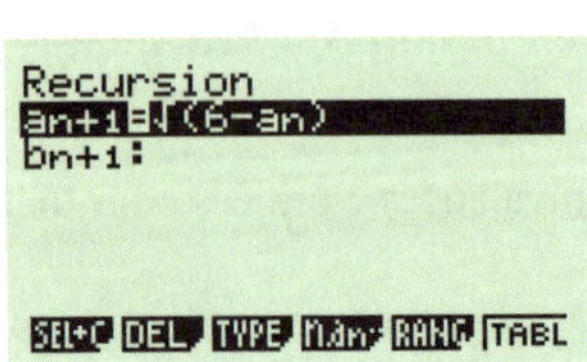

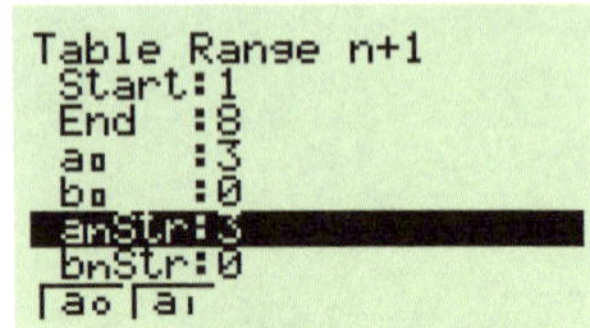

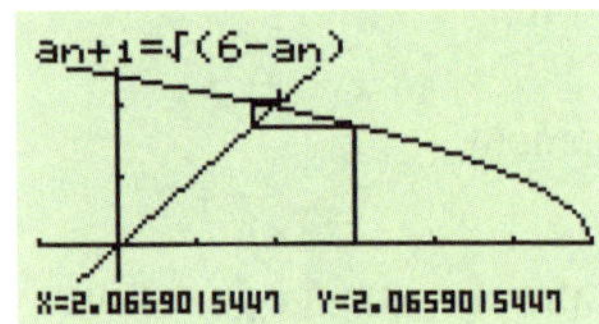

2° a) • Pour tout entier naturel n non nul :

$$u_n - 2 = \sqrt{6 - u_{n-1}} - 2$$

$$\text{et } \sqrt{6 - u_{n-1}} + 2 \neq 0,$$

donc :

$$u_n - 2 = \frac{(\sqrt{6 - u_{n-1}} - 2)(\sqrt{6 - u_{n-1}} + 2)}{\sqrt{6 - u_{n-1}} + 2},$$

$$u_n - 2 = \frac{6 - u_{n-1} - 4}{\sqrt{6 - u_{n-1}} + 2},$$

d'où :

$$u_n - 2 = \frac{2 - u_{n-1}}{\sqrt{6 - u_{n-1}} + 2}.$$

• On en déduit, pour tout entier naturel n non nul :

$$|u_n - 2| = \frac{|u_{n-1} - 2|}{\sqrt{6 - u_{n-1}} + 2},$$

Pour tout réel x, $|x - 2| = |2 - x|$.

or :

$$\sqrt{6 - u_{n-1}} + 2 \geqslant 2,$$

donc :

$$\mathbf{|u_n - 2| \leqslant \frac{|u_{n-1} - 2|}{2}}.$$

b) D'après la question précédente, on obtient successivement :

$$|u_1 - 2| \leqslant \frac{|u_0 - 2|}{2}$$

$$|u_2 - 2| \leqslant \frac{|u_1 - 2|}{2} \leqslant \frac{|u_0 - 2|}{2^2},$$

$$|u_3 - 2| \leqslant \frac{|u_2 - 2|}{2} \leqslant \frac{|u_0 - 2|}{2^3},$$

et, de proche en proche :

$$|u_n - 2| \leqslant \frac{|u_0 - 2|}{2^n}$$

et cette inégalité est vérifiée si $n = 0$;
de plus, $u_0 = 3$, donc, **pour tout naturel n :**

$$\boldsymbol{|u_n - 2| \leqslant \frac{1}{2^n}}.$$

$|u_0 - 2| = |3 - 2| = 1.$

Pourvu que n soit suffisamment grand, $\frac{1}{2^n}$ est aussi proche de 0 que l'on veut, par conséquent u_n est aussi proche de 2 que l'on veut.

On dit que la suite u a pour limite 2 et l'on écrit : $\lim\limits_{n \to +\infty} u_n = 2$.

Ce résultat est bien en accord avec la conjecture de la question 1°.

On peut démontrer que, quel que soit le choix du réel u_0, avec $u_0 \geqslant 6$, la suite u telle que, pour tout entier naturel n, $u_{n+1} = \sqrt{6 - u_n}$ est définie sur $\mathbb{N}$ et a pour limite 2 : la solution dans $\mathbb{R}$ de l'équation $\sqrt{6 - x} = x$.

13 • **Placement de Monsieur Dupont**

10 000 euros ont été placés pendant exactement 12 ans,

10 000 autres euros ont été placés pendant exactement 11 ans, …

enfin, 10 000 euros ont été placés pendant exactement 1 an.

Le capital C_1, en euros, de Monsieur Dupont vérifie donc :

$$C_1 = (1{,}06)^{12} \times 10\,000 + (1{,}06)^{11} \times 10\,000 + \ldots + 1{,}06 \times 10\,000,$$

c'est-à-dire :

$$C_1 = 1{,}06 \times 10\,000 \times [(1{,}06)^{11} + (1{,}06)^{10} + \ldots + 1].$$

$1 = (1{,}06)^0$ et il y a douze entiers compris au sens large entre 0 et 11.

On reconnaît à l'intérieur des crochets la somme des 12 premiers termes d'une suite géométrique de raison 1,06 et de premier terme 1.

On a donc :

$$C_1 = 1{,}06 \times 10\,000 \times \frac{1 - (1{,}06)^{12}}{1 - 1{,}06},$$

soit :

$$C_1 = 10\,600 \times \frac{(1{,}06)^{12} - 1}{0{,}06}.$$

Par conséquent, **au bout de douze années, Monsieur Dupont dispose de 178 821,38 euros, au centime près.**

• **Placement de Monsieur Durand**

30 000 euros ont été placés pendant exactement 12 ans,

30 000 euros ont été placés pendant exactement 9 ans,

30 000 euros ont été placés pendant exactement 6 ans,

30 000 euros ont été placés pendant exactement 3 ans.

Le capital C_2, en euros, de Monsieur Durand vérifie donc :

$$C_2 = (1{,}06)^{12} \times 30\,000 + (1{,}06)^9 \times 30\,000 + (1{,}06)^6 \times 30\,000 + (1{,}06)^3 \times 30\,000,$$

c'est-à-dire :

$$C_2 = (1{,}06)^3 \times 30\,000 \times [(1{,}06)^9 + (1{,}06)^6 + (1{,}06)^3 + 1].$$

On reconnaît à l'intérieur des crochets la somme des 4 premiers termes d'une suite géométrique de raison $(1{,}06)^3$ et de premier terme 1.

On a donc :

$$C_2 = (1{,}06)^3 \times 30\,000 \times \frac{1 - [(1{,}06)^3]^4}{1 - (1{,}06)^3},$$

soit :

$$C_2 = 35\,730{,}48 \times \frac{(1{,}06)^{12} - 1}{0{,}191\,016}.$$

Par conséquent, **au bout des douze années, Monsieur Durand dispose de 189 336,32 euros, au centime près.**

CHAPITRE 10

Droites et vecteurs

LE COURS

Le plan est rapporté à un repère $(O\,;\,\vec{i},\,\vec{j})$.

Coordonnées cartésiennes

▶ Coordonnées d'un point

Pour tout point M, il existe un unique couple $(x,\,y)$ de réels tels que :

$$\overrightarrow{OM} = x\vec{i} + y\vec{j}.$$

$(x,\,y)$ est appelé le couple de coordonnées du point M,
x est l'abscisse du point M et y est l'ordonnée du point M.

▶ Coordonnées d'un vecteur

Pour tout vecteur $\vec{u}$, il existe un unique couple $(x,\,y)$ de réels tels que :

$$\vec{u} = x\vec{i} + y\vec{j}.$$

$(x,\,y)$ est appelé le couple de coordonnées du vecteur $\vec{u}$,
x est l'abscisse du vecteur $\vec{u}$ et y est l'ordonnée du vecteur $\vec{u}$.

Vecteurs colinéaires

▶ Définition

Des vecteurs $\vec{u}$ et $\vec{v}$ sont colinéaires si, et seulement si, l'un est produit de l'autre par un réel, c'est-à-dire si, et seulement s'il existe un réel k tel que :

$$\vec{u} = k\vec{v} \quad \text{ou} \quad \vec{v} = k\vec{u}$$

▶ Théorème

Des vecteurs $\vec{u}(x,\,y)$ et $\vec{v}(x',\,y')$ sont colinéaires si, et seulement si, leurs couples de coordonnées $(x,\,y)$ et $(x',\,y')$ sont proportionnels, c'est-à-dire si, et seulement si :

$$xy' - yx' = 0$$

Alignement

Les points A, B et C sont alignés si, et seulement si, les vecteurs $\overrightarrow{AB}$ et $\overrightarrow{AC}$ sont colinéaires.

Parallélisme

Soient A, B, C et D des points tels que $A \neq B$ et $C \neq D$.
Les droites (AB) et (CD) sont parallèles si, et seulement si, les vecteurs $\overrightarrow{AB}$ et $\overrightarrow{CD}$ sont colinéaires.

Vecteur directeur d'une droite

Définition

Soient A et B des points distincts.
On appelle vecteur directeur de la droite (AB) tout vecteur non nul colinéaire au vecteur $\overrightarrow{AB}$.

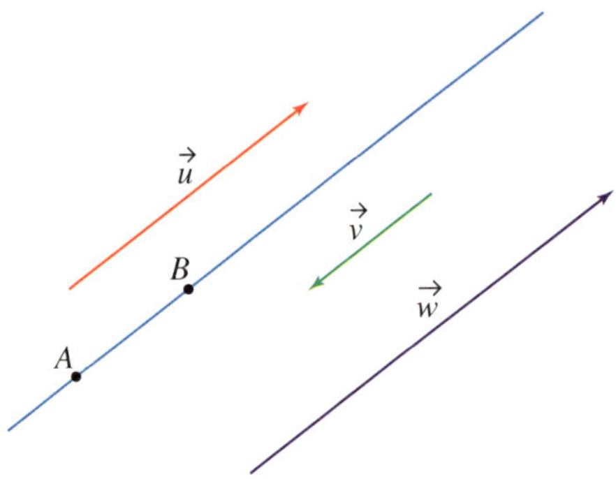

Les vecteurs $\vec{u}$, $\vec{v}$, $\vec{w}$ sont des vecteurs directeurs de la droite (AB).

Théorème

Toute droite d a un nombre infini de vecteurs directeurs.
Si $\vec{u}$ est un vecteur directeur de d, alors les vecteurs directeurs de d sont les vecteurs qui peuvent s'écrire $k\vec{u}$, avec k réel non nul.
Les vecteurs directeurs de d sont les vecteurs $\overrightarrow{MN}$, où M et N sont des points distincts qui appartiennent à d.

Coefficient directeur et vecteur directeur

- Si une droite d n'est pas parallèle à la droite des ordonnées, alors elle a un coefficient directeur p et le vecteur $\vec{u}$ de coordonnées $(1,\ p)$ est un vecteur directeur de d.
- Si une droite d est parallèle à la droite des ordonnées, alors (elle n'a pas de coefficient directeur et) le vecteur $\vec{j}$ est un vecteur directeur de d.

Caractérisation

Soient A un point et $\vec{u}$ un vecteur non nul.
Il existe une seule droite passant par A et ayant pour vecteur directeur $\vec{u}$.

Équation cartésienne de droite

▶ Théorème 1

Soient A un point et $\vec{u}$ un vecteur non nul.
Dire qu'un point M appartient à la droite d passant par A et ayant pour vecteur directeur $\vec{u}$ signifie que les coordonnées des vecteurs $\overrightarrow{AM}$ et $\vec{u}$ sont proportionnelles.

▶ Théorème 2

Toute équation de droite peut s'écrire sous la forme :

$$ax + by + c = 0$$

où a, b et c sont des réels, a et b n'étant pas simultanément nuls.

▶ Théorème 3

a, b et c désignent des réels tels que a et b ne soient pas simultanément nuls.
L'ensemble d'équation $a\,x + b\,y + c = 0$ est une droite d dont un vecteur directeur est $\vec{u}(-b, a)$.

- Si $b = 0$, alors d est parallèle à la droite des ordonnées.
- Si $b \neq 0$, alors d a pour coefficient directeur $-\frac{a}{b}$.

▶ Équation réduite

Soit d une droite.

- Si d est parallèle à la droite des ordonnées, alors d admet une équation de la forme

$$x = k, \quad \text{avec } k \text{ réel.}$$

- Si d n'est pas parallèle à la droite des ordonnées, alors d admet une équation de la forme

$$y = px + q,$$

où :
– p est le coefficient directeur de d,
– q est l'ordonnée à l'origine (ordonnée du point de d d'abscisse 0).

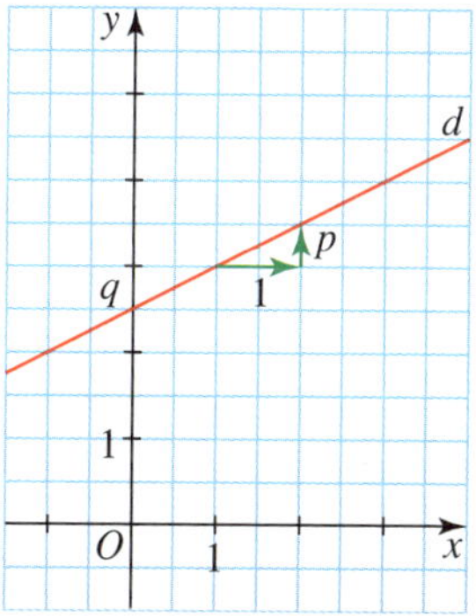

EXERCICES

Le plan est rapporté à un repère orthogonal $(O\ ;\ \vec{i}, \vec{j})$.

Vrai ou faux ?

1 (corrigés p. 243)

1° Les vecteurs $\vec{u}(1\ ;\ 2)$ et $\vec{v}(4\ ;\ -8)$ sont colinéaires.
2° La droite d d'équation $y = 5$ est parallèle à la droite des ordonnées.
3° Si deux points distincts A et B ont la même abscisse, alors $\vec{i}$ est un vecteur directeur de la droite (AB).
4° Le vecteur $\vec{u}$ de coordonnées $(3\ ;\ -1)$ est un vecteur directeur de la droite d'équation $3x - y - 5 = 0$.
5° La droite d'équation $2x - 6y + 7 = 0$ a pour coefficient directeur 3.
6° Les droites d et d' d'équations respectives $x - 4y + 2 = 0$ et $2x - 8y - 15 = 0$ sont parallèles.
7° Le point A de coordonnées $(3\ ;\ 2)$ appartient à la droite d'équation d d'équation $x - y + 1 = 0$.
8° Si A, B, C, I sont quatre points tels que $\overrightarrow{AB} + \overrightarrow{AC} = 2\overrightarrow{AI}$, alors I est le milieu de $[BC]$.
9° Si $EFGH$ est un parallélogramme, alors $\overrightarrow{EG} = \overrightarrow{FH}$.
10° Si A, B, C, D sont des points tels que $\overrightarrow{AB} = 3\overrightarrow{CD}$, alors A, B, C, D sont alignés.

Vecteurs colinéaires

2 ★ 5 min (corrigés p. 244)

1° Les vecteurs $\vec{u}(1\ ;\ -2)$ et $\vec{v}(3\ ;\ 6)$ sont-ils colinéaires ?

2° Les vecteurs $\vec{u}(\sqrt{3} - 2\ ;\ -5)$ et $\vec{v}\left(\dfrac{1}{5}\ ;\ \sqrt{3} + 2\right)$ sont-ils colinéaires ?

3 ★★ 5 min (corrigés p. 244)

Écrire, en langage naturel, un algorithme qui demande à l'utilisateur les coordonnées de deux vecteurs, puis qui détermine si ces vecteurs sont colinéaires.

4 ★★ 5 min (corrigés p. 244)

1° Déterminer les réels m pour que les vecteurs $\vec{u}(m + 1\ ;\ 3)$ et $\vec{v}(1\ ;\ m - 1)$ soient colinéaires.
2° Pour chacune des valeurs trouvées, donner une relation de colinéarité entre $\vec{u}$ et $\vec{v}$.

5 ★★ 5 min (corrigés p. 244)

On considère les points $M(1\ ;\ -2)$, $N(3\ ;\ 3)$, $P\left(4\ ;\ \dfrac{11}{2}\right)$.
Les points M, N et P sont-ils alignés ?

6 ★★ 5 min (corrigés p. 245)

On considère les points $A(-1\ ;\ 4)$, $B\left(\frac{7}{3}\ ;\ 3\right)$, $C(-3\ ;\ 2)$, et $D\left(\frac{11}{3}\ ;\ \frac{1}{4}\right)$.
Les droites (AB) et (CD) sont-elles parallèles ?

Vecteurs directeurs d'une droite

7 ★ 5 min (corrigés p. 245)

On considère les points $A(-6\ ;\ 8)$ et $B(3\ ;\ 7)$.
Donner un vecteur directeur de la droite (AB).
Quels sont les vecteurs directeurs de la droite (AB) ?

8 ★ 5 min (corrigés p. 245)

On considère la droite d de coefficient directeur 4.
Quels sont les vecteurs directeurs de la droite d ?

9 ★ 5 min (corrigés p. 245)

1° Tracer la droite d passant par $A(1\ ;\ 2)$ et de vecteur directeur $\vec{u}(2\ ;\ -3)$.
2° Tracer la droite d' passant par $B(-4\ ;\ 3)$ et de vecteur directeur $\vec{v}(5\ ;\ 2)$.

Équations de droites

10 ★ 5 min (corrigés p. 246)

1° Donner une équation de chacune des droites D_1, D_2, D_3 et D_4 représentées sur la figure ci-dessous.

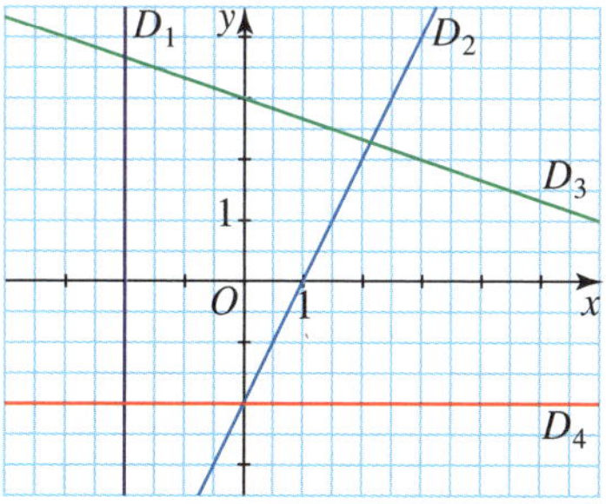

2° Tracer les droites :
- D_5 d'équation $y = 3x + 1$,
- D_6 d'équation $y = -\frac{2}{5}x - 2$,
- D_7 passant par $A(-3\ ;\ 3)$ et de coefficient directeur -2,
- D_8 passant par $A(-3\ ;\ 3)$ et de coefficient directeur $\frac{1}{2}$.

11 ★ 5 min (corrigés p. 246)

1° Déterminer une équation de la droite d passant par $A(3\ ;\ 4)$ et ayant $\vec{u}(2\ ;\ -1)$ pour vecteur directeur.
2° Tracer la droite d.

12 ★ 5 min (corrigés p. 247)

On considère les points $A(-4\ ;\ -1)$ et $B(5\ ;\ 7)$.
Déterminer une équation de la droite (AB).

13 ★ 5 min (corrigés p. 247)

On considère les points $A(2\ ;\ -3)$, $B(0\ ;\ 5)$ et $C(3\ ;\ 1)$.
Déterminer une équation de la médiane issue du sommet A du triangle ABC.

14 ★ 5 min (corrigés p. 248)

1° Tracer la droite d d'équation $y = \frac{1}{2}x - 1$.
2° Construire la droite d' symétrique de d par rapport à la droite des abscisses et donner une équation de d'.
3° Construire la droite d'' symétrique de d par rapport à la droite des ordonnées et donner une équation de d''.

15 ★★ 20 min (corrigés p. 248)

1° Déterminer une équation de la droite d_1 passant par les points $A(-3\ ;\ 7)$ et $B(2\ ;\ 5)$.
2° Déterminer une équation de la droite d_2 passant par les points $C(3\ ;\ -5)$ et $D(3\ ;\ \sqrt{2})$.
3° Déterminer une équation de la droite d_3 passant par le point $E(3\ ;\ -5)$ et parallèle à la droite des abscisses.
4° Déterminer une équation de la droite d_4 passant par le point $F(2\ ;\ -4)$ et de coefficient directeur $-\frac{1}{4}$.
5° Déterminer une équation de la droite d_5 passant par le point $G(-2\ ;\ 3)$ et d'ordonnée à l'origine -4.
6° Déterminer une équation de la droite d_6 passant par le point $H(4\ ;\ -2)$ et parallèle à la droite Δ d'équation $y = -2x - 36$.

16 ★★ 15 min (corrigés p. 249)

Écrire un algorithme demandant les coordonnées d'un point et déterminant si ce point appartient à la droite d'équation $3x + 2y - 5 = 0$.

17 ★★ 15 min (corrigés p. 249)

Déterminer par le calcul les coordonnées du point d'intersection des deux droites d et d' et contrôler graphiquement la réponse.

1° $d : y = -3x + 1$ et $d' : x = \frac{1}{2}$.

2° $d : y = \frac{1}{3}x - 2$ et $d' : y = -1$.

3° $d : y = 2x - 1$ et $d' : y = x + 1$.

Relation de Chasles et calcul vectoriel

18 ★ 5 min (corrigés p. 250)

A, B, C et D désignent des points quelconques.
Écrire les sommes suivantes sous la forme d'un seul vecteur :
$\overrightarrow{BC} + \overrightarrow{AB}$; $-\overrightarrow{AC} + \overrightarrow{BC}$; $\overrightarrow{CA} - \overrightarrow{CB} + \overrightarrow{AB}$; $\overrightarrow{AD} - \overrightarrow{BD} - \overrightarrow{DC} + \overrightarrow{DA}$.

19 ★ 5 min (corrigés p. 251)

$EFGH$ est un parallélogramme (non aplati) de centre O.

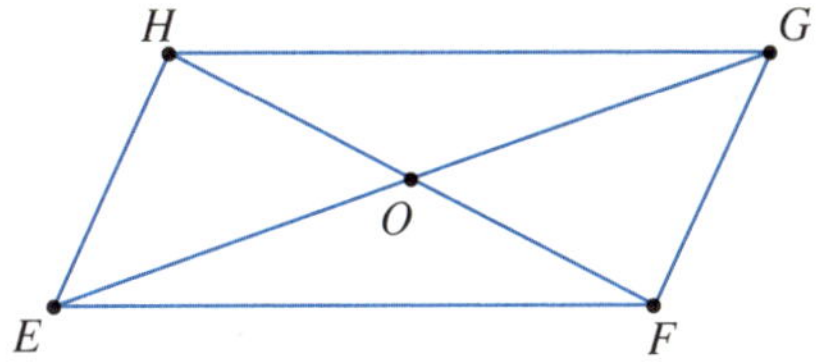

1° Compléter les égalités suivantes en n'utilisant que les points de la figure.

a) $\overrightarrow{EF} + \overrightarrow{FG} = \ldots$ b) $\overrightarrow{OH} + \overrightarrow{OF} = \ldots$

c) $\overrightarrow{HG} - \overrightarrow{HF} = \ldots$ d) $\overrightarrow{EO} + \ldots = \overrightarrow{EF}$

e) $\overrightarrow{GO} + \overrightarrow{EF} = \ldots$ f) $\overrightarrow{OG} + \overrightarrow{OH} = \ldots$

2° Exprimer les vecteurs $\overrightarrow{GF}$, $\overrightarrow{EF}$, $\overrightarrow{EH} + \overrightarrow{EG}$ en fonction des vecteurs $\overrightarrow{OG}$ et $\overrightarrow{OF}$.

20 ★ 5 min (corrigés p. 251)

ABC est un triangle.
Exprimer chacun des vecteurs suivants $\vec{u}$, $\vec{v}$, $\vec{w}$ en fonction des vecteurs $\overrightarrow{AB}$ et $\overrightarrow{AC}$.
$\vec{u} = \overrightarrow{AB} - \overrightarrow{CD} + \overrightarrow{BD}$; $\vec{v} = 2\overrightarrow{CA} - 2\overrightarrow{CB}$; $\vec{w} = 2\overrightarrow{BC} + \overrightarrow{CA}$.

21 ★★ 10 min (corrigés p. 251)

Soit un triangle ABC.
1° Le point D est défini par : $2\overrightarrow{AD} + \overrightarrow{BD} = \overrightarrow{CD}$.

Exprimer $\overrightarrow{AD}$ en fonction de $\overrightarrow{CB}$ et placer le point D.

2° On définit le point E par la relation vectorielle : $2\overrightarrow{AE} + 2\overrightarrow{BE} - 3\overrightarrow{CD} = \vec{0}$.

Exprimer $\overrightarrow{AE}$ en fonction de $\overrightarrow{AB}$ et de $\overrightarrow{CD}$, puis placer le point E.

22 ★★ 10 min (corrigés p. 252)

$ABCD$ est un parallélogramme.

E et F sont les points tels que : $\overrightarrow{AE} = \frac{3}{2}\overrightarrow{AB}$ et $\overrightarrow{AF} = 3\overrightarrow{AD}$.

Démontrer que les points C, E et F sont alignés.

23 ★★ 10 min (corrigés p. 252)

ABC est un triangle et I est le milieu du segment $[BC]$.

D est le point tel que : $2\overrightarrow{BD} + 3\overrightarrow{CD} = 8\overrightarrow{AB}$.

J est le point tel que : $\overrightarrow{AJ} = \frac{1}{5}\overrightarrow{AC}$.

1° Exprimer le vecteur $\overrightarrow{BD}$ en fonction de $\overrightarrow{AB}$ et de $\overrightarrow{AC}$.

2° Faire une figure.

3° Exprimer le vecteur $\overrightarrow{IJ}$ en fonction de $\overrightarrow{AB}$ et de $\overrightarrow{AC}$.

4° Démontrer que les droites (BD) et (IJ) sont parallèles.

Les interrogations écrites

24 15 min (corrigés p. 253)

1° Déterminer une équation de la droite d_1 passant par le point $A(-3\,;-1)$ et parallèle à la droite d d'équation $y = 2x - 3$.

2° Déterminer une équation de la droite d_2 passant par le point $A(-3\,;-1)$ et parallèle à la droite d d'équation $x = 1$.

3° Déterminer une équation de la droite d_3 passant par le point $A(-3\,;-1)$ et parallèle à la droite d d'équation $y = 5$.

25 20 min (corrigés p. 253)

$ABCD$ est un parallélogramme.

On note I le milieu de $[AB]$ et Q le symétrique de I par rapport à A.

P est le point tel que : $\overrightarrow{AP} = \frac{1}{3}\overrightarrow{AD}$.

1° Exprimer $\overrightarrow{QP}$ en fonction des vecteurs $\overrightarrow{AB}$ et $\overrightarrow{AD}$.

2° Exprimer $\overrightarrow{QC}$ fonction des vecteurs $\overrightarrow{AB}$ et $\overrightarrow{AD}$.

3° En déduire que les points Q, P et C sont alignés.

CORRIGÉS

Vrai ou faux ?

1 1° Les vecteurs $\vec{u}$ (1 ; 2) et $\vec{v}$(4 ; −8) sont colinéaires.

Faux. Les coordonnées de ces deux vecteurs ne sont pas proportionnelles.

$1 \times (-8) - 2 \times 4 \neq 0$

2° La droite d d'équation $y = 5$ est parallèle à la droite des ordonnées.

Faux. Tous les points de cette droite d ont la même ordonnée, donc d est parallèle à la droite des abscisses.

3° Si deux points distincts A et B ont la même abscisse, alors $\vec{i}$ est un vecteur directeur de la droite (AB).

Faux. La droite (AB) est parallèle à la droite des abscisses et $\vec{j}$ est un vecteur directeur de (AB).

4° Le vecteur $\vec{u}$ de coordonnées (3 ; −1) est un vecteur directeur de la droite d'équation $3x - y - 5 = 0$.

Faux. Les vecteurs directeurs de cette droite sont ceux qui ont des coordonnées du type (k ; $3k$), où k est un réel.

5° La droite d'équation $2x - 6y + 7 = 0$ a pour coefficient directeur 3.

Faux. Cette droite a pour coefficient directeur $\frac{1}{3}$.

$2x - 6y + 7 = 0 \Leftrightarrow y = \frac{1}{3}x + \frac{7}{6}$

6° Les droites d et d' d'équations respectives $x - 4y + 2 = 0$ et $2x - 8y - 15 = 0$ sont parallèles.

Vrai. Les droites d et d' ont toutes deux pour coefficient directeur $\frac{1}{4}$.

$x - 4y + 2 = 0 \Leftrightarrow y = \frac{1}{4}x + \frac{1}{2}$

$2x - 8y - 15 = 0 \Leftrightarrow y = \frac{1}{4}x - \frac{15}{8}$

7° Le point A de coordonnées (3 ; 2) appartient à la droite d d'équation : $x - y + 1 = 0$.

Faux. Les coordonnées de A ne vérifient pas l'équation $x - y + 1 = 0$, donc A n'appartient pas à d.

$3 - 2 + 1 \neq 0$

8° Si A, B, C, I sont des points tels que $\overrightarrow{AB} + \overrightarrow{AC} = 2\overrightarrow{AI}$, alors I est le milieu de [BC].

Vrai. Le vecteur $\overrightarrow{AB} + \overrightarrow{AC}$ est égal au vecteur $\overrightarrow{AD}$, où D est le point tel que $ABDC$ est un parallélogramme. De plus, si $\overrightarrow{AD} = 2\overrightarrow{AI}$, alors I est le milieu de [AD], donc I est aussi le milieu de [BC].

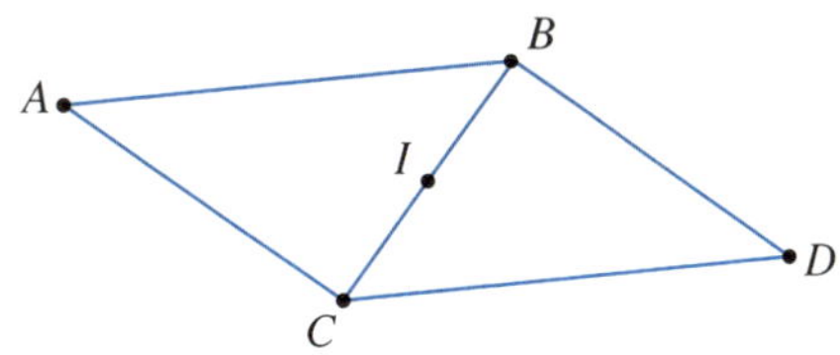

$\overrightarrow{AB} + \overrightarrow{AC} = 2\overrightarrow{AI}$,

donc, d'après la relation de Chasles :

$\overrightarrow{AI} + \overrightarrow{IB} + \overrightarrow{AI} + \overrightarrow{IC} = 2\overrightarrow{AI}$,

$2\overrightarrow{AI} + \overrightarrow{IB} + \overrightarrow{IC} = 2\overrightarrow{AI}$,

$\overrightarrow{IB} + \overrightarrow{IC} = \vec{0}$,

ce qui prouve que I est le milieu de [BC].

9° Si $EFGH$ est un parallélogramme, alors $\overrightarrow{EG} = \overrightarrow{FH}$.

Faux. Les segments [EG] et [FH] sont les diagonales du parallélogramme qui ne sont parallèles que si le parallélogramme est aplati. On peut affirmer en revanche que les vecteurs $\overrightarrow{EF}$ et $\overrightarrow{HG}$, par exemple, sont égaux.

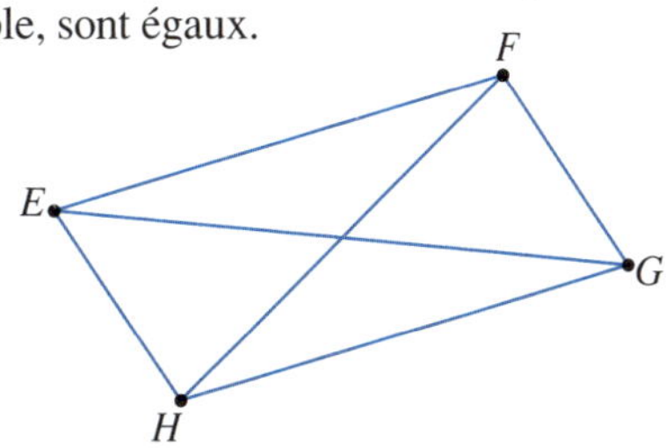

10° Si A, B, C, D sont des points tels que $\overrightarrow{AB} = 3\overrightarrow{CD}$, alors A, B, C, D sont alignés.

Faux. On peut seulement affirmer que les vecteurs $\overrightarrow{AB}$ et $\overrightarrow{CD}$ sont colinéaires, donc que les droites (AB) et (CD) sont parallèles (elles peuvent être strictement parallèles).

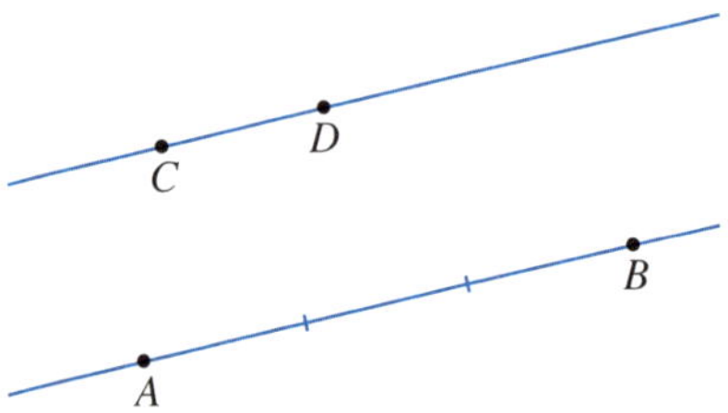

Vecteurs colinéaires

2 **1°** $\vec{u}$ (1 ; –2) et $\vec{v}$ (3 ; 6).

> Des vecteurs $\vec{u}(x, y)$ et $\vec{v}(x', y')$ sont colinéaires si, et seulement si :
> $$xy' - yx' = 0.$$

On a :

$$1 \times 6 = 6 \quad \text{et} \quad -2 \times 3 = -6,$$

donc : $1 \times 6 - (-2) \times 3 \neq 0$.

Par conséquent, **les vecteurs $\vec{u}$ (1 ; –2) et $\vec{v}$ (3 ; 6) ne sont pas colinéaires.**

1	–2
3	6

n'est pas un tableau de proportionnalité.

2° $\vec{u}(\sqrt{3}-2 ; -5)$ et $\vec{v}\left(\dfrac{1}{5} ; \sqrt{3}+2\right)$.

On a :

$$(\sqrt{3}-2) \times (\sqrt{3}+2) = 3 - 4 = -1,$$

et $-5 \times \dfrac{1}{5} = -1$,

donc :

$$(\sqrt{3}-2) \times (\sqrt{3}+2) = (-5) \times \frac{1}{5},$$

les coordonnées des vecteurs $\vec{u}$ et $\vec{v}$ sont proportionnelles,

donc **les vecteurs $\vec{u}$ et $\vec{v}$ sont colinéaires.**

3 Voici un algorithme qui détermine si les vecteurs $\vec{u}(x, y)$ et $\vec{v}(z, t)$ sont colinéaires.

```
Variables
  x, y, z, t, p : réels
Entrée
  Saisir x, y, z, t
Traitement
  p prend la valeur xt – yz
  Si p = 0 alors
  |  afficher « vecteurs colinéaires »
  |  sinon
  |  afficher « vecteurs non colinéaires »
  └ fin Si
```

4 **1°** Soit m un réel.

Dire que les vecteurs $\vec{u}$ (m + 1 ; 3) et $\vec{v}$ (1 ; m – 1) sont colinéaires signifie :

$$(m+1)(m-1) - 3 \times 1 = 0.$$

De plus :

$$\begin{aligned}(m+1)(m-1) - 3 \times 1 = 0 &\Leftrightarrow m^2 - 1 - 3 = 0\\ &\Leftrightarrow m^2 - 4 = 0\\ &\Leftrightarrow m^2 = 4\\ &\Leftrightarrow m = -2 \text{ ou } m = 2.\end{aligned}$$

Finalement, **les valeurs de m telles que les vecteurs $\vec{u}$ (m + 1 ; 3) et $\vec{v}$ (1 ; m – 1) sont colinéaires sont –2 et 2.**

2° • Si $m = -2$, alors :

$$\vec{u}\ (-1 ; 3) \text{ et } \vec{v}\ (1 ; -3),$$

donc :

$$\boldsymbol{\vec{v} = -\vec{u}}.$$

• Si $m = 2$, alors :

$$\vec{u}\ (3 ; 3) \text{ et } \vec{v}\ (1 ; 1),$$

donc :

$$\boldsymbol{\vec{u} = 3\vec{v}}.$$

5 M(1 ; –2), N(3 ; 3), $P\left(4 ; \dfrac{11}{2}\right)$.

On a : $\overrightarrow{MN}$ (2 ; 5) et $\overrightarrow{NP}\left(1 ; \dfrac{5}{2}\right)$,

abscisse de $\overrightarrow{MN}$:

$$x_N - x_M = 3 - 1 = 2,$$

ordonnée de $\overrightarrow{MN}$:

$$y_N - y_M = 3 - (-2) = 5,$$

donc : $\overrightarrow{MN} = 2\overrightarrow{NP}$,

ce qui prouve que les vecteurs $\overrightarrow{MN}$ et $\overrightarrow{NP}$ sont colinéaires.

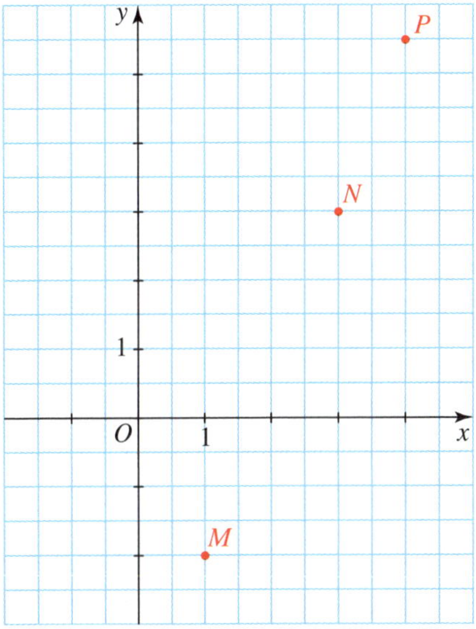

On aurait pu aussi choisir de démontrer (par exemple) que les vecteurs $\overrightarrow{PN}$ et $\overrightarrow{NP}$ sont colinéaires.

On peut alors conclure que **les points M, N et P sont alignés**.

6 $A(-1\,;4)$, $B\left(\frac{7}{3}\,;3\right)$, $C(-3\,;2)$ et $D\left(\frac{11}{3}\,;\frac{1}{4}\right)$.

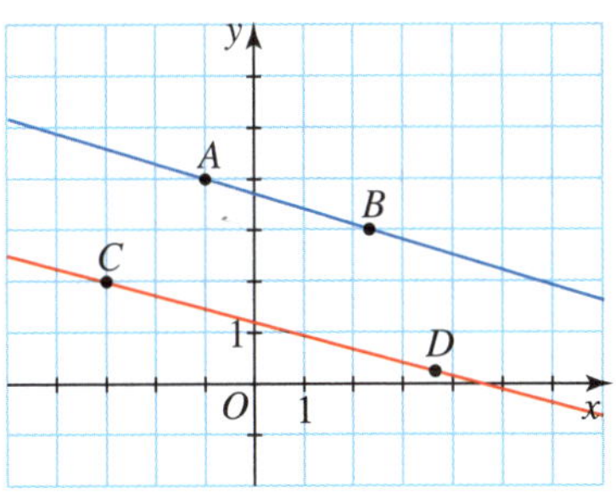

On a : $\overrightarrow{AB}\left(\frac{10}{3}\,;-1\right)$ et $\overrightarrow{CD}\left(\frac{20}{3}\,;-\frac{7}{4}\right)$,

et : $\frac{10}{3}\times\frac{-7}{4}-(-1)\times\frac{20}{3}\neq 0$,

$\frac{10}{3}\times\frac{-7}{4}=-\frac{70}{12}$,

$\frac{20}{3}\times(-1)=-\frac{20}{3}=-\frac{80}{12}$

donc les vecteurs $\overrightarrow{AB}$ et $\overrightarrow{CD}$ ne sont pas colinéaires.

On peut alors affirmer que **les droites (AB) et (CD) ne sont pas parallèles.**

Ce qui n'est pas évident sur la figure !

Vecteurs directeurs d'une droite

7 $A(-6\,;8)$ et $B(3\,;7)$.

$\overrightarrow{AB}\,(9\,;-1)$ est un vecteur directeur de la droite (AB).

Les vecteurs directeurs de (AB) sont les vecteurs non nuls colinéaires à $\overrightarrow{AB}$, c'est-à-dire **les vecteurs qui s'écrivent $k\overrightarrow{AB}$, avec k réel non nul.**

Ce sont les vecteurs de coordonnées $(9k\,;-k)$, avec k réel non nul.

8 La droite d a pour coefficient directeur 4, donc $\vec{u}\,(1\,;4)$ est un vecteur directeur de d.

On en déduit que **les vecteurs directeurs de d sont les vecteurs non nuls colinéaires à $\vec{u}\,(1\,;4)$.**

Ce sont les vecteurs de coordonnées $(k\,;4k)$, avec k réel non nul.

9 **1°** d droite passant par $A(1\,;2)$, de vecteur directeur $\vec{u}\,(2\,;-3)$.

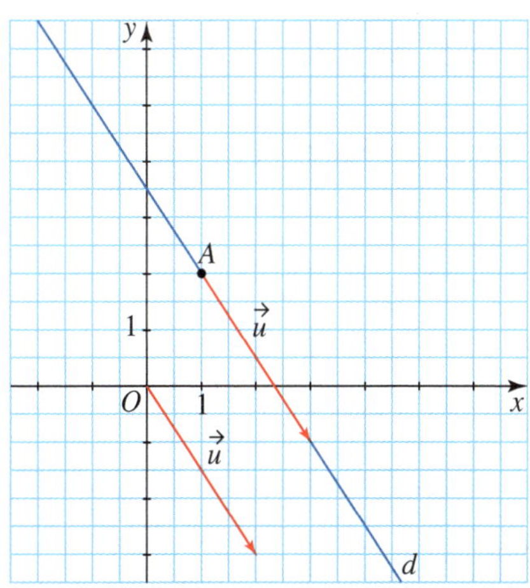

cours
exercices
interro
corrigés

2° d' droite passant par $B(-4\,;3)$, de vecteur directeur $\vec{v}\,(5\,;2)$.

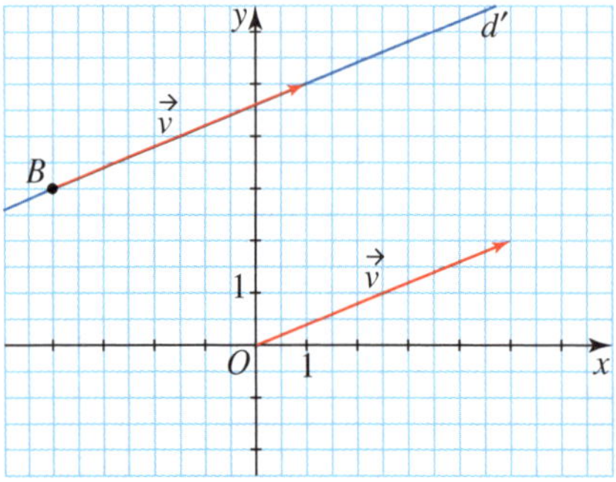

Équations de droites

10 **1°**

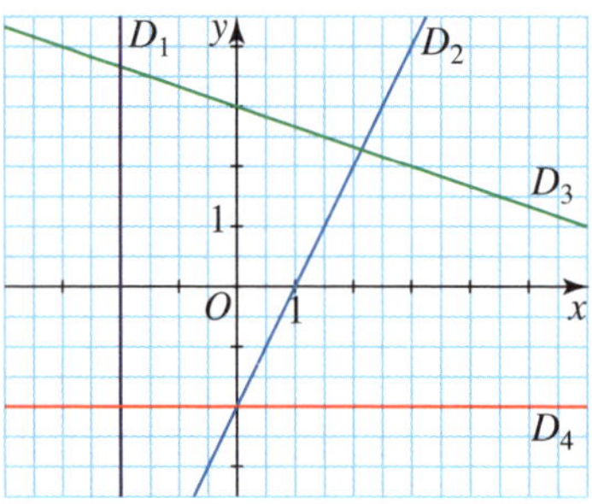

- D_1 **a pour équation** $x = -2$.

Tous les points de D_1 ont pour abscisse -2.

- D_2 **a pour équation** $y = 2x - 2$.

Le coefficient directeur de D_2 est 2 et l'ordonnée du point de D_2 qui a une abscisse nulle est -2.

- D_3 **a pour équation** $y = -\frac{1}{3}x + 3$.

Le coefficient directeur de D_3 est $-\frac{1}{3}$ et l'ordonnée à l'origine de D_3 est 3.

- D_4 **a pour équation** $y = -2$.

Tous les points de D_4 ont une ordonnée égale à -2.

2° • $D_5 : y = 3x + 1$,

• $D_6 : y = -\frac{2}{5}x - 2$,

• D_7 passe par $A(-3\,;3)$ de coefficient directeur -2,

• D_8 passe par $A(-3\,;3)$ de coefficient directeur $\frac{1}{2}$.

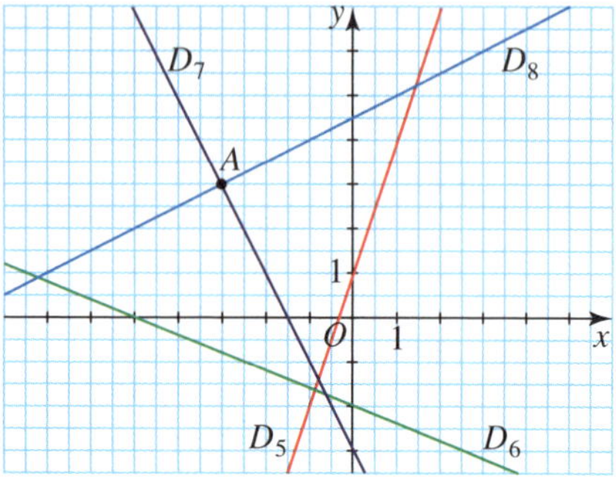

11 **1°** d passe par $A(3\,;4)$, $\vec{u}\,(2\,;-1)$ vecteur directeur de d.

Méthode 1

Dire qu'un point $M(x, y)$ appartient à la droite d signifie que les vecteurs $\vec{u}\,(2\,;-1)$ et $\overrightarrow{AM}\,(x-3\,;y-4)$ sont colinéaires, c'est-à-dire :

$$2(y-4)-(-1)\times(x-3)=0$$

ou encore : $2y - 8 + x - 3 = 0$

soit : $x + 2y - 11 = 0$.

On a prouvé que **la droite d a pour équation :**

$$\mathbf{x + 2y - 11 = 0.}$$

Méthode 2

$\vec{u}\,(2\,;-1)$ est un vecteur directeur de d, donc d a une équation du type $-x - 2y + c = 0$, avec c réel.

> $\vec{u}\,(-b\,;a)$ est un vecteur directeur de la droite d'équation $ax + by + c = 0$.

De plus, A est un point de d, donc ses coordonnées vérifient :

$$-x_A - 2y_A + c = 0,$$

donc : $-3 - 2\times 4 + c = 0$,

d'où : $c = 11$.

Finalement, **d a pour équation :**

$$\mathbf{-x - 2y + 11 = 0.}$$

Méthode 3

Le coefficient directeur de d est $\frac{-1}{2}$.

Par conséquent, d a une équation du type $y = \frac{-1}{2}x + q$, avec q réel.

De plus, A est un point de d, donc ses coordonnées vérifient :

$$y_A = -\frac{1}{2}x_A + q,$$

c'est-à-dire : $4 = -\frac{1}{2} \times 3 + q$,

donc : $q = \frac{8}{2} + \frac{3}{2} = \frac{11}{2}$.

Par conséquent, **d a pour équation (réduite) $y = \frac{-1}{2}x + \frac{11}{2}$.**

$x + 2y - 11 = 0$, $-x - 2y + 11 = 0$ et $y = \frac{-1}{2}x + \frac{11}{2}$ sont **des** équations de d.

2°

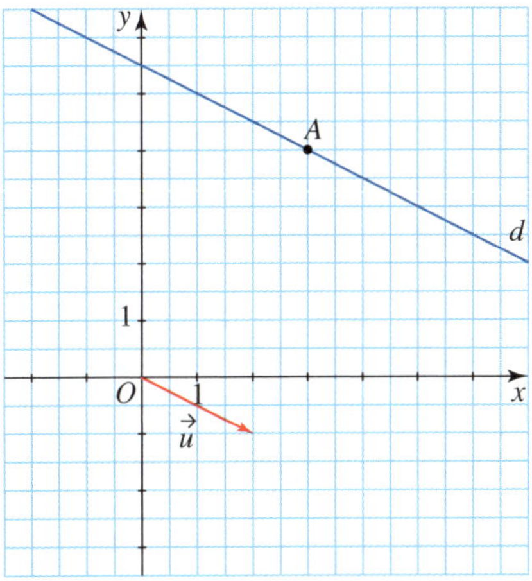

12 $A(-4 ; -1)$ et $B(5 ; 7)$.

Méthode 1

Dire qu'un point $M(x, y)$ appartient à la droite (AB) signifie que les vecteurs $\overrightarrow{AB}$ $(9 ; 8)$ et $\overrightarrow{AM}$ $(x + 4 ; y + 1)$ sont colinéaires, c'est-à-dire :

$$9(y+1) - 8 \times (x+4) = 0$$

ou encore : $9y + 9 - 8x - 32 = 0$

soit : $-8x + 9y - 23 = 0$.

On a prouvé que **la droite (AB) a pour équation :**

$$\mathbf{-8x + 9y - 23 = 0.}$$

Méthode 2

$\overrightarrow{AB}$ $(9 ; 8)$ est un vecteur directeur de la droite (AB), donc (AB) a une équation du type $8x - 9y + c = 0$, avec c réel.

De plus, $A \in (AB)$, donc ses coordonnées vérifient :

$$8x_A - 9y_A + c = 0,$$

donc : $8 \times (-4) - 9 \times (-1) + c = 0$,

d'où : $c = 23$.

Finalement, **la droite (AB) a pour équation $8x - 9y + 23 = 0$.**

Méthode 3

Le coefficient directeur p de la droite (AB) vérifie :

$$p = \frac{y_B - y_A}{x_B - x_A} = \frac{7 - (-1)}{5 - (-4)} = \frac{8}{9},$$

donc (AB) a pour équation :

$$y = \frac{8}{9}x + q$$

avec q réel.

En outre, A est un point de (AB), donc ses coordonnées vérifient :

$$y_A = \frac{8}{9}x_A + q,$$

c'est-à-dire : $-1 = \frac{8}{9} \times (-4) + q$,

donc : $q = \frac{23}{9}$.

On en déduit que **la droite (AB) a pour équation (réduite) $y = \frac{8}{9}x + \frac{23}{9}$.**

13 $A(2 ; -3)$, $B(0 ; 5)$ et $C(3 ; 1)$.

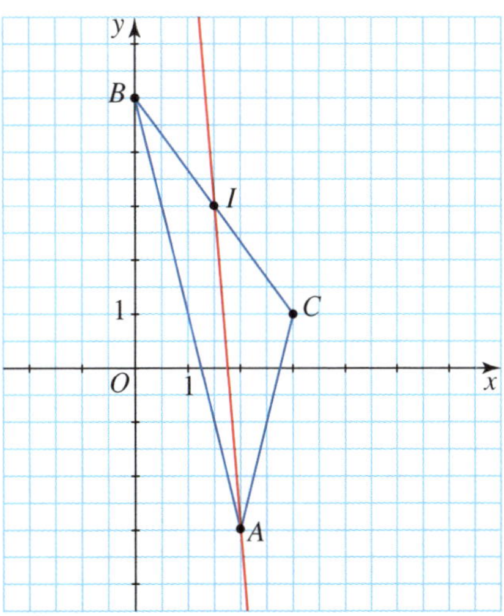

La médiane issue du sommet A du triangle ABC est la droite passant par A et le milieu de $[BC]$.

Notons I le milieu de $[BC]$.
La médiane issue du sommet A du triangle ABC est la droite (AI).
I a pour coordonnées $\left(\frac{3}{2}\ ;\ 3\right)$.

L'abscisse du milieu d'un segment est la moyenne des abscisses des extrémités de ce segment, l'ordonnée du milieu d'un segment est la moyenne des ordonnées des extrémités de ce segment.

$x_I = \frac{0+3}{2} = \frac{3}{2}$ et $y_I = \frac{5+1}{2} = 3.\ x_I$

Méthode 1

Dire qu'un point $M(x\ ;\ y)$ appartient à la droite (AI) signifie que les vecteurs $\overrightarrow{AI}\left(-\frac{1}{2}\ ;\ 6\right)$ et $\overrightarrow{AM}\,(x-2\ ;\ y+3)$ sont colinéaires, c'est-à-dire :

$$-\frac{1}{2}(y+3) - 6\times(x-2) = 0$$

ou encore : $(y+3) + 12\times(x-2) = 0$

soit : $12x + y - 21 = 0$.

On a prouvé que **la médiane issue du sommet A du triangle ABC a pour équation :**

$$\mathbf{12x + y - 21 = 0.}$$

Méthode 2

$\overrightarrow{AI}\left(-\frac{1}{2}\ ;\ 6\right)$ est un vecteur directeur de la droite (AI), donc -12 est le coefficient directeur de (AI).

On peut calculer le coefficient directeur p de (AI) en effectuant le quotient de la différence des ordonnées de I et de A par la différence des abscisses de I et de A :

$$p = \frac{y_I - y_A}{x_I - x_A} = \frac{3-(-3)}{\frac{3}{2}-2} = \frac{6}{-\frac{1}{2}} = -12.$$

(AI) a une équation du type : $y = -12x + q$, avec q réel.

De plus, le point A appartient à (AI), donc :

$$y_A = -12\,x_A + q,$$

c'est-à-dire : $-3 = -12\times 2 + q$,

d'où : $q = 21$.

On peut conclure que **la médiane issue du sommet A du triangle ABC a pour équation :**

$$\mathbf{y = -12x + 21.}$$

14 **1°** $d : y = \frac{1}{2}x - 1$.

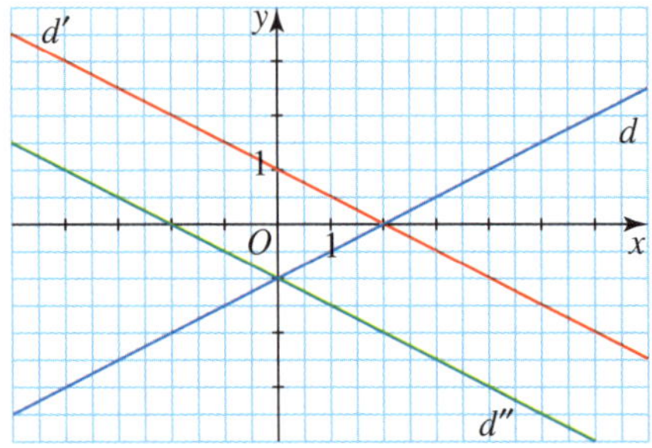

2° d' est la droite symétrique de d par rapport à la droite des abscisses.

d' a pour équation $y = -\frac{1}{2}x + 1$.

d et d' ont des ordonnées à l'origine opposées.
d et d' ont des coefficients directeurs opposés.

3° d'' est la droite symétrique de d par rapport à la droite des ordonnées.

d'' a pour équation $y = -\frac{1}{2}x - 1$.

d et d'' ont la même ordonnée à l'origine.
d et d'' ont des coefficients directeurs opposés.
d' et d'' ont le même coefficient directeur, elles sont parallèles.

15 **1°** $A(-3\ ;\ 7)$, $B(2\ ;\ 5)$, $d_1 = (AB)$.

Dire qu'un point $M(x\ ;\ y)$ appartient à la droite d_1 signifie que les vecteurs $\overrightarrow{AB}\,(5\ ;\ -2)$ et $\overrightarrow{AM}\,(x+3\ ;\ y-7)$ sont colinéaires,

c'est-à-dire :

$$5(y-7) - (-2)\times(x+3) = 0$$

ou encore :

$$5y - 35 + 2x + 6 = 0$$

soit : $2x + 5y - 29 = 0$.

On a prouvé que **la droite d_1 a pour équation :**

$$\mathbf{2x + 5y - 29 = 0.}$$

Autre méthode :

Le coefficient directeur p de la droite (AB) vérifie :

$$p = \frac{y_B - y_A}{x_B - x_A} = \frac{5-7}{2-(-3)} = \frac{-2}{5},$$

donc (AB) a pour équation :

$$y = \frac{-2}{5}x + q, \text{ avec } q \text{ réel.}$$

En outre, A est un point de (AB), donc ses coordonnées vérifient :

$$y_A = \frac{-2}{5}x_A + q,$$

c'est-à-dire : $7 = \frac{-2}{5} \times (-3) + q,$

donc : $q = \frac{35}{5} - \frac{6}{5} = \frac{29}{5}.$

Finalement, **la droite d_1 a pour équation $y = \frac{-2}{5}x + \frac{29}{5}$.**

2° $C(3\,;-5)$, $D(3\,;\sqrt{2})$, $d_2 = (CD)$.

Les deux points C et D ont la même abscisse 3, donc la droite (CD) est parallèle à la droite des ordonnées et **la droite d_2 a pour équation :**

$$x = 3.$$

3° $E(3\,;-5)$.

La droite d_3 est parallèle à la droite des abscisses, donc elle admet une équation de la forme

$$y = k, \text{ avec } k \text{ réel,}$$

de plus, d_3 passe par le point E qui a pour ordonnée -5, donc **d_3 a pour équation :**

$$y = -5.$$

4° $F(2\,;-4)$.

d_4 a pour coefficient directeur $-\frac{1}{4}$, donc elle admet une équation du type :

$$y = -\frac{1}{4}x + q,$$

où q est un réel.

De plus : $F \in d_4$,

donc : $-4 = -\frac{1}{4} \times 2 + q,$

d'où :

$$q = -4 + \frac{2}{4} = -\frac{8}{2} + \frac{1}{2} = -\frac{7}{2}.$$

Finalement, **d_4 a pour équation :**

$$y = -\frac{1}{4}x - \frac{7}{2}.$$

5° $G(-2\,;3)$.

d_5 a pour ordonnée à l'origine -4, donc d_5 a une équation du type : $y = px - 4$, avec p réel.

De plus, d_5 passe par $G(-2\,;3)$,

donc : $3 = -2p - 4,$

d'où : $p = -\frac{7}{2}.$

Par conséquent, **d_5 a pour équation :**

$$y = -\frac{7}{2}x - 4.$$

6° $H(4\,;-2)$.

d_6 est parallèle à la droite Δ d'équation $y = -2x - 36$, donc son équation réduite est de la forme : $y = -2x + q$, avec q réel.

De plus : $H \in d_6$,

donc : $-2 = -2 \times 4 + q,$

d'où : $q = 6.$

Finalement, **d_6 a pour équation :**

$$y = -2x + 6.$$

16 Notons d la droite d'équation $3x + 2y - 5 = 0$.

L'algorithme suivant précise si un point donné appartient à cette droite ou non.

```
Variables
   x, y, p : réels
Entrée
   Saisir x, y
Traitement
   p prend la valeur 3x + 2y – 5
   Si p = 0 alors
     afficher « point sur d »
     sinon
     afficher « point pas sur d »
   fin Si
```

17 **1°** $d : y = -3x + 1$ et $d' : x = \frac{1}{2}$.

d et d' ne sont pas parallèles, elles sont donc sécantes.

d a pour coefficient directeur -3, alors que d' est parallèle à la droite des ordonnées.

Leur point I d'intersection a pour abscisse $\frac{1}{2}$.

De plus :

$$y_I = -3x_I + 1,$$

donc :

$$y_I = -3 \times \frac{1}{2} + 1 = \frac{-3}{2} + \frac{2}{2} = -\frac{1}{2}.$$

Finalement :

***d* et *d'* ont pour point d'intersection $\boldsymbol{I\left(\frac{1}{2}\ ;\ -\frac{1}{2}\right)}$.**

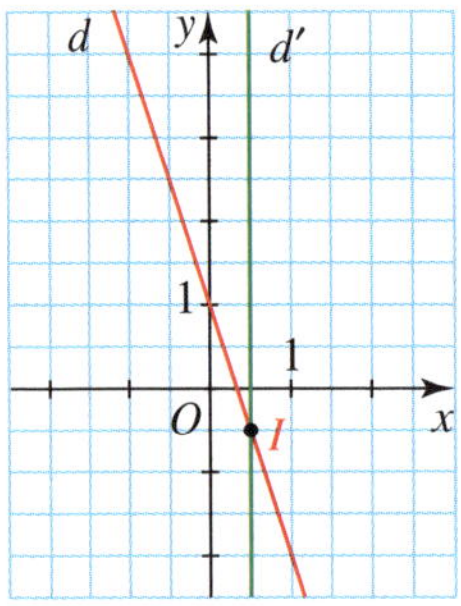

2° $d : y = \frac{1}{3}x - 2$ et $d' : y = -1$.

d et *d'* ne sont pas parallèles, elles sont donc sécantes.

d a pour coefficient directeur $\frac{1}{3}$, alors que *d'* est parallèle à la droite des abscisses.

Leur point *I* d'intersection a pour ordonnée -1.

De plus :

$$y_I = \frac{1}{3}x_I - 2,$$

donc : $-1 = \frac{1}{3}x_I - 2,$

d'où : $\frac{1}{3}x_I = -1 + 2 = 1,$

$x_I = 3.$

Finalement :

***d* et *d'* ont pour point d'intersection *I*(3 ; – 1).**

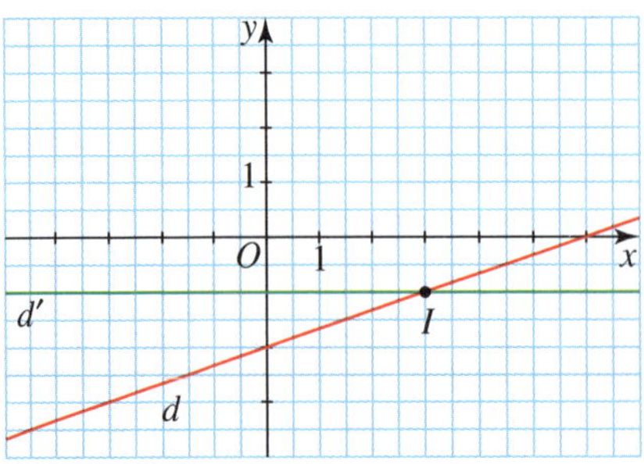

3° $d : y = 2x - 1$ et $d' : y = x + 1$.

d et *d'* ne sont pas parallèles, elles sont donc sécantes.

d a pour coefficient directeur 2 et *d'* a pour coefficient directeur 1.

Le couple de coordonnées du point *I* d'intersection de *d* et *d'* est solution du système :

$$\begin{cases} y = 2x - 1 \\ y = x + 1. \end{cases}$$

De plus :

$$\begin{cases} y = 2x - 1 \\ y = x + 1 \end{cases} \Leftrightarrow \begin{cases} 2x - 1 = x + 1 \\ y = x + 1 \end{cases}$$

$$\Leftrightarrow \begin{cases} x = 2 \\ y = x + 1 \end{cases}$$

$$\Leftrightarrow \begin{cases} x = 2 \\ y = 3. \end{cases}$$

On peut conclure que ***d* et *d'* ont pour point d'intersection :**

***I*(2 ; 3).**

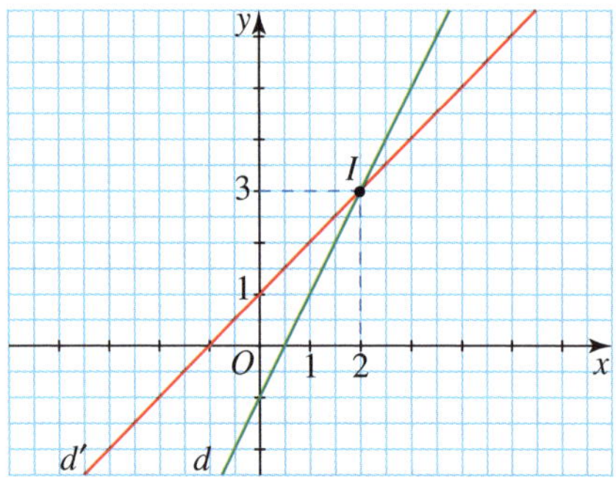

Relation de Chasles et calcul vectoriel

18 • $\overrightarrow{BC} + \overrightarrow{AB} = \overrightarrow{AB} + \overrightarrow{BC} = \overrightarrow{AC}$.

On a permuté les vecteurs pour pouvoir appliquer la relation de Chasles.

> Pour tous points *A*, *B*, *C* :
>
> $$\overrightarrow{AB} + \overrightarrow{BC} = \overrightarrow{AC}.$$

• $-\overrightarrow{AC} + \overrightarrow{BC} = \overrightarrow{CA} + \overrightarrow{BC}$

$= \overrightarrow{BC} + \overrightarrow{CA}$

$= \overrightarrow{BA}$.

$$\bullet\ \boldsymbol{\overrightarrow{CA} - \overrightarrow{CB} + \overrightarrow{AB}} = \overrightarrow{CA} + \overrightarrow{BC} + \overrightarrow{AB}$$
$$= \overrightarrow{AB} + \overrightarrow{BC} + \overrightarrow{CA}$$
$$= \overrightarrow{AA}$$
$$= \boldsymbol{\vec{0}}.$$

$$\bullet\ \boldsymbol{\overrightarrow{AD} - \overrightarrow{BD} - \overrightarrow{DC} + \overrightarrow{DA}} = \overrightarrow{AD} + \overrightarrow{DB} + \overrightarrow{CD} + \overrightarrow{DA}$$
$$= \overrightarrow{DA} + \overrightarrow{AD} + \overrightarrow{CD} + \overrightarrow{DB}$$
$$= \vec{0} + \overrightarrow{CB}$$
$$= \boldsymbol{\overrightarrow{CB}}.$$

19

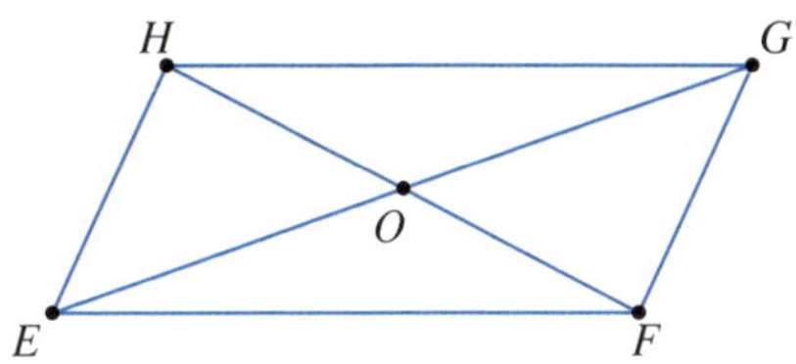

1° a) $\overrightarrow{EF} + \overrightarrow{FG} = \boldsymbol{\overrightarrow{EG}}.$

(relation de Chasles)

b) $\overrightarrow{OH} + \overrightarrow{OF} = \boldsymbol{\vec{0}},$

O est le milieu de $[FH]$, donc les vecteurs $\overrightarrow{OH}$ et $\overrightarrow{OF}$ sont opposés.

c) $\overrightarrow{HG} - \overrightarrow{HF} = \overrightarrow{FH} + \overrightarrow{HG}$
$$= \boldsymbol{\overrightarrow{FG}}.$$

d) $\overrightarrow{EO} + \boldsymbol{\overrightarrow{OF}} = \overrightarrow{EF}.$

e) $\overrightarrow{GO} + \overrightarrow{EF} = \overrightarrow{OE} + \overrightarrow{EF} = \boldsymbol{\overrightarrow{OF}}.$

O est le milieu de $[GE]$, donc $\overrightarrow{GO} = \overrightarrow{OE}$.

f) $\overrightarrow{OG} + \overrightarrow{OH} = \overrightarrow{OG} + \overrightarrow{FO}$
$$= \overrightarrow{FO} + \overrightarrow{OG}$$
$$= \boldsymbol{\overrightarrow{FG}}.$$

2° • $\boldsymbol{\overrightarrow{GF}} = \overrightarrow{GO} + \overrightarrow{OF} = \boldsymbol{-\overrightarrow{OG} + \overrightarrow{OF}}.$

• $\boldsymbol{\overrightarrow{EF}} = \overrightarrow{EO} + \overrightarrow{OF} = \boldsymbol{\overrightarrow{OG} + \overrightarrow{OF}},$

$\overrightarrow{EO} = \overrightarrow{OG}$, car O milieu de $[EF]$.

$$\bullet\ \boldsymbol{\overrightarrow{EH} + \overrightarrow{EG}} = \overrightarrow{EO} + \overrightarrow{OH} + \overrightarrow{EO} + \overrightarrow{OG}$$
$$= \overrightarrow{OG} - \overrightarrow{OF} + \overrightarrow{OG} + \overrightarrow{OG}$$
$$= \boldsymbol{3\overrightarrow{OG} - \overrightarrow{OF}}.$$

20 • $\vec{u} = \overrightarrow{AB} - \overrightarrow{CD} + \overrightarrow{BD}$
$$= \overrightarrow{AB} - (\overrightarrow{CA} + \overrightarrow{AD}) + (\overrightarrow{BA} + \overrightarrow{AD})$$
$$= \overrightarrow{AB} - \overrightarrow{CA} - \overrightarrow{AD} + \overrightarrow{BA} + \overrightarrow{AD}$$

donc : $\boldsymbol{\vec{u} = \overrightarrow{AC}}.$

$\overrightarrow{AB} + \overrightarrow{BA} = \vec{0}$ et $-\overrightarrow{AD} + \overrightarrow{AD} = \vec{0}$.

• $\vec{v} = 2\overrightarrow{CA} - 2\overrightarrow{CB}$
$$= 2(\overrightarrow{CA} - \overrightarrow{CB})$$
$$= 2(\overrightarrow{CA} + \overrightarrow{BC})$$
$$= 2(\overrightarrow{BC} + \overrightarrow{CA})$$
$$= 2\overrightarrow{BA},$$

donc : $\boldsymbol{\vec{v} = -2\overrightarrow{AB}}.$

• $\vec{w} = 2\overrightarrow{BC} + \overrightarrow{CA}$
$$= 2(\overrightarrow{BA} + \overrightarrow{AC}) + \overrightarrow{CA}$$
$$= 2\overrightarrow{BA} + 2\overrightarrow{AC} - \overrightarrow{AC}$$
$$= 2\overrightarrow{BA} + 2\overrightarrow{AC} - \overrightarrow{AC}$$

donc : $\boldsymbol{\vec{w} = -2\overrightarrow{AB} + \overrightarrow{AC}}.$

21

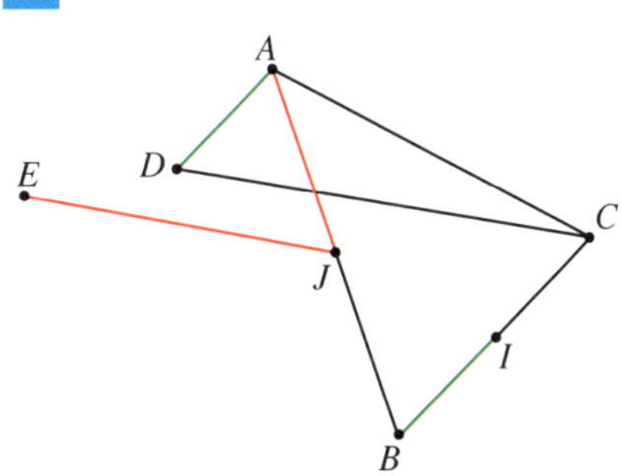

1° $2\overrightarrow{AD}+\overrightarrow{BD}=\overrightarrow{CD}$,

donc : $2\overrightarrow{AD}+\overrightarrow{BC}+\overrightarrow{CD}=\overrightarrow{CD}$,

$2\overrightarrow{AD}+\overrightarrow{BC}=\vec{0}$,

d'où : $\boldsymbol{\overrightarrow{AD}=-\frac{1}{2}\overrightarrow{BC}}$.

2° $2\overrightarrow{AE}+2\overrightarrow{BE}-3\overrightarrow{CD}=\vec{0}$,

d'où : $2\overrightarrow{AE}+2(\overrightarrow{BA}+\overrightarrow{AE})-3\overrightarrow{CD}=\vec{0}$,

$2\overrightarrow{AE}+2\overrightarrow{BA}+2\overrightarrow{AE}-3\overrightarrow{CD}=\vec{0}$,

$4\overrightarrow{AE}+2\overrightarrow{BA}-3\overrightarrow{CD}=\vec{0}$,

$4\overrightarrow{AE}=2\overrightarrow{AB}+3\overrightarrow{CD}$,

d'où : $\boldsymbol{\overrightarrow{AE}=\frac{1}{2}\overrightarrow{AB}+\frac{3}{4}\overrightarrow{CD}}$.

22 *ABCD* parallélogramme.

$\overrightarrow{AE}=\frac{3}{2}\overrightarrow{AB}$ et $\overrightarrow{AF}=3\overrightarrow{AD}$.

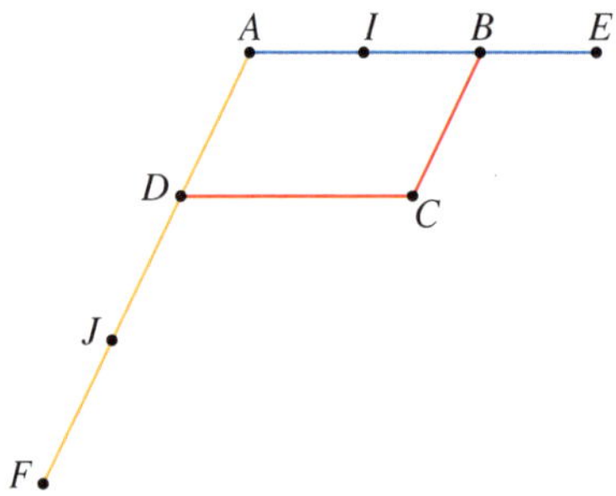

Pour prouver l'alignement des points *C*, *E* et *F*, démontrons la colinéarité des vecteurs $\overrightarrow{CF}$ et $\overrightarrow{CE}$.

Pour cela, exprimons chacun des vecteurs $\overrightarrow{CF}$ et $\overrightarrow{CE}$ en fonction des vecteurs $\overrightarrow{AB}$ et $\overrightarrow{AD}$.

• D'une part :

$\overrightarrow{CE}=\overrightarrow{CB}+\overrightarrow{BA}+\overrightarrow{AE}$

$=-\overrightarrow{AD}-\overrightarrow{AB}+\frac{3}{2}\overrightarrow{AB}$

$=-\overrightarrow{AD}+\frac{1}{2}\overrightarrow{AB}$

$=\frac{1}{2}\overrightarrow{AB}-\overrightarrow{AD}$.

• D'autre part :

$\overrightarrow{CF}=\overrightarrow{CD}+\overrightarrow{DA}+\overrightarrow{AF}$

$=-\overrightarrow{AB}-\overrightarrow{AD}+3\overrightarrow{AD}$

$=-\overrightarrow{AB}+2\overrightarrow{AD}$.

• Des égalités vectorielles :

$\overrightarrow{CE}=\frac{1}{2}\overrightarrow{AB}-\overrightarrow{AD}$,

$\overrightarrow{CF}=-\overrightarrow{AB}+2\overrightarrow{AD}$,

on déduit :

$\overrightarrow{CF}=-2\overrightarrow{CE}$,

ce qui permet d'affirmer que les vecteurs $\overrightarrow{CF}$ et $\overrightarrow{CE}$ sont colinéaires.

On en déduit que **les points *C*, *E* et *F* sont alignés**.

23 *I* milieu de [*BC*].

$\overrightarrow{AJ}=\frac{1}{5}\overrightarrow{AC}$ et $2\overrightarrow{BD}+3\overrightarrow{CD}=8\overrightarrow{AB}$.

1° On a : $2\overrightarrow{BD}+3\overrightarrow{CD}=8\overrightarrow{AB}$,

donc :

$2\overrightarrow{BD}+3\overrightarrow{CA}+3\overrightarrow{AB}+3\overrightarrow{BD}=8\overrightarrow{AB}$,

$5\overrightarrow{BD}=3\overrightarrow{AC}-3\overrightarrow{AB}+8\overrightarrow{AB}$,

$5\overrightarrow{BD}=5\overrightarrow{AB}+3\overrightarrow{AC}$,

d'où : $\boldsymbol{\overrightarrow{BD}=\overrightarrow{AB}+\frac{3}{5}\overrightarrow{AC}}$.

2°

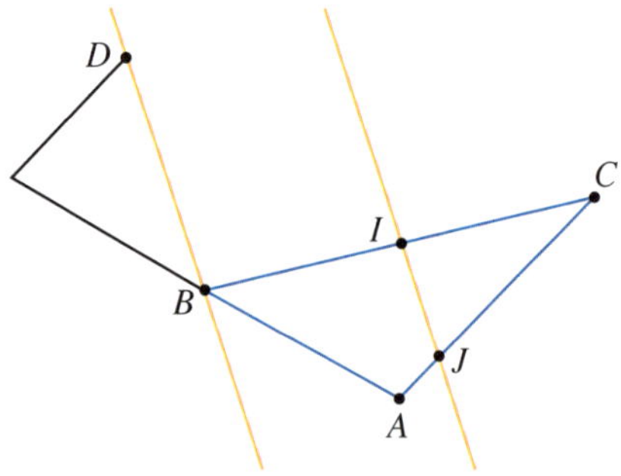

3° On sait : $\overrightarrow{AJ}=\frac{1}{5}\overrightarrow{AC}$,

donc : $\overrightarrow{AI}+\overrightarrow{IJ}=\frac{1}{5}\overrightarrow{AC}$,

d'où : $\overrightarrow{IJ}=-\overrightarrow{AI}+\frac{1}{5}\overrightarrow{AC}$, comme, de plus, I étant le milieu du segment $[BC]$, on a l'égalité vectorielle :

$$\overrightarrow{AI} = \frac{1}{2}\overrightarrow{AB} + \frac{1}{2}\overrightarrow{AC}.$$

Il vient :

$$\overrightarrow{IJ} = -\frac{1}{2}\overrightarrow{AB} - \frac{1}{2}\overrightarrow{AC} + \frac{1}{5}\overrightarrow{AC},$$

c'est-à-dire :

$$\boldsymbol{\overrightarrow{IJ} = -\frac{1}{2}\overrightarrow{AB} - \frac{3}{10}\overrightarrow{AC}.}$$

4° D'après les questions **1°** et **3°**, on sait :

$$\overrightarrow{BD} = \overrightarrow{AB} + \frac{3}{5}\overrightarrow{AC},$$

$$\overrightarrow{IJ} = -\frac{1}{2}\overrightarrow{AB} - \frac{3}{10}\overrightarrow{AC} = -\frac{1}{2}\left(\overrightarrow{AB} + \frac{3}{5}\overrightarrow{AC}\right),$$

donc : $\overrightarrow{IJ} = -\frac{1}{2}\overrightarrow{BD}.$

Par conséquent, les vecteurs $\overrightarrow{BD}$ et $\overrightarrow{IJ}$ sont colinéaires, ce qui prouve que **les droites (BD) et (IJ) sont parallèles.**

Les interrogations écrites

24 **1°** d_1 est parallèle à la droite d d'équation $y = 2x - 3$, donc d_1 a une équation du type :

$$y = 2x + q, \text{ avec } q \text{ réel.}$$

De plus, d_1 passe par le point $A(-3\,;-1)$,

donc : $-1 = 2 \times (-3) + q$,

d'où : $q = -1 + 6 = 5$.

En conclusion,

d_1 a pour équation $y = 2x + 5$.

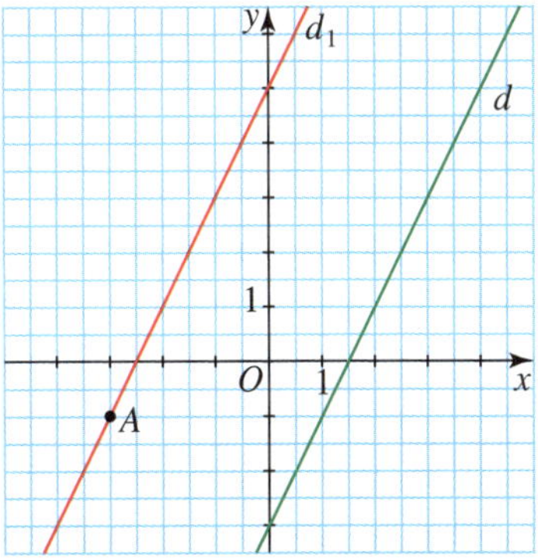

2° La droite d_2 est parallèle à la droite d d'équation $x = 1$, donc d_2 est parallèle à la droite des ordonnées.

De plus, d_2 passe par le point $A(-3\,;-1)$, donc **d_2 a pour équation $x = -3$.**

Tous les points de d_2 ont la même abscisse que A.

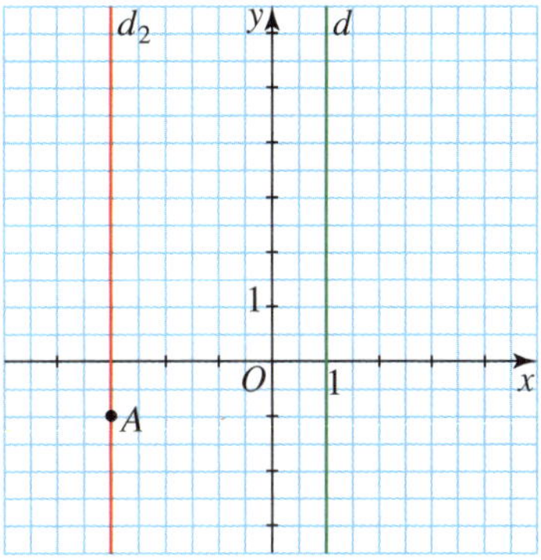

3° La droite d_3 est parallèle à la droite d d'équation $y = 5$, donc parallèle à la droite des abscisses,

d_3 a une équation de la forme $y = k$, avec k réel.

De plus, d_3 passe par le point A qui a pour ordonnée -1, donc **d_3 a pour équation :**

$$\boldsymbol{y = -1.}$$

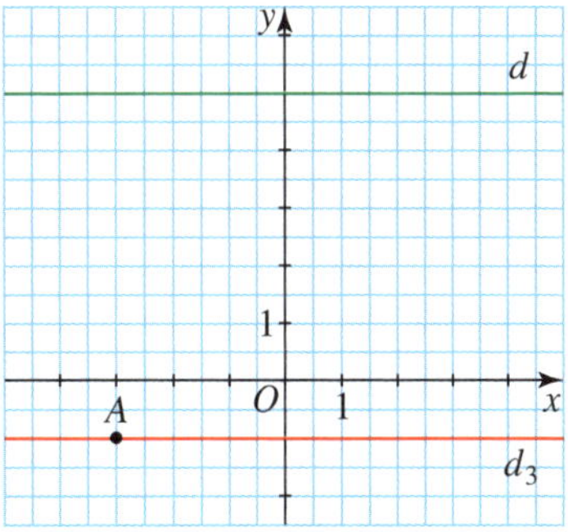

25 $ABCD$ parallélogramme,

I milieu de $[AB]$,

Q symétrique de I par rapport à A,

$$\overrightarrow{AP} = \frac{1}{3}\overrightarrow{AD}.$$

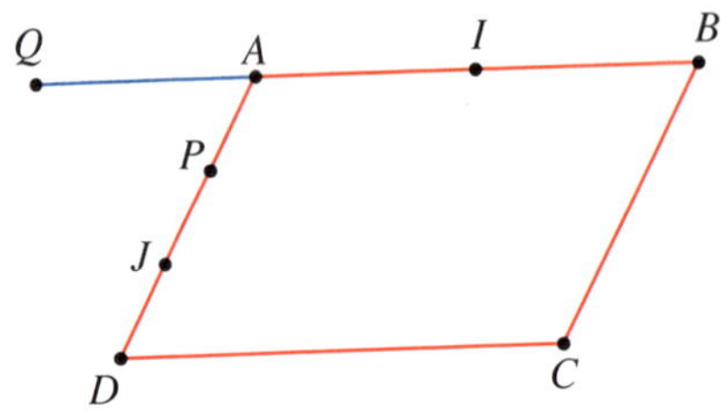

1° On a : $\overrightarrow{QP} = \overrightarrow{QA} + \overrightarrow{AP}$

$$= \overrightarrow{AI} + \frac{1}{3}\overrightarrow{AD},$$

($\overrightarrow{QA} = \overrightarrow{AI}$, car Q est le symétrique de I par rapport à A)

donc : $$\boldsymbol{\overrightarrow{QP} = \frac{1}{2}\overrightarrow{AB} + \frac{1}{3}\overrightarrow{AD}.}$$

($\overrightarrow{AI} = \frac{1}{2}\overrightarrow{AB}$, car I est le milieu de $[AB]$)

2° On a :

$$\overrightarrow{QC} = \overrightarrow{QA} + \overrightarrow{AD} + \overrightarrow{DC}$$
$$= \overrightarrow{AI} + \overrightarrow{AD} + \overrightarrow{AB}$$
$$= \frac{1}{2}\overrightarrow{AB} + \overrightarrow{AB} + \overrightarrow{AD}$$

donc : $$\boldsymbol{\overrightarrow{QC} = \frac{3}{2}\overrightarrow{AB} + \overrightarrow{AD}.}$$

3° Des questions **1°** et **2°**, on déduit :

$$\overrightarrow{QC} = 3\overrightarrow{QP},$$

ce qui permet d'affirmer que les vecteurs $\overrightarrow{QP}$ et $\overrightarrow{QC}$ sont colinéaires.

On peut alors conclure que **les points Q, P et C sont alignés**.

CHAPITRE 11

Trigonométrie

LE COURS

On suppose le plan rapporté à un repère orthonormal $(O\ ;\ \vec{i}, \vec{j})$, et on note I et J les points tels que :

$$\overrightarrow{OI} = \vec{i},\quad \overrightarrow{OJ} = \vec{j}.$$

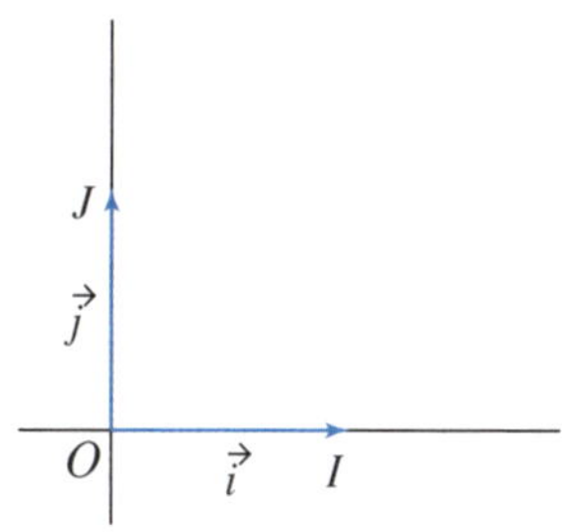

$OI = OJ = 1,$

$(OI) \perp (OJ).$

Radian

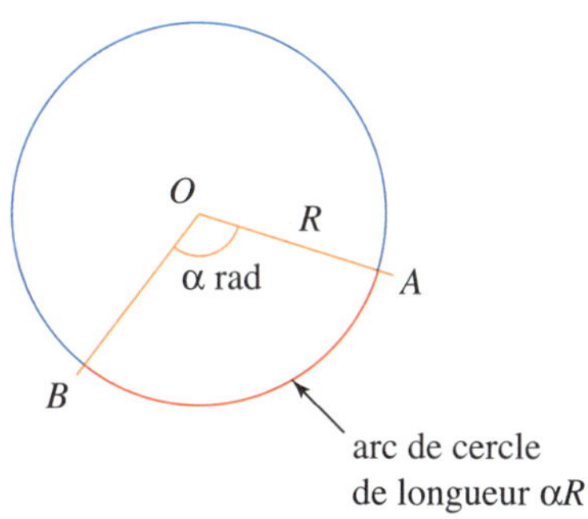

La longueur d'un arc de cercle de rayon R est égale à $\alpha \times R$, α étant la mesure en radians de l'angle au centre qui intercepte l'arc.
Les mesures en degrés et en radians sont proportionnelles.

degré	0	$\frac{\pi}{6}$	$\frac{\pi}{4}$	$\frac{\pi}{3}$	$\frac{\pi}{2}$	π	2π
radian	0	30	45	60	90	180	360

Repérage sur le cercle trigonométrique

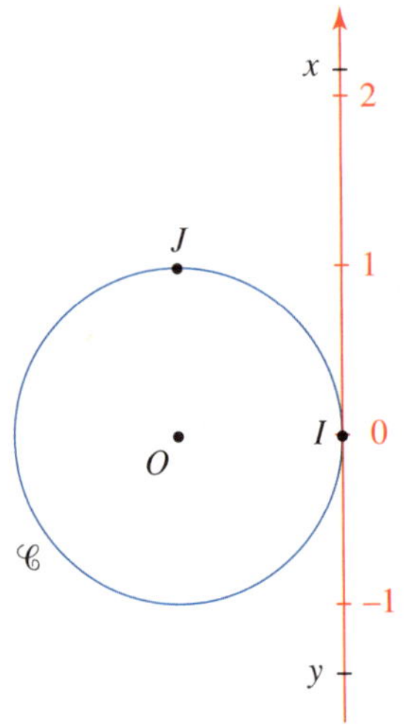

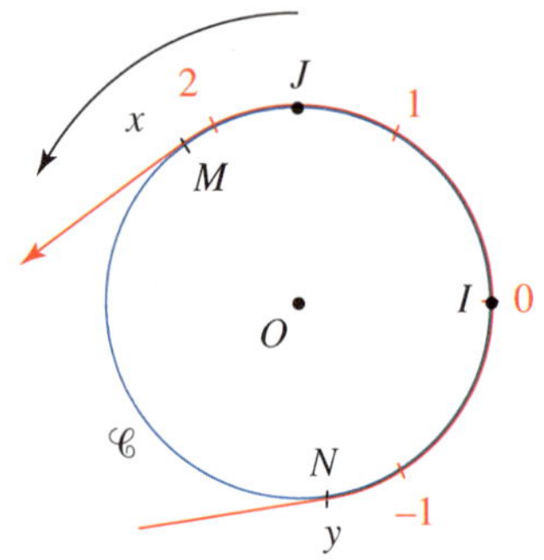

x repère le point M
y repère le point N

- Le cercle $\mathscr{C}$ de centre O, de rayon 1, orienté dans le sens direct (c'est-à-dire de I vers J par le plus court chemin) est appelé cercle trigonométrique.
- En enroulant l'axe réel représenté par la tangente en I à $\mathscr{C}$, chaque réel x est associé à un unique point M de $\mathscr{C}$.

On dit que le réel x repère le point M ou que M est le point de $\mathscr{C}$ associé au réel x.

- Deux réels x et y repèrent le même point sur le cercle trigonométrique si, et seulement si, il existe un entier relatif k tel que :

$$x - y = k \times 2\pi.$$

On dit alors « x égale y modulo 2π » et on note :

$$x = y \quad [2\pi].$$

Angle orienté de deux vecteurs

▶ Définition

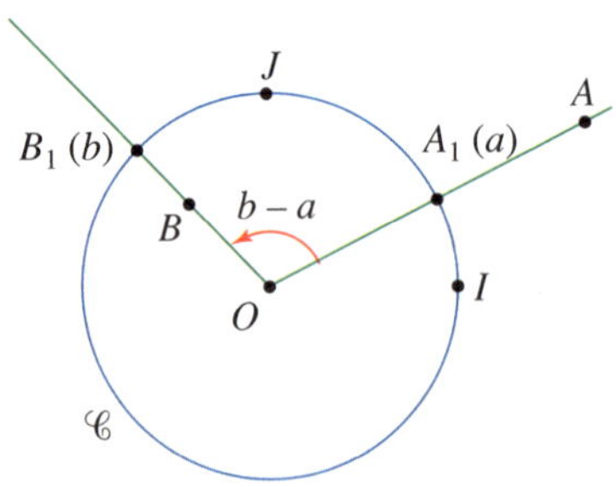

Soient $\vec{u}$ et $\vec{v}$ des vecteurs non nuls, A et B les points tels que :

$$\overrightarrow{OA} = \vec{u}, \quad \overrightarrow{OB} = \vec{v},$$

et A_1, B_1 les points d'intersection respectifs de $\mathscr{C}$ avec chacune des demi-droites $[OA)$ et $[OB)$.

On appelle mesure de l'angle orienté $(\vec{u}, \vec{v})$ les réels $b-a$, où a et b repèrent respectivement les points A_1 et B_1 sur le cercle trigonométrique $\mathscr{C}$.

▶ Mesure principale

Soient $\vec{u}$ et $\vec{v}$ des vecteurs non nuls.

Deux mesures de l'angle orienté $(\vec{u}, \vec{v})$ ont une différence de la forme $k \times 2\pi$, où k est un entier relatif. Parmi ces mesures, une seule appartient à $]-\pi\,;\pi]$, c'est la mesure principale de $(\vec{u}, \vec{v})$.

▶ Notation

Soient $\vec{u}$ et $\vec{v}$ des vecteurs non nuls et θ un nombre réel.
Si θ est une mesure de l'angle orienté $(\vec{u}, \vec{v})$, on écrit :

$$(\vec{u}, \vec{v}) = \theta \quad [2\pi],$$

ou plus simplement :

$$(\vec{u}, \vec{v}) = \theta.$$

▶ Relation de Chasles

Pour tous vecteurs non nuls $\vec{u}$, $\vec{v}$, $\vec{w}$ du plan :

$$(\vec{u}, \vec{v}) + (\vec{v}, \vec{w}) = (\vec{u}, \vec{w})$$

Cosinus et sinus d'un nombre réel

▶ Définition

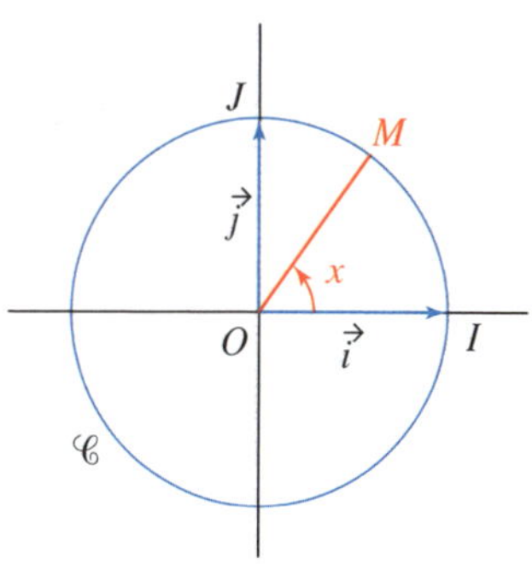

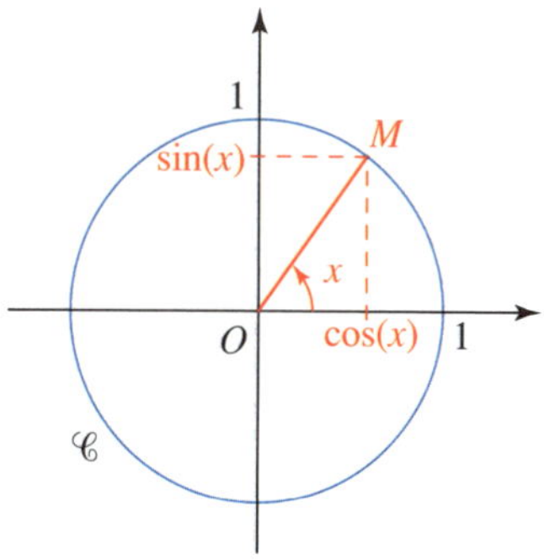

Soient x un nombre réel et M le point du cercle trigonométrique $\mathscr{C}$ associé à x.
Le cosinus de x, noté $\cos(x)$, est l'abscisse de M, et le sinus de x, noté $\sin(x)$, est l'ordonnée de M :

$$\overrightarrow{OM} = \cos(x)\,\vec{i} + \sin(x)\,\vec{j}$$

▶ Propriétés

- Pour tout réel x :

$$\cos^2(x) + \sin^2(x) = 1,$$
$$-1 \leqslant \cos(x) \leqslant 1 \quad \text{et} \quad -1 \leqslant \sin(x) \leqslant 1.$$

- Pour tout réel x et tout entier relatif k :

$$\cos(x + k \times 2\pi) = \cos(x),$$
$$\sin(x + k \times 2\pi) = \sin(x).$$

- Pour tout vecteur non nul $\vec{u}$ et tout réel θ, $(\vec{i}, \vec{u}) = \theta \quad [2\pi]$ si, et seulement si :

$$\vec{u} = \|\vec{u}\|\left(\cos(\theta)\,\vec{i} + \sin(\theta)\,\vec{j}\right),$$

ou encore si, et seulement si :

$$\vec{u} = \|\vec{u}\|\cos(\theta)\,\vec{i} + \|\vec{u}\|\sin(\theta)\,\vec{j}.$$

▶ Formules de symétrie

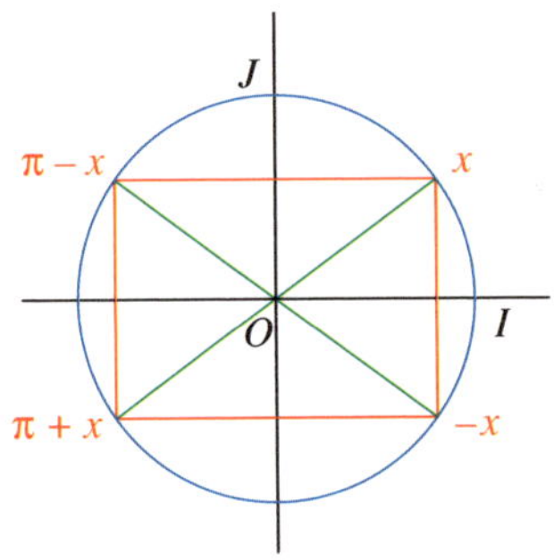

Pour tout réel x :

$$\cos(-x) = \cos(x) \quad \text{et} \quad \sin(-x) = -\sin(x),$$
$$\cos(\pi - x) = -\cos(x) \quad \text{et} \quad \sin(\pi - x) = \sin(x),$$
$$\cos(\pi + x) = -\cos(x) \quad \text{et} \quad \sin(\pi + x) = -\sin(x).$$

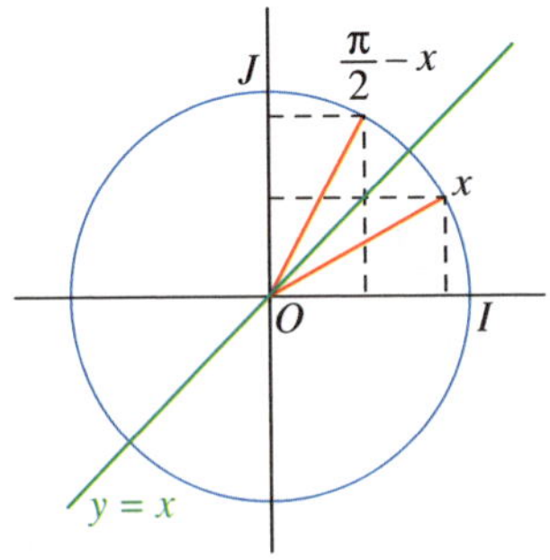

Pour tout réel x :

$$\cos\left(\frac{\pi}{2} - x\right) = \sin(x) \quad \text{et} \quad \sin\left(\frac{\pi}{2} - x\right) = \cos(x).$$

Valeurs remarquables

x	0	$\frac{\pi}{6}$	$\frac{\pi}{4}$	$\frac{\pi}{3}$	$\frac{\pi}{2}$	π
$\cos(x)$	1	$\frac{\sqrt{3}}{2}$	$\frac{\sqrt{2}}{2}$	$\frac{1}{2}$	0	-1
$\sin(x)$	0	$\frac{1}{2}$	$\frac{\sqrt{2}}{2}$	$\frac{\sqrt{3}}{2}$	1	0

Formules d'addition et de duplication

- Pour tous réels a et b :

$$\cos(a+b) = \cos(a)\cos(b) - \sin(a)\sin(b),$$
$$\cos(a-b) = \cos(a)\cos(b) + \sin(a)\sin(b),$$
$$\sin(a+b) = \sin(a)\cos(b) + \cos(a)\sin(b),$$
$$\sin(a-b) = \sin(a)\cos(b) - \cos(a)\sin(b).$$

- Pour tout réel x :

$$\cos(2x) = \cos^2(x) - \sin^2(x) = 2\cos^2(x) - 1 = 1 - 2\sin^2(x),$$
$$\sin(2x) = 2\sin(x)\cos(x).$$

Équations trigonométriques

- Soit a un nombre réel.

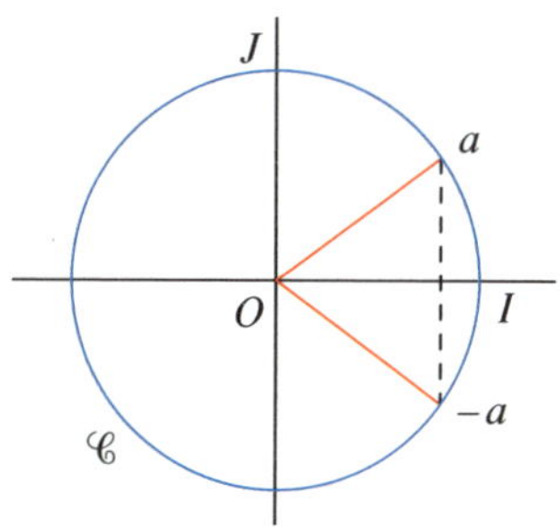

Pour tout réel x, $\cos(x) = \cos(a)$ équivaut à :

$$x = a \quad [2\pi] \quad \text{ou } x = -a \quad [2\pi].$$

Les solutions de l'équation $\cos(x) = \cos(a)$ d'inconnue x sont les réels $a + k \times 2\pi$ et $-a + k \times 2\pi$, où k décrit $\mathbb{Z}$.

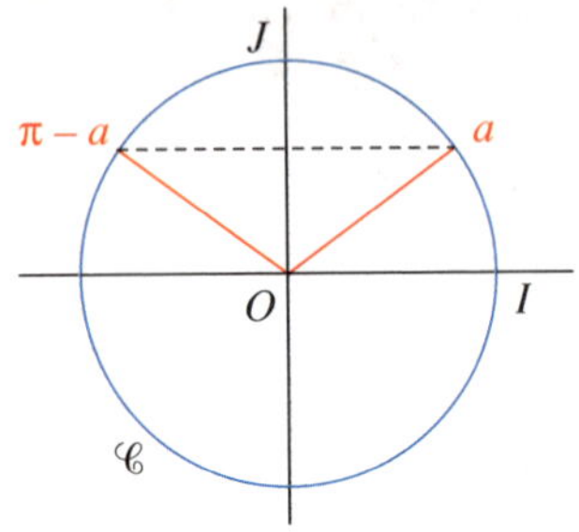

Pour tout réel x, $\sin(x) = \sin(a)$ équivaut à :

$$x = a \quad [2\pi] \quad \text{ou } x = \pi - a \quad [2\pi].$$

Les solutions de l'équation $\sin(x) = \sin(a)$ d'inconnue x sont les réels $a + k \times 2\pi$ et $\pi - a + k \times 2\pi$, où k décrit $\mathbb{Z}$.

- **Cas particuliers**

$$\cos(x) = 0 \quad \Leftrightarrow \quad x = \frac{\pi}{2} + k\pi \quad (k \in \mathbb{Z})$$

$$\sin(x) = 0 \quad \Leftrightarrow \quad x = k\pi \quad (k \in \mathbb{Z})$$

$$\cos(x) = 1 \quad \Leftrightarrow \quad x = k \times 2\pi \quad (k \in \mathbb{Z})$$

$$\sin(x) = 1 \quad \Leftrightarrow \quad x = \frac{\pi}{2} + k \times 2\pi \quad (k \in \mathbb{Z})$$

$$\cos(x) = -1 \quad \Leftrightarrow \quad x = \pi + k \times 2\pi \quad (k \in \mathbb{Z})$$

$$\sin(x) = -1 \quad \Leftrightarrow \quad x = -\frac{\pi}{2} + k \times 2\pi \quad (k \in \mathbb{Z})$$

EXERCICES

Dans tous les exercices, sauf mention explicite du contraire, le plan est rapporté à un repère orthonormal $(O\ ;\ \vec{i},\ \vec{j})$, et $\mathscr{C}$ est le cercle trigonométrique associé à ce repère.

Vrai ou faux ?

1

(corrigés p. 268)

1° a) $\frac{2\pi}{3}$ rad = 120°. **b)** $\frac{\pi}{10}$ rad = 18°. **c)** $\frac{4\pi}{5}$ rad = 144°.

2° Tout triangle dont deux angles mesurent respectivement $\frac{\pi}{5}$ rad et $\frac{2\pi}{5}$ rad est isocèle.

3° a) $\frac{41\pi}{6} = \frac{5\pi}{6}\ [2\pi]$.

b) $\frac{\pi}{2} = -\frac{3\pi}{2}\ [2\pi]$.

c) $\frac{15\pi}{4} = \frac{3\pi}{4}\ [2\pi]$.

4° Si des réels x et y vérifient :

$$x = \frac{\pi}{6}\ [2\pi] \quad \text{et} \quad y = \frac{\pi}{3}\ [2\pi],$$

alors :

$$x + y = \frac{\pi}{2}\ [2\pi].$$

5° Si un réel x vérifie :

$$2x = \frac{\pi}{3}\ [2\pi],$$

alors :

$$x = \frac{\pi}{6}\ [2\pi].$$

6° a) $\cos(6\pi) = 1$. **b)** $\cos(11\pi) = -1$. **c)** $\cos\left(\frac{9\pi}{2}\right) = 0$.

7° Si un vecteur $\vec{u}$ et un réel a vérifient : $\vec{u} = \sin(a)\vec{i} + \cos(a)\vec{j}$, alors :

$$(\vec{i}, \vec{u}) = \frac{\pi}{2} - a\ [2\pi].$$

8° Si $\vec{v} = \vec{i} + \sqrt{3}\vec{j}$, alors $(\vec{i}, \vec{v}) = \frac{\pi}{3}\ [2\pi]$.

9° Si un réel x de $[0\ ;\ \pi]$ vérifie : $\cos(x) = 0{,}4$, alors : $\sin(x) = \sqrt{0{,}84}$.

10° Si un réel x de $[0\ ;\ \pi]$ vérifie : $\sin(x) = 0{,}4$, alors : $\cos(x) = \sqrt{0{,}84}$.

Repérage sur le cercle trigonométrique

2 ★ 5 min (corrigés p. 270)

$\mathscr{C}$ désigne le cercle trigonométrique.
Placer sur $\mathscr{C}$ (sans utiliser de rapporteur) les points M_1, M_2, M_3, M_4, M_5, M_6, M_7 et M_8 tels que :

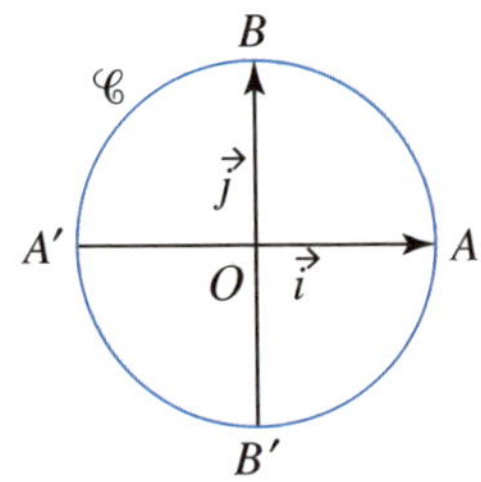

1° $(\overrightarrow{OA}, \overrightarrow{OM_1}) = -\frac{2\pi}{3}$;

2° $(\overrightarrow{OA}, \overrightarrow{OM_2}) = \frac{3\pi}{4}$;

3° $(\overrightarrow{OA}, \overrightarrow{OM_3}) = \frac{17\pi}{2}$;

4° $(\overrightarrow{OA}, \overrightarrow{OM_4}) = \frac{19\pi}{6}$;

5° $(\overrightarrow{OA}, \overrightarrow{OM_5}) = -\frac{39\pi}{4}$;

6° $(\overrightarrow{OA}, \overrightarrow{OM_6}) = -2\,012\pi$;

7° $(\overrightarrow{OA}, \overrightarrow{OM_7}) = \frac{43\pi}{3}$;

8° $(\overrightarrow{OA}, \overrightarrow{OM_8}) = -\frac{31\pi}{6}$.

3 ★★ 10 min (corrigés p. 271)

Représenter sur le cercle trigonométrique les réels suivants, lorsque k décrit $\mathbb{Z}$.

1° $k\frac{\pi}{2}$. 2° $k\pi$. 3° $k\frac{\pi}{3}$.

4° $\frac{\pi}{4} + k\pi$. 5° $-\frac{\pi}{4} + k\frac{\pi}{2}$. 6° $\frac{\pi}{6} + k\frac{\pi}{4}$.

Mise au point sur les angles orientés

4 ★ 10 min (corrigés p. 272)

Déterminer la mesure principale θ en radians d'un angle dont une mesure α en radians est :

1° $-\frac{19\pi}{4}$; 2° $-\frac{9\pi}{10}$; 3° $\frac{2\,000\pi}{3}$; 4° $\frac{95\pi}{7}$.

5 ★★ 10 min (corrigés p. 272)

A, B et C sont des points tels que $\frac{\pi}{6}$ et $-\frac{\pi}{4}$ sont des mesures en radians respectives des angles $(\overrightarrow{AB}, \overrightarrow{AC})$ et $(\overrightarrow{BA}, \overrightarrow{BC})$.
En utilisant la relation de Chasles, déterminer une mesure en radians de chacun des angles suivants :

1° $(\overrightarrow{BA}, \overrightarrow{AC})$ 2° $(\overrightarrow{CA}, \overrightarrow{CB})$; 3° $(\overrightarrow{BA}, \overrightarrow{CA})$.

6 ★★ 10 min (corrigés p. 273)

$\vec{u}$ et $\vec{u}$ désignent des vecteurs non nuls.
Répondre au Q.C.M. suivant en cochant les cases correspondant aux propositions vraies.

1° a) $(-\vec{u}, -\vec{v}) = (\vec{u}, \vec{v})$ ☐

b) $(-\vec{u}, -\vec{v}) = -(\vec{u}, \vec{v})$ ☐

c) $(-\vec{u}, -\vec{v}) = \pi + (\vec{u}, \vec{v})$ ☐

2° a) $(\vec{u}, -\vec{v}) = (\vec{u}, \vec{v})$ ☐

b) $(\vec{u}, -\vec{v}) = -(\vec{u}, \vec{v})$ ☐

c) $(\vec{u}, -\vec{v}) = \pi + (\vec{u}, \vec{v})$ ☐

3° a) $(\vec{v}, \vec{u}) = (\vec{u}, \vec{v})$ ☐

b) $(\vec{v}, \vec{u}) = -(\vec{u}, \vec{v})$ ☐

c) $(\vec{v}, \vec{u}) = \pi + (\vec{u}, \vec{v})$ ☐

4° a) $(-\vec{v}, \vec{u}) = (\vec{u}, \vec{v})$ ☐

b) $(-\vec{v}, \vec{u}) = -(\vec{u}, \vec{v})$ ☐

c) $(-\vec{v}, \vec{u}) = \pi + (\vec{u}, \vec{v})$ ☐

5° a) $(3\vec{u}, 5\vec{v}) = (\vec{u}, \vec{v})$ ☐

b) $(3\vec{u}, 5\vec{v}) = -(\vec{u}, \vec{v})$ ☐

c) $(3\vec{u}, 5\vec{v}) = \pi + (\vec{u}, \vec{v})$ ☐

6° a) $(-10\vec{u}, 7\vec{v}) = (\vec{u}, \vec{v})$ ☐

b) $(-10\vec{u}, 7\vec{v}) = -(\vec{u}, \vec{v})$ ☐

c) $(-10\vec{u}, 7\vec{v}) = \pi + (\vec{u}, \vec{v})$ ☐

7 ★★ 10 min (corrigés p. 273)

Pour tout point M distinct de O, on note $\theta(M)$ la mesure principale de l'angle $(\vec{i}, \overrightarrow{OM})$ et on pose : $\theta(O) = 0$.

1° Dessiner l'ensemble $\mathscr{E}$ des points M tels que :

$$\theta(M) = \frac{\pi}{4}.$$

2° Dessiner l'ensemble $\mathscr{F}$ des points M tels que :

$$OM \leqslant 3 \quad \text{et} \quad \theta(M) = \frac{\pi}{6}.$$

3° Dessiner l'ensemble $\mathscr{G}$ des points M tels que :

$$OM \leqslant 2 \quad \text{et} \quad -\frac{\pi}{6} \leqslant \theta(M) \leqslant \frac{\pi}{4}.$$

Propriétés élémentaires de sin et cos

8 ★ 15 min (corrigés p. 274)

Calculer les nombres A, B, C, D et E.

1° $A = \sin\left(\frac{\pi}{4}\right) + \sin\left(\frac{\pi}{2}\right) + \sin\left(\frac{3\pi}{4}\right) + \sin(\pi)$.

2° $B = \sin\left(\frac{2\pi}{3}\right) + \sin\left(\frac{4\pi}{3}\right) + \sin\left(\frac{6\pi}{3}\right) + \sin\left(\frac{8\pi}{3}\right)$.

3° $C = \cos\left(-\frac{\pi}{3}\right) + \cos\left(-\frac{2\pi}{3}\right) + \cos\left(\frac{2\pi}{3}\right)$.

4° $D = \sin\left(-\frac{7\pi}{6}\right) + \sin\left(\frac{5\pi}{6}\right) + \sin\left(\frac{17\pi}{6}\right)$.

5° $E = \cos\left(-\frac{11\pi}{4}\right) + \cos\left(\frac{7\pi}{4}\right) + \cos\left(\frac{23\pi}{4}\right)$.

9 ★★ 15 min (corrigés p. 274)

Exprimer $A(x)$, $B(x)$, $C(x)$ et $D(x)$ en fonction de $\sin(x)$ et de $\cos(x)$.

1° $A(x) = \sin(-x) + \sin(\pi - x)$.

2° $B(x) = \cos(-x) + \cos(\pi + x)$.

3° $C(x) = \sin\left(\frac{5\pi}{2} - x\right) + \cos(3\pi - x)$.

4° $D(x) = \cos\left(\frac{5\pi}{2} + x\right) + \sin\left(x - \frac{7\pi}{2}\right)$.

10 ★★ 15 min (corrigés p. 275)

Démontrer que, pour tout réel a :

1° $(\sin(a) + \cos(a))^2 = 1 + 2\sin(a)\cos(a)$.

2° $(\sin(a) - \cos(a))^2 = 1 - 2\sin(a)\cos(a)$.

3° $\sin^4(a) + \cos^4(a) = 1 - 2\sin^2(a)\cos^2(a)$.

4° $\sin^4(a) - \cos^4(a) = 1 - 2\cos^2(a)$.

Équations et inéquations trigonométriques

11 ★ 10 min (corrigés p. 275)

1° Quels sont les réels x de $[0\,;\,2\pi[$ vérifiant $\cos(x) = \frac{1}{2}$?

2° Quels sont les réels x de $]-\pi\,;\,\pi]$ vérifiant $\cos(x) = \frac{1}{2}$?

3° Quels sont les réels x vérifiant $\cos(x) = \frac{1}{2}$?

12 ★ 15 min (corrigés p. 275)

Dans chacun des cas suivants, représenter, sur le cercle trigonométrique, les réels x qui satisfont à la condition proposée.

1° $\sin(x) \geqslant 0.$ **2°** $\cos(x) \geqslant 0.$

3° $\sin(x) \leqslant \dfrac{1}{3}\cdot$ **4°** $\cos(x) < -\dfrac{1}{4}\cdot$

5° $\begin{cases} \sin(x) \geqslant \dfrac{1}{2} \\ \cos(x) \leqslant 0. \end{cases}$ **6°** $\sin(x)\cos(x) \leqslant 0.$

13 ★★ 15 min (corrigés p. 276)

À l'aide du cercle trigonométrique, résoudre successivement dans $[0\,;2\pi[$, puis dans $]-\pi\,;\pi]$ l'inéquation (I) proposée.

1° $\sin(x) \geqslant \dfrac{1}{2}\cdot$ **2°** $\cos(x) < \dfrac{\sqrt{2}}{2}\cdot$ **3°** $\cos(x) > -\dfrac{\sqrt{3}}{2}\cdot$

14 ★★★ 15 min (corrigés p. 277)

À l'aide d'une calculatrice, donner les arrondis automatiques à 10^{-3} près des solutions éventuelles dans $]-\pi\,;\pi]$ de l'équation (E) proposée.

1° $\sin(x) = \dfrac{1}{4}\cdot$ **2°** $\sin(x) = -\dfrac{3}{4}\cdot$ **3°** $\sin(x) = \dfrac{\pi}{3}\cdot$ **4°** $\cos(x) = -\dfrac{1}{3}\cdot$

15 ★★★ 20 min (corrigés p. 278)

Résoudre dans $\mathbb{R}$ l'équation (E) proposée.

1° $\cos(x) = \dfrac{\sqrt{3}}{2}\cdot$ **2°** $\cos(2x) = \dfrac{\sqrt{3}}{2}\cdot$

3° $\sin(x)(2\cos(x)+1) = 0.$ **4°** $4\sin^2(x) - 3 = 0.$

5° $2\cos^2(x) + \sqrt{3}\cos(x) - 3 = 0.$

Formules d'addition et de duplication

16 ★ 5 min (corrigés p. 279)

En remarquant que l'on a : $\dfrac{\pi}{12} = \dfrac{\pi}{3} - \dfrac{\pi}{4}$, calculer $\cos\left(\dfrac{\pi}{12}\right)$ et $\sin\left(\dfrac{\pi}{12}\right)\cdot$

17 ★★ 10 min (corrigés p. 280)

En utilisant $\cos\left(\dfrac{\pi}{4}\right)$, calculer $\cos\left(\dfrac{\pi}{8}\right)$ et $\sin\left(\dfrac{\pi}{8}\right)\cdot$

18 ★★★ 15 min

(corrigés p. 280)

Démontrer que, pour tout réel x, on a :

1° $\sin(3x) = -4\sin^3(x) + 3\sin(x)$.

2° $\cos(4x) = \cos^4(x) - 6\cos^2(x)\sin^2(x) + \sin^4(x)$.

Les interrogations écrites

19 10 min

(corrigés p. 280)

Vérifier que le point $M\left(\sin\left(\frac{\pi}{7}\right) ; \cos\left(\frac{\pi}{7}\right)\right)$ appartient au cercle trigonométrique $\mathscr{C}$ et donner une mesure de l'angle $(\vec{i}, \overrightarrow{OM})$.

20 15 min

(corrigés p. 281)

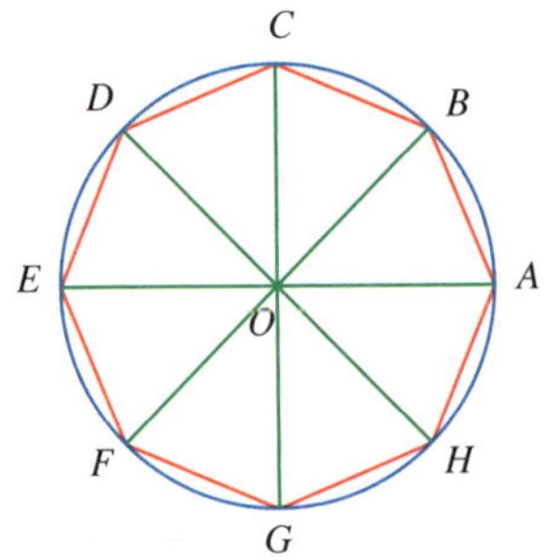

$ABCDEFGH$ est un octogone régulier inscrit dans le cercle trigonométrique.
Compléter le tableau suivant (aucune justification n'est demandée).

Angle orienté	Mesure principale
$(\overrightarrow{OA}, \overrightarrow{OB})$	
$(\overrightarrow{OF}, \overrightarrow{OD})$	
$(\overrightarrow{OA}, \overrightarrow{OF})$	
$(\overrightarrow{OH}, \overrightarrow{OD})$	
$(\overrightarrow{BO}, \overrightarrow{BA})$	
$(\overrightarrow{DE}, \overrightarrow{DA})$	
$(\overrightarrow{GB}, \overrightarrow{GD})$	
$(\overrightarrow{CA}, \overrightarrow{CF})$	

21 15 min (corrigés p. 281)

On pose :

$$c = \cos\left(\frac{\pi}{5}\right) \quad \text{et} \quad s = \sin\left(\frac{\pi}{5}\right).$$

1° Exprimer en fonction de c et de s le cosinus et le sinus de chacun des nombres réels $\frac{6\pi}{5}$, $\frac{9\pi}{5}$ et $\frac{3\pi}{10}$.

2° Exprimer en fonction de c le cosinus de $\frac{2\pi}{5}$ et de $\frac{\pi}{10}$.

22 15 min (corrigés p. 282)

1° Quels sont les réels x de $[0 ; 2\pi[$ vérifiant $\sin(x) = -\frac{1}{2}$?

2° Quels sont les réels x de $]-\pi ; \pi]$ vérifiant $\sin(x) = -\frac{1}{2}$?

3° Quels sont les réels x vérifiant $\sin(x) = -\frac{1}{2}$?

CORRIGÉS

Vrai ou faux ?

1 **1° a)** $\frac{2\pi}{3}$ rad $= 120°$.

Vrai.

De la relation : 2π rad $= 360°$,
on déduit en divisant chaque membre de l'égalité par 3 :

$$\frac{2\pi}{3}\text{ rad} = \left(\frac{360}{3}\right)^{\circ} = 120°.$$

Plus généralement, pour tout réel θ de $[0\,;2\pi]$:

$$\theta\text{ rad} = \left(\frac{360}{2\pi}\times\theta\right)^{\circ} = \left(\frac{180}{\pi}\times\theta\right)^{\circ}.$$

b) $\frac{\pi}{10}$ rad $= 18°$.

Vrai.

$$\frac{\pi}{10}\text{ rad} = \left(\frac{180}{\pi}\times\frac{\pi}{10}\right)^{\circ} = \left(\frac{180}{10}\right)^{\circ} = 18^{\circ}.$$

c) $\frac{4\pi}{5}$ rad $= 144°$.

Vrai.

$$\frac{4\pi}{5}\text{ rad} = \left(\frac{180}{\pi}\times\frac{4\pi}{5}\right)^{\circ} = \left(\frac{4\times 180}{5}\right)^{\circ} = 144^{\circ}.$$

Le tableau suivant est un tableau de proportionnalité :

π	$\frac{2\pi}{3}$	$\frac{\pi}{10}$	$\frac{4\pi}{5}$
180	120	18	144

2° Tout triangle dont deux angles mesurent respectivement $\frac{\pi}{5}$ rad et $\frac{2\pi}{5}$ rad est isocèle.

Vrai.

La somme des angles d'un triangle vaut π radians (π rad $= 180°$) et :

$$\pi - \frac{\pi}{5} - \frac{2\pi}{5} = \frac{5-1-2}{5}\pi = \frac{2\pi}{5}.$$

Le 3e angle mesure $\frac{2\pi}{5}$ rad.

Le triangle a deux angles égaux (à $\frac{2\pi}{5}$ rad), il est donc isocèle.

$$\frac{\pi}{5}\text{ rad} = 36°,\ \frac{2\pi}{5}\text{ rad} = 72°.$$

$$36 + 2\times 72 = 180.$$

3° a) $\frac{41\pi}{6} = \frac{5\pi}{6}\ [2\pi]$.

Vrai.

En effet :

$$\frac{41\pi}{6} - \frac{5\pi}{6} = \frac{36}{6}\pi = 6\pi = 3\times 2\pi.$$

> Pour tous réels x et y, dire que $x = y\ [2\pi]$ signifie qu'il existe un entier relatif k tel que :
> $$x - y = k\times 2\pi.$$

b) $\frac{\pi}{2} = -\frac{3\pi}{2}\ [2\pi]$.

Vrai.

En effet :

$$\frac{\pi}{2} - \left(-\frac{3\pi}{2}\right) = \frac{\pi}{2} + \frac{3\pi}{2} = 2\pi.$$

c) $\frac{15\pi}{2} = \frac{3\pi}{4}\ [2\pi]$.

Faux.

En effet :

$$\frac{15\pi}{4} - \frac{3\pi}{4} = \frac{12\pi}{4} = 3\pi$$

et 3 est un entier impair, donc $\frac{15\pi}{4}$ n'est pas égal à $\frac{3\pi}{4}$ modulo 2π.

3π n'est pas un multiple de 2π.

4° Si $x = \frac{\pi}{6}\ [2\pi]$ et $y = \frac{\pi}{3}\ [2\pi]$,

alors : $x + y = \frac{\pi}{2}\ [2\pi]$.

Vrai.

Si $x = \frac{\pi}{6}\ [2\pi]$ et $y = \frac{\pi}{3}\ [2\pi]$, alors il existe des entiers relatifs k et k' tels que :

$$x = \frac{\pi}{6} + k \times 2\pi,$$

$$y = \frac{\pi}{3} + k' \times 2\pi,$$

d'où, en additionnant membre à membre ces deux égalités :

$$\begin{aligned} x + y &= \frac{\pi}{6} + \frac{\pi}{3} + k \times 2\pi + k' \times 2\pi \\ &= \frac{3\pi}{6} + (k + k') \times 2\pi \\ &= \frac{\pi}{2} + (k + k') \times 2\pi. \end{aligned}$$

Comme de plus $k + k'$ est un entier relatif, on a ainsi prouvé :

$$x + y = \frac{\pi}{2}\ [2\pi].$$

Plus généralement, quels que soient les réels x, x', y, y',
si $x = x'\ [2\pi]$ et $y = y'\ [2\pi]$,
alors : $x + y = x' + y'\ [2\pi]$.

5° Si $2x = \frac{\pi}{3}\ [2\pi]$, alors $x = \frac{\pi}{6}\ [2\pi]$.

Faux.
Pour le prouver, il suffit de prendre $x = \frac{\pi}{6} + \pi$; on a alors :

- $2x = \frac{2\pi}{6} + 2\pi = \frac{\pi}{3} + 2\pi$, donc :

$$2x = \frac{\pi}{3}\ [2\pi] ;$$

- $x - \frac{\pi}{6} = \pi$, donc $x - \frac{\pi}{6}$ n'est pas de la forme $k \times 2\pi$, où k est un entier relatif, donc x n'est pas égal à $\frac{\pi}{6}$ modulo 2π.

En revanche, on pourra affirmer dans les classes supérieures que, si $2x = \frac{\pi}{3}\ [2\pi]$, alors $x = \frac{\pi}{6}\ [\pi]$,

6° a) $\cos(6\pi) = 1$.

Vrai.

$$\cos(6\pi) = \cos(3 \times 2\pi) = \cos(0) = 1.$$

Pour tout réel x et tout entier relatif k :

$$\cos(x + k \times 2\pi) = \cos(x).$$

b) $\cos(11\pi) = -1$.

Vrai.

$$\begin{aligned} \cos(11\pi) &= \cos(\pi + 5 \times 2\pi) \\ &= \cos(\pi) \\ &= -1. \end{aligned}$$

Plus généralement, pour tout entier relatif k :

$$\cos(k\pi) = \begin{cases} 1 & \text{si } k \text{ est pair} \\ -1 & \text{si } k \text{ est impair,} \end{cases}$$

c'est-à-dire :

$$\cos(k\pi) = (-1)^k.$$

c) $\cos\left(\frac{9\pi}{2}\right) = 0$.

Vrai.

$$\begin{aligned} \cos\left(\frac{9\pi}{2}\right) &= \cos\left(\frac{\pi + 8\pi}{2}\right) \\ &= \cos\left(\frac{\pi}{2} + 2 \times 2\pi\right) \\ &= \cos\left(\frac{\pi}{2}\right), \end{aligned}$$

donc : $\cos\left(\frac{9\pi}{2}\right) = 0$.

Pour tout entier relatif k :

$$\cos\left(\frac{\pi}{2} + k\pi\right) = 0.$$

7° Si $\vec{u} = \sin(a)\vec{i} + \cos(a)\vec{j}$, alors :

$$(\vec{i}, \vec{u}) = \frac{\pi}{2} - a\ [2\pi].$$

Vrai.
D'après les formules de symétrie :

$$\sin(a) = \cos\left(\frac{\pi}{2} - a\right),$$

$$\cos(a) = \sin\left(\frac{\pi}{2} - a\right),$$

donc :

$$\vec{u} = \cos\left(\frac{\pi}{2} - a\right)\vec{i} + \sin\left(\frac{\pi}{2} - a\right)\vec{j},$$

ce qui prouve que $\vec{u}$ est le vecteur unitaire tel que :

$$(\vec{i}, \vec{u}) = \frac{\pi}{2} - a\ [2\pi]$$

cours
exercices
interro
corrigés

Un vecteur unitaire est un vecteur de norme 1.

8° Si $\vec{v} = \vec{i} + \sqrt{3}\vec{j}$, alors :

$$(\vec{i}, \vec{v}) = \frac{\pi}{3} \quad [2\pi].$$

Vrai.

En effet :

$\|\vec{v}\| = \sqrt{1^2 + (\sqrt{3})^2} = \sqrt{4} = 2$,

et on peut écrire :

$$\vec{v} = 2\left(\frac{1}{2}\vec{i} + \frac{\sqrt{3}}{2}\vec{j}\right)$$
$$= 2\left(\cos\left(\frac{\pi}{3}\right)\vec{i} + \sin\left(\frac{\pi}{3}\right)\vec{j}\right).$$

Pour tout vecteur non nul $\vec{u}$ et tout réel θ, si $\vec{u} = \|\vec{u}\|(\cos(\theta)\vec{i} + \sin(\theta)\vec{j})$, alors :

$$(\vec{i}, \vec{u}) = \theta \quad [2\pi].$$

9° Si un réel x de $[0 ; \pi]$ vérifie :

$$\cos(x) = 0{,}4,$$

alors : $\sin(x) = \sqrt{0{,}84}$.

Vrai.

Soit x un réel de $[0 ; \pi]$ tel que :

$$\cos(x) = 0{,}4.$$

De l'égalité $\cos^2(x) + \sin^2(x) = 1$, on déduit :

$$\sin^2(x) = 1 - \cos^2(x),$$

d'où : $\sin^2(x) = 1 - (0{,}4)^2 = 1 - 0{,}16$,

c'est-à-dire : $\sin^2(x) = 0{,}84$.

$\sin(x) = \sqrt{0{,}84}$ ou $\sin(x) = -\sqrt{0{,}84}$.

Comme, de plus, x appartient à $[0 ; \pi]$:

$$\sin(x) \geqslant 0,$$

et on peut conclure :

$$\sin(x) = \sqrt{0{,}84}.$$

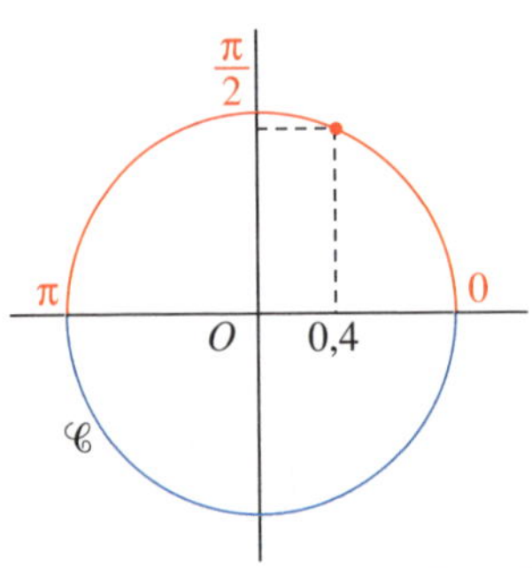

Un seul point du demi-cercle rouge a pour abscisse 0,4. Son ordonnée est positive.

10° Si un réel x de $[0 ; \pi]$ vérifie :

$$\sin(x) = 0{,}4,$$

alors : $\cos(x) = \sqrt{0{,}84}$.

Faux.

Soit x un réel de $[0 ; \pi]$ tel que :

$$\sin(x) = 0{,}4.$$

En procédant comme dans la question précédente, on obtient :

$$\cos^2(x) = 0{,}84,$$

c'est-à-dire :

$\cos(x) = \sqrt{0{,}84}$ ou $\cos(x) = -\sqrt{0{,}84}$,

et on ne peut pas savoir sans information supplémentaire sur x quelle est la valeur de $\cos(x)$. On peut affirmer que :

si $0 \leqslant x \leqslant \frac{\pi}{2}$, alors $\cos(x) = \sqrt{0{,}84}$,

si $\frac{\pi}{2} \leqslant x \leqslant \pi$, alors $\cos(x) = -\sqrt{0{,}84}$.

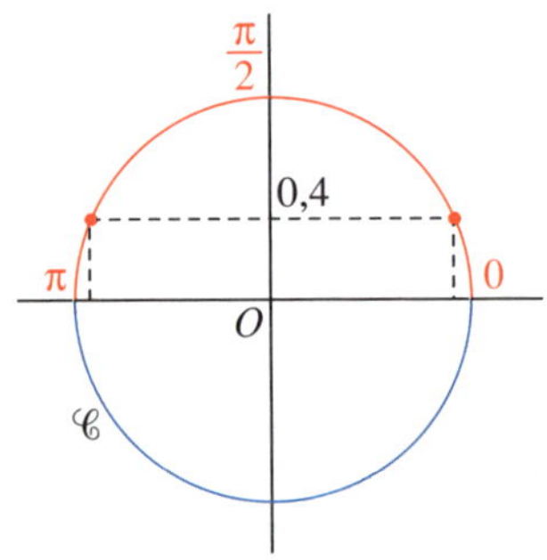

Deux points du demi-cercle rouge ont pour ordonnée 0,4. Ils ont des abscisses opposées.

Repérage sur le cercle trigonométrique

2

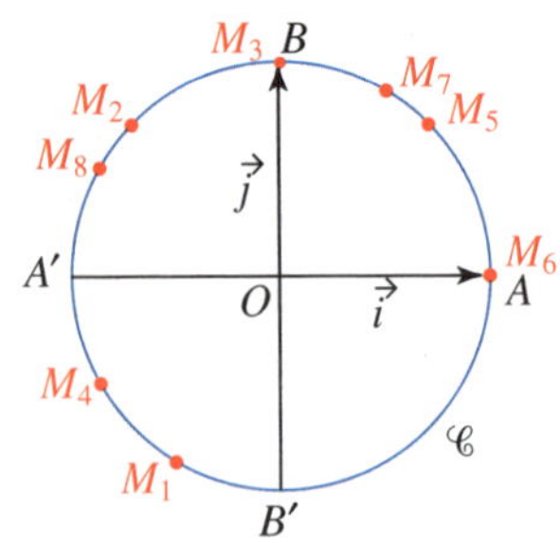

1° $(\overrightarrow{OA}, \overrightarrow{OM_1}) = -\frac{2\pi}{3}$;

On dit que le triangle équilatéral $OA'M_1$ est direct, car on « parcourt » ses sommets O, A', M_1 en tournant dans le sens trigonométrique.

2° $(\overrightarrow{OA}, \overrightarrow{OM_2}) = \dfrac{3\pi}{4}$.

M_2 appartient à la médiatrice de $[A'B]$.

3° $(\overrightarrow{OA}, \overrightarrow{OM_3}) = \dfrac{17\pi}{2} = \dfrac{\pi}{2}\ [2\pi]$.

M_3 est confondu avec B.

4° $(\overrightarrow{OA}, \overrightarrow{OM_4}) = \dfrac{19\pi}{6} = -\dfrac{5\pi}{6}\ [2\pi]$.

Le triangle $B'OM_4$ est équilatéral direct.

5° $(\overrightarrow{OA}, \overrightarrow{OM_5}) = -\dfrac{39\pi}{4} = \dfrac{\pi}{4}\ [2\pi]$.

M_5 appartient à la médiatrice de $[AB]$.

6° $(\overrightarrow{OA}, \overrightarrow{OM_6}) = -2\,012\pi = 0\ [2\pi]$.

M_6 est confondu avec A.

7° $(\overrightarrow{OA}, \overrightarrow{OM_7}) = \dfrac{43\pi}{3} = \dfrac{\pi}{3}\ [2\pi]$.

Le triangle OAM_7 est équilatéral direct.

8° $(\overrightarrow{OA}, \overrightarrow{OM_8}) = -\dfrac{31\pi}{6} = \dfrac{5\pi}{6}\ [2\pi]$.

Le triangle OBM_8 est équilatéral direct.

3 Dans chaque cas, les images des réels donnés sont les points en rouge du cercle trigonométrique.

1° $k\dfrac{\pi}{2}$.

Les points cherchés sont les sommets d'un carré.

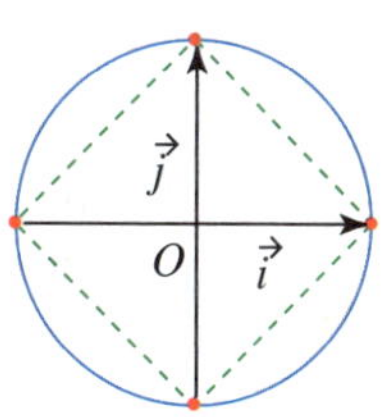

2° $k\pi$.

Les points cherchés sont symétriques par rapport à O.

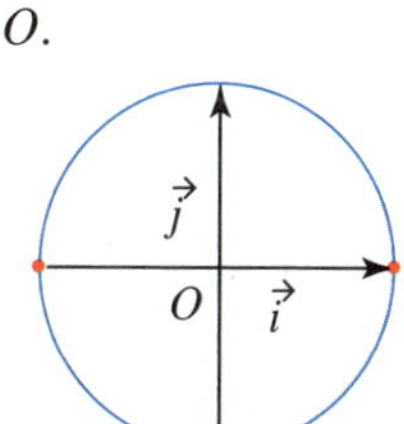

3° $k\dfrac{\pi}{3}$.

Les points cherchés sont les sommets d'un hexagone régulier.

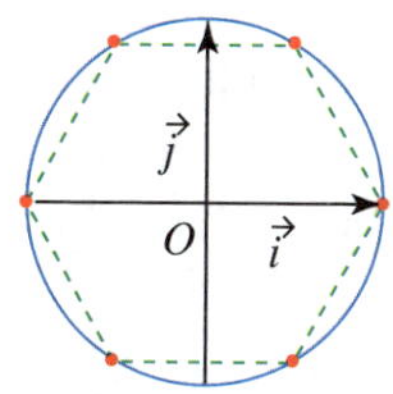

4° $\dfrac{\pi}{4} + k\pi$.

Les points cherchés sont symétriques par rapport à O.

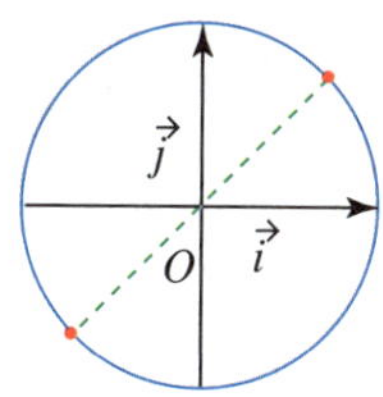

5° $-\dfrac{\pi}{4} + k\dfrac{\pi}{2}$.

Les points cherchés sont les sommets d'un carré.

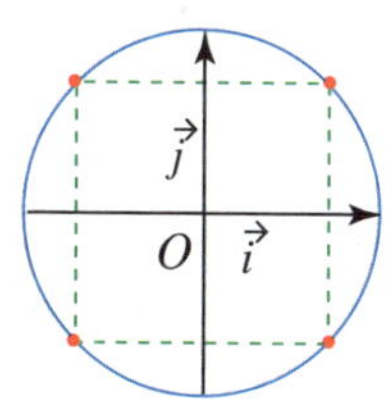

6° $\dfrac{\pi}{6} + k\dfrac{\pi}{4}$.

Les points cherchés sont les sommets d'un octogone régulier.

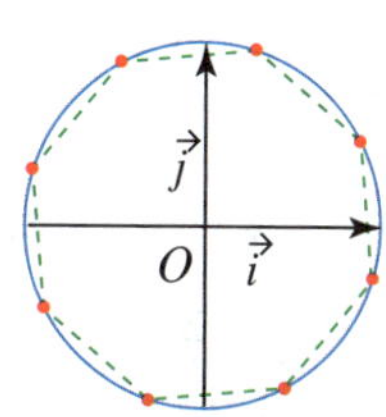

Mise au point sur les angles orientés

4 Il s'agit dans chaque question de déterminer le réel θ de $]-\pi ; \pi]$ dont la différence avec α est un multiple de 2π, c'est-à-dire de la forme $k \times 2\pi$ avec k entier.

1° $\alpha = -\frac{19\pi}{4}$.

16 et 24 sont les multiples consécutifs de 8 qui encadrent 19, donc :

$$-\frac{19\pi}{4} = -\frac{16\pi}{4} - \frac{3\pi}{4} = -4\pi - \frac{3\pi}{4} = -2 \times 2\pi - \frac{3\pi}{4},$$

d'où : $-\frac{19\pi}{4} = -\frac{3\pi}{4} \quad [2\pi]$.

De plus, on a : $-\pi < -\frac{3\pi}{4} \leqslant \pi$,

donc : $\boldsymbol{\theta = -\frac{3\pi}{4}}$.

2° $\alpha = -\frac{9\pi}{10}$.

On a : $-\pi < -\frac{9\pi}{10} \leqslant \pi$,

donc $-\frac{9\pi}{10}$ est une mesure principale et

$$\boldsymbol{\theta = -\frac{9\pi}{10}}.$$

3° $\alpha = \frac{2\,000\pi}{3}$.

1 988 et 2 004 sont les multiples consécutifs de 6 qui encadrent 2 000, donc :

$$\frac{2\,000\pi}{3} = \frac{1\,998\pi}{3} + \frac{2\pi}{3} = 666\pi + \frac{2\pi}{3} = 333 \times 2\pi + \frac{2\pi}{3},$$

d'où : $\frac{2\,000\pi}{3} = \frac{2\pi}{3} \quad [2\pi]$.

De plus, on a : $-\pi < \frac{2\pi}{3} \leqslant \pi$,

donc : $\boldsymbol{\theta = \frac{2\pi}{3}}$.

4° $\alpha = \frac{95\pi}{7}$.

On a :

$$\frac{95\pi}{7} = \frac{98\pi}{7} - \frac{3\pi}{7} = 14\pi - \frac{3\pi}{7} = 7 \times 2\pi - \frac{3\pi}{7},$$

donc : $\frac{95\pi}{7} = -\frac{3\pi}{7} \quad [2\pi]$.

De plus, on a : $-\pi < -\frac{3\pi}{7} \leqslant \pi$,

donc : $\boldsymbol{\theta = -\frac{3\pi}{7}}$.

5

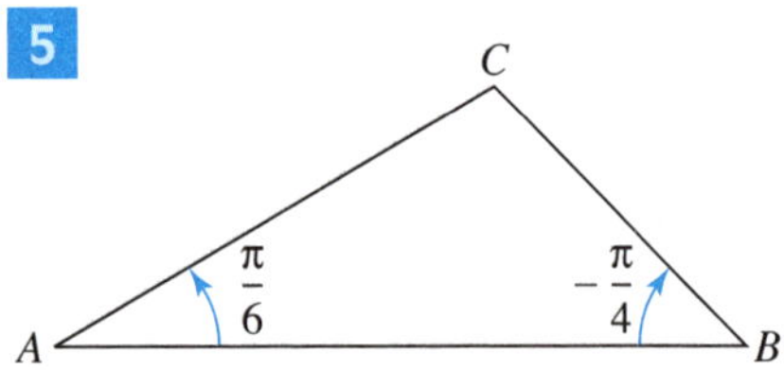

1° D'après la relation de Chasles, on a :

$$(\overrightarrow{BA}, \overrightarrow{AC}) = (\overrightarrow{BA}, \overrightarrow{AB}) + (\overrightarrow{AB}, \overrightarrow{AC})$$

d'où : $(\overrightarrow{BA}, \overrightarrow{AC}) = \pi + \frac{\pi}{6} = \frac{7\pi}{6}$,

donc $\frac{7\pi}{6}$ **est une mesure en radians de l'angle** $(\overrightarrow{BA}, \overrightarrow{AC})$.

2° De même, on a :

$$(\overrightarrow{CA}, \overrightarrow{CB}) = (\overrightarrow{CA}, \overrightarrow{AC}) + (\overrightarrow{AC}, \overrightarrow{AB}) + (\overrightarrow{AB}, \overrightarrow{BA}) + (\overrightarrow{BA}, \overrightarrow{BC}) + (\overrightarrow{BC}, \overrightarrow{CB}),$$

$$(\overrightarrow{CA}, \overrightarrow{CB}) = \pi - \frac{\pi}{6} + \pi - \frac{\pi}{4} + \pi,$$

d'où : $\boldsymbol{(\overrightarrow{CA}, \overrightarrow{CB}) = \frac{7\pi}{12}}$.

$-\frac{17\pi}{12}$, $\frac{7\pi}{12}$, $\frac{31\pi}{12}$ sont **des** mesures en radians de $(\overrightarrow{CA}, \overrightarrow{CB})$.

3° On a aussi :

$$(\overrightarrow{BA}, \overrightarrow{CA}) = (\overrightarrow{BA}, \overrightarrow{AC}) + (\overrightarrow{AC}, \overrightarrow{CA}),$$

d'où : $(\overrightarrow{BA}, \overrightarrow{CA}) = \frac{7\pi}{6} + \pi$,

soit : $(\overrightarrow{BA}, \overrightarrow{CA}) = \frac{13\pi}{6}$, ou encore : $(\overrightarrow{BA}, \overrightarrow{CA}) = \frac{\pi}{6}$·

$-\frac{11\pi}{6}$, $\frac{\pi}{6}$, $\frac{13\pi}{6}$ sont **des** mesures en radians de $(\overrightarrow{BA}, \overrightarrow{CA})$.

6 **1° a)** est la proposition vraie.

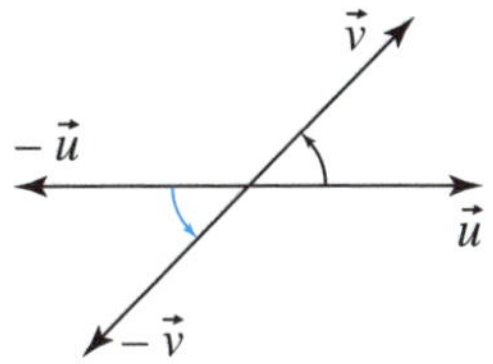

2° c) est la proposition vraie.

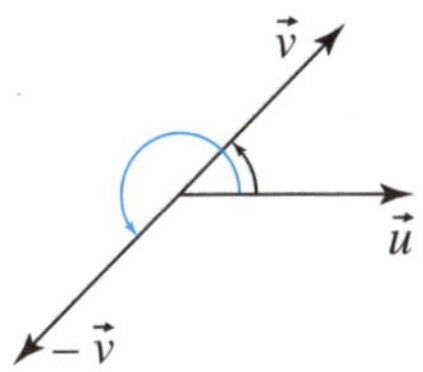

3° b) est la proposition vraie.

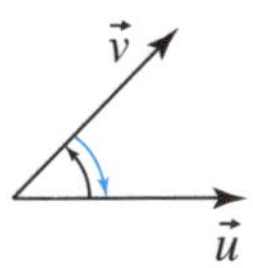

4° Aucune proposition n'est vraie.

$$(-\vec{v}, \vec{u}) = \pi - (\vec{u}, \vec{v}).$$

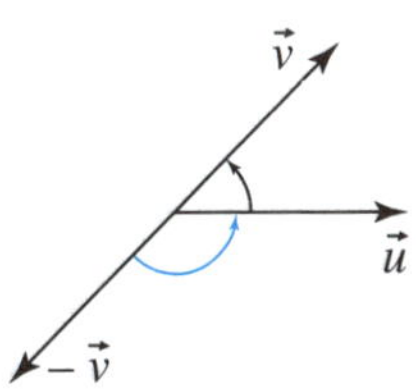

5° a) est la proposition vraie.

6° c) est la proposition vraie.

Si k et k' sont des réels non nuls de même signe, alors :

$$(k\vec{u}, k'\vec{v}) = (\vec{u}, \vec{v}) ;$$

si k et k' sont des réels non nuls de signes contraires, alors :

$$(k\vec{u}, k'\vec{v}) = \pi + (\vec{u}, \vec{v}).$$

7 **1°** $\mathscr{E} : \theta(M) = \frac{\pi}{4}$·

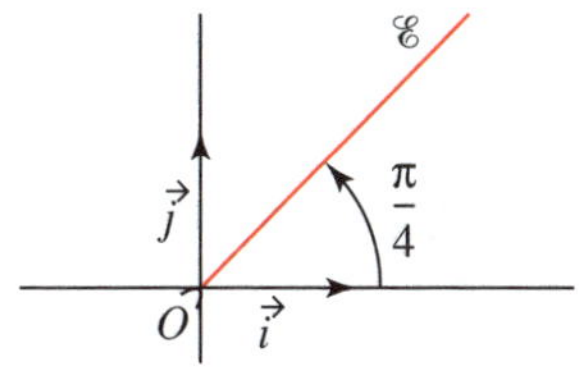

$\mathscr{E}$ est une demi-droite ouverte d'origine O.

2° $\mathscr{F} : OM \leqslant 3$ et $\theta(M) = \frac{\pi}{6}$·

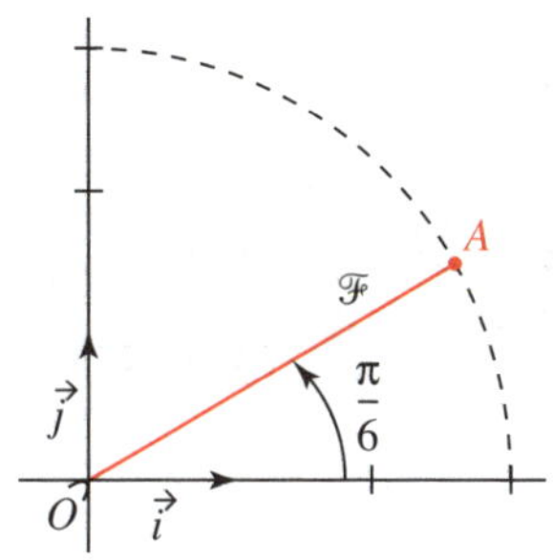

En notant A le point de coordonnées $\left(\frac{3\sqrt{3}}{2} ; \frac{3}{2}\right)$:

$$\mathscr{F} = \left]OA\right].$$

$$3\cos\left(\frac{\pi}{6}\right) = 3 \times \frac{\sqrt{3}}{2} = \frac{3\sqrt{3}}{2},$$

$$3\sin\left(\frac{\pi}{6}\right) = 3 \times \frac{1}{2} = \frac{3}{2}.$$

3° $\mathscr{G} : OM \leqslant 2$ et $-\frac{\pi}{6} \leqslant \theta(M) \leqslant \frac{\pi}{4}$·

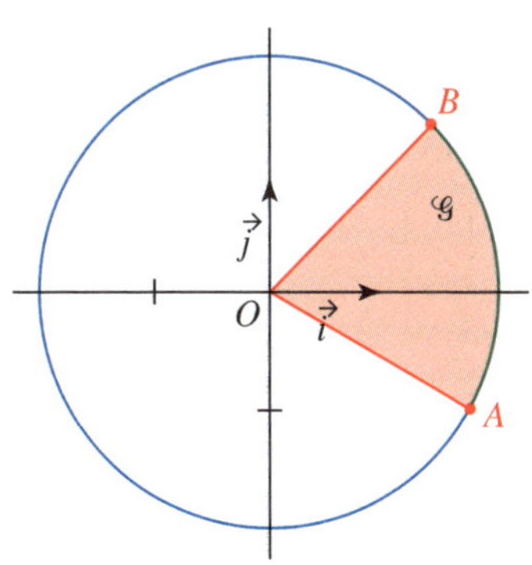

$\mathscr{G}$ est la partie du disque de centre O et de rayon 2 située entre les demi-droites $[OA)$ et $[OB)$, où A est le point de coordonnées $(\sqrt{3}\,;\,-1)$ et B celui de coordonnées $(\sqrt{2}\,;\,\sqrt{2})$.

$$2\cos\left(-\frac{\pi}{6}\right) = 2 \times \frac{\sqrt{3}}{2} = \sqrt{3},$$

$$2\sin\left(-\frac{\pi}{6}\right) = 2 \times \frac{-1}{2} = -1,$$

$$2\cos\left(\frac{\pi}{4}\right) = 2 \times \frac{\sqrt{2}}{2} = \sqrt{2} = 2\sin\left(\frac{\pi}{4}\right).$$

Propriétés élémentaires de sin et cos

8 1° $A = \sin\left(\frac{\pi}{4}\right) + \sin\left(\frac{\pi}{2}\right) + \sin\left(\frac{3\pi}{4}\right) + \sin(\pi).$

$$\boldsymbol{A} = \frac{\sqrt{2}}{2} + 1 + \frac{\sqrt{2}}{2} + 0 = \boldsymbol{\sqrt{2} + 1}.$$

```
sin (π÷4)+sin (π÷2)+s
in (3π÷4)+sin π
              2.414213562
√2+1
              2.414213562
```

Pour vérifier les réponses, ne pas oublier de basculer la calculatrice en mode radian, si ce n'est déjà fait.

2° $B = \sin\left(\frac{2\pi}{3}\right) + \sin\left(\frac{4\pi}{3}\right) + \sin\left(\frac{6\pi}{3}\right) + \sin\left(\frac{8\pi}{3}\right).$

$$\boldsymbol{B} = \frac{\sqrt{3}}{2} - \frac{\sqrt{3}}{2} + 0 + \frac{\sqrt{3}}{2} = \boldsymbol{\frac{\sqrt{3}}{2}}.$$

3° $C = \cos\left(-\frac{\pi}{3}\right) + \cos\left(-\frac{2\pi}{3}\right) + \cos\left(\frac{2\pi}{3}\right).$

$$\boldsymbol{C} = \frac{1}{2} - \frac{1}{2} - \frac{1}{2} = \boldsymbol{-\frac{1}{2}}.$$

4° $\boldsymbol{D} = \sin\left(-\frac{7\pi}{6}\right) + \sin\left(\frac{5\pi}{6}\right) + \sin\left(\frac{17\pi}{6}\right)$

$$= \frac{1}{2} + \frac{1}{2} + \frac{1}{2}$$

$$= \boldsymbol{\frac{3}{2}}.$$

5° $\boldsymbol{E} = \cos\left(-\frac{11\pi}{4}\right) + \cos\left(\frac{7\pi}{4}\right) + \cos\left(\frac{23\pi}{4}\right)$

$$= -\frac{\sqrt{2}}{2} + \frac{\sqrt{2}}{2} + \frac{\sqrt{2}}{2}$$

$$= \boldsymbol{\frac{\sqrt{2}}{2}}.$$

9 Dans chaque cas, nous utiliserons le cercle trigonométrique pour retrouver les propriétés de sin et de cos avec les formules de symétrie.

1° $A(x) = \sin(-x) + \sin(\pi - x),$

$A(x) = -\sin(x) + \sin(x),$

donc : $\boldsymbol{A(x) = 0}.$

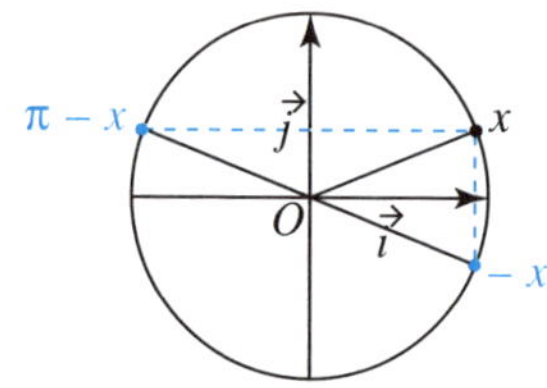

2° $B(x) = \cos(-x) + \cos(\pi + x),$

$B(x) = \cos(x) - \cos(x),$

d'où : $\boldsymbol{B(x) = 0}.$

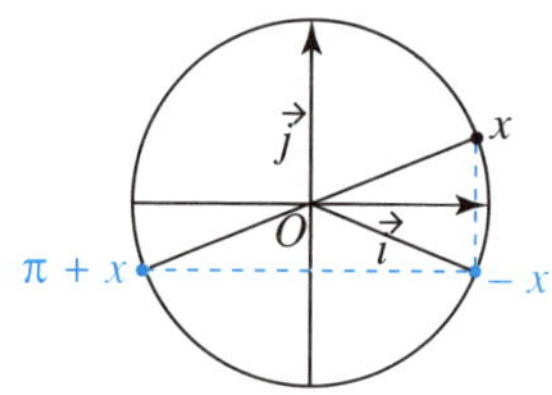

3° $C(x) = \sin\left(\frac{5\pi}{2} - x\right) + \cos(3\pi - x),$

$C(x) = \sin\left(\frac{\pi}{2} - x\right) + \cos(\pi - x),$

$C(x) = \cos(x) - \cos(x),$

donc :

$\boldsymbol{C(x) = 0}.$

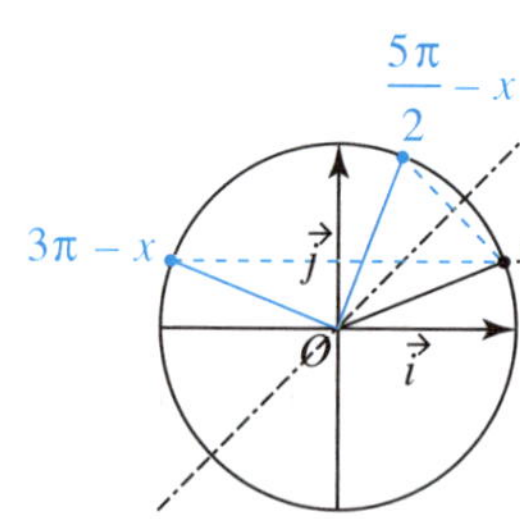

4° $D(x) = \cos\left(\frac{5\pi}{2} + x\right) + \sin\left(x - \frac{7\pi}{2}\right),$

$D(x) = \cos\left(\frac{\pi}{2} + x\right) + \sin\left(x + \frac{\pi}{2}\right),$

donc :

$\boldsymbol{D(x) = -\sin(x) + \cos(x)}.$

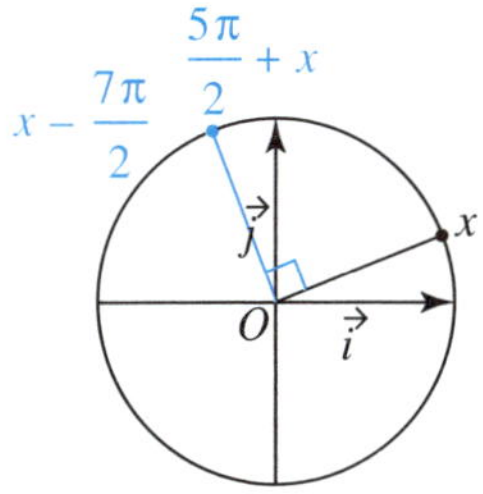

10 Soit a un réel.

1° $(\sin(a) + \cos(a))^2 = \sin^2(a) + \cos^2(a) + 2\sin(a)\cos(a)$,

donc :

$$\mathbf{(\sin(a)+\cos(a))^2 = 1+2\sin(a)\cos(a).}$$

> Pour tout réel x :
> $$\sin^2(x) + \cos^2(x) = 1.$$

2° $(\sin(a) - \cos(a))^2 = \sin^2(a) + \cos^2(a) - 2\sin(a)\cos(a)$,

donc :

$$\mathbf{(\sin(a)-\cos(a))^2 = 1-2\sin(a)\cos(a).}$$

3° $\sin^4(a) + \cos^4(a) = (\sin(a)^2 + \cos^2(a))^2 - 2\sin^2(a)\cos^2(a)$

$= 1^2 - 2\sin^2(a)\cos^2(a)$,

donc :

$$\mathbf{\sin^4(a)+\cos^4(a)=1-2\sin^2(a)\cos^2(a).}$$

> Pour tous réels x et y :
> $$x^4 + y^4 = (x^2 + y^2)^2 - 2x^2y^2.$$

4° $\sin^4(a) - \cos^4(a)$

$= (\sin^2(a)+\cos^2(a))(\sin^2(a)-\cos^2(a))$

$= 1 \times (\sin^2(a) - \cos^2(a))$

$= \sin^2(a) - \cos^2(a)$

$= 1 - \cos^2(a) - \cos^2(a)$,

donc :

$$\mathbf{\sin^4(a) - \cos^4(a) = 1 - 2\cos^2(a).}$$

> Pour tous réels x et y :
> $$x^4 - y^4 = (x^2 + y^2)(x^2 - y^2).$$

Équations et inéquations trigonométriques

11 **1°** Les réels x de $[0\,;2\pi[$ vérifiant $\cos(x) = \frac{1}{2}$ sont : $\mathbf{\frac{\pi}{3}}$ **et** $\mathbf{\frac{5\pi}{3}}$.

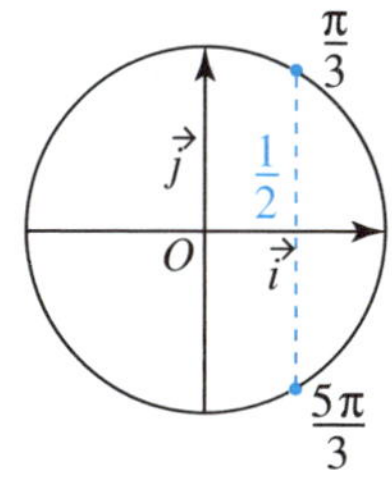

2° Les réels x de $]-\pi\,;\pi]$ vérifiant $\cos(x) = \frac{1}{2}$ sont :

$$\mathbf{\frac{\pi}{3} \text{ et } -\frac{\pi}{3}.}$$

3° Les réels x vérifiant $\cos(x) = \frac{1}{2}$ sont les nombres :

$$\mathbf{\frac{\pi}{3} + k \times 2\pi \text{ et } -\frac{\pi}{3} + k \times 2\pi,}$$

avec k entier relatif.

Les réels x vérifiant $\cos(x) = \frac{1}{2}$ sont aussi ceux qui s'écrivent :

$\frac{\pi}{3} + k \times 2\pi$ ou $\frac{5\pi}{3} + k \times 2\pi$, avec k entier relatif.

12 Les réels qui satisfont à la condition proposée sont représentés en rouge sur le cercle trigonométrique.

1° $\sin(x) \geqslant 0$.

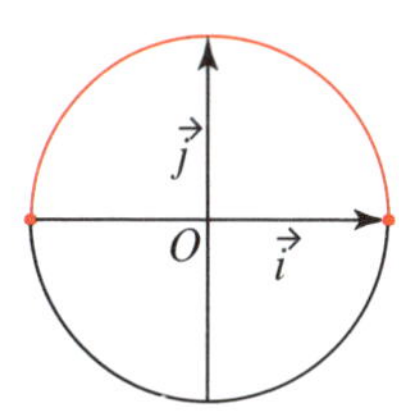

2° $\cos(x) \geqslant 0$.

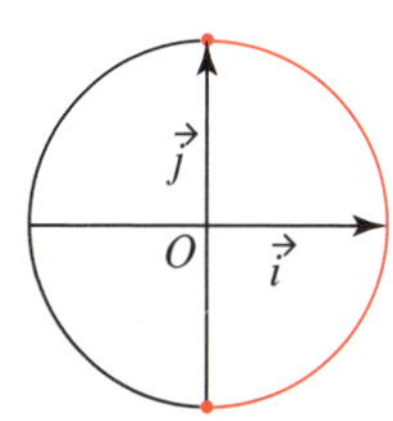

3° $\sin(x) \leqslant \frac{1}{3}$.

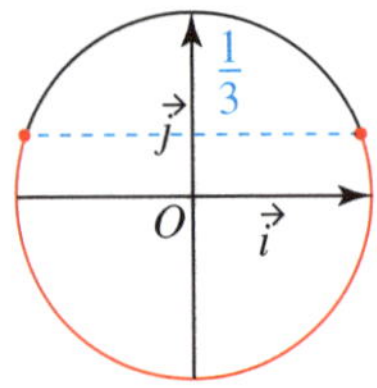

4° $\cos(x) < -\frac{1}{4}$.

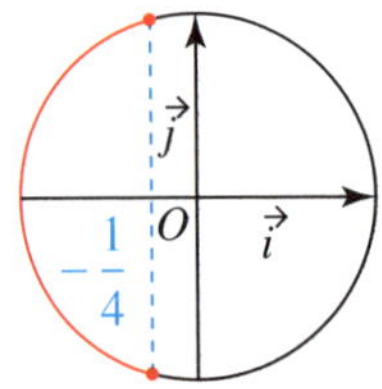

5° $\sin(x) \geqslant \frac{1}{2}$ et $\cos(x) \leqslant 0$.

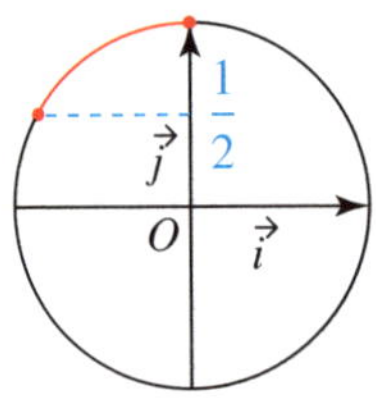

6° $\sin(x)\cos(x) \leqslant 0$.

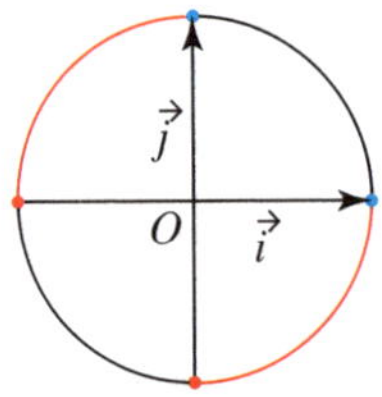

13 On notera $\mathscr{C}$ le cercle trigonométrique, S_1 et S_2 les ensembles des solutions de l'inéquation (I) respectivement dans $[0 ; 2\pi[$ et $]-\pi ; \pi]$.

1° $\sin(x) \geqslant \frac{1}{2}$.

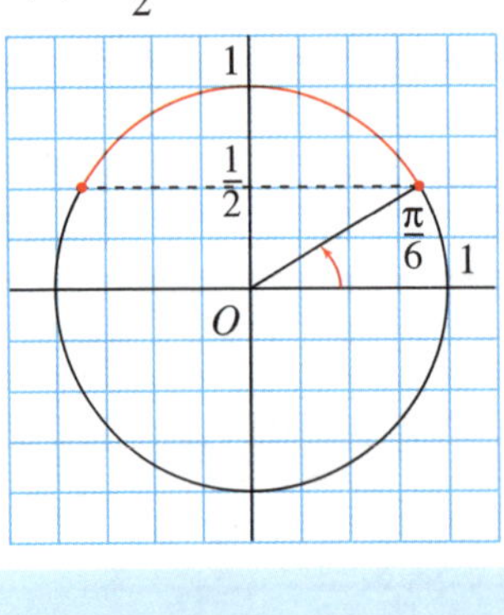

S_1 et S_2 sont représentés par l'ensemble des points de $\mathscr{C}$ d'ordonnée supérieure ou égale à $\frac{1}{2}$.

$$\boldsymbol{S_1 = S_2 = \left[\frac{\pi}{6} ; \frac{5\pi}{6}\right].}$$

2° $\cos(x) < \frac{\sqrt{2}}{2}$.

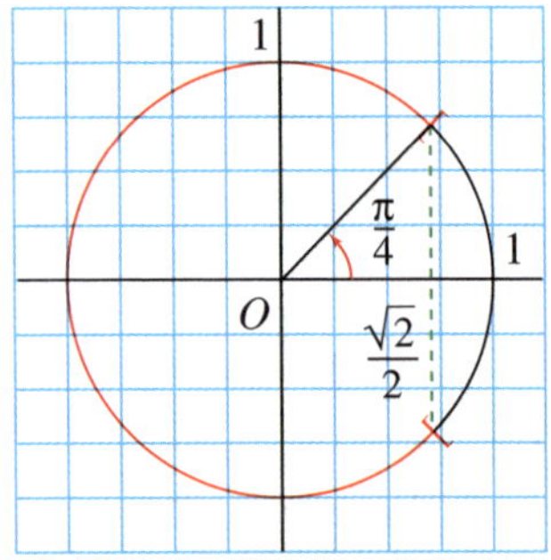

S_1 et S_2 sont représentés par l'ensemble des points de $\mathscr{C}$ dont l'abscisse est strictement inférieure à $\frac{\sqrt{2}}{2}$.

$$\boldsymbol{S_1 = \left]\frac{\pi}{4} ; \frac{7\pi}{4}\right[,}$$

$$\boldsymbol{S_2 = \left]-\pi ; -\frac{\pi}{4}\right[\cup \left]\frac{\pi}{4} ; \pi\right].}$$

3° $\cos(x) > -\frac{\sqrt{3}}{2}$.

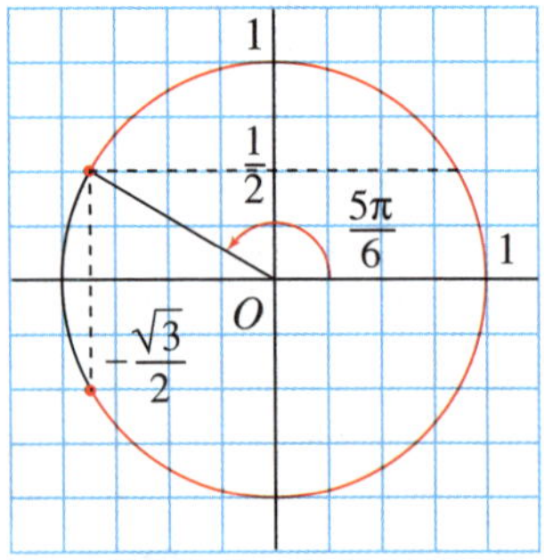

S_1 et S_2 sont représentés par l'ensemble des points de $\mathscr{C}$ dont l'abscisse est strictement supérieure à $-\frac{\sqrt{3}}{2}$.

$$S_1 = \left[0 \,;\, \frac{5\pi}{6}\right[\cup \left]\frac{7\pi}{6} \,;\, 2\pi\right[\;;$$

$$S_2 = \left]-\frac{5\pi}{6} \,;\, \frac{5\pi}{6}\right[.$$

14 1° (E) : $\sin(x) = \frac{1}{4}$.

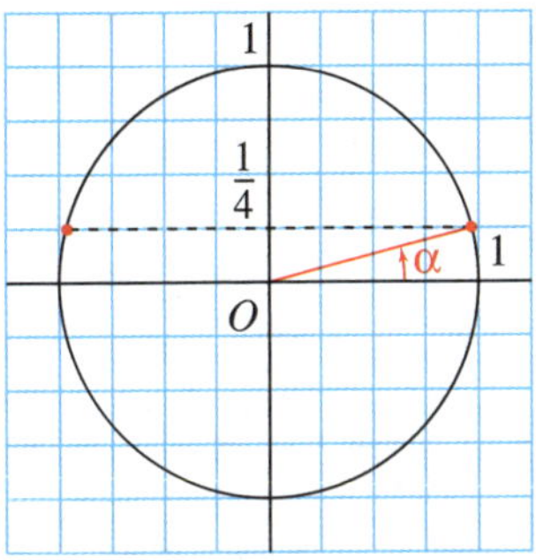

Dans $]-\pi \,;\, \pi]$, (E) admet exactement deux solutions :

- l'une, notée α, vérifie $0 < \alpha < \frac{\pi}{2}$,
- l'autre est alors $\pi - \alpha$.

Soit a un réel tel que $-1 \leqslant a \leqslant 1$; si a est à l'affichage d'une calculatrice, placée en « mode radian », **INV sin** ou **sin⁻¹** fournit une approximation de la seule solution dans $\left[-\frac{\pi}{2} \,;\, \frac{\pi}{2}\right]$ de l'équation $\sin(x) = a$.

À l'affichage d'une calculatrice, on obtient :

0,252 680 255 1 pour α

puis :

2,888 912 398 pour $\pi - \alpha$.

Donc **les deux solutions dans $]-\pi \,;\, \pi]$ de l'équation (E) ont respectivement pour arrondis automatiques à 10^{-3} près les décimaux 0,253 et 2,889**.

```
sin⁻¹ (1÷4)
            0.2526802551
π-Ans
             2.888912398
```

2° (E) : $\sin(x) = -\frac{3}{4}$.

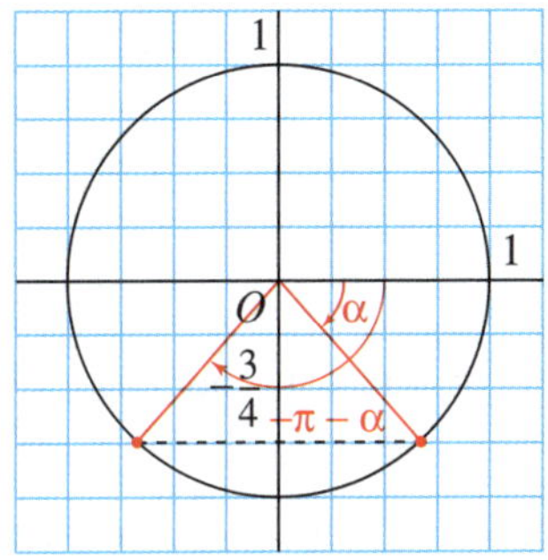

Dans $]-\pi \,;\, \pi]$, (E) admet exactement deux solutions :

- l'une, notée α, vérifie $-\frac{\pi}{2} < \alpha < 0$,
- l'autre est alors $-\pi - \alpha$.

En procédant comme au 1°, on obtient : **les deux solutions dans $]-\pi \,;\, \pi]$ de l'équation $\sin(x) = -\frac{3}{4}$ ont respectivement pour arrondis automatiques à 10^{-3} près les décimaux $-0{,}848$ et $-2{,}294$.**

```
sin⁻¹ (-3÷4)
            -0.848062079
-π-Ans
            -2.293530575
```

3° (E) : $\sin(x) = \frac{\pi}{3}$.

$\frac{\pi}{3} > 1$, donc **l'équation $\sin(x) = \frac{\pi}{3}$ n'a pas de solution dans $\mathbb{R}$.**

```
sin⁻¹ (π÷3)



         Ma    ERROR
```

4° (E) : $\cos(x) = -\frac{1}{3}$.

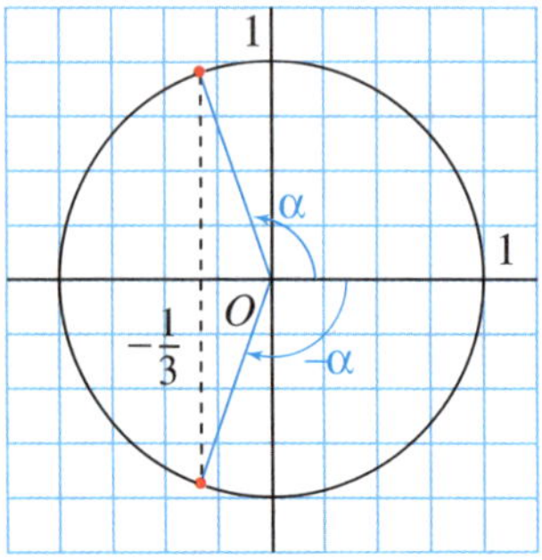

Dans $]-\pi\,;\pi]$, (E) admet exactement deux solutions :

- l'une, notée α, vérifie $\frac{\pi}{2} < \alpha < \pi$,
- l'autre est alors $-\alpha$.

Soit a un réel tel que $-1 \leqslant a \leqslant 1$; si a est l'affichage d'une calculatrice, placée en « mode radian », INV lcos ou $\cos^{-1}$ fournit une approximation de la seule solution dans $[0\,;\pi]$ de l'équation $\cos(x) = a$.

À l'affichage d'une calculatrice, on obtient, comme approximation de α :

1,910 633 236

Finalement :

les deux solutions dans $]-\pi\,;\pi]$ de l'équation $\cos(x) = -\frac{1}{3}$ ont respectivement pour arrondis automatiques à 10^{-3} près les décimaux 1,911 et –1,911.

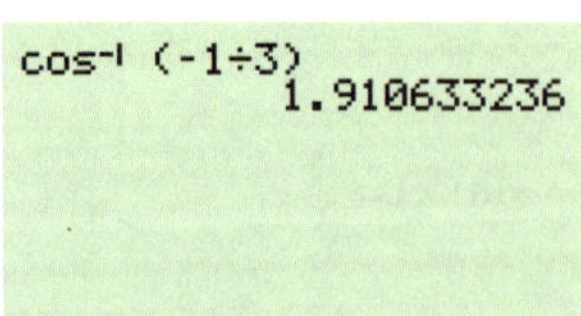

15 1° (E) : $\cos(x) = \frac{\sqrt{3}}{2}$.

Pour tout réel x :

$$(E) \Leftrightarrow \cos(x) = \cos\left(\frac{\pi}{6}\right)$$

$$\Leftrightarrow x = \frac{\pi}{6} + k \times 2\pi$$

$$\text{ou } x = -\frac{\pi}{6} + k \times 2\pi \quad (k \in \mathbb{Z}).$$

$\mathbb{Z}$ est l'ensemble des entiers relatifs, c'est-à-dire l'ensemble des entiers positifs, négatifs ou nuls.

On a ainsi prouvé que **les solutions de (E) sont les réels :**

$$\boldsymbol{\frac{\pi}{6} + k \times 2\pi, \quad -\frac{\pi}{6} + k \times 2\pi,}$$

avec k entier relatif.

2° (E) : $\cos(2x) = \frac{\sqrt{3}}{2}$.

Pour tout réel x :

$$(E) \Leftrightarrow \cos(2x) = \cos\left(\frac{\pi}{6}\right)$$

$$\Leftrightarrow 2x = \frac{\pi}{6} + k \times 2\pi$$

$$\text{ou } 2x = -\frac{\pi}{6} + k \times 2\pi \quad (k \in \mathbb{Z}),$$

$$\Leftrightarrow x = \frac{\pi}{12} + k \times \pi$$

$$\text{ou } x = -\frac{\pi}{12} + k \times \pi \quad (k \in \mathbb{Z}),$$

donc **les solutions de (E) sont les réels :**

$$\boldsymbol{\frac{\pi}{12} + k\pi, \quad -\frac{\pi}{12} + k\pi,}$$

avec k entier relatif.

3° (E) : $\sin(x)(2\cos(x) + 1) = 0$.

Pour tout réel x :

$$(E) \Leftrightarrow \sin(x) = 0 \text{ ou } 2\cos(x) + 1 = 0$$

$$\Leftrightarrow \sin(x) = 0 \text{ ou } \cos(x) = -\frac{1}{2}$$

$$\Leftrightarrow \sin(x) = 0 \text{ ou } \cos(x) = \cos\left(\frac{2\pi}{3}\right)$$

$$\Leftrightarrow x = k \times \pi \text{ ou } x = \frac{2\pi}{3} + k \times 2\pi$$

$$\text{ou } x = -\frac{2\pi}{3} + k \times 2\pi \quad (k \in \mathbb{Z}).$$

On peut alors conclure que **les solutions de (E) sont les réels :**

$$\boldsymbol{k\pi, \quad \frac{2\pi}{3} + 2k\pi, \quad -\frac{2\pi}{3} + 2k\pi,}$$

où k décrit $\mathbb{Z}$.

4° (E) : $4\sin^2(x) - 3 = 0$.

(E) étant équivalente à l'équation :

$$\sin^2(x) = \frac{3}{4},$$

les solutions de (E) sont donc les réels dont le sinus est égal à $-\frac{\sqrt{3}}{2}$ ou $\frac{\sqrt{3}}{2}$.

De plus :

$$\frac{\sqrt{3}}{2} = \sin\left(\frac{\pi}{3}\right),\ -\frac{\sqrt{3}}{2} = \sin\left(-\frac{\pi}{3}\right),$$

donc **les solutions de (E) sont les réels :**

$$\boldsymbol{\frac{\pi}{3} + 2k\pi,\ \frac{2\pi}{3} + 2k\pi,}$$

$$\boldsymbol{-\frac{\pi}{3} + 2k\pi,\ -\frac{2\pi}{3} + 2k\pi,}$$

où k décrit $\mathbb{Z}$.

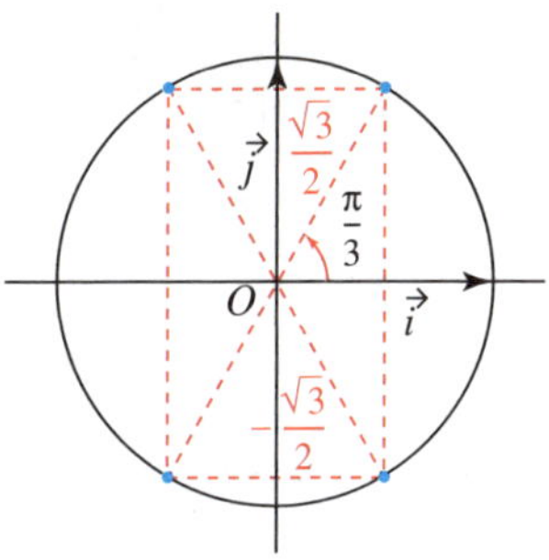

Plus simplement, les solutions de (E) sont les réels :

$$\frac{\pi}{3} + k\pi,\ \frac{2\pi}{3} + k\pi,$$

où k décrit $\mathbb{Z}$.

5° (E) : $2\cos^2(x) + \sqrt{3}\cos(x) - 3 = 0$.

Les solutions de (E) sont les réels dont le cosinus est solution de l'équation du second degré (E') :

$$2X^2 + \sqrt{3}X - 3 = 0.$$

En notant Δ le discriminant de (E') :

$$\Delta = (\sqrt{3})^2 - 4 \times 2 \times (-3) = 3 + 24 = 27,$$

donc les solutions de (E') sont les réels :

$$\frac{-\sqrt{3} - 3\sqrt{3}}{4} \text{ et } \frac{-\sqrt{3} + 3\sqrt{3}}{4},$$

$\sqrt{27} = \sqrt{3^2 \times 3} = 3\sqrt{3}$

c'est-à-dire $-\sqrt{3}$ et $\frac{\sqrt{3}}{2}$.

De plus :

$$-\sqrt{3} < -1,$$

donc aucun réel n'est solution de l'équation $\cos(x) = -\sqrt{3}$ et les solutions de (E) sont celles de l'équation :

$$\cos(x) = \frac{\sqrt{3}}{2}.$$

Enfin :

$$\frac{\sqrt{3}}{2} = \cos\left(\frac{\pi}{6}\right),$$

ce qui permet de conclure que **les solutions de (E) sont les réels :**

$$\boldsymbol{\frac{\pi}{6} + 2k\pi \text{ et } -\frac{\pi}{6} + 2k\pi,}$$

k décrivant $\mathbb{Z}$.

Formules d'addition et de duplication

16 • On a $\frac{\pi}{3} - \frac{\pi}{4} = \frac{4\pi}{12} - \frac{3\pi}{12} = \frac{\pi}{12}$.

Il vient : $\cos\left(\frac{\pi}{12}\right) = \cos\left(\frac{\pi}{3} - \frac{\pi}{4}\right)$,

donc, d'après les formules d'addition :

$$\cos\left(\frac{\pi}{12}\right) = \cos\left(\frac{\pi}{3}\right)\cos\left(\frac{\pi}{4}\right) + \sin\left(\frac{\pi}{3}\right)\sin\left(\frac{\pi}{4}\right)$$

$$= \frac{1}{2} \times \frac{\sqrt{2}}{2} + \frac{\sqrt{3}}{2} \times \frac{\sqrt{2}}{2},$$

donc : $\boldsymbol{\cos\left(\frac{\pi}{12}\right) = \frac{\sqrt{2} + \sqrt{6}}{4}}$.

• De même : $\sin\left(\frac{\pi}{12}\right) = \sin\left(\frac{\pi}{3} - \frac{\pi}{4}\right)$,

$$\sin\left(\frac{\pi}{12}\right) = \sin\left(\frac{\pi}{3}\right)\cos\left(\frac{\pi}{4}\right) - \cos\left(\frac{\pi}{3}\right)\sin\left(\frac{\pi}{4}\right)$$

$$= \frac{\sqrt{3}}{2} \times \frac{\sqrt{2}}{2} - \frac{1}{2} \times \frac{\sqrt{2}}{2},$$

donc : $\boldsymbol{\sin\left(\frac{\pi}{12}\right) = \frac{\sqrt{6} - \sqrt{2}}{4}}$.

17 On a : $\frac{\pi}{4} = 2 \times \frac{\pi}{8}$,

donc, d'après une formule de duplication :

$$\cos\left(\frac{\pi}{4}\right) = 2\cos^2\left(\frac{\pi}{8}\right) - 1,$$

ou encore : $\cos^2\left(\frac{\pi}{8}\right) = \frac{1}{2}\left(\cos\left(\frac{\pi}{4}\right) + 1\right)$,

soit : $\cos^2\left(\frac{\pi}{8}\right) = \frac{1}{2}\left(\frac{\sqrt{2}}{2} + 1\right) = \frac{2+\sqrt{2}}{4}$.

> Pour tout réel x :
> $$\cos(2x) = 2\cos^2(x) - 1.$$

De plus : $\cos\left(\frac{\pi}{8}\right) > 0$ (car $0 < \frac{\pi}{8} < \frac{\pi}{2}$).

donc : $\mathbf{\cos\left(\frac{\pi}{8}\right) = \frac{\sqrt{2+\sqrt{2}}}{2}}$.

De même on a : $\cos\left(\frac{\pi}{4}\right) = 1 - 2\sin^2\left(\frac{\pi}{8}\right)$,

ou encore : $\sin^2\left(\frac{\pi}{8}\right) = \frac{1}{2}\left(1 - \cos\left(\frac{\pi}{4}\right)\right)$,

soit : $\sin^2\left(\frac{\pi}{8}\right) = \frac{1}{2}\left(1 - \frac{\sqrt{2}}{2}\right) = \frac{2-\sqrt{2}}{4}$.

> Pour tout réel x :
> $$\cos(2x) = 1 - 2\sin^2(x).$$

Or, on sait : $\sin\left(\frac{\pi}{8}\right) > 0$,

donc : $\mathbf{\sin\left(\frac{\pi}{8}\right) = \frac{\sqrt{2-\sqrt{2}}}{2}}$.

18 **1°** On va utiliser les formules d'addition et de duplication, et descendre paisiblement le cours des calculs en ayant pour règle de ne conserver que des termes en $\sin(x)$.

Pour tout réel x, on a :

$$\begin{aligned}\sin(3x) &= \sin(2x + x)\\ &= \sin(2x)\cos(x) + \cos(2x)\sin(x)\\ &= 2\sin(x)\cos(x) \times \cos(x)\\ &\qquad + (1 - 2\sin^2(x))\sin(x)\\ &= 2\sin(x)(1 - \sin^2(x)) + \sin(x)\\ &\qquad - 2\sin^3(x)\\ &= -4\sin^3(x) + 3\sin(x).\end{aligned}$$

> Pour tous réels a et b :
> $$\sin(a+b) = \sin(a)\cos(b) + \cos(a)\sin(b),$$
> $$\sin(2a) = 2\sin(a)\cos(a).$$

On a ainsi prouvé que, **pour tout réel x :**

$$\mathbf{\sin(3x) = -4\sin^3(x) + 3\sin(x).}$$

2° Il est ici plus astucieux de « remonter le courant » !

Pour tout réel x, après avoir posé :

$A = \cos^4(x) - 6\cos^2(x)\sin^2(x) + \sin^4(x)$,

on a :

$$\begin{aligned}A &= (\cos^2(x) + \sin^2(x))^2\\ &\qquad - 8\cos^2(x)\sin^2(x)\\ &= 1 - 8\cos^2(x)\sin^2(x)\\ &= 1 - 2(2\cos(x)\sin(x))^2\\ &= 1 - 2(\sin(2x))^2,\end{aligned}$$

d'où (formule de duplication) :

$$A = \cos(4x).$$

Finalement, **pour tout réel x :**

$$\mathbf{\cos(4x) = \cos^4(x) - 6\cos^2(x)\sin^2(x) + \sin^4(x).}$$

Les interrogations écrites

19 $M\left(\sin\left(\frac{\pi}{7}\right) ; \cos\left(\frac{\pi}{7}\right)\right)$.

$\mathscr{C}$: cercle de centre O et de rayon 1.

• On a les égalités :

$$\begin{aligned}OM^2 &= x_M^2 + y_M^2\\ &= \sin^2\left(\frac{\pi}{7}\right) + \cos^2\left(\frac{\pi}{7}\right)\\ &= 1.\end{aligned}$$

> Pour tout réel x :
> $$\cos^2(x) + \sin^2(x) = 1.$$

Donc $OM = 1$, ce qui prouve que **M appartient à $\mathscr{C}$.**

• On peut écrire :

$$\begin{aligned}\overrightarrow{OM} &= x_M\vec{i} + y_M(\vec{j})\\ &= \sin\left(\frac{\pi}{7}\right)\vec{i} + \cos\left(\frac{\pi}{7}\right)\vec{j}\\ &= \cos\left(\frac{\pi}{2} - \frac{\pi}{7}\right)\vec{i} + \sin\left(\frac{\pi}{2} - \frac{\pi}{7}\right)\vec{j}\\ &= \cos\left(\frac{5\pi}{14}\right)\vec{i} + \sin\left(\frac{5\pi}{14}\right)\vec{j},\end{aligned}$$

ce qui permet de conclure :

$$\mathbf{(\vec{i}, \overrightarrow{OM}) = \frac{5\pi}{14} \ [2\pi].}$$

Pour tout réel x :

$$\sin(x) = \cos\left(\frac{\pi}{2} - x\right),$$

$$\cos(x) = \sin\left(\frac{\pi}{2} - x\right).$$

20

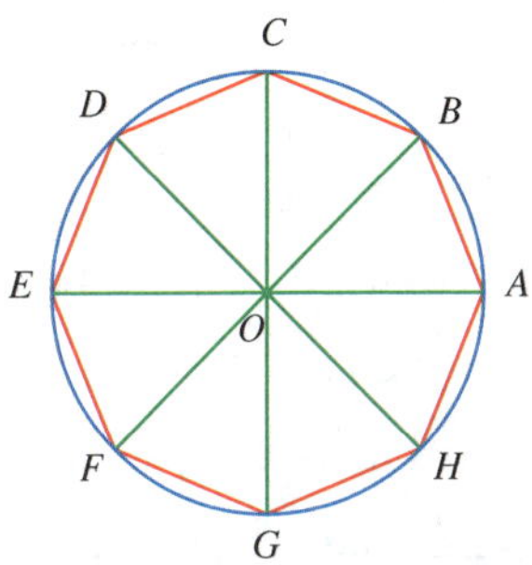

Angle orienté	Mesure principale
$(\overrightarrow{OA}, \overrightarrow{OB})$	$\frac{\pi}{4}$
$(\overrightarrow{OF}, \overrightarrow{OD})$	$-\frac{\pi}{2}$
$(\overrightarrow{OA}, \overrightarrow{OF})$	$-\frac{3\pi}{4}$
$(\overrightarrow{OH}, \overrightarrow{OD})$	π
$(\overrightarrow{BO}, \overrightarrow{BA})$	$\frac{3\pi}{8}$
$(\overrightarrow{DE}, \overrightarrow{DA})$	$\frac{\pi}{2}$
$(\overrightarrow{GB}, \overrightarrow{GD})$	$\frac{\pi}{4}$
$(\overrightarrow{CA}, \overrightarrow{CF})$	$-\frac{3\pi}{8}$

Théorème de l'angle inscrit.

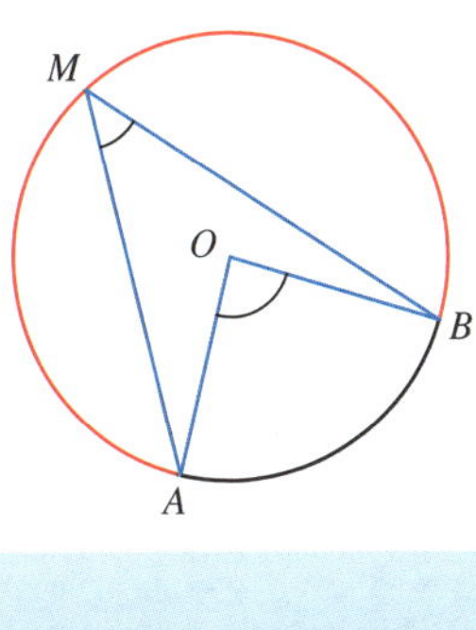

Pour tout point M de l'arc de cercle en rouge :

$$\widehat{AMB} = \frac{1}{2}\widehat{AOB}.$$

21 $c = \cos\left(\frac{\pi}{5}\right)$ et $s = \sin\left(\frac{\pi}{5}\right)$.

1° Dans cette question, il s'agit de penser à appliquer les formules de symétrie.

• $\frac{6\pi}{5} = \frac{\pi}{5} + \pi$, donc :

$$\cos\left(\frac{6\pi}{5}\right) = \cos\left(\frac{\pi}{5} + \pi\right) = -\cos\left(\frac{\pi}{5}\right),$$

$$\mathbf{\cos\left(\frac{6\pi}{5}\right) = -c.}$$

Pour tout réel x :
$$\cos(x + \pi) = -\cos(x).$$

$$\sin\left(\frac{6\pi}{5}\right) = \sin\left(\frac{\pi}{5} + \pi\right) = -\sin\left(\frac{\pi}{5}\right),$$

$$\mathbf{\sin\left(\frac{6\pi}{5}\right) = -s.}$$

Pour tout réel x :
$$\sin(x + \pi) = -\sin(x).$$

• $\frac{9\pi}{5} = \frac{10\pi - \pi}{5} = -\frac{\pi}{5} + 2\pi$, donc :

$$\cos\left(\frac{9\pi}{5}\right) = \cos\left(-\frac{\pi}{5}\right) = \cos\left(\frac{\pi}{5}\right),$$

$$\mathbf{\cos\left(\frac{9\pi}{5}\right) = c.}$$

$$\sin\left(\frac{9\pi}{5}\right) = \sin\left(-\frac{\pi}{5}\right) = -\sin\left(\frac{\pi}{5}\right),$$

$$\mathbf{\sin\left(\frac{9\pi}{5}\right) = -s.}$$

Pour tout réel x :
$$\sin(-x) = -\sin(x).$$

• $\frac{3\pi}{10} = \frac{5\pi - 2\pi}{10} = \frac{\pi}{2} - \frac{\pi}{5}$, donc :

$$\cos\left(\frac{3\pi}{10}\right) = \cos\left(\frac{\pi}{2} - \frac{\pi}{5}\right) = \sin\left(\frac{\pi}{5}\right),$$

$$\mathbf{\cos\left(\frac{3\pi}{10}\right) = s.}$$

$$\sin\left(\frac{3\pi}{10}\right) = \sin\left(\frac{\pi}{2} - \frac{\pi}{5}\right) = \cos\left(\frac{\pi}{5}\right),$$

$$\mathbf{\sin\left(\frac{3\pi}{10}\right) = c.}$$

2° • D'après la formule de duplication pour le cosinus :

$$\cos\left(\frac{2\pi}{5}\right) = 2\cos^2\left(\frac{\pi}{5}\right) - 1,$$

donc :

$$\mathbf{\cos\left(\frac{2\pi}{5}\right) = 2c^2 - 1.}$$

Pour tout réel x :
$$\cos(2x) = 2\cos^2(x) - 1.$$

• De même, on peut écrire :

$$\cos\left(\frac{\pi}{5}\right) = \cos\left(2 \times \frac{\pi}{10}\right) = 2\cos^2\left(\frac{\pi}{10}\right) - 1,$$

donc :

$$2\cos^2\left(\frac{\pi}{10}\right) = 1 + \cos\left(\frac{\pi}{5}\right),$$

$$\cos^2\left(\frac{\pi}{10}\right) = \frac{1}{2}\left(1 + \cos\left(\frac{\pi}{5}\right)\right).$$

De plus : $-\frac{\pi}{2} \leqslant \frac{\pi}{10} \leqslant \frac{\pi}{2}$, donc :

$$\cos\left(\frac{\pi}{10}\right) \geqslant 0,$$

et on obtient finalement :

$$\cos\left(\frac{\pi}{10}\right) = \sqrt{\frac{1}{2}\left(1 + \cos\left(\frac{\pi}{5}\right)\right)},$$

$$\mathbf{\cos\left(\frac{\pi}{10}\right) = \sqrt{\frac{1 + c}{2}}.}$$

22

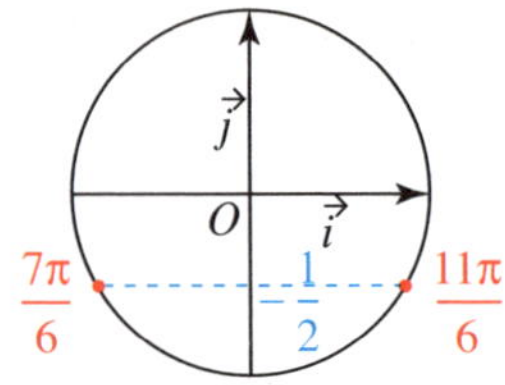

1° Les réels x de $[0 ; 2\pi[$ vérifiant $\sin(x) = -\frac{1}{2}$ sont $\mathbf{\frac{11\pi}{6}}$ **et** $\mathbf{\frac{7\pi}{6}}$.

2° Les réels x de $]-\pi ; \pi]$ vérifiant $\sin(x) = -\frac{1}{2}$ sont $\mathbf{-\frac{\pi}{6}}$ **et** $\mathbf{-\frac{5\pi}{6}}$.

3° Les réels x vérifiant $\sin(x) = -\frac{1}{2}$ sont les nombres :

$\mathbf{\frac{11\pi}{6} + k \times 2\pi}$, $\mathbf{\frac{7\pi}{6} + k \times 2\pi}$, **avec k entier**.

Les réels x vérifiant $\sin(x) = -\frac{1}{2}$ sont aussi les nombres : $-\frac{\pi}{6} + k \times 2\pi$, $-\frac{5\pi}{6} + k \times 2\pi$, avec k entier.

CHAPITRE 12

Produit scalaire

LE COURS

Le plan est rapporté à un repère orthonormal $(O\ ;\ \vec{i},\ \vec{j})$.

Définition

On appelle produit scalaire de deux vecteurs $\vec{u}$ et $\vec{v}$ le réel noté $\vec{u}\cdot\vec{v}$, défini par :

- $\vec{u}\cdot\vec{v} = \|\vec{u}\| \times \|\vec{v}\| \times \cos(\vec{u},\ \vec{v})$, **si aucun des vecteurs** $\vec{u}$, $\vec{v}$ **n'est nul,**
- $\vec{u}\cdot\vec{v} = 0$, **si l'un au moins des vecteurs** $\vec{u}$, $\vec{v}$ **est nul.**

Remarque : si A, B et C sont des points distincts, alors :

$$\overrightarrow{AB}\cdot\overrightarrow{AC} = AB \times AC \times \cos(\widehat{BAC})$$

Autres expressions

Avec le projeté orthogonal

Soient A, B et C des points tels que : $A \neq B$.
En désignant par H le projeté orthogonal de C sur (AB), on a :

$$\overrightarrow{AB}\cdot\overrightarrow{AC} = \overrightarrow{AB}\cdot\overrightarrow{AH}$$

- $\overrightarrow{AB}\cdot\overrightarrow{AC} = AB \times AH$ si $H \in [AB]$

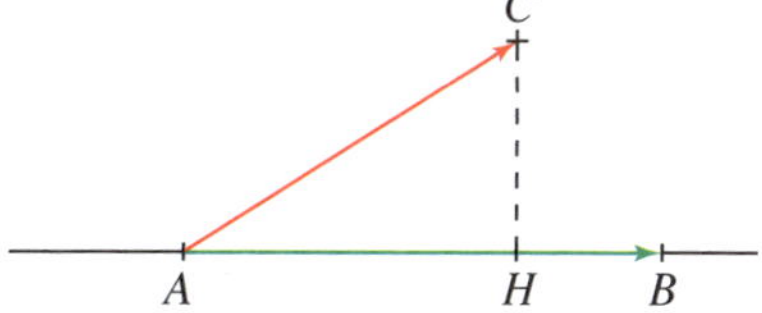

- $\overrightarrow{AB}\cdot\overrightarrow{AC} = -AB \times AH$ si $H \notin [AB]$

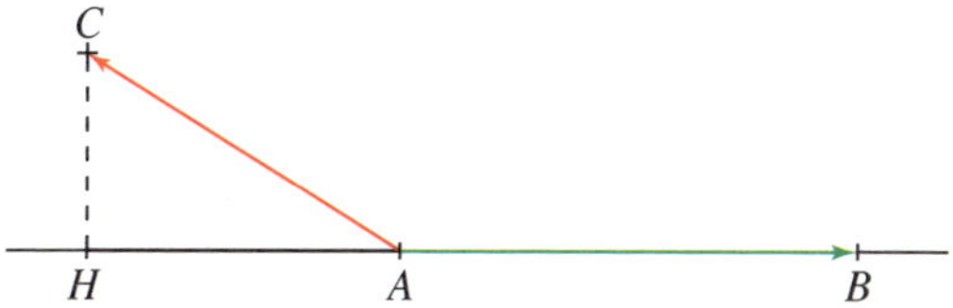

Avec les normes ou les distances

- Pour tous vecteurs $\vec{u}$ et $\vec{v}$:

$$\vec{u} \cdot \vec{v} = \frac{1}{2}\left(\|\vec{u}\|^2 + \|\vec{v}\|^2 - \|\vec{u} - \vec{v}\|^2\right)$$

- Pour tous points A, B, C :

$$\overrightarrow{AB} \cdot \overrightarrow{AC} = \frac{1}{2}(AB^2 + AC^2 - BC^2)$$

Remarque : cette expression met en évidence, lorsque les points A, B, C sont deux à deux distincts, que le produit scalaire $\overrightarrow{AB} \cdot \overrightarrow{AC}$ est nul si, et seulement si, le triangle ABC est rectangle en A.

Expression analytique

Le plan est rapporté à un repère orthonormal $(O\ ;\ \vec{i}, \vec{j})$.
Soient $\vec{u}(x, y)$ et $\vec{v}(x', y')$ des vecteurs.

$$\vec{u} \cdot \vec{v} = xx' + yy'$$

Propriétés

- Des vecteurs sont orthogonaux si, et seulement si, leur produit scalaire est nul.
- Pour tous vecteurs $\vec{u}$ et $\vec{v}$ et tout réel k :

$$\vec{u} \cdot \vec{u} = \|\vec{u}\|^2$$
$$\vec{u} \cdot \vec{v} = \vec{v} \cdot \vec{u}$$
$$\vec{u} \cdot (k\vec{v}) = k \times (\vec{u} \cdot \vec{v})$$
$$\vec{u} \cdot (\vec{v} + \vec{w}) = \vec{u} \cdot \vec{v} + \vec{u} \cdot \vec{w}$$

Vecteur normal à une droite

Définition

Soit d une droite.
On appelle vecteur normal à d tout vecteur non nul orthogonal à un vecteur directeur de d.

Propriétés

- Une droite d est parfaitement déterminée par la donnée d'un de ses points A et d'un de ses vecteurs normaux $\vec{n}$.
- Si $\vec{n}$ est un vecteur normal à une droite d, alors **les** vecteurs normaux à d sont **les** vecteurs non nuls colinéaires à $\vec{n}$.

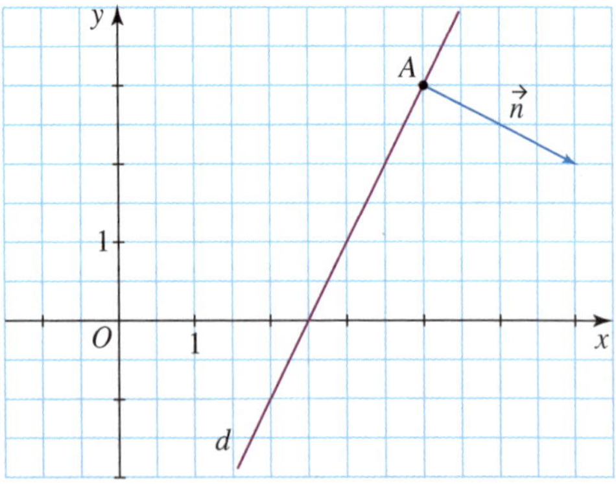

▶ Coordonnées

Le plan est rapporté à un repère orthonormal $(O\ ;\vec{i}, \vec{j})$.
Si une droite d admet une équation de la forme :

$$ax + by + c = 0 \quad (a, b, c \text{ réels, } a \text{ et } b \text{ non simultanément nuls}),$$

alors le vecteur $\vec{n}(a, b)$ est un vecteur normal à d.

Équation de cercle

Le plan est rapporté à un repère orthonormal $(O\ ;\vec{i}, \vec{j})$.

▶ Avec le centre et le rayon

Le cercle de centre I et de rayon R admet pour équation :

$$(x - x_I)^2 + (y - y_I)^2 = R^2$$

▶ Avec un diamètre

Soient A et B des points distincts.
Le point $M(x, y)$ appartient au cercle de diamètre $[AB]$ si, et seulement si :

$$\overrightarrow{MA} \cdot \overrightarrow{MB} = 0$$

c'est-à-dire si, et seulement si :

$$(x - x_A)(x - x_B) + (y - y_A)(y - y_B) = 0$$

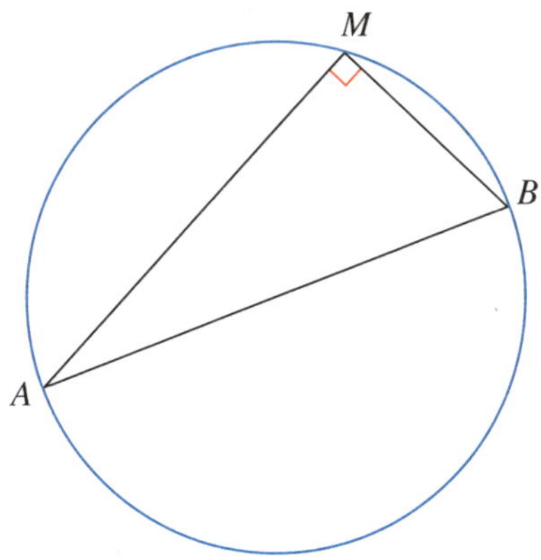

EXERCICES

Dans tous les exercices, le plan est rapporté à un repère orthonormal $(O\,;\vec{i},\vec{j})$.

Vrai ou faux ?

1 (corrigés p. 292)

1° Soient les points $A(1\,;-2)$, $B(-2\,;6)$. On a : $AB^2 = 65$.

2° Soient les points $A(-2\,;-1)$, $B(4\,;-2)$ et $C(-1\,;3)$. On a : $\overrightarrow{AB}\cdot\overrightarrow{AC} = 9$.

3° Les vecteurs $\vec{u}(5\,;2)$ et $\vec{v}(-4\,;10)$ sont orthogonaux.

4° La droite d d'équation $x = 34$ est perpendiculaire à la droite des ordonnées.

5° Si deux points distincts A et B ont la même abscisse, alors $\vec{i}$ est un vecteur normal à la droite (AB).

6° Le vecteur $\vec{n}$ de coordonnées $(9\,;-11)$ est un vecteur normal à la droite d'équation $9x - 11y - 23 = 0$.

7° Les droites d et d' d'équations respectives $2x - 6y + 9 = 0$ et $3x + y + 5 = 0$ sont perpendiculaires.

8° Les droites d et d' d'équations respectives $3x - 4y + 1 = 0$ et $9x - 12y + 24 = 0$ sont parallèles.

9° Le cercle $\mathscr{C}$ de centre $I(3\,;2)$ et de rayon 5 a pour équation $(x+3)^2 + (y+2)^2 = 25$.

10° L'équation $x^2 + y^2 + 2x - 4y + 6 = 0$ est une équation de cercle.

Calculs de produits scalaires

2 ★ 15 min (corrigés p. 293)

$ABCD$ est un carré de centre O tel que : $AB = 4$.

1° Utiliser chacune des quatre expressions du produit scalaire pour calculer :

$$\overrightarrow{AB}\cdot\overrightarrow{AC}.$$

2° Calculer les produits scalaires :

a) $\overrightarrow{AB}\cdot\overrightarrow{BC}$; **b)** $\overrightarrow{AB}\cdot\overrightarrow{CD}$;

c) $\overrightarrow{AB}\cdot\overrightarrow{OD}$; **d)** $\overrightarrow{OD}\cdot\overrightarrow{OB}$;

e) $\overrightarrow{OD}\cdot\overrightarrow{OC}$.

3 ★ 15 min (corrigés p. 294)

Dans chacun des cas suivants, calculer le produit scalaire $\overrightarrow{AB}\cdot\overrightarrow{AC}$.

1° *ABCD* est un rectangle.

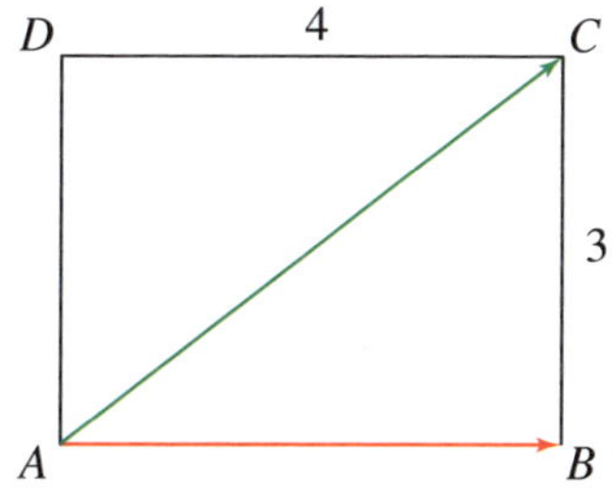

2°

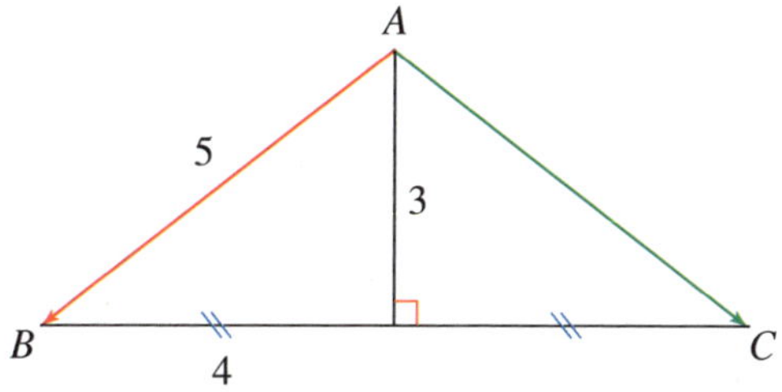

3°

4°

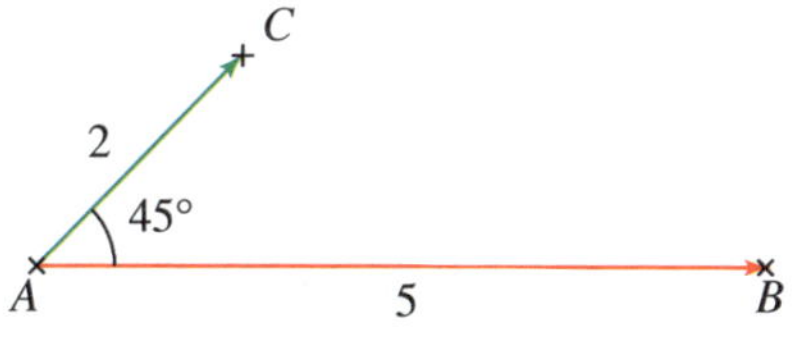

5°

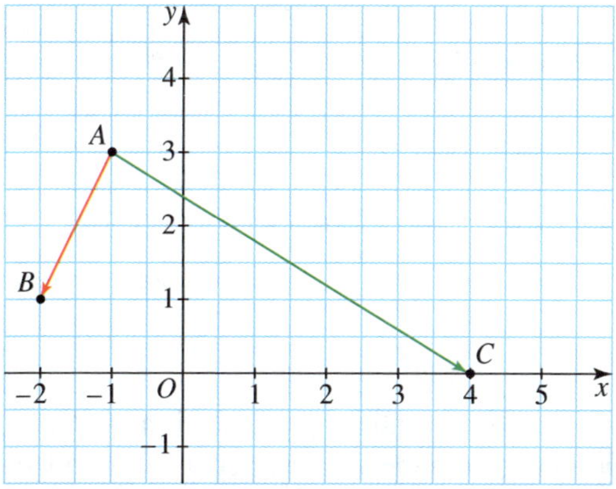

4 ★★ 15 min (corrigés p. 295)

Soient A et B deux points tels que : $AB = 5$.
Construire un point C qui vérifie :

1° $AC = 6$ et $\overrightarrow{AB} \cdot \overrightarrow{AC} = 15$;

2° $AC = 6$ et $\overrightarrow{AB} \cdot \overrightarrow{AC} = 40$;

3° $AC = 6$ et $\overrightarrow{AB} \cdot \overrightarrow{AC} = -10$.

5 ★★ 15 min (corrigés p. 297)

Soient $\vec{u}$ et $\vec{v}$ deux vecteurs tels que :

$$\|\vec{u}\| = 2, \quad \|\vec{v}\| = 3 \text{ et } \vec{u} \cdot \vec{v} = 5.$$

Calculer :

1° $(\vec{u} + \vec{v})^2$;

2° $(2\vec{u} + \vec{v}) \cdot (\vec{u} - 3\vec{v})$;

3° $\|\vec{u} - \vec{v}\|$.

6 ★★★ 15 min (corrigés p. 297)

Le triangle ABC est rectangle en C.
H est le projeté orthogonal de C sur la droite (AB).
Une droite d passant par A coupe (CH) en M et le cercle de diamètre $[AB]$ en N.

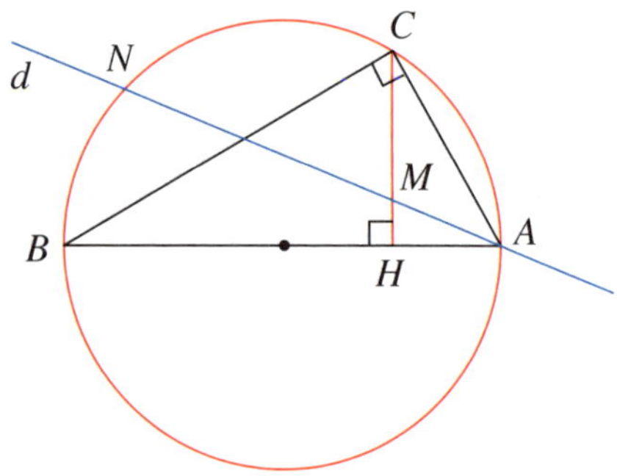

1° Comparer les produits scalaires $\overrightarrow{AB} \cdot \overrightarrow{AM}$ et $\overrightarrow{AB} \cdot \overrightarrow{AC}$.

2° Comparer $\overrightarrow{AB} \cdot \overrightarrow{AC}$ et AC^2.

3° Comparer les produits scalaires $\overrightarrow{AM} \cdot \overrightarrow{AN}$ et $\overrightarrow{AM} \cdot \overrightarrow{AB}$.

4° Déduire des questions précédentes l'égalité :

$$\overrightarrow{AM} \cdot \overrightarrow{AN} = AC^2.$$

Vecteurs orthogonaux

7 ★ 10 min (corrigés p. 298)

1° Les vecteurs $\vec{u}(1\ ;\ -2)$ et $\vec{v}(6\ ;\ 3)$ sont-ils orthogonaux ?

2° Les vecteurs $\vec{u}(\sqrt{3} - 2\ ;\ -1)$ et $\vec{v}(\sqrt{3} + 2\ ;\ 1)$ sont-ils orthogonaux ?

8 ★★ 10 min (corrigés p. 298)

Écrire, en langage naturel, un algorithme qui demande à l'utilisateur les coordonnées de deux vecteurs, puis qui détermine si ces vecteurs sont orthogonaux.

9 ★★ 10 min (corrigés p. 298)

Déterminer le réel m pour que les vecteurs $\vec{u}(m-2\ ;\ 1)$ et $\vec{v}(m+2\ ;\ 3)$ soient orthogonaux.

10 ★★ 5 min (corrigés p. 298)

On considère les points $A(2\ ;\ 0)$, $B(5\ ;\ -4)$, $C(-1\ ;\ -2)$ et $D(6\ ;\ 3)$.
Les droites (AB) et (CD) sont-elles perpendiculaires ?

Vecteur normal à une droite

11 ★ 5 min (corrigés p. 299)

On considère les points $A(-6\ ;\ 8)$ et $B(3\ ;\ 7)$.
Donner un vecteur normal à la droite (AB).
Quels sont les vecteurs normaux à la droite (AB) ?

12 ★ 5 min (corrigés p. 299)

On considère une droite d de coefficient directeur 4.
Quels sont les vecteurs normaux à la droite d ?

13 ★ 5 min (corrigés p. 299)

Tracer la droite d passant par $A(1\ ;\ 2)$ et de vecteur normal $\vec{n}(2\ ;\ -3)$, puis la droite d' passant par $B(-4\ ;\ 3)$ et de vecteur normal $\vec{n}'(5\ ;\ 2)$.

14 ★ 5 min (corrigés p. 299)

Représenter un vecteur normal à chacune des droites D_1, D_2, D_3 et D_4.

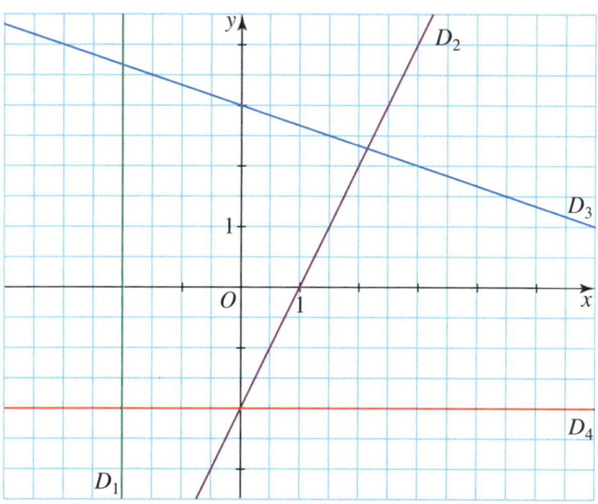

15 ★ 5 min (corrigés p. 300)

On considère la droite Δ d'équation $-5x+3y-2=0$, les points $A(-1\,;-1)$ et $B(4\,;-4)$. Démontrer que A est le projeté orthogonal de B sur Δ.

Équations de droites

16 ★ 5 min (corrigés p. 300)

1° Déterminer une équation de la droite d passant par $A(4\,;3)$ et ayant $\vec{n}(2\,;-1)$ pour vecteur normal.
2° Tracer la droite d.

17 ★ 5 min (corrigés p. 300)

On considère les points $A(-4\,;-1)$ et $B(5\,;7)$.
Déterminer une équation de la droite d perpendiculaire à (AB) en A.

18 ★ 5 min (corrigés p. 300)

On considère les points $A(1\,;4)$, $B(-5\,;-2)$ et $C(2\,;0)$.
1° Déterminer une équation de la droite Δ perpendiculaire à la droite (AB) et passant par le point C.
2° Déterminer une équation de la médiatrice d du segment $[AB]$.
3° Déterminer une équation de la droite D parallèle à la droite (BC) et passant par le point A.

Équations de cercles

19 ★ 2 min (corrigés p. 301)

Écrire une équation du cercle $\mathscr{C}$ de centre $I(-8\,;17)$ et de rayon 3.

20 ★★ 10 min (corrigés p. 301)

Démontrer que (E) :

$$x^2+y^2-6x+8y+16=0$$

est une équation d'un cercle dont on précisera le centre et le rayon.

21 ★★ 30 min (corrigés p. 302)

Soient A, B, C les points de coordonnées respectives :

$$(2\,;1),\ (-4\,;-3) \text{ et } (4\,;-2).$$

Déterminer une équation cartésienne :
1° du cercle Γ_1 de diamètre $[AB]$;
2° du cercle Γ_2 passant par A, B, C ;
3° du cercle Γ_3 circonscrit au triangle OBC.

Les interrogations écrites

22 15 min (corrigés p. 303)

Les points A, B, C, D, E, F et G ci-dessous ont des coordonnées entières.

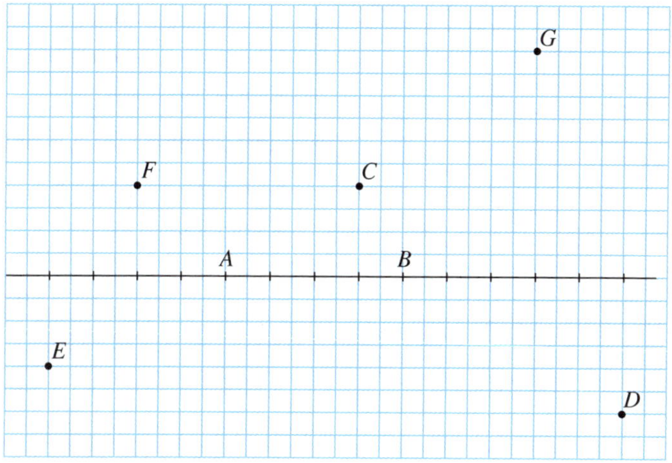

Sachant que $AB = 3$, lire graphiquement les produits scalaires $\overrightarrow{AB} \cdot \overrightarrow{AC}$, $\overrightarrow{AB} \cdot \overrightarrow{AD}$, $\overrightarrow{AB} \cdot \overrightarrow{AE}$, $\overrightarrow{AB} \cdot \overrightarrow{AF}$, $\overrightarrow{AB} \cdot \overrightarrow{AG}$.

23 20 min (corrigés p. 304)

Soient les points $A(2\ ;\ 1)$ et $B(-1\ ;\ 3)$.
Déterminer une équation de chacune des droites suivantes :
1° la médiatrice d_1 du segment $[AB]$;
2° la hauteur d_2 issue de O du triangle OAB ;
3° la tangente d_3 en B au cercle $\mathscr{C}$ dont le centre est A et qui passe par B.

CORRIGÉS

Vrai ou faux ?

1 1° Soient les points
$A(1\,;-2)$, $B(-2\,;6)$.
On a : $AB^2 = 65$. **Faux.**
En effet :

$$\begin{aligned}AB^2 &= (-2-1)^2 + (6-(-2))^2\\ &= (-3)^2 + 8^2\\ &= 9+64\\ &= 73.\end{aligned}$$

$$AB^2 = (x_B - x_A)^2 + (y_B - y_A)^2.$$

2° Soient les points
$A(-2\,;-1)$, $B(4\,;-2)$ et $C(-1\,;3)$.

On a : $\overrightarrow{AB} \cdot \overrightarrow{AC} = 9$. **Faux.**
En effet :

$\overrightarrow{AB}(6\,;-1)$ et $\overrightarrow{AC}(1\,;4)$,
donc : $\vec{v}(x', y')$

$$\begin{aligned}\overrightarrow{AB} \cdot \overrightarrow{AC} &= 6\times 1 + (-1)\times 4\\ &= 6-4\\ &= 2.\end{aligned}$$

Quels que soient les vecteurs $\vec{u}(x, y)$ et $\vec{v}(x', y')$:
$$\vec{u} \cdot \vec{v} = xx' + yy'.$$

3° Les vecteurs $\vec{u}(5\,;2)$ et $\vec{v}(-4\,;10)$ sont orthogonaux. **Vrai.**
En effet :

$$\begin{aligned}\vec{u} \cdot \vec{v} &= 5\times(-4) + 2\times 10\\ &= -20+20\\ &= 0.\end{aligned}$$

Si $\vec{u} \cdot \vec{v} = 0$, alors $\vec{u}$ et $\vec{v}$ sont orthogonaux.

4° La droite d d'équation $x = 34$ est perpendiculaire à la droite des ordonnées. **Faux.**

La droite d est parallèle à la droite des ordonnées.

Tous les points de d ont la même abscisse.

5° Si deux points distincts A et B ont la même abscisse, alors $\vec{i}$ est un vecteur normal à la droite (AB). **Vrai.**

Si deux points distincts A et B ont la même abscisse, alors la droite (AB) est parallèle à la droite des ordonnées, $\vec{j}$ est un vecteur directeur de (AB) et $\vec{i}$ est un vecteur normal à (AB).

6° Le vecteur $\vec{n}$ de coordonnées $(9\,;-11)$ est un vecteur normal à la droite d'équation $9x - 11y - 23 = 0$. **Vrai.**
C'est un résultat du cours.

$\vec{n}(a, b)$ est un vecteur normal à la droite d'équation $ax + by + c = 0$.

7° Les droites d et d' d'équations respectives :

$$2x - 6y + 9 = 0,$$
$$3x + y + 5 = 0$$

sont perpendiculaires. **Vrai.**

$\vec{n}(2\,;-6)$ est un vecteur normal à la droite d,

$\vec{n}'(3\,;1)$ est un vecteur normal à la droite d',

et :

$$\vec{n} \cdot \vec{n}' = 2\times 3 + (-6)\times 1 = 6-6 = 0,$$

donc $\vec{n}$ et $\vec{n}'$ sont orthogonaux, ce qui permet de conclure que d et d' sont perpendiculaires.

On pouvait aussi démontrer que $\vec{u}(6\,;2)$ et $\vec{u}'(-1\,;3)$, des vecteurs directeurs respectifs de d et d', sont orthogonaux.

$\vec{u}(-b, a)$ est un vecteur directeur de la droite d'équation $ax + by + c = 0$.

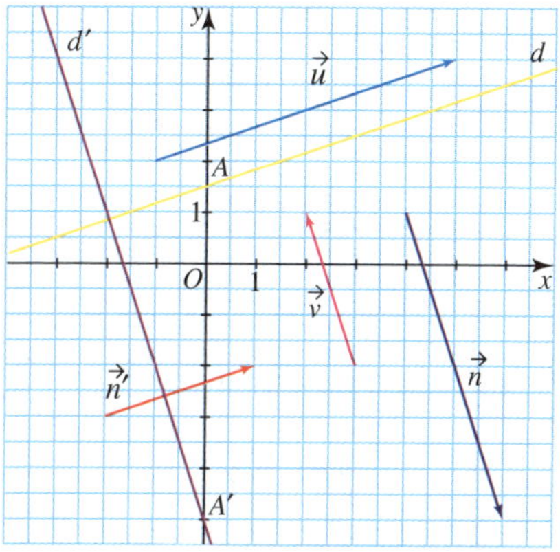

8° Les droites d et d' d'équations respectives :

$$3x - 4y + 1 = 0,$$
$$9x - 12y + 24 = 0$$

sont parallèles. **Vrai.**

$\vec{n}(3\,;-4)$ est un vecteur normal à d,

$\vec{n}'(9\,;-12)$ est un vecteur normal à d',

et : $\vec{n}' = 3\vec{n}$,

donc $\vec{n}$ et $\vec{n}'$ sont colinéaires et les droites d et d' sont parallèles.

$\vec{n}$ est un vecteur normal à d et d'.

$\vec{n}'$ est un vecteur normal à d et d'.

Si deux droites admettent un même vecteur normal, alors elles sont parallèles.

On pouvait aussi démontrer que $\vec{u}(4\,;3)$ et $\vec{u}'(12\,;9)$, des vecteurs directeurs respectifs de d et d', sont colinéaires.

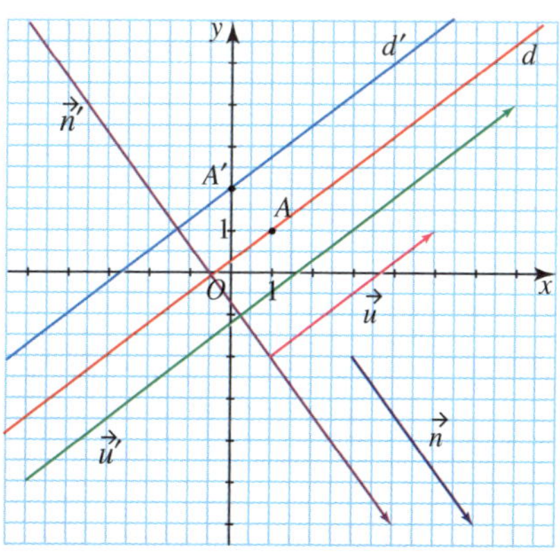

9° Le cercle $\mathscr{C}$ de centre $I(3\,;2)$ et de rayon 5 a pour équation :

$$(x+3)^2 + (y+2)^2 = 25.$$

Faux.

$(x+3)^2 + (y+2)^2 = 25$ est une équation d'un cercle ayant pour centre le point de coordonnées $(-3\,;-2)$.

Le cercle $\mathscr{C}$ a pour équation :

$$(x-3)^2 + (y-2)^2 = 25.$$

10° L'équation $x^2 + y^2 + 2x - 4y + 6 = 0$ est une équation de cercle. **Faux.**

Pour tous réels x et y :

$$x^2 + y^2 + 2x - 4y + 6$$
$$= (x^2 + 2x) + (y^2 - 4y) + 6$$
$$= (x+1)^2 - 1 + (y-2)^2 - 4 + 6$$
$$= (x+1)^2 + (y-2)^2 + 1,$$

donc :

$$x^2 + y^2 + 2x - 4y + 6 > 0.$$

Il n'existe donc aucun couple $(x\,;y)$ tel que :

$$x^2 + y^2 + 2x - 4y + 6 = 0.$$

Toute équation de cercle peut s'écrire sous la forme $x^2 + y^2 + ax + by + c = 0$. En revanche, $x^2 + y^2 + ax + by + c = 0$ n'est pas nécessairement une équation de cercle.

Calculs de produits scalaires

2

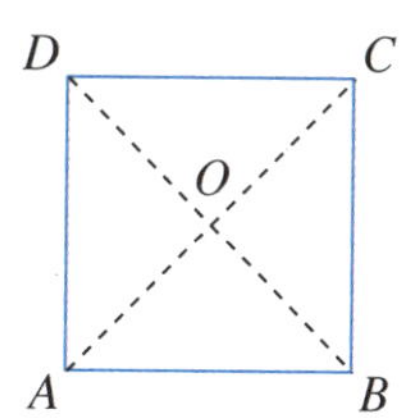

1° • Produit scalaire et projeté orthogonal

B est le projeté orthogonal de C sur (AB), donc :

$$\overrightarrow{AB} \cdot \overrightarrow{AC} = \overrightarrow{AB} \cdot \overrightarrow{AB},$$

d'où :

$$\overrightarrow{AB} \cdot \overrightarrow{AC} = AB^2 = 4^2 = \mathbf{16}.$$

• **Produit scalaire et cosinus**

$\overrightarrow{AB} \cdot \overrightarrow{AC} = AB \times AC \times \cos(\overrightarrow{AB}, \overrightarrow{AC})$,

et on a :

$$AB = 4,$$

$$AC = 4\sqrt{2},$$

$$\cos(\overrightarrow{AB}, \overrightarrow{AC}) = \cos(\widehat{BAC}) = \cos(45°) = \frac{\sqrt{2}}{2},$$

donc : $\overrightarrow{\boldsymbol{AB}} \cdot \overrightarrow{\boldsymbol{AC}} = 4 \times 4\sqrt{2} \times \frac{\sqrt{2}}{2} = \mathbf{16}.$

• **Produit scalaire et coordonnées**

Posons : $\vec{i} = \frac{1}{4}\overrightarrow{AB}$, $\vec{j} = \frac{1}{4}\overrightarrow{AD}$;

$(\vec{i}, \vec{j})$ est alors une base orthonormale, dans laquelle on a :

$$\overrightarrow{AB}(4\ ;\ 0) \text{ et } \overrightarrow{AC}(4\ ;\ 4).$$

Il vient :

$$\overrightarrow{\boldsymbol{AB}} \cdot \overrightarrow{\boldsymbol{AC}} = 4 \times 4 + 0 \times 4 = \mathbf{16}.$$

• **Produit scalaire et normes**

On sait :

$$\overrightarrow{AB} \cdot \overrightarrow{AC} = \frac{1}{2}(AB^2 + AC^2 - BC^2),$$

or : $BC = AB = 4,$

$$AC = \sqrt{2}AB = 4\sqrt{2},$$

donc :

$$\overrightarrow{\boldsymbol{AB}} \cdot \overrightarrow{\boldsymbol{AC}} = \frac{1}{2}(16 + 16 \times 2 - 16) = \mathbf{16}.$$

2° Nous utiliserons ici la première formule du produit scalaire mise en œuvre au 1° (elle conduit à une méthode géométrique bien adaptée au problème).

a) (AB) et (BC) étant perpendiculaires,

on a : $\overrightarrow{\boldsymbol{AB}} \cdot \overrightarrow{\boldsymbol{BC}} = \mathbf{0}.$

b) $\overrightarrow{AB} \cdot \overrightarrow{CD} = \overrightarrow{AB} \cdot (-\overrightarrow{AB}) = -\overrightarrow{AB} \cdot \overrightarrow{AB} = -AB^2,$

donc : $\overrightarrow{\boldsymbol{AB}} \cdot \overrightarrow{\boldsymbol{CD}} = \mathbf{-16}.$

c) $\overrightarrow{AB} \cdot \overrightarrow{OD} = \overrightarrow{AB} \cdot \left(\frac{1}{2}\overrightarrow{BD}\right) = \frac{1}{2}\overrightarrow{AB} \cdot \overrightarrow{BD}$;

or D se projette orthogonalement en A sur (AB),

donc :

$$\overrightarrow{AB} \cdot \overrightarrow{OD} = \frac{1}{2}\overrightarrow{AB} \cdot \overrightarrow{BA} = -\frac{1}{2}AB^2.$$

Il vient : $\overrightarrow{\boldsymbol{AB}} \cdot \overrightarrow{\boldsymbol{OD}} = \mathbf{-8}.$

d) O étant le milieu de $[BD]$, on a :

$$\overrightarrow{OB} = -\overrightarrow{OD},$$

donc :

$$\overrightarrow{OD} \cdot \overrightarrow{OB} = -\overrightarrow{OD} \cdot \overrightarrow{OD} = -OD^2 ;$$

d'autre part : $OD = \frac{\sqrt{2}}{2}AB = 2\sqrt{2},$

donc : $\overrightarrow{\boldsymbol{OD}} \cdot \overrightarrow{\boldsymbol{OB}} = \mathbf{-8}.$

Retenez les différentes notations :

$$AB^2 = \|\overrightarrow{AB}\|^2 = \overrightarrow{AB} \cdot \overrightarrow{AB} = \overrightarrow{AB}^2.$$

e) $\overrightarrow{\boldsymbol{OD}} \cdot \overrightarrow{\boldsymbol{OC}} = \mathbf{0}$, car les diagonales d'un carré sont perpendiculaires.

3 1°

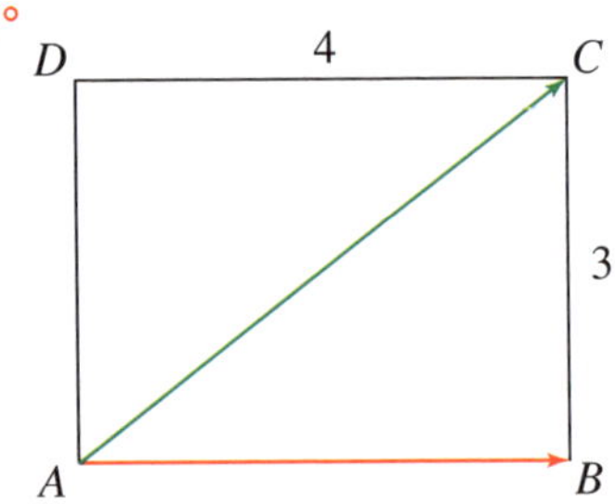

B est le projeté orthogonal de C sur (AB),

(ABC est rectangle en B)

donc :

$$\overrightarrow{AB} \cdot \overrightarrow{AC} = \overrightarrow{AB} \cdot \overrightarrow{AB},$$

d'où :

$$\overrightarrow{\boldsymbol{AB}} \cdot \overrightarrow{\boldsymbol{AC}} = AB^2 = 4^2 = \mathbf{16}.$$

($AB = DC$, car $ABCD$ est un rectangle)

Noter que la distance BC n'intervient pas dans ce calcul.

2°

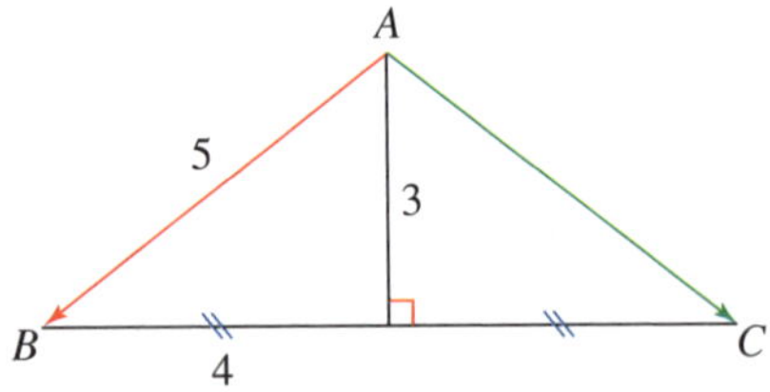

Un triangle de côtés 3, 4 et 5 est bien rectangle :

$$3^2 + 4^2 = 9 + 16 = 25 = 5^2.$$

On a :

$$\overrightarrow{AB} \cdot \overrightarrow{AC} = \frac{1}{2}(AB^2 + AC^2 - BC^2),$$

donc :

$$\overrightarrow{\boldsymbol{AB}} \cdot \overrightarrow{\boldsymbol{AC}} = \frac{1}{2}(5^2 + 5^2 - 8^2)$$

$$= \frac{1}{2}(25 + 25 - 64)$$

$$= \frac{1}{2} \times (-14)$$

$$= \mathbf{-7}.$$

3°

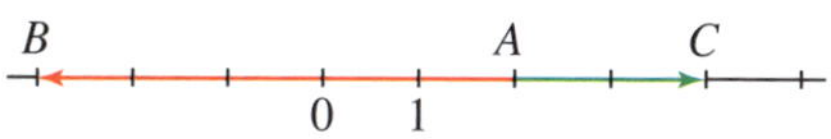

A, B, C sont alignés et C n'appartient pas à la demi-droite $[AB)$

(B et C sont de part et d'autre de A),

donc :

$$\overrightarrow{AB} \cdot \overrightarrow{AC} = -AB \times AC,$$

d'où :

$$\overrightarrow{\boldsymbol{AB}} \cdot \overrightarrow{\boldsymbol{AC}} = -5 \times 2 = \mathbf{-10}.$$

4°

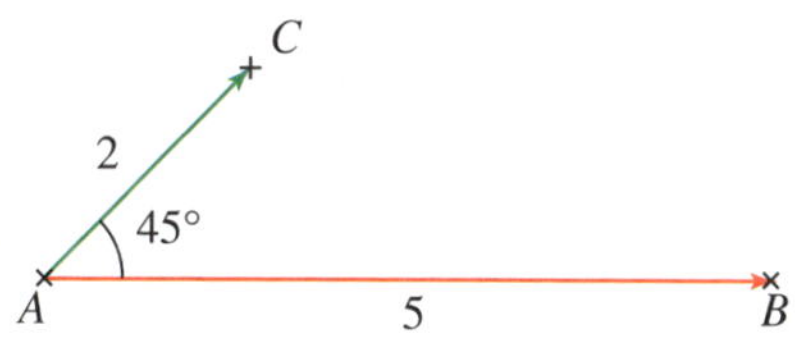

On a :

$$\overrightarrow{AB} \cdot \overrightarrow{AC} = AB \times AC \times \cos(\widehat{BAC}),$$

d'où :

$$\overrightarrow{\boldsymbol{AB}} \cdot \overrightarrow{\boldsymbol{AC}} = 5 \times 2 \times \cos(45°)$$

$$= 10 \times \frac{\sqrt{2}}{2}$$

$$= \mathbf{5\sqrt{2}}.$$

5° Le vecteur $\overrightarrow{AB}$ a pour coordonnées $(-1\ ;-2)$,

$x_B - x_A = -2 - (-1) = -2 + 1 = -1,$
$y_B - y_A = 1 - 3 = -2,$

le vecteur $\overrightarrow{AC}$ a pour coordonnées $(5\ ;-3)$,

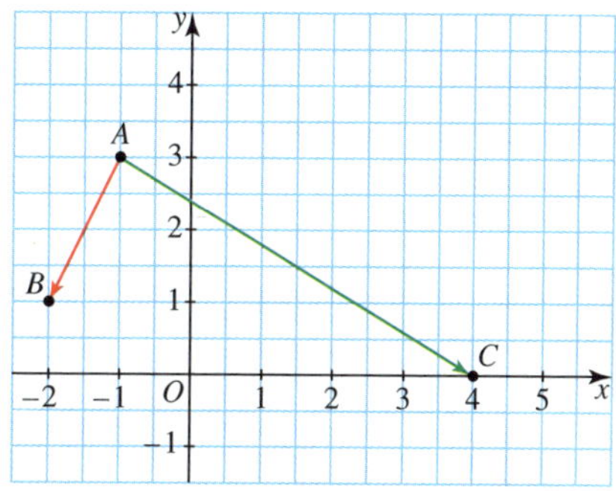

$x_C - x_A = 4 - (-1) = 4 + 1 = 5,$
$y_C - y_A = 0 - 3 = -3,$

donc :

$$\overrightarrow{\boldsymbol{AB}} \cdot \overrightarrow{\boldsymbol{AC}} = (-1) \times 5 + (-2) \times (-3)$$

$$= -5 + 6$$

$$= \mathbf{1}.$$

Quels que soient les vecteurs $\vec{u}(x,\ y)$ et $\vec{v}(x',\ y')$:

$$\vec{u} \cdot \vec{v} = xx' + yy'.$$

4 **1°** $AB = 5$, $AC = 6$ et $\overrightarrow{AB} \cdot \overrightarrow{AC} = 15$.

Soit C un point du plan.

- La condition « $AC = 6$ » se traduit géométriquement par :

« C est un point du cercle de centre A et de rayon 6 ».

Appelons Γ ce cercle.

- En notant H le projeté orthogonal de C sur (AB), on a :

$$\overrightarrow{AB} \cdot \overrightarrow{AC} = \overrightarrow{AB} \cdot \overrightarrow{AH}.$$

De plus, le produit scalaire $\overrightarrow{AB} \cdot \overrightarrow{AH}$ n'est positif que si H appartient à la demi-droite $[AB)$, et dans ce cas :

$$\overrightarrow{AB} \cdot \overrightarrow{AH} = AB \times AH.$$

Si $H \notin [AB)$, alors $\overrightarrow{AB} \cdot \overrightarrow{AH} = -AB \times AH$.

Donc :

$$\overrightarrow{AB} \cdot \overrightarrow{AC} = 15 \Leftrightarrow H \in [AB) \text{ et } AB \times AH = 15$$

$$\Leftrightarrow H \in [AB) \text{ et } 5 \times AH = 15$$

$\overrightarrow{AB} \cdot \overrightarrow{AC} = 15 \Leftrightarrow H \in [AB)$ et $AB = 3$.

Autrement dit :

$$\overrightarrow{AB} \cdot \overrightarrow{AC} = 15 \Leftrightarrow \overrightarrow{AH} = \frac{3}{5}\overrightarrow{AB}.$$

La condition « $\overrightarrow{AB} \cdot \overrightarrow{AC} = 15$ » signifie donc que C appartient à la droite d perpendiculaire à (AB) passant par le point H de $[AB)$ tel que $AH = 3$.

• En regroupant les deux conditions, il vient :

$(AC = 6$ et $\overrightarrow{AB} \cdot \overrightarrow{AC} = 15)$

$$\Leftrightarrow C \in \Gamma \cap d.$$

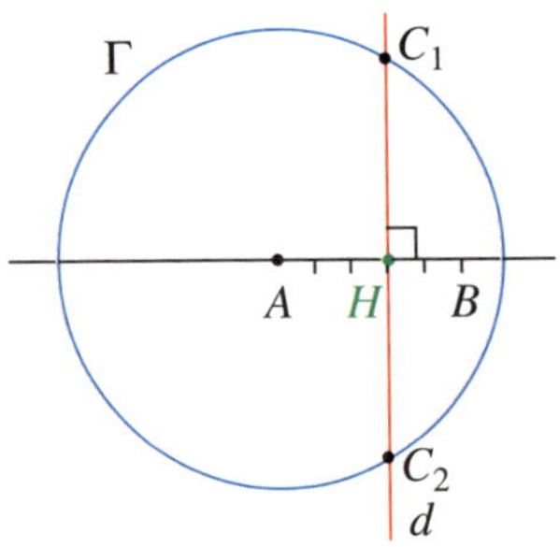

Le cercle Γ et la droite d sont sécants (on le voit numériquement en constatant que la distance AH est strictement inférieure au rayon du cercle).

Le problème admet donc deux solutions. C est l'un des deux points C_1, C_2 du graphique.

La démarche suivie repose sur l'utilisation d'un projeté orthogonal pour transformer l'écriture de $\overrightarrow{AB} \cdot \overrightarrow{AC}$.

On pouvait envisager d'exploiter deux autres expressions du produit scalaire.

• $\overrightarrow{AB} \cdot \overrightarrow{AC} = AB \times AC \times \cos(\widehat{BAC})$ conduit à :

$$\overrightarrow{AB} \cdot \overrightarrow{AC} = 15 \Leftrightarrow \cos(\widehat{BAC}) = \frac{1}{2}$$

$$\Leftrightarrow \widehat{BAC} = \frac{\pi}{3}.$$

• Rapportons le plan à un repère orthonormal adapté à la situation étudiée.

Pour ce repère, on peut choisir $(A\,;\vec{i},\vec{j})$, avec :

$\vec{i} = \frac{1}{5}\overrightarrow{AB}$ ($\vec{j}$ est alors un des deux vecteurs unitaires orthogonaux à $\overrightarrow{AB}$).

En notant (x, y) le couple de coordonnées de C, on a :

$$\overrightarrow{AB} \cdot \overrightarrow{AC} = 15 \Leftrightarrow 5x + 0y = 15$$

$$\Leftrightarrow x = 3.$$

2° $AB = 5$, $AC = 6$ et $\overrightarrow{AB} \cdot \overrightarrow{AC} = 40$.

En procédant comme au **1°**, on obtient facilement : $\overrightarrow{AB} \cdot \overrightarrow{AC} = 40 \Leftrightarrow C \in d'$ où d' est la perpendiculaire à (AB) passant par le point H' de la demi-droite $[AB)$ défini par :

$$AH' = 8.$$

Cette droite d' et le cercle Γ n'ayant pas de point d'intersection, le problème n'a pas de solution.

Autre façon :

Pour tous vecteurs $\vec{u}$ et $\vec{v}$, on a :

$$-\|\vec{u}\| \times \|\vec{v}\| \leqslant \vec{u} \cdot \vec{v} \leqslant \|\vec{u}\| \times \|\vec{v}\|.$$

S'il existait un point C répondant à la question, on aurait : $\overrightarrow{AB} \cdot \overrightarrow{AC} > AB \times AC$.

La construction demandée est donc impossible.

3° $AB = 5$, $AC = 6$ et $\overrightarrow{AB} \cdot \overrightarrow{AC} = -10$.

De manière analogue, on obtient :

$(AC = 6$ et $\overrightarrow{AB} \cdot \overrightarrow{AC} = -10)$

$$\Leftrightarrow C \in \Gamma \cap d''$$

où d'' est la perpendiculaire à (AB) passant par le point H'' défini par l'égalité vectorielle :

$$\overrightarrow{AH''} = -\frac{2}{5}\overrightarrow{AB}.$$

C est l'un des deux points C_1, C_2 du graphique.

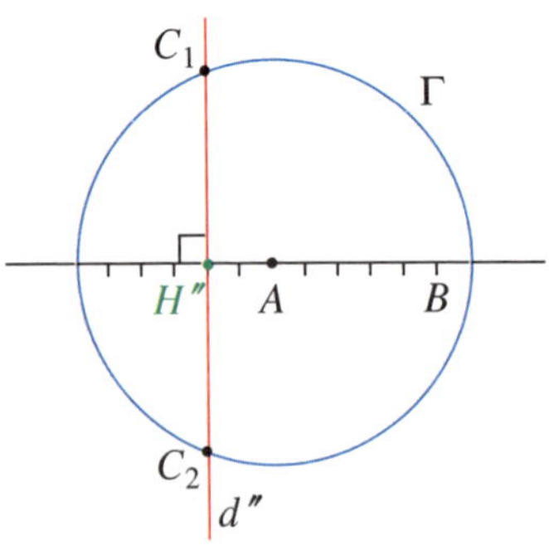

$$\cos(\widehat{BAC}) = \frac{-10}{5 \times 6} = -\frac{1}{3}$$

5 $\|\vec{u}\| = 2$, $\|\vec{v}\| = 3$ et $\vec{u} \cdot \vec{v} = 5$.

Notons en premier lieu qu'il existe bien des vecteurs $\vec{u}$ et $\vec{v}$ vérifiant ces conditions. Cela se démontre en prouvant que les inégalités suivantes sont satisfaites :

$$-\|\vec{u}\| \times \|\vec{v}\| \leqslant \vec{u} \cdot \vec{v} \leqslant \|\vec{u}\| \times \|\vec{v}\|.$$

On peut aussi s'en persuader en construisant effectivement des représentants de tels vecteurs (voir l'exercice précédent).

1° $(\vec{u} + \vec{v})^2 = (\vec{u} + \vec{v}) \cdot (\vec{u} + \vec{v})$

$$= \vec{u} \cdot \vec{u} + \vec{u} \cdot \vec{v} + \vec{v} \cdot \vec{u} + \vec{v} \cdot \vec{v}$$

$$= \|\vec{u}\|^2 + 2\vec{u} \cdot \vec{v} + \|\vec{v}\|^2$$

$$= 4 + 10 + 9,$$

donc :

$$\boldsymbol{(\vec{u} + \vec{v})^2 = 23.}$$

Ces calculs peuvent se mener plus rapidement quand a bien été saisie leur analogie avec le développement du produit de sommes de nombres.

2° $(2\vec{u} + \vec{v}) \cdot (\vec{u} - 3\vec{v})$

$$= (2\vec{u}) \cdot \vec{u} + (2\vec{u}) \cdot (-3\vec{v}) + \vec{v} \cdot \vec{u} + \vec{v} \cdot (-3\vec{v})$$

$$= 2\vec{u} \cdot \vec{u} - 6\vec{u} \cdot \vec{v} + \vec{v} \cdot \vec{u} - 3\vec{v} \cdot \vec{v}$$

$$= 2\|\vec{u}\|^2 - 5\vec{u} \cdot \vec{v} - 3\|\vec{v}\|^2$$

$$= 8 - 25 - 27,$$

donc :

$$\boldsymbol{(2\vec{u} + \vec{v}) \cdot (\vec{u} - 3\vec{v}) = -44.}$$

3° $\|\vec{u} - \vec{v}\| = \sqrt{(\vec{u} - \vec{v})^2}$,

et on a :

$$(\vec{u} - \vec{v})^2 = \|\vec{u}\|^2 + \|\vec{v}\|^2 - 2\vec{u} \cdot \vec{v}$$

$$= 4 + 9 - 10$$

$$= 3,$$

donc : $\boldsymbol{\|\vec{u} - \vec{v}\| = \sqrt{3}.}$

6

La droite d passe par A et n'est pas parallèle à la droite (CH), donc d est une droite distincte de la tangente en A au cercle de diamètre $[AB]$.

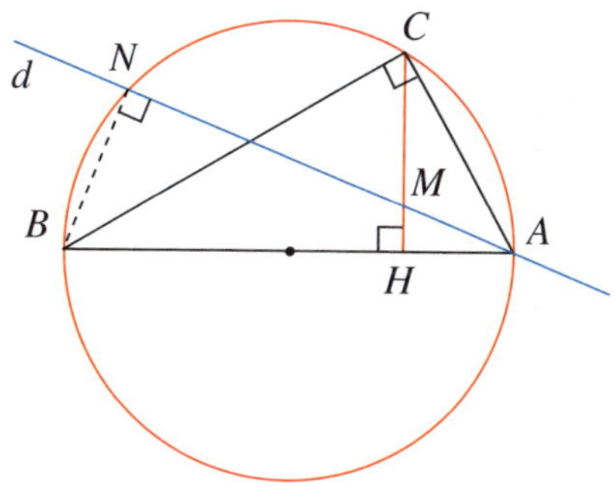

1° Les points C et M ont le même projeté orthogonal H sur la droite (AB), donc :

$$\boldsymbol{\overrightarrow{AB} \cdot \overrightarrow{AM} = \overrightarrow{AB} \cdot \overrightarrow{AC}}$$

$$\overrightarrow{AB} \cdot \overrightarrow{AM} = \overrightarrow{AB} \cdot \overrightarrow{AH},$$

$$\overrightarrow{AB} \cdot \overrightarrow{AC} = \overrightarrow{AB} \cdot \overrightarrow{AH}.$$

2° Le point C est le projeté orthogonal du point B sur la droite (AC), donc :

$$\overrightarrow{AB} \cdot \overrightarrow{AC} = \overrightarrow{AC} \cdot \overrightarrow{AC},$$

c'est-à-dire :

$$\boldsymbol{\overrightarrow{AB} \cdot \overrightarrow{AC} = AC^2.}$$

3° N est un point du cercle de diamètre $[AB]$, donc N est le projeté orthogonal de B sur la droite (AN).

Si $d \neq (AB)$, alors le triangle ABN est rectangle en N.

Si $d = (AB)$, alors $N = B$.

De plus, les points A, M, N sont alignés, donc :

$$\boldsymbol{\overrightarrow{AM} \cdot \overrightarrow{AN} = \overrightarrow{AM} \cdot \overrightarrow{AB}.}$$

4° On a successivement :

$$\overrightarrow{AM} \cdot \overrightarrow{AN} = \overrightarrow{AM} \cdot \overrightarrow{AB} \quad \text{(d'après 3°)}$$

$$= \overrightarrow{AB} \cdot \overrightarrow{AM}$$

$$= \overrightarrow{AB} \cdot \overrightarrow{AC} \quad \text{(d'après 1°)}$$

$$= AC^2 \quad \text{(d'après 2°)}.$$

Pour tous vecteurs $\vec{u}$ et $\vec{v}$:

$$\vec{u} \cdot \vec{v} = \vec{v} \cdot \vec{u}.$$

Finalement, on a prouvé :

$$\boldsymbol{\overrightarrow{AM} \cdot \overrightarrow{AN} = AC^2.}$$

Le produit scalaire $\overrightarrow{AM} \cdot \overrightarrow{AN}$ ne dépend pas de la droite d choisie.
Si $d = (AB)$, alors $M = H$, $N = B$ et :
$$\overrightarrow{AH} \cdot \overrightarrow{AB} = AC^2.$$

Vecteurs orthogonaux

7 1° $\vec{u}(1\ ;-2)$, $\vec{v}(6\ ;3)$.

On a :
$$\vec{u} \cdot \vec{v} = 1 \times 6 + (-2) \times 3 = 6 - 6,$$
donc : $\vec{u} \cdot \vec{v} = 0.$

> Quels que soient les vecteurs $\vec{u}(x, y)$ et $\vec{v}(x', y')$:
> $$\vec{u} \cdot \vec{v} = xx' + yy'.$$

On en déduit que **les vecteurs $\vec{u}$ et $\vec{v}$ sont orthogonaux.**

> Si $\vec{u} \cdot \vec{v} = 0$, alors $\vec{u}$ et $\vec{v}$ sont orthogonaux.

2° $\vec{u}(\sqrt{3} - 2\ ;-1)$, $\vec{v}(\sqrt{3} + 2\ ;1)$.

On a :
$$\begin{aligned}\vec{u} \cdot \vec{v} &= (\sqrt{3} - 2) \times (\sqrt{3} + 2) + (-1) \times 1 \\ &= (\sqrt{3})^2 - 2^2 - 1 \\ &= 3 - 4 - 1 \\ &= -2,\end{aligned}$$
donc :
$$\vec{u} \cdot \vec{v} \neq 0.$$

Par conséquent, **les vecteurs $\vec{u}$ et $\vec{v}$ ne sont pas orthogonaux.**

> Si $\vec{u}$ et $\vec{v}$ sont orthogonaux, alors $\vec{u} \cdot \vec{v} = 0$.
> Cette proposition est équivalente à sa contraposée :
> si $\vec{u} \cdot \vec{v} \neq 0$, alors $\vec{u}$ et $\vec{v}$ ne sont pas orthogonaux.

8 Voici un algorithme qui détermine si les vecteurs $\vec{u}(x, y)$ et $\vec{v}(z, t)$ sont orthogonaux.

```
Variables
    x, y, z, t, p : réels
Entrée
    Saisir x, y, z, t
Traitement
  p prend la valeur xz + yt
   Si p = 0 alors
    afficher « vecteurs orthogonaux »
    sinon
    afficher « vecteurs non
                orthogonaux »
    Fin Si
```

9 $\vec{u}(m - 2\ ;1)$, $\vec{v}(m + 2\ ;3)$.

> Des vecteurs $\vec{u}$ et $\vec{v}$ sont orthogonaux si, et seulement si :
> $$\vec{u} \cdot \vec{v} = 0.$$

On a :
$$\begin{aligned}\vec{u} \cdot \vec{v} &= (m - 2) \times (m + 2) + 1 \times 3 \\ &= m^2 - 4 + 3 \\ &= m^2 - 1,\end{aligned}$$
donc :
$$\begin{aligned}\vec{u} \cdot \vec{v} = 0 &\Leftrightarrow m^2 = 1 \\ &\Leftrightarrow m = -1 \text{ ou } m = 1.\end{aligned}$$

On en déduit que **les valeurs de m telles que les vecteurs $\vec{u}(m - 2\ ;1)$ et $\vec{v}(m + 2\ ;3)$ soient orthogonaux sont -1 et 1.**

Si $m = -1$, alors $\vec{u}$ et $\vec{v}$ ont respectivement pour coordonnées $(-3\ ;1)$ et $(1\ ;3)$.
Si $m = 1$, alors $\vec{u}$ et $\vec{v}$ ont respectivement pour coordonnées $(-1\ ;1)$ et $(3\ ;3)$.

10 $A(2\ ;0)$, $B(5\ ;-4)$, $C(-1\ ;-2)$, $D(6\ ;3)$.

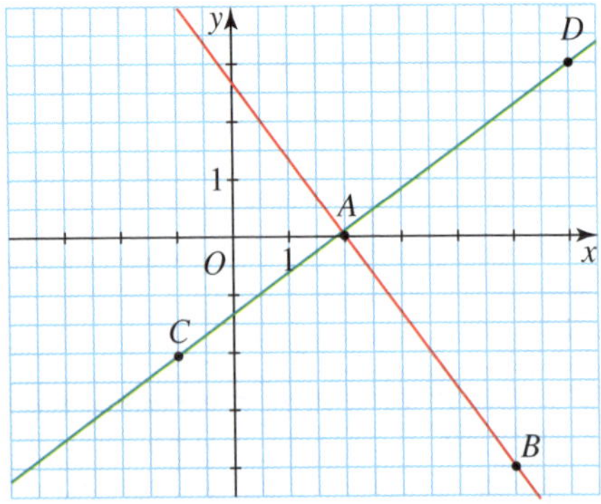

On a : $\overrightarrow{AB}(3\ ;-4)$ et $\overrightarrow{CD}(7\ ;5)$,
d'où :
$\overrightarrow{AB}\cdot\overrightarrow{CD}=3\times7+(-4)\times5=21-20=1$,
donc : $\overrightarrow{AB}\cdot\overrightarrow{CD}\neq0$,
ce qui prouve que les vecteurs $\overrightarrow{AB}$ et $\overrightarrow{CD}$ ne sont pas orthogonaux.
On peut alors affirmer que **les droites (*AB*) et (*CD*) ne sont pas perpendiculaires.**
Ce n'est pas évident sur la figure !

Vecteur normal à une droite

11 $A(-6\ ;8)$, $B(3\ ;7)$.

Tout vecteur non nul orthogonal au vecteur $\overrightarrow{AB}$ est un vecteur normal à la droite (*AB*).

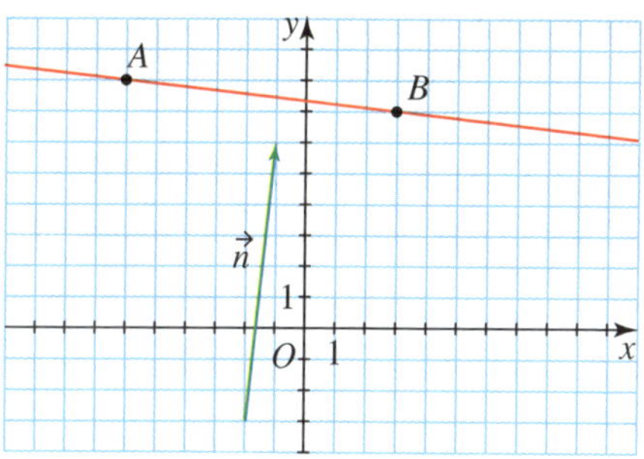

On a : $\overrightarrow{AB}(9\ ;-1)$,
donc $\vec{n}(1\ ;9)$ est orthogonal à $\overrightarrow{AB}$.
$\overrightarrow{AB}\cdot\vec{n}=9\times1+(-1)\times9=9-9=0$.
On en déduit que **$\vec{n}(1\ ;9)$ est un vecteur normal à la droite (*AB*).**

Si $\vec{n}$ est un vecteur normal à une droite, alors **les** vecteurs non nuls colinéaires à $\vec{n}$ sont **les** vecteurs normaux à cette droite.

Par conséquent, **les vecteurs normaux à la droite (*AB*) sont les vecteurs de coordonnées $(k\ ;9k)$, où k décrit $\mathbb{R}^*$.**

12 d a pour coefficient directeur 4, donc $\vec{u}(1\ ;4)$ est un vecteur directeur de d.
Par conséquent, le vecteur $\vec{n}(4\ ;-1)$, qui est non nul et orthogonal à $\vec{u}$, est un vecteur normal à d.
$\vec{u}\cdot\vec{n}=1\times4+4\times(-1)=4-4=0$.
On en déduit que **les vecteurs normaux à d sont les vecteurs de coordonnées $(4k\ ;-k)$, où k décrit $\mathbb{R}^*$.**

13 d passe par $A(1\ ;2)$, de vecteur normal $\vec{n}(2\ ;-3)$.
d' passe par $B(-4\ ;3)$, de vecteur normal $\vec{n}'(5\ ;2)$.

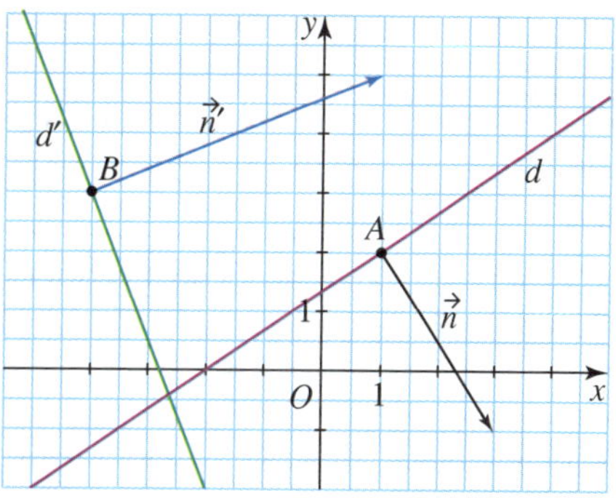

14 $\vec{n}_1(1\ ;0)$ est un vecteur normal à D_1.
$\vec{n}_1=\vec{i}$.

$\vec{n}_2(2\ ;-1)$ est un vecteur normal à D_2.
$\vec{n}_3(1\ ;3)$ est un vecteur normal à D_3.
$\vec{n}_4(0\ ;1)$ est un vecteur normal à D_4.
$\vec{n}_4=\vec{j}$.

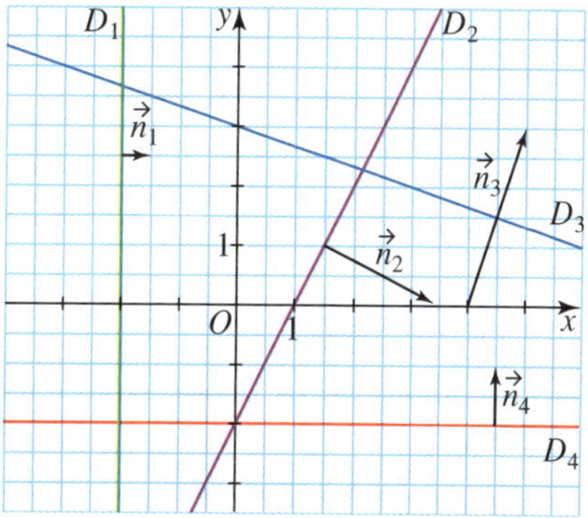

15 $\Delta : -5x + 3y - 2 = 0$,
$A(-1\,;-1)$, $B(4\,;-4)$.

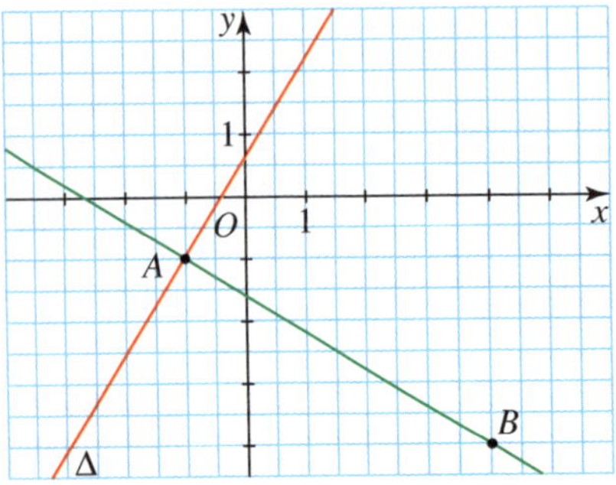

• On sait que $\vec{n}\,(-5\,;3)$ est un vecteur normal à Δ,

or $\overrightarrow{AB}$ a pour coordonnées $(5\,;-3)$,

donc : $\overrightarrow{AB} = -\vec{n}$

($\overrightarrow{AB}$ et $\vec{n}$ sont colinéaires)

et $\overrightarrow{AB}$ est aussi un vecteur normal à Δ.
On en déduit que (AB) est perpendiculaire à Δ.

• De plus, les coordonnées de A vérifient l'équation de Δ

$(5 - 3 - 2 = 0)$,

donc A appartient à Δ.
Par conséquent, ***A* est le projeté orthogonal de *B* sur Δ.**

Équations de droites

16 d passe par $A(4\,;3)$, de vecteur normal $\vec{n}(2\,;-1)$.

1° Dire qu'un point $M(x, y)$ appartient à la droite d signifie que les vecteurs $\overrightarrow{AM}\,(x-4\,;y-3)$ et $\vec{n}\,(2\,;-1)$ sont orthogonaux, c'est-à-dire : $\overrightarrow{AM} \cdot \vec{n} = 0$.

On a :

$$\begin{aligned}\overrightarrow{AM} \cdot \vec{n} &= (x-4) \times 2 + (y-3) \times (-1)\\ &= 2x - 8 - y + 3\\ &= 2x - y - 5.\end{aligned}$$

On en déduit que **la droite *d* a pour équation :**

$$\mathbf{2x - y - 5 = 0.}$$

2°

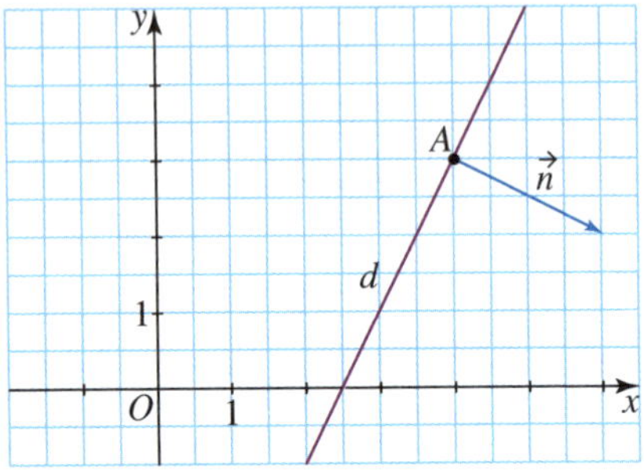

17 $A(-4\,;-1)$, $B(5\,;7)$.
d perpendiculaire à (AB) en A.
Dire qu'un point $M(x, y)$ appartient à la droite d signifie que les vecteurs $\overrightarrow{AM}\,(x+4\,;y+1)$ et $\overrightarrow{AB}\,(9\,;8)$ sont orthogonaux, c'est-à-dire : $\overrightarrow{AM} \cdot \overrightarrow{AB} = 0$.

On a :

$$\begin{aligned}\overrightarrow{AM} \cdot \overrightarrow{AB} &= (x+4) \times 9 + (y+1) \times 8\\ &= 9x + 36 + 8y + 8\\ &= 9x + 8y + 44.\end{aligned}$$

On en déduit que **la droite *d* a pour équation :**

$$\mathbf{9x + 8y + 44 = 0.}$$

18 $A(1\,;4)$, $B(-5\,;-2)$ et $C(2\,;0)$.

1° Δ est perpendiculaire à la droite (AB), donc $\overrightarrow{AB}\,(-6\,;-6)$ est un vecteur normal à Δ et $\vec{n}\,(1\,;1)$ est un autre vecteur normal à Δ.

$\overrightarrow{AB} = -6\vec{n}$.

> Si $\vec{n}\,(a, b)$ est un vecteur normal à une droite, alors celle-ci admet une équation de la forme :
>
> $$ax + by + c = 0.$$

Δ a une équation de la forme :

$$x + y + c = 0.$$

De plus, Δ passe par $C(2\,;0)$, donc le réel c vérifie :

$$2 + 0 + c = 0,$$

d'où : $c = -2$.

Par conséquent :

$\mathbf{x + y - 2 = 0}$ **est une équation de Δ.**

2° La médiatrice d du segment $[AB]$ est parallèle à Δ, donc elle a les mêmes vecteurs normaux que Δ.
Par conséquent, d a une équation de la forme :

$$x + y + c = 0.$$

De plus, le milieu $I(-2\,;\,1)$ de $[AB]$ appartient à d, donc le réel c vérifie :

$$-2 + 1 + c = 0,$$

d'où : $c = 1$.

On peut conclure que **$x + y + 1 = 0$ est une équation de d.**

3° D est parallèle à (BC), donc $\overrightarrow{BC}\,(7\,;\,2)$ est un vecteur directeur de D.

> $\vec{u}\,(-b, a)$ est un vecteur directeur de toute droite d'équation de la forme $ax + by + c = 0$.

On en déduit que D a une équation de la forme :

$$2x - 7y + c = 0.$$

De plus, $A(1\,;\,4)$ est un point de D, donc le réel c vérifie :

$$2 - 28 + c = 0,$$

d'où : $c = 26$.

Finalement :

$2x - 7y + 26 = 0$ est une équation de D.

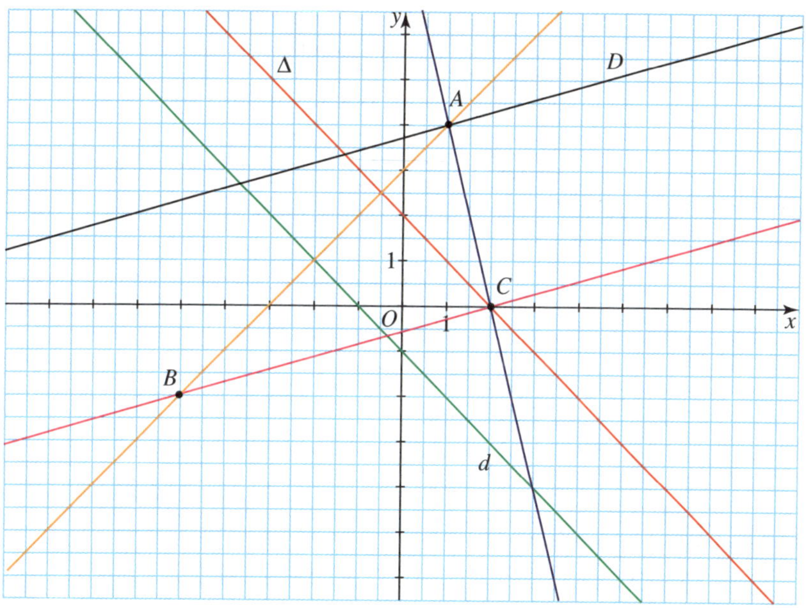

Équations de cercles

19 **Le cercle $\mathscr{C}$ de centre $I(-8\,;\,17)$ et de rayon 3 a pour équation :**

$$(x + 8)^2 + (y - 17)^2 = 3^2,$$

c'est-à-dire :

$$\mathbf{(x + 8)^2 + (y - 17)^2 = 9.}$$

> Le cercle de centre I et de rayon R admet pour équation :
> $$(x - x_I)^2 + (y - y_I)^2 = R^2.$$

20 $(E) : x^2 + y^2 - 6x + 8y + 16 = 0.$

Pour tous réels x et y :

$$x^2 + y^2 - 6x + 8y + 16$$
$$= x^2 - 6x + (y^2 + 8y + 16)$$
$$= (x - 3)^2 - 9 + (y + 4)^2.$$

On en déduit l'équivalence :

$$(E) \Leftrightarrow (x-3)^2 + (y+4)^2 = 9.$$

ce qui permet d'affirmer que (E) est une **équation du cercle de centre le point de coordonnées (3 ; – 4) et de rayon 3.**

Pour tout point M de coordonnées (x, y) :

$$(E) \Leftrightarrow IM^2 = 9$$
$$\Leftrightarrow IM = 3.$$

21 $A(2 ; 1)$, $B(-4 ; -3)$, $C(4 ; -2)$.

1° Soit M un point de couple de coordonnées (x, y).

Dire que M appartient au cercle Γ_1 de diamètre $[AB]$ signifie que les vecteurs $\overrightarrow{AM}$ et $\overrightarrow{BM}$ sont orthogonaux, c'est-à-dire que leur produit scalaire est nul.

On a :

$\overrightarrow{AM}\,(x-2 ; y-1)$, $\overrightarrow{BM}\,(x+4 ; y+3)$,

et :

$\overrightarrow{AM} \cdot \overrightarrow{BM} = (x-2)(x+4) + (y-1)(y+3)$,

soit : $\overrightarrow{AM} \cdot \overrightarrow{BM} = x^2 + 2x + y^2 + 2y - 11$.

On en déduit que $\boldsymbol{\Gamma_1}$ **admet pour équation** :

$$\mathbf{x^2 + 2x + y^2 + 2y = 11.}$$

Autre façon :

Le centre Ω_1 de Γ_1 est le milieu de $[AB]$, qui a pour couple de coordonnées $(-1 ; -1)$; de plus :

$$AB^2 = (-4-2)^2 + (-3-1)^2 = 52,$$

donc le carré du rayon de Γ_1 est 52/4, soit 13.

Γ_1 est donc l'ensemble des points $M(x, y)$ du plan dont la distance $\Omega_1 M$ à Ω_1 est $\sqrt{13}$, c'est-à-dire tels que $\Omega_1 M^2 = 13$.

On en déduit que Γ_1 admet pour équation :

$$(x+1)^2 + (y+1)^2 = 13,$$

ou encore :

$$x^2 + 2x + y^2 + 2y = 11.$$

2° Après avoir fait une figure, on est amené à conjecturer que le triangle ABC est rectangle en A.

On a : $\overrightarrow{AC}\,(2 ; -3)$ et $\overrightarrow{AB}\,(-6 ; -4)$, donc :

$\overrightarrow{AC} \cdot \overrightarrow{AB} = 2 \times (-6) + (-3) \times (-4) = 0$,

ce qui prouve que les vecteurs $\overrightarrow{AC}$ et $\overrightarrow{AB}$ sont orthogonaux.

En appliquant la même méthode qu'au **1°**, on en déduit que le triangle ABC est rectangle en A ; le cercle Γ_2 circonscrit à ABC a donc pour diamètre $[BC]$.

On obtient que $\boldsymbol{\Gamma_2}$ **a pour équation :**

$$\mathbf{x^2 + y^2 + 5y = 10.}$$

3° Les points O, B, C n'étant pas alignés, il existe bien un cercle passant par ces trois points. Le triangle OBC n'est pas rectangle, on ne peut donc pas appliquer la méthode utilisée au **2°**. Pour déterminer une équation du cercle Γ_3 circonscrit à OBC, on va calculer les coordonnées du centre Ω_3 de ce cercle, sachant que Ω_3 est le point de concours des médiatrices du triangle OBC.

Pour cela, on peut commencer par déterminer une équation de deux de ces médiatrices.

La médiatrice de $[OB]$ est la droite d_1 passant par le milieu I de $[OB]$ et perpendiculaire à (OB).

De plus : $I\left(-2 ; -\dfrac{3}{2}\right)$.

Dire qu'un point $M(x, y)$ appartient à d_1 signifie que les vecteurs $\overrightarrow{IM}$ et $\overrightarrow{OB}$ sont orthogonaux, c'est-à-dire que leur produit scalaire est nul ; or :

$$\overrightarrow{IM} \cdot \overrightarrow{OB} = (x+2) \times (-4) + \left(y + \frac{3}{2}\right) \times (-3)$$
$$= -4x - 3y - \frac{25}{2}.$$

Donc d_1 a pour équation :

$$y = -\frac{4}{3}x - \frac{25}{6}.$$

$$M \in d_1 \Leftrightarrow -4x - 3y - \frac{25}{2} = 0$$
$$\Leftrightarrow 3y = -4x - \frac{25}{2}$$
$$\Leftrightarrow y = -\frac{4}{3}x - \frac{25}{6}.$$

De manière analogue, on trouve que la médiatrice d_2 de $[OC]$ a pour équation :

$$y = 2x - 5.$$

Le couple de coordonnées de Ω_3 est la seule solution du système d'inconnue (x, y) :

$$\begin{cases} y = -\dfrac{4}{3}x - \dfrac{25}{6} \\ y = 2x - 5. \end{cases}$$

Après résolution, on trouve :

$$\Omega_3\left(\frac{1}{4} \,;\, -\frac{9}{2}\right).$$

Le rayon de Γ_3 est la distance Ω_3C ;

on a : $\overrightarrow{\Omega_3C}\left(\dfrac{15}{4} \,;\, \dfrac{5}{2}\right)$,

donc : $\Omega_3C = \dfrac{5}{4}\sqrt{3^2 + 2^2} = \dfrac{5\sqrt{13}}{4}$.

Dire qu'un point $M(x, y)$ appartient à Γ_3 signifie :

$$\Omega_3M = \Omega_3C,$$

ou encore

$$\Omega_3M^2 = \frac{325}{16}.$$

Finalement, **Γ_3 a pour équation :**

$$\left(x - \frac{1}{4}\right)^2 + \left(y + \frac{9}{2}\right)^2 = \frac{325}{16}.$$

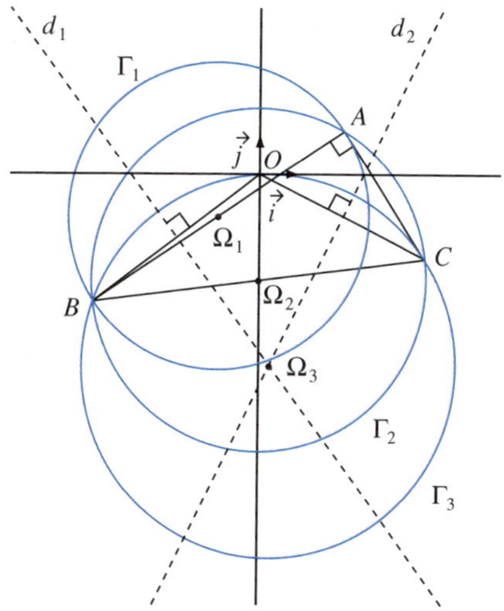

Les interrogations écrites

22 $AB = 3$.

Notons C', D', E', F' et G' les projetés orthogonaux respectifs de C, D, E, F et G sur la droite (AB).

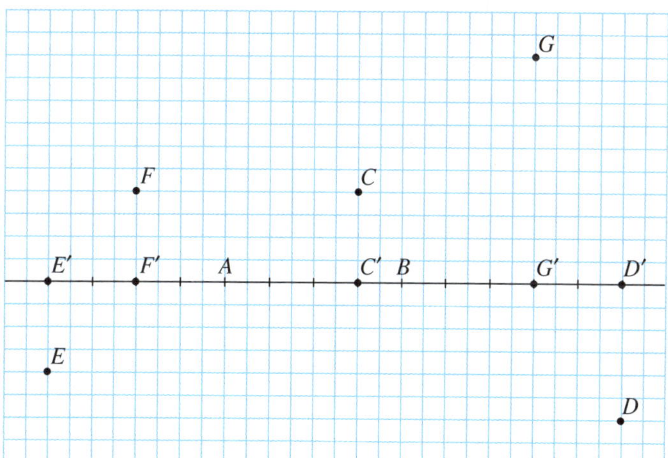

- $\overrightarrow{AB} \cdot \overrightarrow{AC} = AB \times AC' = 4 \times 3 = \mathbf{12}$.
- $\overrightarrow{AB} \cdot \overrightarrow{AD} = AB \times AD' = 4 \times 9 = \mathbf{36}$.
- $\overrightarrow{AB} \cdot \overrightarrow{AE} = -AB \times AE' = -4 \times 4 = \mathbf{-16}$.
- $\overrightarrow{AB} \cdot \overrightarrow{AF} = -AB \times AF' = -4 \times 2 = \mathbf{-8}$.
- $\overrightarrow{AB} \cdot \overrightarrow{AG} = AB \times AG' = 4 \times 7 = \mathbf{28}$.

23 $A(2\,;\,1)$ et $B(-1\,;\,3)$.

1° La médiatrice d_1 du segment $[AB]$ est la droite perpendiculaire à (AB) passant par le milieu I de $[AB]$.

Après calcul :

$$I\left(\frac{1}{2}\,;\,2\right) \text{ et } \overrightarrow{AB}\,(-3\,;\,2).$$

Pour tout point M de coordonnées (x, y) :

$$M \in d_1 \Leftrightarrow \overrightarrow{IM} \cdot \overrightarrow{AB} = 0$$

$$\Leftrightarrow \left(x-\frac{1}{2}\right)(-3) + (y-2)\times 2 = 0$$

$$\Leftrightarrow -3x + 2y + \frac{3}{2} - 4 = 0$$

donc **d_1 a pour équation :**

$$\boldsymbol{y = \frac{3}{2}x + \frac{5}{4}}.$$

$$-3x + 2y + \frac{3}{2} - 4 = 0 \Leftrightarrow 2y = 3x + \frac{5}{2}$$

$$\Leftrightarrow y = \frac{3}{2}x + \frac{5}{4}.$$

2° La hauteur d_2 issue de O du triangle OAB est l'ensemble des points M tels que les vecteurs $\overrightarrow{OM}$ et $\overrightarrow{AB}$ soient orthogonaux.

En notant (x, y) les coordonnées de M :

$$M \in d_2 \Leftrightarrow \overrightarrow{OM} \cdot \overrightarrow{AB} = 0$$

$$\Leftrightarrow -3x + 2y = 0.$$

Par conséquent, **d_2 a pour équation :**

$$\boldsymbol{y = \frac{3}{2}x}.$$

$$-3x + 2y = 0 \Leftrightarrow 2y = 3x$$

$$\Leftrightarrow y = \frac{3}{2}x.$$

3° La tangente d_3 en B au cercle $\mathscr{C}$ est la perpendiculaire en B à la droite (AB).

Pour tout point M de coordonnées (x, y) :

$$M \in d_3 \Leftrightarrow \overrightarrow{BM} \cdot \overrightarrow{AB} = 0$$

$$\Leftrightarrow (x+1)(-3) + (y-3)\times 2 = 0$$

$$\Leftrightarrow -3x + 2y - 3 - 6 = 0.$$

On en déduit que **d_3 a pour équation :**

$$\boldsymbol{y = \frac{3}{2}x + \frac{9}{2}}.$$

$$-3x + 2y - 3 - 6 = 0 \Leftrightarrow 2y = 3x + 9$$

$$\Leftrightarrow y = \frac{3}{2}x + \frac{9}{2}.$$

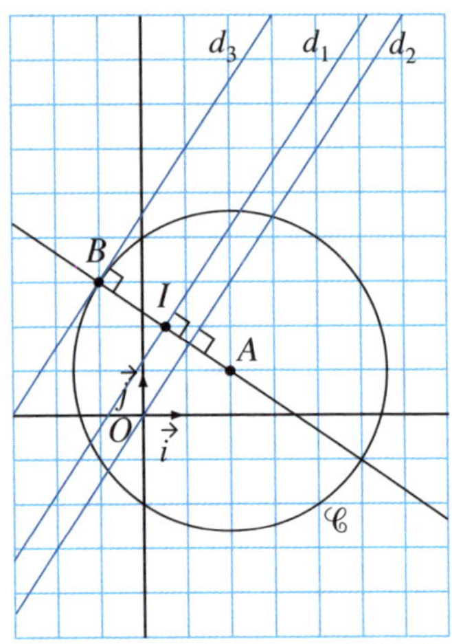

Les droites d_1, d_2, d_3 sont parallèles, car toutes trois perpendiculaires à (AB) ; elles ont le même coefficient directeur (qui est égal à $\frac{3}{2}$).

CHAPITRE 13

Géométrie et problèmes

EXERCICES

Trigonométrie

1 ★★ 20 min (corrigés p. 312)

On suppose le plan rapporté à un repère orthonormal $(O\ ;\ \vec{i}, \vec{j})$ et on note $\mathscr{C}$ le cercle trigonométrique associé à ce repère.

Soient a et b des nombres réels, $\vec{u}$ et $\vec{v}$ les vecteurs unitaires tels que :

$$(\vec{i}, \vec{u}) = a \quad [2\pi], \qquad (\vec{i}, \vec{v}) = b \quad [2\pi].$$

1° a) Donner une mesure de l'angle orienté $(\vec{u}, \vec{v})$.

b) Exprimer chacun des vecteurs $\vec{u}$ et $\vec{v}$ en fonction des vecteurs $\vec{i}$ et $\vec{j}$.

2° En exprimant de deux manières le produit scalaire $\vec{u} \cdot \vec{v}$, démontrer l'égalité :

$$\cos(a-b) = \cos(a)\cos(b) + \sin(a)\sin(b).$$

3° Déduire de l'égalité obtenue à la question précédente la deuxième formule d'addition du cosinus :

$$\cos(a+b) = \cos(a)\cos(b) - \sin(a)\sin(b).$$

4° Prouver l'égalité :

$$\sin(a-b) = \cos\left(\left(\frac{\pi}{2} - a\right) + b\right),$$

puis démontrer les formules d'addition pour le sinus :

$$\sin(a-b) = \sin(a)\cos(b) - \cos(a)\sin(b),$$
$$\sin(a+b) = \sin(a)\cos(b) + \cos(a)\sin(b).$$

5° En écrivant : $\dfrac{7\pi}{12} = \dfrac{\pi}{3} + \dfrac{\pi}{4}$, donner une expression « simple » de $\cos\left(\dfrac{7\pi}{12}\right)$, puis de $\cos\left(\dfrac{5\pi}{12}\right)$.

Relations métriques dans le triangle

Dans les trois exercices suivants :

- ABC est un triangle,
- $\widehat{A}$, $\widehat{B}$, $\widehat{C}$ désignent respectivement les angles géométriques $\widehat{BAC}$, $\widehat{CBA}$, $\widehat{ACB}$ (ou leur mesure en radians),
- a, b, c désignent respectivement les distances BC, CA, AB.

2 ★★ 20 min *(corrigés p. 313)*

1° Démontrer la **relation d'Al-Kashi** :

$$a^2 = b^2 + c^2 - 2bc\cos(\widehat{A}).$$

2° On donne : $a = 4,\ b = 5,\ c = 6.$

a) Faire une figure.

b) Calculer $\cos(\widehat{A})$ et $\cos(\widehat{B})$.

c) Donner l'arrondi automatique de $\widehat{A}$, $\widehat{B}$ et $\widehat{C}$ à 10^{-2} près.

3 ★★ 30 min *(corrigés p. 314)*

1° On considère la hauteur $[CH]$ issue de C dans le triangle ABC (supposé non aplati).

a) En discutant suivant la position de H par rapport aux points A et B sur la droite (AB), démontrer l'égalité :

$$HC = b\sin(\widehat{A}).$$

b) En considérant l'aire S du triangle ABC, démontrer :

$$\frac{1}{2}bc\sin(\widehat{A}) = \frac{1}{2}ac\sin(\widehat{B}) = \frac{1}{2}ab\sin(\widehat{C}),$$

et en déduire la **loi des sinus** :

$$\frac{a}{\sin(\widehat{A})} = \frac{b}{\sin(\widehat{B})} = \frac{c}{\sin(\widehat{C})}.$$

2° On donne : $a = 1,\ \widehat{B} = \frac{\pi}{6},\ \widehat{C} = \frac{\pi}{4}.$

a) Faire une figure.

b) Calculer $\sin(\widehat{A})$.

c) Calculer b et c.

4 ★★ 15 min *(corrigés p. 316)*

On donne : $a = \sqrt{2},\ b = \sqrt{3},\ \widehat{A} = \frac{\pi}{4}$ et $\widehat{B} < \frac{\pi}{2}.$

1° Faire une figure.

2° Calculer $\widehat{B}$, $\widehat{C}$ et c.

On pourra utiliser la loi des sinus (voir l'exercice **3**).

Théorème de la médiane

5 ★★ 15 min (corrigés p. 317)

Soient A et B des points du plan.

1° Théorème de la médiane

Soit I le milieu du segment $[AB]$.

Démontrer que, pour tout point M du plan :

$$MA^2 + MB^2 = 2\,IM^2 + \frac{1}{2}AB^2.$$

2° Quel est le minimum de $MA^2 + MB^2$ lorsque M décrit le plan ?

6 ★★ 15 min (corrigés p. 318)

$ABCD$ est un quadrilatère. On note I et J les milieux respectifs des segments $[AC]$ et $[BD]$.

1° Démontrer l'égalité :

$$AB^2 + BC^2 + CD^2 + DA^2 = AC^2 + BD^2 + 4\,IJ^2.$$

On pourra appliquer plusieurs fois le théorème de la médiane (voir l'exercice **5** *).*

2° En déduire que le quadrilatère $ABCD$ est un parallélogramme si, et seulement si :

$$AB^2 + BC^2 + CD^2 + DA^2 = AC^2 + BD^2.$$

Calculs d'angles et de distances

7 ★★ 15 min (corrigés p. 318)

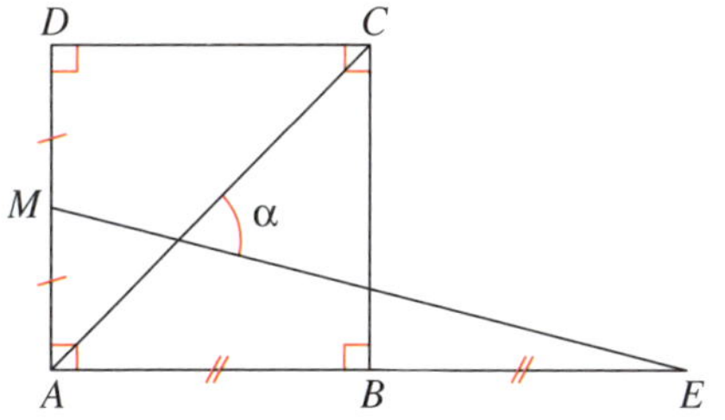

Dans la figure ci-dessus, $ABCD$ est un carré de côté a, M est le milieu de $[AD]$ et E est le symétrique de A par rapport à B.

Le but de l'exercice est de calculer une valeur approchée de l'angle α.

1° Exprimer chacun des vecteurs $\overrightarrow{ME}$ et $\overrightarrow{AC}$ en fonction de $\overrightarrow{AB}$ et $\overrightarrow{AD}$, puis prouver l'égalité :

$$\overrightarrow{ME} \cdot \overrightarrow{AC} = \frac{3}{2}a^2.$$

2° Calculer AC et ME en fonction de a.

3° En déduire une valeur approchée de α au degré près.

Études de configurations

8 ★ 15 min (corrigés p. 319)

$ABCD$ est un carré, I est le milieu du côté $[AB]$ et J celui du côté $[BC]$.

Démontrer que les droites (DI) et (AJ) sont perpendiculaires.

9 ★★ 15 min (corrigés p. 320)

OAB est un triangle isocèle et rectangle en O.

C et D sont des points, appartenant respectivement aux segments $[OA]$ et $[OB]$, tels que : $OC = OD$.

Démontrer que la médiane issue de O dans le triangle OBC est la hauteur issue de O dans le triangle OAD.

10 ★★ 15 min (corrigés p. 320)

Soit ABC un triangle de centre de gravité G, et A' le milieu de $[BC]$.

1° Démontrer, à l'aide du théorème de la médiane :

$$AA'^2 = \frac{9}{4}(GB^2 + GC^2 + 2\overrightarrow{GB} \cdot \overrightarrow{GC}).$$

2° On suppose que les médianes issues de B et C sont perpendiculaires.

Démontrer :

$$AB^2 + AC^2 = 5BC^2.$$

11 ★★ 15 min (corrigés p. 321)

Dans la figure ci-dessous, ABC est un triangle, $ABDE$ et $ACFG$ sont des carrés, I est le milieu de $[BC]$.

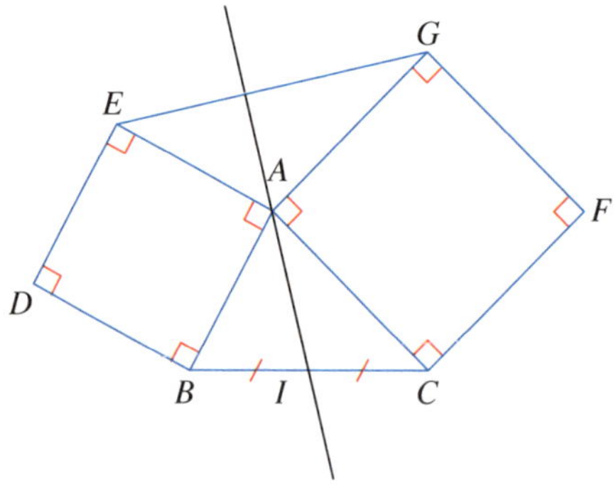

1° Comparer les angles orientés $(\overrightarrow{AB}, \overrightarrow{AG})$ et $(\overrightarrow{AC}, \overrightarrow{AE})$, puis les produits scalaires $\overrightarrow{AB} \cdot \overrightarrow{AG}$ et $\overrightarrow{AC} \cdot \overrightarrow{AE}$.

Le sens trigonométrique est celui, usuel, donné par le repère $(A\,;\,\overrightarrow{AC}, \overrightarrow{AG})$.

2° Exprimer le vecteur $\overrightarrow{AB} + \overrightarrow{AC}$ en fonction de $\overrightarrow{AI}$.

3° Démontrer que la médiane (AI) du triangle ABC est une hauteur du triangle AEG.

12 ★ 15 min (corrigés p. 322)

ABCD est un quadrilatère.

1° Démontrer l'égalité :

$$AB^2 + CD^2 = AD^2 + BC^2 + 2\overrightarrow{AC} \cdot \overrightarrow{DB}.$$

2° En déduire que les diagonales du quadrilatère *ABCD* sont perpendiculaires si, et seulement si :

$$AB^2 + CD^2 = AD^2 + BC^2.$$

Une construction

13 ★★★ 30 min (corrigés p. 322)

ABC est un triangle (non aplati).

1° Démontrer que, pour tout point M du plan, on a :

$$\overrightarrow{MA} \cdot \overrightarrow{BC} + \overrightarrow{MB} \cdot \overrightarrow{CA} + \overrightarrow{MC} \cdot \overrightarrow{AB} = 0.$$

2° Déduire de l'égalité établie au **1°** que les trois hauteurs du triangle *ABC* sont concourantes.

3° *Application*

Deux droites d et d' tracées sur une feuille de papier se coupent en un point Ω situé en dehors de cette feuille.

A est un point de la feuille, n'appartenant ni à d, ni à d'.

Tracer la droite (ΩA), sans que les constructions nécessaires « sortent » de la feuille.

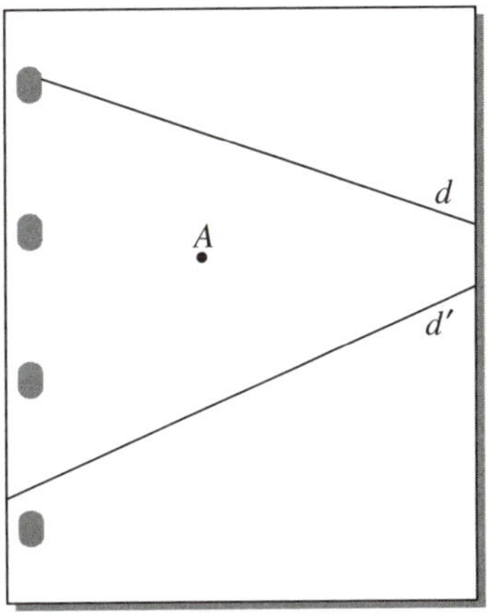

Lignes de niveaux

14 ★ 15 min (corrigés p. 323)

ABCD est un carré ; on note I le milieu de $[AB]$.

On considère l'ensemble $\mathscr{E}$ des points M du plan tels que :

$$MA^2 + MB^2 = 3AB^2.$$

1° Démontrer que C et D appartiennent à $\mathscr{E}$.

2° Déterminer et construire l'ensemble $\mathscr{E}$.

On utilisera le théorème de la médiane démontré dans l'exercice **5**.

15 ★★ 20 min (corrigés p. 324)

Soient A et B deux points distincts et k un nombre réel.
Le but de l'exercice est de déterminer l'ensemble $\mathscr{E}$ des points M tels que :

$$\overrightarrow{MA} \cdot \overrightarrow{MB} = k.$$

1° On note I le milieu du segment $[AB]$.
a) Démontrer que, pour tout point M :

$$\overrightarrow{MA} \cdot \overrightarrow{MB} = MI^2 - \frac{1}{4}AB^2.$$

b) Conclure.
2° Quel résultat retrouve-t-on dans le cas où $k = 0$?
Représenter graphiquement l'ensemble $\mathscr{E}$ lorsque $k = \frac{1}{4}AB^2$.

16 ★★ 20 min (corrigés p. 324)

Soient A et B deux points distincts et k un nombre réel.
1° Déterminer l'ensemble $\mathscr{E}$ des points M tels que :

$$\overrightarrow{AM} \cdot \overrightarrow{AB} = k.$$

On pourra rapporter le plan à un repère orthonormal adapté.
2° Représenter graphiquement l'ensemble $\mathscr{E}$ lorsque $k = -\frac{1}{4}AB^2$.

17 ★★ 15 min (corrigés p. 325)

Soient A et B deux points distincts.
1° Démontrer qu'il existe un, et un seul, point G tel que :

$$2\overrightarrow{GA} - 5\overrightarrow{GB} = \vec{0}.$$

2° En déduire l'ensemble $\mathscr{E}$ des points M tels que :

$$(2\overrightarrow{MA} - 5\overrightarrow{MB}) \cdot \overrightarrow{AB} = 0.$$

Géométrie analytique

18 ★ 15 min (corrigés p. 326)

On considère le cercle $\mathscr{C}$ d'équation $x^2 + y^2 + 2x - y = 5$, et le cercle Γ de centre le point F, de coordonnées $(4 ; 3)$, et de rayon 5.

1° a) On note I le centre du cercle $\mathscr{C}$.
Déterminer les coordonnées du point I et le rayon du cercle $\mathscr{C}$.
b) Donner une équation du cercle Γ.
c) Tracer $\mathscr{C}$ et Γ sur une même figure.

2° Soit A le point de coordonnées $(1 ; -1)$.
a) Démontrer que A appartient à chacun des deux cercles $\mathscr{C}$ et Γ.
b) Démontrer que les droites (AI) et (AF) sont perpendiculaires.
c) En déduire que la tangente $\mathscr{T}$ au cercle $\mathscr{C}$ en A et la tangente $\mathscr{T}'$ au cercle Γ en A sont perpendiculaires.

3° a) Démontrer que les cercles $\mathscr{C}$ et Γ ont exactement deux points d'intersection, le point A et un autre point que l'on appellera B et dont on calculera les coordonnées.
b) Justifier d'une phrase que les tangentes en B à chacun des deux cercles $\mathscr{C}$ et Γ sont perpendiculaires.

Les interrogations écrites

19 20 min (corrigés p. 327)

On considère un carré $ABCD$ de côté a et l'on désigne par I le milieu de $[BC]$.

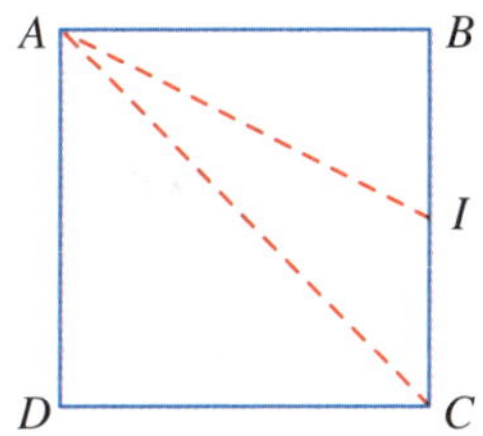

1° Démontrer : $\overrightarrow{AI} \cdot \overrightarrow{AC} = \frac{3}{2}a^2$.

2° Déterminer une valeur approchée, au dixième près, de l'angle $\widehat{IAC}$ exprimé en degrés.

20 20 min (corrigés p. 328)

ABC est un triangle rectangle en C.
I est le milieu de $[AB]$.
H est le projeté orhogonal de C sur (AB).
Le point H se projette orthogonalement en J sur (AC) et en K sur (BC).

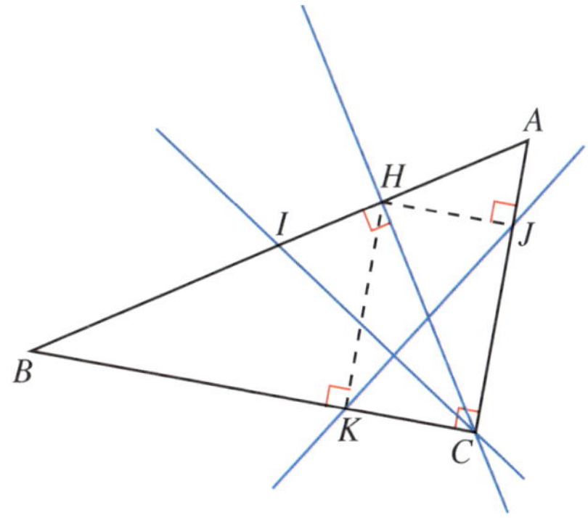

1° Démontrer : $\overrightarrow{CA} \cdot \overrightarrow{JK} = \overrightarrow{CA} \cdot \overrightarrow{HC}$,
puis : $\overrightarrow{CB} \cdot \overrightarrow{JK} = \overrightarrow{CB} \cdot \overrightarrow{CH}$.

2° Démontrer que les droites (CI) et (JK) sont perpendiculaires.

CORRIGÉS

Trigonométrie

1 $\|\vec{u}\| = \|\vec{v}\| = 1$,

$(\vec{i}, \vec{u}) = a \ [2\pi]$, $(\vec{i}, \vec{v}) = b \ [2\pi]$.

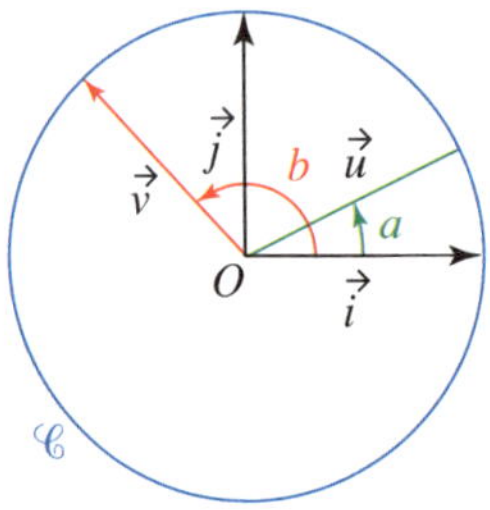

1° a) D'après la relation de Chasles :

$$(\vec{u}, \vec{v}) = (\vec{u}, \vec{i}) + (\vec{i}, \vec{v}) \ [2\pi]$$
$$= -(\vec{i}, \vec{u}) + (\vec{i}, \vec{v}) \ [2\pi],$$

c'est-à-dire :

$$\boldsymbol{(\vec{u}, \vec{v}) = b - a \ [2\pi].}$$

b) Le vecteur $\vec{u}$ est unitaire et :

$$(\vec{i}, \vec{u}) = a \ [2\pi],$$

donc, d'après le cours :

$$\boldsymbol{\vec{u} = \cos(a)\vec{i} + \sin(a)\vec{j}.}$$

De même :

$$\boldsymbol{\vec{v} = \cos(b)\vec{i} + \sin(b)\vec{j}.}$$

Un vecteur unitaire est un vecteur de norme 1.

2° D'une part, comme :

$$(\vec{u}, \vec{v}) = b - a \ [2\pi],$$

on peut écrire :

$$\vec{u} \cdot \vec{v} = \|\vec{u}\| \cdot \|\vec{v}\| \times \cos(b-a),$$

donc, $\vec{u}$ et $\vec{v}$ étant unitaires :

$$\vec{u} \cdot \vec{v} = \cos(b-a),$$

d'autre part, comme :

$$\vec{u} = \cos(a)\vec{i} + \sin(a)\vec{j},$$
$$\vec{v} = \cos(b)\vec{i} + \sin(b)\vec{j},$$

on obtient en utilisant l'expression analytique du produit scalaire :

$$\vec{u} \cdot \vec{v} = \cos(a)\cos(b) + \sin(a)\sin(b).$$

Pour tous vecteurs
$\vec{u}(x, y)$ et $\vec{v}(x', y')$:
$$\vec{u} \cdot \vec{v} = xx' + yy'.$$

On en déduit :

$$\cos(b-a) = \cos(a)\cos(b) + \sin(a)\sin(b).$$

Enfin, les réels $a - b$ et $b - a$ étant opposés, ils ont le même cosinus, et on peut conclure :

$$\boldsymbol{\cos(a-b) = \cos(a)\cos(b) + \sin(a)\sin(b).}$$

Pour tout réel x :
$$\cos(-x) = \cos(x).$$

3° Lorsqu'une égalité (E) est vraie pour tout réel x, on obtient encore une égalité vraie pour tout réel x en remplaçant dans (E) x par $-x$ (ou $\pi - x$, ou $2x$, ou x^2, ou ...).

En remplaçant b par $-b$ dans la formule précédente, on obtient :

$$\cos(a+b) = \cos(a)\cos(-b) + \sin(a)\sin(-b),$$

d'où :

$$\cos(a+b) = \cos(a)\cos(b) + \sin(a)(-\sin(b)),$$

c'est-à-dire :

$$\boldsymbol{\cos(a+b) = \cos(a)\cos(b) - \sin(a)\sin(b).}$$

Pour tout réel x :
$$\sin(-x) = -\sin(x).$$

4° • On peut écrire :

$$\sin(a-b) = \cos\left(\frac{\pi}{2} - (a-b)\right),$$

c'est-à-dire, en réorganisant le calcul :

$$\boldsymbol{\sin(a-b) = \cos\left(\left(\frac{\pi}{2} - a\right) + b\right).}$$

Pour tout réel x :
$$\sin(x) = \cos\left(\frac{\pi}{2} - x\right).$$

• On en déduit, en utilisant la formule établie à la question 3° :

$$\sin(a-b) = \cos\left(\frac{\pi}{2}-a\right)\cos(b) - \sin\left(\frac{\pi}{2}-a\right)\sin(b),$$

c'est-à-dire :

$$\mathbf{\sin(a-b) = \sin(a)\cos(b) - \cos(a)\sin(b).}$$

Pour tout réel x :

$$\cos\left(\frac{\pi}{2}-x\right) = \sin(x),$$

$$\sin\left(\frac{\pi}{2}-x\right) = \cos(x).$$

• Enfin, en remplaçant b par $-b$ dans la formule précédente, on obtient :

$$\sin(a+b) = \sin(a)\cos(-b) - \cos(a)\sin(-b),$$

autrement dit :

$$\mathbf{\sin(a+b) = \sin(a)\cos(b) + \cos(a)\sin(b).}$$

5° • On a : $\frac{7\pi}{12} = \frac{\pi}{3} + \frac{\pi}{4}$, donc, d'après la formule d'addition du cosinus :

$$\cos\left(\frac{7\pi}{12}\right) = \cos\left(\frac{\pi}{3}\right)\cos\left(\frac{\pi}{4}\right) - \sin\left(\frac{\pi}{3}\right)\sin\left(\frac{\pi}{4}\right)$$

$$= \frac{1}{2}\times\frac{\sqrt{2}}{2} - \frac{\sqrt{3}}{2}\times\frac{\sqrt{2}}{2}$$

$$= \frac{\sqrt{2}}{4} - \frac{\sqrt{6}}{4},$$

et finalement :

$$\mathbf{\cos\left(\frac{7\pi}{12}\right) = \frac{\sqrt{2}-\sqrt{6}}{4}}.$$

On obtient à l'affichage de la calculatrice (en mode Radian) pour approximation de $\cos\left(\frac{7\pi}{12}\right)$ et de $\frac{\sqrt{2}-\sqrt{6}}{4}$:

$-0,258\,819\,045\,1.$

• On a : $\frac{5\pi}{12} = \pi - \frac{7\pi}{12}$, donc :

$$\cos\left(\frac{5\pi}{12}\right) = -\cos\left(\frac{7\pi}{12}\right),$$

Pour tout réel x :

$$\cos(\pi - x) = -\cos(x).$$

soit :

$$\mathbf{\cos\left(\frac{5\pi}{12}\right) = \frac{\sqrt{6}-\sqrt{2}}{4}}.$$

Relations métriques dans le triangle

2 1° De l'égalité :

$$\overrightarrow{BC} = \overrightarrow{AC} - \overrightarrow{AB},$$

on déduit :

$$\|\overrightarrow{BC}\|^2 = (\overrightarrow{AC} - \overrightarrow{AB})\cdot(\overrightarrow{AC} - \overrightarrow{AB}).$$

Pour tout vecteur $\vec{u}$:

$$\|\vec{u}\|^2 = \vec{u}^2 = \vec{u}\cdot\vec{u}.$$

D'où, en développant le second membre :

$$\overrightarrow{BC}\cdot\overrightarrow{BC} = \overrightarrow{AC}\cdot\overrightarrow{AC} + \overrightarrow{AB}\cdot\overrightarrow{AB} - 2\overrightarrow{AB}\cdot\overrightarrow{AC}$$

Pour tous vecteurs $\vec{u}$ et $\vec{v}$:

$$\|\vec{u}-\vec{v}\|^2 = \|\vec{u}\|^2 + \|\vec{v}\|^2 - 2\vec{u}\cdot\vec{v}.$$

On obtient en simplifiant les écritures :

$$BC^2 = AC^2 + AB^2 - 2\overrightarrow{AB}\cdot\overrightarrow{AC}.$$

On pouvait aussi obtenir ce résultat à partir de la quatrième définition du produit scalaire :

$$\overrightarrow{AB}\cdot\overrightarrow{AC} = \frac{1}{2}(AB^2 + AC^2 - BC^2).$$

De plus :

$$\overrightarrow{AB}\cdot\overrightarrow{AC} = \|\overrightarrow{AB}\|\times\|\overrightarrow{AC}\|\times\cos(\overrightarrow{AB},\overrightarrow{AC})$$

$$= AB\times AC\times\cos(\widehat{BAC}),$$

donc :

$$BC^2 = AC^2 + AB^2 - 2AB\times AC\times\cos(\widehat{BAC}),$$

soit, avec les conventions de notation adoptées :

$$\mathbf{a^2 = b^2 + c^2 - 2bc\cos(\widehat{A})}.$$

• Lorsque le triangle ABC est rectangle en A, la relation d'Al-Kashi s'écrit :

$$a^2 = b^2 + c^2.$$

Ainsi, la relation d'Al-Kashi est une généralisation du théorème de Pythagore.

• Les rôles de A, B, C étant symétriques, on obtient par permutation circulaire :

$$b^2 = c^2 + a^2 - 2ca\cos(\widehat{B}),$$

$$c^2 = a^2 + b^2 - 2ab\cos(\widehat{C}).$$

2° $a = 4,\ b = 5,\ c = 6.$

a)

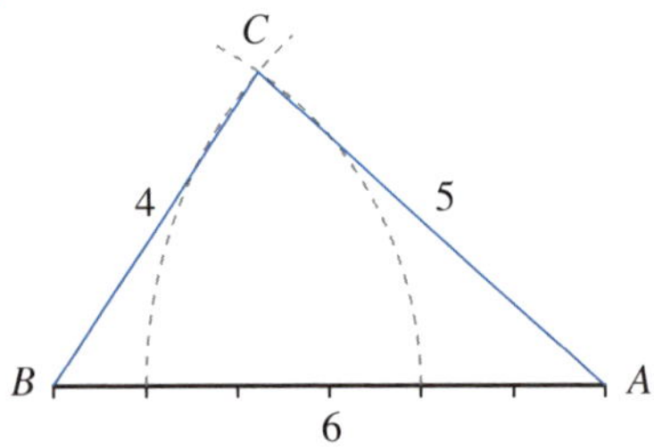

Remarquons qu'un tel triangle ABC existe bien et n'est pas aplati, puisque la plus grande des distances a, b, c est strictement inférieure à la somme des deux autres.

b) • On a : $a^2 = b^2 + c^2 - 2bc\cos(\widehat{A})$,

soit : $\cos(\widehat{A}) = \dfrac{b^2 + c^2 - a^2}{2bc}$,

(formule d'Al-Kashi)

ou encore : $\cos(\widehat{A}) = \dfrac{25 + 36 - 16}{2 \times 5 \times 6}$,

c'est-à-dire : $\mathbf{\cos(\widehat{A}) = \dfrac{3}{4}}$.

• De même : $\cos(\widehat{B}) = \dfrac{a^2 + c^2 - b^2}{2ac}$,

soit : $\cos(\widehat{B}) = \dfrac{16 + 36 - 25}{2 \times 4 \times 6}$,

ou encore : $\mathbf{\cos(\widehat{B}) = \dfrac{9}{16}}$.

c) À l'aide de la calculatrice (basculée en mode Radian) :

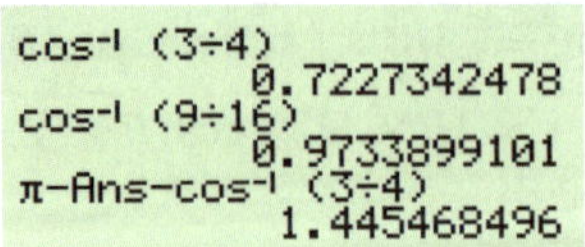

$\mathbf{\widehat{A} \approx 0{,}72}$ et $\mathbf{\widehat{B} \approx 0{,}97}$.

De plus : $\widehat{C} = \pi - \widehat{A} - \widehat{B}$

et on obtient : $\mathbf{\widehat{C} \approx 1{,}45}$.

3 **1°** $[CH]$: hauteur issue de C dans le triangle ABC.

a) On peut distinguer les quatre cas suivants :

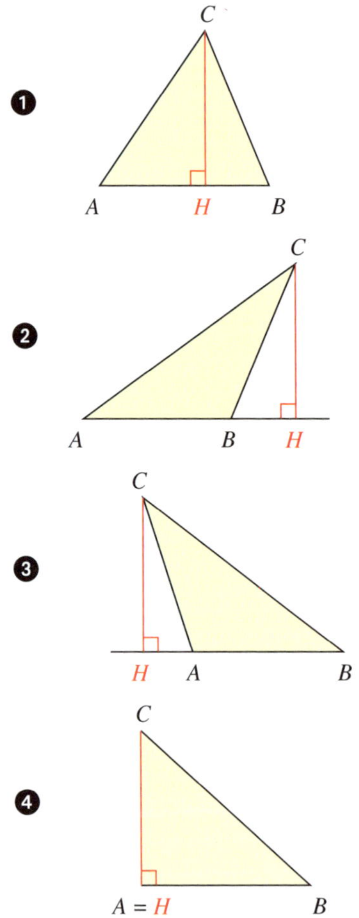

• Dans les deux premiers cas, on a :

$$\widehat{A} = \widehat{BAC} = \widehat{HAC},$$

or, en considérant le triangle HAC rectangle en H :

$$\sin(\widehat{HAC}) = \frac{HC}{AC},$$

donc :

$$\sin(\widehat{A}) = \frac{HC}{AC},$$

c'est-à-dire :

$$HC = b\sin(\widehat{A}).$$

• Dans le troisième cas, les angles géométriques $\widehat{HAC}$ et $\widehat{BAC}$ étant supplémentaires, ils ont le même sinus, et on peut écrire :

$$\sin(\widehat{A}) = \sin(\widehat{HAC}) = \frac{HC}{AC}.$$

On retrouve à nouveau :

$$HC = b\sin(\widehat{A}).$$

• Enfin, dans le dernier cas où le triangle ABC est rectangle en A :

$$HC = AC = b\sin(\widehat{A}).$$

L'angle $\widehat{A}$ est droit, donc $\sin(\widehat{A}) = 1$.

Finalement, on a démontré :

$$\boldsymbol{HC = b\sin(\widehat{A}).}$$

b) On sait que l'aire S du triangle ABC vérifie :

$$S = \frac{1}{2} \times AB \times HC = \frac{1}{2} \times c \times HC,$$

donc, d'après la question précédente :

$$S = \frac{1}{2} \times c \times b\sin(\widehat{A}),$$

ou encore :

$$S = \frac{1}{2}bc\sin(\widehat{A}).$$

Les rôles de A, B et C étant symétriques, on a aussi les égalités :

$$S = \frac{1}{2}ca\sin(\widehat{B}),$$

$$S = \frac{1}{2}ab\sin(\widehat{C}).$$

On en déduit :

$$\boldsymbol{\frac{1}{2}bc\sin(\widehat{A}) = \frac{1}{2}ac\sin(\widehat{B}) = \frac{1}{2}ab\sin(\widehat{C}).}$$

Enfin, en multipliant par 2 et en divisant par le produit abc, on obtient :

$$\frac{\sin(\widehat{A})}{a} = \frac{\sin(\widehat{B})}{b} = \frac{\sin(\widehat{C})}{c},$$

et en passant aux inverses :

$$\boldsymbol{\frac{a}{\sin(\widehat{A})} = \frac{b}{\sin(\widehat{B})} = \frac{c}{\sin(\widehat{C})}.}$$

2° $a = 1,\ \widehat{B} = \frac{\pi}{6},\ \widehat{C} = \frac{\pi}{4}.$

a)

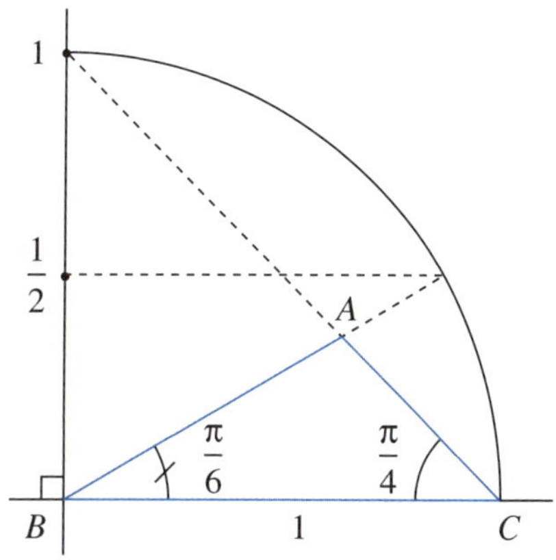

Géométriquement, l'existence d'un tel triangle est évidente.

b) On a :

$$\widehat{A} = \pi - (\widehat{B} + \widehat{C}) = \pi - \left(\frac{\pi}{6} + \frac{\pi}{4}\right),$$

$$\widehat{A} = \pi - \frac{5\pi}{12} = \frac{7\pi}{12}$$

donc :

$$\sin(\widehat{A}) = \sin\left(\frac{\pi}{6} + \frac{\pi}{4}\right).$$

Pour tout réel x :

$$\sin(\pi - x) = \sin(x).$$

On en déduit, d'après une formule d'addition :

$$\sin(\widehat{A}) = \sin\left(\frac{\pi}{6}\right)\cos\left(\frac{\pi}{4}\right) + \cos\left(\frac{\pi}{6}\right)\sin\left(\frac{\pi}{4}\right)$$

$$= \frac{1}{2} \times \frac{\sqrt{2}}{2} + \frac{\sqrt{3}}{2} \times \frac{\sqrt{2}}{2},$$

d'où :

$$\boldsymbol{\sin(\widehat{A}) = \frac{\sqrt{6} + \sqrt{2}}{4}.}$$

c) • D'après la loi des sinus :

$$\frac{a}{\sin(\widehat{A})} = \frac{b}{\sin(\widehat{B})},$$

donc :

$$b = \frac{a\sin(\widehat{B})}{\sin(\widehat{A})} = \frac{1 \times \frac{1}{2}}{\frac{\sqrt{6}+\sqrt{2}}{4}},$$

d'où :

$$\boldsymbol{b = \frac{2}{\sqrt{6}+\sqrt{2}}}.$$

En multipliant numérateur et dénominateur par $\sqrt{6}-\sqrt{2}$ ($\sqrt{6}-\sqrt{2}$ est appelée « expression conjuguée » de $\sqrt{6}+\sqrt{2}$), on obtient :

$$b = \frac{2\times(\sqrt{6}-\sqrt{2})}{(\sqrt{6}+\sqrt{2})\times(\sqrt{6}-\sqrt{2})}$$
$$= \frac{2\times(\sqrt{6}-\sqrt{2})}{6-2}$$
$$= \frac{\sqrt{6}-\sqrt{2}}{2}.$$

• De même :

$$c = \frac{a\sin(\widehat{C})}{\sin(\widehat{A})} = \frac{1\times\frac{\sqrt{2}}{2}}{\frac{\sqrt{6}+\sqrt{2}}{4}} = \frac{2\sqrt{2}}{\sqrt{6}+\sqrt{2}},$$

c'est-à-dire, en divisant numérateur et dénominateur par $\sqrt{2}$:

$$\boldsymbol{c = \frac{2}{\sqrt{3}+1}}.$$

En multipliant numérateur et dénominateur par $\sqrt{3}-1$, on obtient :

$$c = \frac{2\times(\sqrt{3}-1)}{(\sqrt{3}+1)\times(\sqrt{3}-1)}$$
$$= \frac{2\times(\sqrt{3}-1)}{3-1}$$
$$= \sqrt{3}-1.$$

4 $a=\sqrt{2},\ b=\sqrt{3},\ \widehat{A}=\frac{\pi}{4}$ et $\widehat{B}<\frac{\pi}{2}$.

1° Étapes successives :
- tracé de deux droites perpendiculaires (Ax) et (Ay) ;
- choix d'une unité ;
- tracé du cercle de centre A et de rayon 2 ;
- construction de C ;
- construction de B ($CB=\sqrt{2}=AD$).

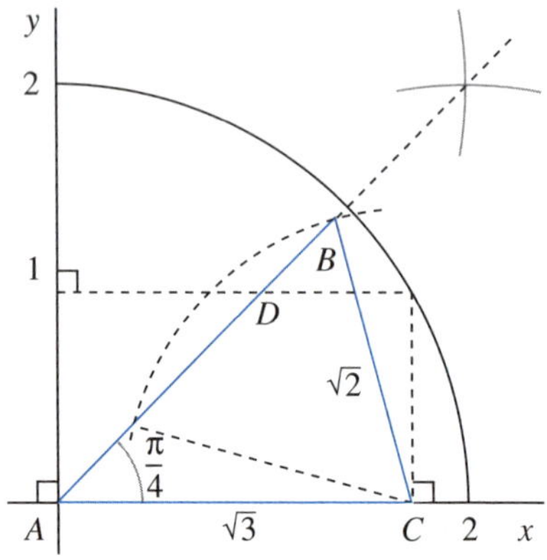

Cette construction montre qu'il existe deux « sortes » de triangles vérifiant les trois premières conditions, d'où l'intérêt de la dernière ...

2° • D'après la loi des sinus :

$$\frac{a}{\sin(\widehat{A})} = \frac{b}{\sin(\widehat{B})},$$

donc :

$$\sin(\widehat{B}) = \frac{b}{a}\sin(\widehat{A})$$
$$= \frac{\sqrt{3}}{\sqrt{2}}\sin\left(\frac{\pi}{4}\right)$$
$$= \frac{\sqrt{3}}{\sqrt{2}}\times\frac{\sqrt{2}}{2},$$

soit :

$$\sin(\widehat{B}) = \frac{\sqrt{3}}{2},$$

or $\frac{\pi}{3}$ est le seul réel de $\left[0\ ;\frac{\pi}{2}\right]$ dont le sinus soit égal à $\frac{\sqrt{3}}{2}$, donc :

$$\boldsymbol{\widehat{B} = \frac{\pi}{3}}.$$

• On a :

$$\widehat{C} = \pi-(\widehat{A}+\widehat{B}) = \pi-\left(\frac{\pi}{4}+\frac{\pi}{3}\right),$$

c'est-à-dire :

$$\boldsymbol{\widehat{C} = \frac{5\pi}{12}}.$$

• En utilisant à nouveau la loi des sinus :

$$\frac{c}{\sin(\widehat{C})} = \frac{a}{\sin(\widehat{A})},$$

d'où :

$$c = \frac{a}{\sin(\widehat{A})}\sin(\widehat{C})$$
$$= \sqrt{2} \times \frac{2}{\sqrt{2}} \times \sin\left(\frac{5\pi}{12}\right)$$
$$= 2\sin\left(\frac{5\pi}{12}\right).$$

On avait obtenu :

$$\frac{5\pi}{12} = \pi - \left(\frac{\pi}{4} + \frac{\pi}{3}\right),$$

donc :

$$\sin\left(\frac{5\pi}{12}\right) = \sin\left(\frac{\pi}{4} + \frac{\pi}{3}\right),$$

et, d'après une formule d'addition du sinus :

$$\sin\left(\frac{5\pi}{12}\right) = \sin\left(\frac{\pi}{4}\right) \times \cos\left(\frac{\pi}{3}\right)$$
$$+ \cos\left(\frac{\pi}{4}\right) \times \sin\left(\frac{\pi}{3}\right)$$
$$= \frac{\sqrt{2}}{2} \times \frac{1}{2} + \frac{\sqrt{2}}{2} \times \frac{\sqrt{3}}{2}$$
$$= \frac{\sqrt{2} + \sqrt{6}}{4}.$$

Pour tous réels a et b :
$$\sin(a+b) = \sin(a)\cos(b) + \cos(a)\sin(b).$$

$\frac{5\pi}{12} + \frac{7\pi}{12} = \pi$, donc :

$$\sin\left(\frac{5\pi}{12}\right) = \sin\left(\frac{7\pi}{12}\right)$$

(voir l'exercice **3**).

On en déduit :

$$\boldsymbol{c = \frac{\sqrt{2} + \sqrt{6}}{2}}.$$

Pour calculer c, on pouvait aussi utiliser la relation d'Al-Kashi (voir l'exercice 2) :

$$c^2 = a^2 + b^2 - 2ab\cos(\widehat{C}).$$

Théorème de la médiane

5 1° I : milieu du segment $[AB]$,
Pour tout point M du plan, on a :

$$MA^2 + MB^2 = (\overrightarrow{MA})^2 + (\overrightarrow{MB})^2$$
$$= (\overrightarrow{MI} + \overrightarrow{IA})^2 + (\overrightarrow{MI} + \overrightarrow{IB})^2$$
$$= (\overrightarrow{MI})^2 + (\overrightarrow{IA})^2 + 2\overrightarrow{MI} \cdot \overrightarrow{IA}$$
$$+ (\overrightarrow{MI})^2 + (\overrightarrow{IB})^2 + 2\overrightarrow{MI} \cdot \overrightarrow{IB}$$
$$= 2MI^2 + IA^2 + IB^2$$
$$+ 2\overrightarrow{MI} \cdot (\overrightarrow{IA} + \overrightarrow{IB}),$$

or : $IA = IB = \frac{1}{2}AB,$

et : $\overrightarrow{IA} + \overrightarrow{IB} = \vec{0},$

donc :

$$MA^2 + MB^2 = 2MI^2 + \frac{1}{4}AB^2 + \frac{1}{4}AB^2,$$

d'où :

$$\boldsymbol{MA^2 + MB^2 = 2IM^2 + \frac{1}{2}AB^2}.$$

2° Pour tout point M du plan :

$$2IM^2 \geqslant 0,$$

donc, d'après le théorème de la médiane :

$$MA^2 + MB^2 \geqslant \frac{1}{2}AB^2.$$

De plus, lorsque $M = I$:

$$2IM^2 = 0,$$

d'où :

$$MA^2 + MB^2 = \frac{1}{2}AB^2.$$

On en déduit que, **lorsque M décrit le plan, le minimum de $MA^2 + MB^2$ est égal à $\frac{1}{2}AB^2$**, et que ce minimum est atteint en I.

$$MA^2 + MB^2 = \frac{1}{2}AB^2 \Leftrightarrow 2MI^2 = 0$$
$$\Leftrightarrow M = I,$$

donc ce minimum n'est atteint qu'en I.

6 1°

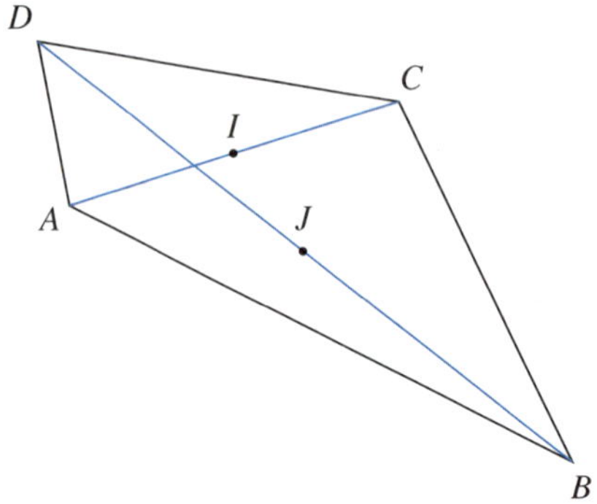

• Sachant que I est le milieu de $[AC]$, on peut appliquer le théorème de la médiane dans les triangles ABC et CDA ; on obtient alors :

$$AB^2 + BC^2 = 2BI^2 + \frac{1}{2}AC^2,$$

$$CD^2 + DA^2 = 2DI^2 + \frac{1}{2}AC^2,$$

d'où $AB^2 + BC^2 + CD^2 + DA^2 =$
$2IB^2 + 2ID^2 + AC^2$ (1).

• Sachant que J est le milieu de $[BD]$, on peut encore appliquer le théorème de la médiane dans le triangle BDI.
On obtient alors :

$$IB^2 + ID^2 = 2IJ^2 + \frac{1}{2}BD^2 \quad (2).$$

De (1) et (2), on déduit :
$AB^2 + BC^2 + CD^2 + DA^2$

$$= 2\left(2IJ^2 + \frac{1}{2}BD^2\right) + AC^2.$$

Finalement :
$\mathbf{AB^2 + BC^2 + CD^2 + DA^2 =}$

$$\mathbf{AC^2 + BD^2 + 4IJ^2.}$$

2° Dire que $ABCD$ est un parallélogramme signifie que les diagonales $[AC]$ et $[BD]$ ont le même milieu, c'est-à-dire : $IJ = 0$.
En utilisant 1°, on en déduit :
***ABCD* est un parallélogramme si, et seulement si :**
$\mathbf{AB^2 + BC^2 + CD^2 + DA^2 = AC^2 + BD^2.}$

Ce résultat peut se traduire par « un parallélogramme est un quadrilatère tel que la somme des carrés de ses côtés est égale à la somme des carrés de ses diagonales ».

Calculs d'angles et de distances

7

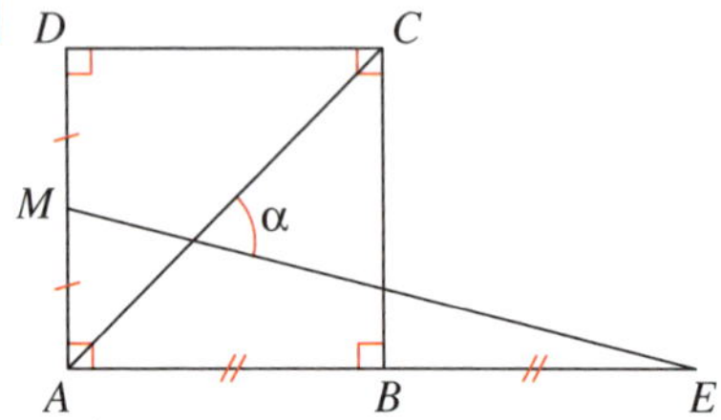

1° • D'après la relation de Chasles :

$$\overrightarrow{ME} = \overrightarrow{MA} + \overrightarrow{AE}.$$

De plus, M est le milieu de $[AD]$, donc :

$$\overrightarrow{MA} = -\frac{1}{2}\overrightarrow{AD},$$

E est le symétrique de A par rapport à B, donc :

$$\overrightarrow{AE} = 2\overrightarrow{AB}.$$

On a ainsi obtenu :

$$\mathbf{\overrightarrow{ME} = 2\overrightarrow{AB} - \frac{1}{2}\overrightarrow{AD}.}$$

Si des vecteurs sont orthogonaux, alors leur produit scalaire est nul.

• $ABCD$ étant un parallélogramme :

$$\mathbf{\overrightarrow{AC} = \overrightarrow{AB} + \overrightarrow{AD}.}$$

• On en déduit :

$$\overrightarrow{ME} \cdot \overrightarrow{AC} = \left(2\overrightarrow{AB} - \frac{1}{2}\overrightarrow{AD}\right) \cdot (\overrightarrow{AB} + \overrightarrow{AD}).$$

$ABCD$ étant un carré, les vecteurs $\overrightarrow{AB}$ et $\overrightarrow{AD}$ sont orthogonaux, de même norme a, donc :

$$\overrightarrow{ME} \cdot \overrightarrow{AC} = 2\left\|\overrightarrow{AB}\right\|^2 - \frac{1}{2}\left\|\overrightarrow{AD}\right\|^2$$

$$= 2a^2 - \frac{1}{2}a^2$$

$$= \frac{3}{2}a^2,$$

Pour tous points A et B :

$$\overrightarrow{AB} \cdot \overrightarrow{AB} = \left\|\overrightarrow{AB}\right\|^2 = AB^2.$$

et finalement :

$$\mathbf{\overrightarrow{ME} \cdot \overrightarrow{AC} = \frac{3}{2}a^2.}$$

2° • [AC] est la diagonale d'un carré de côté a, donc :

$$AC = a\sqrt{2}.$$

D'après le théorème de Pythagore :

$$AC^2 = AB^2 + BC^2 = a^2 + a^2 = 2a^2.$$

• D'après le théorème de Pythagore appliqué dans le triangle AME rectangle en A :

$$ME^2 = AM^2 + AE^2 = \left(\frac{1}{2}a\right)^2 + (2a)^2 = \frac{1}{4}a^2 + 4a^2 = \frac{17}{4}a^2,$$

donc :

$$ME = \frac{\sqrt{17}}{2}a.$$

3° On a l'égalité :

$$\overrightarrow{ME} \cdot \overrightarrow{AC} = \|\overrightarrow{ME}\| \times \|\overrightarrow{AC}\| \times \cos(\overrightarrow{ME}, \overrightarrow{AC}),$$

c'est-à-dire :

$$\overrightarrow{ME} \cdot \overrightarrow{AC} = ME \times AC \times \cos(\alpha).$$

On déduit des deux questions précédentes :

$$\frac{3}{2}a^2 = a\sqrt{2} \times \frac{\sqrt{17}}{2}a \times \cos(\alpha),$$

d'où :

$$\cos(\alpha) = \frac{3}{\sqrt{34}},$$

$$\frac{3}{\sqrt{34}} = \frac{3\sqrt{2}}{\sqrt{2}\sqrt{34}} = \frac{3\sqrt{2}}{2\sqrt{17}} = \frac{3\sqrt{34}}{34}.$$

On obtient avec la calculatrice (placée en mode Degré) pour approximation de α :

59,036 243 47.

On peut conclure qu'au degré près :

$$\boldsymbol{\alpha \approx 59°.}$$

Études de configurations

8

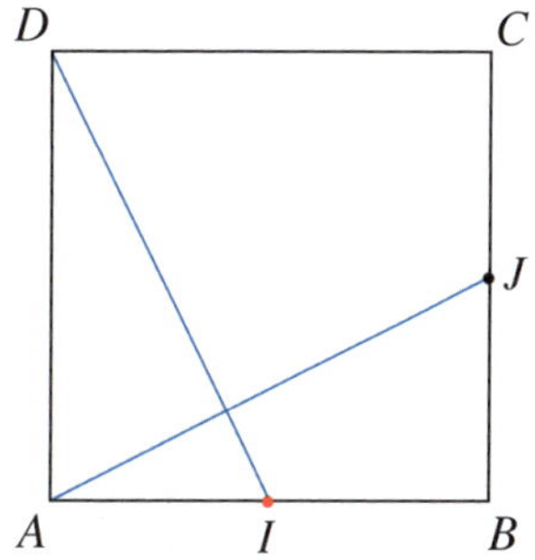

Démontrer que les droites (DI) et (AJ) sont perpendiculaires revient à prouver que le produit scalaire des vecteurs $\overrightarrow{DI}$ et $\overrightarrow{AJ}$ est nul.

Comme I et J sont les milieux respectifs des segments [AB] et [BC], on a :

$$\overrightarrow{DI} = \frac{1}{2}(\overrightarrow{DA} + \overrightarrow{DB}) \text{ et}$$

$$\overrightarrow{AJ} = \frac{1}{2}(\overrightarrow{AB} + \overrightarrow{AC}),$$

d'où :

$$\overrightarrow{DI} \cdot \overrightarrow{AJ} = \frac{1}{4}(\overrightarrow{DA} \cdot \overrightarrow{AB} + \overrightarrow{DA} \cdot \overrightarrow{AC} + \overrightarrow{DB} \cdot \overrightarrow{AB} + \overrightarrow{DB} \cdot \overrightarrow{AC}).$$

Le quadrilatère $ABCD$ étant un carré :

$\overrightarrow{DA} \cdot \overrightarrow{AB} = 0,$

$\overrightarrow{DA} \cdot \overrightarrow{AC} = \overrightarrow{DA} \cdot \overrightarrow{AD} = -AD^2 = -AB^2,$

$\overrightarrow{DB} \cdot \overrightarrow{AB} = \overrightarrow{AB} \cdot \overrightarrow{AB} = AB^2,$

$\overrightarrow{DB} \cdot \overrightarrow{AC} = 0.$

On obtient : $\overrightarrow{DI} \cdot \overrightarrow{AJ} = 0,$

ce qui prouve que **les droites (DI) et (AJ) sont perpendiculaires.**

Autre façon :

$$\overrightarrow{DI} \cdot \overrightarrow{AJ} = (\overrightarrow{DA} + \overrightarrow{AI}) \cdot (\overrightarrow{AB} + \overrightarrow{BJ}) = \overrightarrow{DA} \cdot \overrightarrow{AB} + \overrightarrow{DA} \cdot \overrightarrow{BJ} + \overrightarrow{AI} \cdot \overrightarrow{AB} + \overrightarrow{AI} \cdot \overrightarrow{BJ},$$

or : $\overrightarrow{DA} \cdot \overrightarrow{AB} = \overrightarrow{AI} \cdot \overrightarrow{BJ} = 0,$

$\overrightarrow{DA} \cdot \overrightarrow{BJ} = -\frac{AB^2}{2}, \ \overrightarrow{AI} \cdot \overrightarrow{AB} = \frac{AB^2}{2},$

donc : $\overrightarrow{DI} \cdot \overrightarrow{AJ} = 0.$

9 Soit I le milieu du segment $[BC]$. (OI) est alors la médiane issue de O dans le triangle OBC.

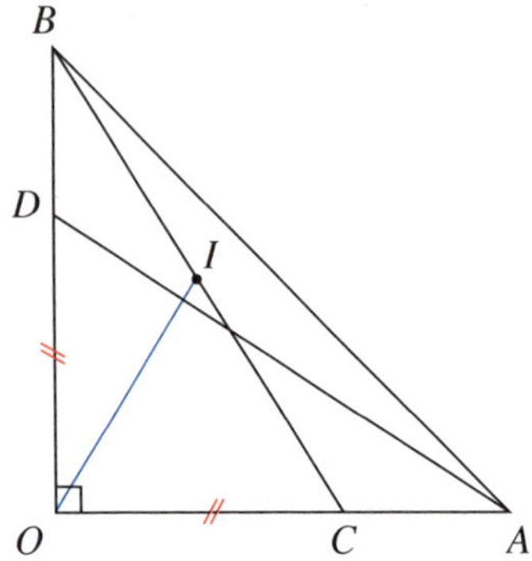

Démontrer que (OI) est la hauteur issue de O dans le triangle OAD revient à prouver que les droites (OI) et (AD) sont perpendiculaires, c'est-à-dire que l'on a :

$$\overrightarrow{OI} \cdot \overrightarrow{AD} = 0.$$

I étant le milieu de $[BC]$, on a :

$$\overrightarrow{OI} = \frac{1}{2}(\overrightarrow{OC} + \overrightarrow{OB}).$$

De plus, on peut écrire :

$$\overrightarrow{AD} = \overrightarrow{AO} + \overrightarrow{OD}.$$

On obtient alors :

$$\overrightarrow{OI} \cdot \overrightarrow{AD} = \frac{1}{2}(\overrightarrow{OC} \cdot \overrightarrow{AO} + \overrightarrow{OC} \cdot \overrightarrow{OD} + \overrightarrow{OB} \cdot \overrightarrow{AO} + \overrightarrow{OB} \cdot \overrightarrow{OD}).$$

On sait que les triangles OCD et OAB sont rectangles en O, donc :

$$\overrightarrow{OC} \cdot \overrightarrow{OD} = 0 \text{ et } \overrightarrow{OB} \cdot \overrightarrow{AO} = 0.$$

D'autre part, le point C appartient à $[OA]$, le point D à $[OB]$, et l'on a :

$$OA = OB,\ OC = OD.$$

Il vient : $\overrightarrow{OC} \cdot \overrightarrow{AO} = -OA \times OC$

et $\overrightarrow{OB} \cdot \overrightarrow{OD} = OB \times OD = OA \times OC$.

On obtient finalement :

$$\overrightarrow{OI} \cdot \overrightarrow{AD} = \frac{1}{2}(-OA \times OC + OA \times OC) = 0,$$

ce qui prouve que **la médiane issue de O dans le triangle OBC est la hauteur issue de O dans le triangle OAD.**

10 **1°**

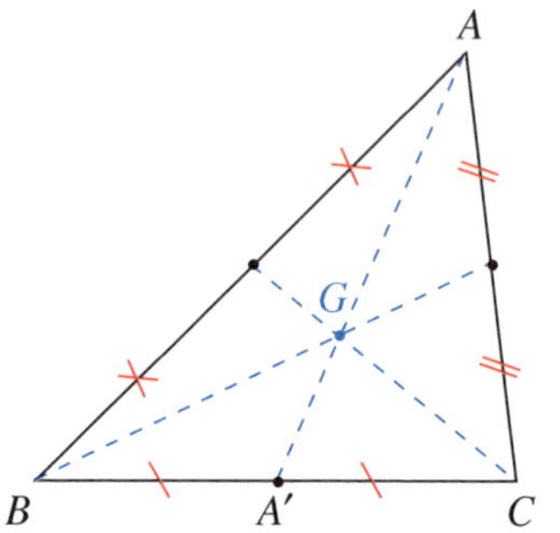

Le centre de gravité G d'un triangle est le point d'intersection des médianes. Le point G est situé, à partir d'un sommet, aux $\frac{2}{3}$ du segment joignant ce sommet et le milieu du côté opposé.

D'après le théorème de la médiane :

$$AB^2 + AC^2 = 2AA'^2 + \frac{1}{2}BC^2,$$

or : $\overrightarrow{AA'} = \frac{3}{2}\overrightarrow{AG}$

$$\overrightarrow{AG} = \frac{2}{3}\overrightarrow{AA'},$$

et $\overrightarrow{GA} + \overrightarrow{GB} + \overrightarrow{GC} = \vec{0}$,

donc : $\overrightarrow{AA'} = \frac{3}{2}(\overrightarrow{GB} + \overrightarrow{GC})$,

d'où :

$$\overrightarrow{AA'}^2 = \frac{9}{4}(\overrightarrow{GB} + \overrightarrow{GC})^2,$$

$$\boldsymbol{AA'^2 = \frac{9}{4}[GB^2 + GC^2 + 2\overrightarrow{GB} \cdot \overrightarrow{GC}].}$$

2°

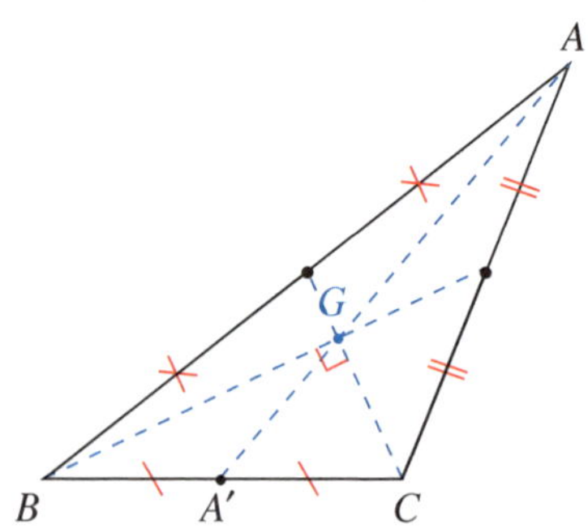

D'après le théorème de la médiane :

$$AB^2 + AC^2 = 2AA'^2 + \frac{1}{2}BC^2.$$

De plus, par hypothèse, les médianes issues de B et C sont perpendiculaires, donc les vecteurs $\overrightarrow{GB}$ et $\overrightarrow{GC}$ sont orthogonaux, d'où :

$$\overrightarrow{GB} \cdot \overrightarrow{GC} = 0 ;$$

donc d'après **1°** :

$$AA'^2 = \frac{9}{4}(GB^2 + GC^2).$$

D'autre part, d'après le théorème de Pythagore :

$$GB^2 + GC^2 = BC^2,$$

donc : $AA'^2 = \frac{9}{4}BC^2.$

Il vient :

$$AB^2 + AC^2 = 2 \times \frac{9}{4}BC^2 + \frac{1}{2}BC^2$$
$$= \frac{9}{2}BC^2 + \frac{1}{2}BC^2$$
$$= 5BC^2.$$

On a ainsi prouvé :

$$\boldsymbol{AB^2 + AC^2 = 5BC^2}.$$

11

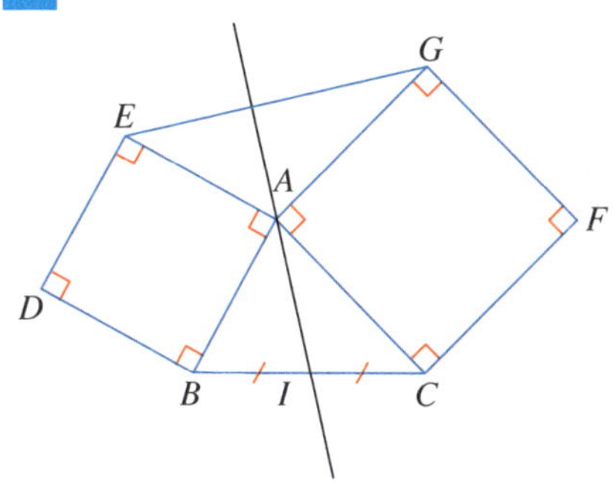

1° • On a, d'après la relation de Chasles :

$$(\overrightarrow{AB}, \overrightarrow{AG}) = (\overrightarrow{AB}, \overrightarrow{AC}) + (\overrightarrow{AC}, \overrightarrow{AG}),$$

d'où :

$$(\overrightarrow{AB}, \overrightarrow{AG}) = (\overrightarrow{AB}, \overrightarrow{AC}) + \frac{\pi}{2} \ [2\pi].$$

> Pour tous vecteurs $\vec{u}$, $\vec{v}$, $\vec{w}$ non nuls :
> $$(\vec{u}, \vec{v}) = (\vec{u}, \vec{w}) + (\vec{w}, \vec{v}).$$

De même :

$$(\overrightarrow{AC}, \overrightarrow{AE}) = (\overrightarrow{AC}, \overrightarrow{AB}) + (\overrightarrow{AB}, \overrightarrow{AE}),$$

d'où :

$$(\overrightarrow{AC}, \overrightarrow{AE}) = (\overrightarrow{AC}, \overrightarrow{AB}) - \frac{\pi}{2} \ [2\pi]$$
$$= -(\overrightarrow{AB}, \overrightarrow{AC}) - \frac{\pi}{2} \ [2\pi].$$

On en déduit que les angles de vecteurs $(\overrightarrow{AB}, \overrightarrow{AG})$ et $(\overrightarrow{AC}, \overrightarrow{AE})$ sont opposés :

$$\boldsymbol{(\overrightarrow{AC}, \overrightarrow{AE}) = -(\overrightarrow{AB}, \overrightarrow{AG})}.$$

• On peut écrire :

$$\overrightarrow{AB} \cdot \overrightarrow{AG} = AB \times AG \times \cos(\overrightarrow{AB}, \overrightarrow{AG}),$$

de même :

$$\overrightarrow{AC} \cdot \overrightarrow{AE} = AC \times AE \times \cos(\overrightarrow{AC}, \overrightarrow{AE}).$$

De plus :

$$AB = AE, \ AC = AG,$$

et, les angles de vecteurs $(\overrightarrow{AB}, \overrightarrow{AG})$ et $(\overrightarrow{AC}, \overrightarrow{AE})$ étant opposés :

$$\cos(\overrightarrow{AB}, \overrightarrow{AG}) = \cos(\overrightarrow{AC}, \overrightarrow{AE}).$$

On en déduit :

$$\boldsymbol{\overrightarrow{AB} \cdot \overrightarrow{AG} = \overrightarrow{AC} \cdot \overrightarrow{AE}}.$$

2° D'après la relation de Chasles :

$$\overrightarrow{AB} + \overrightarrow{AC} = \overrightarrow{AI} + \overrightarrow{IB} + \overrightarrow{AI} + \overrightarrow{IC},$$

donc :

$$\overrightarrow{AB} + \overrightarrow{AC} = 2\overrightarrow{AI} + \overrightarrow{IB} + \overrightarrow{IC}.$$

De plus, I est le milieu de $[BC]$, donc :

$$\overrightarrow{IB} + \overrightarrow{IC} = \vec{0},$$

et on peut conclure :

$$\boldsymbol{\overrightarrow{AB} + \overrightarrow{AC} = 2\overrightarrow{AI}}.$$

3° Calculons le produit scalaire des vecteurs $\overrightarrow{AI}$ et $\overrightarrow{EG}$ en utilisant l'égalité démontrée à la question **2°** :

$$\overrightarrow{AI} = \frac{1}{2}(\overrightarrow{AB} + \overrightarrow{AC}),$$

et la décomposition suivante de $\overrightarrow{EG}$:

$$\overrightarrow{EG} = \overrightarrow{AG} - \overrightarrow{AE}.$$

$\overrightarrow{EG} = \overrightarrow{EA} + \overrightarrow{AG} = -\overrightarrow{AE} + \overrightarrow{AG}.$

On obtient après développement :

$$\overrightarrow{AI} \cdot \overrightarrow{EG} = \frac{1}{2}(\overrightarrow{AB} \cdot \overrightarrow{AG} - \overrightarrow{AB} \cdot \overrightarrow{AE} + \overrightarrow{AC} \cdot \overrightarrow{AG} - \overrightarrow{AC} \cdot \overrightarrow{AE}),$$

c'est-à-dire, $\overrightarrow{AB}$ et $\overrightarrow{AE}$ étant orthogonaux ainsi que $\overrightarrow{AC}$ et $\overrightarrow{AG}$:

$$\overrightarrow{AI} \cdot \overrightarrow{EG} = \frac{1}{2}(\overrightarrow{AB} \cdot \overrightarrow{AG} - \overrightarrow{AC} \cdot \overrightarrow{AE}),$$

et finalement, d'après la question 1° :

$$\overrightarrow{AI} \cdot \overrightarrow{EG} = 0.$$

On en déduit que les vecteurs $\overrightarrow{AI}$ et $\overrightarrow{EG}$ sont orthogonaux, ce qui prouve que les droites (AI) et (EG) sont perpendiculaires.
On a ainsi prouvé que **la médiane (AI) du triangle ABC est une hauteur du triangle AEG**.

12 1°

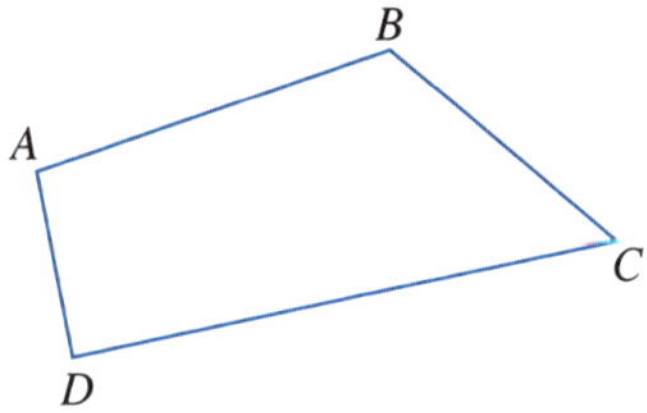

On a :

$$AB^2 + CD^2 = \overrightarrow{AB}^2 + \overrightarrow{CD}^2$$
$$= (\overrightarrow{AD} + \overrightarrow{DB})^2 + (\overrightarrow{CB} + \overrightarrow{BD})^2$$
$$= AD^2 + DB^2 + 2\overrightarrow{AD} \cdot \overrightarrow{DB} + CB^2 + BD^2 + 2\overrightarrow{CB} \cdot \overrightarrow{BD}$$
$$= AD^2 + CB^2 + 2DB^2 + 2\overrightarrow{DB} \cdot \overrightarrow{AD} + 2\overrightarrow{DB} \cdot \overrightarrow{BC}$$

$$\overrightarrow{CB} \cdot \overrightarrow{BD} = \overrightarrow{BD} \cdot \overrightarrow{CB}$$
$$= (-\overrightarrow{DB}) \cdot (-\overrightarrow{BC})$$
$$= \overrightarrow{DB} \cdot \overrightarrow{BC}$$

$$= AD^2 + CB^2 + 2\overrightarrow{DB} \cdot (\overrightarrow{DB} + \overrightarrow{AD} + \overrightarrow{BC})$$
$$= AD^2 + CB^2 + 2\overrightarrow{DB} \cdot (\overrightarrow{AD} + \overrightarrow{DB} + \overrightarrow{BC}),$$

et finalement :

$$\boldsymbol{AB^2 + CD^2 = AD^2 + BC^2 + 2\overrightarrow{AC} \cdot \overrightarrow{DB}}.$$

2° Dire que les diagonales du quadrilatère $ABCD$ sont perpendiculaires signifie que le produit scalaire des vecteurs $\overrightarrow{AC}$ et $\overrightarrow{DB}$ est nul, c'est-à-dire :

$$\overrightarrow{AC} \cdot \overrightarrow{DB} = 0.$$

Or, d'après 1°, on a :

$$AB^2 + CD^2 = AD^2 + BC^2 + 2\overrightarrow{AC} \cdot \overrightarrow{DB},$$

donc **les diagonales du quadrilatère $ABCD$ sont perpendiculaires si, et seulement si** :

$$\boldsymbol{AB^2 + CD^2 = AD^2 + BC^2}.$$

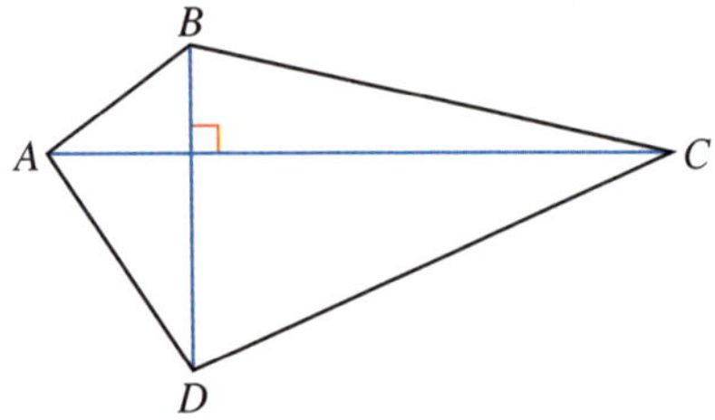

Une construction

13 1° **Pour tout point M du plan :**

$$\overrightarrow{MA} \cdot \overrightarrow{BC} + \overrightarrow{MB} \cdot \overrightarrow{CA} + \overrightarrow{MC} \cdot \overrightarrow{AB}$$
$$= \overrightarrow{MA} \cdot \overrightarrow{BC} + (\overrightarrow{MA} + \overrightarrow{AB}) \cdot \overrightarrow{CA} + (\overrightarrow{MA} + \overrightarrow{AC}) \cdot \overrightarrow{AB}$$
$$= \overrightarrow{MA} \cdot (\overrightarrow{BC} + \overrightarrow{CA} + \overrightarrow{AB}) + \overrightarrow{AB} \cdot (\overrightarrow{CA} + \overrightarrow{AC})$$
$$= \overrightarrow{MA} \cdot \vec{0} + \overrightarrow{AB} \cdot \vec{0},$$

donc :

$$\boldsymbol{\overrightarrow{MA} \cdot \overrightarrow{BC} + \overrightarrow{MB} \cdot \overrightarrow{CA} + \overrightarrow{MC} \cdot \overrightarrow{AB} = 0}.$$

2° Dans le plan, si deux droites sont sécantes, toute perpendiculaire à l'une est sécante à toute perpendiculaire à l'autre. Comme les droites (AB), (BC), (CA) sont deux à deux sécantes, les hauteurs du triangle ABC le sont également.

Pour démontrer que ces hauteurs sont concourantes, il suffit de prouver qu'elles passent par un même point.

Soit H le point d'intersection des hauteurs issues des sommets B et C.

Les vecteurs $\overrightarrow{HB}$ et $\overrightarrow{CA}$ sont orthogonaux, donc :

$$\overrightarrow{HB} \cdot \overrightarrow{CA} = 0.$$

Les vecteurs $\overrightarrow{HC}$ et $\overrightarrow{AB}$ sont orthogonaux, donc :

$$\overrightarrow{HC} \cdot \overrightarrow{AB} = 0.$$

D'après l'égalité établie au **1°**, on a, de plus : $\overrightarrow{HA}\cdot\overrightarrow{BC}+\overrightarrow{HB}\cdot\overrightarrow{CA}+\overrightarrow{HC}\cdot\overrightarrow{AB}=0$.
On en déduit :

$$\overrightarrow{HA}\cdot\overrightarrow{BC}=0,$$

ce qui prouve que la hauteur issue de A passe par H.
On a donc démontré que **les trois hauteurs du triangle *ABC* sont concourantes.**

Le point d'intersection des hauteurs d'un triangle est appelé orthocentre de ce triangle.

3° On peut considérer le point A comme l'orthocentre d'un triangle dont un sommet est le point d'intersection Ω des droites d et d', les deux autres sommets étant un point P' de d' et un point Q de d.
Construisons les points P et Q', projetés orthogonaux de A respectivement sur d et d'.
(AQ') coupe d en Q et (AP) coupe d' en P'.
Les hauteurs du triangle $\Omega P'Q$ étant concourantes en A, la droite $(A\Omega)$, qui est une hauteur de ce triangle, est la perpendiculaire à la droite $(P'Q)$, passant par A.

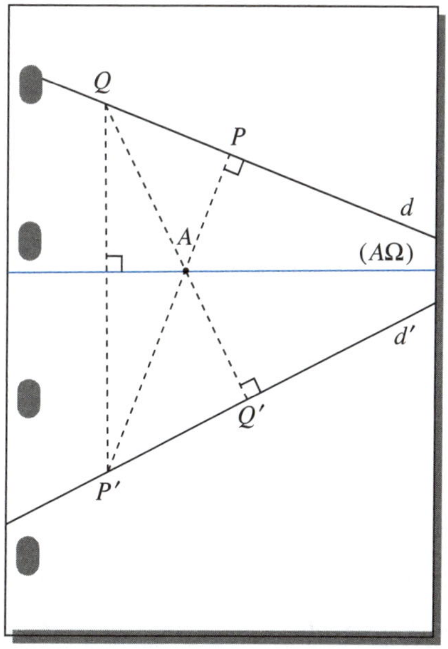

Lignes de niveaux

14 $ABCD$ carré,
I : milieu de $[AB]$,
$\mathscr{E}$: $MA^2+MB^2=3AB^2$.

1° • $ABCD$ étant un carré, on a :

$$CB=AB,$$

$$CA=\sqrt{2}AB$$

([CA] est une diagonale du carré),
donc :

$$CA^2+CB^2=2AB^2+AB^2=3AB^2,$$

ce qui prouve que **C appartient à $\mathscr{E}$.**
On démontre, de même, que **D appartient à $\mathscr{E}$.**

On peut observer que $\mathscr{E}$ admet pour axe de symétrie la perpendiculaire $\mathscr{D}$ à (AB) en I : si un point appartient à $\mathscr{E}$, son symétrique par rapport à $\mathscr{D}$ appartient aussi à $\mathscr{E}$.

2° Pour tout point M du plan, d'après le théorème de la médiane :

$$MA^2+MB^2=2IM^2+\frac{1}{2}AB^2,$$

(I est le milieu de [AB])

donc M appartient à $\mathscr{E}$ si, et seulement si :

$$2IM^2+\frac{1}{2}AB^2=3AB^2,$$

c'est-à-dire :

$$IM^2=\frac{1}{2}\left(3-\frac{1}{2}\right)AB^2,$$

soit :

$$IM^2=\frac{5}{4}AB^2,$$

ce qui peut encore s'écrire :

$$IM=\frac{\sqrt{5}}{2}AB.$$

$$M\in\mathscr{E}\Leftrightarrow IM=\frac{\sqrt{5}}{2}AB.$$

On en déduit que **$\mathscr{E}$ est le cercle de centre I et de rayon $\frac{\sqrt{5}}{2}AB$.**

Pour construire $\mathscr{E}$, on utilise bien sûr que $\mathscr{E}$ est le cercle de centre I, passant par C.

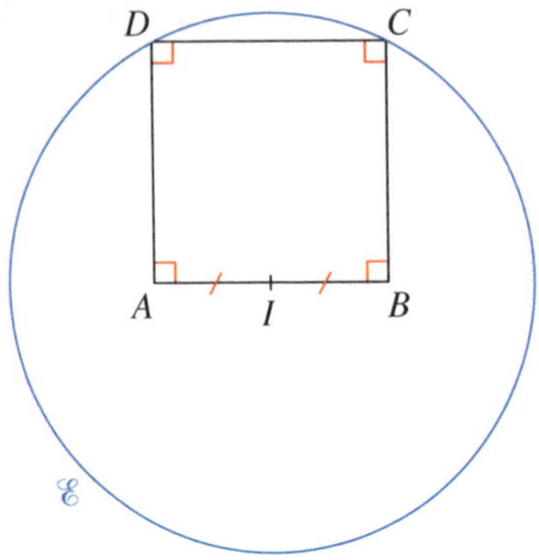

15 $A \neq B$, $\mathscr{E} : \overrightarrow{AM} \cdot \overrightarrow{MB} = k$.

1° I : milieu de $[AB]$.

a) **Pour tout point M :**

$$\overrightarrow{MA} \cdot \overrightarrow{MB} = (\overrightarrow{MI} + \overrightarrow{IA}) \cdot (\overrightarrow{MI} + \overrightarrow{IB})$$

$$= \overrightarrow{MI} \cdot \overrightarrow{MI} + \overrightarrow{MI} \cdot \overrightarrow{IB} + \overrightarrow{IA} \cdot \overrightarrow{MI} + \overrightarrow{IA} \cdot \overrightarrow{IB},$$

or :

$$\overrightarrow{IA} \cdot \overrightarrow{MI} = \overrightarrow{MI} \cdot \overrightarrow{IA},$$

donc :

$$\overrightarrow{MA} \cdot \overrightarrow{MB} = \overrightarrow{MI} \cdot \overrightarrow{MI} + \overrightarrow{MI} \cdot (\overrightarrow{IA} + \overrightarrow{IB}) + \overrightarrow{IA} \cdot \overrightarrow{IB},$$

de plus, I étant le milieu de $[AB]$:

$$\overrightarrow{IA} + \overrightarrow{IB} = \vec{0},$$

$$\overrightarrow{IA} = -\frac{1}{2}\overrightarrow{AB},$$

$$\overrightarrow{IB} = \frac{1}{2}\overrightarrow{AB},$$

d'où :

$$\overrightarrow{MA} \cdot \overrightarrow{MB} = \overrightarrow{MI} \cdot \overrightarrow{MI} - \frac{1}{4}\overrightarrow{AB} \cdot \overrightarrow{AB},$$

et finalement :

$$\overrightarrow{MA} \cdot \overrightarrow{MB} = MI^2 - \frac{1}{4}AB^2.$$

b) Soit k un nombre réel.

D'après la question précédente, $\mathscr{E}$ est l'ensemble des points M tels que :

$$MI^2 - \frac{1}{4}AB^2 = k,$$

c'est-à-dire :

$$MI^2 = k + \frac{1}{4}AB^2.$$

On en déduit la discussion suivante.

• **Si $k < -\frac{1}{4}AB^2$,** alors :

$$\mathscr{E} = \varnothing.$$

$\mathscr{E}$ est l'ensemble vide : aucun point n'appartient à $\mathscr{E}$, car IM^2 ne peut être strictement négatif.

• **Si $k = -\frac{1}{4}AB^2$,** alors :

$$\mathscr{E} = \{I\}.$$

L'ensemble $\mathscr{E}$ n'a qu'un seul élément ; on dit que c'est un singleton.

• **Si $k > -\frac{1}{4}AB^2$,** alors $\mathscr{E}$ **est le cercle de centre I et de rayon $\sqrt{k + \frac{1}{4}AB^2}$.**

2° • **Lorsque $k = 0$, $\mathscr{E}$ est l'ensemble des points M tels que les vecteurs $\overrightarrow{MA}$ et $\overrightarrow{MB}$ sont orthogonaux,** donc $\mathscr{E}$ est l'ensemble formé du point A, du point B et des points M (distincts de A et B) tels que l'angle $\widehat{AMB}$ est droit : **c'est le cercle de diamètre $[AB]$, c'est-à-dire le cercle de centre I et de rayon $\frac{1}{2}AB$.**

Si $k = 0$, alors $\sqrt{k + \frac{1}{4}AB^2} = \frac{1}{2}AB$.

• Lorsque $k = \frac{1}{4}AB^2$, on a :

$$\sqrt{k + \frac{1}{4}AB^2} = \sqrt{\frac{1}{4}AB^2 + \frac{1}{4}AB^2}$$

$$= \sqrt{\frac{2}{4}AB^2}$$

$$= \frac{\sqrt{2}}{2}AB.$$

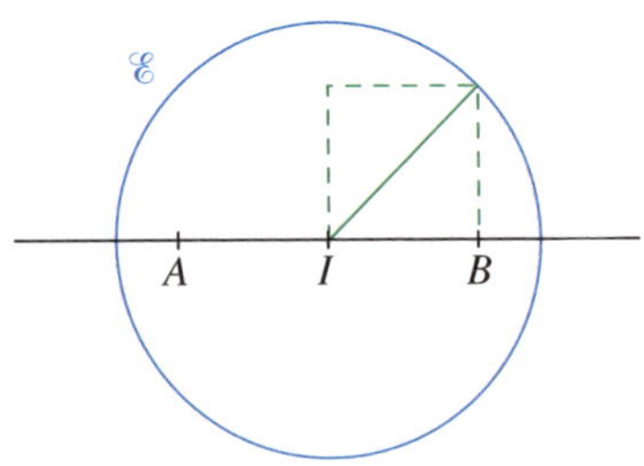

16 $A \neq B$, $\mathscr{E} : \overrightarrow{AM} \cdot \overrightarrow{AB} = k$.

1° En posant $\vec{i} = \frac{1}{AB}\overrightarrow{AB}$, le vecteur $\vec{i}$ est unitaire. Notons $\vec{j}$ un vecteur unitaire orthogonal à $\vec{i}$ et rapportons le plan au repère orthonormal $(A ; \vec{i}, \vec{j})$.

Soient M un point, x et y les réels tels que :

$$\overrightarrow{AM} = x\vec{i} + y\vec{j}.$$

On a les équivalences :

$$\overrightarrow{AM} \cdot \overrightarrow{AB} = k \Leftrightarrow (x\vec{i} + y\vec{j}) \cdot AB\,\vec{i} = k$$
$$\Leftrightarrow x \times AB = k$$
$$\Leftrightarrow x = \frac{k}{AB}.$$

Les vecteurs $y\vec{j}$ et $AB\,\vec{i}$ sont orthogonaux, donc leur produit scalaire est nul.

On en déduit que $\mathscr{E}$ **est la droite d'équation** $x = \frac{k}{AB}$ **dans le repère** $(A\ ;\ \vec{i}, \vec{j})$, **c'est-à-dire la droite perpendiculaire à la droite** (AB) **passant par le point** C **défini par :**

$$\overrightarrow{AC} = \frac{k}{AB}\vec{i} = \frac{k}{AB^2}\overrightarrow{AB}.$$

On sait que l'ensemble des points M tels que $\overrightarrow{AM} \cdot \overrightarrow{AB} = 0$ est la droite passant par A et perpendiculaire à la droite (AB), ce qui est cohérent avec le résultat précédent dans le cas où $k = 0$.

2° Lorsque $k = -\frac{1}{4}AB^2$, le point C est défini par :

$$\overrightarrow{AC} = \left(-\frac{1}{4}AB^2 \times \frac{1}{AB^2}\right)\overrightarrow{AB}$$
$$= -\frac{1}{4}\overrightarrow{AB}.$$

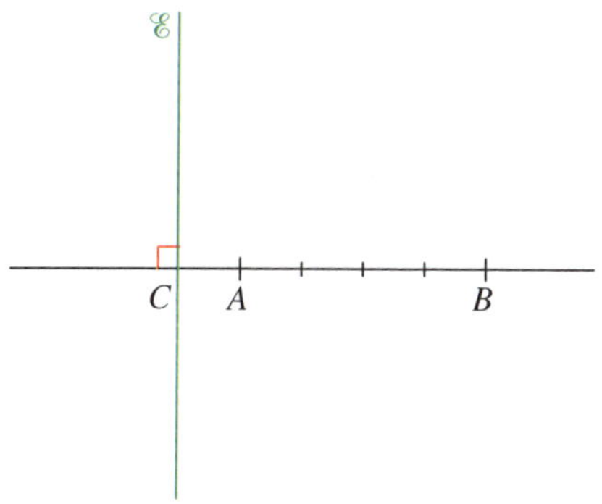

17 $A \neq B$.

1° On a, pour tout point G :

$$2\overrightarrow{GA} - 5\overrightarrow{GB} = 2\overrightarrow{GA} - 5(\overrightarrow{GA} + \overrightarrow{AB})$$
$$= 2\overrightarrow{GA} - 5\overrightarrow{GA} - 5\overrightarrow{AB}$$
$$= -3\overrightarrow{GA} - 5\overrightarrow{AB}$$
$$= 3\overrightarrow{AG} - 5\overrightarrow{AB}.$$

donc :

$$2\overrightarrow{GA} - 5\overrightarrow{GB} = \vec{0} \Leftrightarrow 3\overrightarrow{AG} - 5\overrightarrow{AB} = \vec{0}$$
$$\Leftrightarrow 3\overrightarrow{AG} = 5\overrightarrow{AB}$$
$$\Leftrightarrow \overrightarrow{AG} = \frac{5}{3}\overrightarrow{AB},$$

On en déduit qu'**il existe un seul point** G **tel que :**

$$\mathbf{2\overrightarrow{GA} - 5\overrightarrow{GB} = \vec{0}},$$

ce point G vérifiant l'égalité :

$$\overrightarrow{AG} = \frac{5}{3}\overrightarrow{AB}.$$

2° $\mathscr{E}$: $(2\overrightarrow{MA} - 5\overrightarrow{MB}) \cdot \overrightarrow{AB} = 0$.

On peut écrire, pour tout point M :

$$2\overrightarrow{MA} - 5\overrightarrow{MB}$$
$$= 2(\overrightarrow{MG} + \overrightarrow{GA}) - 5(\overrightarrow{MG} + \overrightarrow{GB})$$
$$= 2\overrightarrow{MG} + 2\overrightarrow{GA} - 5\overrightarrow{MG} - 5\overrightarrow{GB}$$
$$= -3\overrightarrow{MG} + (2\overrightarrow{GA} - 5\overrightarrow{GB}),$$

donc, en utilisant la définition du point G :

$$2\overrightarrow{MA} - 5\overrightarrow{MB} = -3\overrightarrow{MG} + \vec{0} = -3\overrightarrow{MG},$$

d'où :

$$2\overrightarrow{MA} - 5\overrightarrow{MB} = 3\overrightarrow{GM}.$$

On en déduit qu'un point M appartient à l'ensemble $\mathscr{E}$ si, et seulement si :

$$3\overrightarrow{GM} \cdot \overrightarrow{AB} = 0,$$

c'est-à-dire :

$$\overrightarrow{GM} \cdot \overrightarrow{AB} = 0,$$

ce qui permet de conclure que $\mathscr{E}$ **est la droite passant par le point** G**, perpendiculaire à la droite** (AB)**.**

L'égalité $\overrightarrow{GM} \cdot \overrightarrow{AB} = 0$ signifie que les vecteurs $\overrightarrow{GM}$ et $\overrightarrow{AB}$ sont orthogonaux.

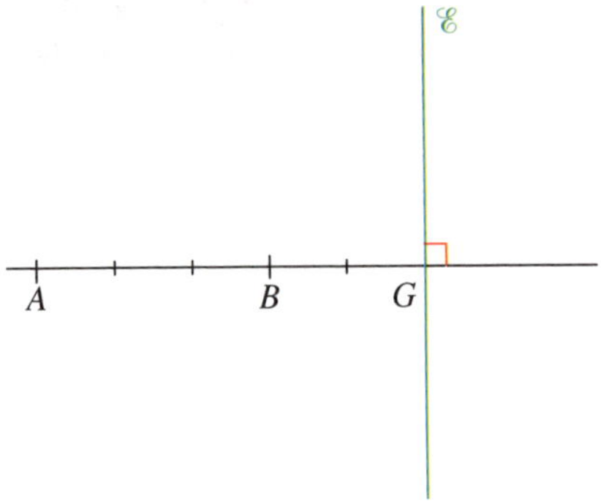

Géométrie analytique

18 $\mathscr{C} : x^2 + y^2 + 2x - y = 5$,

Γ : cercle de centre $F(4 ; 3)$ et de rayon 5.

1° a) Pour tous réels x et y :

$x^2 + y^2 + 2x - y = 5$

$\Leftrightarrow (x^2 + 2x) + (y^2 - y) = 5$

$\Leftrightarrow (x+1)^2 - 1 + \left(y - \frac{1}{2}\right)^2 - \frac{1}{4} = 5$

$\Leftrightarrow (x+1)^2 + \left(y - \frac{1}{2}\right)^2 = 5 + 1 + \frac{1}{4}$,

donc $\mathscr{C}$ admet pour équation :

$$(x+1)^2 + \left(y - \frac{1}{2}\right)^2 = \frac{25}{4},$$

ce qui prouve que $\mathscr{C}$ **est le cercle de centre** $\boldsymbol{I\left(-1 ; \frac{1}{2}\right)}$ **et de rayon** $\boldsymbol{\frac{5}{2}}$.

b) Le cercle Γ de centre F et de rayon 5 **admet pour équation :**

$$(x - x_F)^2 + (y - y_F)^2 = 5^2,$$

c'est-à-dire, F ayant pour coordonnées $(4 ; 3)$:

$$\boldsymbol{(x-4)^2 + (y-3)^2 = 25.}$$

c)

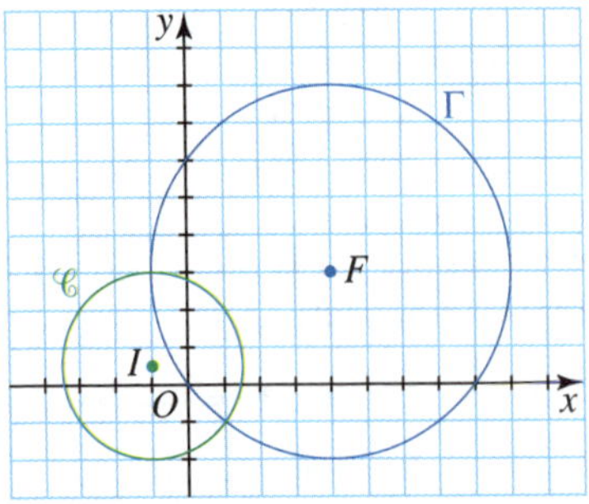

2° $A(1 ; -1)$.

a) • $\mathscr{C}$ admet pour équation :

$$x^2 + y^2 + 2x - y = 5,$$

et : $x_A^2 + y_A^2 + 2x_A - y_A$

$= 1^2 + (-1)^2 + 2 \times 1 - (-1)$

$= 1 + 1 + 2 + 1$

$= 5$,

donc **A appartient à $\mathscr{C}$.**

Cela revient à avoir démontré l'égalité :

$$IA = \frac{5}{2}.$$

• De même, Γ admet pour équation :

$$(x-4)^2 + (y-3)^2 = 25,$$

A a pour coordonnées $(1 ; -1)$ et :

$$(1-4)^2 + (-1-3)^2 = 9 + 16 = 25,$$

donc **A appartient à Γ.**

b) $\overrightarrow{AI}$ a pour coordonnées $\left(-2 ; \frac{3}{2}\right)$,

$x_I - x_A = -1 - 1 = -2$

$y_I - y_A = \frac{1}{2} - (-1) = \frac{1}{2} + 1 = \frac{3}{2}$

$\overrightarrow{AF}$ a pour coordonnées $(3 ; 4)$,

$x_F - x_A = 4 - 1 = 3$

$y_F - y_A = 3 - (-1) = 3 + 1 = 4$

donc :

$$\overrightarrow{AI} \cdot \overrightarrow{AF} = -2 \times 3 + \frac{3}{2} \times 4 = -6 + 6,$$

d'où :

$$\overrightarrow{AI} \cdot \overrightarrow{AF} = 0,$$

ce qui prouve que **les droites (AI) et (AF) sont perpendiculaires.**

c) $\mathscr{C}$ ayant pour centre le point I, la tangente $\mathscr{T}$ au cercle $\mathscr{C}$ en A est la perpendiculaire en A à la droite (AI), donc, d'après la question précédente :

$$\mathscr{T} = (AF).$$

De même, Γ ayant pour centre le point F, la tangente $\mathscr{T}'$ au cercle Γ en A est la perpendiculaire en A à la droite (AF), donc :

$$\mathscr{T}' = (AI).$$

(AI) et (AF) étant perpendiculaires, on en déduit que **$\mathscr{T}$ et $\mathscr{T}'$ sont perpendiculaires**.

3° a) Graphiquement, il est clair que $\mathscr{C}$ et Γ ont exactement deux points en commun (on dit que les cercles sont sécants), nous allons l'établir par le calcul.

Dire qu'un point M appartient à $\mathscr{C}$ et à Γ signifie que ses coordonnées $(x\,;\,y)$ vérifient le système Σ :

$$\begin{cases} x^2+y^2+2x-y=5 \\ (x-4)^2+(y-3)^2=25. \end{cases}$$

Pour tous réels x et y, on a :

$$\Sigma \Leftrightarrow \begin{cases} x^2+y^2+2x-y=5 \\ x^2+y^2-8x-6y=0, \end{cases}$$

d'où, en soustrayant la seconde équation à la première :

$$\Sigma \Leftrightarrow \begin{cases} 10x+5y=5 \\ x^2+y^2-8x-6y=0 \end{cases}$$

$$\Leftrightarrow \begin{cases} y=-2x+1 \\ x^2+y^2-8x-6y=0, \end{cases}$$

puis, en substituant $-2x+1$ à y dans la seconde équation :

$$\Sigma \Leftrightarrow \begin{cases} y=-2x+1 \\ x^2+(-2x+1)^2-8x \\ \qquad\qquad -6(-2x+1)=0, \end{cases}$$

d'où, en développant le premier membre de la seconde équation :

$$\Sigma \Leftrightarrow \begin{cases} y=-2x+1 \\ x^2+4x^2-4x+1-8x \\ \qquad\qquad +12x-6=0 \end{cases}$$

$$\Leftrightarrow \begin{cases} y=-2x+1 \\ 5x^2-5=0 \end{cases}$$

$$\Leftrightarrow \begin{cases} y=-2x+1 \\ x^2-1=0 \end{cases}$$

$$\Leftrightarrow \begin{cases} y=-2x+1 \\ (x+1)(x-1)=0 \end{cases}$$

$$\Leftrightarrow \begin{cases} y=-2x+1 \\ x=-1 \text{ ou } x=1 \end{cases}$$

$$\Leftrightarrow \begin{cases} y=-2x+1 \\ x=-1 \end{cases} \text{ ou } \begin{cases} y=-2x+1 \\ x=1, \end{cases}$$

$\mathscr{P}$, $\mathbb{O}$ et $\mathscr{R}$ désignant des propositions mathématiques :

($\mathscr{P}$ et ($\mathbb{O}$ ou $\mathscr{R}$)) $\Leftrightarrow$ ($\mathscr{P}$ et $\mathbb{O}$) ou ($\mathscr{P}$ et $\mathscr{R}$)

et finalement :

$$\Sigma \Leftrightarrow \begin{cases} x=-1 \\ y=3 \end{cases} \text{ ou } \begin{cases} x=1 \\ y=-1. \end{cases}$$

On a ainsi démontré que **$\mathscr{C}$ et Γ ont exactement deux points d'intersection, le point A et le point B de coordonnées $(-1\,;\,3)$.**

$$\mathscr{C} \cap \Gamma = \{A, B\}.$$

b) Les tangentes en A à chacun des deux cercles $\mathscr{C}$ et Γ sont perpendiculaires et la figure constituée des deux cercles et des quatre tangentes en jeu (la tangente en A à $\mathscr{C}$, la tangente en B à $\mathscr{C}$, la tangente en A à Γ, la tangente en B à Γ) est symétrique par rapport à la droite passant par les deux centres, donc **les tangentes en B à chacun des deux cercles $\mathscr{C}$ et Γ sont** aussi **perpendiculaires.**

Les cercles $\mathscr{C}$ et Γ sont dits orthogonaux.

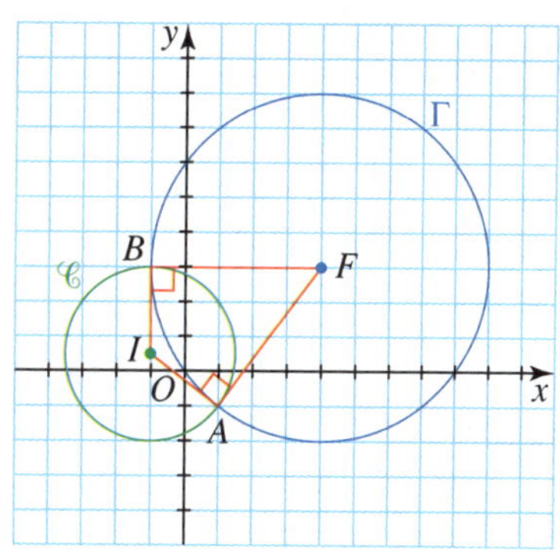

Les interrogations écrites

19

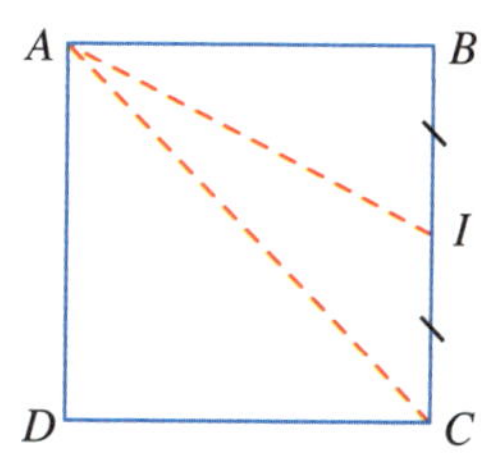

1° **Première méthode**

Rapportons le plan au repère orthonormal $\left(A\,;\frac{1}{a}\overrightarrow{AB},\frac{1}{a}\overrightarrow{AD}\right)$.

Les vecteurs $\frac{1}{a}\overrightarrow{AB}$ et $\frac{1}{a}\overrightarrow{AD}$ sont orthogonaux et de norme 1.

Dans ce repère :

A a pour coordonnées $(0\,;0)$,
B a pour coordonnées $(a\,;0)$,
C a pour coordonnées $(a\,;a)$,
I a pour coordonnées $\left(a\,;\frac{a}{2}\right)$.

Par conséquent, les vecteurs $\overrightarrow{AI}$ et $\overrightarrow{AC}$ ont respectivement pour coordonnées :

$$\left(a\,;-\frac{a}{2}\right) \text{ et } (a\,;-a).$$

Alors, d'après l'expression analytique du produit scalaire :

$$\overrightarrow{AI}\cdot\overrightarrow{AC} = a\times a+\left(-\frac{a}{2}\right)\times(-a)$$
$$= a^2+\left(\frac{a}{2}\right),$$

donc :

$$\boldsymbol{\overrightarrow{AI}\cdot\overrightarrow{AC}=\frac{3}{2}a^2.}$$

Seconde méthode

D'après la quatrième expression du produit scalaire :

$$\overrightarrow{AI}\cdot\overrightarrow{AC}=\frac{1}{2}(AI^2+AC^2-CI^2).$$

D'une part : $CI^2=\frac{a^2}{4}$.

D'autre part, d'après le théorème de Pythagore :

$$AC^2=2a^2,$$
$$AI^2=a^2+\frac{a^2}{4}=\frac{5}{4}a^2.$$

La diagonale d'un carré de côté a mesure $a\sqrt{2}$.

On en déduit :

$$\overrightarrow{AI}\cdot\overrightarrow{AC}=\frac{1}{2}\left(\frac{5}{4}a^2+2a^2-\frac{a^2}{4}\right)$$
$$=\frac{1}{2}(a^2+2a^2),$$

d'où :

$$\boldsymbol{\overrightarrow{AI}\cdot\overrightarrow{AC}=\frac{3}{2}a^2.}$$

2° En utilisant la première expression du produit scalaire, on peut écrire :

$$\overrightarrow{AI}\cdot\overrightarrow{AC}=AI\times AC\times\cos(\widehat{AIC})$$
$$=a\frac{\sqrt{5}}{2}\times a\sqrt{2}\times\cos(\widehat{AIC})$$
$$=a^2\frac{\sqrt{10}}{2}\times\cos(\widehat{AIC}).$$

De la question **1°**, on déduit :

$$\frac{3}{2}a^2=a^2\frac{\sqrt{10}}{2}\times\cos(\widehat{AIC}),$$
$$3=\sqrt{10}\times\cos(\widehat{AIC}),$$

puis :

$$\cos(\widehat{AIC})=\frac{3}{\sqrt{10}}.$$

Grâce à la calculatrice, on obtient :

$$\boldsymbol{\widehat{AIC}\approx 18{,}4°.}$$

20

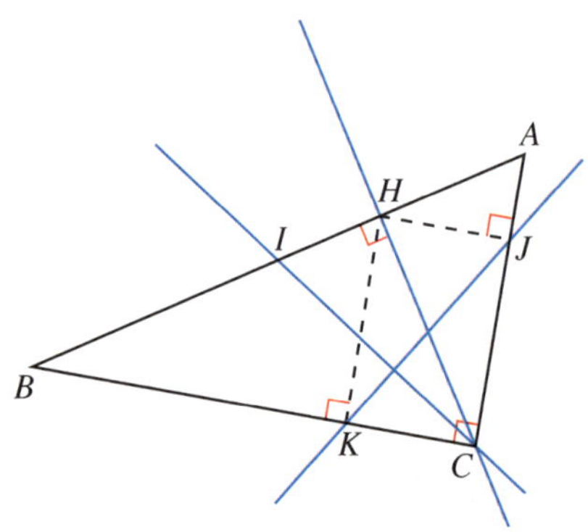

1° • On a : $\overrightarrow{CA}\cdot\overrightarrow{JK}=\overrightarrow{CA}\cdot\overrightarrow{JC}$

car C est le projeté orthogonal de K sur la droite (CA)

et : $\overrightarrow{CA}\cdot\overrightarrow{HC}=\overrightarrow{CA}\cdot\overrightarrow{JC}$

car J est le projeté orthogonal de H sur la droite (CA),

donc : $\boldsymbol{\overrightarrow{CA}\cdot\overrightarrow{JK}=\overrightarrow{CA}\cdot\overrightarrow{HC}.}$

• De même : $\overrightarrow{CB}\cdot\overrightarrow{JK}=\overrightarrow{CB}\cdot\overrightarrow{CK}$,

car C est le projeté orthogonal de J sur la droite (CB)

et : $\overrightarrow{CB} \cdot \overrightarrow{CH} = \overrightarrow{CB} \cdot \overrightarrow{CK}$

car K est le projeté orthogonal de H sur la droite (CB),

donc : $\boldsymbol{\overrightarrow{CB} \cdot \overrightarrow{JK} = \overrightarrow{CB} \cdot \overrightarrow{CH}}$.

2° Démontrer que les droites (CI) et (JK) sont perpendiculaires revient à prouver que les vecteurs $\overrightarrow{CI}$ et $\overrightarrow{JK}$ sont orthogonaux.

On a :

$$\overrightarrow{CI} \cdot \overrightarrow{JK} = \frac{1}{2}(\overrightarrow{CA} + \overrightarrow{CB}) \cdot \overrightarrow{JK}$$

$\overrightarrow{CA} + \overrightarrow{CB} = 2\overrightarrow{CI}$, car I milieu de $[AB]$.

$$= \frac{1}{2}(\overrightarrow{CA} \cdot \overrightarrow{JK} + \overrightarrow{CB} \cdot \overrightarrow{JK})$$

$$= \frac{1}{2}(\overrightarrow{CA} \cdot \overrightarrow{HC} + \overrightarrow{CB} \cdot \overrightarrow{CH})$$

D'après la question **1°** :

$\overrightarrow{CA} \cdot \overrightarrow{JK} = \overrightarrow{CA} \cdot \overrightarrow{HC}$ et $\overrightarrow{CB} \cdot \overrightarrow{JK} = \overrightarrow{CB} \cdot \overrightarrow{CH}$.

$$= \frac{1}{2}(-\overrightarrow{CA} \cdot \overrightarrow{CH} + \overrightarrow{CB} \cdot \overrightarrow{CH})$$

$$= \frac{1}{2}(-\overrightarrow{CA} + \overrightarrow{CB}) \cdot \overrightarrow{CH}$$

$$= \frac{1}{2}(\overrightarrow{AC} + \overrightarrow{CB}) \cdot \overrightarrow{CH}$$

$$= \frac{1}{2} \times (\overrightarrow{AB} \cdot \overrightarrow{CH}).$$

Comme les droites (AB) et (CH) sont perpendiculaires, les vecteurs $\overrightarrow{AB}$ et $\overrightarrow{CH}$ sont orthogonaux et leur produit scalaire est nul :

$$\overrightarrow{AB} \cdot \overrightarrow{CH} = 0.$$

Par conséquent :

$$\overrightarrow{CI} \cdot \overrightarrow{JK} = \frac{1}{2} \times (\overrightarrow{AB} \cdot \overrightarrow{CH}) = 0.$$

Les vecteurs $\overrightarrow{CI}$ et $\overrightarrow{JK}$ sont orthogonaux, donc **les droites (CI) et (JK) sont perpendiculaires.**

CHAPITRE 14

Statistiques

LE COURS

Échantillonnage

Lorsque l'effectif de la population est très important, on peut étudier les différents caractères sur un **échantillonnage** de cette population.

Fluctuation d'échantillonnage

On cherche l'influence sur les résultats d'une modification de l'échantillon, soit en prenant d'autres échantillons de même effectif que le premier échantillon, soit en considérant des échantillons d'effectifs très différents.

Paramètres de position d'une série quantitative

Considérons une série statistique $(x_i\ ;\ n_i)$, avec i entier naturel variant de 1 à p.
L'effectif total, c'est-à-dire le nombre d'individus observés, sera noté n. La fréquence f_i est le quotient de l'effectif n_i par l'effectif total n.
On a les relations :

$$n = n_1 + n_2 + \ldots + n_p = \sum_{i=1}^{p} n_i \qquad f_i = \frac{n_i}{n} \qquad \sum_{i=1}^{p} f_i = 1$$

• **Les paramètres de position** « globalisent » la série en caractérisant un ordre de grandeur des observations et sont exprimés avec la même unité.

Mode

• On appelle **mode(s) de la série statistique** $(x_i\ ;\ n_i)$, la (les) valeur(s) du caractère dont l'effectif est le plus grand. Il est à remarquer qu'une série peut avoir plusieurs modes.

• **Remarque**

Le mode est peu sensible à la valeur des termes extrêmes mais assez aux fluctuations d'échantillonnage. Il est facile à déterminer mais ne se prête pas aux calculs algébriques.

Moyenne

- On appelle **moyenne de la série statistique** $(x_i\ ;\ n_i)$, le nombre, en général noté $\bar{x}$, défini par :

$$\bar{x} = \frac{n_1 \times x_1 + n_2 \times x_2 + \ldots + n_p \times x_p}{n} = \frac{\sum_{i=1}^{p} n_i \times x_i}{n} = \sum_{i=1}^{p} f_i \times x_i$$

- **Remarque**

La moyenne peut être très sensible à la valeur des termes extrêmes et aux fluctuations d'échantillonnage. Elle est facile à calculer et se prête aux calculs algébriques, tout en ne coïncidant, que par hasard, avec une valeur observée du caractère.

Médiane

- On ordonne la série des observations (x_i) par ordre croissant ; la médiane souvent notée Me, est une valeur (réelle ou fictive) du caractère, qui partage la population en deux sous-populations de même effectif.
- **Remarque**

La médiane est peu sensible à la valeur des termes extrêmes mais elle l'est aux fluctuations d'échantillonnage. Elle est facile à calculer mais ne se prête pas aux calculs algébriques.

Paramètres de dispersion d'une série quantitative

Les paramètres de dispersion d'une série quantitative $(x_i\ ;\ n_i)$ évaluent la dispersion des valeurs, en général autour d'un des paramètres de position, $\bar{x}$ ou Me.

L'étendue

C'est la différence entre la plus grande valeur des x_i et la plus petite valeur des x_i.

Les quartiles et l'écart interquartile

Les valeurs sont rangées par ordre croissant.

- **Le premier quartile** est le plus petit élément Q_1 des valeurs du caractère tel qu'au moins 25 % des valeurs lui soient inférieures ou égales.
- **Le troisième quartile** est le plus petit élément Q_3 des valeurs du caractère tel qu'au moins 75 % des valeurs lui soient inférieures ou égales.
- **L'écart interquartile** est le réel $Q_3 - Q_1$.

- De manière générale, pour une série statistique à valeurs dans un intervalle I, on définit la fonction quantile Q, de $[0\ ;\ 1]$ dans I, par :

$$Q(u) = \inf\{x, F(x) \geqslant u\}$$

où F désigne la fréquence des éléments inférieurs ou égaux à x.

On a alors :

$$Q_1 = Q(0{,}25) \text{ et } Q_3 = Q(0{,}75).$$

• On peut de manière analogue définir les déciles, les centiles, et les écarts correspondants.

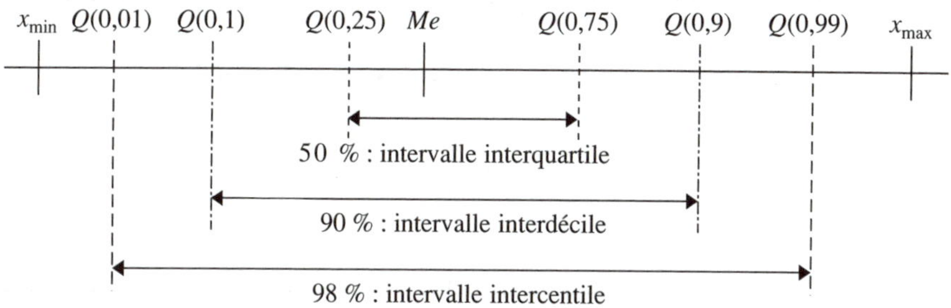

▶ La variance *V*

C'est la moyenne des carrés des écarts de chacune des valeurs à leur moyenne, c'est-à-dire la moyenne des $(x_i - \bar{x})^2$.

$$V = \frac{n_1 \times (x_1 - \bar{x})^2 + n_2 \times (x_2 - \bar{x})^2 + \cdots + n_p \times (x_p - \bar{x})^2}{n}$$

c'est-à-dire :

$$V = \frac{\sum_{i=1}^{p} n_i \times (x_i - \bar{x})^2}{n}$$

ou encore:

$$V = \sum_{i=1}^{p} f_i \times (x_i - \bar{x})^2.$$

On peut démontrer : $V = \dfrac{\sum_{i=1}^{p} n_i \times x_i^2}{n} - \bar{x}^2.$ *Cette formule facilite les calculs.*

• **L'écart type**, noté s, est la racine carrée de la variance. Il est d'autant plus grand que les valeurs sont plus éloignées les unes des autres.

$$s = \sqrt{V}.$$

Les représentations graphiques

Rappelons pour mémoire les différents types de diagrammes.

• Pour **les caractères qualitatifs** nous disposons :
– du diagramme en bandes ;
– du diagramme à secteurs circulaires.

• Pour **les caractères quantitatifs** discrets, nous disposons :
– du diagramme en bâtons ;
– du diagramme à secteurs circulaires.

• Pour **les séries** dont les valeurs sont regroupées en classes, nous disposons de l'histogramme, l'aire d'un rectangle étant proportionnelle à l'effectif de la classe.

► Diagrammes en boîte ou boîte-à-pattes ou boîte-à-moustaches

• **Boîte médiane**

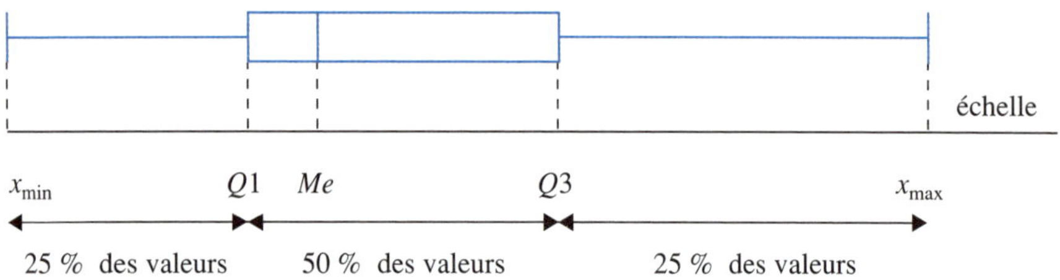

Cette représentation donne simultanément des renseignements sur sa tendance centrale, sa dispersion, son asymétrie, et l'importance des valeurs extrêmes.
Elle permet de comparer facilement plusieurs distributions statistiques.

• **Boîte moyenne**

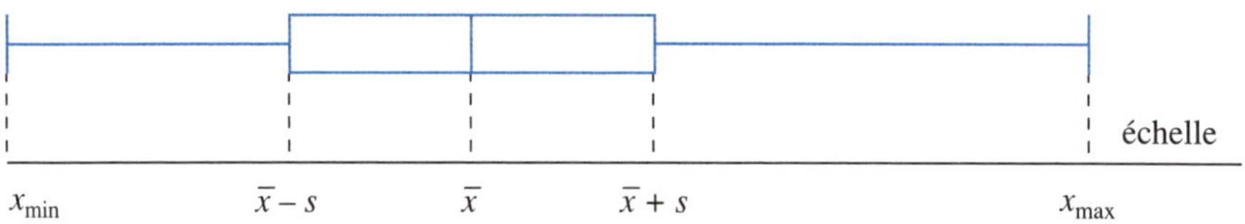

EXERCICES

cours
exercices
interro
corrigés

Vrai ou faux ?

1 (corrigés p. 344)

1° Dans une classe de 35 élèves, on étudie les notes du dernier contrôle de math.

a) La note moyenne indique que la moitié de la classe a au moins cette note.

b) La note moyenne est la demi-somme des notes extrêmes.

c) La somme des notes est le produit de la moyenne par 35.

d) Si on augmente toutes les notes de 3 points, alors la moyenne est augmentée de 3 points.

2° Pour toute série statistique dont le caractère est quantitatif :

a) Si toutes les valeurs du caractère sont multipliées par 10, alors la moyenne est multipliée par 10.

b) La médiane est la moyenne du premier quartile et du troisième quartile.

c) La moyenne est inférieure ou égale à la médiane.

d) La fréquence d'une valeur peut être égale à 1,5.

3° Pour toute série statistique de 400 valeurs :

a) Au moins 100 valeurs sont inférieures ou égales à Q_1.

b) Exactement 100 valeurs sont inférieures ou égales à Q_1.

c) Au moins 300 valeurs sont strictement supérieures à Q_1.

d) Au plus 100 valeurs sont strictement supérieures à Q_3.

Mode, moyenne, médiane

2 ★ 10 min (corrigés p. 344)

Dans chacun des cas suivants, déterminer le ou les mode(s), la moyenne et la médiane.

1° De la série statistique brute : 12 ; 13 ; 10 ; 15 ; 15 ; 12 ; 11 ; 12 ; 15 ; 13.

2° De la série statistique brute : 4 ; 5 ; 1 ; 9 ; 2 ; 8 ; 7 ; 7 ; 2 ; 3 ; 7.

3 ★ 15 min (corrigés p. 345)

1° Déterminer le ou les mode(s), la moyenne et la médiane de la série statistique dépouillée $(x_i\ ;\ n_i)$ définie par :

x_i	3	−2	5	−4	0	2
n_i	15	10	22	17	10	1

2° a) Déterminer le ou les mode(s), la moyenne et la médiane de la série statistique, dont les valeurs ont été regroupées en classes, définie par :

Classes	Effectif
[0 ; 5[	15
[5 ; 10[	25
[10 ; 15[	7
[15 ; 20]	3

b) Pour cette dernière série, dessiner son histogramme.

4 ★★ 15 min (corrigés p. 346)

Un centre de vacances, qui accueille des enfants de cinq à treize ans, les regroupe par tranche d'âge de la façon suivante :

Classes	Effectif
[5 ; 7[	10
[7 ; 9[	31
[9 ; 12[	33
[12 ; 14]	26

1° a) Compléter le tableau statistique suivant, où x_i désigne le centre d'une classe, a_i son amplitude, n_i son effectif et $n_i\uparrow$ l'effectif cumulé croissant.

Classes	x_i	n_i	$n_i x_i$	$n_i\uparrow$	n_i/a_i

b) En déduire la moyenne $\bar{x}$, la classe modale et la médiane Me de la série statistique.

2° Tracer l'histogramme.

Quartiles

5 ★★ 15 min (corrigés p. 347)

Considérons une série de n valeurs $x_1, \ldots, x_n$ rangées dans l'ordre croissant.

• La calculatrice adopte pour définition de la médiane Me la même que celle du cours :

– si n est impair, en écrivant : $n = 2r + 1$, alors Me est la $(r + 1)$ième valeur ;

– si n est pair, en écrivant : $n = 2r$, alors Me est la demi-somme des valeurs de rang r et $r + 1$.

• D'après la définition du cours, le premier quartile Q_1 est la plus petite valeur dont le rang k vérifie : $k \geqslant \frac{n}{4}$.
La calculatrice adopte une autre définition : le premier quartile $\mathbf{Q_1}$ est la médiane des valeurs situées à gauche de la médiane Me.
Placer $\mathbf{Q_1}$ et Q_1 sur le schéma dans chacun des cas suivants (p désigne un entier naturel) :

1° $n = 4p$

Me ↓ (entre le 2e et le 3e groupe)

* … *   * … * | * … *   * … *
(4 groupes de p valeurs)

2° $n = 4p + 1$

Me ↓ (sur la valeur centrale)

* … *   * … *   *   * … *   * … *
(4 groupes de p valeurs)

3° $n = 4p + 2$

Me ↓ (entre le 2e et le 3e groupe)

* … *   *   * … * | * … *   *   * … *
(4 groupes de p valeurs)

4° $n = 4p + 3$

Me ↓ (sur la valeur centrale)

* … *   *   * … *   *   * … *   *   * … *
(4 groupes de p valeurs)

Utilisation de la calculatrice

6 ★ 10 min (corrigés p. 348)

1° Dans la première liste de la calculatrice, entrer successivement les valeurs suivantes : 2 ; 7 ; 3 ; 2 ; 5 ; 1 ; 3.
2° Comment trier les éléments de la liste par ordre croissant ?
3° Comment remplacer chaque terme x_i de cette liste par $10x_i - 1$?
4° Comment vider la liste ?

7 ★★ 15 min (corrigés p. 349)

On demande aux vingt élèves d'une classe le nombre de CD qu'ils possèdent. La liste des réponses est la suivante :

6 ; 19 ; 5 ; 13 ; 50 ; 7 ; 14 ; 52 ; 49 ; 5 ; 7 ; 12 ;
17 ; 15 ; 8 ; 5 ; 6 ; 16 ; 48 ; 10.

À l'aide d'une calculatrice :

1° déterminer la moyenne $\overline{x}$ et une approximation à 10^{-2} près de l'écart type s de cette série de réponses ;

2° trier les réponses dans l'ordre croissant et déterminer la médiane Me, les quartiles Q_1 et Q_3 ;

3° afficher la boîte médiane.

8 ★★ 15 min *(corrigés p. 352)*

Le nombre d'interventions journalières des pompiers d'une caserne, pour l'année, est distribué comme indiqué ci-dessous :

Nombre de sorties journalières	Effectif
0	84
1	95
2	80
3	58
4	29
5	14
6	5

À l'aide d'une calculatrice :

1° Déterminer :

a) une approximation à 10^{-2} près de la moyenne $\overline{x}$ et de l'écart type s de cette série de résultats ;

b) la médiane Me, les quartiles Q_1 et Q_3.

2° Afficher le diagramme en bâtons.

9 ★★ 15 min *(corrigés p. 353)*

On demande aux 20 élèves d'une classe le nombre de CD qu'ils possèdent. Les réponses sont les suivantes :

6, 10, 5, 10, 50, 5, 15, 50, 50, 5, 6, 10, 17, 15, 10, 5, 6, 5, 50, 10.

1° Déterminer, à l'aide d'une calculatrice, le mode, la moyenne, la médiane, les quartiles et l'écart type de cette série.

2° Tracer les diagrammes en boîte (sur une feuille ou à l'aide de la calculatrice) et commenter la figure obtenue.

10 ★★ 15 min *(corrigés p. 355)*

On choisit vingt fois de suite un chiffre au hasard.

1° Écrire un algorithme qui simule cette expérience aléatoire et qui affiche le nombre de chiffres 0.

2° Transcrire l'algorithme précédent sur la calculatrice.

11 ★★ 15 min (corrigés p. 356)

Soit n un entier naturel non nul.

On effectue n lancers successifs d'une pièce de monnaie équilibrée.

1° Écrire un algorithme qui simule cette expérience aléatoire et donne en sortie le nombre de côtés FACE obtenu.

2° Transcrire l'algorithme précédent sur la calculatrice.

Utilisation du tableur

12 ★★ 15 min (corrigés p. 356)

On recense le nombre d'enfants des familles d'un quartier. On obtient les résultats ci-dessous :

0	1	1	3	2	4	2	1	1	2
3	1	2	2	1	0	1	0	0	1
3	1	2	2	2	3	0	1	2	5
4	2	2	4	5	3	2	1	1	2
1	1	0	2	2	1	3	2	4	2

1° Quelle est la population étudiée ? Quelle est la nature du caractère ? Quelles sont les valeurs du caractère ?

2° À l'aide d'un tableur :

a) effectuer le dépouillement de cette série de résultats et préciser le nombre d'enfants dominant ;

b) calculer les fréquences en pourcentages ;

c) calculer la moyenne $\bar{x}$;

c) donner l'arrondi automatique à 10^{-2} près de l'écart type s ;

e) représenter la série de résultats par un diagramme circulaire.

13 ★★ 30 min (corrigés p. 358)

Le but de l'exercice est de simuler le lancer d'un dé équilibré, avec un tableur.

1° • Sur une plage de format 100 lignes × 10 colonnes, simuler 1 000 lancers du dé.

• Dresser un tableau donnant les fréquences de chacun des six résultats sur les 10 premiers lancers, les 100 premiers lancers, les 1 000 premiers lancers.

• Tracer les trois courbes représentant l'évolution de ces six fréquences.

2° • Sur une colonne, afficher les fréquences d'apparition du 5 au bout de 10, 20, …, 1 000 lancers.

• Tracer la courbe représentative de l'évolution de ces fréquences.

Transformation affine de données

14 ★★ 15 min (corrigés p. 360)

1° Calculer l'écart interquartile EQ, la moyenne $\bar{x}$ et l'écart type s_x de la série statistique brute dont les valeurs x_i sont les suivantes :

0 ; 11 ; 8 ; 5 ; 11 ; 10 ; 11 ; 7 ; 13 ; 5.

2° Dix fils sont soumis à des tests de résistance ; pour chacun d'eux, on note la charge (en kilogrammes) nécessaire pour obtenir la rupture. Les résultats y_i obtenus sont les suivants :

1,20 ; 1,31 ; 1,28 ; 1,25 ; 1,31 ; 1,30 ; 1,31 ; 1,27 ; 1,33 ; 1,25.

a) Trouver une relation simple entre les y_i et les x_i.

b) En déduire l'écart interquartile EQ', la moyenne $\bar{y}$ et l'écart type s_y de la série statistique des y_i.

Boîte-à-moustaches

15 ★ 5 min (corrigés p. 360)

Xavier et Yohan ont eu respectivement pour notes aux devoirs de mathématiques :

- 5 ; 11 ; 5 ; 12 ; 13 ; 14 ; 13 ; 6 ; 7 ; 15.
- 9 ; 5 ; 9 ; 11 ; 11 ; 11 ; 10 ; 9 ; 15 ; 11.

Vérifier que les séries de notes de Xavier et Yohan ont les mêmes valeurs extrêmes et la même moyenne.

Voici les boîtes médianes correspondant aux deux séries de notes, obtenues à l'affichage d'une calculatrice :

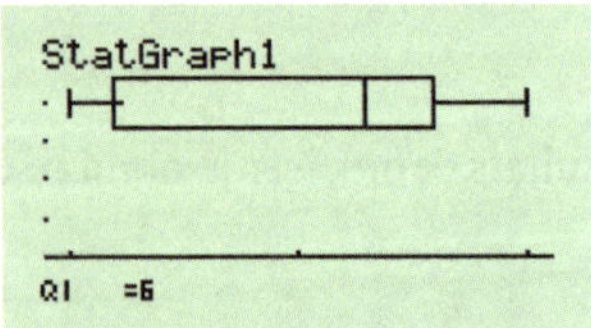

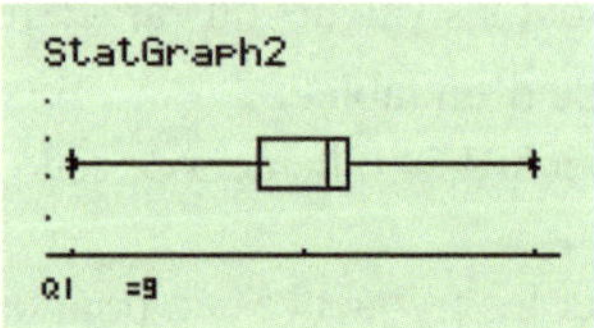

Laquelle est celle de la série de notes de Xavier ?

16 ★ 10 min (corrigés p. 361)

Le tableau ci-dessous donne les résultats d'une enquête sur les salaires mensuels bruts des techniciens de trois entreprises d'un même secteur industriel. Les salaires sont exprimés en euros et arrondis à la centaine la plus proche.

Entreprise	Effectif	x_{min}	Q_1	Médiane	Q_3	x_{max}
A	121	1 600	2 300	2 700	3 000	3 500
B	81	1 800	2 700	3 400	3 600	4 500
C	16	1 400	1 800	2 100	2 300	3 400

Représenter sur un même graphique les séries statistiques des salaires par une boîte-à-moustaches dont la largeur est proportionnelle à la racine carrée de l'effectif.

17 ★★ 20 min *(corrigés p. 361)*

On considère la série statistique $(x_i\ ;\ n_i)$:

x_i	0	11	12	13	14	15	19	23	56
n_i	1	1	1	3	1	2	1	1	1

1° Déterminer la moyenne et l'écart type de la série.

2° Déterminer la médiane de cette série.

3° Déterminer le premier et le troisième quartile ainsi que l'écart interquartile.

4° a) Dessiner la boîte-à-moustaches correspondant à la moyenne.

b) Dresser la boîte-à-moustaches correspondant à la médiane en faisant apparaître s'il y a lieu les valeurs éloignées ou extrêmes.

5° Comparer les deux figures.

Lissage par moyennes mobiles

18 ★★ 20 min *(corrigés p. 362)*

Le tableau ci-dessous donne les variations du chiffre d'affaires d'une entreprise, au cours d'une année, en millions d'euros.

Mois	Janvier	Février	Mars	Avril	Mai	Juin
i	1	2	3	4	5	6
y_i : Chiffre d'affaires	75	125	55	45	110	85

Mois	Juillet	Août	Septembre	Octobre	Novembre	Décembre
i	7	8	9	10	11	12
y_i : Chiffre d'affaires	90	155	55	60	125	70

1° a) On considère les points $A_i(i\ ;\ y_i)$. Placer les points A_i dans un repère orthogonal et dessiner la ligne polygonale $A_1, A_2, \ldots, A_{12}$.

b) Que représente cette ligne ?

c) Quel est le chiffre d'affaires moyen pour cette année ?

2° a) Compléter le tableau suivant avec les moyennes mobiles d'ordre 3, notées m_i, i variant de 2 à 11.

i	2	3	4	5	6	7	8	9	10	11
m_i										

Placer sur la même figure que **1°a)** les points $B_i(i\ ;\ m_i)$, i variant de 2 à 11 et tracer la ligne polygonale B_2, ..., B_{11}.

b) Comment peut-on interpréter cette nouvelle courbe ?

Remarque : on pourra traiter cet exercice à l'aide d'un tableur.

Les interrogations écrites

19 15 min *(corrigés p. 364)*

Les 25 membres d'un club passent un test de 9 questions.
Le nombre de bonnes réponses de chacun des participants est donné par la liste suivante :

5, 1, 2, 4, 9, 8, 7, 4, 0, 0, 1, 5, 6, 8, 9, 9, 8, 6, 1, 7, 6, 5, 2, 8, 9.

1° Rechercher la médiane de cette série, puis calculer sa moyenne.

2° Cinq nouvelles personnes s'inscrivent au club ; elles ont respectivement 7, 8, 9, 9 et 8 bonnes réponses. Que deviennent la médiane et la moyenne ?

3° Le club connaissant un succès croissant, son effectif augmente de 10 à l'occasion de la grande fête annuelle. Les nouveaux arrivants obtiennent respectivement 4, 5, 5, 5, 6, 6, 6, 7, 8 et 8 bonnes réponses.

a) Rechercher les quartiles et préciser l'intervalle interquartile.

b) Rechercher les déciles et préciser l'intervalle interdécile.

20 15 min *(corrigés p. 365)*

Dans un quartier, on demande à 1 600 personnes (« Enfants », « Hommes » et « Femmes ») de choisir leur distraction favorite parmi le sport, le cinéma, la musique et la télévision.
Le tableau suivant donne les résultats du sondage.

Population Y / Distraction X	Enfants	Hommes	Femmes
Sport	120	200	160
Cinéma	40	80	120
Musique	240	200	120
Télévision	80	128	112

1° a) Compléter ce tableau en ajoutant une ligne et une colonne « Total ».

b) Combien y a-t-il de femmes ? de cinéphiles ? de femmes cinéphiles ?

2° a) Quelle est la fréquence, en pourcentage de la population interrogée, des femmes préférant le cinéma ?

b) Établir le tableau des fréquences, en pourcentages, par rapport à l'effectif total.

3° a) Quel est, parmi les amateurs de sport, le pourcentage de femmes ?

b) Quel est, parmi les hommes, le pourcentage de ceux qui préfèrent le cinéma ?

4° Dessiner l'histogramme (multiple) représentant les effectifs comparés des différentes activités selon la catégorie de population observée.

21 15 min *(corrigés p. 366)*

On lance cinquante fois de suite un dé équilibré à six faces.

1° Écrire un algorithme qui simule cette expérience aléatoire et qui affiche la fréquence du 2.

2° Transcrire l'algorithme précédent sur la calculatrice.

CORRIGÉS

Vrai ou faux ?

1 1° Dans une classe de 35 élèves, on étudie les notes du dernier contrôle de math.

a) La note moyenne indique que la moitié de la classe a au moins cette note.

Faux. En revanche, la moitié de la classe a au moins la note médiane. Ne pas confondre moyenne et médiane.

b) La note moyenne est la demi-somme des notes extrêmes.

Faux. La moyenne peut être 11 même si les notes extrêmes sont 0 et 20.

c) La somme des notes est le produit de la moyenne par 35.

Vrai. La moyenne est le quotient de la somme des notes par 35.

d) Si on augmente toutes les notes de 3 points, alors la moyenne est augmentée de 3 points.

Vrai. La somme des notes est augmentée de 35×3, donc la moyenne est augmentée de 3.

2° Pour toute série statistique dont le caractère est quantitatif :

a) Si toutes les valeurs du caractère sont multipliées par 10, alors la moyenne est multipliée par 10.

Vrai. La somme des valeurs est multipliée par 10, donc la moyenne (quotient de cette somme par l'effectif total) est multipliée par 10.

b) La médiane est la moyenne du premier quartile et du troisième quartile.

Faux. On sait seulement qu'entre le premier quartile et la médiane, il y a 25 % des valeurs et qu'entre la médiane et le troisième quartile, il y a aussi 25 % de valeurs.

c) La moyenne est inférieure ou égale à la médiane.

Faux. La moyenne peut être strictement supérieure à la médiane.

1; 1 ; ② ; 2 ; 2 $\bar{x} = 1,6$ $\bar{x} < Me$
(② = Me)

1; 1 ; ① ; 2 ; 2 $\bar{x} = 1,4$ $\bar{x} > Me$
(① = Me)

d) La fréquence d'une valeur peut être égale à 1,5.

Faux. La fréquence est toujours comprise entre 0 et 1.

La fréquence est le quotient de l'effectif par l'effectif total.

3° Pour toute série statistique de 400 valeurs :

a) Au moins 100 valeurs sont inférieures ou égales à Q_1.

Vrai. On a : 25 % × 400 = 100, donc Q_1 est la plus petite valeur du caractère telle qu'au moins 100 valeurs lui soient inférieures ou égales.

b) Exactement 100 valeurs sont inférieures ou égales à Q_1.

Faux. Au moins 100 valeurs sont inférieures ou égales à Q_1, il peut y en avoir plus que 100.

$\underbrace{1 ; 1 ; ... ; 1}_{120}$; $\underbrace{2 ; 2 ; ... ; 2}_{280}$ $Q_1 = 1$

c) Au moins 300 valeurs sont strictement supérieures à Q_1.

Faux. Au moins 100 valeurs sont inférieures ou égales à Q_1, donc au plus 300 valeurs sont strictement supérieures à Q_1.
Si 101 valeurs sont inférieures ou égales à Q_1, seulement 299 lui seront strictement supérieures.

d) Au plus 100 valeurs sont strictement supérieures à Q_3.

Vrai. On a : 75 % × 400 = 300, donc Q_3 est la plus petite valeur du caractère telle qu'au moins 300 valeurs lui soient inférieures ou égales. Par conséquent, au plus 100 valeurs sont strictement supérieures à Q_3.

Mode, moyenne, médiane

2 1° Commençons par ranger les 10 valeurs par ordre croissant :

10 ; 11 ; 12 ; 12 ; 12 ; 13 ; 13 ; 15 ; 15 ; 15.

• Les valeurs que l'on rencontre le plus (3 fois chacune) sont 12 et 15.

Cette série a donc **deux modes : 12 et 15**.

• **La moyenne** $\overline{x}$ est telle que :

$$\overline{x} = \frac{10 + 11 + 3\times12 + 2\times13 + 3\times15}{10}$$

$= \mathbf{12,8}$.

• $10 = 5 + 5$. La médiane sera donc une valeur laissant 5 valeurs de part et d'autre :

10 11 12 12 12 ← 5 valeurs → ↑ médiane ← 5 valeurs → 13 13 15 15 15

On peut prendre ici n'importe quelle valeur située entre la valeur de rang 5 et la valeur de rang 6 de la suite ordonnée, c'est-à-dire située entre 12 et 13 : 12,2 par exemple conviendrait. En fait, **on prend généralement la demi-somme de ces deux valeurs, soit 12,5**.

2° Rangeons ces valeurs par ordre croissant : 1 ; 2 ; 2 ; 3 ; 4 ; 5 ; 7 ; 7 ; 7 ; 8 ; 9.

• **Le mode est 7.**

• **Moyenne** $\overline{x}$:

$$\overline{x} = \frac{1+2+2+3+4+5+7+7+7+8+9}{11}$$

$= \mathbf{5}$.

• $11 = 5 + 1 + 5$.

La médiane est donc la valeur de rang 6, c'est-à-dire 5.

1 2 2 3 4 ← 5 valeurs → 5 ↑ médiane ← 5 valeurs → 7 7 7 8 8

3 1° Établissons un tableau statistique.

x_i	n_i	$n_i x_i$	n_i cumulés croissants	
−4	17	−68	17	de la valeur de rang 1 à celle de rang 17
−2	10	−20	27	de la valeur de rang 18 à celle de rang 27
0	10	0	37	de la valeur de rang 28 à celle de rang 37
2	1	2	38	la valeur de rang 38
3	15	45	53	de la valeur de rang 39 à celle de rang 53
5	22	110	75	de la valeur de rang 54 à celle de rang 75
	75	69		

L'effectif maximum (22) est atteint pour la valeur 5 du caratère.

Le mode est donc **5.**

• Moyenne : $\overline{x} = \dfrac{69}{75} = \mathbf{0,92}$.

$$\overline{x} = \frac{\sum_{i=1}^{i=p} n_i x_i}{n}$$

• $75 = 37 + 1 + 37$. Donc la médiane est la 38e valeur du caractère. Pour la trouver, on utilise des effectifs cumulés croissants (voir tableau). **La médiane est donc 2.**

2° a) Complétons ce tableau selon les besoins.

Classes	Effectifs n_i	Centre de la classe x_i	$n_i x_i$	Effectifs cumulés croissants
[0 ; 5[	15	2,5	37,5	15
[5 ; 10[	25	7,5	187,5	40
[10 ; 15[	7	12,5	87,5	47
[15 ; 20]	3	17,5	52,5	50
	50		365	

• **La classe modale est la classe [5 ; 10[.**

• Pour calculer la moyenne $\bar{x}$, on considère que tous les éléments d'une même classe sont égaux au centre de la classe, puis on procède comme pour un caractère discret.

Donc :

$$\bar{x} = \frac{365}{50} = \mathbf{7{,}3}.$$

• Pour la médiane, on prendra la 25e valeur. Il s'agit de la classe [5 ; 10[, d'amplitude 5.

Pour préciser la médiane, on peut faire un ajustement linéaire, en appliquant l'hypothèse d'équirépartition des valeurs de la classe. On a 15 valeurs dans les classes précédentes. Il en manque 10 pour atteindre la 25e valeur.

La classe médiane en comporte 25 pour une amplitude de 5, donc l'amplitude correspondant à 10 de ces valeurs est : $5 \times \frac{10}{25} = 2$. **La médiane est** 5 + 2, c'est-à-dire **7**.

b)

L'histogramme est composé de rectangles dont l'aire est proportionnelle à l'effectif de la classe.

Les classes ayant toute la même amplitude (le même pas), la hauteur du rectangle sera ici proportionnelle à l'effectif.
(*Voir schéma ci-après.*)

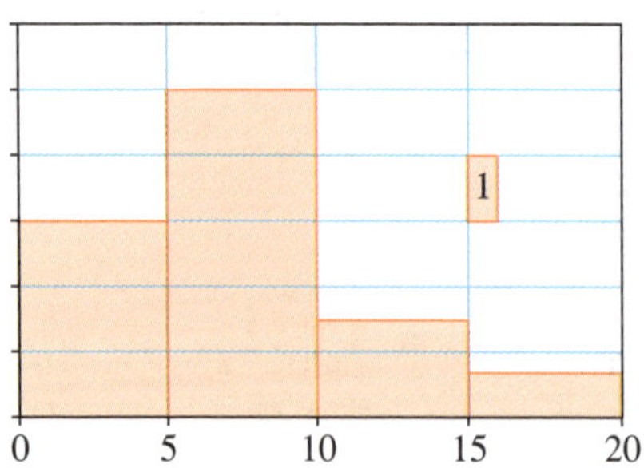

4 **1° a)** On obtient le tableau statistique ci-contre :

b) • **Moyenne**

L'effectif total est égal à 100 et

$$\sum_i n_i x_i = 992{,}5,$$

Classes	x_i	n_i	$n_i x_i$	$n_i\uparrow$	n_i/a_i
[5 ; 7[	6	10	60	10	5
[7 ; 9[	8	31	248	41	15,5
[9 ; 12[	10,5	33	346,5	74	11
[12 ; 14]	13	26	338	100	13
		100	992,5		

donc :

$$\bar{x} = \frac{992{,}5}{100} = \mathbf{9{,}925},$$

et l'âge moyen des enfants est environ 10 ans.

Pour calculer la moyenne, on considère que tous les éléments d'une même classe sont égaux au centre de la classe, puis on procède comme pour un caractère discret.

• **Classe modale**

Dans la colonne des $\frac{n_i}{a_i}$, la valeur maximale est 15,5 ; cette valeur apparaît une seule fois et correspond à la classe [7 ; 9[.

Remarquer que la classe modale n'est pas ici celle dont l'effectif est maximal.

Il vient :

la classe modale est [7 ; 9[.

• **Médiane**

D'après la colonne des effectifs cumulés, la classe médiane est [9 ; 12[; on évalue généralement la médiane *Me* en procédant à un ajustement linéaire, les valeurs étant supposées équiréparties dans la classe.

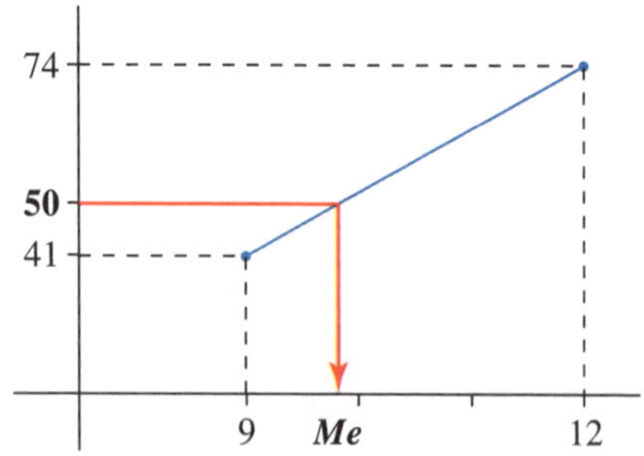

En considérant le schéma ci dessus, la médiane *Me* vérifie :

$$\frac{Me - 9}{12 - 9} = \frac{50 - 41}{74 - 41},$$

soit : $\dfrac{Me - 9}{3} = \dfrac{9}{33}$,

donc :

$$Me = 9 + \frac{9}{11} = \frac{108}{11}.$$

Il vient :

$$\mathbf{Me \approx 9{,}82}$$

et l'âge médian des enfants est environ 10 ans.

2° Histogramme

Dans un histogramme, chaque classe est représentée par un rectangle d'aire proportionnelle à l'effectif de la classe ; la hauteur du rectangle associé à la classe de centre n_i est donc proportionnelle à n_i/a_i .

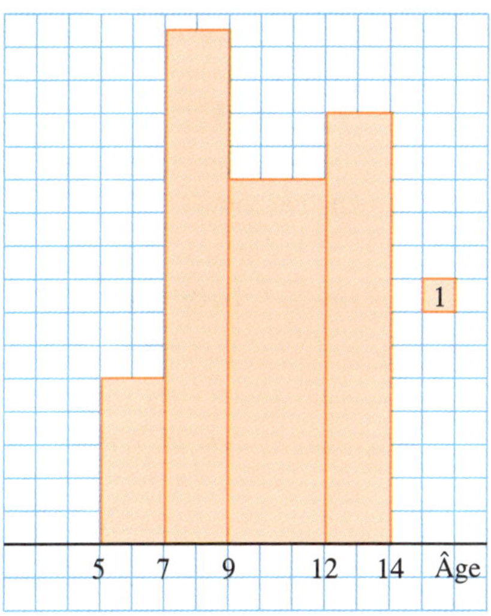

Le rectangle de hauteur maximale est celui de la classe modale.

Quartiles

5 **1°** $n = 4p$.

• $\mathbf{Q_1}$ est la demi-somme des valeurs de rang p et $p + 1$:

$$\mathbf{Q_1} = \frac{x_p + x_{p+1}}{2}.$$

• $k \geqslant \dfrac{n}{4} \Leftrightarrow k \geqslant p$,

donc Q_1 est la valeur de rang p :
$Q_1 = x_p$.

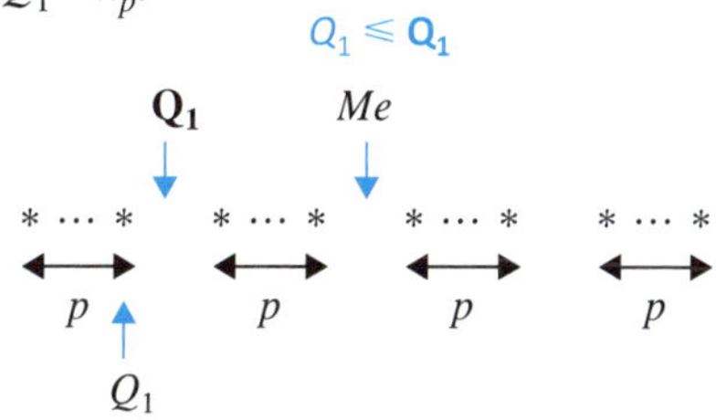

2° $n = 4p + 1$.

• $\mathbf{Q_1}$ est la demi-somme des valeurs de rang p et $p + 1$:

$$\mathbf{Q_1} = \frac{x_p + x_{p+1}}{2}$$

• k étant un entier :

$k \geqslant \dfrac{n}{4} \Leftrightarrow k \geqslant p + \dfrac{1}{4} \Leftrightarrow k \geqslant p + 1$, donc Q_1 est la valeur de rang $p + 1$:
$Q_1 = x_{p+1}$.

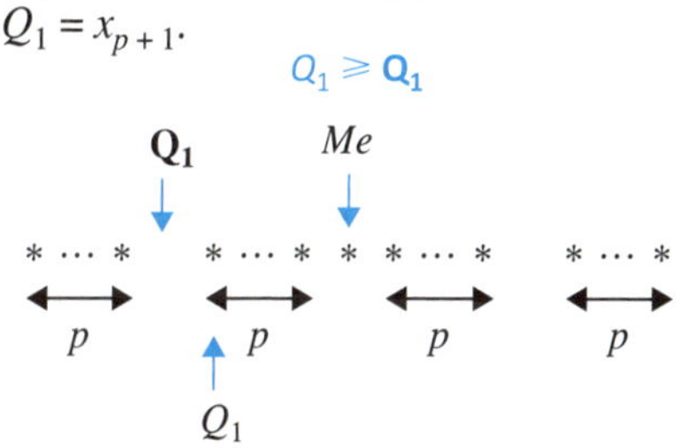

3° $n = 4p + 2$.

• $\mathbf{Q_1}$ est la valeur de rang $p + 1$:

$$\mathbf{Q_1} = x_{p+1}.$$

• k étant un entier :

$k \geqslant \dfrac{n}{4} \Leftrightarrow k \geqslant p + \dfrac{1}{2} \Leftrightarrow k \geqslant p + 1$, donc

Q_1 est la valeur de rang $p + 1$:
$Q_1 = x_{p+1}$.

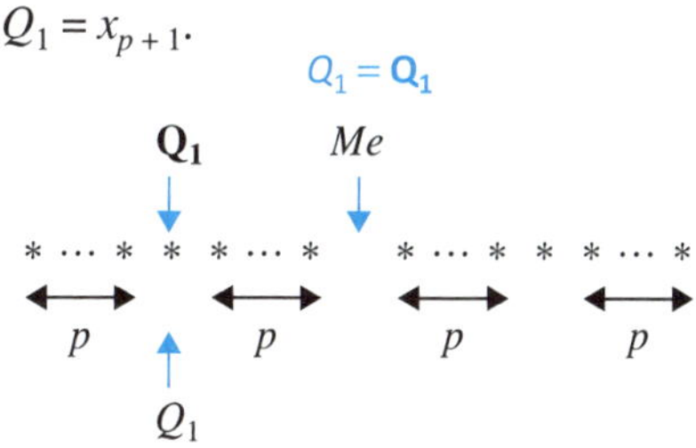

4° $n = 4p + 3$.

• $\mathbf{Q_1}$ est la valeur de rang $p + 1$:
$\mathbf{Q_1} = x_{p+1}$.

• k étant un entier :

$k \geqslant \frac{n}{4} \Leftrightarrow k \geqslant p + \frac{3}{4} \Leftrightarrow k \geqslant p + 1$, donc Q_1 est la valeur de rang $p + 1$:
$Q_1 = x_{p+1}$.

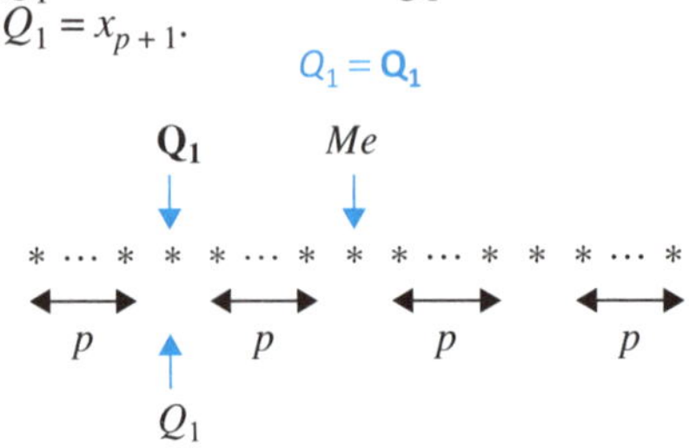

• Les quatre cas $n = 4p$, $n = 4p + 1$, $n = 4p + 2$, $n = 4p + 3$ épuisent tous les cas possibles ;
on peut donc affirmer :
– Q_1 est une des deux valeurs consécutives de la série qui encadrent (au sens large) $\mathbf{Q_1}$;
– si $\mathbf{Q_1}$ est égal à un des x_i, alors : $Q_1 = \mathbf{Q_1}$.
• Bien sûr, on obtiendrait des résultats analogues concernant le troisième quartile.

Utilisation de la calculatrice

6 **1° Saisie des données**

Si la première liste n'est pas vide, commencer par la vider (voir la question 4°).

TI	CASIO
• Sélectionner le menu **STAT**, puis **EDIT** : STAT 1 • Saisir les données dans la liste **L1**, en validant chaque entrée.	• Sélectionner le menu **STAT** :  EXE • Saisir les données dans la liste **List1**, en validant chaque entrée.

Utiliser les touches de déplacement ▲, ▼ pour faire défiler l'écran.

2° Tri par ordre croissant

TI	CASIO
• Sélectionner le menu **STAT** : STAT • Presser 2 (TriCroi) puis 2nd 1 (**L1**))	• Faire défiler le menu en pressant F6 (▶) • puis presser successivement : F1 (SRT·A) 1 (nombre de listes à trier) EXE 1 (numéro de la liste) EXE

Les éléments de la première liste sont alors rangés par ordre croissant.

3° Transformation affine des données

TI	CASIO
• Afficher la fenêtre d'édition de liste : [STAT] [1] • placer le curseur sur **L1** (en haut de l'écran), puis valider : [ENTER] Le curseur est alors placé à droite de **L1=** (en bas de l'écran). • Taper : [1] [0] [L1] [-] [1] [ENTER]	• Sélectionner le menu **RUN** : [MENU] [RUN] [EXE] • Taper : [Optn] [F1] ([LIST]) puis : [1] [0] [F1] ([LIST]) [1] [-] [1] [→] [F1] ([LIST]) [1] et valider : [EXE]

Dans la première liste, chaque valeur x_i a été remplacée par $10x_i - 1$.

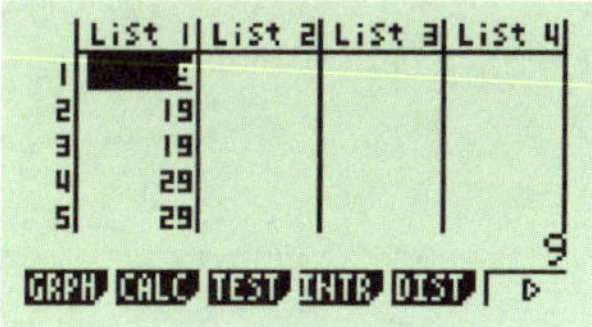

4° Vider une liste

TI	CASIO
• Sélectionner les menus **STAT**, puis **EDIT** : [STAT] [1] • Placer le curseur en haut de l'écran de façon à sélectionner **L1**. • Presser [EFFLIST] puis [ENTER]	• Sélectionner le menu **STAT** : [MENU] [STAT] [EXE] • Placer le curseur dans la liste **List1**. • Presser [F6] ([▸]) pour faire défiler le menu, puis [F3] [DEL·A] enfin, confirmer la suppression : [F1] ([YES])

La premiere liste est alors vide.

Avant de saisir des données dans une liste, s'assurer que la liste est vide.

7 1° Calculs statistiques

TI	CASIO
• Sélectionner le menu **STAT**, puis **EDIT** : [STAT] [1] • Saisir les données dans la liste **L1**, en validant chaque entrée.	• Sélectionner le menu **STAT** : [STAT] [EXE] • Saisir les données dans la liste **List1**, en validant chaque entrée.

Si la première liste n'est pas vide, commencer par la vider (voir l'exercice 6), ou utiliser une autre liste.

TI	CASIO
• Presser STAT, puis déplacer le curseur vers la droite sur **CALC** et presser 1 pour lancer le calcul des statistiques à une variable. • Presser alors (2nd 1 (L1)) puis **ENTER** ; cela définit la liste **L1** comme liste des données.	• Après avoir éventuellement pressé la touche F6 (▸) pour faire défiler le bandeau inférieur, presser la touche F2 (CALC) puis F4 SET • Le curseur étant sur la première ligne, choisir **List 1** F1 ; le curseur étant sur la deuxième ligne, choisir **1** (F1) ; cela définit la liste **List 1** comme liste des données. • Utiliser la touche EXE pour quitter le paramétrage, puis presser la touche F1 (1VAR).

Utiliser les touches de déplacement ▲, ▼ pour faire défiler l'écran.

On obtient : $\overline{x}$ **= 18,2** et $s_x \approx$ **16,33**.

2° • La fonction de tri croissant de la calculatrice permet de ranger dans l'ordre croissant les éléments de la liste où ont été saisies les réponses.

Pour plus de détails, se reporter à l'exercice précédent.

On obtient que la liste des 20 réponses rangées dans l'ordre croissant est la suivante :

5, 5, 5, 6, 6, 7, 7, 8, 10, 12, 13, 14,
15, 16, 17, 19, 48, 49, 50, 52.

Médiane, premier et troisième quartiles

• La calculatrice prend pour définition de la médiane la même que celle adoptée dans le cours, donc :

$$Me = 12{,}5.$$

• En revanche, la calculatrice adopte pour les quartiles une définition analogue à celle de la médiane ; par exemple, la valeur du premier quartile donnée par la calculatrice est ici la demi-somme des termes de rang 5 et 6 :

$$\frac{6+7}{2} = 6{,}5,$$

alors que, selon la définition du cours, le premier quartile est la cinquième valeur du caractère :

$$Q_1 = 6.$$

La série étudiée comporte 20 termes, et :

$$20 \times \frac{1}{4} = 5.$$

• De même, selon le cours, le troisième quartile est la quinzième valeur du caractère, donc :

$$Q_3 = 17.$$

$$20 \times \frac{3}{4} = 15.$$

La valeur du premier quartile, selon le cours, est l'une des deux valeurs du caractère qui encadre la valeur du premier quartile affichée par la calculatrice ; il en est de même pour le troisième quartile.

3° Boîte médiane

TI	CASIO
• Ouvrir le menu **STAT PLOT** : 2nd STAT PLOT • En pressant la touche 1, sélectionner le graphe **Plot1**, puis, en déplaçant le curseur et en validant à chaque fois, sélectionner : – On (graphe actif), – le diagramme en boîte dans la ligne **Type**, – L1 dans la ligne **Liste X**, – 1 dans la ligne **Liste Y.** • Si d'autres graphes sont activés, penser à les désactiver. • Ouvrir la fenêtre de cadrage : WINDOW • et ajuster les paramètres : **Xmin=0 Xmax=55 Xscl=10** (**Xmin** et **Xmax** choisis de façon que toutes les valeurs de la série soient comprises entre **Xmin** et **Xmax**). • Presser GRPH	• Revenir à la fenêtre d'édition de liste en pressant deux fois EXIT • Pour ouvrir le menu de représentation graphique, presser F1 (GRPH), puis F6 (SET) • **GPH1** est sélectionné (pour choisir **GPH2** ou **GPH3**, presser F2 ou F3) • Déplacer le curseur sur la deuxième ligne (**Graph Type**), presser F6 (►) pour dérouler le menu, puis F2 (BOX) pour choisir boîte médiane (**MedBox**). • Déplacer le curseur sur la troisième ligne (**Xlist**), presser F1 (LIST 1). • Déplacer le curseur sur la ligne suivante (**Frequency**), presser F1 (1). • Enfin, appuyer sur EXE pour revenir à la fenêtre d'édition de listes et presser F1 (GPH1).

On obtient à l'affichage :

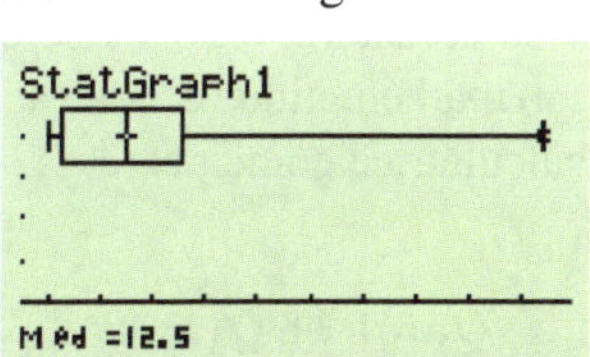

En activant la fonction **Trace** et en utilisant les touches de déplacement, ► ◄, les valeurs de x_{min}, Q_1, Me, Q_3 et x_{max} apparaissent à l'écran.

8 1° a) et b) Calculs statistisques

TI	CASIO
• Sélectionner le menu **STAT**, puis **EDIT**. • Saisir les modalités dans la liste **L1**, en validant chaque entrée. • Saisir dans la liste **L2** l'effectif de chaque modalité en face de cette modalité.	• Sélectionner le menu **STAT**. • Saisir les modalités dans la liste **List 1**, en validant chaque entrée. • Saisir dans la liste **List 2** l'effectif de chaque modalité en face de cette modalité.

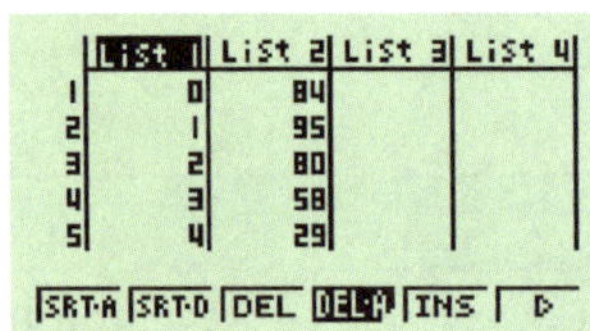

• Presser STAT, puis déplacer le curseur vers la droite sur **CALC** et presser 1 pour lancer le calcul des statistiques à une variable. • Presser alors (L1 , L2) puis ENTER ; cela définit la liste **L1** comme liste des modalités et la liste **L2** comme liste des effectifs.	• Après avoir éventuellement pressé la touche F6 (▶) pour faire défiler le bandeau inférieur, presser la touche F2 (CALC) puis F6 (SET). • Le curseur étant sur la première ligne, choisir **List 1** (F1) ; cela définit la liste **List 1** comme liste des modalités. • Le curseur étant sur la deuxième ligne, choisir **List 2** (F3) ; cela définit la liste **List 2** comme liste des effectifs. • Utiliser la touche EXE pour quitter le paramétrage, puis presser la touche F1 (1VAR)

• On obtient :

$$\bar{x} \approx \mathbf{1{,}77} \text{ et } s \approx \mathbf{1{,}47} \text{ et } Me = \mathbf{2}.$$

• Les valeurs des premier et troisième quartiles fournies par la calculatrice sont respectivement 1 et 3 : ce sont des valeurs du caractère, et, dans ce cas, la définition mathématique et celle adoptée par la calculatrice coïncident.

Il vient :

$$Q_1 = \mathbf{1} \text{ et } Q_3 = \mathbf{3}.$$

2° Diagramme en bâtons

TI	CASIO
• Ouvrir le menu **STAT PLOT** : 2nd STAT PLOT • En pressant la touche 1, sélectionner le graphe **Plot1** (deux autres graphes peuvent être définis), puis, en déplaçant le curseur et en validant à chaque fois, sélectionner : – **On** (graphe actif), – l'histogramme dans la ligne **Type**, – **L1** dans la ligne **Liste X**, < **L2** dans la ligne **Liste y**. • Si d'autres graphes sont activés, penser à les désactiver. • Ouvrir la fenêtre de cadrage : WINDOW • et ajuster les paramètres : **Xmin=0 Xmax=7 Xscl=1** **Ymin=0 Ymax=100 Yscl=10** (noter que **Zoomstat** ajuste **Xmax** et **Xmin** automatiquement). • Presser GRPH	• Presser deux fois la touche EXIT, puis les touches : F1 (GRPH) F6 (SET) • **GPH1** est sélectionné (pour choisir **GPH2** ou **GPH3**, presser F2 ou F3) • Le curseur étant sur la deuxième ligne, presser la touche F6 (▸) pour faire apparaître d'autres options, puis la touche F1 (Hist) • Déplacer le curseur sur la ligne **Xlist**, presser F1 (LIST 1). • Déplacer le curseur sur la ligne **Frequency**, presser la touche F3 (LIST 2) • Presser la touche EXIT pour revenir à la fenêtre d'édition de listes et presser F1 (GPH1) • Régler les paramètres suivants : **Start : 0** **Pitch : 1** en validant les modifications. • Presser (F6) (DRAW).

On obtient à l'affichage :

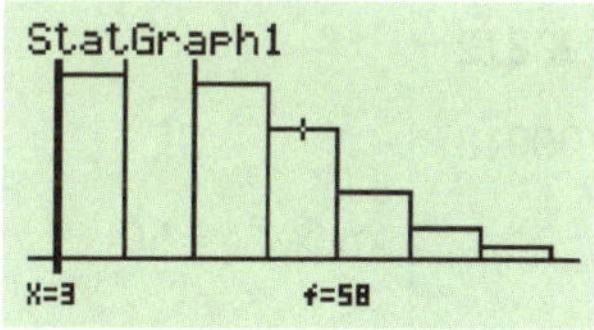

En activant la fonction **Trace**, on peut lire les modalités et les effectifs correspondant à chaque rectangle.

9 1°

TI	CASIO
• Sélectionner le menu **STAT**	• Sélectionner le menu **STAT** • Sélectionner le menu **EDIT**
• Introduire la liste des valeurs du caractère dans la liste 1 (**List1**) et celles des effectifs associés dans la liste (**List2**).	

• Sélectionner successivement (en bas de l'écran) **CALC**, **SET** Régler la page de la manière suivante, sachant que **Freq** représente en fait l'effectif : 1Var Xlist : List 1 1Var Freq : List 2 2Var Xlist : 2Var Ylist : 2Var Freq : • Sélectionner alors **1VAR**.	• **STAT** • **CALC** • **1-Var-Stat L_1, L_2** • **Enter**

• La liste déroulante est la suivante :

	CASIO	TI
	1-Variable	1-VarStat
Moyenne	$\overline{x}$ = 17	$\overline{x}$ = 17
Somme des valeurs	$\sum x$ = 340	$\sum x$ = 340
Somme des carrés des valeurs	$\sum x^2$ = 11472	$\sum x^2$ = 11472
Écart type population	xσn = 16.8700918	σx = 16.8700918
Écart type échantillon	xσn−1 = 17.308349	Sx = 17.308349
Effectif	n = 20	n = 20
Valeur minimale de la série	minX = 5	minX = 5
Premier quartile	Q1 = 5.5	Q1 = 5.5
Médiane	Med = 10	Med = 10
Troisième quartile	Q3 = 16	Q3 = 16
Intervalle gauche	$\overline{x}$−xσn = 0.12990812	
Intervalle droit	$\overline{x}$+xσn = 33.8700918	
Valeur maximale de la série	maxX = 50	maxX = 50
Mode	Mod = 10	

En conclusion, **le mode de cette série statistique est 10** ;

la moyenne est égale à 17 ;

l'écart type vaut environ 16,87 ;

la médiane est 10 et les quartiles valent 5,5 et 16.

2° Boîte-à-moustaches avec une CASIO

• Pour construire la boîte médiane, procédons comme suit :

– régler **V-WINDOW** pour que toutes les valeurs de la série soient comprises entre Xmin et Xmax ;

– sélectionner le menu **STAT** ;

– introduire la liste des valeurs du caractère dans la liste 1 (**List 1**) et celle des effectifs associés dans la liste (**List 2**) ;

– sélectionner successivement (en bas de l'écran) GRPH, puis SET ;

– l'écran **StatGraph1** apparaît ;

– dans **GraphType** sélectionner (en bas de l'écran) **Box**, c'est-àdire **MedBox** ;

– **Exit**, puis **Gph1**.

• On procède de la même manière pour la boîte moyenne.

– Lorsque l'écran **StatGraph1** apparaît, on sélectionne **GPH2**.

– Dans **GraphType** on sélectionne la touche **Box**, c'est-à-dire **MeanBox**.

On termine de la même façon.

• Si on veut faire apparaître simultanément les deux boîtes :

– on sélectionne successivement GRPH, SEL ;

– pour **StatGraph1** et **StatGraph2**, on sélectionne **DrawOn** ;

• **Draw** permet d'obtenir la figure.

Boîte-à-moustaches avec une TI

• Dans le menu STAT, on choisit le menu STAT PLOT.

• L'écran suivant apparaît, on sélectionnera ce qui est en gras :

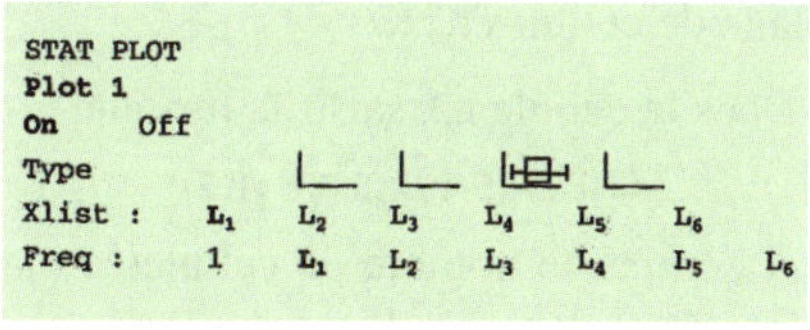

• On appuie sur **Graph** et on obtient la boîte médiane.

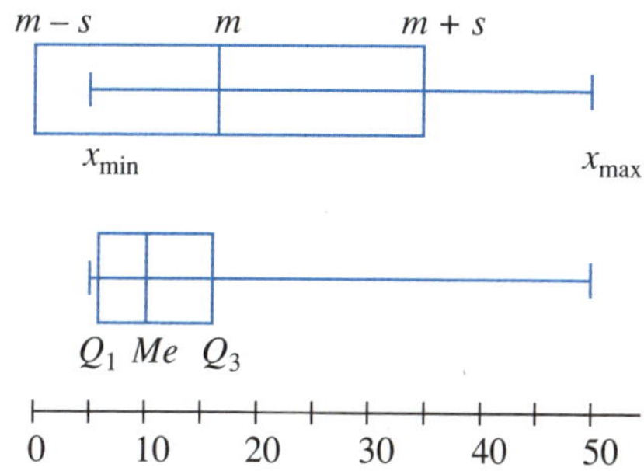

La comparaison des deux boîtes permet de constater à quel point la moyenne et l'écart type sont sensibles aux quatre valeurs extrêmes (50), à tel point que la boîte moyenne « sort » de l'intervalle des valeurs [5 ; 50].

Le rectangle de la boîte médiane contient 50 % de la population (25 % dans chacune des deux parties du rectangle). Dans l'exemple choisi, ces 50 % sont très groupés puisque l'écart interquartile ne vaut que 10,5 alors que l'étendue de la série est de 45.

10 On choisit vingt fois de suite un chiffre au hasard et on affiche le nombre de chiffres 0.

1°

Variables
  k, a , i : entiers
Initialisation
  k et a prennent la valeur 0
Traitement
  Pour i variant de 1 à 20
    a prend la valeur d'un nombre aléatoire entier entre 0 et 9
    Si $a = 0$
      alors k prend la valeur k+1
      fin Si
    fin Pour
Sortie
Afficher k

cours
exercices
interro
corrigés

TI

```
: 0 → k
: 0  → a
: For (I,1,20)
: entAléat(0,9) → a
: If a=0
: Then
: k+1 → k
: End
: End
: Disp"NB 0",k
```

CASIO

```
0 →k ↲
0 →a ↲
For 1 →I To 20↲
Int(10Rand#)→ a↲
If a=0 ↲
Then k+1 →k↲
IfEnd ↲
Next ↲
"NB 0": k ↲
```

11 On effectue n lancers successifs d'une pièce de monnaie équilibrée et l'on compte le nombre de côtés FACE.

1° On code par exemple FACE par 1 et Pile par 0.

```
Variables
  k, a , i : entiers
Initialisation
  Saisir n
  k et a prennent la valeur 0
Traitement
  Pour i variant de 1 à n
  |   a prend la valeur d'un nombre
  |   aléatoire entier : 0 et 1
  |   Si a = 1
  |   |   alors k prend la valeur k+1
  |   |__ fin Si
  |__ fin Pour
Sortie
  Afficher k
```

2° TI

```
: Input N
: 0 →k
: 0 →a
: For (I,1,N)
: entAléat(0,1)→ a
: If a=1
: Then
: k+1 →k
: End
: End
: Disp"NB FACE",k
```

CASIO

```
? →N ↲
0 →k ↲
0 →a ↲
For 1 →I To N ↲
Int(2Rand#)→ a ↲
If a=1↲
Then k+1 →k ↲
IfEnd ↲
Next ↲
" NB FACE ": k ↲
```

Utilisation du tableur

12 1° **La population est l'ensemble des cinquante familles du quartier**.

• Le caractère étudié est le **nombre d'enfants par famille** ; c'est un **caractère quantitatif discret**.

• Les valeurs prises par le caractère sont **0, 1, 2, 3, 4** et **5**.

2° a) • Saisir les résultats du recensement dans la plage de cellules A2:J6.

• Saisir les valeurs du caractère dans la plage de cellules K2:K7.

• Dans la cellule L2, saisir la formule :

=NB.SI($A$2:$J$6 ; K2)

qui compte le nombre de cellules de la plage A2:J6 dont la valeur est celle de K2 ; tirer la poignée de recopie vers le bas jusqu'à la cellule L7.

	A	B	C	D	E	F	G	H	I	J	K	L	M
1	Résultats										Valeurs	Effectifs	Fréquences
2	0	1	1	3	2	4	2	1	1	2	0	6	12%
3	3	1	2	2	1	0	1	0	0	1	1	15	30%
4	3	1	2	2	2	3	0	1	2	5	2	17	34%
5	4	2	2	4	5	3	2	1	1	2	3	6	12%
6	1	1	0	2	2	1	3	2	4	2	4	4	8%
7											5	2	4%
8											Effectif total	50	
9											Moyenne	1,86	
10											Ecart-type	1,261842	
11													

Noter l'intérêt des références absolues et relatives :

• en utilisant la fonction de recopie vers le bas (ou vers la droite), la référence $A$2 n'est pas modifiée (ligne et colonne sont fixées) ;

• en utilisant la fonction de recopie vers le bas, l'indice de ligne de la référence K2 est automatiquement incrémenté, c'est-à-dire que la référence est remplacée successivement par K3, K4, …

• Le plus grand effectif est 17, c'est celui de la valeur 2 du caractère ; on en déduit : **le nombre d'enfants dominant est 2.**

Le mode de la série statistique est 2.

b) • Pour calculer l'effectif total, entrer dans une cellule (ici, L8) la formule :

=SOMME(L2:L7)

• Pour calculer la fréquence de la valeur 0 du caractère, entrer dans la cellule M2 la formule :

=$L2/$L$8

puis tirer la poignée de recopie vers le bas jusqu'à la cellule M7.

• Pour obtenir les fréquences en pourcentages, sélectionner la plage de cellules M2:M7, puis activer l'icône %.

c) Pour calculer la moyenne, entrer dans une cellule (ici, L9) la formule :

=MOYENNE(A2:J6)

On obtient :

$$\bar{x} = 1{,}86.$$

d) Pour calculer l'écart type, entrer dans une cellule (ici, L10) la formule :

=ECARTYPE(A2:J6)

On obtient :

$$s \approx 1{,}26.$$

e) Sélectionner la plage de cellules L2:L7, puis activer l'assistant graphique ; le diagramme circulaire suivant a été obtenu avec **Secteurs** (sous-type **Secteurs avec effet 3D**).

En déplaçant le pointeur de la souris sur le graphique, on fait apparaître les pourcentages.

Nombre d'enfants par famille

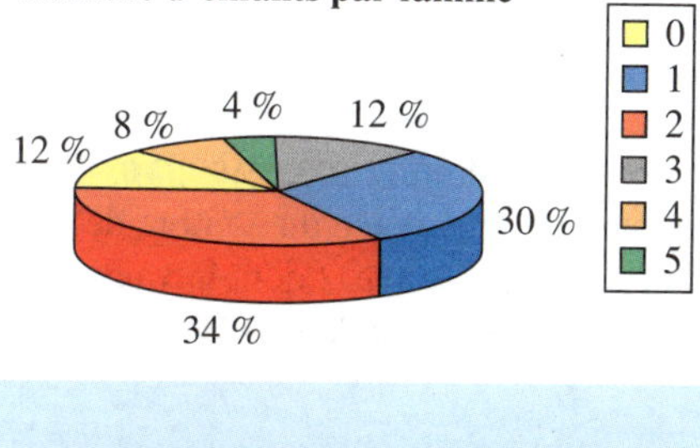

13 **1°**

	A	B	C	D	E	F	G	H	I	J
1	Simulations									
2	6	4	3	1	3	3	1	2	2	3
3	6	2	6	5	2	6	4	6	6	3
4	4	2	1	5	5	2	2	6	2	1
5	4	3	5	6	3	3	2	3	5	3
6	1	2	6	6	5	5	1	5	5	2
7	2	2	4	1	5	5	6	5	5	2
8	5	6	4	2	6	3	3	3	4	2
9	3	1	2	3	5	4	1	5	5	6
10	6	6	3	4	4	4	1	5	5	1
11	4	1	2	2	2	6	2	2	5	2
12	2	1	2	3	1	3	1	4	5	5
13	1	3	2	5	2	1	2	5	3	1
14	5	5	1	5	1	6	6	5	5	4
15	3	2	5	2	6	1	1	2	6	4
16	5	3	3	4	5	1	4	3	6	3
17	5	2	2	3	2	6	3	4	3	5
18	1	2	4	4	2	5	6	3	1	1
19	2	4	4	2	2	6	3	6	4	3
20	1	1	4	1	5	4	2	5	5	2
21	4	5	1	3	6	4	2	3	6	4
22	1	2	3	6	2	1	1	6	4	4
23	5	4	5	4	3	1	5	3	5	3
24	5	5	6	6	4	5	5	6	4	3

	L	M	N	O	P	Q	R
1		Fréquences					
2	n	1	2	3	4	5	6
3	10	0,20	0,20	0,40	0,10	0,00	0,10
4	100	0,12	0,23	0,16	0,12	0,20	0,17
5	1000	0,15	0,19	0,18	0,16	0,19	0,14

Simulation

Étapes	Adresses	Formules et observations
Échantillon de 1 000 lancers	A2:J101	Dans A2, saisir la formule : **=ENT(6*ALEA()+1)** puis tirer la poignée de recopie vers la droite, vers le bas.
Cas possibles	M2:R2	Entrer 1 dans M2 et 2 dans N2 ; sélectionner les deux cellules, et tirer la poignée de recopie vers la droite.
Fréquences	M3:R5	Dans M3, saisir la formule : **=NB.SI($A$2:$J$2;M$2)/10** puis tirer la poignée de recopie vers la droite. Procéder de même en entrant dans M4 : **=NB.SI($A$2:$J$11;M$2)/100** et dans M5 : **=NB.SI($A$2:$J$101;M$2)/1000**

• La formule :

=ENT(6*ALEA()+1)

retourne un entier aléatoire compris entre 1 et 6.

• La formule :

= NB.SI($A$2:$J$2;M$2)/10

retourne la fréquence du nombre de cellules de la plage A2:J2 dont la valeur est égale à celle entrée dans M2.

Noter l'utilisation des références absolues ($A$2) ou relatives (M dans M$2) :

en utilisant la fonction de recopie rapide vers la droite, les références relatives de colonne sont automatiquement incrémentées (N$2, O$2, P$2, Q$2, R$2), alors que les références absolues ne sont pas modifiées.

En appuyant sur la touche F9, une nouvelle simulation est effectuée.

■ Graphique

• Après avoir sélectionné la plage M3:R5, activer l'assistant graphique ; le schéma proposé a été obtenu avec **Courbes** (sous-type **Courbes 3D**).

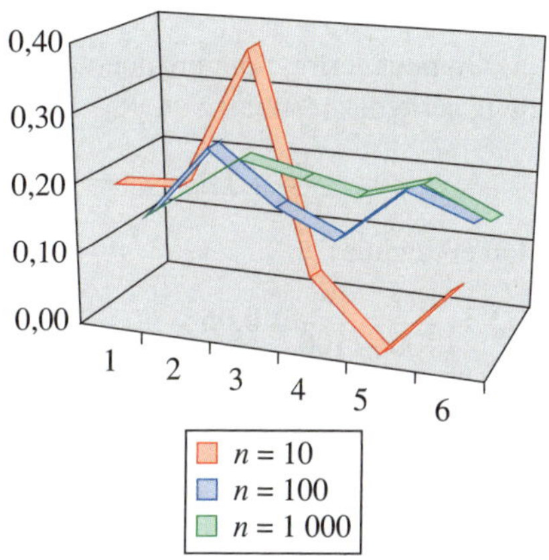

En appuyant sur la touche **F9**, on peut observer les effets des fluctuations d'échantillonnage sur chacune des trois courbes : on s'aperçoit que, plus n est grand, moins la distribution des fréquences est sensible aux fluctuations d'échantillonnage.

De plus, la courbe correspondant à $n = 1\,000$ est presque horizontale : les fréquences d'apparition de chacun des chiffres 1, 2, …, 6 sont donc proches de $\frac{1}{6}$.

2° Voir tableau en bas de page.

■ Simulation

• Entrer 10 dans la cellule L2 et 20 dans la cellule L3.
Sélectionner ces deux cellules, puis tirer la poignée de recopie vers le bas jusqu'à la cellule L101 ; les valeurs 30, 40, …, 1 000 sont alors entrées dans les cellules L4, L5, …, L101.

• Pour obtenir la fréquence d'apparition du 5 sur les 10 premiers lancers, saisir dans la cellule M2 la formule :

=NB.SI($A$2:$J2 ; 5)/L2

En tirant la poignée de recopie vers le bas jusqu'à la cellule M101, on obtient dans les cellules M3, M4, …, M101 la fréquence d'apparition du 5 sur les 20 premiers lancers, 30 premiers lancers, …, 1000 lancers.

M2 = =NB.SI($A$2:$J2;5)/$L2

	A	B	C	D	E	F	G	H	I	J	K	L	M
1	Simulations											n	Fréq du 5
2	4	6	1	5	4	4	4	3	5	6		10	0,200
3	5	2	5	6	4	4	6	4	3	1		20	0,200
4	1	5	3	2	3	4	3	1	3	1		30	0,167
5	2	6	4	3	1	4	4	5	3	4		40	0,150
6	2	4	6	6	2	3	4	2	2	6		50	0,120
7	5	4	5	4	6	4	6	6	5	5		60	0,167
8	2	4	1	1	1	5	5	2	4	1		70	0,171
9	4	4	2	6	4	5	3	4	2	2		80	0,163
10	5	6	5	3	6	1	2	2	1	4		90	0,167
11	3	6	2	1	5	6	3	4	3	6		100	0,160
12	5	6	1	4	5	2	6	6	3	4		110	0,164
13	2	1	5	4	4	2	1	3	4	4		120	0,158
14	1	1	2	6	2	2	4	3	4	5		130	0,154
15	5	1	6	3	6	2	5	6	6	2		140	0,157
16	2	4	5	6	4	5	6	1	3	2		150	0,160
17	4	5	5	1	6	3	2	3	2	5		160	0,169
18	1	1	6	3	4	1	1	5	6	2		170	0,165
19	3	1	4	4	6	1	4	3	4	2		180	0,156
20	4	3	3	2	4	3	3	5	6	4		190	0,153
21	5	2	2	1	4	6	6	2	6	3		200	0,150
22	4	6	6	5	4	6	5	3	4	3		210	0,152
23	2	4	3	6	5	4	6	3	6	5		220	0,155

■ **Graphique**

• Après avoir sélectionné la plage M2:M101, activer l'assistant graphique ; le schéma proposé a été obtenu avec **Courbes** (premier sous-type).

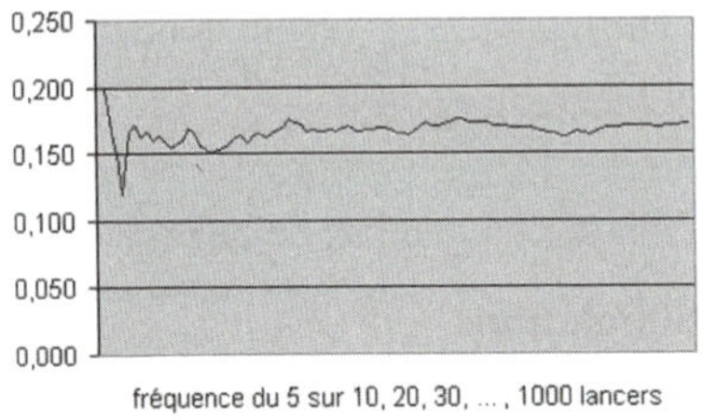

• En appuyant sur la touche **F9**, on peut observer les effets des fluctuations d'échantillonnage. On constate que, plus n est grand, moins la fréquence d'apparition du 5 sur les n premiers lancers est sensible à ces fluctuations d'échantillonnage ; de plus, comme on l'a déjà remarqué dans 1°, la fréquence d'apparition du 5 sur les n premiers lancers a tendance à se rapprocher d'une valeur limite $\left(\frac{1}{6}\right)$.

Transformation affine de données

14 1° • Rangeons les dix valeurs dans l'ordre croissant :

$$\underbrace{0\quad 5\quad 5\quad 7\quad 8}_{5\text{ valeurs}}\qquad \underbrace{10\quad 11\quad 11\quad 11\quad 13}_{5\text{ valeurs}}$$

Q_1 (sous la 3ᵉ valeur : 5), Me (entre 8 et 10), Q_3 (sous la 8ᵉ valeur : 11)

On en déduit l'écart interquartile EQ :

$$\boldsymbol{EQ} = Q_3 - Q_1 = 11 - 5 = \mathbf{6}.$$

• La moyenne $\bar{x}$ et l'écart-type s_x de la série statistique formée des dix valeurs x_i vérifient :

$$\bar{x} = \frac{1}{10}(0 + 2 \times 5 + 7 + 8 + 10 + 3 \times 11 + 13)$$

$$= \mathbf{8{,}1} \;;$$

$$s_x^2 = \frac{1}{10}(0^2 + 2 \times 5^2 + 7^2 + 8^2 + 10^2 + 3 \times 11^2 + 13^2) - \bar{x}^2,$$

donc :

$$s_x^2 = \frac{795}{10} - \left(\frac{81}{10}\right)^2 = \frac{7\,950 - 6\,561}{100} = \frac{1\,389}{100},$$

et finalement :

$$\boldsymbol{s_x} = \frac{\sqrt{\mathbf{1\,389}}}{\mathbf{10}}.$$

$s_x \approx 3{,}7.$

2° a) On peut écrire, pour chaque valeur y_i de la série des résultats :

$$\boldsymbol{y_i} = \frac{\boldsymbol{x_i}}{\mathbf{100}} + \mathbf{1{,}2}.$$

b) On en déduit :

• $\boldsymbol{EQ'} = \frac{EQ}{100} = \frac{6}{100} = \mathbf{0{,}06}$;

• $\bar{y} = \frac{\bar{x}}{100} + 1{,}20 = 0{,}081 + 1{,}200 = \mathbf{1{,}281}$;

• $\boldsymbol{s_y} = \frac{s_x}{100} = \frac{\sqrt{\mathbf{1\,389}}}{\mathbf{1\,000}}$

Plus généralement, si $y_i = ax_i + b$, alors :

• dans le cas où : $a > 0$, les premier et troisième quartiles de la série des y_i sont respectivement égaux à $aQ_1 + b$ et $aQ_3 + b$;

• $\bar{y} = \frac{1}{n}\sum_i (ax_i + b) = a \times \left(\frac{1}{n}\sum_i x_i\right) + b,$

donc $\bar{y} = a\bar{x} + b$;

• $s_y^2 = \frac{1}{n}\sum_i (ax_i + b - \bar{y})^2 = \frac{1}{n}\sum_i a^2(x_i - \bar{x})^2,$

donc : $s_y^2 = a^2 s_x^2$ et $s_y = |a| s_x$.

Boîte-à-moustaches

15 • Xavier et Yohan ont tous deux pour note la plus basse 5, et pour note la plus haute 15 ; d'autre part, en notant $\bar{x}$ la moyenne des notes de Xavier et $\bar{y}$ celle des notes de Yohan :

$$\bar{x} = \frac{1}{10}(2 \times 5 + 6 + 7 + 11 + 12 + 2 \times 13 + 14 + 15)$$

$$= 10{,}1 \;;$$

$$\bar{y} = \frac{1}{10}(5 + 3 \times 9 + 10 + 4 \times 11 + 15)$$

$$= 10{,}1 \;;$$

Les séries de notes de Xavier et Yohan ont donc bien les mêmes valeurs extrêmes et la même moyenne.

• **La première boîte médiane** est celle de la série dont les notes sont les plus dispersées ; c'est donc **celle de la série de notes de Xavier**.

Il est facile de vérifier que le premier quartile de la série de notes de Xavier est 6, et que celui de la série de notes de Yohan est 9.

16 Les racines carrées de l'effectif sont respectivement égales à 11, 9 et 4 ; on choisira donc pour hauteur des boîtes des valeurs proportionnelles à 11, 9 et 4. On obtient le diagramme comparatif suivant :

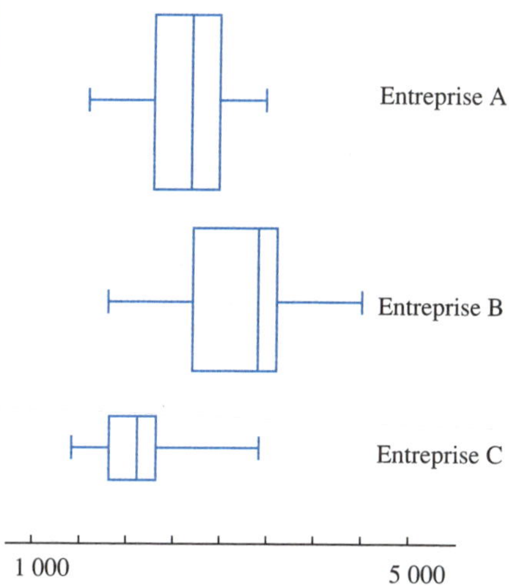

17 Dans la première partie de cet exercice, nous mènerons les calculs « manuellement ». Dans la seconde partie, nous établirons ces résultats à l'aide d'une calculatrice.

■ Première partie

1° La moyenne $\overline{x}$ est telle que :

$$\overline{x} = \frac{0+11+12+3\times13+14+2\times15+19+23+56}{12},$$

c'est-à-dire : $\boldsymbol{\overline{x} = 17}$.

La variance V est telle que :

$$V = \frac{1}{12}[(0-17)^2 + (11-17)^2 + \ldots + (56-17)^2],$$

donc : $\boldsymbol{V \approx 164{,}67}$.

L'écart type est tel que : $s = \sqrt{V}$,

donc : $\boldsymbol{s \approx 12{,}8}$.

2° $12 = 6 + 6$. La médiane sera donc une valeur du caractère laissant 6 valeurs de part et d'autre :

0 11 12 13 13 13 ↑ 14 15 15 19 23 56

⟵ 6 valeurs ⟶ médiane ⟵ 6 valeurs ⟶

On prendra **la demi-somme de 13 et 14, soit 13,5.**

3° Par définition, le premier quartile est la plus petite valeur x_i du caractère pour laquelle la fréquence $F(x_i)$ des éléments de la série, qui sont inférieurs ou égaux à x_i, est supérieure ou égale à 0,25, c'est-à-dire telle que la fréquence cumulée croissante soit supérieure ou égale à $\frac{3}{12}$.

Établissons un tableau donnant les valeurs de $F(x_i)$:

x_i	0	11	12	13	14	15	19	23	56
$F(x_i)$	$\frac{1}{12}$	$\frac{2}{12}$	$\frac{3}{12}$	$\frac{6}{12}$	$\frac{7}{12}$	$\frac{9}{12}$	$\frac{10}{12}$	$\frac{11}{12}$	$\frac{12}{12}$

On en déduit :

$$\boldsymbol{Q_1 = 12}$$

et de la même manière :

$$\boldsymbol{Q_3 = 15.}$$

L'écart interquartile est :

$$\boldsymbol{EQ = Q_3 - Q_1 = 15 - 12 = 3.}$$

4° a)

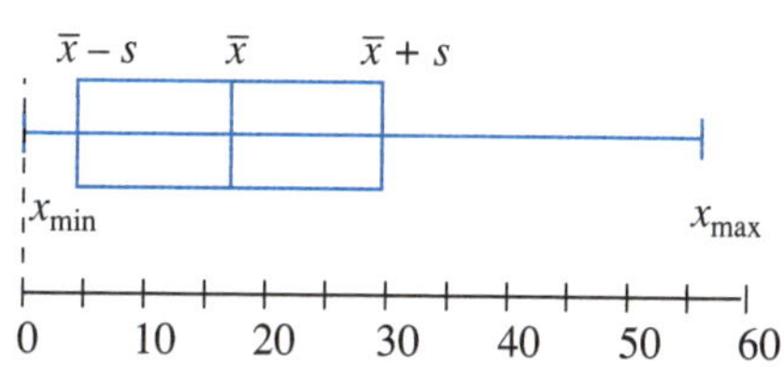

Cette boîte-à-moustaches est composée de la manière suivante :

– un rectangle de largeur quelconque centré en $\overline{x}$, c'est-à-dire en 17 ;

– le rectangle s'étend de la valeur $\overline{x} - s \approx 17 - 12{,}8$, soit 4,2 à la valeur $\overline{x} + s \approx 17 + 12{,}8$, soit 29,8 ;

– les moustaches vont de la plus petite à la plus grande valeur de x, soit de 0 à 56 (en traversant le rectangle).

b)

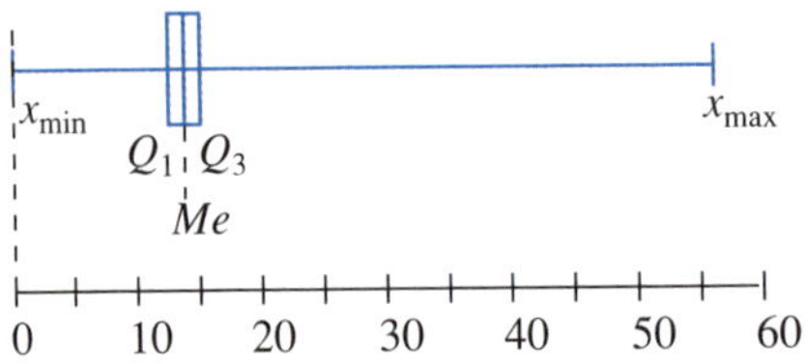

Cette boîte-à-moustaches comporte :

– un rectangle de largeur quelconque, s'entendant de Q_1 à Q_3, c'est-à-dire de 12 à 15, partagé par un trait à hauteur de la médiane 13,5 ;

– une moustache reliant Q_1 à la valeur minimale 0 et une autre reliant Q_3 à la valeur maximale 56.

■ Seconde partie

• La liste déroulante est la suivante :

	1-Variable	
Moyenne	$\overline{x}$	= 17
Somme des valeurs	$\sum x$	= 204
Somme des carrés des valeurs	$\sum x^2$	= 5 444
Écart type population	xσn	= 12,832251
Écart type échantillon	xσn–1	= 13,402849
Effectif	n	= 12
Valeur minimale de la série	minX	= 0
Premier quartile	Q1	= 12,5
Médiane	Med	= 13,5
Troisième quartile	Q3	= 17
Intervalle gauche	$\overline{x}$–xσn	= 4,16774896
Intervalle droit	$\overline{x}$+xσn	= 29,832251
Valeur maximale de la série	maxX	= 56
Mode	Mod	= 13

• Remarque

Pour la calculatrice, Q_1 est la demi-somme des termes de rangs 3 et 4, Q_3 est la demi-somme des termes de rangs 9 et 10.

Soit : $Q_1 = \dfrac{12 + 13}{2} = 12{,}5$

et $Q_3 = \dfrac{15 + 19}{2} = 17$;

d'où $EQ = 17 - 12{,}5 = 4{,}5$.

Les boîtes-à-moustaches données par la calculatrice sont reproduites ici :

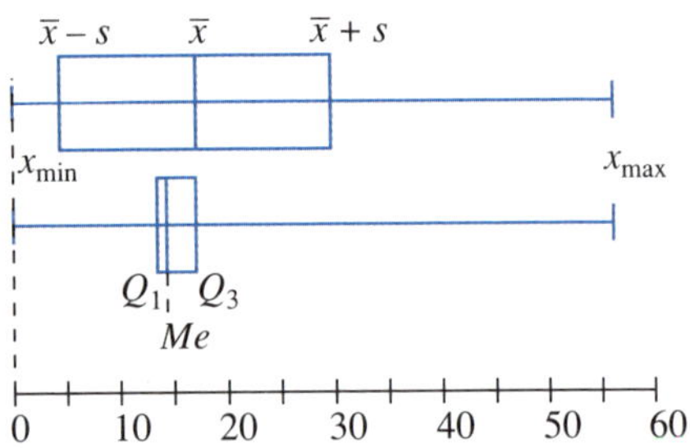

5° La comparaison des deux boîtes, quels que soient le type de « moustaches » et la manière de calculer les quartiles, permet de constater à quel point la moyenne et l'écart type sont sensibles aux trois valeurs éloignées ou extrêmes.

Le rectangle de la boîte médiane contient 50 % de la population (25 % dans chacune des deux parties du rectangle).

Dans l'exemple choisi, ces 50 % sont très groupés puisque EQ vaut 3 ou 4,5 alors que l'étendue de la série est de 56.

Lissage par moyennes mobiles

18 **1° a)** et **2° a)** Utilisons un tableur :

• Introduisons dans la colonne A le rang du mois : 1 en A2, 2 en A3, puis tirons la poignée jusqu'en A13.

• Introduisons les mois dans la colonne B : Janvier en B2, puis tirons la poignée jusqu'en B13.

• Introduisons les valeurs dans la zone C2:C13.

• En D3, introduisons la première moyenne lissée : **=(C2+C3+C4)/3** ; puis tirons la poignée jusqu'en D12, nous obtenons ainsi le tableau des moyennes lissées.

D3 = =(C2+C3+C4)/3

Microsoft Excel - Classeur1

	A	B	C	D
1	Rang i du mois	Mois	yi : Chiffre d'affaires	mi : moyenne lissée
2	1	Janvier	75	
3	2	Février	125	85
4	3	Mars	55	75
5	4	Avril	45	70
6	5	Mai	110	80
7	6	Juin	85	95
8	7	Juillet	90	110
9	8	Août	155	100
10	9	Septembre	55	90
11	10	Octobre	60	80
12	11	Novembre	125	85
13	12	Décembre	70	

• Pour tracer les deux courbes sur la même figure, il suffit de sélectionner les zones B, C et D, puis de sélectionner dans l'assistant graphique les courbes avec marques affichées à chaque point.

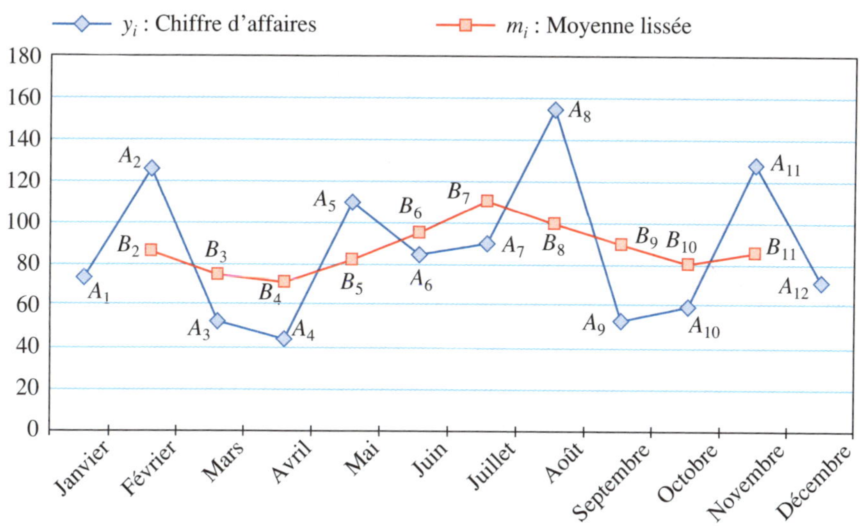

1° b) La ligne polygonale $A_1, A_2, \ldots, A_{12}$ représente **l'évolution du chiffre d'affaires au cours de cette année d'exercice**.

c)

$$\bar{y} = \frac{1}{12}(75 + 125 + 55 + 45 + 110 + 85 + 90 + 155 + 55 + 60 + 125 + 70)$$

soit : $\bar{y} = 87,5$.

Le chiffre d'affaires moyen est de 87,5 millions d'euros.

2° b) L'avantage d'une représentation à l'aide des moyennes lissées est de rendre compte de la tendance générale de l'évolution, en tenant compte de toutes les valeurs, tout en « gommant » les résultats extrêmes.

La tendance est une légère baisse en début d'année, puis une hausse sensible jusqu'à l'été, puis à nouveau une baisse qui ramène pratiquement le chiffre d'affaires à sa valeur initiale. Il semblerait que cette entreprise a un fonctionnement saisonnier marqué mais très régulier.

Les interrogations écrites

19 **1°** • Rangeons les 25 valeurs dans l'ordre croissant.
On a : 25 = 12 + 1 + 12 ; donc celle située au 13e rang est la médiane.

0 0 1 1 1 2 2 4 4 5 5 5 **6** 6 6 7 7 7 8 8 8 8 9 9 9 9

← 12 valeurs → ↑ ← 12 valeurs →

médiane

La médiane est 6.

• La moyenne m vérifie :

$$m = \frac{2 \times 0 + 3 \times 1 + 2 \times 2 + 2 \times 4 + 3 \times 5}{25}$$

$$+ \frac{3 \times 6 + 2 \times 7 + 4 \times 8 + 4 \times 9}{25} = \frac{130}{25}$$

donc **la moyenne est 5,2.**

2° Le club comporte maintenant 30 membres.

• Les valeurs étant toujours rangées dans l'ordre croissant, la médiane sera une valeur fictive quelconque prise entre la valeur de rang 15 et celle de rang 16.

0 0 1 1 1 2 2 4 4 5 5 5 6 6 6 7 7 7 8 8 8 8 8 8 9 9 9 9 9 9

← 15 valeurs → ↑ ← 15 valeurs →

médiane

On prend, en général, **la demi-somme, soit 6,5**.

• En utilisant les résultats du **1°**, la nouvelle moyenne m' vérifie :

$$m' = \frac{25 \times 5{,}2 + 1 \times 7 + 2 \times 8 + 2 \times 9}{30}$$

$$= \frac{171}{30},$$

donc : $\mathbf{m' = 5{,}7}$.

3° a) Établissons un tableau donnant les fréquences cumulées croissantes de cette série.

Valeur	Effectif	Fréquence cumulée croissante
0	2	0,05
1	3	0,125
2	2	0,175
4	3	0,25
5	6	0,4
6	6	0,55
7	4	0,65
8	8	0,85
9	6	1

La plus petite valeur pour laquelle cette fréquence est supérieure ou égale à 0,25 est 4 ; celle pour laquelle cette fréquence est supérieure ou égale à 0,75 est 8.

Donc : $Q_1 = 4$ et $Q_3 = 8$.

La médiane sera : $Me = 6$ (pour 5, la fréquence est inférieure à 0,5 et pour 6 elle lui est supérieure).

L'écart interquartile est :

$$Q_3 - Q_1 = 4 ;$$

il comprend 50 % de l'effectif total.

La calculatrice prendra :

• Q_1 compris entre la valeur de rang 10 et celle de rang 11, soit $Q_1 = 4{,}5$;

• Q_3 compris entre la valeur de rang 30 et celle de rang 31, soit $Q_3 = 8$.

b) On peut de la même façon évaluer les déciles.
La plus petite valeur pour laquelle cette fréquence est supérieure ou égale à 0,1 est 1 ; celle pour laquelle cette fréquence est supérieure ou égale à 0,9 est 9.

Donc : $Q(0{,}1) = 1$ et $Q(0{,}9) = 9$.

Les déciles valent successivement :
1 ; 4 ; 5 ; 5 ; 6 ; 7 ; 8 ; 8 et 9.

L'intervalle interdécile est 8 (9 – 1 = 8).

Donc 80 % de la population s'étend sur une amplitude de 8, l'étendue de la série étant 9. On peut en conclure que les 20 % négligés ne sont pas ici des valeurs aberrantes.

20 1° a) Le tableau complet des effectifs est le suivant.

Population *Y* / Distraction *X*	Enfants	Hommes	Femmes	Total
Sport	120	200	160	480
Cinéma	40	80	120	240
Musique	240	200	120	560
Télévision	80	128	112	320
Total	480	608	512	1 600

b) La population comporte **512 femmes, 240 cinéphiles et 120 femmes cinéphiles**.

La colonne « Total » nous indique que parmi les 1 600 personnes interrogées, on a 480 amateurs de sport, 240 de cinéma, 560 de musique et 320 de télévision.

Par ailleurs, cette population se compose de 480 enfants, 608 hommes et 512 femmes.

2° a) Parmi les 1 600 personnes interrogées, 120 sont des femmes cinéphiles.

Leur fréquence est le nombre f tel que :

$$f = \frac{120}{1\,600} = \mathbf{0{,}075.}$$

Les femmes préférant le cinéma représentent donc 7,5 % de la population interrogée.

b) En procédant comme à la question a), on établit le tableau des fréquences (dans la colonne suivante).

Population *Y* / Distraction *X*	Enfants	Hommes	Femmes	Total
Sport	7,5 %	12,5 %	10 %	30 %
Cinéma	2,5 %	5 %	7,5 %	15 %
Musique	15 %	12,5 %	7,5 %	35 %
Télévision	5 %	8 %	7 %	20 %
Total	50 %	38 %	32 %	100 %

3° a) Parmi les 480 amateurs de sport, on a 160 femmes. De plus :

$$\frac{160}{480} \times 100 \approx 33{,}33.$$

On en déduit que, parmi les amateurs de sport, le pourcentage de femmes est environ 33,33 %.

b) Parmi les 608 hommes, on a 80 cinéphiles. De plus :

$$\frac{80}{608} \times 100 \approx 13{,}2.$$

Par conséquent, **parmi les hommes, le pourcentage de ceux qui préfèrent le cinéma est environ 13,2 %.**

4° L'histogramme représentant les effectifs de chaque activité selon la catégorie de population est le suivant :

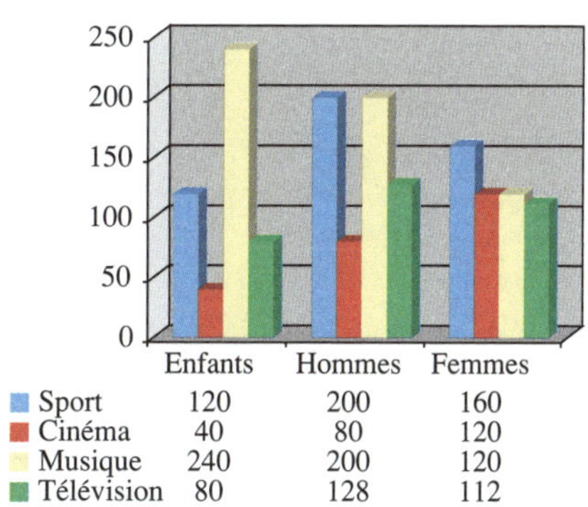

21 On lance cinquante fois de suite un dé équilibré à six faces et on affiche la fréquence du 2.

1°

```
Variables
    k, a, i : entiers
    f : réel de [0 ; 1]
Initialisation
    k et a prennent la valeur 0
Traitement
    Pour i variant de 1 à 50
    |   a prend la valeur d'un nombre
    |   aléatoire entier entre 0 et 6
    |   Si a = 0
    |   |   alors k prend la valeur k + 1
    |   └ fin Si
    └ fin Pour
    f prend la valeur k/50
Sortie
    Afficher f
```

2°

TI

```
: 0 →k
: 0 →a
: For (I,1,50)
: entAléat(0,6) →a
If a=2
:Then
: k+1 →k
:End
:End
: k/50→f
: Disp"Freq 2", f
```

CASIO

```
: 0 →k ↵
0 →a ↵
For 1 →I To 50 ↵
Int(6Rand#+1)→ a
If a=2 ↵
Then k+1 →k ↵
IfEnd ↵
Next ↵
k/50→f ↵
"Freq 2" : f ↵
```

CHAPITRE 15

Probabilités

LE COURS

Loi de probabilité sur un ensemble fini

- Une **distribution de probabilité** sur un ensemble Ω dont les éléments sont notés ω_1, …, ω_r est définie par la donnée des probabilités respectives p_1, …, p_r de ces éléments.
- Un **événement** est une partie de l'ensemble Ω.
- La **probabilité** $P(A)$ **d'un événement** A est la somme des probabilités des éléments qui le constituent.

Propriétés

- Pour tout événement A : $0 \leqslant P(A) \leqslant 1$.
- $P(\Omega) = 1$, $P(\varnothing) = 0$.
- Pour tous événements A et B incompatibles :

$$P(A \cup B) = P(A) + P(B)$$

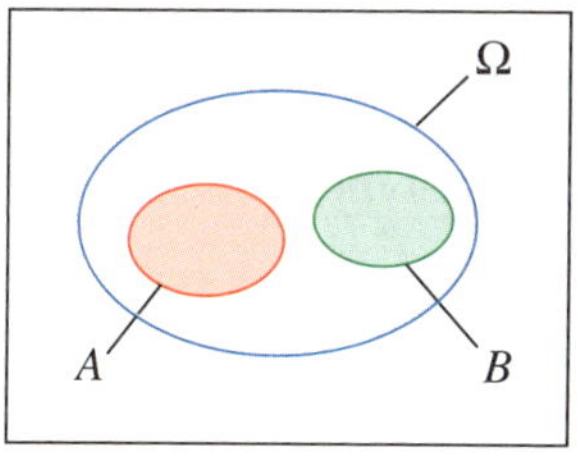

- Pour tous événements A et B :

$$\text{si } A \subset B, \text{ alors } P(A) \leqslant P(B)$$

- Pour tout événement A, la probabilité de son événement contraire $\overline{A}$ vérifie :

$$P(\overline{A}) = 1 - P(A)$$

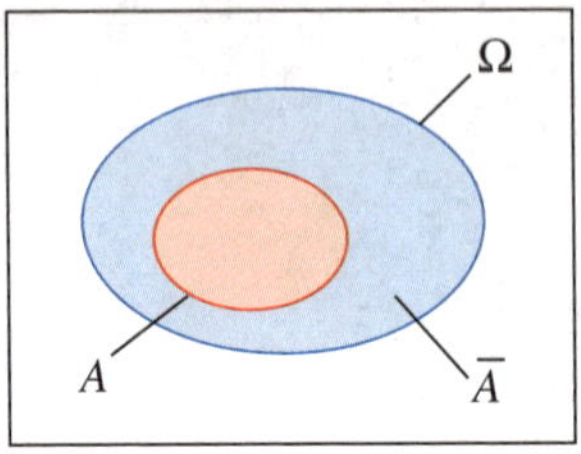

$$P(\bar{A}) = 1 - P(A)$$

- Pour tous événements A et B :

$$P(A \cup B) = P(A) + P(B) - P(A \cap B)$$

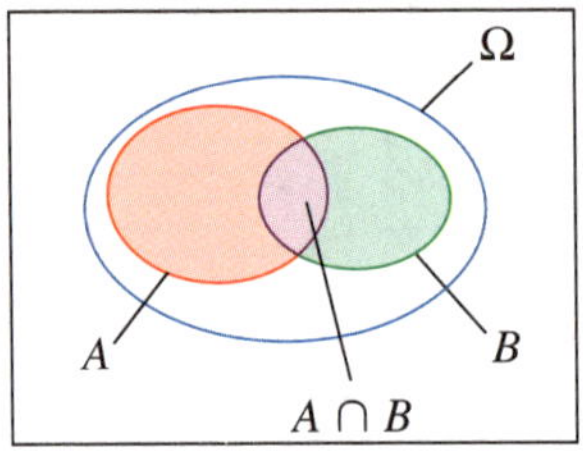

Variable aléatoire

On considère une expérience aléatoire modélisée par une loi de probabilité P sur un ensemble fini Ω des issues.

On appelle variable aléatoire toute fonction X de Ω dans $\mathbb{R}$.

Pour tout réel x, l'ensemble des éléments de Ω qui ont pour image x est un événement, noté $\{X = x\}$.

L'ensemble image de Ω par X est l'ensemble de toutes les images des éléments de Ω par X (c'est l'ensemble des valeurs prises par X).

▶ Loi de probabilité

Déterminer la loi de probabilité de X, c'est déterminer :

- les différentes valeurs $x_1, \ldots, x_n$ prises par X,
- pour tout i de $\{1, \ldots, n\}$, la probabilité de l'événement $\{X = x_i\}$.

Posons, pour tout i de $\{1, \ldots, n\}$, $p_i = P(X = x_i)$

(les réels $p_1, \ldots, p_n$ ont pour somme 1).

▶ Espérance, variance, écart-type

- L'espérance mathématique de X est le réel noté $E(X)$ et défini par :

$$E(X) = x_1 p_1 + \ldots + x_n p_n = \sum_{i=1}^{n} x_i p_i$$

(c'est la valeur moyenne dans le cas d'un grand nombre de répétitions).

- La variance de X est le réel noté $V(X)$ et défini par :

$$V(X) = (x_1 - E(X))^2 p_1 + \ldots + (x_n - E(X))^2 p_n = \sum_{i=1}^{n} (x_i - E(X))^2 p_i$$

- L'écart-type de X est le réel noté $\sigma(X)$ et défini par :

$$\sigma(X) = \sqrt{V(X)}$$

- Pour tous réels a et b :

$$E(aX + b) = aE(X) + b, \qquad V(aX + b) = a^2V(X)$$

Modélisations d'expériences aléatoires de référence

- Soit Ω un ensemble fini qui possède r éléments.
- Ω^2 désigne l'ensemble des couples (x, y) d'éléments de Ω, et Ω^2 possède r^2 éléments.
- Ω^3 désigne l'ensemble des triplets (x, y, z) d'éléments de Ω, et Ω^3 possède r^3 éléments.
- Plus généralement, pour tout entier naturel n non nul, Ω^n désigne l'ensemble des n-listes $(x_1, \ldots, x_n)$ d'éléments de Ω, et Ω^n possède r^n éléments.
- Modéliser une expérience aléatoire, c'est lui associer une loi de probabilité sur l'ensemble des issues possibles. On peut généralement trouver une expérience de référence qui, à un recodage près des issues possibles, est régie par le même modèle.

<table>
<tr><th>Expérience aléatoire</th><th>Un modèle adapté</th></tr>
<tr><td>Choix d'un élément au hasard dans Ω.</td><td>Ω muni de la loi de probabilité équirépartie.</td></tr>
<tr><td>Choix de n éléments au hasard dans Ω.</td><td rowspan="2">Ω^n muni de la loi de probabilité équirépartie.</td></tr>
<tr><td>Choix d'un élément au hasard dans Ω^n.</td></tr>
<tr><td>Lancer d'un dé équilibré.</td><td>$\{1, 2, 3, 4, 5, 6\}$ muni de la loi de probabilité équirépartie.</td></tr>
<tr><td>n lancers d'un dé équilibré.</td><td rowspan="2">$\{1, 2, 3, 4, 5, 6\}^n$ muni de la loi de probabilité équirépartie.</td></tr>
<tr><td>Lancer de n dés équilibrés discernables.</td></tr>
<tr><td>Lancer d'une pièce de monnaie équilibrée.</td><td>$\{0 ; 1\}$ muni de la loi de probabilité équirépartie.</td></tr>
<tr><td>n lancers d'une pièce de monnaie équilibrée.</td><td rowspan="2">$\{0 ; 1\}^n$ muni de la loi de probabilité équirépartie.</td></tr>
<tr><td>Lancer de n pièces de monnaie équilibrées discernables.</td></tr>
<tr><td>Tirage d'une boule au hasard dans une urne contenant N_1 boules rouges et N_2 boules blanches.</td><td>$\{0 ; 1\}$ muni de la loi de probabilité $\left(\frac{N_1}{N_1 + N_2}, \frac{N_2}{N_1 + N_2}\right)$.</td></tr>
</table>

Utilisation d'une calculatrice, d'un tableur

Les calculatrices et les tableurs disposent d'un générateur de nombre aléatoire qui produit un décimal (possédant un nombre fixe de chiffres après la virgule, qui dépend du matériel) pris au hasard dans [0 ; 1[, par exemple :

TI	NbrAléat
CASIO	Ran#
Excel	ALEA()

Si n est un entier naturel non nul et x un nombre aléatoire de l'intervalle [0 ; 1[, alors nx est un nombre aléatoire de l'intervalle [0 ; n[, la partie entière de nx est un entier aléatoire de $\{0, 1, \ldots, n-1\}$ et la partie entière de $nx+1$ est un entier aléatoire de $\{1, 2, \ldots, n\}$.

En associant le générateur de nombre aléatoire et la fonction « partie entière » :

Obtention d'un	TI	CASIO	Excel
chiffre aléatoire (choix d'un chiffre au hasard)	entAléat(0,9)	Int(10Ran#)	ENT(10*ALEA())
chiffre aléatoire parmi 0 et 1 (lancer d'une pièce de monnaie équilibrée)	entAléat(0,1)	Int(2Ran#)	ENT(2*ALEA())
entier aléatoire compris entre 1 et 6 (lancer d'un dé équilibré)	entAléat(1,6)	Int(6Ran#+1)	ENT(6*ALEA()+1)

On peut aussi utiliser la fonction alea.entre.bornes du logiciel Excel ; par exemple, alea.entre.bornes(1,6) retourne un entier aléatoire parmi 1, 2, 3, 4, 5, 6.

Un exemple

Intéressons-nous à l'expérience aléatoire qui consiste à lancer deux pièces de monnaie équilibrées, et simulons la loi de probabilité de la variable aléatoire qui, à chaque issue, associe le nombre de côtés face obtenus.

En codant « face » par 1 et « pile » par 0, la variable aléatoire étudiée associe à tout couple (i, j) de nombres 0 ou 1 la somme $i + j$.

Les valeurs prises par cette variable aléatoire sont :

0 (« double pile »), 1 (« pile et face ») et 2 (« double face »).

▶ Calculatrices

Utilisons une liste de trois éléments (c'est un triplet) ; dans les premier, deuxième et troisième éléments de cette liste seront cumulés les nombres de résultats égaux respectivement à 0, 1, 2.

Programmons l'algorithme suivant :

- entrer le nombre N d'expériences,
- initialiser à $(0, 0, 0)$ une liste L,
- pour I variant de 1 à N :

– calculer la somme de deux entiers aléatoires de $\{0 ; 1\}$,
– ajouter 1,
– et affecter le résultat à la variable A
(A contient alors le rang de l'élément de la liste auquel il faut ajouter 1),
– ajouter 1 à l'élément de la liste L de rang A,

- afficher les fréquences d'apparition des résultats 0, 1 et 2.

Variable	Utilisation	Valeur initiale
N	Nombre d'expériences	Fourni par l'utilisateur
I	Compteur de boucle	I
A	Nombre de côtés face + 1	
L1 ou List 1	Liste à 3 éléments	(0, 0, 0)

TI

```
:3→dim L1:Fill(0,L1)
:Prompt N
:For (I, 1, N)
:entAléat(0,1)
:entAléat(0,1)+1→A
:L1(A)+1→L1(A)
:End
:L1/N→L1
:Disp "FRQ 0", L1 (1)
:Disp "FRQ 1", L1 (2)
:Disp "FRQ 2", L1 (3)
```

CASIO

```
{0, 0, 0}→List 1↵
"NB EXP"?→N↵
For 1→I To N↵
Int (2Ran#)
+ Int(2Ran#)+1→A↵
List 1[A]+1→List 1[A]↵
Next↵
List 1÷N→List 1↵
"FRQ 0":List 1 [1]
"FRQ 1":List 1 [2]
"FRQ 2":List 1 [3]
```

Voici un exemple de résultat, pour 400 expériences :

```
400
FRQ 0
              0.265
FRQ 1
             0.5175
FRQ 2
             0.2175
```

▶ Tableurs

Arial 10

K2 = =NB.SI($A$2:$J$21;L2)

	A	B	C	D	E	F	G	H	I	J	K	L	M	N	O
1	Échantillon 200 expériences										effectifs	sommes possibles	fréquences expérimentales	fréquences théoriques	
2	1	0	1	1	0	2	2	1	2	2	49	0	0,245	0,250	
3	1	0	2	1	1	0	2	0	1	1	97	1	0,485	0,500	
4	2	0	1	1	1	1	2	1	0	2	54	2	0,27	0,250	
5	2	1	0	0	0	1	0	0	0	2					
6	1	1	0	2	1	1	0	2	1	1	Moyenne				
7	2	0	0	1	0	0	0	2	0	1	1,025				
8	2	1	0	2	1	1	1	2	1	1					
9	2	2	1	1	2	2	2	1	1	1					
10	0	1	1	1	0	1	0	0	2	2					
11	0	1	2	2	2	1	1	1	0	1					
12	1	1	2	2	2	1	1	2	2	1					
13	1	0	1	1	0	1	0	1	2	2					
14	2	2	1	1	0	1	1	1	2	1					
15	1	1	0	1	1	1	2	0	1	2					
16	1	1	1	1	1	1	1	2	0	1					
17	1	0	1	1	0	1	0	1	0	2					
18	0	1	0	1	2	0	0	0	0	2					
19	1	1	1	2	2	2	1	0	2	1					
20	2	1	2	2	1	1	2	2	1	1					
21	1	1	1	0	0	1	1	2	1	0					
22															

Étapes	Adresses	Formules	Observations
Échantillon de 200 expériences	A2:J21	=ENT(2*ALEA( )) +ENT(2*ALEA( ))	Entrer cette formule dans A2, puis tirer la poignée de recopie rapide, vers la droite, vers le bas.
Sommes possibles	L2:L4		Entrer 0, 1 et 2.
Effectifs	K2:K4	=NB.SI($A$2:$J$21;L2)	Entrer cette formule dans K2, et tirer la poignée de recopie rapide vers le bas.
Moyenne	K7	=MOYENNE(A2:J21)	
Fréquences expérimentales	M2:M4	=L2/200	Entrer cette formule dans M2, puis tirer la poignée de recopie rapide, vers le bas.

La formule :

=NB.SI($A$2:$J$21;L2)

retourne le nombre de cellules de la plage A2:J21 dont la valeur est égale à celle entrée dans L2 ; noter l'utilisation des références absolues ($A$2) ou relatives (L2), qui permettent d'utiliser la fonction de recopie rapide en incrémentant automatiquement les références relatives, et en ne modifiant pas les références absolues.

En appuyant sur la touche **F9**, une nouvelle simulation est effectuée.

Pour une meilleure lisibilité de la feuille de calcul Excel, les tailles des dix premières colonnes ont été diminuées (sélectionner les colonnes A à J, dérouler le menu **Format**, choisir les options **Colonne**, **Largeur**).

EXERCICES

Vrai ou faux ?

1 (corrigés p. 383)

On considère une expérience aléatoire modélisée par une loi de probabilité P sur un ensemble Ω dont les éléments, deux à deux distincts, sont ω_1, ω_2, ω_3, ω_4, ω_5.

1° a) $\{\omega_2, \omega_3, \omega_4\}$ est un événement.

b) ω_2 est un événement.

c) $\{\omega_1, \omega_3, \omega_4\}$ et $\{\omega_2, \omega_5\}$ sont des événements contraires.

2° Soit X une variable aléatoire définie sur Ω dont les valeurs prises sont 1, 2 et 3.

a) $P(X = 1) + P(X = 2) + P(X = 3) = 1$.

b) $1 \leqslant E(X) \leqslant 3$.

c) $E(-2X - 3) = -2E(X) - 3$.

d) $V(-2X - 3) = -2V(X) - 3$.

Loi de probabilité

2 ★ 5 min (corrigés p. 383)

On considère une expérience aléatoire modélisée par la loi de probabilité équirépartie P sur un ensemble Ω dont les quatre éléments sont notés ω_1, ω_2, ω_3 et ω_4.
Donner un exemple :

1° d'événement A tel que $P(A) = \frac{3}{4}$;

2° d'événement A tel que $P(A) = P(\bar{A})$;

3° d'événements A et B tels que $P(A \cup B) \neq P(A) + P(B)$.

3 ★ 5 min (corrigés p. 383)

Dans une expérience aléatoire qui consiste à tirer au hasard une boule d'une urne comportant des boules rouges et des boules bleues, la probabilité d'obtenir une boule rouge est $\frac{2}{3}$.

Que peut-on dire des nombres N_1 de boules rouges et N_2 de boules bleues contenues dans l'urne ?

4 ★ 5 min (corrigés p. 384)

Chacune des expériences aléatoires proposées ci-dessous peut-elle être modélisée par la loi équirépartie sur l'ensemble $\{0 ; 1\}$?

1° Lancer d'une pièce de monnaie équilibrée.
2° Tirage d'une boule au hasard dans une urne contenant dix boules rouges et dix boules blanches.
3° Jet d'un dé équilibré et relevé du caractère « pair » ou « impair » du numéro porté par le dé.
4° Lancer d'une punaise, et relevé de la position ($\perp$ ou $\curlywedge$).

5 ★ 10 min

(corrigés p. 384)

Proposer un modèle de chacune des expériences aléatoires suivantes.
1° Deux jets successifs d'un dé équilibré.
2° Jet de deux dés équilibrés, l'un rouge et l'autre bleu.
3° Trois lancers successifs d'une pièce de monnaie équilibrée.
4° Jet de trois pièces équilibrées indiscernables.
5° Tirage d'une boule au hasard dans une urne contenant dix boules blanches et trente boules vertes.

6 ★ 5 min

(corrigés p. 385)

On choisit un chiffre selon une loi de probabilité P telle que la probabilité de sortie du chiffre i est proportionnelle à $i + 1$.
Calculer $P(0)$.

7 ★★ 10 min

(corrigés p. 385)

Une expérience aléatoire consiste à tirer une boule au hasard dans une urne contenant six boules, certaines étant rouges et les autres blanches.
Les trois graphiques suivants, obtenus avec un tableur, représentent quatre distributions des fréquences d'apparition d'une boule rouge et d'une boule blanche lors de la répétition de n expériences, respectivement pour :

$$n = 10, \quad n = 100 \quad \text{et} \quad n = 1\ 000.$$

Commenter ces graphiques ; peut-on savoir combien l'urne comporte de boules rouges ?

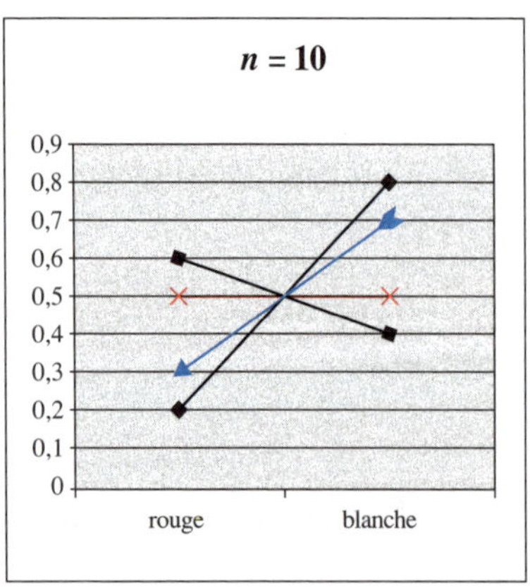

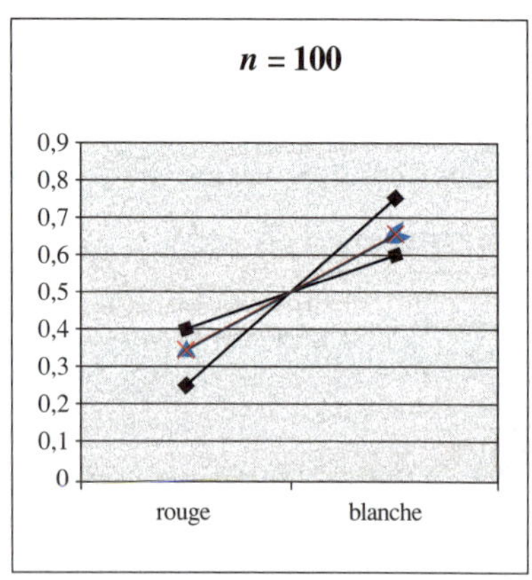

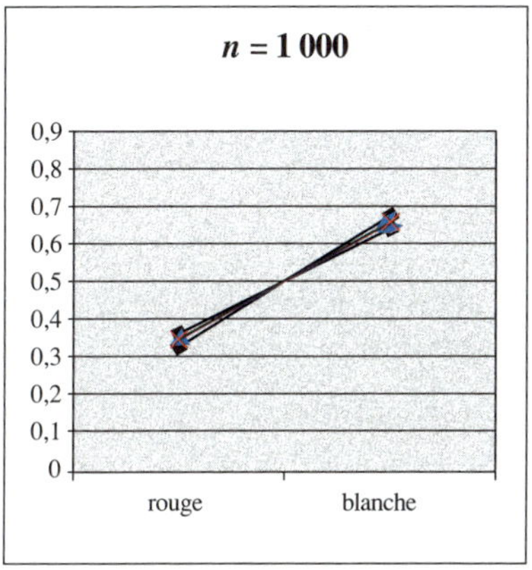

Simulation d'expériences aléatoires

8 ★★ 15 min (corrigés p. 385)

On effectue cinq lancers successifs d'une pièce de monnaie équilibrée.
1° Écrire un algorithme qui simule cette expérience aléatoire et donne en sortie le nombre de côtés face obtenus.
2° Transcrire l'algorithme précédent sur la calculatrice.

9 ★★ 20 min (corrigés p. 386)

On effectue quatre jets successifs d'un dé équilibré.
1° Éditer un programme sur la calculatrice qui simule cette expérience aléatoire et affiche le minimum des points amenés par le dé.
2° Éditer un programme sur la calculatrice qui prend en entrée un entier naturel n non nul, simule n répétitions de l'expérience aléatoire étudiée, et donne en sortie la moyenne des minima des points amenés par le dé.

10 ★★ 20 min (corrigés p. 386)

On effectue cinquante tirages aléatoires successifs d'une boule avec remise dans une urne contenant trois boules rouges et cinq boules bleues.
Éditer un programme sur la calculatrice qui simule cette expérience aléatoire et affiche le nombre de boules rouges obtenues.

Probabilité d'un événement

11 ★★ 20 min (corrigés p. 387)

On dispose d'une urne contenant des boules rouges et des boules bleues, et on effectue dans cette urne trois tirages au hasard successifs d'une boule avec remise. On note R_i les événements « obtenir une boule rouge au i-ème tirage » pour i valant 1, 2 ou 3.

1° Décrire chacun des événements $R_1 \cap R_2$, $R_1 \cup R_2$, $\bar{R}_1 \cap R_2 \cap R_3$.
2° Écrire à l'aide des événements R_i chacun des événements suivants :
• A : « obtenir trois boules rouges » ;
• B : « obtenir au moins une boule rouge » ;
• C : « obtenir une boule rouge au premier tirage et une boule bleue au deuxième ».
3° Décrire l'événement contraire de chacun des événements :

$$R_1 \cap R_2,\ R_1 \cup R_2.$$

12 ★ 10 min *(corrigés p. 388)*

On tire au hasard une carte dans un jeu de 32 cartes.
Calculer la probabilité de chacun des événements A, B, C, D, E et F définis ci-dessous.
1° A : « tirer un cœur ».
2° B : « tirer un roi ».
3° C : « tirer le roi de cœur ».
4° D : « tirer une dame rouge ».
5° E : « tirer un roi ou un cœur ».
6° F : « tirer une carte qui ne soit ni un roi ni un cœur ».

13 ★ 10 min *(corrigés p. 388)*

On s'intéresse à l'expérience aléatoire qui consiste à choisir trois lettres au hasard, les deux premières parmi les lettres A, B et C, la troisième parmi A et B.
Un résultat possible est une liste de trois lettres ; on notera par exemple CAB celui pour lequel la première lettre est C, la deuxième A et la troisième B.
1° Construire un arbre permettant d'obtenir tous les résultats possibles.
2° Calculer la probabilité des événements E, F, G, H suivants :
E : « obtenir trois lettres identiques » ;
F : « obtenir au plus une lettre A » ;
G : « obtenir trois lettres distinctes » ;
H : « obtenir au moins une lettre C ».
3° Montrer que la probabilité de l'événement $F \cap H$ est égale à $\frac{4}{9}$.
En déduire la probabilité de l'événement $F \cup H$.
(Les résultats des calculs de probabilités seront présentés sous forme de fraction irréductible.)

Variables aléatoires

14 ★ 5 min *(corrigés p. 389)*

La loi de probabilité d'une variable aléatoire X est donnée par le tableau suivant :

x	-2	1	3
$P(X = x)$	$\frac{1}{15}$	$\frac{1}{3}$	$\frac{3}{5}$

Calculer l'espérance et la variance de chacune des variables aléatoires X et $-3X+2$.

15 ★★ 10 min (corrigés p. 389)

On dispose de deux boîtes B_1 et B_2 dans chacune desquelles sont placés un jeton numéroté 0 et un jeton numéroté 1.
On tire aléatoirement un jeton de chacune des boîtes, et on les échange. On appelle X la variable aléatoire qui, à chaque résultat de l'expérience aléatoire, associe le nombre de jetons numérotés 1 dans la boîte B_1.
Déterminer la loi de probabilité de X.

16 ★★ 15 min (corrigés p. 389)

Un joueur lance un dé équilibré, et :
- il gagne 1 € si le dé amène 1, 2 ou 3,
  0,5 € si dé amène 4,
- il perd 2 € si dé amène 5 ou 6.

Soit X la variable aléatoire qui, à chaque résultat amené par le dé, associe le gain en euros (positif ou négatif) du joueur.
1° Déterminer la loi de probabilité de X.
2° Calculer l'espérance et l'écart-type de X.
3° Utiliser le menu Statistiques de la calculatrice pour retrouver les résultats de la question précédente.

17 ★★ 15 min (corrigés p. 390)

On dispose d'une urne contenant quatre boules, numérotées de 1 à 4. On effectue dans cette urne deux tirages aléatoires successifs d'une boule avec remise, et on appelle X la variable aléatoire qui, à chaque résultat de l'expérience aléatoire, associe la différence entre le plus grand nombre de points et le plus petit nombre de points portés par les boules tirées.
1° Déterminer la loi de probabilité de X.
2° Calculer l'espérance de X.

18 ★★ 20 min (corrigés p. 391)

On considère l'expérience aléatoire qui consiste à effectuer quatre lancers successifs d'une pièce de monnaie équilibrée.
Le modèle est la loi équirépartie sur l'ensemble Ω des 4-listes d'éléments de $\{P, F\}$. On adoptera une notation simplifiée des résultats, par exemple le résultat (P, F, F, P) se notera PFFP.
1° Représenter l'expérience aléatoire à l'aide d'un arbre.
2° Soit X la variable aléatoire qui, à chaque résultat de l'expérience aléatoire, associe la longueur de la plus grande chaîne de côtés pile obtenue.
Par exemple : $X(\{FPPF\}) = 2$, $X(\{FPFP\}) = 1$.
a) Déterminer la loi de probabilité de X.
b) Calculer l'espérance de X.
3° Soit Y la variable aléatoire qui, à chaque résultat de l'expérience aléatoire, associe 0 si aucun pile n'apparaît, le rang d'apparition du dernier pile sinon.

Déterminer la loi de probabilité de Y et calculer son espérance.

4° Quelle est la probabilité de l'événement $\{X = 2\} \cup \{Y = 3\}$?

19 ★★ 15 min (corrigés p. 392)

On effectue trois lancers successifs d'un dé équilibré et on note X la variable aléatoire qui prend la valeur 0 si aucun 6 n'apparaît, qui sinon donne le numéro du lancer où apparaît le premier 6.

1° Déterminer la loi de probabilité de X à l'aide d'un arbre.
Calculer l'espérance de X.

2° Écrire un algorithme qui simule l'expérience aléatoire étudiée et donne en sortie la valeur prise par X.

20 ★★ 15 min (corrigés p. 393)

On effectue deux lancers successifs d'un dé tétraédrique, dont les faces sont numérotées de 1 à 4.
Le modèle est la loi équirépartie sur l'ensemble Ω des 2-listes d'éléments de $\{1, 2, 3, 4\}$.
On appelle X la variable aléatoire qui, à chaque résultat de l'expérience aléatoire, associe le plus grand des deux numéros amenés par le dé.

1° Déterminer la loi de probabilité de X.
Calculer l'espérance de X.

2° On considère l'algorithme suivant :

```
Variables
  S, n, x, y : entiers
Entrées
  Saisir n
Initialisation
  S prend la valeur 0
Traitement
  Pour k variant de 1 à n, faire
  |    x prend la valeur d'un nombre aléatoire entier
  |      entre 1 et 4
  |    y prend la valeur d'un nombre aléatoire entier
  |      entre 1 et 4
  |    Si x > y
  |    |    alors S prend la valeur S + x
  |    |    sinon S prend la valeur S + y
  |    |__  fin Si
  |__  fin Pour
Sortie
  Afficher S/n
```

Que calcule cet algorithme ?
Que peut-on dire de la valeur en sortie pour de grandes valeurs de n ?

21 ★★★ 30 min (corrigés p. 394)

On considère l'expérience aléatoire qui consiste à effectuer neuf lancers successifs d'une pièce de monnaie équilibrée.

En considérant qu'un résultat est la 9-liste $(x_1, \ldots, x_9)$ où, pour tout entier i compris au sens large entre 1 et 9, x_i vaut 1 si la pièce a amené pile au i-ème lancer, 0 sinon, le modèle est la loi équirépartie sur l'ensemble Ω des 9-listes d'éléments de l'ensemble $\{0\,;\,1\}$, le nombre d'éléments de Ω étant égal à 2^9.

On s'intéresse à la variable aléatoire X qui, à tout résultat de l'expérience aléatoire, associe le nombre « d'alternances ». Par exemple, si les neuf lancers ont donné successivement :

pile, pile, pile, face, face, pile, face, face, pile,
↑ (face) ↑ (pile) ↑ (face) ↑ (pile)

alors l'événement $\{X = 4\}$ est réalisé, autrement dit le résultat (1, 1, 1, 0, 0, 1, 0, 0, 1) réalise l'événement $\{X = 4\}$.

1° a) Déterminer les résultats qui réalisent l'événement $\{X = 0\}$, puis ceux qui réalisent l'événement $\{X = 8\}$.

b) Déterminer le nombre de résultats qui réalisent l'événement $\{X = 1\}$.

c) En déduire la probabilité de chacun des événements $\{X = 0\}$, $\{X = 8\}$, $\{X = 1\}$ (on donnera la valeur exacte et l'arrondi automatique à 10^{-3} près).

2° Compléter l'algorithme suivant qui simule l'expérience aléatoire et donne en sortie le nombre d'alternances.

Variables
  a, b, x
Initialisation
  $x \leftarrow 0$
Traitement
  a prend aléatoirement la valeur 0 ou 1
  Pour i variant de ■ à 9, faire
    b prend aléatoirement la valeur 0 ou 1
    Si $a \neq b$, alors
      $x \leftarrow$ ■
      $a \leftarrow$ ■
    fin Si
  fin Pour
Sortie
  x

3° Compléter l'algorithme suivant qui simule N expériences aléatoires et donne en sortie la fréquence de réalisation des événements $\{X = 0\}$, $\{X = 1\}$, …, $\{X = 8\}$.
On a noté **algo1** la valeur en sortie de l'algorithme de la question **2°**.

cours
exercices
interro
corrigés

```
Variables
   N, n
   L : 9-liste
Entrée
   Saisir N
Initialisation
   x ← (0, 0, 0, 0, 0, 0, 0, 0, 0)
Traitement
   Pour i variant de [redacted], faire
   |    n ← algo1 + 1
   |    L[n] ← [redacted]
   |__  fin Pour
   Pour i variant de 1 à 9, faire
   |    [redacted]
   |__  fin Pour
Sortie
   Afficher L
```

Les composantes de L seront notées $L[1], L[2], \dots, L[9]$.

4° Après avoir programmé l'algorithme précédent, trois exécutions en prenant successivement $N = 1\,000$, $N = 10\,000$ et $N = 100\,000$ ont donné en sortie les listes suivantes (valeurs arrondies au millième).

$N = 1\,000$:

0,005	0,034	0,113	0,217	0,235	0,250	0,112	0,031	0,003

$N = 10\,000$:

0,005	0,034	0,108	0,221	0,275	0,218	0,106	0,033	0,004

$N = 100\,000$:

0,004	0,031	0,109	0,216	0,274	0,221	0,110	0,031	0,004

Ces résultats sont-ils en accord avec ceux de la question **1° c)** ?

22 ★★★ 30 min

(corrigés p. 395)

Dans un jeu de pile ou face avec une pièce de monnaie équilibrée, on gagne le double de la mise sur pile et on perd la mise sur face.

Un joueur qui dispose de 1 000 € commence par miser un euro, double sa mise quand il perd et ne s'arrête que s'il gagne ou s'il ne peut plus miser.

On modélisera n lancers de la pièce de monnaie (n entier supérieur ou égal à 1) par la loi équirépartie sur les n-listes dont les éléments valent 0 ou 1 (on code « le joueur gagne » par 1 et « le joueur perd » par 0).

1° On suppose que le joueur mise n fois.

a) Quelle est la probabilité que le joueur gagne au n-ième coup ?

b) Calculer la somme des mises successives, du premier au n-ième coup.

c) Calculer le gain du joueur lorsqu'il gagne au n-ième coup.

2° Déterminer le nombre maximal de coups.

3° Soit G la variable aléatoire qui donne le gain en euros (positif ou négatif) du joueur.

a) Quelles sont les valeurs prises par la variable aléatoire G ?
Déterminer la loi de probabilité de G.

b) Calculer l'espérance de la variable aléatoire G.

23 ★★★ 30 min

(corrigés p. 396)

Le lièvre et la tortue

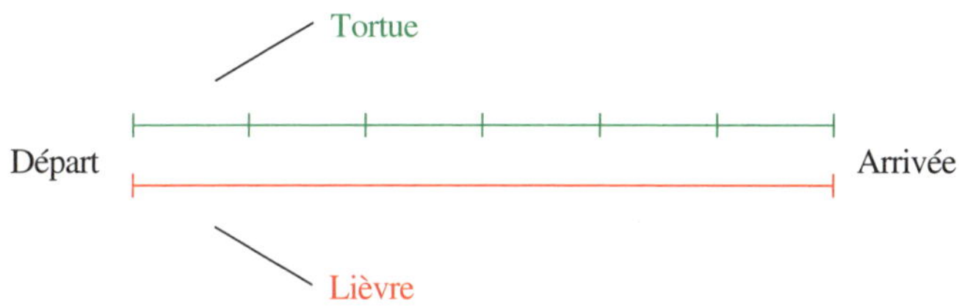

Il y a six étapes du départ à l'arrivée. On lance un dé.
Si un 6 sort, alors le lièvre franchit les six étapes d'un coup et gagne la course.
Sinon, la tortue franchit une étape.
On recommence, jusqu'à ce qu'il y ait un vainqueur.

1° Justifier que l'on peut modéliser l'expérience aléatoire par la probabilité équi-répartie sur l'ensemble des 6-listes de nombres entiers compris entre 1 et 6.

2° Calculer la probabilité que la tortue gagne ; en déduire la probabilité que le lièvre gagne.

3° Écrire un programme qui simule n répétitions de cette expérience aléatoire.
Ce programme :
- demandera le nombre d'expériences à réaliser ;
- affichera la fréquence du cas où la tortue gagne.

Exécuter le programme pour un grand nombre d'expériences. Commenter.

4° Simuler avec un tableur 400 expériences aléatoires et calculer la fréquence du cas où la tortue gagne.

L'interrogation écrite

24 30 min

(corrigés p. 397)

On distribue au hasard trois jetons dans trois boîtes notées B_1, B_2, B_3 et on appelle X la variable aléatoire qui, à tout résultat de l'expérience aléatoire, associe le nombre de boîtes restées vides.

1° Proposer un modèle pour cette expérience aléatoire où tous les résultats sont équiprobables.

2° Déterminer la loi de probabilité de X.

3° Calculer l'espérance de X.

4° Compléter l'algorithme suivant, qui simule l'expérience aléatoire étudiée et fournit en sortie le nombre de boîtes restées vides.

À la fin de l'algorithme, la i-ème composante de L $(1 \leqslant i \leqslant 3)$ vaudra 1 si au moins un jeton a été placé dans la boîte B_i, 0 sinon.

```
Variables
  x, k, alea : entiers
  L : liste de 3 éléments
Initialisation
  x prend la valeur 3
  L prend la valeur [0, 0, 0]
Traitement
  Pour k variant de ■, faire
  |  alea prend la valeur d'un nombre aléatoire entier
  |     entre 1 et 3
  |  Si L[alea] = 0, alors
  |  |  L[alea] prend la valeur 1
  |  |  x prend la valeur ■
  |  └─ fin Si
  └─ fin Pour
Sortie
  Afficher x
```

CORRIGÉS

Vrai ou faux ?

1 $\Omega = \{\omega_1, \omega_2, \omega_3, \omega_4, \omega_5\}$.

1° a) $\{\omega_2, \omega_3, \omega_4\}$ est un événement.

Vrai, car $\{\omega_2, \omega_3, \omega_4\}$ est une partie de Ω.

On peut écrire :

$$\{\omega_2, \omega_3, \omega_4\} \subset \Omega.$$

b) ω_2 est un événement.

Faux, car ω_2 n'est pas une partie de Ω, mais un élément de cet ensemble. On peut écrire : $\omega_2 \in \Omega$.

c) $\{\omega_1, \omega_3, \omega_4\}$ et $\{\omega_2, \omega_5\}$ sont des événements contraires.

Vrai, car l'un est réalisé si, et seulement si, l'autre ne l'est pas. En effet :

- $\{\omega_1, \omega_3, \omega_4\} \cap \{\omega_2, \omega_5\} = \varnothing$ (les deux événements ne peuvent pas se réaliser simultanément),
- $\{\omega_1, \omega_3, \omega_4\} \cup \{\omega_2, \omega_5\} = \Omega$ (au moins un des deux événements se réalise).

2° X : variable aléatoire définie sur Ω dont les valeurs prises sont 1, 2 et 3.

a) $P(X=1) + P(X=2) + P(X=3) = 1$.

Vrai, car les seules valeurs prises par X sont 1, 2 et 3.

b) $1 \leqslant E(X) \leqslant 3$.

Vrai, car les valeurs prises par X sont comprises au sens large entre 1 et 3, et que l'espérance d'une variable aléatoire est une moyenne pondérée des valeurs prises, à coefficients positifs.

c) $E(-2X-3) = -2E(X) - 3$.

Vrai.

$$E(aX+b) = aE(X) + b.$$

d) $V(-2X-3) = -2V(X) - 3$.

Faux, $V(-2X-3) = 4V(X)$.

$$V(aX+b) = a^2V(X).$$

Noter aussi qu'une variance est toujours positive.

Loi de probabilité

2 $\Omega = \{\omega_1, \omega_2, \omega_3, \omega_4\}$, P est la loi équirépartie sur Ω.

P étant la loi équirépartie sur un ensemble à quatre éléments, on sait que, pour tout événement A, la probabilité $P(A)$ de A est égale au nombre d'éléments de A divisé par 4.

1° Posons : $\boldsymbol{A = \{\omega_1, \omega_2, \omega_3\}}$.

Le nombre d'éléments de A étant égal à 3, on a : $\boldsymbol{P(A) = \frac{3}{4}}$.

On dit aussi : « le nombre de résultats qui réalisent A est égal à 3 ».

Trois autres réponses étaient également correctes :

$$\{\omega_1, \omega_2, \omega_4\}, \{\omega_1, \omega_3, \omega_4\}, \{\omega_2, \omega_3, \omega_4\}.$$

2° Posons : $\boldsymbol{A = \{\omega_1, \omega_2\}}$. Alors son événement contraire $\overline{A}$ est égal à $\{\omega_3, \omega_4\}$, et comme A et $\overline{A}$ ont le même nombre d'éléments :

$$\boldsymbol{P(A) = P(\overline{A})}.$$

$$P(A) = \frac{1}{2},\ P(\overline{A}) = 1 - P(A) = 1 - \frac{1}{2} = \frac{1}{2}.$$

3° On a l'embarras du choix ! Il suffit que les événements A et B ne soient pas incompatibles, c'est-à-dire que les ensembles A et B aient au moins un élément en commun, pour que $P(A \cup B) \neq P(A) + P(B)$.

Posons : $\boldsymbol{A = \{\omega_1, \omega_2\}, B = \{\omega_2, \omega_3\}}$.

Alors :

- $P(A) = P(B) = \frac{1}{2}$, donc
$$P(A) + P(B) = 1,$$
- $A \cup B = \{\omega_1, \omega_2, \omega_3\}$, donc
$$P(A \cup B) = \frac{3}{4}$$

et on a bien :

$$\boldsymbol{P(A \cup B) \neq P(A) + P(B)}.$$

3 Les événements « tirer une boule rouge » et « tirer une boule bleue » sont des événements contraires, donc la somme de leurs probabilités est égale à 1 ; la probabilité de tirer une boule rouge étant $\frac{2}{3}$, celle de tirer une boule bleue est donc $\frac{1}{3}\cdot$ La probabilité de tirer une boule d'une des deux couleurs rouge ou bleu est égale à la proportion de boules de cette couleur dans l'urne.

$$\frac{N_1}{N_1 + N_2} = \frac{2}{3}, \quad \frac{N_2}{N_1 + N_2} = \frac{1}{3}.$$

La probabilité de tirer une boule rouge (2/3) étant le double de celle de tirer une boule bleue (1/3), l'urne contient deux fois plus de boules rouges que de boules bleues :

$$N_1 = 2N_2.$$

4 **1° Lancer d'une pièce de monnaie équilibrée.**

La pièce de monnaie étant équilibrée, chacun des deux côtés pile ou face a la même probabilité d'apparaître. En codant par exemple pile par 0 et face par 1, l'expérience aléatoire peut être modélisée par la loi équirépartie sur l'ensemble {0 ; 1}.

2° Tirage d'une boule au hasard dans une urne contenant dix boules rouges et dix boules blanches.

L'urne contenant autant de boules rouges que de boules blanches, les proportions de boules rouges et de boules blanches sont égales à $\frac{1}{2}\cdot$

En codant par exemple l'obtention d'une boule rouge par 0 et l'obtention d'une boule blanche par 1, l'expérience aléatoire peut être modélisée par la loi équirépartie sur l'ensemble {0 ; 1}.

3° Jet d'un dé équilibré et relevé du caractère « pair » ou « impair » du numéro porté par le dé.

Parmi les entiers compris entre 1 et 6, il y en a autant de pairs (2, 4 et 6) que d'impairs (1, 3 et 5). Le dé étant équilibré, la probabilité qu'il amène un chiffre pair et la probabilité qu'il amène un chiffre impair sont donc égales à 1/2. En codant par exemple l'obtention d'un chiffre pair par 0 et l'obtention d'un chiffre impair par 1, l'expérience aléatoire peut être modélisée par la loi équirépartie sur l'ensemble {0 ; 1}.

4° Lancer d'une punaise, et relevé de la position ($\perp$ ou $\curlywedge$).

Rien ne permet d'affirmer que chacune des deux éventualités $\perp$ ou $\curlywedge$ a la même probabilité de se réaliser.

Une étude statistique permettrait de déterminer un modèle adapté.

5 **1° Deux jets successifs d'un dé équilibré.**

L'ensemble Ω des issues possibles est celui des couples (i, j) de nombres entiers entre 1 et 6 (i : numéro porté par le dé au premier jet, j : numéro porté par le dé au second jet).

$\Omega = \{1 ; 2 ; 3 ; 4 ; 5 ; 6\}^2$, $\text{card}(\Omega) = 6^2 = 36$.

> Le nombre d'éléments d'un ensemble fini E est souvent noté card(E).

Le dé étant équilibré, l'expérience aléatoire est modélisée par l'équiprobabilité sur Ω.

2° Jet de deux dés équilibrés, l'un rouge et l'autre bleu.

L'expérience aléatoire peut se modéliser de la même façon que dans la question 1°, en considérant, par exemple, que l'issue (i, j) correspond à :

le dé rouge amène le chiffre i
et le dé bleu amène le chiffre j.

3° Trois lancers successifs d'une pièce de monnaie équilibrée.

En codant par exemple pile par 0 et face par 1, l'ensemble Ω des issues possibles est celui des triplets (i, j, k) de nombres 0 ou 1. La pièce de monnaie étant équilibrée, l'expérience aléatoire est modélisée par l'équiprobabilité sur Ω.

$\Omega = \{0 ; 1\}^3$, $\text{card}(\Omega) = 2^3 = 8$.

4° Jet de trois pièces équilibrées indiscernables.

En codant par exemple pile par 0 et face par 1, les résultats observables de cette expérience aléatoire sont « triple 0 », « triple 1 », « 1 et double 0 », « 0 et double 1 », et on peut démontrer que le choix de la distribution de probabilité $\left(\frac{1}{8}, \frac{1}{8}, \frac{3}{8}, \frac{3}{8}\right)$ sur ces quatre résultats est adapté. Mais, pour parvenir à cette conclusion, on est amené à partir du modèle de la loi équiréparti sur $\{1\ ;\ 0\}^3$ et à introduire, par exemple, la variable aléatoire « nombre de côtés face obtenus », qui suit une loi binomiale (voir *chapitre* 16).

Pour certaines expériences aléatoires, on est amené à choisir un modèle calculé à partir d'un modèle d'équiprobabilité sur un ensemble qui n'est pas celui des issues observables.

5° Tirage d'une boule au hasard dans une urne contenant dix boules blanches et trente boules vertes.

La proportion de boules blanches contenues dans l'urne est égale à $\frac{1}{4}$, celle de boules vertes est égale à $\frac{3}{4}$.

$$\frac{10}{10+30} = \frac{1}{4},\ \frac{30}{10+30} = \frac{3}{4}.$$

En codant par exemple l'obtention d'une boule blanche par B et celle d'une boule verte par V, l'expérience aléatoire peut être modélisée par la distribution de probabilité $\left(\frac{1}{4}, \frac{3}{4}\right)$ sur la liste de résultats (B, V).

6 Par définition de la loi de probabilité P, définie sur l'ensemble $\{0, 1, \ldots, 9\}$, il existe un nombre réel k tel que :
pour tout nombre entier i compris entre 0 et 9, $P(i) = k(i+1)$,
et en particulier :

$$P(0) = k.$$

De plus : $\sum_{i=0}^{9} P(i) = 1$,

c'est-à-dire : $\sum_{i=0}^{9} k(i+1) = 1$,

et d'autre part :

$$\begin{aligned}\sum_{i=0}^{9} k(i+1) &= k\times 1 + k\times 2 + \cdots + k\times 10\\ &= k\times(1+2+\cdots+10)\\ &= 55k.\end{aligned}$$

On en déduit : $k = \frac{1}{55}$,

autrement dit : $\boldsymbol{P(0) = \frac{1}{55}}$.

Pour tout n de $\mathbb{N}^*$:

$$1 + 2 + \cdots + n = \frac{n(n+1)}{2}.$$

7 Les trois graphiques mettent en évidence des fluctuations d'échantillonnage, d'autant plus faibles que le nombre n d'expériences est grand.

Le troisième graphique fait apparaître une stabilisation de la distribution des fréquences de sortie d'une boule rouge et d'une boule blanche sur $(p, 1-p)$, où p est entre 0,3 et 0,4. Il est donc raisonnable d'affirmer que l'urne contient des boules rouges et blanches dans les proportions $\frac{1}{3}$ et $\frac{2}{3}$, autrement dit, l'urne contenant six boules, **il est raisonnable d'affirmer que l'urne contient deux boules rouges et quatre boules blanches.**

Simulation d'expériences aléatoires

8 Expérience aléatoire : cinq lancers successifs d'une pièce de monnaie équilibrée. Relevé du nombre de côtés face.

1° On choisit de coder l'obtention de face par 1 et l'obtention de pile par 0.
Dans le compteur x, initialisé à 0, on ajoutera 1 à chaque fois que « la pièce amène face ».

```
Variables
    a, x
Initialisation
    x prend la valeur 0
Traitement
    Pour i variant de 1 à 5, faire
    |   a prend aléatoirement la
    |   valeur 0 ou 1
    |   Si a = 1, alors
    |   |   x ← x + 1
    |   └ fin Si
    └ fin Pour
Sortie
    x
```

2° TI

```
:0→x
:For (I, 1, 5)
:If ent Aléat(0,1)=1
:Then
:x+1→x
:End
:End
:Disp"NB FACE", x
```

CASIO

```
0→x↵
For 1→I To 5↵
If Int(2Ran#)=1↵
Then x+1→x↵
If End↵
Next↵
"NB FACE":x↵
```

En choisissant un nombre au hasard dans [0 ; 1[, il y a une chance sur deux qu'il soit inférieur à 0,5.

9 Expérience aléatoire : quatre jets successifs d'un dé équilibré. Relevé du minimum des points amenés par le dé.

1° Programmons l'algorithme suivant :

- définir une liste à quatre éléments,
- à l'aide de quatre passages dans une boucle **Pour**, remplir la liste par des entiers choisis au hasard dans {1 ; 2 ; 3 ; 4 ; 5 ; 6},
- afficher le minimum de la liste.

TI

```
:4→Dim L1
:For (I, 1, 4)
:entAléat(1,6)→L1[I]
:End
:Min (L1)→X
:Disp"MIN",X
```

CASIO

```
4→Dim List 1 ↵
For 1→I To 4 ↵
Int(6Ran#+1)→List 1[I]↵
Next↵
Min (List1)→X↵
"MIN":X↵
```

En vue de son utilisation dans la question suivante, ce programme sera sauvegardé sous le nom MINDE.

2° Programmons l'algorithme suivant :

- entrer la valeur n du nombre d'expériences à réaliser,
- initialiser une variable S à 0,
- à chacun des n passages dans une boucle Pour, appeler le programme MINDE et ajouter la valeur de sortie x à S,
- afficher $\frac{S}{n}$.

Pour pouvoir appeler le programme MINDE dans ce second programme, remplacer la dernière ligne de MINDE (commande d'affichage) par la commande RETURN.

TI

```
:Prompt N
:0→S
:For (J,1,N)
:prgm MINDE
:S+X→S
:End
:Disp"MOY",S/N
```

CASIO

```
"NB EXP" ?→N↵
0→S↵
For 1→J To N↵
Prog "MINDE"↵
S+X→S↵
Next↵
"MOY":S÷N
```

Pour de grandes valeurs de n, l'exécution du programme donne à l'affichage une valeur proche de 1,8.

En effet, cette valeur fluctue autour de l'espérance de la variable aléatoire X qui, à chaque résultat de l'expérience aléatoire, associe le minimum des points amenés par le dé, et on peut démontrer :

$$E(X) = \frac{2\,275}{1\,296} \approx 1{,}76.$$

10 Expérience aléatoire : cinquante tirages aléatoires successifs d'une boule avec remise dans une urne contenant trois boules rouges et cinq boules bleues. Relevé du nombre de boules rouges.

Les cinquante tirages aléatoires successifs d'une boule dans l'urne se faisant avec remise, la composition de l'urne ne varie pas au cours des tirages ; à chaque tirage, la probabilité d'obtenir une boule rouge est égale à la proportion de boules rouges dans l'urne, c'est-à-dire $\frac{3}{8}$.

Structure du programme :

• initialiser un compteur x à 0 (dans lequel seront cumulées les boules rouges obtenues), une variable p à $\frac{3}{8}$;

• à chacun des cinquante passages dans une boucle Pour, si le générateur de nombre aléatoire fournit un nombre inférieur à p, alors ajouter 1 à x ;

• afficher x.

En choisissant un nombre au hasard dans [0 ; 1[, la probabilité que ce nombre soit inférieur à $\frac{3}{8}$ est égale à $\frac{3}{8}$.

TI

```
:0→X
:For (I,1,50)
:If NbrAléat<3/8
:Then
:X+1→X
:End
:End
:Disp"NB ROUGES",X
```

CASIO

```
0→x↵
For 1→I To 50↵
If Ran#<3/8↵
Then x+1→x↵
IfEnd↵
Next↵
"NB ROUGES":x↵
```

Probabilité d'un événement

11 R_i : « obtenir une boule rouge au i-ième tirage ».

1° • $R_1 \cap R_2$ est l'événement « **obtenir une boule rouge au premier et au deuxième tirage** ».

• $R_1 \cup R_2$ est l'événement « **obtenir une boule rouge au premier ou au deuxième tirage** ».

• $\overline{R_1} \cap R_2 \cap R_3$ est l'événement « **obtenir une boule bleue au premier et une boule rouge aux deuxième et troisième tirages** ».

2° • L'événement A : « obtenir trois boules rouges » est réalisé si, et seulement si, R_1, R_2 et R_3 le sont, donc :

$$A = R_1 \cap R_2 \cap R_3.$$

• L'événement B : « obtenir au moins une boule rouge » est réalisé si, et seulement si, R_1 ou R_2 ou R_3 est réalisé, donc :

$$B = R_1 \cup R_2 \cup R_3.$$

• L'événement C : « obtenir une boule rouge au premier tirage et une boule bleue au deuxième » est réalisé si, et seulement si, R_1 et l'événement contraire de R_2 sont réalisés, donc :

$$C = R_1 \cap \overline{R_2}.$$

3° • La négation de « obtenir une boule rouge au premier et au deuxième tirage » est « ne pas obtenir une boule rouge au premier tirage ou ne pas obtenir une boule rouge au deuxième tirage », donc **l'événement contraire de $R_1 \cap R_2$ est l'événement « obtenir une boule bleue au premier ou au deuxième tirage ».**

$$\overline{R_1 \cap R_2} = \overline{R_1} \cup \overline{R_2}.$$

• La négation de « obtenir une boule rouge au premier ou au deuxième tirage » est « ne pas obtenir une boule rouge au premier tirage et ne pas obtenir une boule rouge au deuxième tirage », donc **l'événement contraire de $R_1 \cup R_2$ est l'événement « obtenir une boule bleue au premier tirage et au deuxième tirage ».**

$$\overline{R_1 \cup R_2} = \overline{R_1} \cap \overline{R_2}.$$

12 L'expérience aléatoire est modélisée par la loi équirépartie P sur l'ensemble des 32 cartes du jeu.

La probabilité d'un événement est alors égale au nombre de ses éléments divisé par 32.

1° A : « tirer un cœur ».

Un jeu de 32 cartes comprend huit cœurs, donc :

$$P(A) = \frac{8}{32} = \mathbf{\frac{1}{4}}.$$

A possède 8 éléments : card(A) = 8.

2° B : « tirer un roi ».

Quatre cartes sont des rois, donc :

$$P(B) = \frac{4}{32} = \mathbf{\frac{1}{8}}.$$

card(B) = 4.

3° C : « tirer le roi de cœur ».

Le jeu comporte un seul roi de cœur, donc :

$$P(C) = \mathbf{\frac{1}{32}}.$$

4° D : « tirer une dame rouge ».

La dame de carreau et la dame de cœur sont les deux dames rouges du jeu, donc :

$$P(D) = \frac{2}{32} = \mathbf{\frac{1}{16}}.$$

5° E : « tirer un roi ou un cœur ».

$$P(A \cup B) = P(A) + P(B) - P(A \cap B).$$

On remarque :

$$E = A \cup B \text{ et } C = A \cap B,$$

donc :

$$P(E) = P(A) + P(B) - P(C) = \frac{8}{32} + \frac{4}{32} - \frac{1}{32},$$

d'où :

$$P(E) = \mathbf{\frac{11}{32}}.$$

Un jeu de 32 cartes comprend huit cœurs, dont le roi de cœur, et trois autres rois, donc : card(E) = 11, et on retrouve bien :

$$P(E) = \frac{11}{32}.$$

6° F : « tirer une carte qui ne soit ni un roi ni un cœur ».

F est l'événement contraire de l'événement E, donc :

$$P(F) = 1 - P(E) = 1 - \frac{11}{32},$$

d'où : $$P(F) = \mathbf{\frac{21}{32}}.$$

13 **1°**

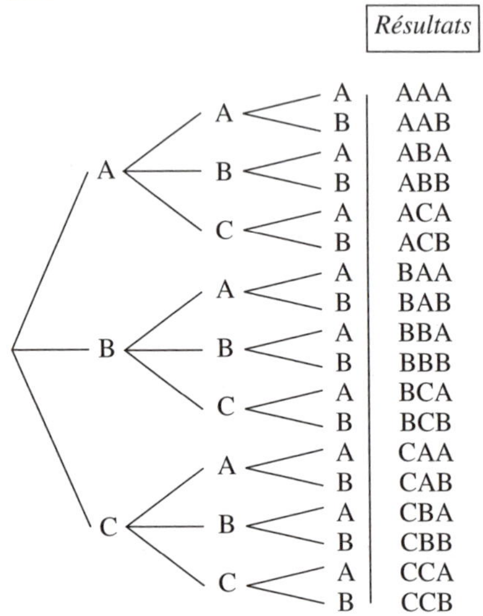

D'après l'arbre ci-dessus, les résultats sont au nombre de 18, ce qui correspond au calcul suivant :

$$3 \times 3 \times 2 = 18$$

- 3 : trois choix possibles pour la première lettre,
- 3 : le premier choix étant fait, trois choix possibles pour la deuxième lettre,
- 2 : les deux premiers choix étant faits, deux choix possibles pour la troisième lettre.

2° La loi de probabilité P associée à l'expérience aléatoire est l'équiprobabilité sur l'ensemble des 18 listes obtenues précédemment :

la probabilité d'un événement est donc le quotient par 18 du nombre de listes qui réalisent cet événement.

• E : « obtenir trois lettres identiques ».

E = {AAA, BBB}, donc :

$$P(E) = \frac{2}{18} = \mathbf{\frac{1}{9}}.$$

• F : « obtenir au plus une lettre A ».

Les listes qui réalisent l'événement F sont au nombre de 12, donc :

$$P(F) = \frac{12}{18} = \mathbf{\frac{2}{3}}.$$

• G : « obtenir trois lettres distinctes ».

Seules quatre listes réalisent l'événement G : ACB, BCA, CAB et CBA, donc :

$$\boldsymbol{P(G)} = \frac{4}{18} = \frac{\mathbf{2}}{\mathbf{9}}.$$

• H : « obtenir au moins une lettre C ».
Exactement dix listes réalisent l'événement H, donc :

$$\boldsymbol{P(H)} = \frac{10}{18} = \frac{\mathbf{5}}{\mathbf{9}}.$$

3° • $F \cap H$ est l'événement : « obtenir au plus une lettre A et au moins une lettre C » ; les listes qui le réalisent sont au nombre de 8 :
ACB, BCA, BCB, CAB, CBA, CBB, CCA, CCB, donc :

$$\boldsymbol{P(F \cap H)} = \frac{8}{18} = \frac{\mathbf{4}}{\mathbf{9}}.$$

• De l'égalité :
$P(F \cup H) = P(F) + P(H) - P(F \cap H)$,
on déduit :

$$\boldsymbol{P(F \cup H)} = \frac{2}{3} + \frac{5}{9} - \frac{4}{9} = \frac{6+5-4}{9} = \frac{\mathbf{7}}{\mathbf{9}}.$$

Variables aléatoires

14 Commençons par observer que le tableau donné dans l'énoncé est bien le tableau de la loi de probabilité d'une variable aléatoire car les nombres $\frac{1}{15}$, $\frac{1}{3}$ et $\frac{3}{5}$ sont positifs, de somme 1.

• D'après la définition de l'espérance :

$$E(X) = -2 \times \frac{1}{15} + 1 \times \frac{1}{3} + 3 \times \frac{3}{5},$$

$$\boldsymbol{E(X)} = \frac{-2+5+27}{15} = \frac{30}{15} = \mathbf{2}.$$

• D'après la définition de la variance :

$$V(X) = (-2-2)^2 \times \frac{1}{15} + (1-2)^2 \times \frac{1}{3} + (3-2)^2 \times \frac{3}{5},$$

$$\boldsymbol{V(X)} = \frac{16+5+9}{15} = \frac{30}{15} = \mathbf{2}.$$

• D'après les propriétés de l'espérance et de la variance :

$$E(-3X+2) = -3E(X) + 2,$$
$$\boldsymbol{E(-3X+2)} = -3 \times 2 + 2 = \mathbf{-4}\ ;$$
$$V(-3X+2) = (-3)^2 V(X),$$
$$\boldsymbol{V(-3X+2)} = 9 \times 2 = \mathbf{18}.$$

15 Expérience aléatoire : les boîtes B_1 et B_2 contiennent chacune un jeton numéroté 0 et un jeton numéroté 1, on tire aléatoirement un jeton de chacune des boîtes, et on les échange.
Variable aléatoire X : le nombre de jetons numérotés 1 dans la boîte B_1.
Quatre cas sont possibles, et ils sont équiprobables :
• soit dans chacune des deux boîtes a été tiré le jeton numéroté 0, et le contenu des boîtes est inchangé ;
• soit dans chacune des deux boîtes a été tiré le jeton numéroté 1, et le contenu des boîtes est inchangé ;
• soit on a tiré de la boîte B_1 le jeton numéroté 0, de la boîte B_2 celui numéroté 1, et la boîte B_1 contient alors deux jetons numérotés 1 ;
• soit on a tiré de la boîte B_1 le jeton numéroté 1, de la boîte B_2 celui numéroté 0, et la boîte B_1 contient alors deux jetons numérotés 0.
La loi équirépartie sur l'ensemble :

$$\{(0, 0), (0, 1), (1, 0), (1, 1)\}$$

est un modèle adapté.
On en déduit que **les valeurs prises par X sont 0, 1, 2** et :

$$\boldsymbol{P(X=0)} = \frac{\mathbf{1}}{\mathbf{4}},\quad \boldsymbol{P(X=1)} = \frac{\mathbf{1}}{\mathbf{2}},$$
$$\boldsymbol{P(X=2)} = \frac{\mathbf{1}}{\mathbf{4}}.$$

16 1° Le dé étant équilibré, chacun des numéros 1, 2, 3, 4, 5 et 6 apparaît avec la même probabilité $\frac{1}{6}$. D'après la définition de la variable aléatoire X, les valeurs prises par X sont -2, 0,5 et 1, avec respectivement la probabilité $2 \times \frac{1}{6}$, $\frac{1}{6}$ et $3 \times \frac{1}{6}$, ce que l'on peut résumer par le tableau suivant :

x	-2	$0{,}5$	1
$P(X = x)$	$\frac{1}{3}$	$\frac{1}{6}$	$\frac{1}{2}$

2° • D'après la définition de l'espérance :

$$E(X) = -2 \times \frac{1}{3} + 0{,}5 \times \frac{1}{6} + 1 \times \frac{1}{2}$$
$$= \frac{-8 + 1 + 6}{12},$$
$$\mathbf{E(X) = \frac{-1}{12} \approx -0{,}0833.}$$

• D'après la définition de la variance :

$$V(X) = \left(-2 + \frac{1}{12}\right)^2 \times \frac{1}{3} + \left(0{,}5 + \frac{1}{12}\right)^2 \times \frac{1}{6} + \left(1 + \frac{1}{12}\right)^2 \times \frac{1}{2},$$

donc : $V(X) = \frac{23^2 \times 2 + 7^2 + 13^2 \times 3}{12^2 \times 6}$

$$= \frac{1\,614}{144 \times 6}$$
$$= \frac{269}{144},$$

et, d'après la définition de l'écart-type :

$$\boldsymbol{\sigma}(X) = \sqrt{V(X)} = \sqrt{\frac{269}{144}} = \frac{\sqrt{269}}{12} \approx 1{,}367.$$

3° Il s'agit de construire une liste, de composantes -2, $0{,}5$ et 1 dans les proportions respectives $\frac{1}{3}$, $\frac{1}{6}$ et $\frac{1}{2}$. La liste $\left(\frac{1}{3}, \frac{1}{6}, \frac{1}{2}\right)$ étant proportionnelle à la liste d'entiers $(2, 1, 3)$, calculer l'espérance et l'écart-type de X revient à calculer la moyenne et l'écart-type de la série statistique :

$$(\underbrace{-2, -2}_{2}, \underbrace{0{,}5}_{1}, \underbrace{1, 1, 1}_{3}).$$

Avec la calculatrice en mode Statistiques, on édite la liste [–2, –2, 0,5, 1, 1, 1], et la commande de calculs statistiques sur cette liste donne en particulier à l'affichage :

```
x̄=-.0833333333
Sx =1.366768289
```

17 Expérience aléatoire : deux tirages d'une boule avec remise dans une urne contenant quatre boules numérotées de 1 à 4.

Variable aléatoire X : la différence entre le plus grand nombre de points et le plus petit nombre de points portés par les boules tirées.

1° En considérant qu'un résultat est la liste (x_1, x_2) où x_1 est le numéro porté par la boule obtenue au premier tirage et x_2 est celui porté par la boule obtenue au second tirage, le modèle est la loi équirépartie sur l'ensemble Ω des 2-listes d'éléments de l'ensemble $\{1 ; 2 ; 3 ; 4\}$, le nombre d'éléments de Ω étant égal à 2^4, c'est-à-dire 16.

Pour déterminer facilement la loi de probabilité de X, complétons un tableau à double entrée de telle sorte que le nombre placé dans la case de la ligne numérotée i et de la colonne numérotée j soit égal à la valeur prise par X lorsque la première boule tirée porte le numéro i et la seconde le numéro j.

i \ j	1	2	3	4
1	0	1	2	3
2	1	0	1	2
3	2	1	0	1
4	3	2	1	0

Pour le résultat « la première boule tirée porte le numéro 3, la seconde le numéro 4 », X prend la valeur 1 car $4 - 3 = 1$.

Six résultats réalisent l'événement $\{X = 1\}$:
(2, 1), (3, 2), (4, 3), (1, 2), (2, 3) et (3, 4).

Le tableau met en évidence que **les valeurs prises par X sont 0, 1, 2, 3** et :

$$\mathbf{P(X = 0) = \frac{4}{16} = \frac{1}{4},}$$
$$\mathbf{P(X = 1) = \frac{6}{16} = \frac{3}{8},}$$
$$\mathbf{P(X = 2) = \frac{4}{16} = \frac{1}{4},}$$
$$\mathbf{P(X = 3) = \frac{2}{16} = \frac{1}{8}.}$$

k	0	1	2	3
$P(X=k)$	$\frac{1}{4}$	$\frac{3}{8}$	$\frac{1}{4}$	$\frac{1}{8}$

2° L'espérance de X est donnée par la relation :

$$E(X)=\sum_{k=0}^{3} kP(X=k),$$

$$E(X)=0\times P(X=0)+1\times P(X=1)$$
$$+2\times P(X=2)+3\times P(X=3),$$

d'où :

$$E(X)=0\times\frac{1}{4}+1\times\frac{3}{8}+2\times\frac{1}{4}+3\times\frac{1}{8}$$

$$=\frac{1}{8}(3+4+3)=\frac{10}{8},$$

$$\boldsymbol{E(X)=\frac{5}{4}=1{,}25}.$$

18 Expérience aléatoire : quatre lancers successifs d'une pièce de monnaie équilibrée.

1° On peut représenter l'expérience aléatoire par l'arbre suivant :

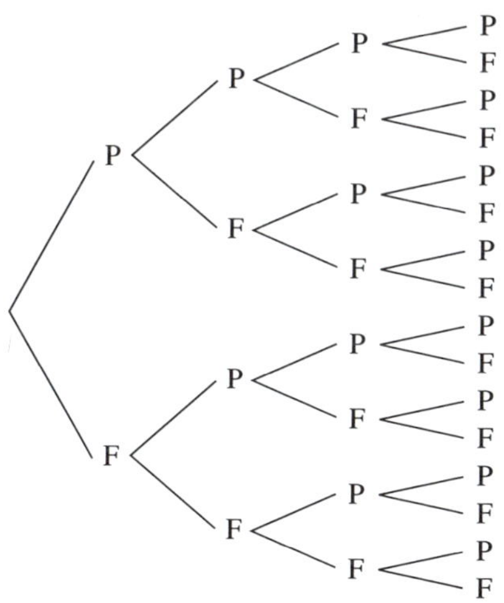

2° Variable aléatoire X : longueur de la plus grande chaîne de côtés pile.

a) ■ Les valeurs prises par X sont les entiers de 0 (aucun pile n'apparaît) à 4.

■ On obtient facilement à l'aide de l'arbre de la question **1°** :

• FFFF est le seul résultat qui réalise l'événement $\{X=0\}$,

• les résultats qui réalisent $\{X=1\}$ sont au nombre de 7 :

PFPF, PFFP, PFFF, FPFP, FPFF, FFPF, FFFP ;

$\{X=1\}$ est l'événement : « il n'y a pas deux P consécutifs ».

• les résultats qui réalisent $\{X=2\}$ sont au nombre de 5 :

PPFP, PPFF, PFPP, FPPF, FFPP ;

• les résultats qui réalisent $\{X=3\}$ sont au nombre de 2 :

PPPF et FPPP ;

• PPPP est le seul résultat qui réalise $\{X=4\}$.

Le modèle étant la loi équirépartie sur un ensemble à 16 éléments ($2^4=16$), on obtient le tableau de la loi de probabilité de X suivant :

k	0	1	2	3	4
$P(X=k)$	$\frac{1}{16}$	$\frac{7}{16}$	$\frac{5}{16}$	$\frac{2}{16}$	$\frac{1}{16}$

On a bien $\sum_{k=0}^{4} P(X=k)=1$.

b) L'espérance de X est donnée par la relation :

$$E(X)=\sum_{k=0}^{4} kP(X=k),$$

d'où :

$$E(X)=0\times\frac{1}{16}+1\times\frac{7}{16}+2\times\frac{5}{16}$$
$$+3\times\frac{2}{16}+4\times\frac{1}{16}$$

$$=\frac{1}{16}\,(7+10+6+4),$$

$$\boldsymbol{E(X)=\frac{27}{16}=1{,}6875.}$$

3° Variable aléatoire Y : rang d'apparition du dernier pile (0 si aucun pile n'apparaît).

Par la même méthode que celle développée dans la question précédente, on obtient :

• le tableau de la loi de probabilité de Y suivant :

k	0	1	2	3	4
$P(Y = k)$	$\frac{1}{16}$	$\frac{1}{16}$	$\frac{2}{16}$	$\frac{4}{16}$	$\frac{8}{16}$

• l'espérance Y :

$$E(Y) = 0 \times \frac{1}{16} + 1 \times \frac{1}{16} + 2 \times \frac{2}{16} + 3 \times \frac{4}{16} + 4 \times \frac{8}{16},$$

$$\boldsymbol{E(Y) = \frac{49}{16} = 3{,}0625.}$$

4° On a l'égalité :

$$P(\{X = 2\} \cup \{Y = 3\}) = P(X = 2) + P(Y = 3) - P(\{X = 2\} \cap \{Y = 3\}),$$

et :

• $P(X = 2) = \frac{5}{16}$ d'après la question **2°**,

• $P(Y = 3) = \frac{4}{16}$ d'après la question **3°**,

• $P(\{X = 2\} \cap \{Y = 3\}) = \frac{1}{16}$, car, parmi les résultats qui réalisent $\{X = 2\}$, FPPF est le seul qui réalise aussi $\{Y = 3\}$;

donc :

$$\boldsymbol{P(\{X = 2\} \cup \{Y = 3\})} = \frac{5}{16} + \frac{4}{16} - \frac{1}{16} = \frac{8}{16} = \boldsymbol{\frac{1}{2}}.$$

19 Expérience aléatoire : trois lancers successifs d'un dé équilibré.

Variable aléatoire X : numéro du lancer où apparaît le premier 6 (0 si aucun 6 n'apparaît).

1° • À chaque lancer, le dé étant équilibré, la probabilité d'obtenir 6 est égale à $\frac{1}{6}$, et celle de ne pas obtenir 6 est égale à $\frac{5}{6}$.

Construisons l'arbre pondéré de cette expérience aléatoire :

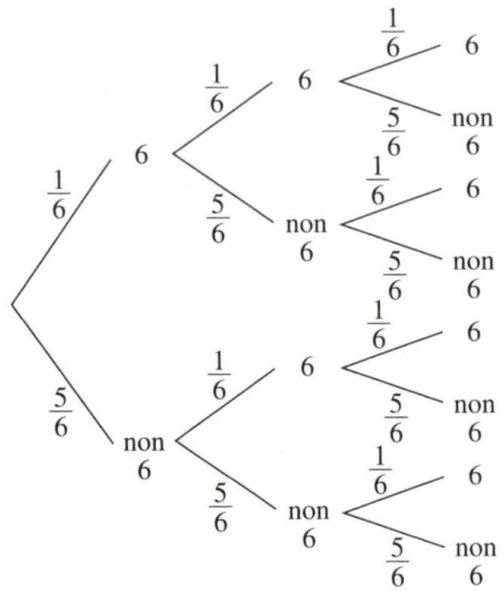

• – Les valeurs prises par X sont clairement les entiers de 0 à 3.

– La probabilité du résultat auquel conduit un chemin étant le produit des probabilités rencontrées le long du chemin :

$$P(X = 0) = \left(\frac{5}{6}\right)^3, \quad P(X = 1) = \frac{1}{6},$$

$$P(X = 2) = \frac{5}{6} \times \frac{1}{6},$$

$$P(X = 3) = \left(\frac{5}{6}\right)^2 \times \frac{1}{6}.$$

Dressons le tableau de la loi de probabilité de X :

k	0	1	2	3
$P(X = k)$	$\frac{125}{216}$	$\frac{36}{216}$	$\frac{30}{216}$	$\frac{25}{216}$

On a bien $\sum_{k=0}^{3} P(X = k) = 1$.

– L'espérance de X est donnée par la relation :

$$E(X) = \sum_{k=0}^{3} kP(X = k),$$

d'où :

$$E(X) = 0 \times \frac{125}{216} + 1 \times \frac{36}{216} + 2 \times \frac{30}{216} + 3 \times \frac{25}{216},$$

$$E(X) = \frac{1}{216}(36 + 60 + 75) = \frac{171}{216},$$

$$\boldsymbol{E(X) = \frac{19}{24} \approx 0{,}792.}$$

2° L'algorithme suivant simule l'expérience aléatoire étudiée et donne en sortie la valeur prise par X :

```
Variables
   x, k, alea : entiers
Initialisation
   k et alea prennent la valeur 0
Traitement
   Tant que alea est différent de 6
   | et k < 3
   |    k prend la valeur k + 1
   |    alea prend la valeur d'un
   |    nombre aléatoire entier entre
   |    1 et 6
   └─── fin Tant que
   Si alea = 6
   |    alors x prend la valeur k
   |    sinon x prend la valeur 0
   └─── fin Si
Sortie
   Afficher x
```

20 Expérience aléatoire : deux lancers successifs d'un dé tétraédrique (faces numérotées de 1 à 4).

Variable aléatoire X : le plus grand des deux numéros amenés par le dé.

1° ■ Les valeurs prises par X sont clairement les entiers de 1 à 4.

■ • $(1, 1)$ est le seul résultat qui réalise l'événement $\{X = 1\}$,

• les résultats qui réalisent $\{X = 2\}$ sont au nombre de 3 :

$$(1, 2),\ (2, 1),\ (2, 2) ;$$

• les résultats qui réalisent $\{X = 3\}$ sont au nombre de 5 :

$(1, 3),\ (3, 1),\ (2, 3),\ (3, 2),\ (3, 3)$;

• les résultats qui réalisent $\{X = 4\}$ sont au nombre de 7 :

$(1, 4),\ (4, 1),\ (2, 4),\ (4, 2),\ (3, 4),\ (4, 3),\ (4, 4)$.

Vous pouvez vous aider d'un tableau comme dans l'exercice 17.

Le modèle étant la loi équirépartie sur un ensemble à 16 éléments $(2^4 = 16)$, on obtient le tableau de la loi de probabilité de X suivant :

$\boldsymbol{k}$	1	2	3	4
$\boldsymbol{P(X = k)}$	$\frac{1}{16}$	$\frac{3}{16}$	$\frac{5}{16}$	$\frac{7}{16}$

On a bien $\sum_{k=1}^{4} P(X = k) = 1$.

a) L'espérance de X est donnée par la relation :

$$E(X) = \sum_{k=1}^{4} kP(X = k),$$

$$E(X) = 1 \times P(X = 1) + 2 \times P(X = 2) + 3 \times P(X = 3) + 4 \times P(X = 4),$$

d'où :

$$E(X) = 1 \times \frac{1}{16} + 2 \times \frac{3}{16} + 3 \times \frac{5}{16} + 4 \times \frac{7}{16}$$

$$= \frac{1}{16}(1 + 6 + 15 + 28)$$

$$= \frac{50}{16},$$

$$\boldsymbol{E(X) = \frac{25}{8} = 3{,}125.}$$

2° L'algorithme proposé simule n répétitions de l'expérience aléatoire ; dans la variable S sont cumulées les valeurs prises par X.

Donc **la valeur en sortie S/n est la moyenne des valeurs prises par X lors de n répétitions de l'expérience aléatoire étudiée.**

On sait que **cette moyenne fluctue autour de l'espérance de X, dans un intervalle de fluctuation d'autant plus petit que n est grand.**

21 Expérience aléatoire : neuf lancers d'une pièce de monnaie équilibrée.
Variable aléatoire X : nombre d'alternances.

1° a) Les résultats qui réalisent l'événement $\{X = 0\}$ (aucune alternance) **sont les listes :**

$$(\mathbf{1, 1, 1, 1, 1, 1, 1, 1, 1}) \text{ et } (\mathbf{0, 0, 0, 0, 0, 0, 0, 0, 0}).$$

Ceux qui réalisent l'événement $\{X = 8\}$ sont les listes :

$$(\mathbf{1, 0, 1, 0, 1, 0, 1, 0, 1}) \textbf{ et } (\mathbf{0, 1, 0, 1, 0, 1, 0, 1, 0}).$$

8 est le nombre maximal d'alternances.

b) Les résultats qui réalisent l'événement $\{X = 1\}$ sont les listes :

$$(0, \underbrace{1, \ldots, 1}_{\text{huit chiffres 1}}), \quad (0, 0, \underbrace{1, \ldots, 1}_{\text{sept chiffres 1}}), \ldots,$$

$$(\underbrace{0, \ldots, 0, 1}_{\text{huit chiffres 0 et un seul 1}})$$

et les listes obtenues en échangeant 0 et 1 dans les huit listes précédentes.
Donc **16 résultats réalisent l'événement $\{X = 1\}$.**

c) On déduit de **a)** et **b)** :

- $P(X = 0) = \frac{2}{2^9} = \frac{1}{2^8} = \mathbf{\frac{1}{256}}$,

$P(X = 0) \approx 0{,}004$ à 10^{-3} près ;

- de même : $P(X = 8) = \mathbf{\frac{1}{256}}$,

$P(X = 8) \approx 0{,}004$ à 10^{-3} près ;

- $P(X = 1) = \frac{16}{2^9} = \frac{1}{2^5} = \mathbf{\frac{1}{32}}$,

$P(X = 1) \approx 0{,}031$ à 10^{-3} près.

2° Pour fixer les idées, on peut considérer que la valeur 1 code « la pièce amène pile » et que la valeur 0 code « la pièce amène face ».

```
Variables
    a, b, x
Initialisation
    x ← 0
Traitement
    a prend aléatoirement la valeur
    0 ou 1 (premier lancer)
    Pour i variant de 2 à 9, faire
    | (il reste huit lancers à effectuer)
    |   b prend aléatoirement la
    |   valeur 0 ou 1
    |   Si a ≠ b, alors
    |   | (il y a alternance)
    |   |     x ← x + 1
    |   |     (a prend la valeur corres-
    |   |     pondant au dernier lancer)
    |   |     a ← b
    |   └ fin Si
    └ fin Pour
Sortie
    x
```

3° Simulation de N expériences aléatoires.

À la fin de la première boucle **Pour**, les composantes $L[1]$, $L[2]$, …, $L[9]$, de L contiennent le nombre de fois où **algo1** a donné en sortie respectivement 0, 1, …, 8.

```
Variables
    N, n, L
Entrée
    Saisir N
Initialisation
    x ← (0,0,0,0,0,0,0,0,0)
Traitement
    Pour i variant de 1 à N, faire
    | (Simulation de N expériences)
    |     n ← algo1 + 1
    |     (Si algo1 donne en sortie p,
    |     alors l'événement {X = p} est
    |     réalisé et on ajoute 1 à la
    |     (p + 1)-ième composante de L)
    |     (Fréquences sur N expériences)
    |     L[n] ← L[n] + 1
    └ fin Pour
    Pour i variant de 1 à 9, faire
    |     L[i] ← L[i]/N
    └ fin Pour
Sortie
    Afficher L
```

4° Quand le nombre d'expériences augmente, la distribution des fréquences se rapproche de la loi de probabilité, ce que l'on observe en comparant les résultats obtenus à la question 1° c) :

$$P(X=0) \approx 0{,}004,$$
$$P(X=1) \approx 0{,}031,$$
$$P(X=8) \approx 0{,}004,$$

avec les deux premières et la dernière des valeurs de chacune des trois listes :

$N = 1\,000$: 0,005 0,034 et 0,003

$N = 10\,000$: 0,005 0,034 et 0,004

$N = 100\,000$: 0,004 0,031 et 0,004.

On peut donc considérer que **les résultats obtenus par simulation sont en accord avec ceux obtenus par le calcul à la question 1° c)**.

22 **1°** On suppose que le joueur mise n fois.

a) Le modèle est l'équirépartition sur les n-listes dont les éléments valent 0 ou 1 (on code « le joueur perd » par 0 et « le joueur gagne » par 1). Le nombre de telles n-listes est égal à 2^n, et la seule n-liste qui réalise l'événement « le joueur gagne au n-ième coup » est la liste (0, … 0, 1) dont tous les éléments sont des 0, sauf le n-ième qui est 1.

On en déduit que **la probabilité que le joueur gagne au n-ième coup est égale à $\frac{1}{2^n}$.**

b) Le joueur doublant sa mise tant qu'il perd, et la première mise s'élevant à 1 €, il a misé successivement 1 €, 2 €, …, 2^{n-1} €, et :

$$1 + 2 + \cdots + 2^{n-1} = \frac{1-2^n}{1-2} = 2^n - 1\,;$$

$1 + 2 + \cdots + 2^{n-1}$ est la somme des n premiers termes de la suite géométrique de premier terme 1 et de raison 2.

la somme des mises successives du premier au n-ième coup est donc égale à $(2^n - 1)$.

c) La mise au n-ième coup est de 2^{n-1} € ; **en gagnant au n-ième coup**, le joueur reçoit 2^n €, et **son gain s'élève à** 2^n € $-\ (2^n - 1)$ €, c'est-à-dire à **1 €.**

2° Le joueur n'a pu miser n fois que si :

$$1\,000 \geqslant 2^n - 1,$$

or : $2^9 = 512$ et $2^{10} = 1\,024$,

donc **le nombre maximal de coups est 9.**

3° Soit G la variable aléatoire qui donne le gain en euros (positif ou négatif) du joueur.

a) • Soit le gain du joueur s'élève à 1 €, lorsqu'il gagne au 1er, 2-ième, …, ou 9-ième coup, soit le joueur joue 9 fois et perd, auquel cas il perd la somme de ses mises, c'est-à-dire $(2^9 - 1)$ €.

La variable aléatoire G prend donc deux valeurs : 1 et $1 - 2^9$.

• L'événement $\{G = 1\}$ est réalisé si, et seulement si, le joueur gagne au 1er, 2-ième, …, ou au 9-ième coup, donc la probabilité de l'événement $\{G = 1\}$ est égale à :

$$\frac{1}{2} + \frac{1}{2^2} + \cdots + \frac{1}{2^9},$$

c'est-à-dire à : $1 - \frac{1}{2^9}$.

$$\sum_{k=1}^{9} \frac{1}{2^k} = \sum_{k=1}^{9} \left(\frac{1}{2}\right)^k,$$
$$= \frac{1}{2} \times \frac{1-\left(\frac{1}{2}\right)^9}{1-\frac{1}{2}},$$
$$= 1 - \frac{1}{2^9}.$$

• L'événement $\{G = 1 - 2^9\}$ est réalisé si, et seulement si, le joueur perd du 1er au 9-ième coup (la seule éventualité qui réalise $\{G = 1 - 2^9\}$ est la 9-liste nulle (0, …, 0)), donc la probabilité de l'événement $\{G = 1 - 2^9\}$ est égale à $\frac{1}{2^9}$.

$\{G = 1\}$ et $\{G = 1 - 2^9\}$ sont des événements contraires, donc la somme de leurs probabilités est égale à 1.

i	1	$1 - 2^9$
$P(G = i)$	$1 - \frac{1}{2^9}$	$\frac{1}{2^9}$

b) L'espérance de la variable aléatoire G vérifie :

$$E(G) = 1 \times \left(1 - \frac{1}{2^9}\right) + (1 - 2^9) \times \frac{1}{2^9}$$

$$= 1 - \frac{1}{2^9} + \frac{1}{2^9} - 1,$$

donc : $\boldsymbol{E(G) = 0}$;

autrement dit, le gain moyen du joueur est nul.

23 1° Le nombre maximal de fois où le dé est lancé est 6 ; admettons que, quels que soient les résultats des lancers, on effectue six lancers du dé ; en considérant qu'une issue est une 6-liste de nombres entiers compris entre 1 et 6, toutes les issues sont équiprobables (le dé est équilibré) ; par exemple, les 6-listes (1, 2, 1, 6, 4, 6), et (5, 1, 3, 6, 1, 1) correspondent toutes les deux au cas où le lièvre gagne au quatrième lancer du dé, car le nombre 6 apparaît pour la première fois en quatrième position dans chacune des 6-listes, et, contrairement à la description de l'expérience aléatoire, on continue à lancer le dé deux fois (les résultats des deux derniers lancers du dé n'ayant aucune influence sur le jeu).
L'expérience aléatoire est donc modélisée par la loi de probabilité équirépartie sur l'ensemble Ω des 6^6 issues possibles.

$$\Omega = \{1; 2; ...; 6\}^6,$$
$$\text{card}(\Omega) = 6^6 = 46\,656.$$

2° • La tortue gagne si, et seulement si, le dé n'amène jamais 6 en six coups ; les issues qui réalisent l'événement « la tortue gagne » sont les 6-listes de nombres entiers compris entre 1 et 5, et il y a 5^6 telles 6-listes.

$$\text{card}(\{1; 2; ...; 5\}^6) = 5^6.$$

La probabilité que la tortue gagne est donc $\frac{5^6}{6^6}$, c'est-à-dire $\left(\frac{5}{6}\right)^6$.

$$\left(\frac{5}{6}\right)^6 \approx 0{,}335.$$

• L'événement « le lièvre gagne » étant l'événement contraire de l'événement « la tortue gagne », **la probabilité que le lièvre gagne est égale à $1 - \frac{5^6}{6^6}$.**

$$1 - \left(\frac{5}{6}\right)^6 \approx 0{,}665.$$

3° Simulation sur calculatrice

Remarquons que la tortue gagne si, et seulement si, aucun 6 ne sort en six coups, c'est-à-dire si, et seulement si, le maximum des chiffres amenés par le dé en six coups est strictement inférieur à 6.
Voici l'algorithme que nous allons programmer :

• définir une liste à six éléments, initialiser la variable A à 0, entrer la valeur du nombre d'expériences souhaité dans la variable N,

• à chacun des N passages dans une boucle **Pour**, remplir la 6-liste par des entiers choisis au hasard dans $\{1, 2, ..., 6\}$, et ajouter 1 à la variable A si le maximum des éléments de la liste est strictement inférieur à 6,

• afficher le quotient A/N.

TI

```
:6→dim L1
:0→A
:Prompt N
:For (I, 1, N)
:For (J, 1, 6)
:ent Aléat (1, 6)→L1(J)
:End
:If max(L1)<6
:Then
:A+1→A
:End
:End
:Disp "FRQ T GAGNE", A/N
```

CASIO

```
6→Dim List 1↵
0→A↵
"NB EXP"? →N↵
For 1→I To N↵
For 1→J To 6↵
Int(6Ran#+1)→List1[J]↵
Next↵
If Max(List1) <6↵
Then A+1→A↵
IfEnd↵
Next↵
"FRQ TORTUE GAGNE":A÷N
```

Pour 50 et 500 expériences, on a obtenu :

```
50
FRQ TORTUE GAGNE
                  0.3
NB EXP?
500
FRQ TORTUE GAGNE
                0.334
```

Pour un grand nombre d'expériences, la fréquence du cas où la tortue gagne se rapproche de la probabilité de l'événement « la tortue gagne ».

4° Simulation avec un tableur

G2 =SI(MAX(A2:F2)=6;0;1)

	A	B	C	D	E	F	G	H	I
1	400 expériences							Moyenne	
2	1	4	5	2	5	2	1	0,315	
3	5	5	1	4	2	5	1		
4	4	3	2	5	1	1	1		
5	6	3	4	4	1	6	0		
6	4	1	3	2	6	6	0		
7	3	4	5	5	4	1	1		

Pour simuler le lancer d'un dé équilibré, on entre dans la cellule A2 la formule =ALEA.ENTRE.BORNES(1,6), puis on étire la formule vers la droite jusqu'à F2 (les six étapes d'une expérience).

Dans la cellule G2, on entre la formule =SI(MAX(A2:F2)=6 ;0 ;1), qui retourne la valeur 0 (la tortue perd) si le maximum des valeurs de la plage A2:F2 est égal à 6, et la valeur 1 (la tortue gagne) sinon.

Ensuite, on étire vers le bas la plage A2:G2 jusqu'à la ligne 401 pour simuler 400 expériences.

Enfin, dans la cellule H2, on entre la formule =MOYENNE(G2:G401) qui calcule la moyenne des cellules de la plage G2:G401.

En actionnant la touche **F9**, une nouvelle simulation est exécutée.

L'interrogation écrite

24 Expérience aléatoire : distribution au hasard de trois jetons dans trois boîtes B_1, B_2, B_3.

Variable aléatoire X : nombre de boîtes restées vides.

1° Numérotons les jetons de 1 à 3 (ou, ce qui revient au même, considérons que l'on place aléatoirement dans B_1, B_2 ou B_3 un premier jeton, puis un deuxième, puis un troisième).

En prenant pour résultat la liste (x_1, x_2, x_3), où, pour tout entier i compris au sens large entre 1 et 3, x_i est le numéro de la boîte où est placé le i-ème jeton, tous les résultats sont équiprobables d'après la description de l'expérience aléatoire.

Les résultats sont alors les 3-listes d'éléments de $\{1, 2, 3\}$, il y en a 3^3, c'est-à-dire 27.

En conclusion, la loi équirépartie sur l'ensemble des trois listes d'éléments de {1, 2, 3}, est un modèle adapté.

2° • Il est clair que seuls les trois cas suivants sont possibles :

aucune boîte ne reste vide,
une seule boîte reste vide,
deux boîtes restent vides.

Les valeurs prises par X sont donc les entiers 0, 1 et 2.

• – Les résultats qui réalisent l'événement $\{X = 2\}$ sont (1, 1, 1), (2, 2, 2) et (3, 3, 3) (tous les jetons sont placés dans une même boîte, exactement deux boîtes sont vides), donc :

$$P(X = 2) = \frac{3}{27} = \frac{1}{9}.$$

– Les résultats qui réalisent l'événement $\{X = 0\}$ sont (1, 2, 3), (1, 3, 2), (2, 1, 3), (2, 3, 1), (3, 1, 2) et (3, 2, 1) (un seul jeton par boîte, aucune boîte n'est vide), donc :

$$P(X = 0) = \frac{6}{27} = \frac{2}{9}.$$

– De l'égalité

$P(X = 0) + P(X = 1) + P(X = 2) = 1$,

on déduit :

$$P(X = 1) = 1 - P(X = 0) - P(X = 2)$$
$$= 1 - \frac{2}{9} - \frac{1}{9} = \frac{6}{9} = \frac{2}{3}.$$

Noter que la méthode utilisée pour calculer $P(X = 1)$ n'est pas sans danger : mieux vaut être sûr des valeurs trouvées pour $P(X = 2)$ et $P(X = 0)$!

On aurait bien sûr pu également déterminer tous les résultats qui réalisent l'événement $\{X = 1\}$ (il y en a 27), mais c'était nettement plus long.

k	0	1	2
$P(X = k)$	$\frac{2}{9}$	$\frac{6}{9}$	$\frac{1}{9}$

3° On a :

$$E(X) = 0 \times \frac{2}{9} + 1 \times \frac{6}{9} + 2 \times \frac{1}{9} = \mathbf{\frac{8}{9}}.$$

4° L'algorithme proposé repose sur les observations suivantes :

• avant l'expérience aléatoire, les trois boîtes sont vides ;

• à chaque fois que l'on place aléatoirement un jeton dans une des trois boîtes, le nombre de boîtes vides ne diminue d'une unité que si la boîte où est placé le jeton était inoccupée.

```
Variables
   x, k, alea : entiers
   L : liste de 3 éléments
Initialisation
   x prend la valeur 3
   L prend la valeur [0, 0, 0]
Traitement
   Pour k variant de 1 à 3, faire
      alea prend la valeur d'un
      nombre aléatoire entier entre
      1 et 3
      Si L[alea] = 0, alors
         L[alea] prend la valeur 1
         x prend la valeur x – 1
      fin Si
   fin Pour
Sortie
   Afficher x
```

CHAPITRE 16

Loi binomiale

LE COURS

Épreuve de Bernoulli, loi de Bernoulli

On appelle épreuve de Bernoulli une expérience à deux issues :

- l'une, appelée succès, de probabilité p $(0 < p < 1)$,
- l'autre, appelée échec, de probabilité $1 - p$.

La variable aléatoire X qui prend la valeur 1 en cas de succès, 0 en cas d'échec, suit la loi de Bernoulli de paramètre p.

k	0	1
$P(X = k)$	$1 - p$	p

$$E(X) = p$$
$$V(X) = p(1 - p)$$
$$\sigma(X) = \sqrt{p(1 - p)}$$

Modèle de Bernoulli, loi binomiale

On appelle modèle (ou schéma) de Bernoulli la répétition de n épreuves de Bernoulli identiques et indépendantes $(n \in \mathbb{N}^*)$, de même paramètre de succès p.

La probabilité d'une liste de résultats est le produit des probabilités de chaque résultat.

La variable aléatoire X qui compte les succès suit la loi binomiale de paramètre (n, p).

Alors :

- les valeurs prises par X sont les entiers de 0 à n ;
- pour tout entier k compris au sens large entre 0 et n :

$$P(X = k) = \binom{n}{k} p^k (1 - p)^{n-k}$$

- $E(X) = np$, $V(X) = np(1 - p)$ et $\sigma(X) = \sqrt{np(1 - p)}$

Représentations graphiques de lois binomiales

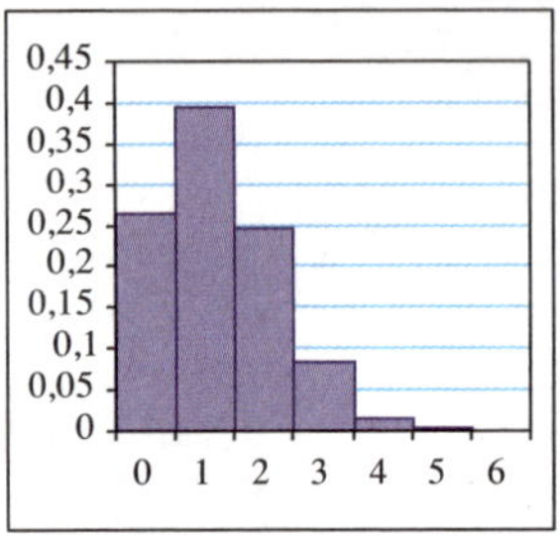

$(n, p) = (6, 0{,}2)$

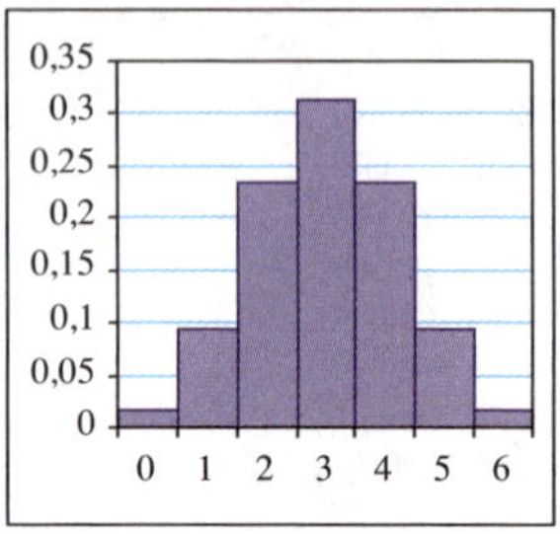

$(n, p) = (6, 0{,}5)$

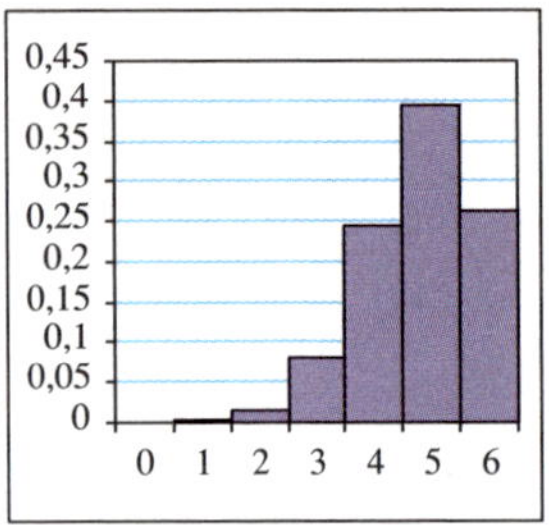

$(n, p) = (6, 0{,}8)$

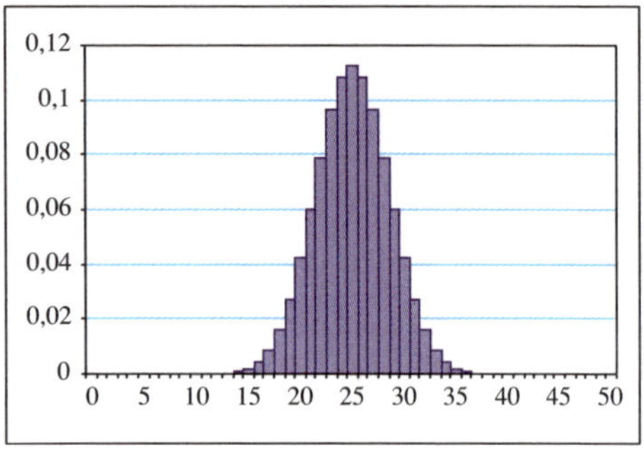

$(n, p) = (50, 0{,}5)$

Coefficients binomiaux, triangle de Pascal

Dans la représentation d'un modèle de Bernoulli à l'aide d'un arbre, $\binom{n}{k}$ désigne le nombre de chemins conduisant à k succès pour n répétitions.

▶ Propriétés

- Pour tout entier naturel n : $\boldsymbol{\binom{n}{0} = 1}$, $\boldsymbol{\binom{n}{n} = 1}$, et, **si** $\boldsymbol{n \geqslant 1}$: $\boldsymbol{\binom{n}{1} = n}$.
- Pour tous entiers n et k tels que $\boldsymbol{0 \leqslant k \leqslant n}$: $\boldsymbol{\binom{n}{k} = \binom{n}{n-k}}$.
- Formule de Pascal

Pour tous entiers n et k tels que $\boldsymbol{0 \leqslant k < n}$: $\boldsymbol{\binom{n+1}{k+1} = \binom{n}{k} + \binom{n}{k+1}}$.

▶ Triangle de Pascal

La formule de Pascal permet de construire les lignes successives du triangle de Pascal.

À la $(n+1)^e$ ligne, on trouve successivement : $\binom{n}{0}, \binom{n}{1}, \binom{n}{2}, \ldots, \binom{n}{n}$.

Par exemple :

$\binom{6}{2} = \binom{5}{1} + \binom{5}{2} = 5 + 10 = 15.$

1						
1	1					
1	2	1				
1	3	3	1			
1	4	6	4	1		
1	5	10	10	5	1	
1	6	15	20	15	6	1
⋮	⋮	⋮	⋮	⋮	⋮	⋮

cours
exercices
interro
corrigés

Calculatrices

Comment éditer le calcul d'un coefficient binomial : exemple de $\binom{6}{2}$.

- **Avec une TI**

Taper la suite de touches : 6 MATH , sélectionner le menu PRB , taper 3 (ou sélectionner la troisième commande), et enfin taper 2 .

On lit à l'écran : **6 Combinaison 2**, qui donne **15** après validation.

- **Avec une CASIO**

Taper la suite de touches : 6 OPTN F6 (▶) F3 (menu PROB) F3 (commande nCr), et enfin taper 2 .

On lit à l'écran : **6 C 2**, qui donne **15** après validation.

Échantillonnage

Définition

L'intervalle de fluctuation à 95 % d'une fréquence correspondant à la réalisation, sur un échantillon aléatoire de taille n, d'une variable aléatoire X de loi binomiale de paramètres n et p, est l'intervalle $\left[\frac{a}{n} ; \frac{b}{n}\right]$ défini par :

- a est le plus petit entier tel que $P(X \leqslant a) > 0{,}025$;
- b est le plus petit entier tel que $P(X \leqslant b) \geqslant 0{,}975$.

Pour $n \geqslant 30$, $n \times p \geqslant 5$ et $n \times (1-p) \geqslant 5$, l'intervalle de fluctuation $\left[\frac{a}{n} ; \frac{b}{n}\right]$ est sensiblement le même que l'intervalle $\left[p - \frac{1}{\sqrt{n}} ; p + \frac{1}{\sqrt{n}}\right]$ proposé en classe de Seconde.

Règle de décision

On considère une population dans laquelle on suppose que la proportion d'un certain caractère est p. On prélève, au hasard et avec remise, un échantillon de taille n sur lequel on observe une fréquence f du caractère.

On choisit de fixer le seuil de décision de sorte que la probabilité de rejeter l'hypothèse, alors qu'elle est vraie, soit inférieure à 5 %.

Si f n'appartient pas à l'intervalle de fluctuation à 95 %, on rejette l'hypothèse selon laquelle la proportion du caractère étudié est p.

Sinon, on l'accepte.

EXERCICES

Vrai ou faux ?

1 ★ 10 min (corrigés p. 410)

1° Des variables aléatoires qui suivent des lois de Bernoulli de paramètres p et $1-p$ ont la même variance.

2° Si une variable aléatoire X suit la loi de Bernoulli de paramètre p, alors la variable aléatoire $1-X$ suit la loi de Bernoulli de paramètre $1-p$.

3° $\binom{100}{1} = 100$ et $\binom{100}{0} = 1$.

4° $\binom{15}{9}$ et $\binom{15}{12}$ sont des coefficients binomiaux situés dans une même colonne du triangle de Pascal.

5° $\binom{14}{12} + \binom{14}{11} = \binom{15}{11}$.

6° $\binom{10}{8} = \binom{10}{2}$.

7° $\binom{13}{7} = \binom{14}{8} - \binom{13}{8}$.

8° La variance d'une variable aléatoire binomiale est toujours inférieure à sa moyenne.

9° Une variable aléatoire de Bernoulli est aussi une variable aléatoire binomiale.

10° Un carnet de loterie comporte soixante billets, dont trois sont gagnants. On choisit au hasard quatre billets dans ce carnet.
La variable aléatoire donnant le nombre de billets gagnants ainsi obtenus suit la loi binomiale de paramètre (4 ; 0,05).

Variables aléatoires de Bernoulli

2 ★ 5 min (corrigés p. 411)

Soit X une variable aléatoire qui suit la loi de Bernoulli de paramètre p $(0 < p < 1)$.
Démontrer que sa variance est au plus égale à $\frac{1}{4}$.

3 ★ 10 min (corrigés p. 411)

Soit X une variable aléatoire dont la loi de probabilité est donnée par le tableau suivant :

k	-2	3
$P(X = k)$	0,7	0,3

On appelle Y la variable aléatoire $\frac{1}{5}X + \frac{2}{5}$.

Quelles sont les valeurs prises par Y ?

En déduire la variance de Y, puis celle de X.

4 ★★ 10 min (corrigés p. 411)

On considère une expérience aléatoire qui consiste à répéter n épreuves de Bernoulli identiques et indépendantes ($n \in \mathbb{N}^*$), de probabilité de succès p ($0 < p < 1$). Pour tout entier i compris au sens large entre 1 et n, on note X_i la variable aléatoire qui, à tout résultat de l'expérience aléatoire, associe 1 en cas de succès à la i-ème épreuve, 0 sinon.

1° Quelle est la loi de probabilité de chacune des variables aléatoires $X_1, X_2, \ldots, X_n$?

2° On pose : $X = X_1 + X_2 + \cdots + X_n$.

Quelle est la loi de probabilité de la variable aléatoire X ?

Retrouver l'espérance d'une variable aléatoire binomiale de paramètre (n, p).

Coefficients binomiaux

5 ★ 10 min (corrigés p. 412)

1° À l'aide de la calculatrice, donner la valeur de chacun des coefficients binomiaux suivants :

$$\binom{8}{3}, \quad \binom{21}{9}, \quad \binom{36}{17}, \quad \binom{36}{18}.$$

2° Sans calculatrice, donner la valeur de $\binom{2\,012}{2\,011}$, $\binom{21}{12}$ et $\binom{37}{18}$.

6 ★ 10 min (corrigés p. 412)

On peut démontrer que, pour tous entiers n et k tels que $1 \leqslant k \leqslant n$:

$$\binom{n}{k} = \frac{\overbrace{n \times (n-1) \times \cdots \times (n-k+1)}^{\text{produit de } k \text{ entiers consécutifs dont le plus grand est } n}}{\underbrace{k \times (k-1) \times \cdots \times 1}_{\text{produit de } k \text{ entiers consécutifs dont le plus grand est } k}}.$$

1° Utiliser la formule précédente pour calculer $\binom{8}{3}$, $\binom{7}{5}$, $\binom{8}{4}$.

2° Justifier que le nombre $\dfrac{100 \times 99 \times \cdots \times 76}{25 \times 24 \times \cdots \times 1}$ est un entier.

7 ★★ 20 min (corrigés p. 412)

1° Écrire les neuf premières lignes du triangle de Pascal.

Préciser la valeur de $\binom{7}{3}$ et de $\binom{8}{4}$.

2° Calculer la somme des coefficients binomiaux de chacune des neuf lignes du tableau précédent.
Qu'observe-t-on ?

3° Calculer la somme des coefficients binomiaux de chacune des huit colonnes du triangle de Pascal, de la première à la huitième ligne.
Qu'observe-t-on ?

4° Pour tout entier naturel n supérieur ou égal à 3, on pose :

$$K_n = \binom{3}{3} + \binom{4}{3} + \cdots + \binom{n}{3}.$$

a) Justifier que, pour tout entier naturel k supérieur ou égal à 4 :

$$\binom{k}{3} = -\binom{k}{4} + \binom{k+1}{4}.$$

b) En déduire une écriture plus simple de K_n.

Variables aléatoires binomiales

8 ★ 5 min (corrigés p. 413)

Représenter graphiquement la loi binomiale de paramètre $\left(4, \frac{1}{3}\right)$.

9 ★ 5 min (corrigés p. 413)

Dans une urne qui contient cinq boules rouges, deux boules blanches et une boule verte, on effectue quatre tirages successifs au hasard d'une boule avec remise.

1° On appelle X la variable aléatoire qui, à chaque résultat de l'expérience aléatoire, associe le nombre de boules rouges obtenues.
Quelle est la loi de probabilité de X ?

2° On appelle Y la variable aléatoire qui, à chaque résultat de l'expérience aléatoire, associe le nombre de boules rouges ou vertes obtenues.
Quelle est la loi de probabilité de Y ?

10 ★★ 10 min (corrigés p. 414)

1° Soit X une variable aléatoire binomiale de taille n et de paramètre de succès p $(n \geqslant 1, 0 < p < 1)$.

a) Préciser la valeur de $P(X = n)$.

b) On suppose, dans cette question, que $p = \frac{1}{2}$.

Soit k un entier compris au sens large entre 0 et n.
Expliciter $P(X = k)$.
Que peut-on dire de $P(X = k)$ et $P(X = n - k)$?

2° Chacun des trois tableaux proposés est le tableau de la loi de probabilité d'une variable aléatoire binomiale.
Préciser les paramètres de la loi de probabilité de ces variables aléatoires.

a)

k	0	1	2	3
$P(X = k)$	$\frac{1}{8}$	$\frac{3}{8}$	$\frac{3}{8}$	$\frac{1}{8}$

b)

k	0	1	2	3
$P(Y = k)$	$\frac{1}{27}$	$\frac{6}{27}$	$\frac{12}{27}$	$\frac{8}{27}$

c)

k	0	1	2	3	4
$P(Z = k)$	$\frac{1}{16}$	$\frac{4}{16}$	$\frac{6}{16}$	$\frac{4}{16}$	$\frac{1}{16}$

11 ★ 5 min

(corrigés p. 415)

On effectue dix lancers d'un dé équilibré et on appelle X la variable aléatoire qui, à chaque résultat de l'expérience aléatoire, associe le nombre de 6 ainsi obtenus.

1° Justifier que X suit une loi binomiale dont on précisera les paramètres.

2° Donner la valeur exacte, puis une valeur approchée à 10^{-3} près de $P(X = 3)$.

12 ★ 15 min

(corrigés p. 415)

Un test se compose de dix questions ; pour chacune d'elles, trois réponses sont proposées, et une seule des trois est exacte.
Un candidat répond au hasard à chacune des dix questions, ses réponses étant indépendantes les unes des autres.
Quelle est la probabilité pour que le candidat donne les réponses exactes à :

1° exactement trois questions ?

2° toutes les questions ?

3° au plus huit questions ?

13 ★★ 20 min

(corrigés p. 416)

On jette un dé cubique équilibré dont les faces sont numérotées de 1 à 6.

1° Calculer la probabilité d'obtenir au moins deux fois le 6 en douze lancers successifs.

2° En utilisant un tableur, simuler mille fois l'expérience qui consiste à lancer le dé douze fois de suite et donner la fréquence avec laquelle on obtient au moins deux fois le 6.

cours exercices interro corrigés

14 ★★ 20 min (corrigés p. 417)

Une urne contient dix boules, dont trois sont blanches et sept sont rouges.

1° On effectue quatre tirages successifs d'une boule dans cette urne, avec à chaque fois remise de la boule tirée avant le tirage suivant, et on appelle X la variable aléatoire donnant le nombre de boules blanches obtenues.

Reconnaître la loi de X. Préciser son espérance et sa variance.

2° Dans la même urne, on effectue quatre tirages successifs d'une boule, sans remise de la boule tirée avant le tirage suivant, et on appelle Y la variable aléatoire donnant le nombre de boules blanches obtenues.

a) Quel est l'ensemble E des valeurs prises par Y ?

b) On admet que, pour tout k de E :

$$P(Y = k) = \frac{1}{210}\binom{3}{k}\binom{7}{4-k}.$$

Vérifier l'égalité $\sum_{k \in E} P(Y = k) = 1$ et calculer l'espérance de Y.

15 ★★★ 30 min (corrigés p. 418)

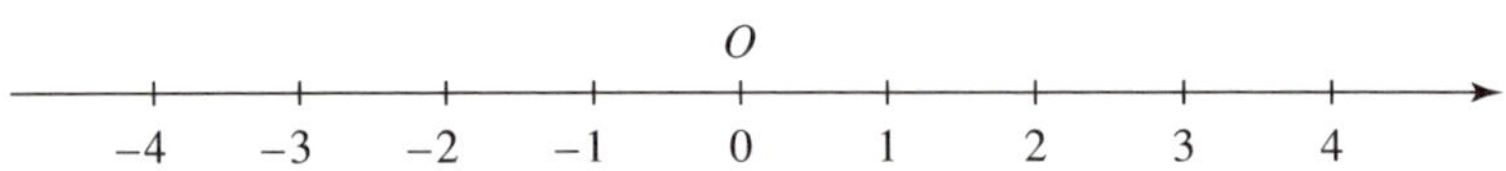

Un mobile effectue n mouvements sur un axe gradué ($n \in \mathbb{N}^*$) ; à chaque mouvement, il se déplace d'une unité vers la gauche ou de deux unités vers la droite de façon équiprobable. Au départ, le mobile se trouve à l'origine O.

Soient X et Y les variables aléatoires qui, à chaque résultat de l'expérience aléatoire, associent respectivement l'abscisse du mobile et le nombre de mouvements vers la droite effectués par le mobile.

1° Écrire un algorithme qui simule l'expérience aléatoire et donne en sortie l'abscisse finale du mobile.

2° a) Exprimer X en fonction de Y.

b) Reconnaître la loi de probabilité de Y.

Préciser son espérance et sa variance.

c) En déduire l'espérance et la variance de X.

3° On suppose, dans cette question, que $n = 3$.

Dresser le tableau de la loi de probabilité de Y, puis celui de la loi de probabilité de X.

16 ★★★ 30 min (corrigés p. 419)

Une expérience aléatoire consiste à lancer trois fois de suite une pièce de monnaie équilibrée.

Soit T la variable aléatoire qui, à chaque résultat de l'expérience aléatoire, associe le nombre de côtés face obtenus.

1° Déterminer la loi de probabilité de T. Quelle est son espérance ?

2° Écrire un programme pour la calculatrice qui simule la répétition de cette expérience aléatoire.

Ce programme :

• prendra en entrée le nombre d'expériences à réaliser ;

• cumulera dans une liste le nombre de fois où T prend chacune des valeurs 0, 1, 2, 3 ;
• affichera la distribution des fréquences des valeurs prises par T.
Exécuter le programme pour un grand nombre d'expériences.
Commenter.

Échantillonnage

17 ★★★ 30 min (corrigés p. 419)

B2 | =LOI.BINOMIALE(A2;200;0,25;VRAI)

	A	B	C	D	E
1	k	$P(X \leq k)$	k	$P(X \leq k)$	
2	35	0,0073	50	0,5379	
3	36	0,0117	51	0,6017	
4	37	0,0182	52	0,6626	
5	38	0,0276	53	0,7192	
6	39	0,0405	54	0,7707	
7	40	0,0578	55	0,8162	
8	41	0,0804	56	0,8555	
9	42	0,1089	57	0,8885	
10	43	0,1438	58	0,9157	
11	44	0,1852	59	0,9375	
12	45	0,2332	60	0,9546	
13	46	0,2870	61	0,9677	
14	47	0,3458	62	0,9774	
15	48	0,4083	63	0,9846	
16	49	0,4729	64	0,9897	
17					

1° Soit X une variable aléatoire binomiale de paramètre $(200, 0{,}25)$.
Dans la feuille de calcul Excel dont une copie d'écran figure ci-dessus, sont donnés les arrondis au dix millième de $P(X \leqslant k)$, l'entier k variant de 35 à 64.

a) Donner a et b tels que :
• a est le plus petit entier tel que $P(X \leqslant a) > 0{,}025$;
• b est le plus petit entier tel que $P(X \leqslant b) \geqslant 0{,}975$.
En déduire l'intervalle de fluctuation à 95 % d'une fréquence correspondant à la réalisation, sur un échantillon aléatoire de taille 200, d'une variable aléatoire X de loi binomiale de paramètres 200 et 0,25.

b) Donner α et β tels que :
• α est le plus petit entier tel que $P(X \leqslant \alpha) > 0{,}05$;
• β est le plus petit entier tel que $P(X \leqslant \beta) \geqslant 0{,}95$.
Justifier que la probabilité que X prenne une valeur comprise au sens large entre 40 et 60 est supérieure ou égale à 0,9.
En déduire un intervalle dans lequel se situe la fréquence de succès de 90 % (au moins) des échantillons de taille 200 d'un modèle de Bernoulli de probabilité de succès 0,25.

2° On propose un jeu : quatre gobelets sont renversés, un seul cache un objet placé au hasard sous l'un des gobelets, et il s'agit de deviner quel gobelet cache l'objet. À l'issue de 200 parties, le gobelet n° 1 est sorti 61 fois, et l'écart avec la valeur moyenne 50 semble important.

a) Au risque 5 % de se tromper, peut-on considérer que le jeu est truqué ?

b) Et au risque 10 % de se tromper ?

18 ★★ 10 min

(corrigés p. 421)

En 1 200 lancers, un dé a amené 172 fois le 6, et l'écart à la moyenne 200 semble important.

Au risque 5 % de se tromper, peut-on considérer que le dé est truqué ?

On utilisera la copie d'écran d'une feuille de calcul Excel qui figure ci-dessous. On y lit les arrondis au dix millième de $P(X \leqslant k)$, l'entier k variant de 173 à 229, X désignant une variable aléatoire binomiale de paramètre $\left(1\,200, \frac{1}{6}\right)$.

B2 | =LOI.BINOMIALE(A2;1200;1/6;VRAI)

	A	B	C	D	E	F	G
1	k	$P(X \leq k)$	k	$P(X \leq k)$	k	$P(X \leq k)$	
2	173	0,0187	192	0,2826	211	0,8140	
3	174	0,0226	193	0,3096	212	0,8337	
4	175	0,0273	194	0,3376	213	0,8520	
5	176	0,0328	195	0,3666	214	0,8689	
6	177	0,0391	196	0,3962	215	0,8844	
7	178	0,0463	197	0,4265	216	0,8985	
8	179	0,0546	198	0,4571	217	0,9113	
9	180	0,0640	199	0,4880	218	0,9228	
10	181	0,0746	200	0,5189	219	0,9332	
11	182	0,0864	201	0,5496	220	0,9424	
12	183	0,0996	202	0,5800	221	0,9506	
13	184	0,1142	203	0,6099	222	0,9579	
14	185	0,1302	204	0,6391	223	0,9642	
15	186	0,1476	205	0,6675	224	0,9697	
16	187	0,1666	206	0,6949	225	0,9745	
17	188	0,1870	207	0,7213	226	0,9787	
18	189	0,2088	208	0,7464	227	0,9822	
19	190	0,2321	209	0,7703	228	0,9852	
20	191	0,2567	210	0,7928	229	0,9878	
21							

19 ★★ 10 min

(corrigés p. 421)

En 2000, dans le village de Xicun, en Chine, il est né vingt enfants, parmi lesquels seize garçons, alors que, dans le monde, la proportion de garçons à la naissance, étonnamment stable, s'élève à 51,2 %.

Au risque 5 % de se tromper, peut-on considérer qu'une telle disparité n'est pas due au hasard ?

Dans la feuille de calcul Excel dont une copie d'écran figure ci-dessous, sont donnés les arrondis au dix millième de $P(X \leqslant k)$, l'entier k variant de 0 à 20, X désignant une variable aléatoire binomiale de paramètre $(20 ; 0{,}512)$.

B2 ▾ fx =LOI.BINOMIALE(A2;20;0,512;VRAI)

	A	B	C	D	E	F
1	k	$P(X \leq k)$	k	$P(X \leq k)$		
2	0	0,0000	11	0,7125		
3	1	0,0000	12	0,8440		
4	2	0,0001	13	0,9288		
5	3	0,0009	14	0,9734		
6	4	0,0044	15	0,9921		
7	5	0,0159	16	0,9982		
8	6	0,0462	17	0,9997		
9	7	0,1099	18	1,0000		
10	8	0,2184	19	1,0000		
11	9	0,3702	20	1,0000		
12	10	0,5454				
13						

L'interrogation écrite

20 30 min *(corrigés p. 421)*

Une compagnie aérienne dispose d'un avion de 150 places et vend 160 réservations. On suppose que toute personne réservant une place d'avion a une chance sur dix de ne pas se présenter à l'embarquement, et cela indépendamment des autres clients.

1° Soit X la variable aléatoire donnant le nombre de personnes ne se présentant pas à l'embarquement.
Justifier que X suit une loi binomiale dont on donnera les paramètres et l'espérance. Préciser les valeurs prises par X et expliciter la formule donnant $P(X = k)$.

2° Soit p la probabilité que la compagnie aérienne effectue un surbooking.

a) Exprimer p à l'aide de la variable aléatoire X.

b) À l'aide de la calculatrice, donner une valeur approchée de p à 10^{-3} près. On expliquera la méthode adoptée.

CORRIGÉS

Vrai ou faux ?

1 1° Des variables aléatoires qui suivent des lois de Bernoulli de paramètres p et $1-p$ ont la même variance.

Vrai. La variance d'une variable aléatoire de Bernoulli de paramètre p est égale à $p(1-p)$, et comme $1-(1-p)=p$, elle est aussi égale à la variance d'une variable aléatoire de Bernoulli de paramètre $1-p$.

$$(1-p)(1-(1-p))=(1-p)p$$
$$=p(1-p).$$

2° Si une variable aléatoire X suit la loi de Bernoulli de paramètre p, alors la variable aléatoire $1-X$ suit la loi de Bernoulli de paramètre $1-p$.

Vrai. Si X suit la loi de Bernoulli de paramètre p, alors elle prend les valeurs 1 et 0, avec respectivement les probabilités p et $1-p$; on en déduit que $1-X$ prend les valeurs 0 et 1, avec respectivement les probabilités $1-p$ et p, c'est-à-dire que $1-X$ est une variable aléatoire de Bernoulli de paramètre $1-p$.

$P(1-X=1)=P(X=0)=1-p$,

$P(1-X=0)=P(X=1)=p$.

3° $\binom{100}{1}=100$ et $\binom{100}{0}=1$.

Vrai. Plus généralement :

pour tout entier naturel n non nul,
$$\binom{n}{1}=n\,;$$

pour tout entier naturel n, $\binom{n}{0}=1$.

4° $\binom{15}{9}$ et $\binom{15}{12}$ sont des coefficients binomiaux situés dans une même colonne du triangle de Pascal.

Faux. Ces coefficients binomiaux sont situés dans la même ligne (la seizième), et dans des colonnes différentes (la dixième et la treizième).

5° $\binom{14}{12}+\binom{14}{11}=\binom{15}{11}$.

Faux. La formule de Pascal permet d'écrire : $\binom{14}{12}+\binom{14}{11}=\binom{15}{12}$, et $\binom{15}{11}\neq\binom{15}{12}$.

$\binom{15}{11}=1\,365$, $\binom{15}{12}=455$.

6° $\binom{10}{8}=\binom{10}{2}$.

Vrai. Plus généralement :

pour tous entiers n et k tels que $0\leqslant k\leqslant n$: $\binom{n}{k}=\binom{n}{n-k}$.

7° $\binom{13}{7}=\binom{14}{8}-\binom{13}{8}$.

Vrai. L'égalité proposée est une réécriture de $\binom{13}{7}+\binom{13}{8}=\binom{14}{8}$, obtenue en appliquant la formule de Pascal.

8° La variance d'une variable aléatoire binomiale est toujours inférieure à sa moyenne.

Vrai. Si X est une variable aléatoire binomiale de paramètre (n, p), alors :
$E(X)=np$, $V(X)=np(1-p)$,
donc : $V(X)=(1-p)E(X)$, et comme $0<1-p<1$:
$$V(X)<E(X).$$

9° Une variable aléatoire de Bernoulli est aussi une variable aléatoire binomiale.

Vrai. Une variable aléatoire de Bernoulli de paramètre p est une variable aléatoire binomiale de paramètre $(1, p)$.

10° Un carnet de loterie comporte soixante billets, dont trois sont gagnants. On choisit au hasard quatre billets dans ce carnet.

La variable aléatoire donnant le nombre de billets gagnants ainsi obtenus suit la loi binomiale de paramètre $(4\,;\,0{,}05)$.

Faux. Une variable aléatoire binomiale de paramètre $(4\,;\,0{,}05)$ prend en particulier la valeur 4 (elle prend toutes les valeurs entières de 0 à 4), alors qu'il est impossible d'obtenir quatre billets gagnants, le carnet n'en comportant que trois.

On effectue bien quatre épreuves de Bernoulli (elles sont d'ailleurs toutes de même paramètre 0,05), mais elles ne sont pas indépendantes, car la constitution du carnet évolue au cours des tirages, puisque les tirages se font bien évidemment sans remise.

Variables aléatoires de Bernoulli

2 Soit X une variable aléatoire qui suit la loi de Bernoulli de paramètre p $(0 < p < 1)$.

On sait que sa variance $V(X)$ vérifie :

$$V(X) = p(1-p).$$

Or, le maximum de la fonction polynôme du second degré $x \mapsto x(1-x)$ sur $\mathbb{R}$ est atteint en $\frac{1}{2}$ et vaut $\frac{1}{4}$, donc $\frac{1}{4}$ est aussi le maximum de cette fonction sur $]0\,;1[$ (car $\frac{1}{2} \in \,]0\,;1[$), donc : $\boldsymbol{V(X) \leqslant \frac{1}{4}}$.

De plus, la variance $V(X)$ n'est égale à $\frac{1}{4}$ que si $p = \frac{1}{2}$.

3

k	-2	3
$P(X=k)$	0,7	0,3

$$Y = \frac{1}{5}X + \frac{2}{5}.$$

• Les valeurs prises par la variable aléatoire X sont -2 et 3, donc les valeurs prises par la variable aléatoire $\frac{1}{5}X + \frac{2}{5}$ sont $\frac{1}{5} \times (-2) + \frac{2}{5}$ et $\frac{1}{5} \times 3 + \frac{2}{5}$; autrement dit, **les valeurs prises par la variable aléatoire Y sont 0 et 1**.

$P(Y=1) = P(X=3) = 0{,}3$

$P(Y=0) = P(X=-2) = 0{,}7.$

• On en déduit que Y est une variable aléatoire de Bernoulli de paramètre 0,3, ce qui permet d'affirmer :

$$V(Y) = 0{,}3 \times (1-0{,}3) = 0{,}3 \times 0{,}7 = \mathbf{0{,}21}.$$

• Enfin, de l'égalité $Y = \frac{1}{5}X + \frac{2}{5}$, on déduit : $V(Y) = \frac{1}{5^2}V(X)$, donc :

$$V(X) = 25V(Y) = 25 \times 0{,}21 = \mathbf{5{,}25}.$$

4 Expérience aléatoire : répétition de n épreuves de Bernoulli identiques et indépendantes de probabilité de succès p.

Variable aléatoire X_i : prend la valeur 1 en cas de succès à la i-ème épreuve, 0 sinon $(1 \leqslant i \leqslant n)$.

1° Pour tout i de $\{1\,;2\,;\,\dots\,;n\}$, la variable aléatoire X_i prend les valeurs 0 et 1, et : $P(X_i = 1) = p$

(la probabilité d'un succès à la i-ème épreuve de Bernoulli est p),

$$P(X_i = 0) = 1 - p.$$

Donc, chacune des variables aléatoires $X_1, X_2, \dots, X_n$ suit la loi de Bernoulli de paramètre p.

2° $X = X_1 + X_2 + \dots + X_n = \sum_{i=1}^{n} X_i.$

• Pour tout i de $\{1\,;2\,;\,\dots\,;n\}$, la variable aléatoire X_i prend la valeur 1 en cas de succès à la i-ème épreuve de Bernoulli, 0 sinon, donc $X_1 + X_2 + \dots + X_n$ compte les succès lors de la répétition de n épreuves de Bernoulli identiques et indépendantes, de même probabilité de succès p, donc **la variable aléatoire X suit la loi binomiale de paramètre (n, p)**.

• On a :

$$E(X) = E(X_1 + X_2 + \cdots + X_n) = \underbrace{E(X_1) + E(X_2) + \dots + E(X_n)}_{n \text{ termes tous égaux à } p},$$

donc : $E(X) = np.$

On retrouve ainsi **que l'espérance d'une variable aléatoire binomiale de paramètre $(n,\ p)$ est égale à np.**

Coefficients binomiaux

5 1° À l'aide de la calculatrice, on obtient :

$$\binom{8}{3}=\mathbf{56},\ \binom{21}{9}=\mathbf{293\,930},$$

$$\binom{36}{17}=\mathbf{8\,597\,496\,600},$$

$$\binom{36}{18}=\mathbf{9\,075\,135\,300}.$$

Voir le cours page 401 pour éditer le calcul d'un coefficient binomial.

2° • $\binom{\mathbf{2\,012}}{\mathbf{2\,011}}=\binom{2\,012}{2\,012-2\,011}$

$$=\binom{2\,012}{1}$$

$$=\mathbf{2\,012}.$$

pour tous entiers n et k tels que $0\leqslant k\leqslant n$: $\binom{n}{k}=\binom{n}{n-k}$;

pour tout entier naturel n non nul,

$$\binom{n}{1}=n.$$

• En remarquant que 12 + 9 = 21 :

$$\binom{21}{12}=\binom{21}{21-12}=\binom{21}{9},$$

donc, d'après la question 1° :

$$\binom{21}{12}=\mathbf{293\,930}.$$

• D'après la formule de Pascal :

$$\binom{37}{18}=\binom{36}{17}+\binom{36}{18},$$

donc, d'après la question 1° :

$$\binom{37}{18}=8\,597\,496\,600+9\,075\,135\,300$$

$$=\mathbf{17\,672\,631\,900}.$$

Le calcul de $\binom{37}{18}$ dépasse souvent les capacités d'une calculatrice de niveau Lycée.
Avec le tableur Excel, utiliser la formule :
=COMBIN(37 ; 18)

6 Pour tous entiers n et k tels que $1\leqslant k\leqslant n$:

$$\binom{n}{k}=\frac{n\times(n-1)\times\ldots\times(n-k+1)}{k\times(k-1)\times\ldots\times 1}.$$

Au numérateur et au dénominateur, les produits ont le même nombre de facteurs.

1° D'après la formule ci-dessus :

• $\binom{\mathbf{8}}{\mathbf{3}}=\dfrac{8\times7\times6}{3\times2\times1}=8\times7=\mathbf{56}.$

• $\binom{\mathbf{7}}{\mathbf{5}}=\binom{7}{2}=\dfrac{7\times6}{2\times1}=7\times3=\mathbf{21}.$

Comme $2<5$, il est plus simple de faire les calculs sur $\binom{7}{2}$ que sur $\binom{7}{5}$.

• $\binom{\mathbf{8}}{\mathbf{4}}=\dfrac{8\times7\times6\times5}{4\times3\times2\times1}=7\times2\times5=\mathbf{70}.$

2° On peut écrire : $\dfrac{100\times99\times\ldots\times76}{25\times24\times\ldots\times1}$

$$=\frac{100\times99\times\ldots\times(100-25+1)}{25\times24\times\ldots\times1},$$

donc : $\dfrac{100\times99\times\ldots\times76}{25\times24\times\ldots\times1}=\binom{100}{25}$,

ce qui prouve que **le nombre** $\dfrac{\mathbf{100\times99\times\ldots\times76}}{\mathbf{25\times24\times\ldots\times1}}$ **est un entier.**

Dans la représentation d'un modèle de Bernoulli à l'aide d'un arbre, $\binom{100}{25}$ est le nombre de chemins conduisant à 25 succès pour 100 répétitions.

7 1° On obtient, en utilisant la formule de Pascal :

1								
1	1							
1	2	1						
1	3	3	1					
1	4	6	4	1				
1	5	10	10	5	1			
1	6	15	20	15	6	1		
1	7	21	35	35	21	7	1	
1	8	28	56	70	56	28	8	1

C'est une construction ligne par ligne.

On lit dans le tableau :

$\binom{\mathbf{7}}{\mathbf{3}}=\mathbf{35}$ (coefficient de la huitième ligne et quatrième colonne).

$\binom{\mathbf{8}}{\mathbf{4}}=\mathbf{70}$ (coefficient de la neuvième ligne et cinquième colonne).

2° En notant S_n la somme des coefficients binomiaux de la n-ième ligne du triangle de Pascal, on obtient les résultats suivants :

n	1	2	3	4	5	6	7	8	9
S_n	1	2	4	8	16	32	64	128	256

On observe que **S_1, S_2, …, S_9 sont les puissances de 2 successives de 2^0 à 2^8.**

La somme des coefficients binomiaux de la $(n + 1)$-ième ligne du triangle de Pascal est égale au nombre total de chemins dans un arbre représentant un modèle de Bernoulli pour n répétitions. Le nombre de ces chemins est égal au nombre de n-listes d'éléments de l'ensemble $\{0 ; 1\}$, c'est-à-dire est égal à 2^n.

3° En notant T_n la somme des coefficients binomiaux de la n-ième colonne du triangle de Pascal, de la première à la huitième ligne, on obtient les résultats suivants :

n	1	2	3	4	5	6	7	8
T_n	8	28	56	70	56	28	8	1

On reconnaît les coefficients binomiaux successifs $\binom{8}{1}$, $\binom{8}{2}$, …, $\binom{8}{8}$ de la neuvième ligne du triangle de Pascal.

Seul le premier, $\binom{8}{0}$, n'est pas dans la liste.

4° $K_n = \binom{3}{3} + \binom{4}{3} + \cdots + \binom{n}{3}$ $(n \geqslant 3)$.

a) D'après la formule de Pascal, **pour tout entier naturel k supérieur ou égal à 4 :**

$$\binom{k+1}{4} = \binom{k}{3} + \binom{k}{4},$$

c'est-à-dire :

$$\boldsymbol{\binom{k}{3} = -\binom{k}{4} + \binom{k+1}{4}}.$$

b) En remplaçant chacun des termes de la somme définissant K_n, sauf le premier, selon la formule de la question précédente, on obtient :

$$K_n = \underbrace{\binom{3}{3}}_{1} - \underbrace{\binom{4}{4}}_{1} + \binom{5}{4} - \binom{5}{4} + \binom{6}{4} - \cdots - \binom{n}{4} + \binom{n+1}{4},$$

et par télescopage additif, il ne reste plus que :

$$\boldsymbol{K_n = \binom{n+1}{4}}.$$

On peut donc écrire :

$K_7 = \binom{3}{3} + \binom{4}{3} + \cdots + \binom{7}{3} = \binom{8}{4}$, ce qui est bien le résultat obtenu à la question **2°** : $T_4 = 70 = \binom{8}{4}$.

Variables aléatoires binomiales

8 La loi binomiale de paramètre $\left(4, \frac{1}{3}\right)$ est la loi de probabilité dont la distribution $(p_0, p_1, p_2, p_3, p_4)$ associée à la liste de résultats $(0, 1, 2, 3, 4)$ est définie par : pour tout entier k compris au sens large entre 0 et 4,

$$p_k = \binom{4}{k}\left(\frac{1}{3}\right)^k\left(1 - \frac{1}{3}\right)^{4-k} = \binom{4}{k}\left(\frac{1}{3}\right)^k\left(\frac{2}{3}\right)^{4-k} = \frac{2^{4-k}}{3^4}\binom{4}{k}.$$

On obtient, avec la calculatrice :

$p_0 = \frac{16}{81}$, $p_1 = \frac{32}{81}$, $p_2 = \frac{24}{81} = \frac{8}{27}$, $p_3 = \frac{8}{81}$, $p_4 = \frac{1}{81}$,

et, à 10^{-3} près : $p_0 \approx 0{,}198$, $p_1 \approx 0{,}395$, $p_2 \approx 0{,}296$, $p_3 \approx 0{,}099$, $p_4 \approx 0{,}012$.

On en déduit la représentation graphique de la loi binomiale de paramètre $\left(4, \frac{1}{3}\right)$:

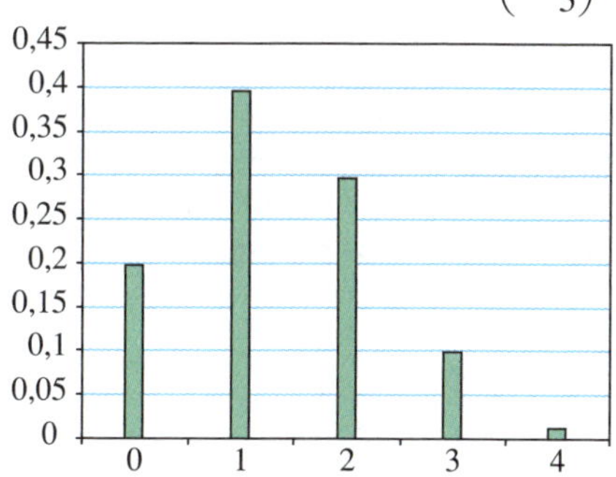

9 Expérience aléatoire : quatre tirages successifs au hasard d'une boule avec remise dans une urne qui contient cinq boules rouges, deux boules blanches et une boule verte.

1° Variable aléatoire X : le nombre de boules rouges obtenues.

L'urne contient huit boules, dont cinq sont rouges. La proportion de boules rouges dans l'urne est égale à $\frac{5}{8}$.

La variable aléatoire X compte les succès lors de la répétition de quatre épreuves de Bernoulli identiques et indépendantes (les tirages se font avec remise, le contenu de l'urne est inchangé au fil des tirages), de même probabilité de succès $\frac{5}{8}$ (la proportion de boules rouges), succès étant « obtenir une boule rouge ». On en déduit que **X est une variable aléatoire binomiale de paramètre $\left(4, \frac{5}{8}\right)$**.

On dit aussi que X suit la loi binomiale de paramètre $\left(4, \frac{5}{8}\right)$.

Les valeurs prises par X sont les entiers de 0 à 4, et, pour tout entier k compris au sens large entre 0 et 4 :

$$P(X=k) = \binom{4}{k}\left(\frac{5}{8}\right)^k\left(1-\frac{5}{8}\right)^{4-k}$$

$$= \binom{4}{k}\left(\frac{5}{8}\right)^k\left(\frac{3}{8}\right)^{4-k},$$

$$P(X=k) = \frac{5^k 3^{4-k}}{8^4}\binom{4}{k} = \left(\frac{3}{8}\right)^4\left(\frac{5}{3}\right)^k\binom{4}{k}.$$

2° Variable aléatoire Y : le nombre de boules rouges ou vertes obtenues.

La proportion de boules rouges ou vertes dans l'urne étant égale à 0,75 $\left(\frac{5+1}{8} = \frac{3}{4} = 0{,}75\right)$, la variable aléatoire Y compte les succès lors de la répétition de quatre épreuves de Bernoulli identiques et indépendantes, de même probabilité de succès 0,75, donc **Y est une variable aléatoire binomiale de paramètre (4 ; 0,75)**.

Les valeurs prises par Y sont les entiers de 0 à 4, et, pour tout entier k compris au sens large entre 0 et 4 :

$$P(X=k) = \binom{4}{k}0{,}75^k(1-0{,}75)^{4-k}$$

$$= \binom{4}{k}0{,}75^k\,0{,}25^{4-k}.$$

10 **1°** Soit X une variable aléatoire binomiale de taille n et de paramètre de succès p ($n \geqslant 1$, $0 < p < 1$).

a) On sait, d'après le cours, que

les valeurs prises par X sont les entiers de 0 à n et que, pour tout entier k compris au sens large entre 0 et n :

$$P(X=k) = \binom{n}{k}p^k(1-p)^{n-k}.$$

On en déduit :

$$\boldsymbol{P(X=n)} = \binom{n}{n}p^n(1-p)^{n-n}$$

$$= 1 \times p^n \times 1$$

$$= \boldsymbol{p^n}.$$

b) $p = \frac{1}{2}$.

Soit k un entier compris au sens large entre 0 et n.

• On peut écrire :

$$P(X=k) = \binom{n}{k}\left(\frac{1}{2}\right)^k\left(1-\frac{1}{2}\right)^{n-k}$$

$$= \binom{n}{k}\left(\frac{1}{2}\right)^k\left(\frac{1}{2}\right)^{n-k}$$

$$= \binom{n}{k}\left(\frac{1}{2}\right)^n,$$

autrement dit : $\boldsymbol{P(X=k) = \frac{1}{2^n}\binom{n}{k}}$.

• On sait que $\binom{n}{n-k} = \binom{n}{k}$, donc :

$$\boldsymbol{P(X=n-k) = P(X=k)}.$$

2° Sachant que chacune des variables aléatoires proposées est binomiale, il est facile d'en déterminer la taille n et le paramètre de succès p :

• $n+1$ est le nombre de valeurs prises,

• p^n est la probabilité que la variable aléatoire prenne la valeur n.

a)

k	0	1	2	3
$P(X=k)$	$\frac{1}{8}$	$\frac{3}{8}$	$\frac{3}{8}$	$\frac{1}{8}$

X suit la loi binomiale de taille 3 et de paramètre de succès $\frac{1}{2}$.

(4 valeurs prises, $P(X=3) = \left(\frac{1}{2}\right)^3$.)

b)

k	0	1	2	3
$P(Y=k)$	$\frac{1}{27}$	$\frac{6}{27}$	$\frac{12}{27}$	$\frac{8}{27}$

***Y* suit la loi binomiale de taille 3 et de paramètre de succès $\frac{2}{3}$.**

(4 valeurs prises, $P(Y=3)=\left(\frac{2}{3}\right)^3$.)

c)

k	0	1	2	3	4
$P(Z=k)$	$\frac{1}{16}$	$\frac{4}{16}$	$\frac{6}{16}$	$\frac{4}{16}$	$\frac{1}{16}$

***Z* suit la loi binomiale de taille 4 et de paramètre de succès $\frac{1}{2}$.**

(5 valeurs prises, $P(Z=4)=\left(\frac{1}{2}\right)^4$.)

11 Expérience aléatoire : dix lancers d'un dé équilibré. Variable aléatoire X : le nombre de 6 obtenus.

1° La variable aléatoire X compte les succès lors de la répétition de dix épreuves de Bernoulli identiques et indépendantes (les lancers du dé sont « physiquement » indépendants), de même probabilité de succès $\frac{1}{6}$ (le dé est équilibré, il y a une chance sur six qu'il amène 6) donc **X suit la loi binomiale de taille 10 et de paramètre de succès $\frac{1}{6}$.**

On dit aussi : X suit la loi binomiale de paramètre $\left(10, \frac{1}{6}\right)$.

2° D'après le cours :

$$P(X=3)=\binom{10}{3}\left(\frac{1}{6}\right)^3\left(1-\frac{1}{6}\right)^{10-3}$$

$$=\binom{10}{3}\left(\frac{1}{6}\right)^3\left(\frac{5}{6}\right)^7$$

$$=\frac{5^7}{6^{10}}\binom{10}{3},$$

or : $\binom{10}{3}=\frac{10\times 9\times 8}{3\times 2\times 1}=10\times 3\times 4,$

donc :

$$P(X=3)=\frac{5^7\times 5\times 6\times 4}{6^{10}}=\frac{5^8\times 4}{6^9},$$

$$\boldsymbol{P(X=3)}=\frac{5^8}{6^7\times 3^2}=\mathbf{\frac{390\,625}{2\,519\,424}},$$

et, à 10^{-3} près : $\boldsymbol{P(X=3)\approx 0{,}155}$.

Avec le tableur Excel, utiliser la formule :
= LOI.BINOMIALE(3 ; 10 ; 1/6 ; FAUX)

12 Le nombre X de réponses exactes du candidat est le nombre de succès lors de la répétition de dix épreuves de Bernoulli indépendantes, la probabilité du succès étant $\frac{1}{3}$. Donc X suit la loi binomiale de paramètres 10 et $\frac{1}{3}$.

1° $P(X=3)=\binom{10}{3}\left(\frac{1}{3}\right)^3\left(\frac{2}{3}\right)^7$

$$=\frac{10\times 9\times 8}{3\times 2}\times\frac{2^7}{3^{10}}$$

$$=\frac{5\,120}{19\,683},$$

donc **la probabilité pour que le candidat donne les réponses exactes à exactement trois questions est $\mathbf{\frac{5\,120}{19\,683}}$** $\left(\frac{5\,120}{19\,683}\approx 0{,}26\right)$.

2° $P(X=10)=\binom{10}{10}\left(\frac{1}{3}\right)^{10}\left(\frac{2}{3}\right)^0$

$$=\frac{1}{3^{10}}$$

$$=\frac{1}{59\,049},$$

donc **la probabilité pour que le candidat donne les réponses exactes à toutes les questions est $\mathbf{\frac{1}{59\,049}}$**

$\left(\frac{1}{59\,049}\approx 0{,}000\,017\right)$.

3° L'événement A : « le candidat donne au plus 8 réponses exactes » est l'événement contraire de l'événement : « le candidat donne 9 ou 10 réponses exactes », donc :

$$P(A)=1-P(X=9)-P(X=10)$$

$$=1-\binom{10}{9}\left(\frac{1}{3}\right)^9\left(\frac{2}{3}\right)^1-\frac{1}{3^{10}}$$

d'où :

$$P(A) = 1 - 10 \times \frac{2}{3^{10}} - \frac{1}{3^{10}}$$
$$= 1 - \frac{21}{3^{10}}$$
$$= \frac{19\,676}{19\,683}.$$

Finalement, **la probabilité pour que le candidat donne au plus huit réponses exactes est $\mathbf{\frac{19\,676}{19\,683}}$** $\left(\frac{19\,676}{19\,683} \approx 0{,}999\,6\right)$.

13 **1°** Le nombre X de lancers où l'on obtient 6 est le nombre de succès dans la répétition de douze épreuves de Bernoulli indépendantes, la probabilité du succès étant $\frac{1}{6}$. Donc X suit la loi binomiale de paramètres 12 et $\frac{1}{6}$.

L'événement A : « obtenir au moins deux fois le 6 » est l'événement contraire de l'événement : « obtenir 0 ou 1 fois le 6 », donc :

$$P(A) = 1 - P(X = 0) - P(X = 1)$$
$$= 1 - \binom{12}{0}\left(\frac{1}{6}\right)^0\left(\frac{5}{6}\right)^{12} - \binom{12}{1}\left(\frac{1}{6}\right)^1\left(\frac{5}{6}\right)^{11},$$

d'où :

$$P(A) = 1 - \frac{5^{12}}{6^{12}} - 12 \times \frac{5^{11}}{6^{12}} = \frac{1\,346\,704\,211}{2\,176\,782\,336};$$

en outre :

$$\frac{1\,346\,704\,211}{2\,176\,782\,336} \approx 0{,}618\,7 \text{ à } 10^{-4} \text{ près.}$$

Finalement :

à 10^{-4} près, la probabilité d'obtenir au moins deux fois le 6 en douze lancers successifs est 0,618 7.

2° Simulation avec le logiciel Excel.

Étapes	Adresses	Formules et observations
Échantillon de 1 000 lancers	A2:L1001	Dans A2, saisir la formule =ENT(6*ALEA())+1 puis tirer la poignée de recopie vers la droite, vers le bas
Nombre de 6	M2:M1001	Dans M2, saisir la formule =NB.SI(A2:L2;6) puis tirer la poignée de recopie vers le bas
Nombre de fois où l'on obtient au moins deux 6	N2:N1001	Dans N2, saisir la formule =SI(M2>1;1;0) puis tirer la poignée de recopie vers le bas
Fréquence de réalisation de « au moins deux 6 » sur les mille lancers	O2	Dans O2, saisir la formule =SOMME(N2:N1001)/1000

O2 =SOMME(N2 N1001)/1000

	A	B	C	D	E	F	G	H	I	J	K	L	M	N	O	P
1	douze lancers d'un dé												nb de 6	au moins deux 6	fréquence de réalisation de "au moins deux 6" sur 1000 lancers	
2	5	3	1	2	4	6	1	1	5	1	1	6	2	1	0,623	
3	4	2	1	6	5	4	3	3	5	4	5	6	2	1		
4	6	4	1	3	2	3	6	5	4	3	4	6	2	1		
5	2	2	5	4	2	4	6	3	4	2	2	6	2	1		
6	1	1	2	6	2	1	2	6	1	4	4	5	2	1		
7	6	3	4	3	4	5	6	2	1	1	4	6	2	1		
8	3	1	1	3	1	3	5	1	3	6	4	4	1	0		
9	4	2	2	1	4	3	4	2	6	3	5	4	1	0		
10	1	5	6	3	4	5	1	2	2	5	4	6	2	1		
11	3	3	3	1	4	5	3	6	3	5	1	2	1	0		
12	5	6	5	5	5	3	3	2	3	2	3	6	2	1		
13	1	5	2	1	6	5	6	3	4	6	1	1	3	1		
14	4	5	3	2	3	4	5	2	4	4	1	2	0	0		
15	3	3	1	3	6	6	1	5	3	6	3	4	3	1		
16	5	1	3	3	4	2	5	5	2	1	4	3	0	0		
17	6	1	6	3	2	3	2	4	6	6	2	4	4	1		
18	3	3	2	4	4	5	1	5	5	5	2	1	0	0		
19	2	6	1	2	6	5	3	2	4	6	3	1	3	1		

• La formule =ENT(6*ALEA())+1 retourne un entier aléatoire compris entre 1 et 6.
On pourrait aussi entrer la formule : =ALEA.ENTRE.BORNES(1,6)
• La formule =NB.SI(A2:L2;6) retourne le nombre de cellules de la plage A2:L2 dont la valeur est 6.
• La formule =SI(M2>1;1;0) retourne la valeur 1 si le nombre de 6 obtenus est supérieur à 1, 0 sinon.
• La formule =SOMME(N2:N1001)/1000 retourne la moyenne des valeurs contenues dans les cellules de la plage N2:N1001.
On obtient une nouvelle simulation en appuyant sur la touche F9.

14 Une urne contient dix boules, dont trois sont blanches et sept sont rouges.
1° Expérience aléatoire : quatre tirages successifs au hasard d'une boule avec remise. Variable aléatoire X : le nombre de boules blanches obtenues.
L'urne contient dix boules, dont trois sont blanches. La proportion de boules blanches dans l'urne est égale à $\frac{3}{10}$.
La variable aléatoire X compte les succès lors de la répétition de quatre épreuves de Bernoulli identiques et indépendantes (les tirages se font avec remise, le contenu de l'urne est inchangé au fil des tirages), de même probabilité de succès $\frac{3}{10}$ (la proportion de boules blanches), donc **X suit la loi binomiale de paramètre $\left(4, \frac{3}{10}\right)$**.
On sait qu'alors :

$$E(X) = 4 \times \frac{3}{10} = \frac{6}{5} = \mathbf{1{,}2},$$

$$V(X) = 4 \times \frac{3}{10} \times \left(1 - \frac{3}{10}\right) = \frac{21}{25} = \mathbf{0{,}84}.$$

2° Expérience aléatoire : quatre tirages successifs au hasard d'une boule sans remise.
Variable aléatoire Y : le nombre de boules blanches obtenues.

a) Il est possible de ne tirer aucune boule blanche (les quatre boules tirées sont rouges), ..., de tirer trois boules blanches, mais il est impossible de tirer quatre boules blanches, puisque l'urne ne contient au départ que trois boules blanches et que les tirages se font sans remise. On en déduit que **l'ensemble E des valeurs prises par Y est égal à $\{0 ; 1 ; 2 ; 3\}$**.
b) Pour tout k de E,

$$P(Y = k) = \frac{1}{210}\binom{3}{k}\binom{7}{4-k}.$$

On en déduit :

• $P(Y=0) = \frac{1}{210}\binom{3}{0}\binom{7}{4} = \frac{1}{210} \times 1 \times 35 = \frac{5}{30}$,

• $P(Y=1) = \frac{1}{210}\binom{3}{1}\binom{7}{3} = \frac{1}{210} \times 3 \times 35 = \frac{15}{30}$,

• $P(Y=2) = \frac{1}{210}\binom{3}{2}\binom{7}{2} = \frac{1}{210} \times 3 \times 21 = \frac{9}{30}$,

• $P(Y=3) = \frac{1}{210}\binom{3}{3}\binom{7}{1} = \frac{1}{210} \times 1 \times 7 = \frac{1}{30}$.

On a : $\sum_{k \in E} P(Y=k) = \sum_{k=0}^{3} P(Y=k)$,

et on peut alors écrire :

$$\sum_{k \in E} P(Y=k) = \frac{5}{30} + \frac{15}{30} + \frac{9}{30} + \frac{1}{30} = \frac{5+15+9+1}{30} = \frac{30}{30}.$$

On retrouve bien que

$$\sum_{k \in E} \boldsymbol{P(Y=k) = 1}.$$

De plus, par définition de l'espérance :

$$E(Y) = \sum_{k=0}^{3} kP(Y=k),$$

donc :

$$\boldsymbol{E(Y)} = 0\times\frac{5}{30} + 1\times\frac{15}{30} + 2\times\frac{9}{30} + 3\times\frac{1}{30}$$
$$= \frac{15+18+3}{30} = \frac{36}{30} = \boldsymbol{\frac{6}{5}}.$$

Observer que l'espérance de la variable aléatoire donnant le nombre de boules blanches est la même, que les tirages se fassent avec ou sans remise.

15 Expérience aléatoire : un mobile initialement à l'origine effectue n déplacements sur un axe gradué, d'une unité sur la gauche ou de deux unités vers la droite de façon équiprobable.

Variable aléatoire X : abscisse finale du mobile.

Variable aléatoire Y : nombre de déplacements vers la droite.

1° L'algorithme suivant simule l'expérience aléatoire étudiée et donne en sortie l'abscisse finale du mobile.

```
Variables
   n, x, k, alea : entiers
Entrée
   Saisir n
Initialisation
   x prend la valeur 0
Traitement
   Pour k variant de 1 à n
   |  k prend la valeur k + 1
   |  alea prend aléatoirement la
   |  valeur 0 ou 1
   |  Si alea = 0
   |  |  alors x prend la valeur x – 1
   |  |  sinon x prend la valeur x + 2
   |  └ fin Si
   └ Fin Pour
Sortie
   Afficher x
```

2° a) À l'issue de l'expérience aléatoire, le mobile s'est déplacé :

• Y fois vers la droite de deux unités, donc de $2Y$ unités,

• et de $(n-Y)$ unités vers la gauche.

L'abscisse X finale du mobile est donc égale à $2Y-(n-Y)$, autrement dit :

$$\boldsymbol{X = 3Y - n.}$$

b) La variable aléatoire Y compte les succès lors de la répétition de n épreuves de Bernoulli identiques et indépendantes, de même probabilité de succès $\frac{1}{2}$, donc **Y suit la loi binomiale de paramètre $\left(n, \frac{1}{2}\right)$.**

On en déduit :

$$\boldsymbol{E(Y)} = n\times\frac{1}{2} = \boldsymbol{\frac{n}{2}},$$
$$\boldsymbol{V(Y)} = n\times\frac{1}{2}\times\left(1-\frac{1}{2}\right) = \boldsymbol{\frac{n}{4}}.$$

c) De l'égalité $X = 3Y - n$, on déduit : $E(X) = 3E(Y) - n$, $V(X) = 3^2V(Y)$, donc, d'après la question précédente :

$$\boldsymbol{E(X)} = 3\times\frac{n}{2} - n = \boldsymbol{\frac{n}{2}},$$
$$\boldsymbol{V(X)} = 9\times\frac{n}{4} = \boldsymbol{\frac{9n}{4}}.$$

3° $n = 3$.

• La variable aléatoire Y suit la loi binomiale de paramètre $\left(3, \frac{1}{2}\right)$, donc les valeurs prises par Y sont les entiers de 0 à 3 et, pour tout entier k de l'ensemble $\{0 ; 1 ; 2 ; 3\}$:

$$P(Y=k) = \binom{3}{k}\left(\frac{1}{2}\right)^k\left(1-\frac{1}{2}\right)^{3-k}$$
$$= \binom{3}{k}\left(\frac{1}{2}\right)^k\left(\frac{1}{2}\right)^{3-k} = \frac{1}{2^3}\binom{3}{k},$$

donc : $P(Y=k) = \frac{1}{8}\binom{3}{k}$.

On en déduit le tableau de la loi de probabilité de Y :

$\boldsymbol{k}$	0	1	2	3
$\boldsymbol{P(Y=k)}$	$\frac{1}{8}$	$\frac{3}{8}$	$\frac{3}{8}$	$\frac{1}{8}$

La quatrième ligne du triangle de Pascal donne la valeur des coefficients binomiaux $\binom{3}{0}, \binom{3}{1}, \binom{3}{2}, \binom{3}{3}$.

• D'après la question **2° a)** :

$X = 3Y - n$, donc : $X = 3Y - 3$.

On en déduit que les valeurs prises par X sont les nombres $3\times0-3$, $3\times1-3$, $3\times2-3$, $3\times3-3$, c'est-à-dire les entiers $-3, 0, 3, 6$.

De plus, pour tout x de l'ensemble $\{-3 ; 0 ; 3 ; 6\}$:

$$P(X = x) = P(3Y - 3 = x) = P\left(Y = 1 + \frac{x}{3}\right).$$

On peut maintenant dresser le tableau de la loi de probabilité de X :

x	-3	0	3	6
$P(X = x)$	$\frac{1}{8}$	$\frac{3}{8}$	$\frac{3}{8}$	$\frac{1}{8}$

16 Expérience aléatoire : trois lancers successifs d'une pièce de monnaie équilibrée.
Variable aléatoire T : le nombre de côtés face obtenus.

1° La variable aléatoire T compte les succès lors de la répétition de trois épreuves de Bernoulli identiques et indépendantes (les lancers sont « physiquement » indépendants), de même probabilité de succès $\frac{1}{2}$ (la pièce est équilibrée), donc **X suit la loi binomiale de paramètre $\left(3, \frac{1}{2}\right)$**.

On sait alors que son espérance $E(X)$ vérifie : $\boldsymbol{E(X)} = 3 \times \frac{1}{2} = \boldsymbol{\frac{3}{2}}$.

2° **Simulation sur calculatrice**
En adaptant l'exemple proposé page 371 à la situation ici étudiée :

TI

```
:4 → dim(L1) : Remplir (0, L1)
:Prompt N
:For (I, 1, N)
:entAléat (0,1) +
entAléat (0,1) +
entAléat (0,1) + 1 → A
:L1(A) + 1 → L1 (A)
:End
:L1/N → L1
:Disp"FREQ 0", L1 (1)
:Pause
:Disp"FREQ 1", L1 (2)
:Disp"FREQ 2", L1 (3)
:Disp"FREQ 3", L1 (4)
```

CASIO

```
{0, 0, 0, 0} → List1 ↵
"NBEXP" ? → N ↵
For 1 → I To N ↵
Int (2Ran#) + Int (2Ran#) +
Int (2Ran#) + 1→ A ↵
List1 [A] + 1 → List1 [A] ↵
Next ↵
List1 ÷ N → List1 ↵
"FREQ 0" : List1 [1] ◢
"FREQ 1" : List1 [2] ◢
"FREQ 2" : List1 [3] ◢
"FREQ 3" : List1 [4] ◢
```

Pour 100 et 400 expériences, on a obtenu à l'affichage :

```
           0.13
FRQ 1
           0.38
FRQ 2
           0.44
FRQ 3
           0.05
```

```
          0.125
FRQ 1
         0.3775
FRQ 2
         0.3725
FRQ 3
          0.125
```

Quand n devient grand, les distributions de fréquences calculées sur n expériences se rapprochent de la distribution de probabilité.

Échantillonnage

17

B2 =LOI.BINOMIALE(A2;200;0,25;VRAI)

	A	B	C	D	E
1	k	$P(X \leq k)$	k	$P(X \leq k)$	
2	35	0,0073	50	0,5379	
3	36	0,0117	51	0,6017	
4	37	0,0182	52	0,6626	
5	38	0,0276	53	0,7192	
6	39	0,0405	54	0,7707	
7	40	0,0578	55	0,8162	
8	41	0,0804	56	0,8555	
9	42	0,1089	57	0,8885	
10	43	0,1438	58	0,9157	
11	44	0,1852	59	0,9375	
12	45	0,2332	60	0,9546	
13	46	0,2870	61	0,9677	
14	47	0,3458	62	0,9774	
15	48	0,4083	63	0,9846	
16	49	0,4729	64	0,9897	
17					

1° Soit X une variable aléatoire binomiale de paramètre $(200, 0{,}25)$.

a) ■ • Soit a le plus petit entier tel que $P(X \leqslant a) > 0{,}025$.

D'après la feuille de calcul :

$$P(X \leqslant 37) \leqslant 0{,}025$$
$$\text{et } P(X \leqslant 38) > 0{,}025,$$

donc : **$a = 38$**.

• Soit b le plus petit entier tel que $P(X \leqslant b) \geqslant 0{,}975$.

D'après la feuille de calcul :

$$P(X \leqslant 61) < 0{,}975$$
$$\text{et } P(X \leqslant 62) \geqslant 0{,}975,$$

donc : **$b = 62$**.

L'intervalle [0 ; 200] est ainsi partagé en trois intervalles [0 ; 37], [38 ; 62], [63 ; 200], de sorte que X prenne ses valeurs dans les deux intervalles extrêmes avec une probabilité proche de 0,025, sans dépasser cette valeur ; la probabilité que X prenne une valeur comprise au sens large entre 38 et 62 est donc au moins égale à 0,95 et la probabilité que X prenne une valeur hors de l'intervalle [38 ; 62] ne dépasse pas 0,05.

■ D'après le cours, l'intervalle de fluctuation à 95 % d'une fréquence correspondant à la réalisation, sur un échantillon aléatoire de taille 200, d'une variable aléatoire X de loi binomiale de paramètres 200 et 0,25 est $\left[\frac{38}{200} ; \frac{62}{200}\right]$, c'est-à-dire **[0,19 ; 0,31]**.

• Noter que cet intervalle de fluctuation est centré sur 0,25, ce que sa méthode de construction ne permettait pas *a priori* de prévoir.

• On a : $0{,}25 - \frac{1}{\sqrt{200}} \approx 0{,}1\,793$ et $0{,}25 + \frac{1}{\sqrt{200}} \approx 0{,}3\,207$, donc l'intervalle de fluctuation centré sur 0,25 obtenu en classe de Seconde avec la formule $\left[p - \frac{1}{\sqrt{n}}, p + \frac{1}{\sqrt{n}}\right]$ est, en arrondissant à 10^{-3} près (par valeur inférieure pour la borne gauche et par valeur supérieure pour la borne droite), [0,179 ; 0,321].

b) ■ • Soit α le plus petit entier tel que $P(X \leqslant \alpha) > 0{,}05$.

D'après la feuille de calcul :

$$P(X \leqslant 39) \leqslant 0{,}05$$
$$\text{et } P(X \leqslant 40) > 0{,}05,$$

donc : **$\alpha = 40$**.

• Soit β le plus petit entier tel que $P(X \leqslant \beta) \geqslant 0{,}95$.

D'après la feuille de calcul :

$$P(X \leqslant 59) < 0{,}95$$
$$\text{et } P(X \leqslant 60) \geqslant 0{,}95,$$

donc : **$\beta = 60$**.

■ L'intervalle [0 ; 200] est ainsi partagé en trois intervalles [0 ; 39], [40 ; 60], [61 ; 200], de sorte que X prenne ses valeurs dans les deux intervalles extrêmes avec une probabilité proche de 0,05, sans dépasser cette valeur.

Ainsi, la probabilité que X prenne une valeur hors de l'intervalle [40 ; 60] ne dépasse pas 0,01 et **la probabilité que X prenne une valeur comprise au sens large entre 40 et 60 est donc au moins égale à 0,9.**

■ On a : $\frac{40}{200} = 0{,}2$ et $\frac{60}{200} = 0{,}3$, donc **la fréquence de succès de 90 % (au moins) des échantillons de taille 200 d'un modèle de Bernoulli de probabilité de succès 0,25 se situe dans l'intervalle [0,2 ; 0,3]**.

2° Les 200 parties du jeu constituent un échantillon aléatoire de taille 200 d'un modèle de Bernoulli de probabilité de succès 0,25, succès étant « sortie du gobelet n° 1 ».

a) La fréquence observée de sortie du gobelet n° 1 est $\frac{61}{200}$, c'est-à-dire 0,305, valeur qui se situe dans [0,19 ; 0,31], l'intervalle de fluctuation à 95 %, donc, **en n'acceptant qu'un risque de 5 % de se tromper, on ne peut pas considérer que le jeu est truqué** (et, ce faisant, on n'a pas les moyens d'évaluer la probabilité de se tromper).

b) En revanche, 0,305 ne se situe pas dans [0,2 ; 0,3], l'intervalle de fluctuation à 90 %, **donc, au risque 10 % de se tromper, on peut considérer que le jeu est truqué**.

On peut se dispenser d'avoir recours à l'intervalle de fluctuation à 90 %. En effet, la relation $P(40 \leqslant X \leqslant 60) \geqslant 0{,}9$ prouve que la probabilité qu'en 200 parties, le nombre de sorties du gobelet n° 1 n'appartienne pas à l'intervalle [40 ; 60] est inférieure à 0,1, donc, au risque 10 % de se tromper, on peut considérer que le jeu est truqué.

18 En 1 200 lancers, un dé a amené 172 fois le 6.

Considérons l'expérience aléatoire qui consiste à effectuer 1 200 lancers d'un dé équilibré, et notons X la variable aléatoire qui, à chaque résultat de l'expérience aléatoire, associe le nombre de 6 obtenus.

La variable aléatoire X compte les succès lors de la répétition de 1 200 épreuves de Bernoulli identiques et indépendantes, de paramètre de succès $\frac{1}{6}$, donc X suit la loi binomiale de paramètre $\left(1\,200 ; \frac{1}{6}\right)$, et son espérance $E(X)$ vérifie :

$$E(X) = 1\,200 \times \frac{1}{6} = 200.$$

On lit dans la feuille de calcul :

• $P(X \leqslant 174) \leqslant 0{,}025$
et $P(X \leqslant 175) > 0{,}025$,
• $P(X \leqslant 225) < 0{,}975$
et $P(X \leqslant 226) \geqslant 0{,}975$,
d'où l'on déduit :

$$P(175 \leqslant X \leqslant 226) \geqslant 0{,}95.$$

Voir l'*exercice* 17 pour plus de détails.

La probabilité qu'en 1 200 lancers, un dé équilibré amène 6 un nombre de fois hors de l'intervalle [175 ; 226] est donc inférieure à 0,05.

Le dé ayant amené en 1 200 lancers 172 fois le 6, **au risque 5 % de se tromper, on peut considérer que le dé est truqué.**

$172 \notin [175 ; 226]$.

La fréquence $\frac{172}{1\,200}$ d'apparition du 6 n'appartient pas à $\left[\frac{175}{1\,200} ; \frac{226}{1\,200}\right]$, l'intervalle de fluctuation à 95 % :

$0{,}143 \notin [0{,}146 ; 0{,}189]$ (valeurs arrondies au millième par défaut pour la borne gauche, par excès pour la borne droite).

19 X désigne une variable aléatoire binomiale de paramètre (20 ; 0,512).

On lit dans la feuille de calcul :

• $P(X \leqslant 5) \leqslant 0{,}025$
et $P(X \leqslant 6) > 0{,}025$,
• $P(X \leqslant 14) < 0{,}975$
et $P(X \leqslant 15) \geqslant 0{,}975$,
d'où l'on déduit :

$$P(6 \leqslant X \leqslant 15) \geqslant 0{,}95.$$

Voir l'*exercice* 17 pour plus de détails.

Sachant que la proportion de garçons à la naissance s'élève à 51,2 %, la probabilité que, sur vingt naissances, le nombre de garçons se trouve hors de l'intervalle [6 ; 15] est donc inférieure à 0,05.

On fait implicitement l'hypothèse de l'indépendance (le fait qu'un nouveau-né soit un garçon ou une fille n'a pas d'influence sur le sexe des autres enfants).

Dans la situation étudiée, on compte seize garçons sur vingt naissances, donc, **au risque 5 % de se tromper, on peut considérer qu'une telle disparité n'est pas due au hasard.**

La fréquence $\frac{16}{20}$ de garçons n'appartient pas à $\left[\frac{6}{20} ; \frac{15}{20}\right]$, l'intervalle de fluctuation à 95 % :

$0{,}8 \notin [0{,}3 ; 0{,}75]$.

L'interrogation écrite

20 Une compagnie aérienne vend 160 réservations pour 150 places.

Toute personne réservant une place d'avion a une chance sur dix de ne pas se présenter à l'embarquement, et cela indépendamment des autres clients.

1° Soit X la variable aléatoire donnant le nombre de personnes ne se présentant pas à l'embarquement.

La variable aléatoire X compte les succès lors de la répétition de 160 épreuves de Bernoulli identiques et indépendantes (« indépendamment les uns des autres »), de même probabilité de succès $\frac{1}{10}$ (« toute personne réservant une place d'avion a une chance sur dix de ne pas se présenter à l'embarquement »), succès étant : « la personne ne se présente pas à l'embarquement ». On en déduit que X **suit la loi binomiale de paramètre** $\left(\mathbf{160}, \frac{\mathbf{1}}{\mathbf{10}}\right)$.

On sait qu'alors **les valeurs prises par X sont les entiers de 0 à 160** et, **pour tout entier k de $\{0 ; 1 ; \dots ; 160\}$:**

$$\boldsymbol{P(X = k)} = \binom{160}{k}\left(\frac{1}{10}\right)^k\left(1 - \frac{1}{10}\right)^{160-k}$$
$$= \binom{\mathbf{160}}{\boldsymbol{k}}\left(\frac{\mathbf{1}}{\mathbf{10}}\right)^{\boldsymbol{k}}\left(\frac{\mathbf{9}}{\mathbf{10}}\right)^{\mathbf{160}-\boldsymbol{k}}.$$

On peut aussi écrire :

$$P(X = k) = \binom{160}{k}\frac{9^{160-k}}{10^{160}} = \binom{160}{k}\frac{(0{,}9)^{160}}{9^k},$$

formule plus facile à éditer sur la calculatrice.

De plus, l'espérance $E(X)$ vérifie :

$$\boldsymbol{E(X)} = 160 \times \frac{1}{10} = \mathbf{16}.$$

2° p : la probabilité que la compagnie aérienne effectue un surbooking.

a) La compagnie aérienne effectue un surbooking si, et seulement si, plus de cent cinquante personnes se présentent à l'embarquement, c'est-à-dire si, et seulement si, moins de dix personnes ne se présentent pas à l'embarquement, donc :

$$\boldsymbol{p = P(X < 10)}$$
$$= \boldsymbol{P(X = 0) + P(X = 1) + \cdots + P(X = 9)}$$
$$= \sum_{k=0}^{9} \boldsymbol{P(X = k)}.$$

b) Pour éviter d'éditer sur la calculatrice le calcul direct de la somme $P(X = 0) + P(X = 1) + \cdots + P(X = 9)$, long et périlleux, mieux vaut transcrire sur la calculatrice l'algorithme suivant :

```
Variables
    p : réel
    k : entier
Initialisation
    p prend la valeur 0
Traitement
    Pour k variant de 0 à 9
    |   p prend la valeur p + P(X = k)
    └   Fin Pour
Sortie
    Afficher p
```

TI

```
:0 → P
:For (K, 0, 9)
:P +160 Combinaison K / 9^K → P
:End
:P*0 . 9^160 → P
:Disp P
```

CASIO

```
0 → P ↵
For 0 → K To 9 ↵
P + 160 C K÷/9^K → P ↵
Next ↵
P × 0 . 9^160 → P ↵
P
```

Noter que le facteur $(0{,}9)^{160}$ étant constant, la multiplication par $(0{,}9)^{160}$ a été effectuée hors de la boucle.

Après exécution du programme, on lit à l'affichage :

0.03590465984

ce qui permet de conclure : $\boldsymbol{p \approx 0{,}0359}$ **à $\mathbf{10^{-3}}$ près.**

Avec le tableur Excel, utiliser la formule :

= LOI.BINOMIALE(9;160;0,1;VRAI)

L'option `VRAI` permet de cumuler les valeurs de $P(X = 0)$ à $P(X = 9)$.

ANNEXES

CALCULATRICES ET FONCTIONS

Autour des fonctions $f : x \mapsto -5 + 3\sqrt{x^2 + 1}$, $|f - 2|$, $\dfrac{|f - 2|}{f + 4}$

TI	CASIO

Expression

TI	CASIO
Appuyer sur [mode] et sélectionner les modes Fct et Relié. Accéder à l'éditeur de fonctions graphiques : [f(x)] (le curseur est alors placé à droite de Y1=). Taper la formule.	Accéder au menu GRAPH : [MENU] [GRAPH 5] [EXE] Appuyer sur la touche [►], le symbole = apparaît et le curseur est placé à droite de Y1=. Taper la formule et valider par [EXE].

[(–)] [5] [+] [3] [√] [(] [x, t, θ, n] [x²] [+] [1] [)]

Pour $|f - 2|$, taper dans la ligne Y2= :

[abs] [(] [Y] [x, t, θ, n] [–] [2] [)]

où Y est obtenu par :

TI	CASIO
[var] [Y–VARS] [1] (Fonction) [1] (Y1)	[VARS] [F4] (GRPH) [F1] (Y)

et la fonction valeur absolue par :

TI	CASIO
[math] [NUM] [1] (abs)	[OPTN] [F5] (NUM) [F1] (Abs)

Pour $\frac{|f-2|}{f+4}$, taper dans la ligne Y3= :

Y2 ÷ (Y1 + 4)

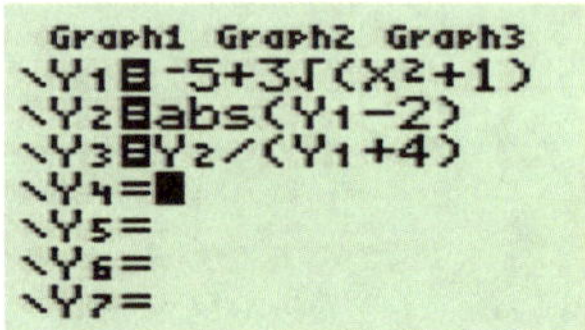

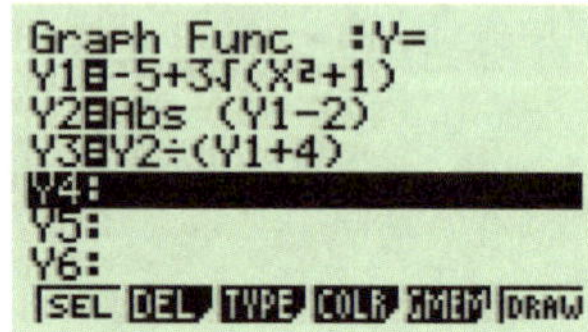

Tableau de valeurs

Pour obtenir le tableau de valeurs de la fonction *f* lorsque la variable varie de −3 à 3, avec un pas de 0,5 :

sélectionner seulement Y1 (lorsque le curseur est sur la touche =, ENTER sert de bascule),
ouvrir la fenêtre de réglage de la valeur minimale de la variable et le pas avec la commande déf table :

2nde déf table

ajuster les valeurs en se déplaçant avec la touche ▼,
puis afficher le tableau avec la commande table :

2nde table

accéder à l'écran de tabulation :

MENU TABLE 7 EXE

puis, après avoir sélectionné la seule zone de stockage Y1 (SEL sert de bascule), ouvrir la fenêtre de réglage des valeurs extrémales de variable et le pas avec RANG, ajuster les valeurs en se déplaçant avec la touche ▼ (en validant les valeurs modifiées), revenir à l'écran de tabulation, puis afficher le tableau :

EXIT TABL

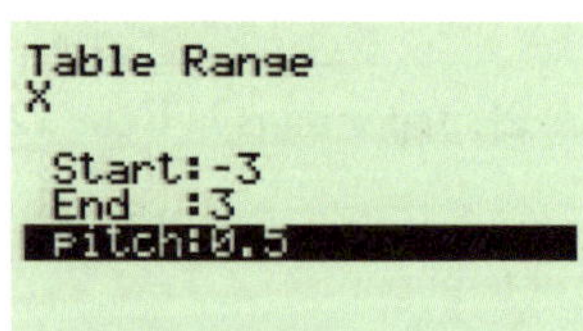

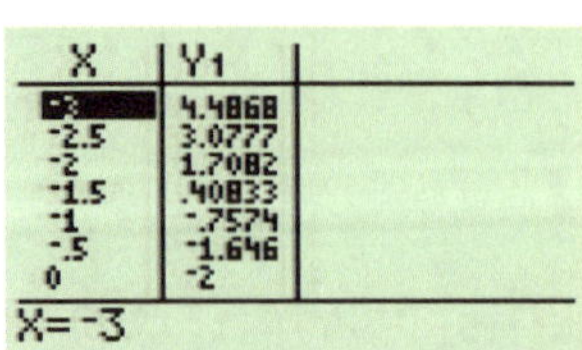

Se placer dans la colonne Y1 pour lire davantage de chiffres significatifs.

Courbe

• Pour obtenir les courbes représentatives de f et de $|f-2|$, avec le cadrage $-3 \leqslant x \leqslant 3$, et $-3 \leqslant y \leqslant 5$, graduations toutes les unités :
accéder à l'éditeur de fonctions graphiques, sélectionner les zones de stockage Y1 et Y2,

ouvrir la fenêtre de cadrage :

fenêtre

régler les valeurs des paramètres, afficher le graphique :

graphe

ouvrir la fenêtre de cadrage :

Shift **V–Window**

régler les valeurs des paramètres, revenir à l'éditeur de fonctions et afficher le graphique :

EXIT **DRAW**

• Pour lire les coordonnées de points d'une des deux courbes, utiliser la fonction trace :

trace

(▶ ou ◀ pour se déplacer sur la courbe, ▲ ou ▼ pour changer de courbe.)

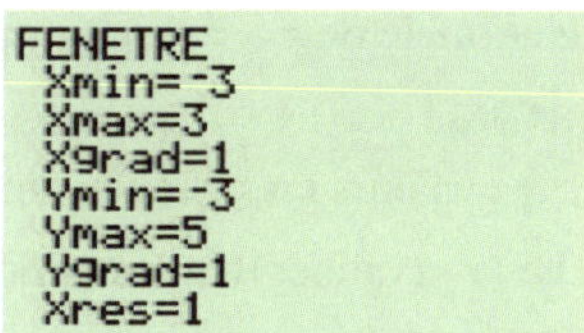

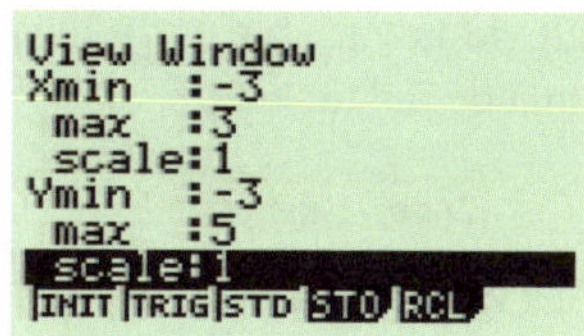

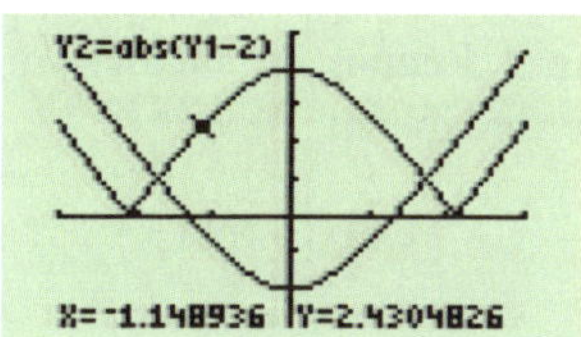

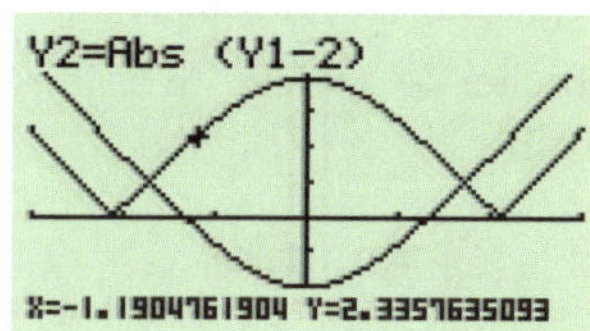

CALCULATRICES ET SUITES

TI	CASIO
Appuyer sur **mode** sélectionner les modes Suit et NonRelié.	Accéder au menu consacré aux suites : **MENU** **RECUR** (8) **EXE**

Autour de la suite explicite (u_n) définie sur $\mathbb{N}^*$ par : $u_n = \dfrac{2^n}{n^2}$

Expression

TI	CASIO
Appuyer sur **f(x)** (le curseur est alors placé à droite de u(n)=),	Définir le type « explicite » en appuyant sur **F3** (TYPE), puis **F1** **an** .

taper la formule

(n s'obtient par **x, t, θ, n**).

Appuyer sur la touche **►**, le symbole = apparaît et le curseur est placé à droite de an=.

Taper la formule et valider par **EXE** n s'obtient par **F4** (n).

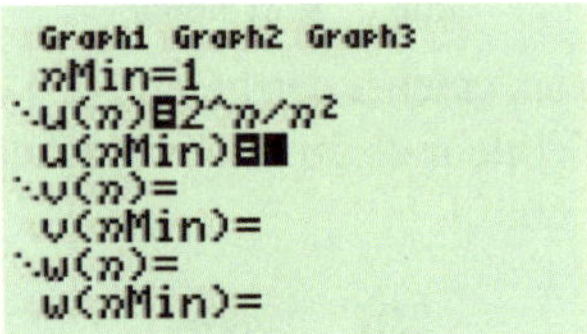

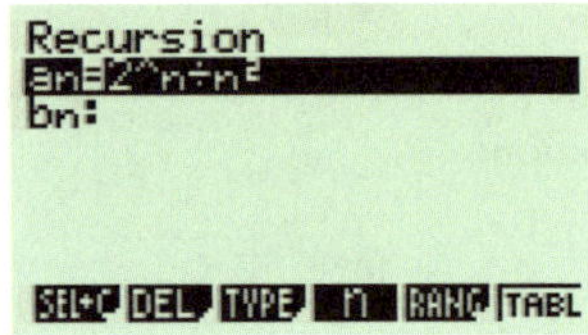

Tableau de valeurs

Pour obtenir le tableau des valeurs de u_n lorsque n varie de 1 à 12 :

ouvrir la fenêtre de réglage de la valeur minimale de la variable et du pas avec la commande déf table :

2nde **déf table**

ajuster les valeurs de DébTbl et de Pas à 1 en se déplaçant avec la touche **▼**,

puis afficher le tableau avec la commande table :

2nde **table**

ouvrir la fenêtre de réglage des valeurs initiale et finale de n :

F5 (RANG)

ajuster les valeurs en se déplaçant avec la touche **▼** (valider toute modification avec **EXE**),

revenir à l'écran de tabulation, puis afficher le tableau :

EXIT **TABL**

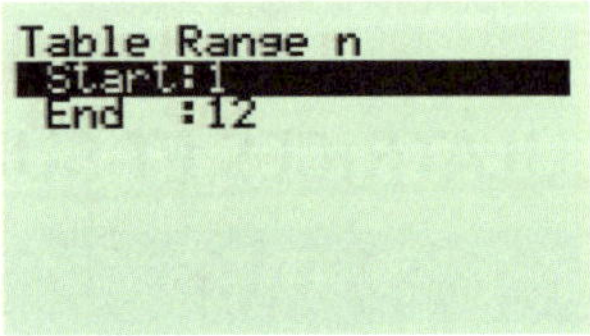

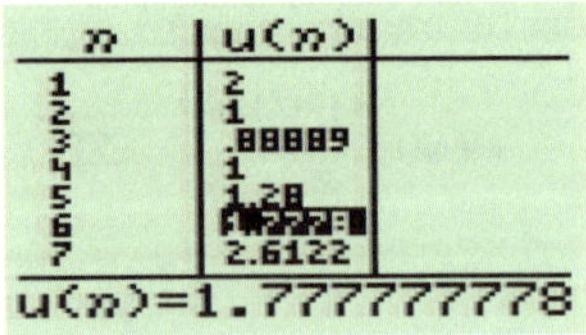

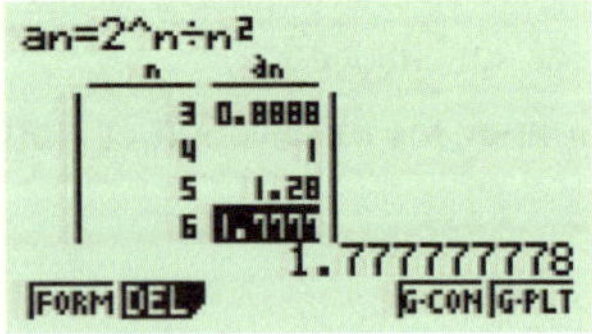

Placer le curseur dans la deuxième colonne pour lire davantage de chiffres significatifs.

Représentation graphique

Pour obtenir une représentation graphique des douze premiers termes de la suite (u_n), avec le cadrage $0 \leqslant x \leqslant 12$, $0 \leqslant y \leqslant 30$ (en prenant une graduation de 5 en 5 sur l'axe vertical pour une meilleure lisibilité) :

ouvrir le menu de gestion de l'affichage :

fenêtre

régler les valeurs des paramètres :
Xmin = 0 Ymin = 0
nMin = 1 Xmax = 12 Ymax = 30
nMax = 12 Xgrad = 1 Ygrad = 5

Dans le menu format,

sélectionner le format $f(n)$;

afficher le graphique : graphe

ouvrir la fenêtre de cadrage :

Shift V–Window

régler les valeurs des paramètres (voir la copie d'écran), puis revenir au menu RECUR et afficher le graphique :

EXIT TABL G-PLT

Utiliser la fonction trace et les touches ► ou ◄ pour se déplacer sur les points de la représentation graphique et obtenir des valeurs approchées des ordonnées.

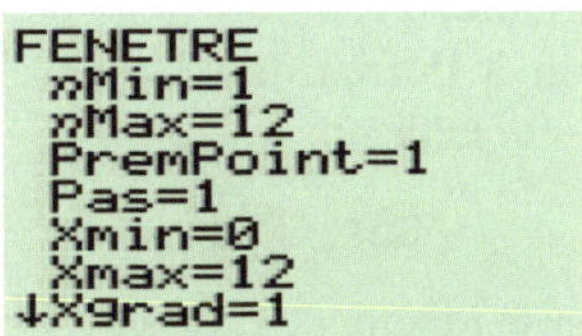

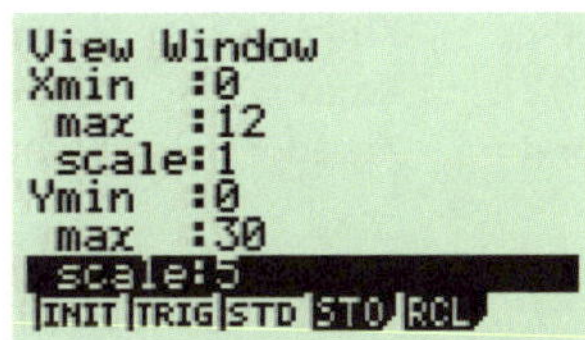

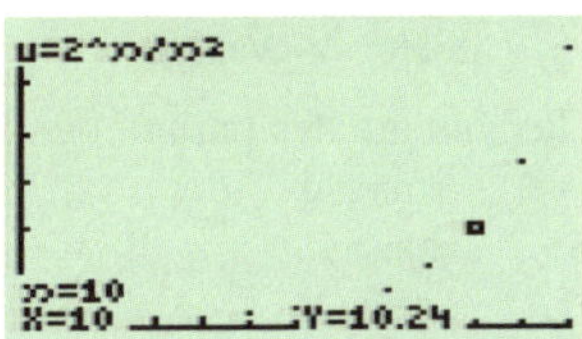

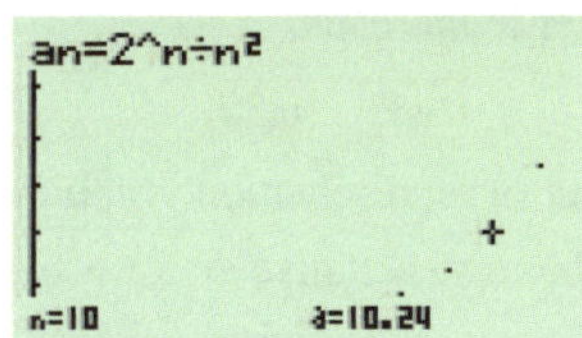

Autour de la suite récurrente (u_n) définie sur $\mathbb{N}$ par :

$u_0 = -4$ et $u_{n+1} = \sqrt{6 + u_n}$

Expression

Taper $f(x)$
(le curseur est alors placé à droite de u(n)=),.
entrer la formule
(2nde 7 pour obtenir u, x, t, θ, n pour obtenir n).

Dans le menu RECUR, définir le type « explicite » en appuyant sur

F3, (TYPE) puis F2 an+1

Appuyer sur la touche ►, le symbole = apparaît ; taper la formule, et valider par EXE (an s'obtient par nan nan).

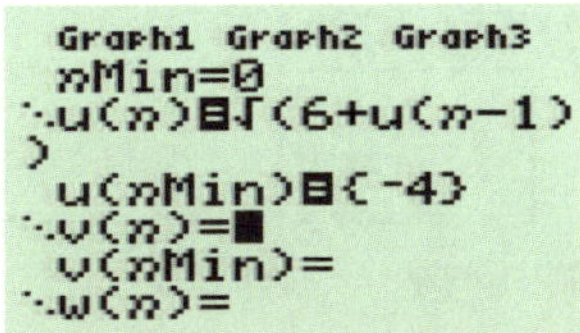

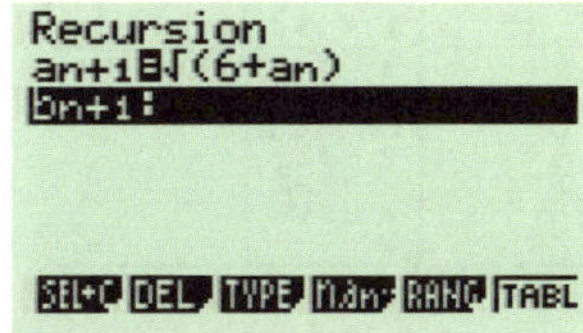

Tableau de valeurs et représentation graphique

Pour obtenir le tableau des valeurs de u_n lorsque n varie de 1, à 12, et la représentation graphique des premiers termes de la suite (u_n), avec le cadrage $-6 \leqslant x \leqslant 5$, $0 \leqslant y \leqslant 5$:

• ouvrir la fenêtre de réglage de la valeur minimale de la variable et du pas avec la commande déf table, ajuster les valeurs de DébTabl à 1 et Pas à 1 en se déplaçant avec la touche ▼ ;

• ouvrir le menu de gestion de l'affichage :

fenêtre

régler les valeurs des paramètres ;

nMin = 0	Xmin = –6	Ymin = 0
nMax = 12	Xmax = 5	Ymax = 5
PremPoint = 1	Xgrad = 1	Ygrad = 1
Pas = 1		

dans le menu format sélectionner le format Esc ;

• afficher le tableau :

2nde **table**

• afficher la représentation graphique de la courbe représentative de $x \mapsto \sqrt{6+x}$ et de la droite d'équation $y = x$:

graphe

Utiliser la fonction trace, puis la touche ► pour obtenir une visualisation du comportement de la suite (u_n).

• ouvrir la fenêtre de réglage des paramètres de tabulation avec RANG, ajuster les valeurs suivantes :

Start : 1	a0 : –4
End : 12	anStr : –4

en se déplaçant avec la touche ▼ et en validant les valeurs modifiées (l'appui sur la touche **F2** change a0 en a1, utile lorsque le premier terme de la suite étudié a pour indice 1) ;

• revenir à l'écran de tabulation, puis afficher le tableau :

EXIT **TABL**

• ouvrir la fenêtre de cadrage :

Shift **V–Window**

régler les valeurs des paramètres :

Xmin : –6	Ymin : 0
max : 5	max : 5
scale : 1	scale : 1

• revenir au menu RECUR et afficher la représentation graphique de la courbe représentative de $x \mapsto \sqrt{6+x}$ et de la droite d'équation $y = x$:

EXIT **TABL** **WEB**

Utiliser la fonction Trace, puis la touche de validation pour obtenir une visualisation du comportement de la suite (u_n).

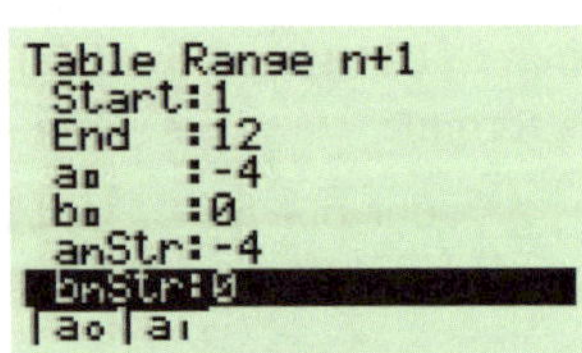

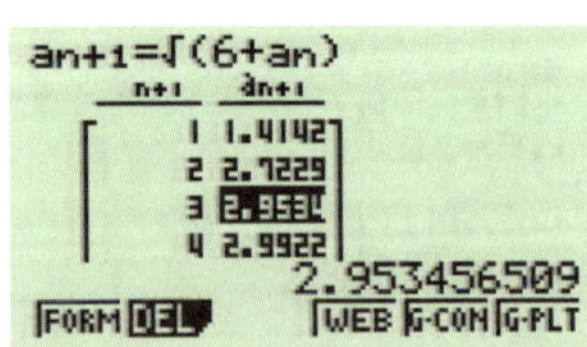

Placer le curseur dans la deuxième colonne pour lire davantage de chiffres significatifs.

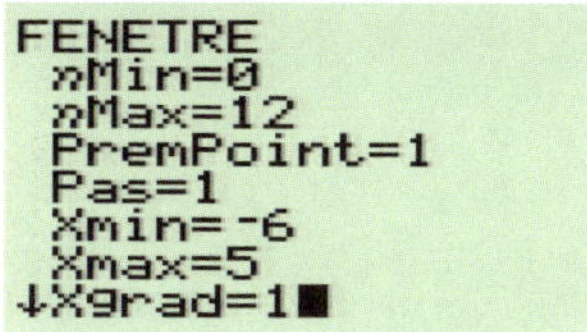

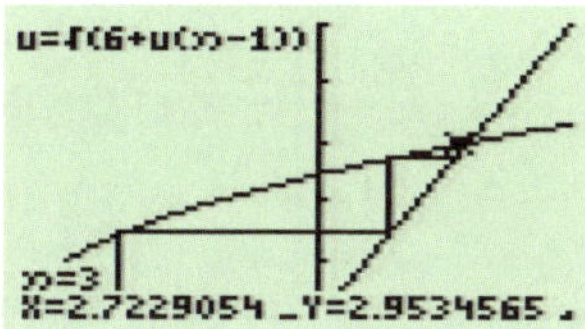

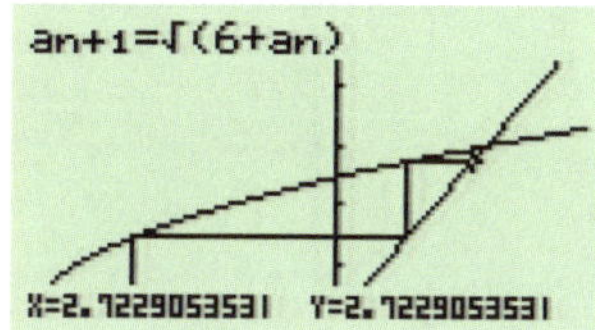